ABB 卓越工程师成长系列丛书

ABB AC500 系列可编程序控制器应用导航

主　编　王　艳
副主编　滕进科

机 械 工 业 出 版 社

ABB AC500 系列 PLC 产品是 ABB 公司在离散自动化领域的核心产品之一。该产品具有模块化设计，拥有丰富的功能，灵活的可扩展性，强大的通信能力。本书介绍了 ABB AC500 系列产品，帮助读者了解 ABB PLC 的产品是如何分类、选型、组合和应用的；介绍了 PLC 的数据存储方式、变量、指针以及数据保持等概念；重点对编程软件 Automation Builder 进行了详细讲解，从工程创建、硬件配置过渡到程序编写、程序调试，环环紧扣，清晰地指导读者如何完成一个工程应用的实现；详细地介绍了 AC500 丰富的指令系统，这些指令均可通过编程进行调用，操作简单、使用方便；最后通过实际现场常用的通信实例再次强化使用中需要注意的要点和产品特性。

本书适合从事系统集成、机械设计的电气工程师，自动化专业的工程技术人员作为工具书，也适合大专院校相关专业师生作为教学用书。

图书在版编目（CIP）数据

ABB AC500 系列可编程序控制器应用导航/王艳主编. —北京：机械工业出版社，2016. 12
（ABB 卓越工程师成长系列丛书）
ISBN 978 - 7 - 111 - 55758 - 6

Ⅰ. ①A… Ⅱ. ①王… Ⅲ. ①PLC 技术 Ⅳ. ①TM571. 61

中国版本图书馆 CIP 数据核字（2016）第 310983 号

机械工业出版社（北京市百万庄大街 22 号 邮政编码 100037）
策划编辑：林春泉 责任编辑：林春泉
责任印制：常天培 责任校对：任秀丽 胡艳萍
北京京丰印刷厂印刷
2017 年 3 月第 1 版 · 第 1 次印刷
184mm × 260mm · 26 印张 · 635 千字
0 001—3 000 册
标准书号：ISBN 978 - 7 - 111 - 55758 - 6
定价：79. 00 元

凡购本书，如有缺页、倒页、脱页，由本社发行部调换

电话服务	网络服务
服务咨询热线：010-88361066	机 工 官 网：www. cmpbook. com
读者购书热线：010-68326294	机 工 官 博：weibo. com/cmp1952
010-88379203	金 书 网：www. golden-book. com
封面无防伪标均为盗版	教育服务网：www. cmpedu. com

序

10 年前，ABB 公司向市场推出了第一款可升级的控制器平台——AC500 系列 PLC。凭借其出色的稳定性和可靠性，丰富的通信和可灵活设置的 I/O 设计，AC500 系列 PLC 获得了市场的广泛认可，赢得了客户的赞誉。

随着工业互联网技术的不断进步和物联网的飞速发展，越来越多的客户提出了智能化解决方案和产品定制化的需求。因此，ABB 公司在 2013 年发布了 Automation Builder 全兼容软件工具平台。该软件套装集成了 ABB AC500 系列 PLC 系统硬件配置工具 Control Builder Plus、传动 Drive Manager 和 ACS880 IEC 应用程序编译工具、Panel Builder 触摸屏编辑软件、运动控制工程工具 MINT WorkBench，还包括 ABB 市场主流机器人编程和仿真工具 RobotStudio。该平台的推出为系统调试、系统维护提供了无缝接口和简单易用的功能。有效地提高了机械制造商和系统集成商的效率，并为最终用户带来了良好的效益。让机器更加智能，网络更加畅通，通过系统的数据采集和优化的大数据分析，率先将工业 4.0 的概念设想进行了创新性的实践。

2015 年，我国政府提出了《中国制造 2025》战略，创新、质量、绿色成为各行业发展的关键词和重点关注方向。ABB 公司也积极响应市场变化，推出了 PM595 和 PM585 两款高性能 CPU 模块，进一步丰富了 AC500 系列 PLC 的产品覆盖范围，大大地提升了 CPU 的复杂运算、数据处理、通信连接和运动控制等功能。

希望本书能够成为广大 ABB AC500 系列 PLC 用户的实用工具书，帮助用户全面掌握 AC500 系列 PLC 的使用方法和操作技能，轻松地使用 Automation Builder + 编程软件平台的各类 IEC61131-3 的编程语言，在项目设计、开发、实施以及维护等各个阶段充分发挥 AC500 系列 PLC 的卓越性能，帮助用户所在的企业提高生产率，实现安全运营。

咨诹善道，察纳雅言。我们深信广大读者的宝贵意见和建议能让我们在技术进步和知识传递上更进一步。我们热忱欢迎您的反馈和建议。希望本书能够成为您工作中的好伙伴和好帮手。

牟艳萍

2017 年 1 月

前　言

ABB 公司是电力和自动化技术的全球领导厂商之一，致力于为工业和电力行业客户提供解决方案，以帮助客户提高生产效率，同时降低对环境的不良影响。其业务覆盖了电力电网，过程控制，离散控制，配电系统等多个领域，旗下丰富的自动化产品深受用户的青睐。

ABB AC500 系列 PLC 产品是 ABB 公司在离散自动化领域的核心产品之一。该产品具有模块化设计，拥有丰富的功能，灵活的可扩展性，强大的通信能力。虽然 ABB AC500 系列 PLC 产品进入中国市场较晚，但其凭借稳定可靠的性能迅速在中国市场得到了广泛的引用，积累了大量的成功案例。

为了让更多的中国用户更加全面地了解 ABB AC500 系列 PLC 产品，北京 ABB 电气传动系统有限公司特别组织技术专家撰写了本书。

本书共分 6 章：第 1 章概述了 PLC 的基础知识，为读者深入了解 ABB AC500 系列 PLC 产品打下理论基础。第 2 章详细地介绍了 ABB AC500 系列产品家族的各个成员，给读者一个清晰的产品框架和结构思路，知道 ABB PLC 的产品是如何分类、选型、组合、应用的。第 3 章阐述了 PLC 的数据存储方式、变量、指针以及数据保持等概念。第 4 章对编程软件 Automation Builder 进行了详细讲解，从工程创建、硬件配置过渡到程序编写、程序调试，环环紧扣，清晰地指导读者如何完成一个工程应用的实现。第 5 章介绍了 AC500 丰富的指令系统，这些指令均可通过编程进行调用，操作简单、使用方便。第 6 章以实际现场常用的通信实例帮助读者进行系统、深入地学习 ABB PLC 系列产品，在实例中再次强化需要注意的要点和产品特性，更易于读者掌握产品的使用。

本书适合于有希望了解 ABB AC500 系列 PLC 产品，负责系统集成，机械设计的电气工程师，科研工作者作为工具用书，或者大专院校师生作为教学用书。

本书由王艳主编，滕进科副主编，参加本书编写的还有褚建华、刘磊、王峰、贾一然、齐立健、曹铮勇、赵旭等人，由北京 ABB 电气传动系统有限公司销售市场部牟艳萍参与筹划，PLC 产品研发部、Mr. Jukka Palomaki、Mr. Roland Schmale、Mr. James M. Large 给予技术指导和帮助。在此一并表示深深的谢意。

由于编者水平有限，本书难免有疏漏之处，欢迎广大读者批评指正，不吝赐教。

编　者

2017 年 1 月

目 录

第 1 章　可编程序控制器（PLC）的概述

1.1　PLC 的产生与发展

可编程序控制器（Programmble Logic Controller，PLC）是现代工业自动化的三大支柱（PLC、机器人、电机系统）之一，已被广泛应用于各种生产机械和生产过程的自动控制中。它是在电气控制技术和计算机技术的基础上开发，并逐渐发展成为以微处理器为核心，把自动化技术、计算机技术、通信技术融为一体的工业控制装置。

国际电工委员会（IEC）于 1987 年颁布了可编程序控制器标准草案第三稿。在草案中对可编程序控制器定义如下："可编程序控制器是一种数字运算操作的电子系统，专为在工业环境应用而设计。它采用可编程序的存储器，用来在其内部存储执行逻辑运算、顺序控制、定时、计数和算数运算等操作的指令，并通过数字式和模拟式的输入和输出，控制各种类型的机械或生产过程。可编程序控制器及其有关外围设备，都应按易于与工业系统联成一个整体，易于扩充其功能的原则设计"。

由此可以看出，PLC 直接应用于工业环境，必须具有很强的抗干扰能力、广泛的适应能力和广阔的应用范围，这是区别于一般微机控制系统的重要特征。同时，也强调了 PLC 用软件方式实现的"可编程"与传统控制装置中通过硬件或硬接线的变更来改变程序的本质区别。

在可编程序控制器出现前，在工业电气控制领域中，继电器控制占主导地位，应用广泛。但是继电器存在体积大、可靠性低、查找和排除故障困难等缺点，特别是其接线复杂、不易更改，对生产工艺变化的适应性差。早期的可编程序控制器具有逻辑运算、定时、计数等顺序控制功能，是用以取代传统的继电器控制，随着微电子技术和计算机技术的发展，20 世纪 70 年代中期微处理器计数应用到 PLC 中，使 PLC 不仅具有逻辑控制功能，还增加了算数运算、数据传送和数据处理等功能。

20 世纪 80 年代以后，随着大规模、超大规模集成电路等微电子技术的迅速发展，16 位和 32 位微处理器应用于 PLC 中，使 PLC 得到迅速发展。PLC 不仅控制功能增强，同时可靠性提高，功耗、体积减小，成本降低，编程和故障检测更加灵活方便，而且具有通信和联网、数据处理和图像显示等功能，使 PLC 真正成为具有逻辑控制、过程控制、运动控制、数据处理、联网通信等功能的名副其实的多功能控制器。

目前，世界范围内 PLC 产品的产量、销量、用量高居工业控制装置榜首，而且市场需求量逐年上升，PLC 已成为工业自动化控制领域中占主导地位的通用工业控制装置。

1.2　PLC 的特点

PLC 技术之所以能够高速发展，除了工业自动化的客观需要外，还因为它解决了工业领域中普遍关心的可靠、安全、灵活、方便、经济等问题。其主要特点包括：

（1）可靠性高、抗干扰能力强

可靠性高、抗干扰能力强是 PLC 最重要的特点之一。PLC 的平均无故障时间可达几十万个小时，之所以有这么高的可靠性，是由于它采用了一系列的硬件和软件的抗干扰措施。

1）硬件方面　I/O 通道采用光电隔离，有效地抑制了外部干扰源对 PLC 的影响；对供电电源及线路采用多种形式的滤波，从而消除或抑制了高频干扰；对 CPU 等重要部件采用良好的导电、导磁材料进行屏蔽，以减少控件电磁干扰；对有些模块设置了联锁保护、短路自诊断等。

2）软件方面　PLC 采用扫描工作方式，减少了由于外界环境干扰引起的故障；在 PLC 系统程序中设有故障检测和自诊断程序，能对系统硬件电路等故障实现检测和判断；当由外界干扰引起故障时，能立即将当前重要信息加以封存，禁止任何不稳定的读写操作，一旦外界环境正常后，便可恢复到故障发生前的状态，继续原来的工作。

（2）编程语言丰富、简学易用

PLC 提供了文本化语言和图形化语言两大类编程语言。文本化语言如指令表（IL），执行速度最快；图形化语言如梯形图（LD），梯形图与电气控制线路图相似，形象、直观，无需掌握计算机知识，容易让广大工程技术人员掌握。随着 PLC 产品的普及，很多用户已经开始选择高级语言进行编程，如结构化文本（ST），以高度压缩的方式提供大量描述复杂功能性的抽象语句。

许多 PLC 还针对具体问题，设计了各种专用编程指令及编程方法，进一步简化了编程。

（3）功能完善、通用性强

现代 PLC 不仅具有逻辑运算、定时、计数、顺序控制等功能，而且还具有模数互相转换、数值运算、数据处理、PID 控制、通信联网等许多功能。同时，由于 PLC 产品的系列化、模块化，品种齐全的各种硬件装置供用户选择，可组成满足各种要求的控制系统。

（4）设计安装简单、维护方便

由于 PLC 用软件代替了传统电气控制系统的硬件，控制柜的设计、安装接线工作量大为减少。PLC 的用户程序大部分可在实验室进行模拟调试，缩短了应用设计和调试周期。在维修方面，由于 PLC 的故障率极低，而且 PLC 具有很强的自诊断功能，维修工作量很小，如果出现故障，可根据 PLC 上的指示或编程器上提供的故障信息，迅速查明原因，维修极为方便。

（5）体积小、重量轻、能耗低

由于 PLC 采用了集成电路，其结构紧凑、体积小、能耗低，与传统的继电器系统相比极大地缩小了电柜体积，更加适合机械类应用的要求，成为实现机电一体化的理想控制设备。

1.3　PLC 的分类

PLC 产品种类繁多，其规格和性能也各不相同。对 PLC 的分类，通常根据其结构形式的不同、功能的差异和 I/O 点数的多少等进行大致分类。

1. 按结构形式分类

根据 PLC 的结构形式，可将 PLC 分为整体式和模块式两类。

（1）整体式 PLC

整体式 PLC 是将电源、CPU、I/O 接口等部件都集中装在一个壳体内，具有结构紧凑、体积小、价格低的特点。小型 PLC 一般采用这种整体式结构。整体式 PLC 由不同 I/O 点数的基本单元（又称主机）和扩展单元组成。基本单元内有 CPU、I/O 接口、与 I/O 扩展单元相连的扩展口，以及编程接口、通信接口等。扩展单元内只有 I/O 和电源等。基本单元和扩展单元之间多用或插入式连接。整体式 PLC 一般还可配备特殊功能单元，如模拟量单元、位置控制单元等，使其功能得以扩展。

（2）模块式 PLC

模块式 PLC 是将集成 PLC 各个组成部分做成若干个单独的模块，如 CPU 模块、I/O 模块、电源模块（有的在 CPU 模块中）以及各种功能模块。这种模块式 PLC 的特点是配置灵活，可根据需要选配不同规模的系统，而且装配方便，便于扩展和维修。大、中型 PLC 一般采用模块式结构。

2. 按 I/O 点数分类

根据 PLC 的 I/O 点数多少可将 PLC 分为小型、中型和大型三类。

1）小型 PLC　I/O 点数为 256 点以下的为小型 PLC。其中，I/O 点数小于 64 点的为超小型或微型 PLC；

2）中型 PLC　I/O 点数为 256 点以上，1024 点以下的为中型 PLC；

3）大型 PLC　I/O 点数为 1024 点以上的为大型 PLC。

在实际中，一般 PLC 功能的强弱与其 I/O 点数的多少是相互关联的，即 PLC 的功能越强，其可配置的 I/O 点数越多。

1.4　PLC 的组成

尽管整体式与模块式 PLC 的结构不太一样，但各部分的功能作用是相同的，下面对 PLC 主要组成各部分进行简单的介绍。PLC 的组成如图 1-1 所示。

1. 中央处理单元（CPU）

同一般的微机一样，CPU 是 PLC 的核心，它通过系统总线与用户存储器、输入输出模块、通信端口等单元相连，并通过预制在系统存储器内部的系统程序完成各项任务。

在 PLC 中 CPU 按系统程序赋予的功能，指挥 PLC 有条不紊地进行工作，归纳起来主要有以下几个方面：

1）接收输入的用户程序和数据；

2）诊断电源、PLC 内部电路的工作故障和编程中的语法错误等；

3）通过输入接口接收现场的状态或数据，并存入输入映像寄存器或数据寄存器中；

4）从存储器逐条读取用户程序，经过解释后执行；

5）根据执行的结果，更新有关标志位的状态和输出映像寄存器的内容，通过输出单元实现输出控制。有些 PLC 还具有制表打印或数据通信等功能。

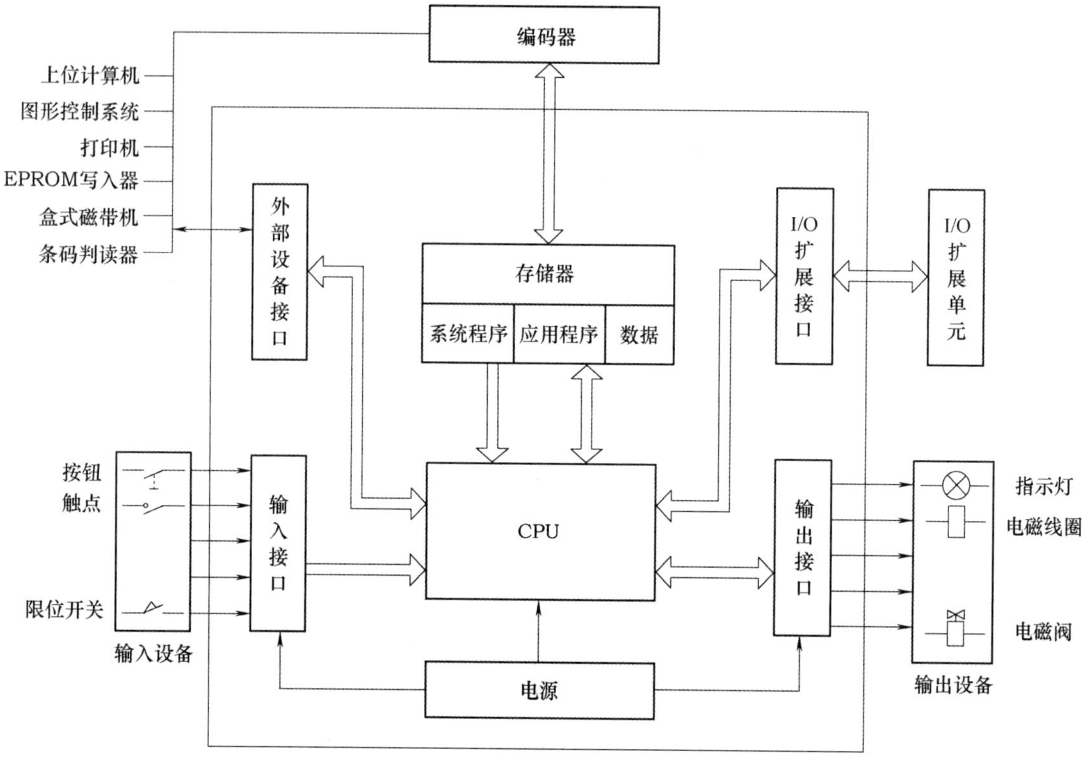

图 1-1 PLC 的组成

2. 存储器

存储器主要分为两大类：一类是易失性存储器（volatile memory），另一类是非易失性存储器（Nonvolatile Memory）。易失性存储器主要特性为存储器掉电后，所存储的数据会全部丢失，但此类存储器访问速率快，读写次数无限制。非易失性存储器主要特性为存储器掉电后，所存储的数据不丢失，但此类存储器读写速率慢，擦写次数有限制，常见的擦写次数一般为 10 万次。

常用的易失性存储器主要包括：SRAM（Static Random Access Memory，静态存储器）、DRAM（Dynamic Random Access Memory，动态随机存储器）两大类，其中 DRAM 包括如下几种常用的存储器：如 SDRAM、DDR SDRAM、DDR2 SDRAM、DDR3 SDRAM、DDR4 SDRAM 等。常用的非易失性存储器主要包括：NOR flash、NAND flash、EEPROM、CF 卡、SD 卡等。

在 PLC 中，存储器主要用于存放系统程序、用户程序及工作数据。

系统程序是由 PLC 的制造商编写的，与 PLC 硬件组成相关，主要用于完成系统诊断、命令解析、功能子程序调用管理、逻辑运算、通信及各种参数的设定等功能，为 PLC 提供运行的平台。系统程序关系到 PLC 的性能，在 PLC 使用过程中不允许变更，制造厂家直接将其固化在 NOR flash 或 NAND flash 等非易失性存储器中，用户不能访问和修改。

用户程序是随 PLC 的控制对象而定的，由用户根据对象生产工艺的控制要求而编制的应用程序。ABB AC500 系列 PLC 的用户程序全部存储在非易失性存储器中，以确保掉电后程序依然存在；运行时程序导入到易失性存储器中，以保证程序高速、高效地运行。当用户程序完成调试，不需要改变时可将其固化在非易失性存储器中。

工作数据是PLC运行过程中经常变化、经常存取的一些数据，存放在易失性存储器中，以适应随机存取的要求。在PLC的工作数据存储器中，设有存放输入输出继电器、辅助继电器、定时器、计数器等逻辑器件的存储器，这些器件的状态都是根据用户程序的初始设置和运行情况而确定的。根据需要，部分数据在掉电时用内置的超级电容或后备电池维持其现有的状态，这部分在掉电时可保存数据的存储区域称为保持数据区。

3. 输入/输出单元

输入/输出单元通常也称I/O单元或I/O模块，是PLC与工业生产现场之间的连接部件。PLC通过输入接口检测被控对象的各种数据，并作为PLC对被控制对象进行控制的依据，同时PLC又通过输出接口将处理结果送给被控制对象，以实现控制目的。

由于外部输入设备和输出设备所需的信号电平是多种多样的，而PLC内部CPU的处理的信息只能是标准电平，所以I/O接口要实现这种转换，一般都具有光电隔离和滤波功能，以提高PLC的抗干扰能力。另外，I/O接口上通常还有状态指示，工作状况直观，便于维护。

PLC提供了多种操作电平和驱动能力的I/O接口，有各种各样功能的I/O接口供用户选用。I/O接口的主要类型有：数字量输入、数字量输出、模拟量输入、模拟量输出等。

PLC的I/O接口所能接受的输入信号个数和输出信号个数称为PLC输入/输出（I/O）点数。I/O点数是选择PLC的重要依据之一。当系统的I/O点数不够时，可通过PLC的I/O扩展接口对系统进行扩展。

4. 通信接口

PLC配有各种通信接口，这些通信接口一般都带有通信处理器。PLC通过这些通信接口可与监视器、打印机、其他PLC、计算机等设备实现通信。PLC与打印机连接，可将过程信息、系统参数等输出打印；与监视器连接，可将控制数据清晰、直观地显示出来；与其他PLC连接，可组成多机系统或连成网络，实现更大规模控制。与计算机连接，可组成多级分布式控制系统，实现控制与管理相结合。远程I/O系统也必须配备相应的通信接口模块。

5. 特殊功能模块

特殊功能模块是个独立的计算机系统，它有自己的CPU、系统程序、存储器以及与PLC系统总线相连的接口，用于实现特殊的任务控制。它作为PLC系统的一个扩展模块，通过I/O总线与PLC相连，进行数据交换，并在PLC的协调管理下独立地进行工作。

PLC的智能接口模块种类很多，如：高速计数模块、闭环控制模块、运动控制模块、中断控制模块等。

6. 电源模块

PLC配有开关电源，以供内部电路使用。与普通电源相比，PLC电源的稳定性好、抗干扰能力强。对电网提供的电源稳定度要求不高，一般允许电源电压在其额定值±15%的范围内波动。许多PLC还向外提供直流24V稳压电源，用于对外部传感器供电。

1.5　PLC的工作原理

1. 扫描工作原理

PLC是通过执行包含众多操作的用户程序来完成控制任务的，但CPU不能同时执行多个操作，它只能按分时操作（串行工作）方式，每一次执行一个操作，按顺序逐个执行。由于 CPU 的运算处理速度很快，所以从宏观上来看，PLC 外部出现的结果似乎是同时（并行）完成的。这种串行工作过程称为 PLC 的扫描工作方式。

PLC 扫描工作方式从第一条程序开始，在无中断或跳转控制的情况下，按程序存储顺序的先后，逐条执行用户程序，直到程序结束。然后再从头开始扫描执行，周而复始重复运行。

PLC 的扫描工作方式与电气控制的工作原理明显不同。电气控制装置采用硬逻辑的并行工作方式，如果某个继电器的线圈通电或断电，那么该继电器的所有常开和常闭触点不论处在控制电路的哪个位置上，都会立即同时动作；而 PLC 采用扫描工作方式（串行工作方式），如果某个软继电器的线圈被接通或断开，其所有的触点不会立即动作，必须等扫描工作对输出刷新后才会动作。但由于 PLC 的扫描速度快，通常 PLC 与电气控制装置在 I/O 的处理结果上没有什么差别。

2. PLC 扫描工作过程

PLC 的扫描工作过程除了执行用户程序外，在每次扫描工作过程中还要完成内部处理、通信服务工作。如图 1-2 所示，整个扫描工作过程包括内部处理、通信服务、输入采样、程序执行、输出刷新 5 个阶段。整个过程扫描执行一遍所需的时间称为扫描周期。扫描周期与 CPU 运行速度、PLC 硬件配置及用户程序长短有关，典型值为 1 ~100ms。

在内部处理阶段，进行 PLC 自检，检查内部硬件是否正常，对监视定时器（WDT）复位以及完成其他内部处理工作。

在通信服务阶段，PLC 与其他智能装置实现通信，执行编程软件的命令，更新编程软件的显示内容等。当 PLC 处于停止（STOP）状态时，只完成内部处理和通信服务工作。当 PLC 处于运行（RUN）状态时，除完成内部处理和通信服务工作外，还要完成输入采样、程序执行、输出刷新工作。

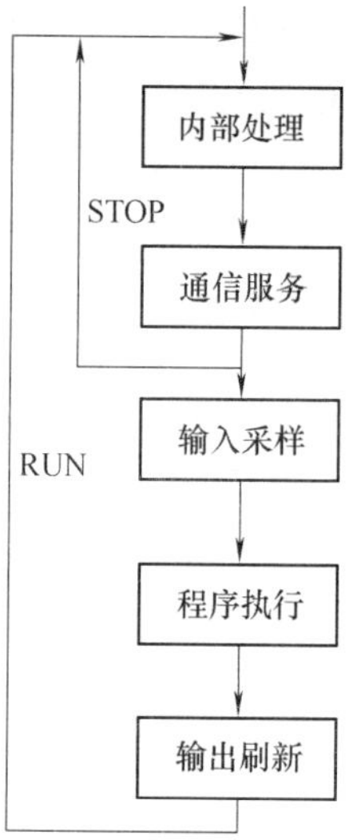

图 1-2　PLC 扫描工作过程

PLC 的扫描工作方式简单直观，便于程序的设计，并为可靠运行提供了保障。当 PLC 扫描到的指令被执行后，其结果马上就被后面将要扫描到的指令所利用，而且还可通过 CPU 内部设置的监视定时器来监视每次扫描是否超过规定时间，避免由于 CPU 内部故障使程序执行进入死循环。

3. PLC 执行程序的过程及特点

PLC 执行程序的过程分为三个阶段，即输入采样阶段、程序执行阶段和输出刷新阶段，如图 1-3 所示。

（1）输入采样阶段

在输入采样阶段，PLC 以扫描工作方式按顺序对所有输入端的输入状态进行采样，存入并刷新输入映象寄存器，接着进入程序处理阶段。在程序执行阶段或其他阶段，即使输入状态发送变化，输入映象寄存器的内容也不会改变，只有在下一个扫描周期的输入采样阶段才能被采样和刷新。

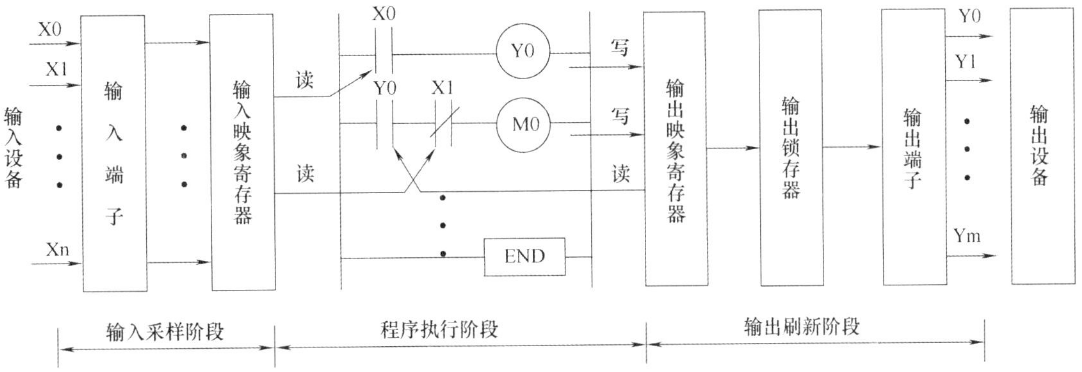

图1-3 PLC执行程序过程

（2）程序执行阶段

在程序执行阶段，PLC程序按顺序进行扫描和执行。若程序用梯形图来标识，则总是按先上后下，先左后右的顺序进行。当遇到程序跳转指令时，则根据跳转条件是否满足来决定程序是否跳转。当指令中涉及输入、输出状态时，PLC从输入映像寄存器和元件映像寄存器中读出，根据用户程序进行运算，运算的结果再存入元件映象寄存器中。对于元件映象寄存器来说，其内容会随程序执行的过程而变化。

（3）输出刷新阶段

当所有程序执行完毕后，进入输出处理阶段。在这一阶段里，PLC将输出映象寄存器中与输出有关的状态（输出继电器状态）转存到输出锁存器中，并通过一定方式输出来驱动外部负载。

因此，PLC在一个扫描周期内，对输入状态的采样只在输入采样阶段进行。当PLC进入程序执行阶段后输入端将被封锁，直到下一个扫描周期的输入采样阶段才对输入状态进行重新采样。这种方式称为集中采样，即在一个扫描周期内，集中一段时间对输入状态进行采样。

在用户程序中如果对输出结果多次赋值，则最后一次有效。在一个扫描周期内，只在输出刷新阶段才将输出状态从输出映象寄存器中输出，对输出接口进行刷新。在其他阶段里输出状态一直保存在输出映象寄存器中，这种方式称为集中输出。

对于小型PLC，其I/O点数较少，用户程序较短，一般采用集中采样、集中输出的工作方式，虽然在一定程度上降低了系统的响应速度，但使PLC的大多数工作时间与外部输入/输出设备隔离，从根本上提高了系统的抗干扰能力，增强了系统的可靠性。

而对于大中型PLC，其I/O点数较多，控制功能强，用户程序较长，为提高系统响应速度，可以采用定期采样、定期输出方式，或中断输入、输出方式以及智能I/O接口等多种方式。

从上述分析可知，从PLC的输入端输入信号发生变化到PLC输出端对该输入变化做出反应，需要一段时间，这种现象称为PLC输入/输出响应滞后。对一般的工业控制，这种滞后是完全允许的。应该注意：这种响应滞后不仅是由于PLC扫描工作方式造成的，更主要的是PLC输入接口的滤波环节会带来输入延迟，以及输出接口中驱动器件的动作时间还会带来输出延时，同时还与程序设计有关。滞后时间是设计 PLC 应用系统时应注意把握的一个参数。

1.6　PLC 的性能指标

一般在 PLC 选型的时候需要考虑很多性能指标。本书将重点介绍一些典型的性能指标：

1. 存储容量

存储容量一般是指用户程序存储器的容量。用户程序存储器的容量越大，越有利于编制更复杂的程序。

2. I/O 点数

输入/输出（I/O）点数是 PLC 可以接受的输入信号和输出信号的总和，是衡量 PLC 性能的重要指标。I/O 点数越多，外部可接的输入设备和输出设备就越多，控制规模就越大。

3. 执行速度

执行速度是指 PLC 执行用户程序的速度，是衡量 PLC 性能的重要指标。PLC 用户手册一般给出执行各条二进制、字和浮点数指令所用的时间，可以通过比较各种 PLC 执行相同操作所用的时间来衡量扫描速度的快慢。

4. 指令的功能与数量

指令功能的强弱、数量的多少也是衡量 PLC 性能的重要指标。编程指令的功能越强、数量越多，PLC 的处理能力和控制能力也越强，用户编程也越简单和方便，越容易完成复杂的控制任务。

5. 内部元件的种类与数量

在编制 PLC 程序时，需要用到大量的内部元件来存放变量、中间结果、保持数据、定时计数、模块设置和各种标志位等信息。这些元件的种类和数量越多，表示 PLC 的存储和处理各种信息的能力越强。

6. 特殊功能模块

特殊功能单元种类的多少与功能的强弱是衡量 PLC 产品的一个重要指标。近年来各 PLC 厂商非常重视特殊功能单元的开发，特殊功能单元种类日益增多，功能越来越强，使 PLC 的控制功能日益扩大。

7. 可扩展能力

PLC 的可扩展能力包括 I/O 点数的扩展、存储容量的扩展、联网功能的扩展、功能模块的扩展等。在选择 PLC 时，经常需要考虑 PLC 的可扩展能力。

1.7　PLC 的发展趋势

随着全球工业应用的快速发展，用户对工业控制的要求日益提高，PLC 产品也在不断提高其性能，其发展方向主要表现在以下几个方面：

1. 向高速度、大容量的方向发展

为了提高 PLC 的处理能力，要求 PLC 具有更快的响应速度和更大的存储容量。目前，有的 PLC 的扫描速度可达 0.1ms/k 左右。PLC 的扫描速度已成为很重要的一个性能指标。

在存储容量方面，有的 PLC 最高可达几十兆字节。

2. 更小、更快、更好

PLC 的外形、体积缩小，意味着便于安装和维护，系统集成时占用柜体空间就减小，但体积小并不意味着用户对其高能的要求在降低，相反用户对于功能的要求越来越多，这就意味着对产品的集成度要求更高。为适应市场需求，可以预期未来的小型 PLC 将拥有更多高端 PLC 的特性，而中高端 PLC 也将提供更小、更紧凑的解决方案，以满足客户的需求。

3. 大力开发智能模块，加强联网通信能力

为满足各种自动化控制系统的要求，近年来不断开发出多功能模块，如高速计数模块、温度控制模块、远程 I/O 模块、通信和人机接口模块等。这些带 CPU 和存储器的智能 I/O 模块，既扩展了 PLC 功能，又使用灵活方便，扩大了 PLC 应用范围。

加强 PLC 联网通信能力是 PLC 技术进步的潮流。PLC 的联网通信有两类：一类是 PLC 之间联网通信，各 PLC 生产厂家都有自己的专有联网手段；另一类是 PLC 与计算机之间的联网通信，一般 PLC 都有专用通信模块与计算机通信。为了加强联网通信能力，PLC 生产厂家之间也在协商制订通用的通信标准，增强彼此设备之间的兼容性。

4. 增强外部故障的检测与处理能力

根据统计资料表明，在 PLC 控制系统的故障中，CPU 占 5%，I/O 接口占 15%，输入设备占 45%，输出设备占 30%，线路占 5%。前两项共 20% 故障属于 PLC 的内部故障，它可通过 PLC 本身的软、硬件实现检测、处理；而其余 80% 的故障属于 PLC 的外部故障。因此，PLC 生产厂家都致力于研制、发展用于检测外部故障的专用智能模块，进一步提高系统的可靠性。

5. 编程语言多样化

在 PLC 系统结构不断发展的同时，PLC 的编程语言也越来越丰富，功能也不断提高。除了大多数 PLC 使用的梯形图语言外，为了适应各种控制要求，出现了面向顺序控制的步进编程语言，面向过程控制的流程图语言，与计算机兼容的高级语言（BASIC，C 语言）等。多种编程语言的并存、互补与发展是 PLC 进步的一种趋势。

第 2 章　ABB AC500 系列 PLC

2.1　ABB AC500 系列 PLC 简介

AC500（Advant Controller 500）系列 PLC 是 ABB 公司推出的可升级的、灵活的自动化控制系统，可完美地满足客户需求。AC500 系列 PLC 功能强大、安装方便、操作简单、应用灵活，适用于从简单到复杂的各种自动化任务，并且可以最大限度地满足工业用户的各种需求。

AC500 系列 PLC 包含两大产品线：AC500-eCo PLC 和 AC500 PLC。其中，紧凑型 AC500-eCo PLC 为小型控制任务提供解决方案，满足小型 PLC 市场的成本效益需求，同时完全能够跨平台与核心 AC500 系列兼容。AC500 是 ABB 的旗舰产品，在单一、简单的理念下提供广泛的功能和可升级性，具有强大的通信能力以及可扩展能力，应用灵活，如图 2-1 所示。

AC500-eCo 与 AC500 PLC 共享同一个硬件平台和编程软件工具。

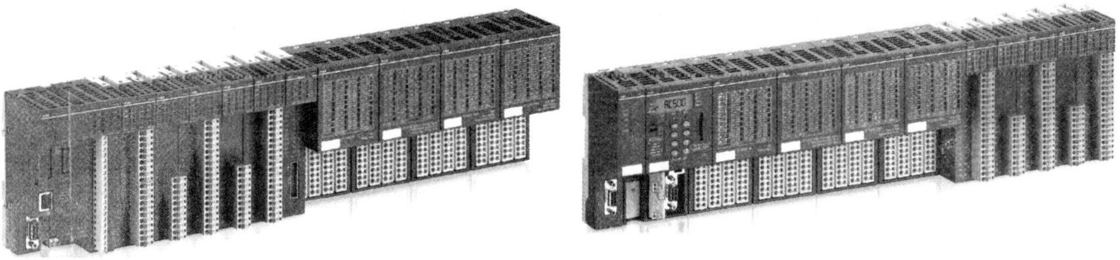

AC500-eCo CPU、7 个 S500 I/O 模块 AC500 CPU 和 10 个 S500 I/O 模块

图 2-1　AC500 系列 PLC 概览

为了帮助客户在极端条件下（指恶劣的、可能对元器件有损害的环境）依然可以安全、可靠地使用 PLC 产品，ABB 公司推出了 AC500-XC 系列 PLC，多数 AC500 PLC 产品都拥有 AC500-XC 版本。XC 系列的外形尺寸、控制功能和软件兼容性与普通系列完全一致。AC500-XC 的所有产品均标有雪花符号，如图 2-2 所示。

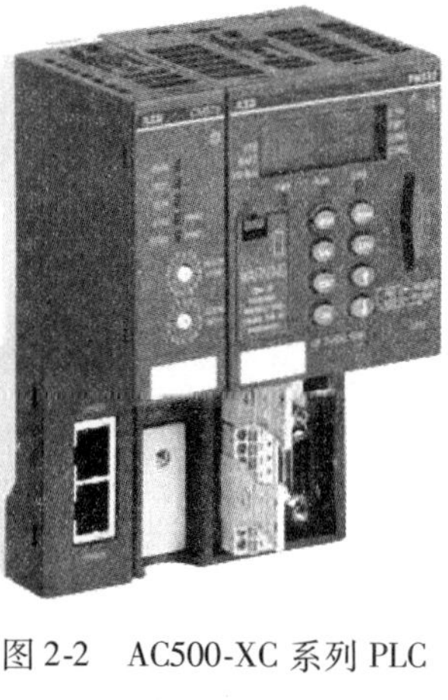

图 2-2　AC500-XC 系列 PLC

AC500-S 安全 PLC 是适用于高可靠性、高效率和高灵活性的设备安全应用的解决方案。该安全 PLC 旨在保护人、设备或工艺以及环境和投资，是风电机组、起重机、绞车和机器人应用的安全 PLC 的理想选择。AC500-S PLC 产品的外壳均为黄色，如图 2-3 所示。

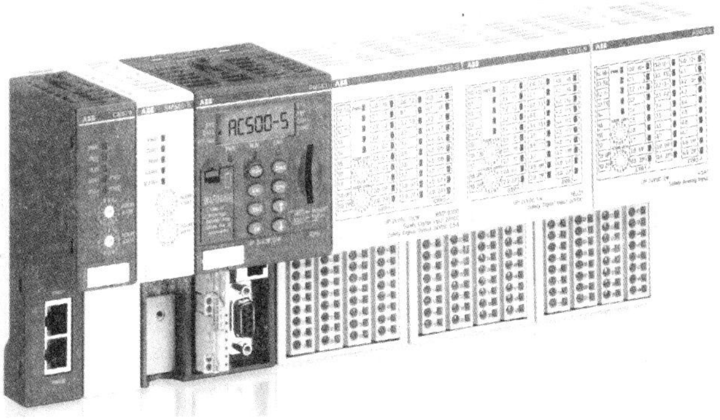

图 2-3　AC500-S 系列 PLC

2.2　AC500-eCo PLC 系统

2.2.1　硬件系统概述

在小型工业控制系统和机械设备中，通常采用 PLC 单机控制模式实现顺序控制和传动控制，并确保达到所需的效率。ABB AC500-eCo PLC 为用户提供了一个紧凑型的控制系统，它能够完美地完成用户的控制需求。它的可扩展性和模块化结构可以让用户根据需求灵活配置。

AC500-eCo PLC 具有很高的集成度，其 CPU 集成了 DI 和 DO 或 AI 和 AO 两种组合，支持 COM1 和 COM2（可选）2 个通信接口及以太网接口（可选），拥有 128KB 或 512KB 程序内存，数据掉电保持免电池，是一款高性能的紧凑型 PLC。所有的 I/O 模块均可自由连接，支持分布式扩展（CS31 总线）、Modbus 通信，连接简单且稳定可靠，如图 2-4 所示。

CPU 模块 I/O 模块

图 2-4　AC500-eCo PLC 系列产品示例

2.2.2　CPU 模块

eCo CPU 模块不仅包含 PLC 的核心部件微处理器，同时还集成电源、输入通道和通信接口。下载用户程序并运行 CPU，循环执行用户程序，监控程序输入输出设备。

以下为 CPU 模块的结构简图，包括指示灯、RUN/STOP 开关、通信接口、输入/输出接线端子排、扩展接口、附件插槽等几个部分，如图 2-5 所示。

1）LED 指示灯　显示 CPU 及 I/O 通道状态。

2）RUN/STOP 开关　控制 CPU 中的程序是否运行。

3）以太网接口（取决于 CPU 型号）　可用于用户程序下载，与其他设备进行通信等。

4）RS485 通信接口（COM1）　可用于用户程序下载，与其他设备进行通信等。

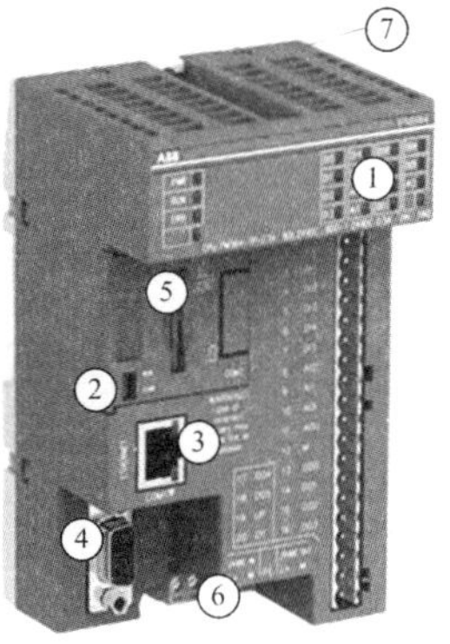

图 2-5　eCo CPU 模块

5）附件插槽　SD 存储卡、COM2 等附件的安装插槽。

6）电源端子　输入、输出电源的接线端子。

7）I/O 总线　模块间的机械连接。

8）模块供电　CPU 和模块间的数据交换。

eCo CPU 具有两种运行模式，即 RUN 和 STOP，通过“RUN/STOP”开关进行切换。在 RUN 模式下，CPU 处于运行方式，执行用户程序。在 STOP 模式下，用户程序停止运行，且不能通过编程软件使之运行。

1. CPU 分类

AC500-eCo PLC 根据集成 I/O 通道的不同，分为 PM55x 和 PM56x 两个系列。其主要特性比较见表 2-1。

表 2-1　eCo PLC 性能参数

特　性	PM554	PM564	PM556	PM566
程序内存	128KB FLASH		512KB FLASH	
掉电保持数据	1KB Retain data + 1KB Persistent data			
%MB 数据（可寻址内部寄存器）	2KB		64KB	
实时时钟（RTC）	可选			
布尔型指令执行速度	0.08ms/1000 条			
通信接口	RS485（COM1）+RS485（COM2 可选）+以太网（取决于型号）			
本地最大可扩展模块	10 个			
—最大数字量输入点（DI）	320 + 8（CPU 板载）	320 + 8（CPU 板载）	320 + 8（CPU 板载）	320 + 8（CPU 板载）
—最大数字量输出点（DO）	240 + 6（CPU 板载）	240 + 6（CPU 板载）	240 + 6（CPU 板载）	240 + 6（CPU 板载）
—最大模拟量输入通道（AI）	160（CPU 板载）	160 + 2（CPU 板载）	160（CPU 板载）	160 + 2（CPU 板载）
—最大模拟量输出通道（AO）	160	160 + 1（CPU 板载）	160	160 + 1（CPU 板载）
高速计数器	最大 50kHz			
高速输出（仅限晶体管型）	最大 20kHz			

注意

PM5x4 的板载 I/O 集成了两路高速计数器，输入通道为 DI0 和 DI1。可以接入两路单相脉冲编码器（<50kHz），或者一个 AB 相编码器（<35kHz）。

PM5x4 的板载 I/O 集成了两路 PWM 输出，输出通道为 DO2 和 DO3，能产生 125Hz～20kHz 的频率，具有 0～100% 的占空比波形。

PM55x 和 PM56x 两个系列 CPU 根据 DO 输出类型、输入电源的不同以及是否集成以太网接口，区分为 12 款不同的 CPU 模块以适应各种需求，具体分类参见表 2-2。

表 2-2　eCo PLC 分类

CPU	板载 I/O			板载以太网接口	电　源
	数据量	模拟量	DO 输出的类型		
PM554-TP	8DI/6DO	—	晶体管	—	DC24V
PM554-RP			继电器		DC24V
PM554-RP-AC			继电器		AC100～240V
PM554-TP-ETH			晶体管	集成	DC24V
PM556-TP-ETH	8DI/6DO	—	晶体管	集成	DC24V
PM564-TP	6DI/6DO	2AI/1AO	晶体管	—	DC24V
PM564-RP			继电器		DC24V
PM564-RP-AC			继电器		AC100～240V
PM564-TP-ETH			晶体管	集成	DC24V
PM564-RP-ETH			继电器		DC24V
PM564-RP-ETH-AC			继电器		AC100～240V
PM566-TP-ETH	6DI/6DO	2AI/1AO	晶体管	集成	DC24V

> **注意**　PM5x4-RP-AC 的供电电压为 AC100～240V，其余为 DC24V。PM5x4-R 的“R”表示数字量输出为继电器类型，可以驱动 AC100～240V 或者 DC24V 负载，最大输出电流为 2A。

2. CPU 供电

（1）UP/ZP，L+/M 简介

在实际应用当中，很多案例都是采用同一个 DC24V 电源供电。为了避免 I/O 在负载切换时产生的电流变化流入内部控制回路而导致的不可预期的影响，所有潜在风险的 I/O 都在内部用光电或磁隔离，区别在于内部电源命名为 L+/M（交流 L/N），如图 2-6 所示。外部隔离 I/O 电源命名为 UP/ZP。

（2）UP/ZP，L+/M 系统接线指南

除非非常了解 ABB PLC 内部的电路结构及对应的电流消耗的大小及特性，系统接线应尽可能地遵守如下规则：

● 把所有与 L+对应的 M（模拟量输入/输出对应的参考 M 除外）接到同一参考点（0V_M 端子排）。

● 把所有 UP 对应的 ZP 接到同一参考点（0V_ZP 端子排）。

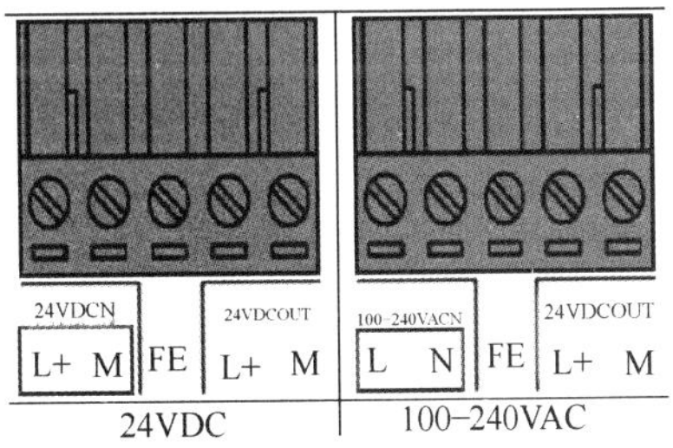

图 2-6　CPU 供电端子类型

● 采用同一 DC24V 电源供电时，ZP 参考点与 M 参考点必须用独立的电缆线接到开关电源上以减少 I/O 负载变化对 L+/M 电源的冲击。同时应用过载保护开关分别把 L+、UP 隔离开以便系统的调试及维护。

● 在一些特殊的应用中，I/O 负载在闭合时可能会产生超过 10 倍额定的冲击电流，例如直流电动机。当很多同类负载切换或闭合时，可能会对 DC24V 供电电源输出特性产生较大冲击及影响，从而降低整个系统的稳定性。为了避免或减少 I/O 负载切换的影响，推荐采

用独立的电源供电（即使采用更大功率的电源或在外部添加额定的缓冲电容，在可靠性及调试维护上都无法与采用独立电源相媲美）。

（3）UP/ZP，L+/M 系统接线范例

● 正确的单电源接线方式

如图 2-7 所示内部电路的 M_0V 参考点与外部 I/O 的 ZP_0V 参考点由独立的电缆接到同一电源上（若电源只提供一组端子，那么两根独立的电缆线应接到同一端子上，避免通过延长线连接）。同时 L+与 UP 由独立的电缆及过载保护开关隔离开。在 24VDC 电源足够稳定的情况下，I/O 负载的变化不会对内部电路产生影响。

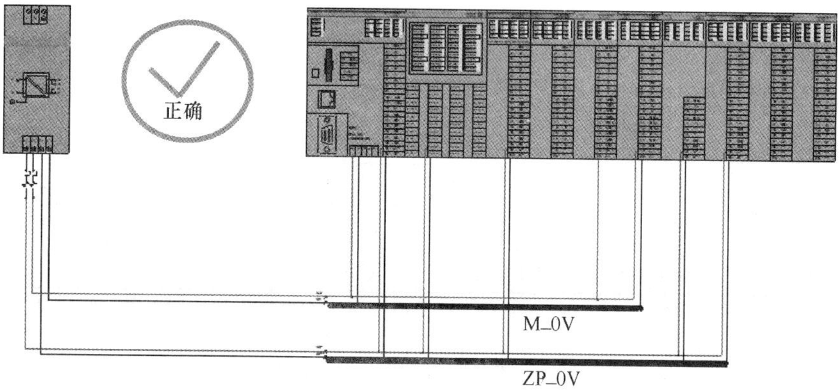

图 2-7　正确的单电源接线图

● 错误的单电源接线方式

如图 2-8 所示内部电路的 M_0V 参考点与外部 I/O 的 ZP_0V 参考点由一根电缆接到同一电源上。这样做的结果可能导致当 I/O 负载有较大的变化时，由于线阻抗及电流变化而产生的压降使内部电路的参考电势同时变化从而使系统产生异常。

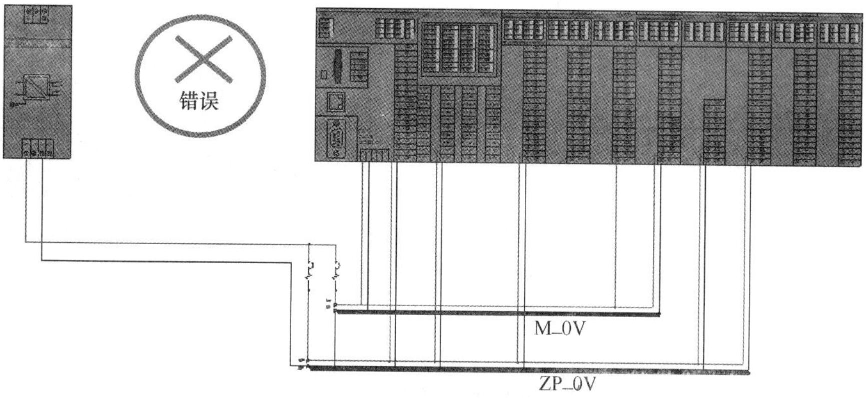

图 2-8　错误的单电源接线图

● 正确的独立电源的接线方式

如图 2-9 所示内部电路的供电电源与外部 I/O 的供电电源由独立的电源完全隔离开。I/O 负载变化不会影响内部电路且易于系统的调试及维护。

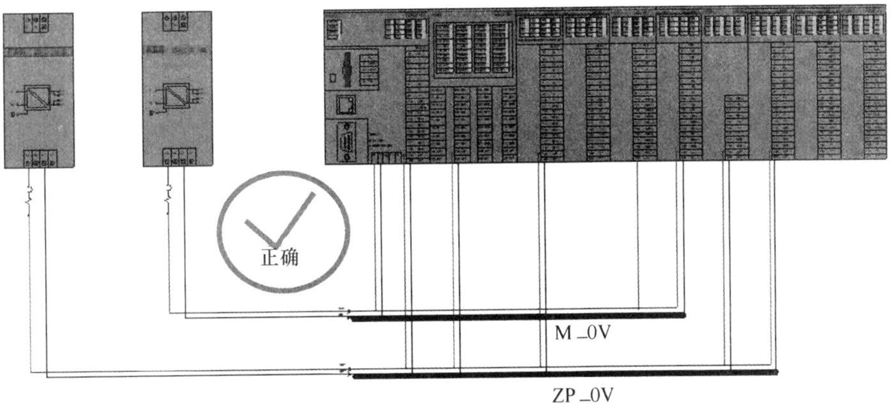

图 2-9　正确的独立电源的接线图

2.2.3　I/O 模块

CPU 模块本身集成有一定数量的 I/O 点，但某些系统需要更多的 I/O 点数，用户可利用 I/O 模块对控制点数进行扩展，以满足控制需求。AC500-eCo PLC 提供了多种扩展模块，见表 2-3。

表 2-3　eCo I/O 模块型号说明

类　别	型　号	规　格
数字量输入	DI561	8DI，DC24V
	DI562	16DI，DC24V
	DI571	8DI，AC100 ~ 240V
	DI572	16DI，AC100 ~ 240V
数字量输出	DO561	8DO，DC24V，晶体管输出，每通道最大为 0.5A
	DO571	8DO，继电器输出，DC24V 或 AC120/240V，每通道最大为 2A
	DO572	8DO，晶闸管输出，AC120V 或 AC240V，每通道最大为 0.3A
数字量输入/输出	DX561	8DI 和 8DO，DC24V，晶体管输出，每通道最大为 0.5A
	DX571	8DI 和 8DO，继电器输出，DC24V 或 AC120/240V，每通道最大为 2A
	DC562	输入/输出可配置，16 通道，DC24V，晶体管输出，每通道最大为 0.5A
模拟量输入	AI561	4AI，-2.5V ~ +2.5V/-5V ~ +5V/0 ~ 5V/0 ~ 10V/0 ~ 20mA/4 ~ 20mA，12 位 + 符号
	AI562	2AI（RTD），PT100/PT1000，Ni100/Ni1000，电阻 150Ω/300Ω，15 位 + 符号
	AI563	4AI（TC），-80mV ~ +80mV，E/J/K/N/R/S/T 型热电偶，15 位 + 符号
模拟量输出	AO561	2AO，-10V ~ +10V/0 ~ 20mA/4 ~ 20mA，12 位
模拟量输入/输出	AX561	4AI/2AO，输入 -2.5V ~ +2.5V/-5V ~ +5V/0 ~ 5V/0 ~ 10V/0 ~ 20mA/4 ~ 20mA，输出 -10V ~ +10V/0 ~ 20mA/4 ~ 20mA，12 位

2.2.4　附件

eCo 提供编程电缆、锂电池和接线端子等齐全的附件，为紧凑应用带来更多的收益，如图 2-10 所示。

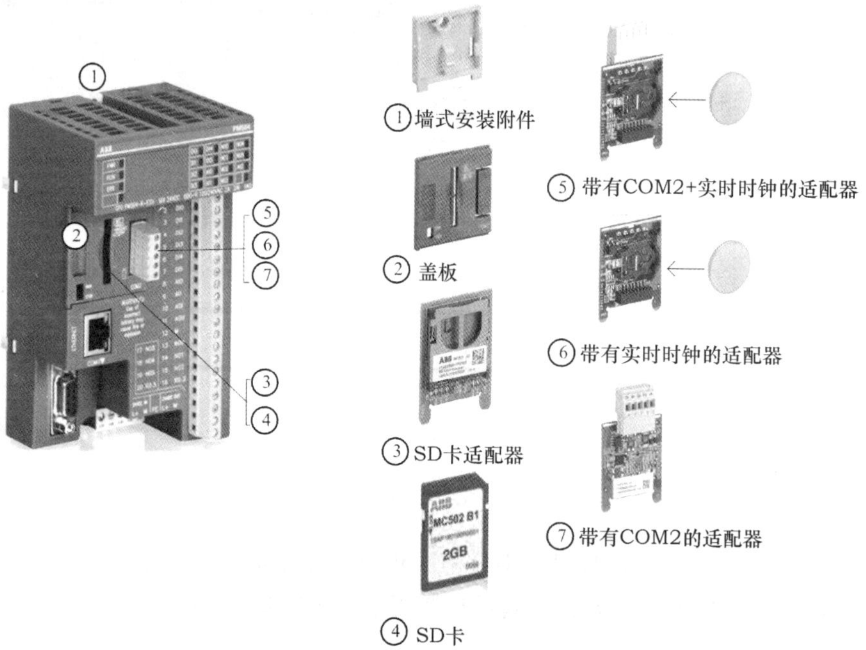

图 2-10　eCo CPU 附件

- TK501：AC500 CPU COM2 口转 PC 串口编程电缆；
- TK502：AC500 CPU COM1 口转 PC 串口编程电缆；
- TK503：eCo CPU 的 COM1 口或 COM2 口转 PC USB 编程电缆；
- TK504：eCo 的 COM2 口转 PC USB 编程电缆。

CPU 及 I/O 模块本体集成 I/O 端子排，需安装附件接线端子来连接外围设备，如图 2-11 所示。模块的端子排分上下两部分。上半部分为 9 针，下半部分为 11 针。eCo 提供多种接线形式和方向的端子，可参考表 2-4 进行选择。

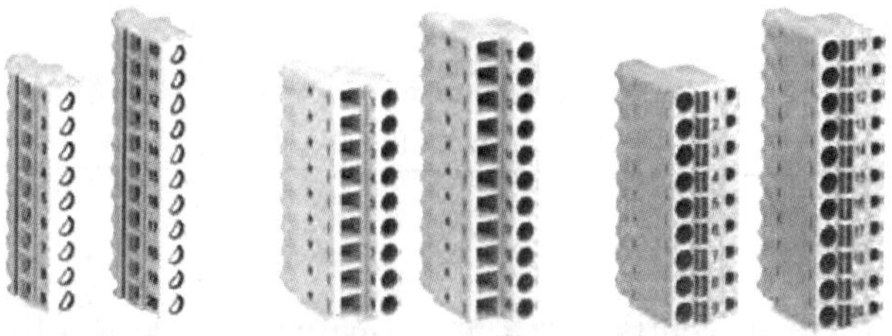

图 2-11　eCo 接线端子

表 2-4　I/O 端子排型号

端子型号	所 含 组 件
TA563-9	PCB 接线端子排，9 孔，前端螺钉，侧面接线，每包 6 个，按包销售
TA563-11	PCB 接线端子排，11 孔，前端螺钉，侧面接线，每包 6 个，按包销售
TA564-9	PCB 接线端子排，9 孔，前端螺钉，前端接线，每包 6 个，按包销售
TA564-11	PCB 接线端子排，11 孔，前端螺钉，前端接线，每包 6 个，按包销售
TA565-9	PCB 接线端子排，9 孔，前端弹簧，前端接线，每包 6 个，按包销售
TA565-11	PCB 接线端子排，11 孔，前端弹簧，前端接线，每包 6 个，按包销售

2.2.5　系统扩展

本地扩展通过模块侧面的 I/O 总线直接将 CPU 模块与 I/O 模块连接，增加更多的控制点数及更多的功能。通过本地扩展，CPU PM55x 和 PM56x 均可连接 10 个 I/O 模块，其中数字量模块和模拟量模块的搭配数量及位置无限制，如图 2-12 所示。

图 2-12　AC500-eCo PLC 本地扩展

eCo 典型的分布式扩展通过 CS31 总线实现，如图 2-13 所示。CPU 可作为主站，通过串行接口 COM1 连接总线与 CS31 从站模块（如 DC551）进行通信。CS31 总线上每个从站模块最多连接 7 个 I/O 模块，其中模拟量不能超过 32 路 AI 和 32 路 AO，数字量不能超过 240 路 DI 和 240 路 DO。主站可以连接从站的数量依据从站所控制的点数而定。如果每个从站不超过（120 路 DI 和 120 路 DO）或（8 路 AI 和 8 路 AO）的话，那么最多可连接 31 个从站。

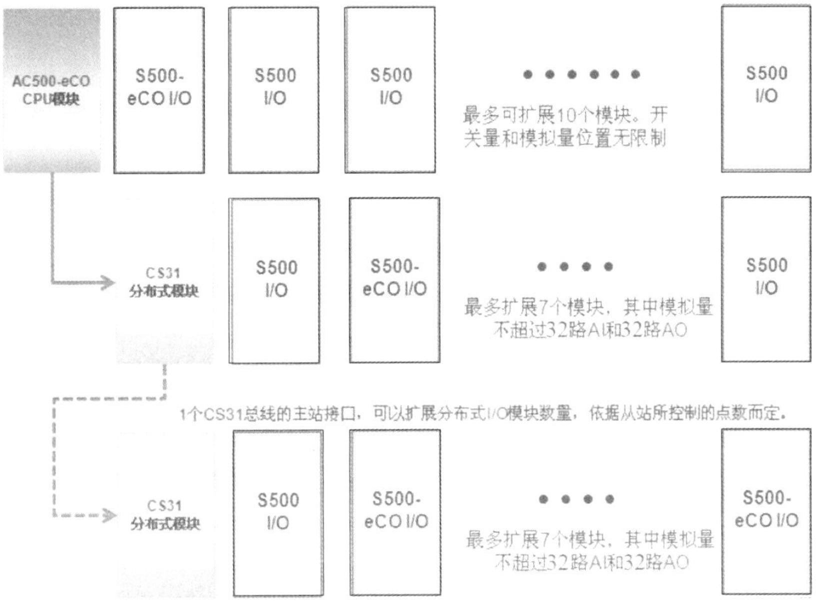

图 2-13　AC500-eCo PLC 进行 CS31 总线扩展

AC500-eCo PLC 同时还是 ABB 公司一款独特的可升级的产品。CPU 模块既可以独立运行，还可以进行本地扩展、分布式扩展以及网络扩展。eCo 和 AC500 完全兼容，客户可以在 S500-eCo I/O 和 S500 I/O 模块中灵活选择，实现经济、可升级的解决方案，如图 2-14 所示。

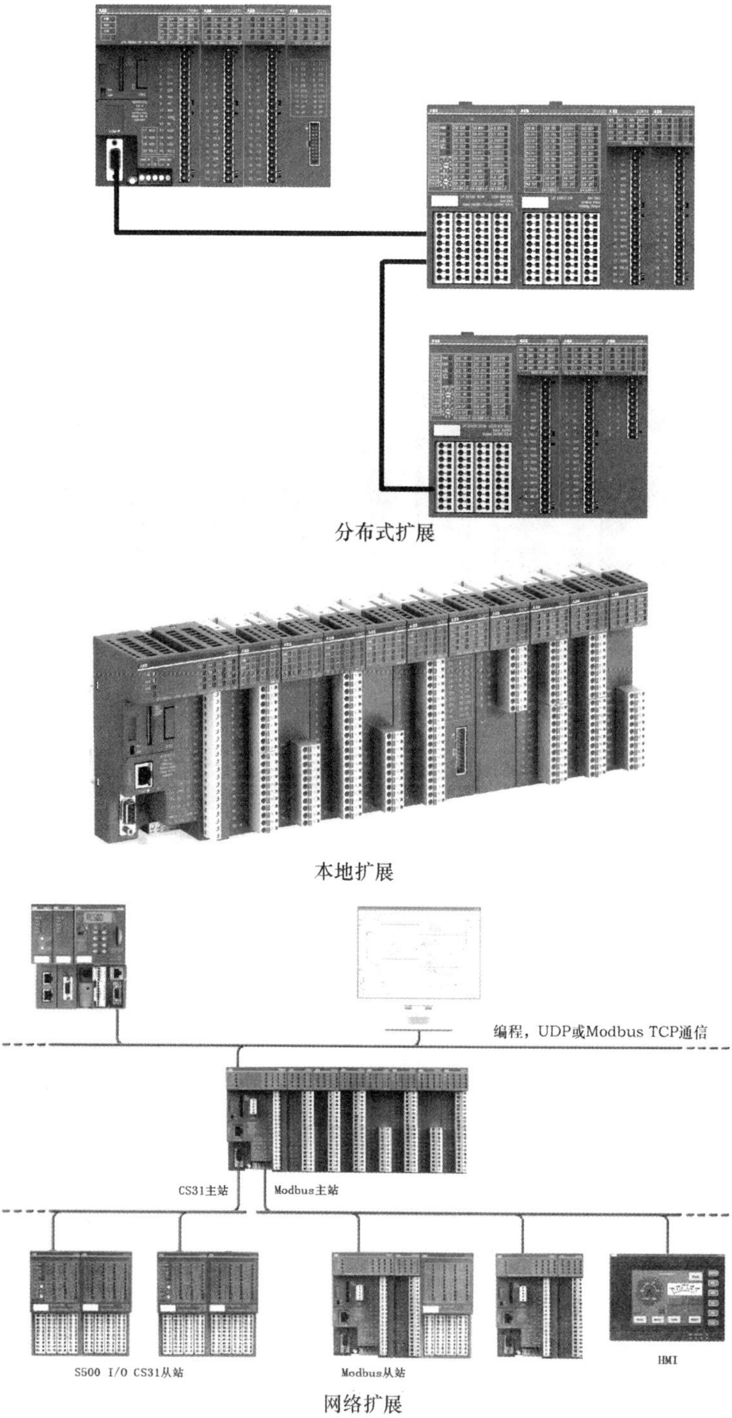

图 2-14　AC500-eCo PLC 系统扩展方式

2.2.6 通信功能

AC500-eCo PLC 支持多种通信方式以适应现代工厂自动化对系统开放性的需求。支持标准 Modbus 协议和 OPC，可便捷地实现 eCo 系列 PLC 与各厂家的 HMI 设备进行通信。

1. 串行通信

CPU 模块上集成 1 路 RS485 串行通信端口 COM1。COM1 可作为编程接口、CS31 主站、标准 Modbus RTU（主站或从站）或自由协议。CPU 模块上还可以通过接口适配器扩展 1 路 RS485 串行通信接口 COM2。COM2 和 COM1 功能方面的区别仅在于 COM2 口不支持 CS31 总线。

2. 以太网

CPU PM5xx-ETH 集成 1 路以太网接口，可作为编程接口，并且支持标准 Modbus TCP/IP 协议（基于 TCP/IP 的 Modbus，主站（即客户）或从站（即服务器））和 ETH UDP（CPU 间数据交换）数据发送/接收，而且该接口可配置为 OPC 接口实现与 OPC 客户机的数据交换。

2.2.7 安装和拆卸

1. 安装原则

本节介绍安装指导原则，将指导用户如何合理地安装系统部件，以便更有效、更安全地使用 eCo 系列 PLC，如图 2-15 所示。

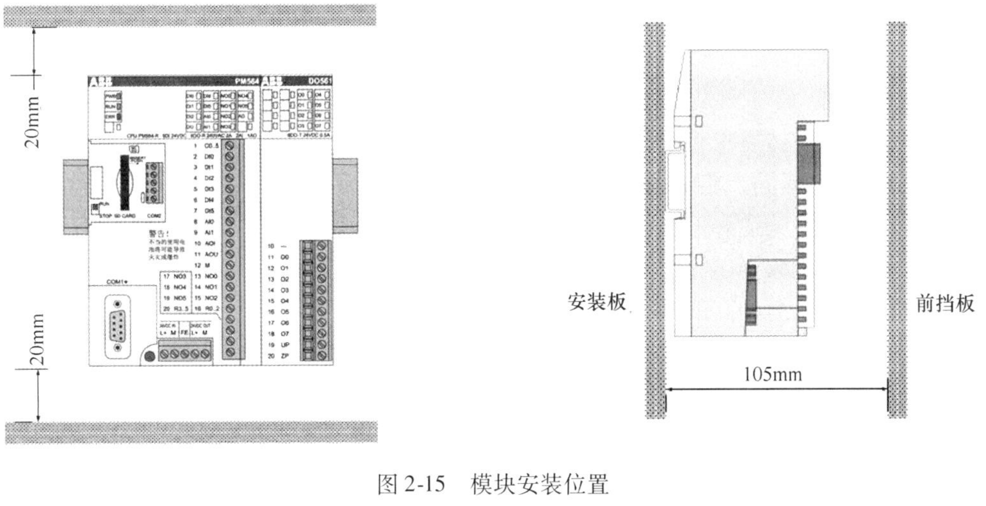

图 2-15 模块安装位置

（1）散热

eCo 采用自然对流散热方式，所以无论模块采用何种安装方式，都必须确保良好的通风散热效果。

- 在每个模块的上方和下方至少应该留有 20mm 的空间，以便于正常的散热。
- 在有前挡板的情况下，必须使板间的深度至少为 105mm。
- 采用垂直安装时，允许的最高环境温度将降低 10°C。而且 CPU 应安装在所有扩展模块的下方。
- 垂直安装时，应在模块的底部和上部安装一个终端锁定挡块，以保障模块安全。

• 高振动应用情况下，推荐在模块的两侧安装一个终端锁定挡块，以保障模块安全。

（2）符合电磁兼容性（EMC）

在控制系统设计中，有很多应用必须考虑电磁噪声对系统的影响。例如：当周围安装有变频器、压缩机、小功率泵（高电感）或中压开关设备时，EMC 接地方法可有效地防止系统工作异常，尤其要考虑以下原则：

• 使所有的连接都尽可能的短（特别是接地线）。
• 使用横截面积大的导体（特别是接地线）。
• 使用低阻抗导线，即接触良好和横截面积大的导线（特别是接地线）。

连接过程还应注意以下方面：

• 采用抗振动连接。
• 清洁金属接触面（去除污渍，清洁表面）。
• 如果可能，不要使用铝质材料（容易氧化）。
• 使用卡子将屏蔽电缆连接到一个接地性能良好的金属表面。
• 不要使用带护套的连接。
• 在螺钉连接时不要使用齿状锁环 。

将 DIN 导轨和 PE（保护地）连接在一起时，使用截面积最小为 10mm² 的导线进行接地连接，如图 2-16 所示，使用 M6 螺钉将接地线连接到 DIN 导轨上。金属固定板与 DIN 导轨之间要大面积接触，使干扰更加有效地减小，由此可显著提高 EMC 性能。

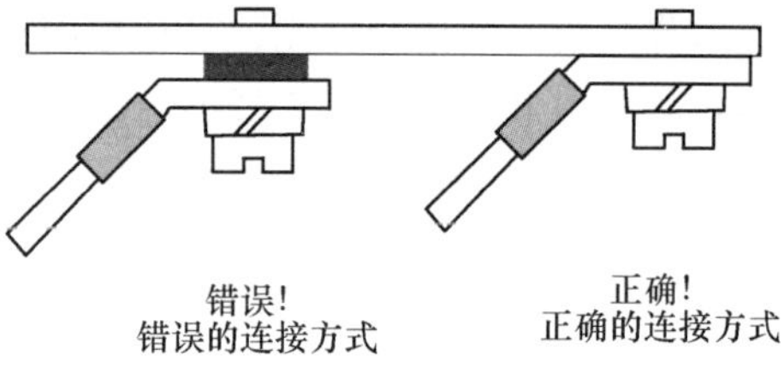

图 2-16　连接方式说明

（3）电缆铺设

• 根据模块的具体要求接线。
• 根据功能的不同，将电缆分组（动力电缆、电源电缆、信号电缆和数据电缆）。
• 将信号电缆和数据电缆与电源电缆分开铺设，两种电缆的最短距离为 20cm。
• 将交流信号电缆和高能量直流电缆与低能量的信号电缆隔开。

（4）屏蔽电缆

• 数据电缆必须采用屏蔽电缆。电缆屏蔽层的两端均应接地。安装等电位载流排，确保没有寄生电流流过电缆的屏蔽层。
• 如果只将电缆屏蔽层的一端接地，只能抵抗电容耦合干扰和低频扰动（50Hz 噪声）。
• 必须选用编织屏蔽层的电缆。箔层屏蔽电缆不够结实，不能可靠连接，而且高频性能不佳。
• 在传输模拟信号时，必须采用屏蔽电缆。在传输小信号时，屏蔽层只可一端接地。
• 当进入开关柜时，使用接线柱将电缆屏蔽层直接接地。与模块连接的电缆屏蔽层请勿切断。
• PE 排和屏蔽排之间必须进行低阻抗连接。

2. 安装及拆卸 AC500-eCo CPU 模块

eCo CPU 模块既可安装在 DIN 导轨上也可使用螺钉安装在金属底板上。在安装或拆卸模块及其相关设备之前，一定要确保切断所有电源！

> ⚠ 在安装或拆卸 eCo 模块及其相关设备时，如果没有有效切断电源，将会导致不必要的人身伤害或设备损坏。

（1）DIN 导轨安装与拆卸

1）安装　CPU 模块可以安装到标准 35mm（厚度为 7.5mm 或 15mm）DIN 导轨上，并向下按入，CPU 将自动锁定入位，如图 2-17 所示。

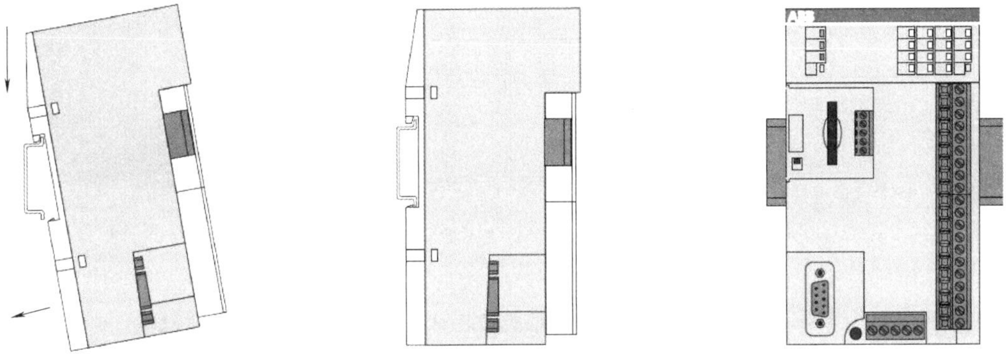

图 2-17　DIN 导轨安装 eCo CPU

> ⚠ CPU 模块通过 DIN 导轨接地，因此 DIN 导轨须通过底板进行良好接地。

2）拆卸　在系统断电 5s 后，将 CPU 与 I/O 模块分开（如有连接 I/O 模块）。按 CPU 的顶部，并同时向外拉出较低一端，如图 2-18 所示。

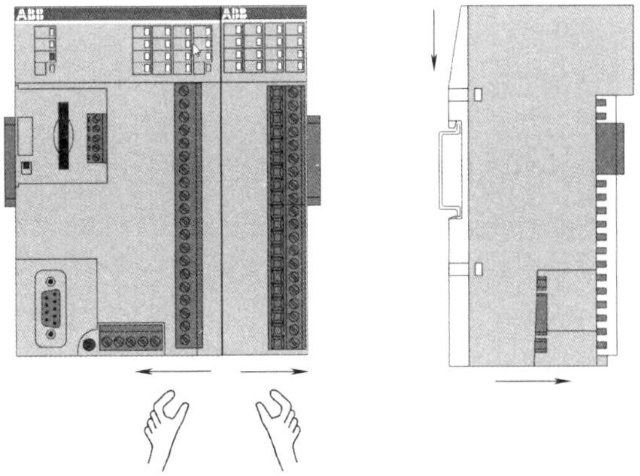

图 2-18　拆卸 eCo IO 模块

（2）墙式安装

eCo 模块需要借助附件 TA566 才可以安装在金属底板上，TA566 固定在 CPU 的底部。使用两个螺钉（最大直径为 4mm）将 CPU 固定在金属底板上，如图 2-19 所示。

> ⚠ CPU 通过金属底板接地，因此 CPU 只能使用金属螺钉安装在金属底板上，无须使用绝缘垫。金属底板须通过机架良好接地。

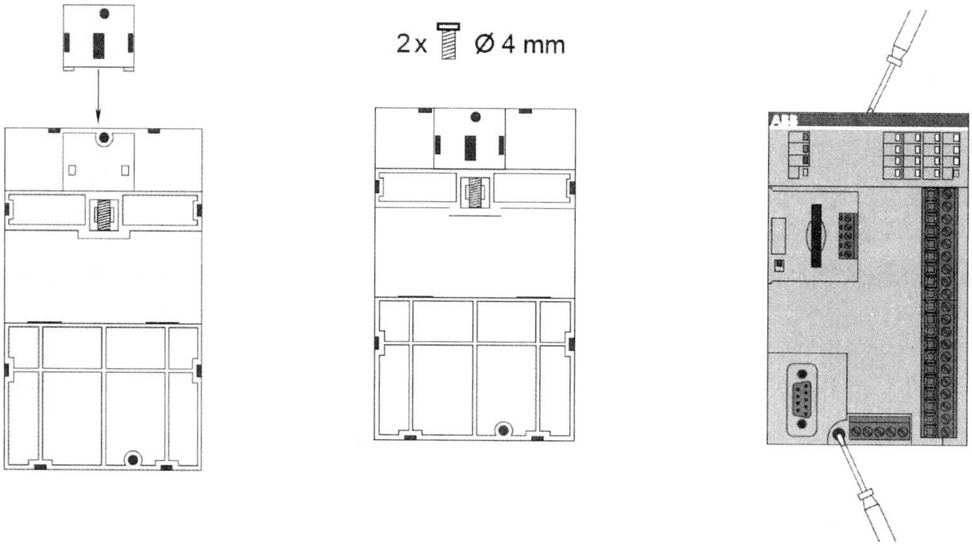

图 2-19　墙式安装 eCo CPU

3. 安装及拆卸 I/O 模块

(1) 安装

如图 2-20 所示。

- 将 I/O 模块放在 DIN 导轨上，并向下按入。
- I/O 模块将自动锁定入位。
- 用手将此 I/O 模块向其他 I/O 模块或 CPU 方向按压，使 I/O 总线彼此连接。

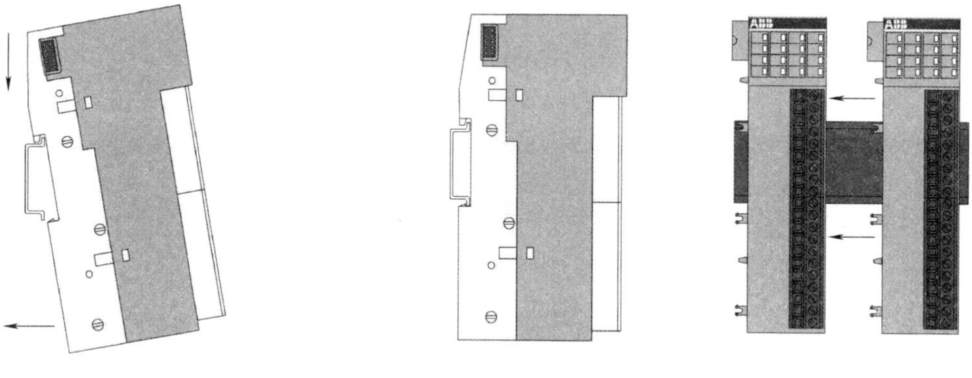

图 2-20　安装 eCo IO 模块

> ⚠ S500-eCo I/O 模块通过 DIN 导轨接地，因此 DIN 导轨必须进行良好接地。

(2) 拆卸

如图 2-21 所示。

- 系统断电后，等待大约 5s。
- 断开与前后模块的连接，并拔掉接线端子。
- 按住 IO 模块的顶部，并同时向外拉出较低一端。

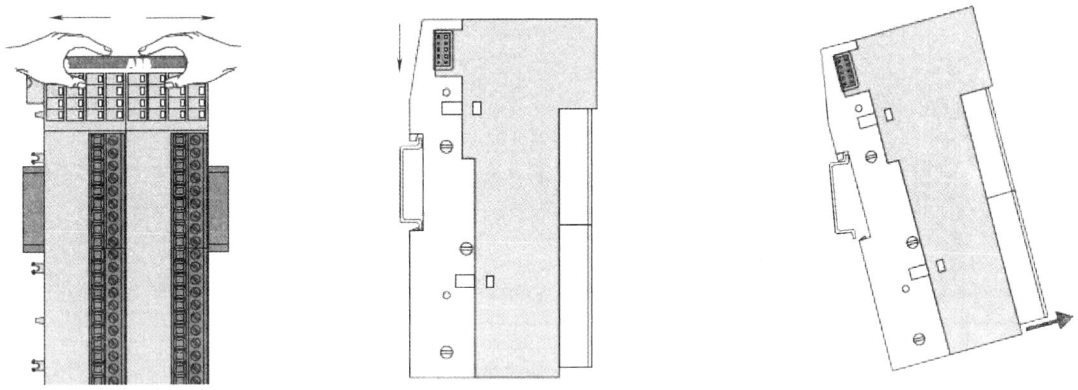

图 2-21　拆卸 eCo IO 模块

（3）墙式安装

如图 2-22 所示。

- 将附件 TA566 固定在 I/O 模块的底部。
- 用手将此 I/O 模块向其他 I/O 模块或 AC500-CPU 按压，使 I/O 总线彼此连接。
- 使用两个螺钉（最大直径为 4mm）将 I/O 模块固定在金属底板上。

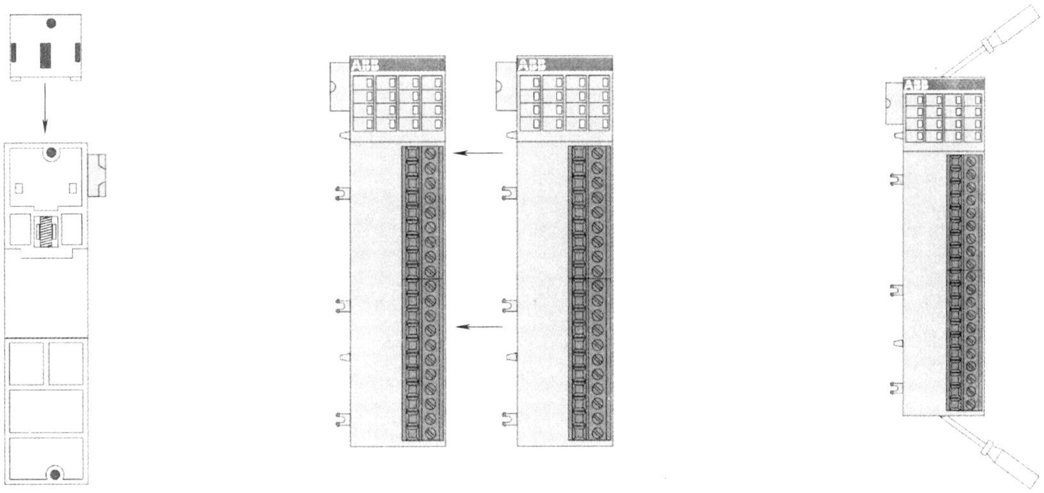

图 2-22　墙式安装 eCo IO 模块

2.2.8　接线

本节将举例说明 AC500-eCo 系列 PLC I/O 模块的接线方式，用户还需根据自身现场实际情况来具体处理接线过程中遇到的实际问题，如外部信号干扰等，而不局限于本节的介绍。

1. 数字量输入（DC24V）接线图

如图 2-23 所示。

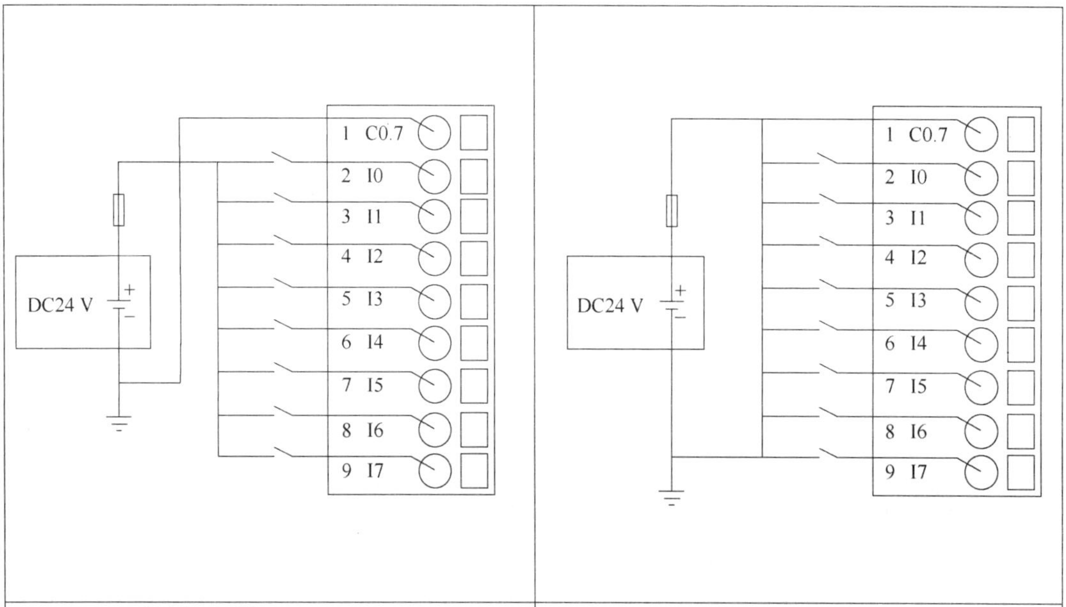

数字量漏型输入(DI561)　　数字量源型输入(DI561)

图 2-23　数字量输入（DC24V）接线图

2. 数字量输入（AC220V）接线图

如图 2-24 所示。

3. 数字量输出接线图

如图 2-25 所示及图 2-26 所示。

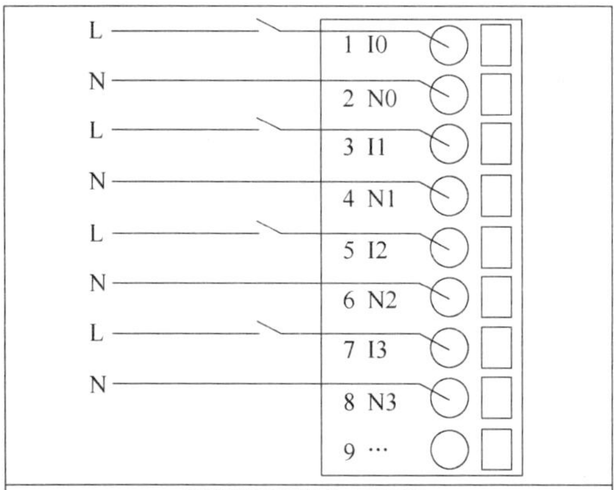

交流数字量输入(DI571)

图 2-24　数字量输入（AC220V）接线图

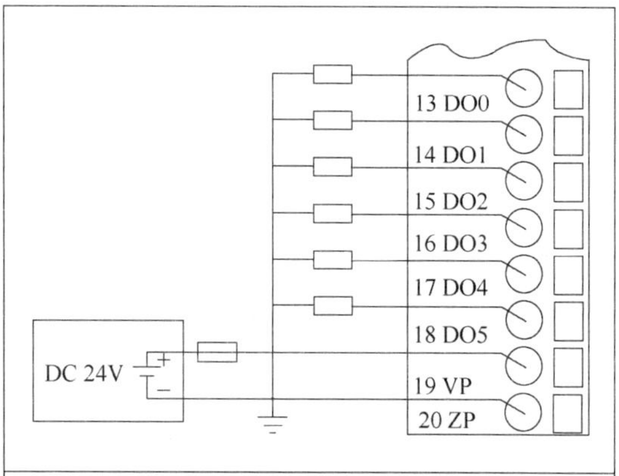

数字量晶体管输出的连接

图 2-25　晶体管输出接线图

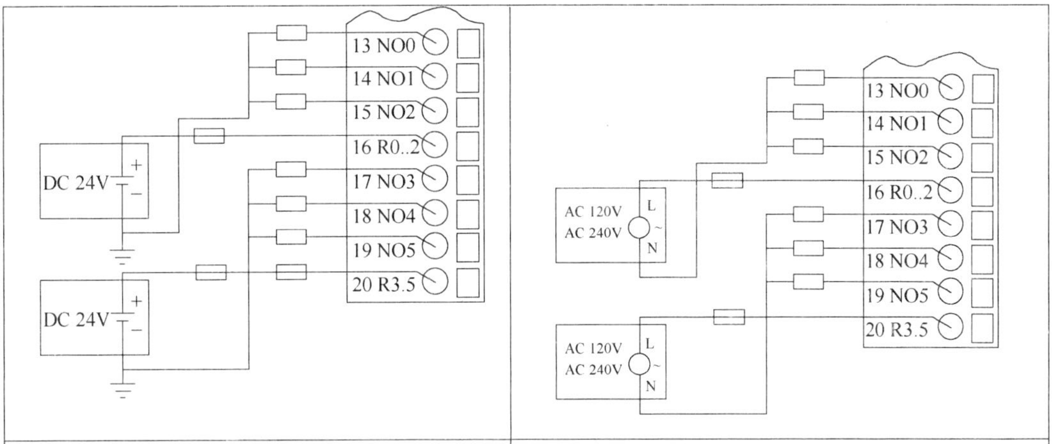

数字量继电器输出的连接（DC 24V）　　数字量继电器输出的连接（AC100~24V）

图 2-26　继电器输出接线图

4. 模拟量输入接线图

如图 2-27 所示。

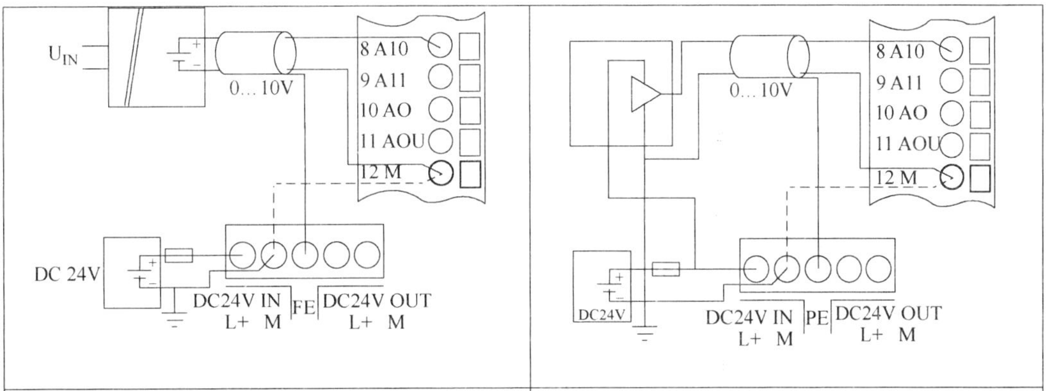

有源型模拟量传感器的连接（电压）　　无源型模拟量传感器的连接（电压）

图 2-27　模拟量输入接线图

5. 模拟量输出接线图

如图 2-28 所示。

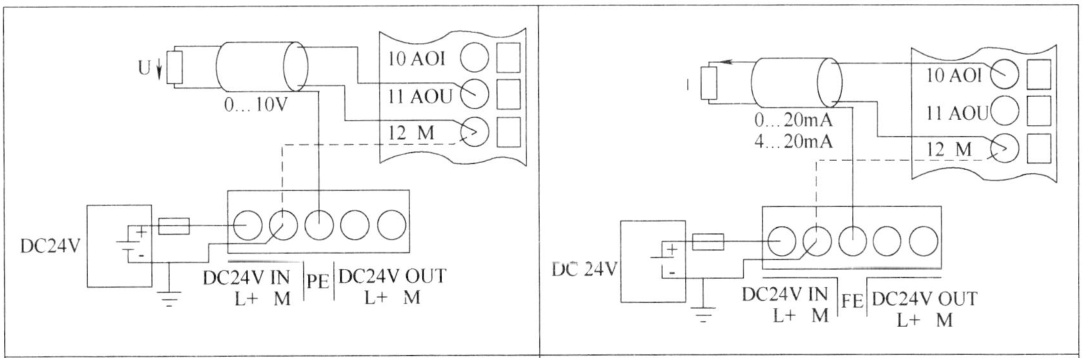

模拟量执行器的连接（电压）　　模拟量执行器的连接（电流）

图 2-28　模拟量输出接线图

6. 热电阻输入接线图

如图2-29所示。

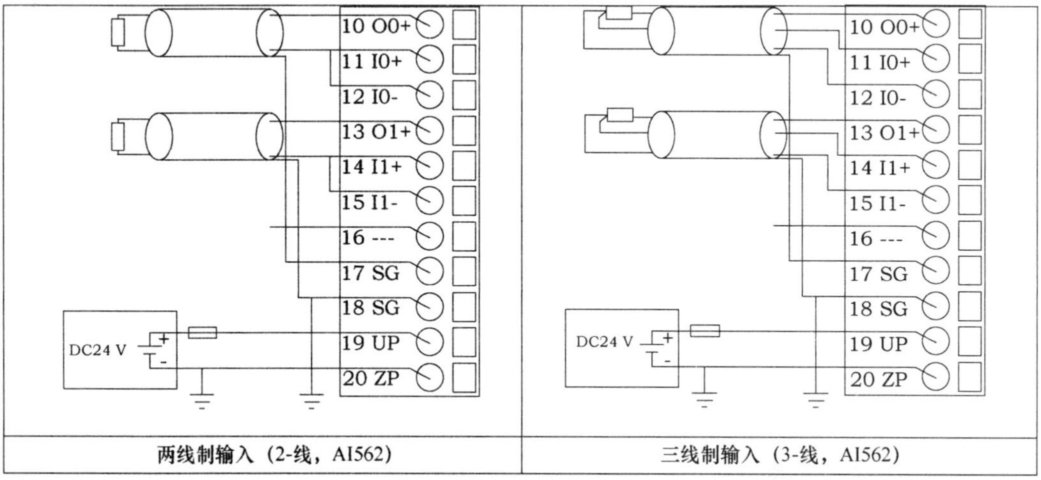

图2-29　热电阻输入接线图

7. 热电偶输入接线图

如图2-30所示。

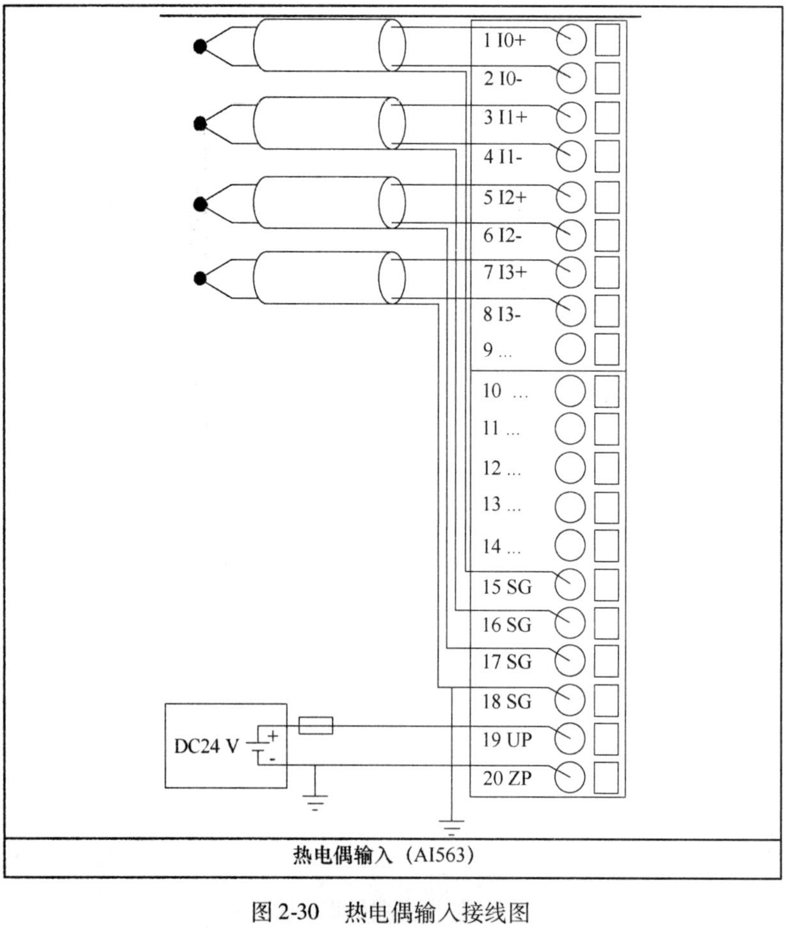

图2-30　热电偶输入接线图

8. 模拟量输入/输出接线图

1）电压输入信号，如图 2-31 所示。

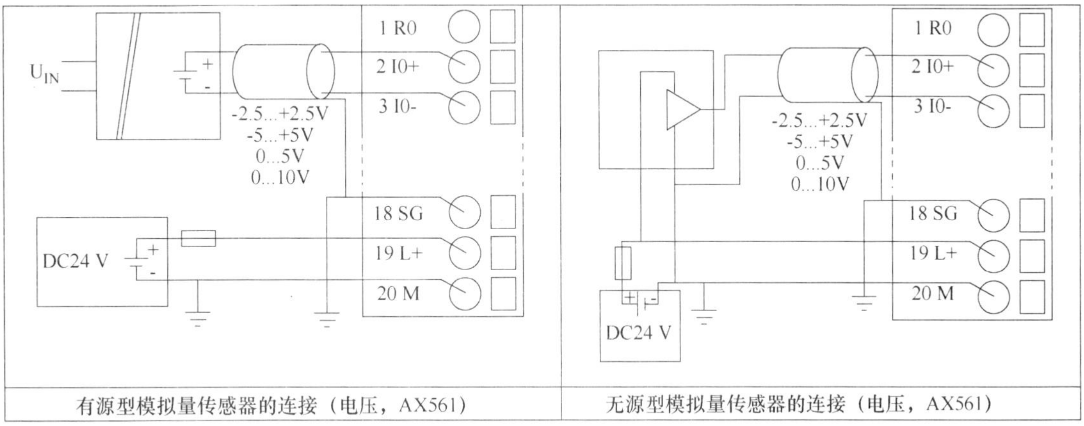

图 2-31 电压输入

2）电流输入信号，如图 2-32 所示。

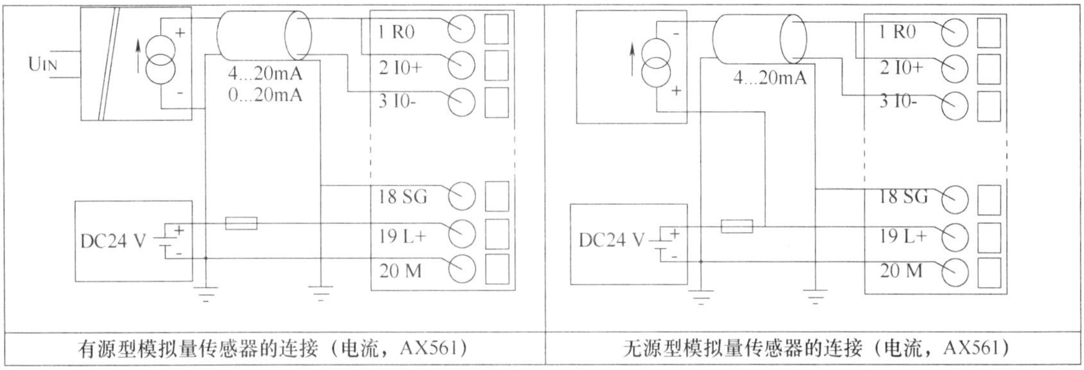

图 2-32 电流输入

3）输出信号，如图 2-33 所示。

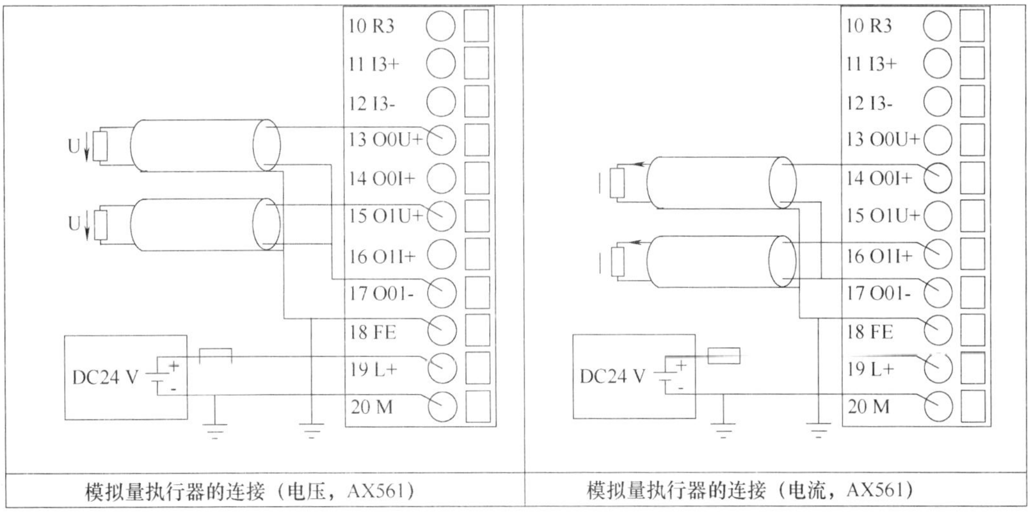

图 2-33 输出信号

9. 感性负载设计注意事项

感性负载在电源关闭时电压会瞬间升高。通过加入抑制回路可限制输出关闭时的电压升高，防止输出点过早损坏。另外，抑制回路还可以限制感性负载开关时产生的电子噪声。

（1）直流晶体管的保护

AC500-eCo PLC 直流晶体管的输出，对于大电感或频繁开关的感性负载可以使用外部续流二极管来防止击穿内部晶体管，如图 2-34 所示为直流晶体管输出保护的典型应用。

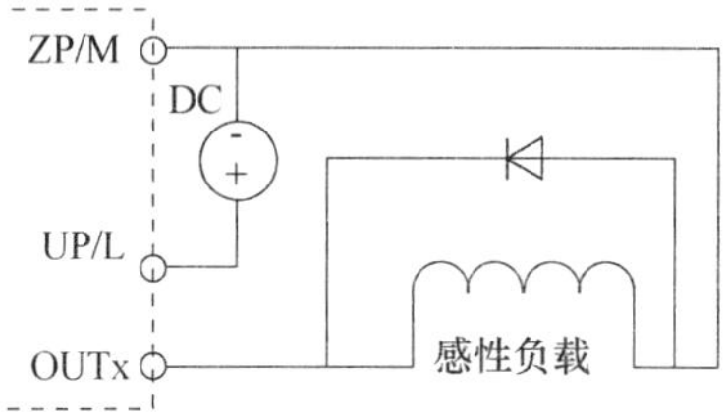

图 2-34　直流晶体管输出保护

（2）直流继电器的保护

由于继电器型输出既可以连接直流负载，又可以连接交流负载，因而没有内部保护。将电阻/电容网络应用于低压（DC30V）直流继电器电路中，与感性负载并联，形成直流继电器保护电路，如图 2-35 所示。

（3）交流继电器的保护

当使用继电器来控制 AC120/240V 交流负载时，推荐在交流负载上并联阻容网络加可变电阻给予保护，如图 2-36 所示。

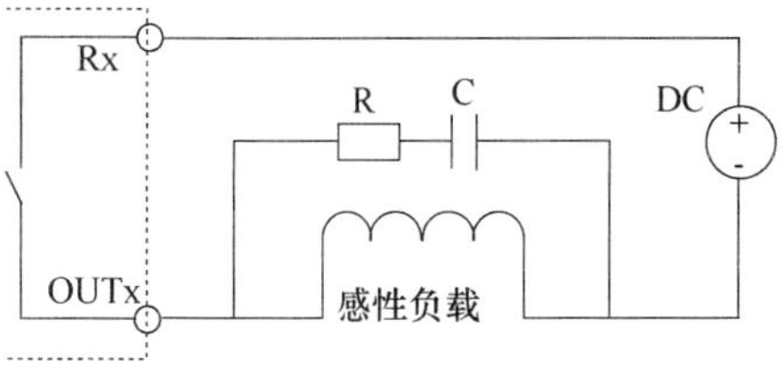

图 2-35　直流继电器保护电路

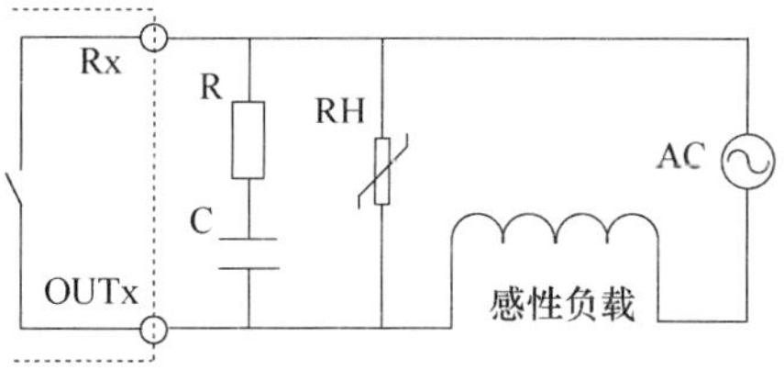

图 2-36　交流继电器保护电路

2.3　AC500 PLC 系统

2.3.1　硬件系统概述

随着自动化技术的不断创新发展，对系统规模和总线种类的需求都有较大的提高，这时候就需要一个简单但却灵活、具有一致的扩展和不同总线能力的系统。为了实现这个目标，ABB 公司提供了一套高性能、面向未来、保护投资的扩展升级产品——AC500 PLC，AC500 系列的各产品设备可以根据用户的需求灵活地组合和使用，从而能够适应各种不同的自动化任务，如图 2-37 所示。

2.3.2　CPU 模块

ABB AC500 系列有 3 个级别的 CPU 可供选择：PM572 或 PM573-ETH，PM582 或 PM583-ETH，PM590-ETH，PM591-ETH 或 PM591-2ETH，PM592-ETH，这些 CPU 模块的特点见表 2-5。

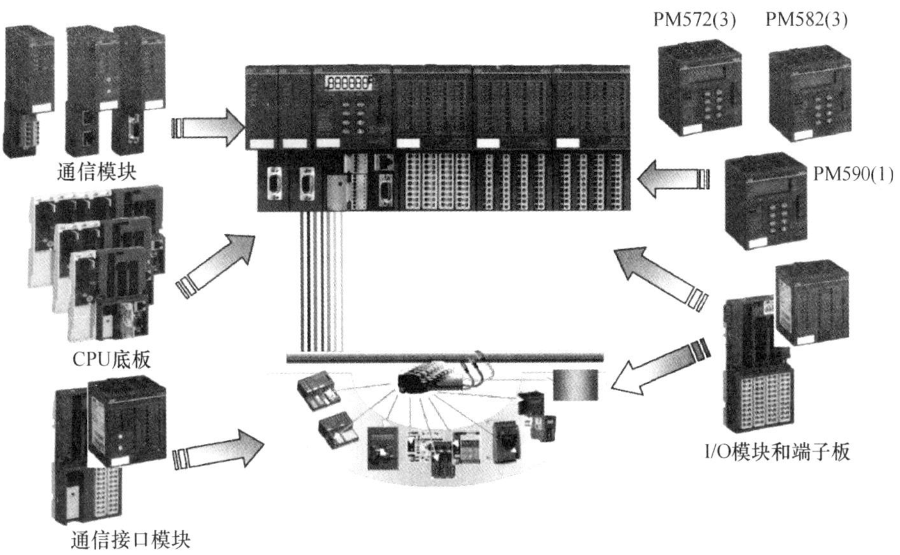

图 2-37　AC500 PLC 系统概览

表 2-5　AC500 PLC 型号分类

型　　号	1000 条指令的扫描时间	描　　述
PM572	二进制：0.06ms 字：0.09ms 浮点数：0.7ms	DC24V 供电，128KB 程序内存，有内存卡插孔，2 个 COM 串口，RS232/485 可设，1 个 FBP 接口，带 LCD 显示屏
PM573-ETH		DC24V 供电，512 KB 程序内存，有内存卡插孔，2 个 COM 串口，RS232/485 可设，1 个 FBP 接口，带 LCD 显示屏
PM582	二进制：0.05ms 字：0.06ms 浮点数：0.5ms	DC24V 供电，512KB 程序内存，有内存卡插孔，2 个 COM 串口，RS232/485 可设，1 个 FBP 接口，带 LCD 显示屏
PM583-ETH		DC24V 供电，1MB 程序内存，有内存卡插孔，2 个 COM 串口，RS232/485 可设，1 个 FBP 接口，带 LCD 显示屏
PM590-ETH	二进制：0.002ms 字：0.004ms 浮点数：0.004ms	DC24V 供电，2MB 程序内存，有内存卡插孔，2 个 COM 串口，RS232/485 可设，1 个 FBP 接口，带 LCD 显示屏
PM591-ETH		DC24V 供电，4MB 程序内存，有内存卡插孔，2 个 COM 串口，RS232/485 可设，1 个 FBP 接口，带 LCD 显示屏
PM591-2ETH		DC24V 供电，4MB 程序内存，有内存卡插孔，2 个 COM 串口，RS232/485 可设，1 个 FBP 接口，带 LCD 显示屏
PM592-ETH		DC24V 供电，4MB 程序内存，有内存卡插孔，2 个 COM 串口，RS232/485 可设，1 个 FBP 接口，带 LCD 显示屏

PM572、PM573-ETH、PM582、PM583-ETH、PM590-ETH、PM591-ETH、PM591-2ETH 和 PM592-ETH 是控制系统 AC500 的中央处理单元 CPU，类型不同，它们的性能（存储器大小、处理速度等）也不同。每个 CPU 安装在合适的底板上，CPU 底板的类型取决于通信模块的个数。通信模块及 CPU 底板上集成的通信接口同 CPU 模块一起工作。CPU 的 I/O 总线上最多可以连接 10 个 I/O 模块，如图 2-38 所示。

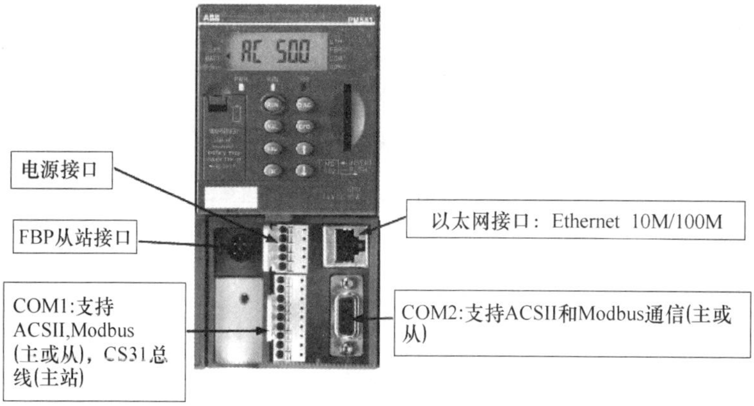

图 2-38　AC500 CPU 模块底板上集成的通信接口介绍

1. 串口 COM1

串口 COM1 与一个 9 针可拆卸的接线板连接，可配置为 RS232 或 RS485 方式，如图 2-39 所示。可用于：

- 在线访问（PC/编程软件的 RS232 编程接口）。
- ASCII 自由协议（通过功能块 COM_SEND 和 COM_REC 来实现通信）。
- Modbus RTU，主站或从站（RS485）。
- CS31 总线的主站（RS485）。

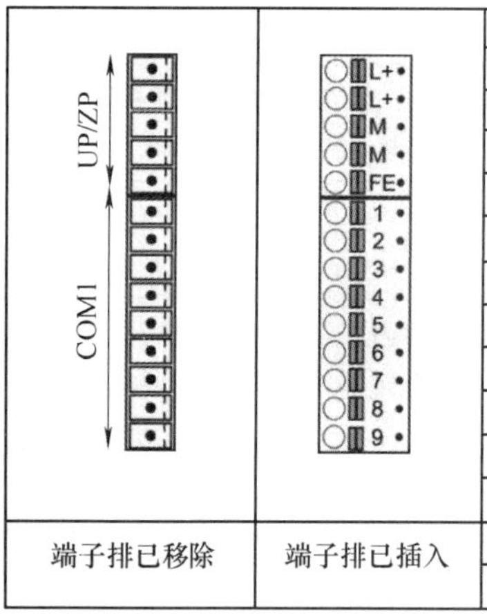

L+	DC +24V	UP	
L+	DC +24V	UP	
M	0V	ZP	
M	0V	ZP	
FE	FE	功能接地	
1	Term.p	RS485	终端P
2	R×D/T×D-P	RS485	接收、发送，正
3	R×D/T×D-N	RS485	接收、发送，负
4	Term.N	RS485	终端N
5	RTS	RS232	请求发送（输出）
6	T×D	RS232	发送数据（输出）
7	SGND	信号地	
8	R×D	RS232	接收数据（输入）
9	CTS	RS232	清除发送（输入）

图 2-39　COM1 串口各针脚的设定

2. 串口 COM2

串口 COM2 与一个 9 针的 SUB-D 连接器连接，可配置为 RS232 和 RS485 方式，如图 2-40 所示，用于：

- 在线访问（PC/编程软件的 RS232 编程接口）。
- ASCII 自由协议（通过功能块 COM_SEND 和 COM_REC 来实现通信）。
- Modbus RTU，主站或从站（RS485）。

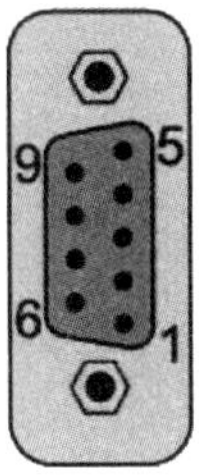

AC500 COM2	引脚名称			
	1	FE		功能接地
	2	T×D	RS232	发送数据输出
	3	R×D/T×D-P	RS485	接收 /发送正极
	4	RTS	RS232	请求发送输出
	5	SGND		信号地0V电源输出
	6	+5		5V电源输出
	7	R×D	RS232	接收数据输入
	8	R×D/T×D-N	RS232	接收/发送负极
	9	CTS	RS232	清除发送输入

图 2-40　COM2 串口各针脚的设定

3. Ethernet 接口

如图 2-41 所示为 CPUPM5xx-ETH 的内部以太网通信卡的连接口，用于：

- PC/编程软件通过 TCP/IP 对 CPU 进行编程及下载。
- CPU 之间通过 UDP 进行通信（通过功能块 ETH_UDP_SEND 和 ETH_UDP_REC 实现）。
- Modbus TCP/IP，主站（即客户）或从站（即服务器）。

4. FBP 接口（针脚设定）

通过这个中性的接口和相应的 FBP 总线适配器，AC500 可作为从站连接到不同的现场总线上，包括 PROFIBUS DP、CANOpen、DeviceNet，如图 2-42 所示。

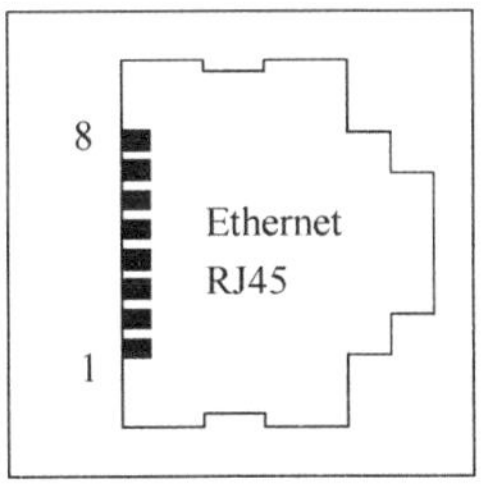

8	NC	未使用
7	NC	未使用
6	R×D-	接收数据
5	NC	未使用
4	NC	未使用
3	R×D+	接收数据
2	T×D	发送数据
1	T×D+	发送数据
屏蔽	屏蔽电缆/信号接地	

图 2-41　以太网接口引脚定义

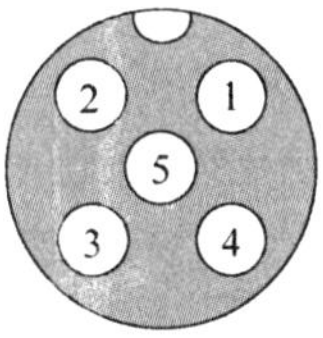

插孔

串行模式的指针设定

1：+24V 标准电压

2：诊断针

3：0V标准电压

4：串行数据

5：串行数据

图 2-42　FBP 接口引脚定义

> **重要提示**　目前，安装在 AC500 CPU 上的 PROFIBUS-DP 现场总线适配器 FBP V0/V1 只能用作从站。相关的 GSD 文件为 ABB_091 F. GSD。

每个 CPU 均可用作：

- AC500 控制系统中多种现场总线的主站，通过扩展通信模块实现（如 CM572-DP，CM578-CANOpen 等）。
- AC500 控制系统中多种现场总线的从站，通过安装现场总线适配器 FieldBusPlug 实现，也可通过扩展通信模块实现（如 CM589-PNIO，CM588-CANOpen）。
- 独立的 CPU。

> **警告**　只有在系统供电被切断的情况下才允许插拔 AC500 的模块，否则有可能导致事故。

5. AC500 系统供电（端子 L+、M）

当 CPU 的供电电压高于 19.2VDC 时，CPU 就开始运行。在运行过程中，如果供电电压低于 19.2VDC 的时间超过 10ms，CPU 将切换到安全模式。

6. CPU 前端面板显示和操作功能键

操作功能键如图 2-43 所示。

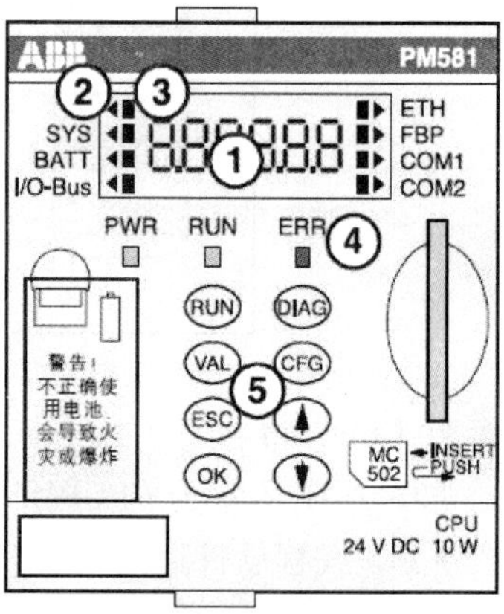

图 2-43 AC500 CPU 前面板

（1）①6 位的七段码显示

- CPU 状态（如：RUN 或 STOP）；
- 故障码和故障等级；
- 更改集成通信卡的地址（如以太网或 ARCNET）；
- 电池状态。

（2）②三角显示◀或▶

- 显示选中的功能项（激活状态）。

（3）③方块显示■

- 显示 CPU 与通信总线间的通信状态。

（4）④LED 显示分类见表 2-6。

表 2-6 LED 显示分类

LED	颜色	功能
PWR	绿	表示 CPU 的电源处于 ON 的状态
RUN	绿	表示 CPU 处于运行状态（停止时此指示灯不亮）
ERR	红	表示有故障发生（故障确认后指示灯关闭）

（5）⑤按键（通过 CPU 面板上的 8 个按键可手动操作 CPU）

功能见表 2-7。

表 2-7 CPU 面板按键功能

按键	含义
RUN	转换开关，使 CPU 在 RUN 和 STOP 模式间转换
VAL	显示 CPU 的系统信息
ESC	退出菜单不保存
OK	存储后退出菜单
DIAG	诊断，查看故障的详细信息
CFG	地址和系统设置向导
↑	向上移动选择项或数值增加 1（如地址等）
↓	向下移动选择项或数值减少 1（如地址等）

7. AC500 CPU 故障信息显示

当故障出现后，红色的故障 LED 被点亮，并且故障信息在 LCD 中显示。通过 DIAG、OK 和 ESC 按键，可以查看详细的错误代码，并确认这些错误，如图 2-44 所示。

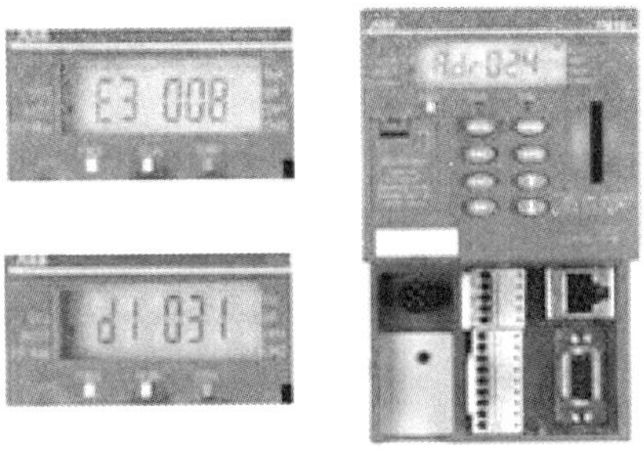

图 2-44　CPU 故障显示

根据故障等级，AC500 CPU 显示各种故障。可能的错误等级见表 2-8，CPU 的反应根据故障类型的不同而不同。

表 2-8　CPU 故障等级

故障等级	类　型	含　义	示　例
E1	致命故障	操作系统的安全功能不再能保证	系统闪存或 RAM 出现故障
E2	严重故障	操作系统正常工作，但无法保证用户程序的正常执行	用户内存故障
E3	轻微故障	取决于操作系统是否要终止用户程序，用户可以决定如何处理	闪存不能编程，I/O 模块故障
E4	警告	外设故障（如 I/O），可能在将来对系统有所影响，用户可以决定如何处理	I/O 模块出现短路，电池耗尽或没有安装

故障是由故障等级（E1 到 E4）和数字（0 到 63）组成的，采用这些代码可以进行直接故障识别。故障代码见表 2-9。另外还对 d1 到 d4 四级故障代码进行了详细定义。

表 2-9　CPU 故障代码

E1... E4 = 00... 63（故障标识）	如错误的值、自检错误、短路、电池耗尽或没有安装等，这些错误直接在 LCD 上显示
d1 = 000... 015	定义发生故障的部件（通信模块、CPU、COM1、IO-Bus 等）
d2 = 000... 255	定义部件内部设备的故障（如 CPU 电池）
d3 = 000... 030	定义哪个模块发生故障
d4 = 000... 031	定义模块内哪个通道发生故障

要得到全部的故障代码，请参照下列步骤：

CPU 运行，显示屏仅显示 RUN 状态，且背景灯是关闭的，当故障出现时，红的 ERR LED 被点亮，按下 DIAG 键可以查看故障信息。如：在右边屏幕显示“E4 = 008”，根据故障等级的不同，在此可以显示 E1 ~ E4。

本例中，“E4 = 008”是属于警告故障 E4。“008”的含义是“电池电量空/不存在”。

• 按下 DIAG 按钮，LCD 

背景灯被点亮，屏幕上显示更深一层诊断的故障码，显示“d1 = 009”（d1 表示细节第一层），“009”表示 CPU 已经发送了故障；

● 再次按下 DIAG 按钮，

屏幕显示“d2 = 022”（d2 表示细节第二层），“022”表示设备 = 电池；

● 第三次按下 DIAG 按钮，

屏幕显示“d3 = 031”（d2 表示细节第三层），“031”表示没有模块类型；

● 第四层按下 DIAG 按钮，

屏幕显示“d4 = 031”（d4 表示细节第四层），“031”表示没有通道类型；

● 按下 OK 按钮，故障被确认，显示画面返回正常状态；按下 ESC 按钮，不确认故障，显示画面返回正常状态

。

8. CPU 底板

不同系列的 CPU 模块（PM572/PM573-ETH，PM582/PM583-ETH 和 PM590-ETH/PM591-ETH/PM591-2ETH）插在通用的 CPU 底板上。CPU 底板上的通信扩展槽数分为 1、2、4 三种（TB511-ETH，TB521-ETH，TB541-ETH），如图 2-45 所示。CPU 底板型号分类见表 2-10。

TB511　　TB521　　TB541

图 2-45　AC500 CPU 底板

表 2-10　CPU 底板型号分类

型　　号	CPU 插槽数	通信模块插槽数	描　　述
TB511-ETH	1	1	集成 Ethernet 以太网 RJ45 接口
TB521-ETH	1	2	集成 Ethernet 以太网 RJ45 接口
TB541-ETH	1	4	集成 Ethernet 以太网 RJ45 接口

不同的 I/O 模块插在 I/O 底板上，直接拼接在 CPU 底板的右侧，通过 I/O 总线进行数据交换。底板之间的拼接如图 2-46 所示。

图 2-46　AC500 CPU 与 IO 模块的连接

2.3.3　I/O 模块

I/O 模块列见表 2-11。

表 2-11　S500 I/O 模块列表

型　号	描　述	底　板
DI524	数字量输入模块，32DI，DC24V	TU515（螺钉接线端子），TU516（弹簧接线端子）
DC522	数字量输入/输出模块，16DC，输入/输出可设置，晶体管输出，DC24V/0.5A	
DC523	数字量输入/输出模块，DC24，输入/输出可设置，晶体管输出，DC24V/0.5A	
DC532	数字量输入/输出模块，16DI/DC16，16 点为数字量输入，DC24V，此外 16 点为数字量输入/输出可设置，晶体管输出，DC24V，0.5A	
DX522	数字量输入和输出模块，8DI 和 8DO，8 点数字量输入，DC24V，8 点继电器输出，AC230V，3A	TU531（螺钉接线端子），TU532（弹簧接线端子）
DX531	数字量输入和输出模块，8DI 和 4DO，8 点数字量输入，AC120/230V，4 点继电器输出，AC230V，3A	
AI523	模拟量输入模块，16AI，0 ~ 10V，±10V，0 ~ 20mA，4 ~ 20mA，PT100，PT1000，Ni1000，12 位分辨率 + 符号，供电电源为 DC24V	TU515（螺钉接线端子），TU516（弹簧接线端子）
AI531	模拟量输入模块，8AI，0 ~ 5V，0 ~ 10V，-50 ~ +50mV，-500 ~ +500mV，-1 ~ +1V，-5 ~ +5V，-10 ~ +10V，0 ~ 20mA，4 ~ 20mA，-20 ~ +20mA，Pt100，Pt1000，Ni1000，0 ~ 50kΩ，15 位分辨率 + 符号，供电电源 DC24V	
AO523	模拟量输出模块，16AO，±10V，0 ~ 20mA/4 ~ 20mA（最大 8 路电流输出），12 位分辨率，供电电源为 DC24V	
AX521	模拟量输入和输出模块，4AI 和 4AO，4AI：0 ~ 10V，±10V，0 ~ 20mA，4 ~ 20mA，PT100，PT1000，Ni1000，12 位分辨率；4AO：±10V，0 ~ 20mA，4 ~ 20mA，12 位分辨率 + 符号，供电电源为 DC24V	
AX522	模拟量输入和输出模块，8AI 和 8AO，8AI：0 ~ 10V，±10V，0 ~ 20mA，4 ~ 20mA，PT100，PT1000，Ni1000，12 位分辨率；8AO：±10V，0 ~ 20mA，4 ~ 20mA（最大 4 路电流输出），12 位分辨率 + 符号	
DA501	数字量，模拟量输入和输出模块，16DI，DC24V；8DC，DC24V；4AI（分辨率 12 位 + 符号位）；2AO（分辨率 12 位 + 符号位）	

1. I/O 模块的选择

I/O 模块选择见表 2-12。

表 2-12　S500 I/O 模块选择列表

如果您要…	…请使用这些模块
连接 DC24V 的开关量信号…	DI524（32DI）、DC522（16DC）、DC523（24DC）、DC532（16 DI 和 16DC）和相应的 I/O 底板 TU515/TU516 或 DX522（8DI/8DO-R）和相应的 I/O 底板 TU531/TU532
连接 AC115 ~ 230V 的开关量信号…	DX531（8DI AC120V/230V/4 DO-R）和 I/O 底板 TU531/TU532
连接模拟量信号…	AI523（16AI）、AO523（16AO）、AX521（4AI 和 4AO）、AX522（8AI 和 8AO）和 I/O 底板 TU515/TU516

2. S500 I/O 模块的使用

S500 I/O 模块既可通过 I/O 总线直接连接到 CPU 上，也可通过 CPU 上集成的通信接口以及扩展的通信模块（每个 CPU 上最多扩展 4 个通信模块）实现分布式扩展，如图 2-47，图 2-48，图 2-49 及图 2-50 所示。

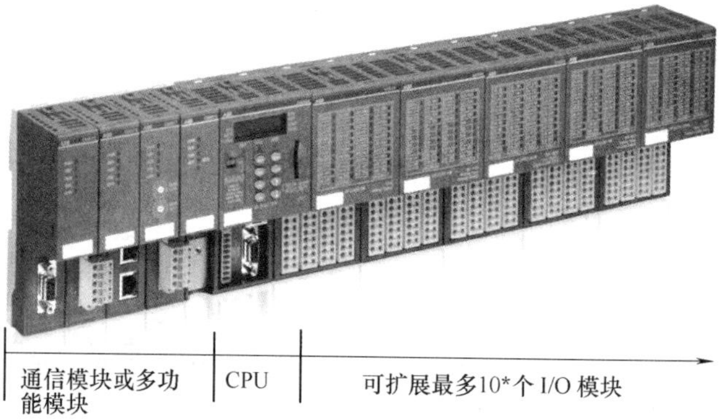

图 2-47　S500 I/O 本地扩展

图 2-48　AC500 CPU 可同时连接 S500 和 S500-eCo I/O 模块
（可最多连接 10 个 S500 和 S500-eCo I/O 模块，可最多扩展 4 个通信模块）

图 2-49　AC500-eCo CPU 可同时连接 S500 和 S500-eCo I/O 模块
（可最多连接 10 个 S500 和 S500-eCo I/O 模块）

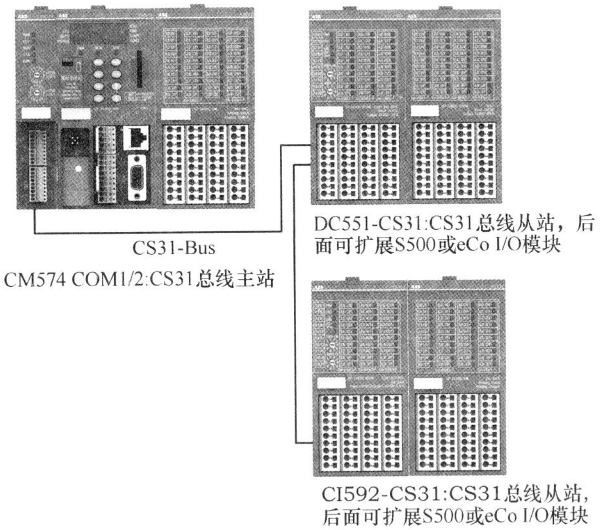

图 2-50　S500 I/O 分布式扩展

3. S500 I/O 模块上的 LED 指示

所有的 S500 I/O 模块上都有 LED 灯指示运行状态和故障信息，以 DC551-CS31 LED 指示灯状态为例介绍，指示状态及含义见表 2-13。

表 2-13　DC551-CS31 模块上 LED 灯指示状态及含义

LED	含　　义	颜　　色	LED = ON	LED = OFF	LED 闪烁
输入	数字量输入	黄	输入 = ON	输入 = OFF	—
	模拟量输入	黄	亮度取决于模拟量信号的值		—
输出	数字量输出	黄	输出 = ON	输出 = OFF	—
	模拟量输出	黄	亮度取决于模拟量信号的值		—
UP	通过端子提供 DC24V 电源	绿	过程电压正常	过程电压丢失	—
PWR	系统电压	绿	系统内部电压正常	系统内部电压丢失	—
S-ERR	总和故障	红	严重故障，数据交换停止	没有故障	故障（例如一个通道故障，数据交换没有被停止）
CS31	CS31 通信	绿	CS31 总线通信正常	CS31 总线模块没有通信	诊断模块
I/O-Bus	I/O-Bus 通信	绿	FBP 接口模块和 I/O 模块通信运行正常	FBP 接口模块和 I/O 模块之间没有通信	I/O 扩展模块故障（如某个输出短路）
CH-ERR1 CH-ERR2 CH-ERR3 CH-ERR4	通道故障。故障信息以组的方式显示	红	相关组内发生严重故障	没有故障	相关组中某个通道故障（如一个输出短路）
CH-ERR*)	模块故障	红	I/O 模块内部故障	—	—

*）CH-ERR1 到 CH-ERR4 所有的 LED 都被点亮。

2.3.4　附件

AC500 CPU 附件见表 2-14。

表 2-14　AC500 CPU 附件

用于以下设备	描　述	类　型	订　货　号
AC500 CPUs COM1	编程电缆端子排/SUB-D，长度：5m	TK502	1SAP180200R0101
AC500 CPUs COM2	编程电缆 SUB-D/SUB-D，长度：5m	TK501	1SAP180200R0001
AC500 CPUs	记忆卡（2GB SD 卡）	MC502	1SAP180100R0001
	锂电池用于数据缓存	TA521	1SAP180300R0001
I/O 模块	可插拔标记条托架（10 片）	TA523	1SAP180500R0001
AC500 CPU 的接口模块、通信模块和 I/O 模块	白色标签（10 片）	TA525	1SAP180700R0001
底板	通信模块，盲板	TA524	1SAP180600R0001
CPU 底板	墙式安装附件	TA526	1SAP180800R0001

2.3.5　系统扩展

AC500 PLC 的系统扩展类型有三种：

1）CS31 分布式扩展，如图 2-51 所示。

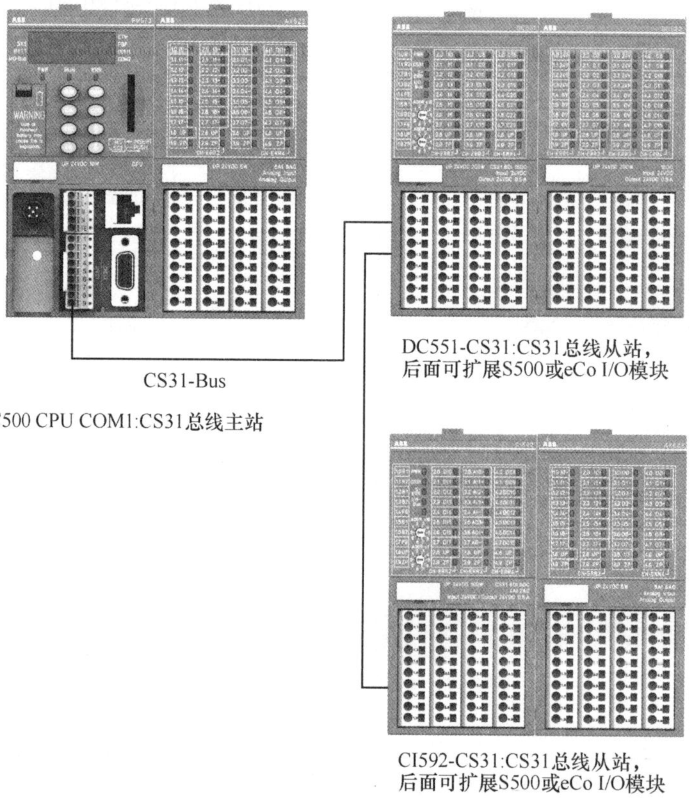

图 2-51　AC500 PLC 进行 CS31 分布式扩展

2）通过 FBP 总线接口模块扩展，如图 2-52 所示。

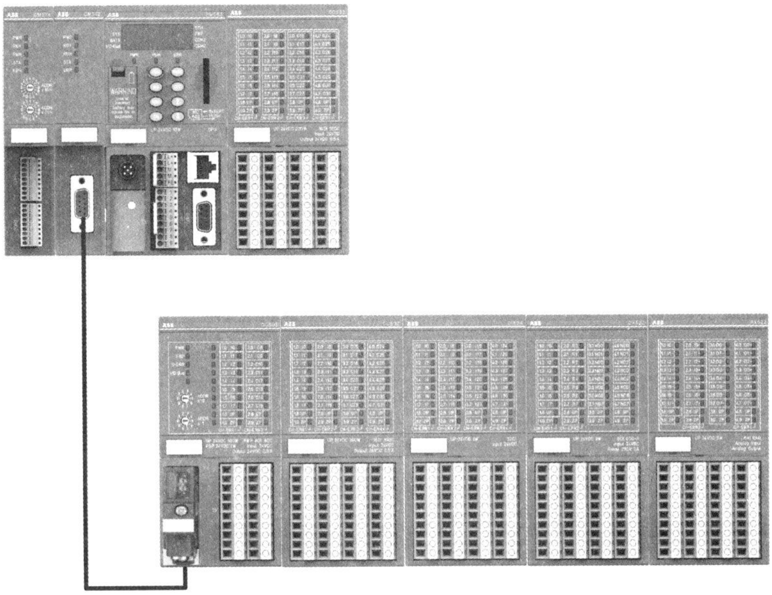

图 2-52　AC500 PLC 通过 FBP 接口模块进行扩展

3）通过通信模块扩展，如图 2-53 所示。

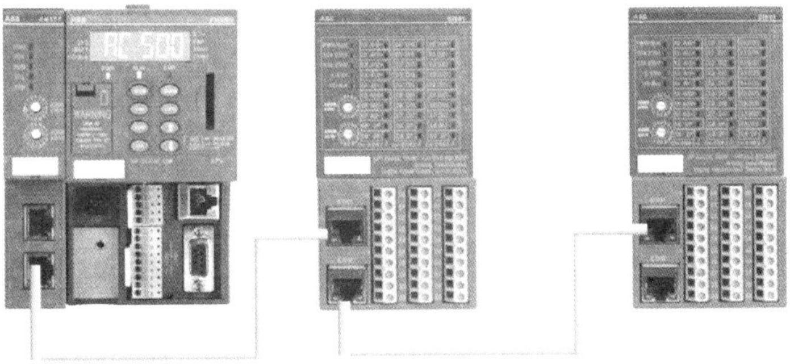

图 2-53　AC500 PLC 通过通信模块进行扩展

在规划 AC500 系统时，应该考虑以下几点：

• AC500 PLC 由一个 CPU 底板 TB5xx（1 到 4 个通信模块插槽）和一个可插拔的 CPU 组成。有三个等级的 CPU 可选择：从 128KB 程序内存的 PM572 到 4MB 程序内存的 PM592，并集成以太网网口。

• 选择 CPU 底板时要考虑到现在和将来的网络和现场总线的需求。要留有足够的通信模块插槽（例：Ethernet、PROFIBUS 等）。

• 选择合适的 CPU 底板最多可以扩展 4 个通信模块（可以是不同类型），可同时一起工作（例：Ethernet + Ethernet + PROFIBUS DP + CANopen 等）。

• 通信模块位于系统的最左侧，I/O 模块安装在 CPU 的右侧，如图 2-54 所示。

• 对于 I/O 模块的供电，请参考 2. 2. 2 章节。

图 2-54　AC500 强大的通信和本地 I/O 扩展能力

2.3.6　通信功能

AC500 PLC 的通信功能强大、功能齐全、灵活多变，可适用各种层次工业自动化网络的不同需要，可实现 PLC 与计算机、PLC 与 PLC、PLC 与其他智能控制装置之间的通信联网。PLC 与计算机联网，可发挥各自所长：PLC 用于现场设备的直接控制，计算机用于对 PLC 的编程、监控与管理；PLC 与 PLC 联网能够扩大控制地域，提高控制规模，还可实现 PLC 之间的综合协调控制；PLC 与智能控制装置（如智能仪表）联网，可有效地对智能装置实施管理，充分发挥这些装置的效益。此外，联网可极大地节省配线，方便安装，提高可靠性，简化系统维护，如图 2-55 所示。

灵活性、实时通信能力和快速传输数据正是自动化系统中通信的需求。通过 AC500 控制系统，ABB 公司开发了一个以客户为导向的通信解决平台（本书中第 4 章为此平台的详细介绍），可以完成各种各样的通信任务。利用该平台进行简便的网络组态和诊断，使得快速规划、实施和调试成为可能，进而节省了工程时间和项目成本。ABB AC500 支持下列通信协议：

（1）PROFINET

在自动化领域中 PROFINET I/O 满足了实时以太网协议的复杂需求。快速数据传输，从控制级到现场级和标准的网络结构以及灵活的网络管理确保用户实施其自动化解决方案。

（2）PROFIBUS-DP

PROFIBUS-DP 通过单主和多主系统结构保证了灵活的组态。双绞线和光纤中最大 12Mbit/s 的数据传输速度，以及在一个总线网段上最多可选择连接 126 个站点保证了简单可靠的通信解决方案。

（3）CANopen

CANOpen 支持最多 127 个通信节点，从 10Kbit/s 到最大 1Mbit/s 的数据传输速率取决于总线长度，在主/从网络拓扑中保证了快速数据传输和高可靠性。

（4）CS31

CS31 是 ABB 特有的高性能的通信标准，通信速率最大为 187.5Kbit/s。最多 31 个通信节点通过 RS485 接口，采用简单电话线或光纤通信。

（5）Modbus RTU

Modbus 是开放式串行数据协议，属于主从式网络，支持最多 31 个网络节点。总线长度取决于串行通信接口，它可使数据传输速度高达 1152Kbit/s。

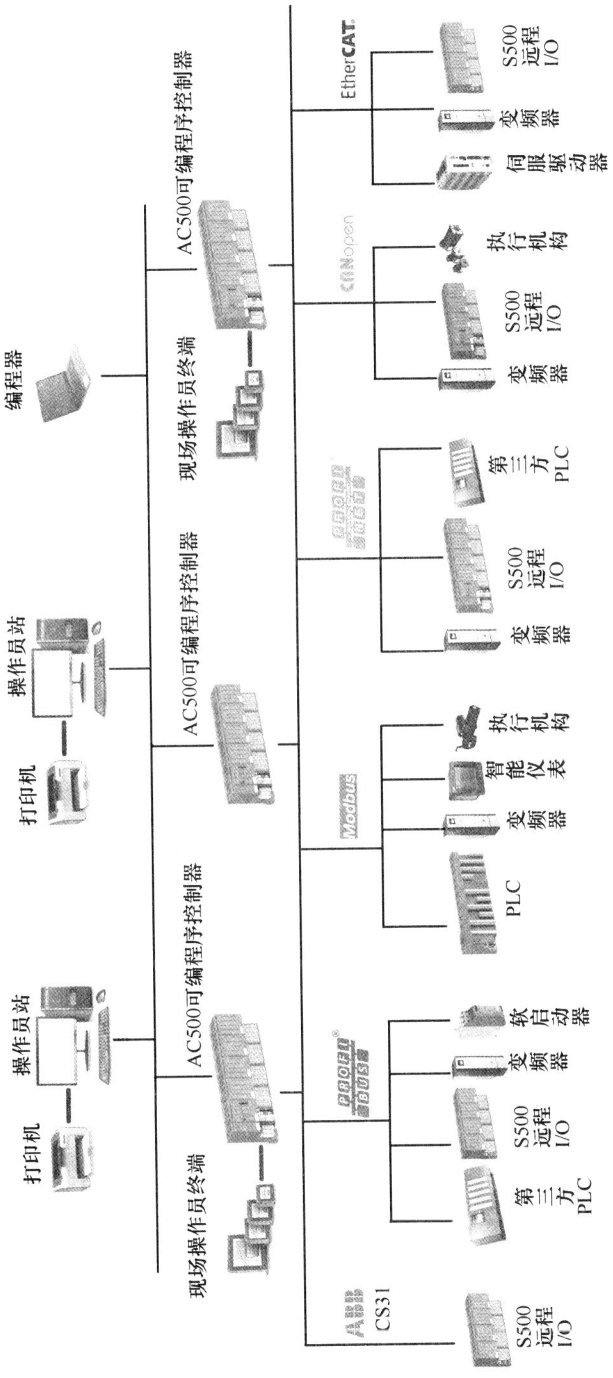

图 2-55　AC500 通信网络示意图

（6）RCOM

RCOM 是 ABB 公司特有的通过 RS232/485 传输的主从式总线协议。基于可扩展至 254 个 RCOM 从站和各种各样的诊断功能，此协议是供水和废水处理工业中理想的协议。

（7）以太网和因特网

集成的通信，使得数据高速传输率和现存数据网络的应用变得简单，以客户为导向的解决方案成为可能。支持的协议是：

1）WebServer 的 HTTP。远程操作和维护可视化。

2）状态监控系统数据的文件传输 FTP。

3）SNTP，简单网络时间协议。通过因特网主站时间服务可以同步 PLC 时间。

4）SMTP，发送带附件的电子邮件。

5）Modbus TCP/IP 和 UDP 套接字可以编程项目特定的协议。

6）IEC60870-5-104 Telecontrol，主要用于管线、供水和废水处理之类的长距离应用。

（8）EtherCAT

EtherCAT 符合国际标准 IEC61158 和 IEC61784 以及 ISO15745-4 的开放工业以太网标准。由于其极快的数据传输速率，作为实时以太网协议，EtherCAT 适合在时间要求苛刻的运动控制技术领域中应用。无论是在“凸轮开关”功能或各种主/从网络组态中，都能为您的应用提供正确的解决方案。

1. AC500 通信模块与总线模块的选择

AC500 通信模块可以与不同的现场总线进行通信。通信模块安装于 CPU 左侧共用一个底板。CPU 与通信模块之间的通信是通过集成在端子底板中的通信模块总线进行的，数据交换是通过双口 RAM 来实现的。依据所用的 CPU 底板，可使用 1、2 或 4 个通信模块。

通信模块见表 2-15，模块选择方式见表 2-16。

表 2-15　AC500 通信模块列表

型　号	描　述
CM572-DP CM592-DP	PROFIBUS-DP 主站通信模块，RS485 接口，将来 CM592-DP 会替代 CM572-DP
CM574-RCOM	2 个串口的通信模块，可提供远程协议 RCOM/RCOM + 服务
CM574-RS	2 个串行 RS232/485 接口，可自由配置的串口模块，需要作为 CPU 模块处理，对其下载工程并运行
CM577-ETH，CM597-ETH	以太网通信模块带 2 个 RJ45 端口，集成 HUB 功能
CM578-CN，CM598-CN	CANopen 主站通信模块，RS485 接口，将来 CM598-CN 会替代 CM578-CN
CM588-CN	CANopen 从站通信模块，RS485 接口
CM579-ETHCAT	EtherCAT 主站通信模块
CM579-PNIO	PROFINET 主站通信模块，PROFINET IO RT 控制器
CM589-PNIO	PROFINET 从站通信模块

表 2-16　AC500 通信模块选择方式

如果您要…	…请使用这些模块
作为 PROFIBUS DP、CANopen、EtherCAT、PROFINET 现场总线上的主站工作…	CM572-DP：PROFIBUS DP 主站通信模块 CM578-CN/CM598-CN：CANopen 主站通信模块 CM579-ETHCAT：EtherCAT 主站通信模块 CM579-PNIO：PROFINET 主站通信模块

（续）

如果您要…	…请使用这些模块
作为 CS31、PROFIBUS DP、CANopen、EtherCAT、PROFINET 现场总线上的从站工作…	DC551-CS31、CI592-CS31：CS31 从站模块，区别在于集成的 I/O 数量不同 CM588-CN：CANopen 从站通信模块 CI541-DP，CI542-DP：PROFIBUS DP 从站通信模块 CI581-CN，CI582-CN：CANopen 从站通信模块 CI511-ETHCAT、CI511-ETHCAT：ETHCAT 从站通信模块 CI501-PNIO，CI502-PNIO：PROFINETI/O 模块，区别在于集成的 I/O 数量不同 CI504-PNIO：PROFINETI/O 模块，同时集成 3 个串行接口 CI506-PNIO：PROFINET I/O 模块，同时集成 2 个串行接口及 1 个 CANOpen 的主站接口
通过网络交换数据…	CM577-ETH/CM597-ETH：以太网通信模块，带 2 个 RJ45 端口，集成 HUB 功能
2 个 RS232/485 通信接口： COM1：RCOM/RCOM +，COM2：控制台	CM574-ROM：RCOM/RCOM + 通信模块
2 个 RS232/485 通信接口	CM574-RS：串口模块

2. AC500 通信模块说明举例

（1）以太网通信模块 CM577-ETH/CM597-ETH（见图 2-56）

特性介绍：

1）以太网通信模块具有交换机功能，两个 RJ45 端口；

2）传输速率：10 Mbit/s 或 100 Mbit/s，全双工或半双工，自适应；

3）协议

- TCP/IP 方式，与 PC/Automation Builder 软件连接（编程）；
- UDP/IP；
- Modbus TCP（服务器或客户端）；
- TCP/IP、Modbus TCP 和 UDP/IP 可并行运行；

4）旋转开关可进行设备 ID 设定；

5）每个 CPU 最多可扩展 4 个以太网模块；

6）不需要外接电源；

7）LED 状态指示；

8）提供通信、参数设定和诊断的功能块；

9）相关的库文件会自动加载到工程中。

图 2-56　以太网模块 CM577-ETH/CM597-ETH

（2）PROFIBUS-DP 主站通信模块 CM572-DP/CM592-DP（见图 2-57）

特性介绍：

1）PROFIBUS-DP 主站 V0/V1，最多可连接 31 个从站（使用中继器可达 126）；

2）传输速率：最大 12 MBits/s；
3）支持多主站模式；
4）每个 CPU 最多连接 4 个 CM572 模块；
5）不需外接电源；
6）LED 状态指示；
7）提供通信、参数设定和诊断的功能块；
8）相关的库文件会自动加载到工程中。

（3）CANopen 主站通信模块 CM578-CN/CM598-CN（见图 2-58）

特性介绍：
1）CANopen NMT（管理报文）主站，最多可带 126 个从站；
2）支持 CAN 2.0A 或 CAN 2.0B；
3）传输速率：最大为 1Mbit/s；
4）每个 CPU 最多连接 4 个模块；
5）不需外接电源；
6）LED 状态指示；
7）提供通信、参数设定和诊断的功能块；
8）相关的库文件会自动加载到工程中。

图 2-57　PROFIBUS DP 主站通信模块

图 2-58　CANopen 主站通信模块

（4）串口通信模块 CM574-RS（见图 2-59）

特性介绍：
1）2 个 RS232/485 通信接口；
2）传输速率：9.6KBit/s 至 187.5KBit/s；
3）协议
• CS31 Master（COM1）；
• Modbus RTU 主站或从站；
• ASCII。
4）每个 CPU 最多连接 4 个模块；
5）不需外接电源；

图 2-59　串口通信模块

6）LED 状态指示。

（5）RCOM/RCOM + 通信模块 CM574-RCOM（见图 2-60）

图 2-60　RCOM/RCOM + 通信模块

特性介绍：

1）2 个 RS232/485 通信接口

- COM1：RCOM/RCOM + ;
- COM2：控制台。

2）传输速率：2.4KBit/s 至 19.2KBit/s；

3）协议：RCOM/RCOM + ;

4）每个 CPU 最多连接 4 个模块；

5）不需外接电源；

6）LED 状态指示。

（6）EtherCAT 通信模块 CM579-ETHCAT（见图 2-61）

图 2-61　EtherCAT 通信模块

特性介绍：

1）2 个 RJ45 通信接口；

2）传输速率：10/100 MBit/s，全双工；

3）EtherCAT 主站，最多可管理 200 个从站；

4）支持从站与从站之间的通信；

5）分布式控制凸轮功能；

6）每个 CPU 最多连接 4 个模块；

7）不需外接电源；

8）LED 状态指示；

9）提供通信、参数设定和诊断的功能块；

10）相关的库文件会自动加载到工程中。

（7）PROFINET 通信模块 CM579-PNIO（见图 2-62）

图 2-62　PROFINET 通信模块

特性介绍：

1）传输速率为 10/100Mbit/s，全双工；

2）集成双口交换机功能；

3）PROFINET-IO 主站，最多可管理 128 个 I/O 设备；

4）每个 CPU 最多连接 4 个模块；

5）不需外接电源；

6）LED 状态指示；

7）提供通信、参数设定和诊断的功能块；

8）相关的库文件会自动加载到工程中。

2.3.7　特殊功能模块

1. CD522—编码器与脉宽调制模块

如图 2-63 所示。

图 2-63　CD522 编码器与脉宽调制模块

编码器和 PWM 模块 CD522 可在以下设备中作为远程扩展模块使用：

- FBP 接口模块 DC505-FBP；
- CS31 总线模块 DC551-CS31；
- PROFINET 总线模块（例如 CI501-PNIO）；
- AC500 CPU（例如 PM554，PM573，PM583）。

具有以下特点：

- 2 个独立计数器，具有 12 种不同的模式（包括频率输入高达 300kHz 的增量编码器）；
- 2 个独立 PWM 或脉冲输出（推挽式）。

根据使用的配置，某些输入和输出被设定为特定的计数功能（触发、置位、复位等）。而所有未使用特定功能的输入和输出则可作为标准的输入/输出来使用。

编码器和 PWM 模块 CD522 的基本特点见表 2-17。

表 2-17　基本特点

数字量输入/输出	DC24V，特殊的输入/输出可以用于实现特定的计数功能： 脉冲触发/锁存操作，根据外部事件的（上升沿或下降沿），将实际计数值可以存储到单独的变量中 置位计数器 复位计数器 到达最终值输出指示；当达到预定义的值时，输出置位参考点初始化（RPI） 所有未使用特定功能的输入和输出可作为标准的输入/输出使用
高速计数器/编码器	集成的，具有高达 12 种可配置操作模式的 2 路计数器（支持 +DC24V，+DC5V，差分输入，1 个 Vpp 信号输入的硬件接口），模式包括： 一个 32 位计数器 两个 16 位计数器 增量编码器 绝对 SSI 编码器 时间频率计 输入频率高达 300kHz
PWM/脉冲输出	2 路脉宽调制或脉冲输出 输出特点： 推挽式输出：DC24V，最大为 100mA 限制电流（过热或过流） PWM 输出特性： 频率：1Hz ~ 100kHz 占空比：0 ~ 100% 脉冲输出特性： 频率：1Hz ~ 15kHz 输出脉冲数量：1 ~ 65535 个脉冲 脉冲输出数量指示（0 ~ 100%） 频率输出特性： 占空比为 50% 时，频率输出可达 100kHz
提供编码器电源	2 路 5V 电源，最大为 200mA
LED	显示信号状态，故障和供电电压

2. DC541-CM——中断模块或高速计数模块

如图 2-64 所示。

1）与其他 I/O 模块不同，DC541-CM 数字 I/O 模块（多功能模块）安装在 AC500 CPU 左侧的通信模块插槽内，内部通信模块总线相连接，这样通信模块总线的所有功能对 DC541-CM 都可用。

图 2-64　DC541-CM 中断模块或高速计数模块

多功能模块 DC541-CM 可以选择配置为中断模块或 24V 信号高速计数模块（例如：24V 增量编码器）使用。配置很简单，使用编程软件在 PLC 配置中完成。本书第 4 章将对编程软件的使用进行详细的介绍。

2）模块集成 8 路具有以下特色的高速通道（C0... C7），均可以独立用于：

- 输入；
- 带短路和过载保护、0.5A 电流的晶体管输出；
- 作为可读的、具有数字量输入和输出技术数据的输出（输入/输出混合）。

输入/输出的状态通过黄色 LED 指示灯指示（每个通道都有一个 LED 指示灯）。通道间无隔离。

3）在中断 I/O 设备（Interrupt IO device）操作模式下，通道可以进行如下配置：

- 输入；
- 输出；
- 中断输入。

作为中断输入，不依赖于程序的循环，就能获得重要的输入信息，对输出进行设置。

4）在计数器（Counter）操作模式下，通道可以进行如下配置：

- 输入；
- 输出；
- 32 位加/减计数器（使用 C0... C3）作为无限制的 32 位计数器使用；
- 32 位周期计数器作为无限制的 32 位计数器使用；
- 一个 32 位计数器的限制值（限制通道 0）。
- 32 位正向计数器，频率为 50kHz，5kHz 和 2.5kHz；
- 脉宽调制模块（PWM），分辨率为 10kHz；
- 时间和频率测量；
- 频率输出。

作为高速计数模块，DC541-CM 多功能模块的 8 个通道可在 PLC 配置中进行单独、简单和多次的配置和组合。所以，它也非常适用于通用的、高达 50kHz 的高频计数任务。另外，它对旋转速度、时间和频率都有测量功能。

2.3.8　安装和拆卸

1. 安装和拆卸 CPU 底板

1）用于安装的 DIN 导轨规格为标准 35mm（厚度为 7.5mm 或 15mm）；

2）安装 CPU 底板（TB511-ETH，TB521-ETH，TB541-ETH）如图 2-65 所示。

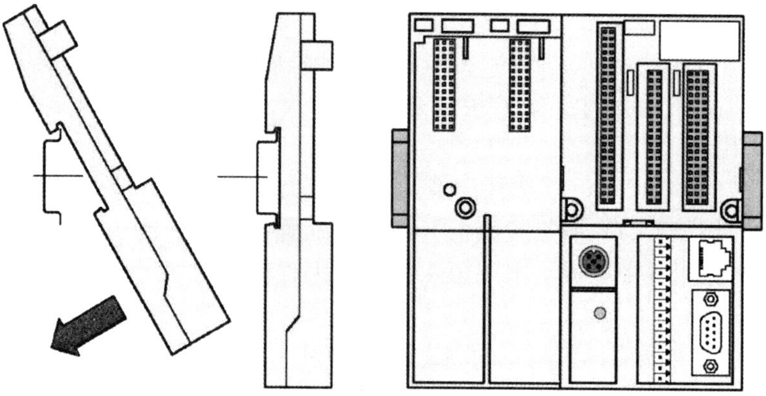

图 2-65　CPU 底板（TB511，TB521 或 TB541）的安装

①使用螺钉旋具安装　如果 CPU 底板使用螺钉安装，必须首先把墙式安装附件 TA526 插入到后面。这些塑料组件能防止拧螺钉时 CPU 底板弯曲受损。TB511 需要一个 TA526 组件，TB521 和 TB541 需要两个 TA526 组件。

- 将两个墙式安装附件 TA526 像 DIN 导轨一样插入到 CPU 底板的后面。箭头指向 CPU 底板的中间。一个 TA526 旋转 180°，如图 2-66 所示。
- 插入两个墙式安装附件。
- 用螺钉拧紧 CPU 底板。

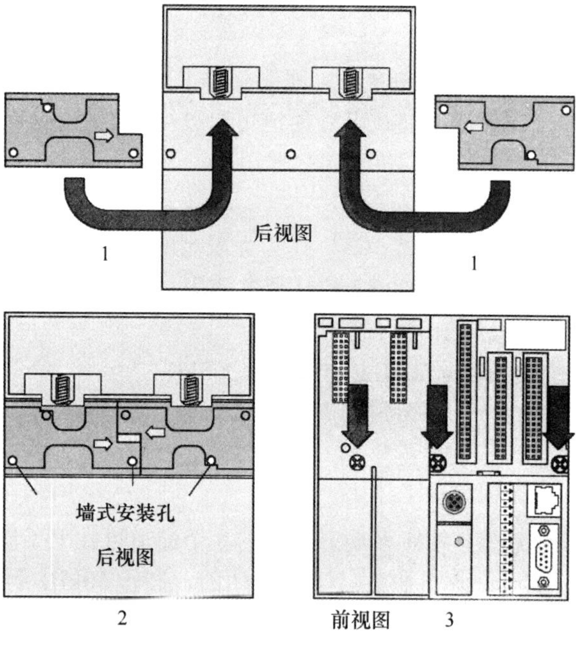

图 2-66　使用螺钉旋具固定 CPU 底板 TA521-ETH

②墙式安装时，CPU 底板通过这些螺钉接地。应注意以下几点：

- 螺钉表面导电（例如：镀锌钢或镀镍通）。

● 安装的金属板是接地的。

● 螺钉和安装金属板之间导电性能良好。

> **重要提示**　ABB AC500 系列产品推荐水平安装。垂直安装也是可行的，然而这样有可能会影响系统防护等级。应考虑避免空气不流通及其他潜在问题而导致的温度过高的情况（可结合 AC500 系统数据、操作和环境条件等相关内容来共同降低环境温度）。

CPU 底板插在 DIN 导轨上，然后将底板下端按下，出现“劈啪”声进行固定。拆卸的顺序则相反，如图 2-67 所示。

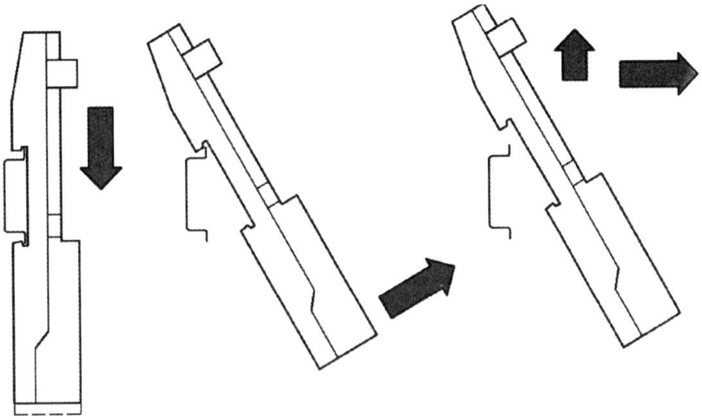

图 2-67　CPU 底板（TB511，TB521 或 TB541）的拆卸

2. 安装和拆卸 CPU

将 CPU 按压入 CPU 底板，直到锁定入位，如图 2-68 所示。拆卸的顺序则相反，上下按压，然后即可取出 CPU，如图 2-69 所示。

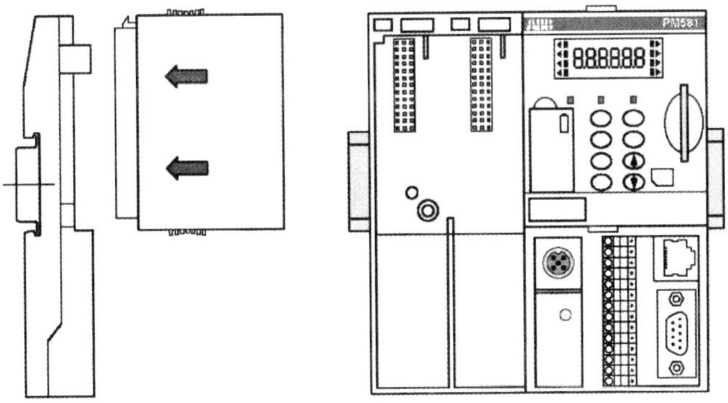

图 2-68　安装 CPU

3. 安装和拆除 I/O 模块底板

（1）DIN 导轨安装

● 用于安装的 DIN 导轨规格为标准 35mm（厚度为 7.5mm 或 15mm）。

● 安装 CS31 接口模块底板（TU551 或 TU552）。

CS31 接口模块底板插在 DIN 导轨上，然后底板下端按下出现“劈啪”声进行固定，如图 2-70 所示。拆卸的顺序则相反，如图 2-71 所示。

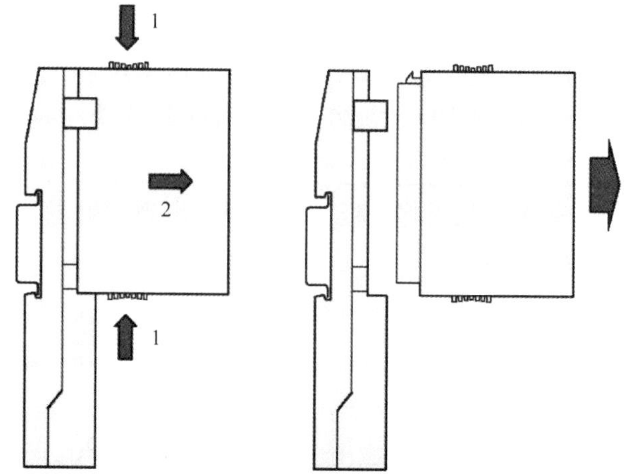

图 2-69　拆卸 CPU

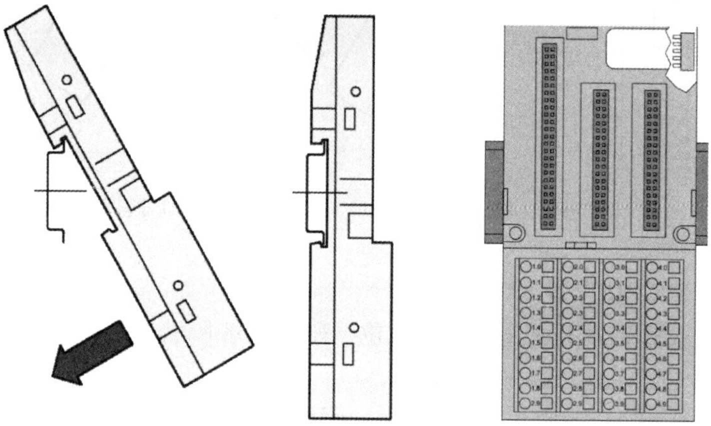

图 2-70　安装 CS31 接口模块底板（TU551 或 TU552）

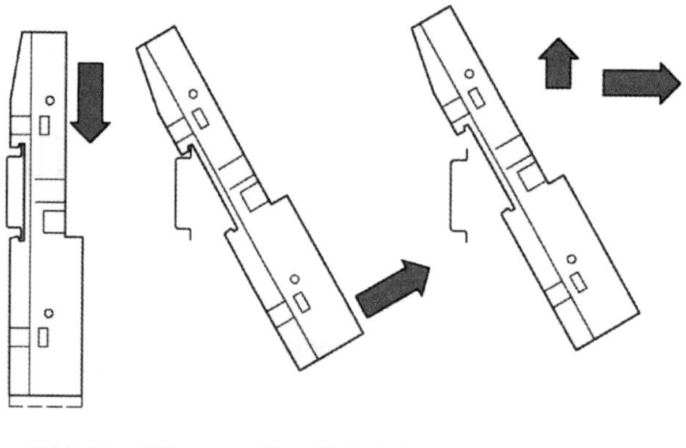

图 2-71　拆卸 CS31 接口模块底板（TU551 或 TU552）

（2）安装 I/O 模块底板（TU515，TU516，TU531 或 TU532）

如图 2-72 所示。

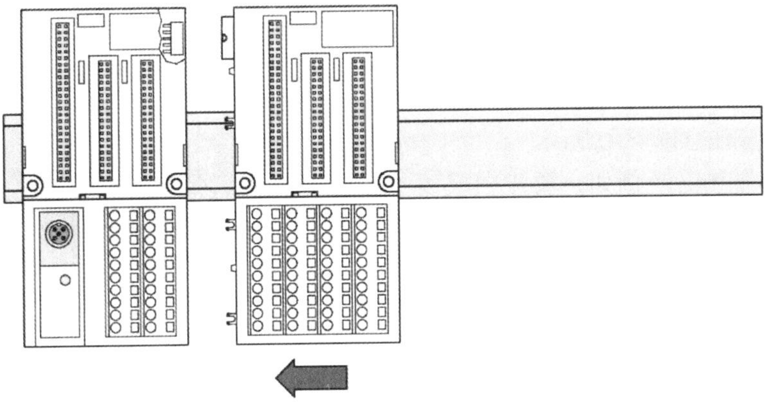

图 2-72　安装 I/O 模块底板

与 CPU 底板的安装方式一样，将 I/O 模块底板卡进 DIN 导轨，一旦在 DIN 导轨上安装好，往左滑动 I/O 底板直到机械及电气接口完全扣好为止。

> 注意
>
> 总共最多 7 个 I/O 模块可以与 CS31 接口模块底板集成。

4. 安装 I/O 模块

将模块按压到模块底板上，将其锁定入位，如图 2-73 所示。拆卸的顺序则相反，如图 2-74 所示。

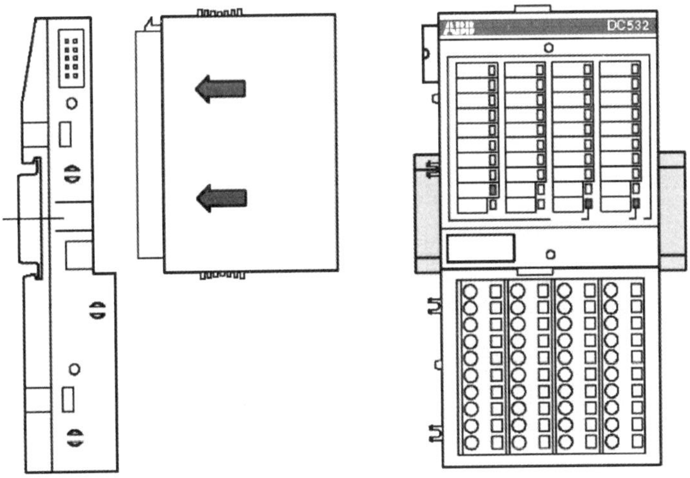

图 2-73　安装模块

（1）使用螺钉旋具安装

如果模块底板使用螺钉安装，必须先把墙式安装附件 TA526 插入后面。这些塑料组件能防止螺钉固定时模块底板弯曲受损，如图 2-75 所示。

- 把两个墙式安装附件 TA526 像 DIN 导轨一样插入到模块底板的后面。箭头指向右侧。

• 插入两个墙式安装附件。

• 用螺钉拧紧模块底板。

（2）在墙式安装时，模块底板通过这些螺钉接地。应注意以下几点：

• 螺钉表面导电（例如：镀锌钢或镀镍通）。

• 安装的金属板是接地的。

• 螺钉和安装金属板之间导电性能良好。

5. 安装和拆卸 I/O 模块底板（TU515，TU516，TU531 或 TU532）

I/O 模块底板按照安装 CPU 底板同样的方式卡进 DIN 导轨。一旦在 DIN 导轨上固定好 I/O 模块底板，往左滑动 I/O 模块底板直到完全锁定入位，确保机械和电气连接正常。最多 10 个 I/O 模块底板可以与 CPU 底板集成在一起。如图 2-76 和图 2-77 所示。

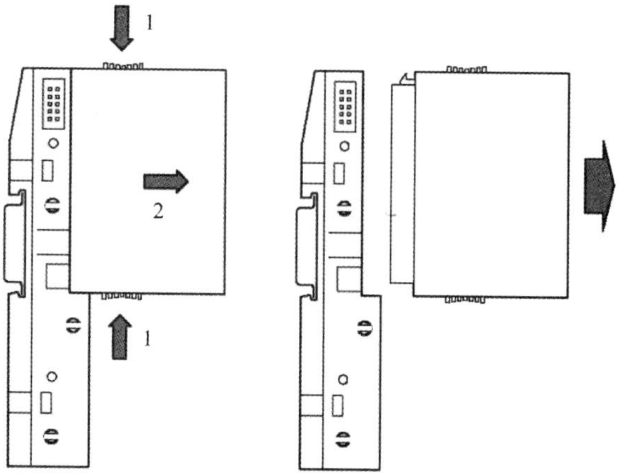

图 2-74　拆卸模块

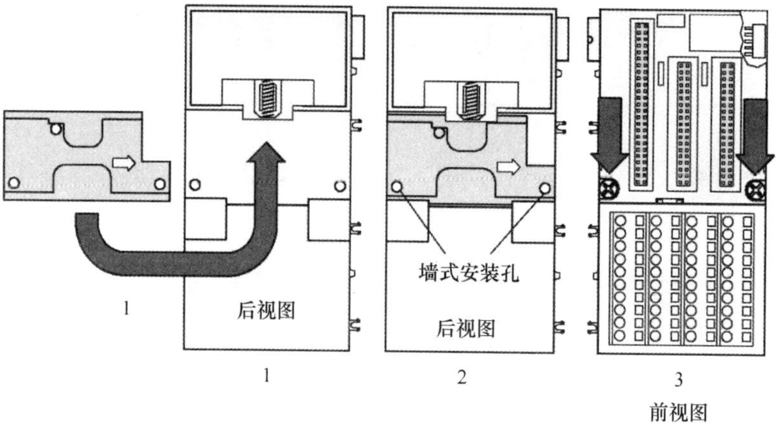

图 2-75　使用螺钉旋具固定模块底板 TU516

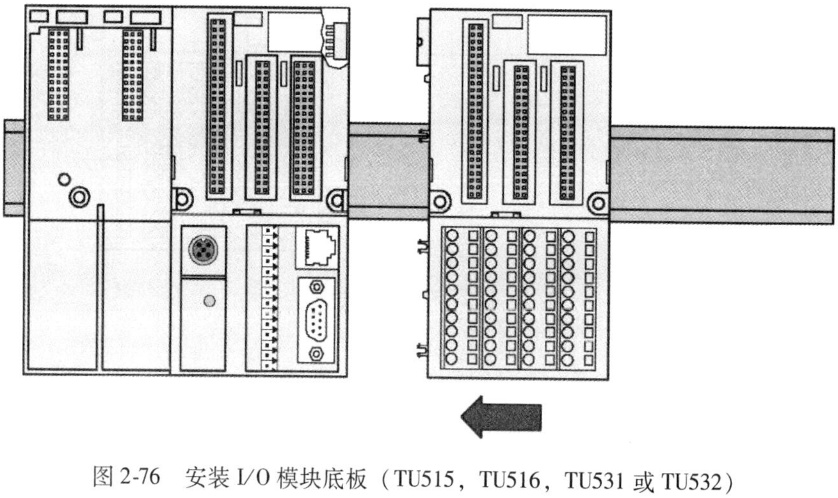

图 2-76　安装 I/O 模块底板（TU515，TU516，TU531 或 TU532）

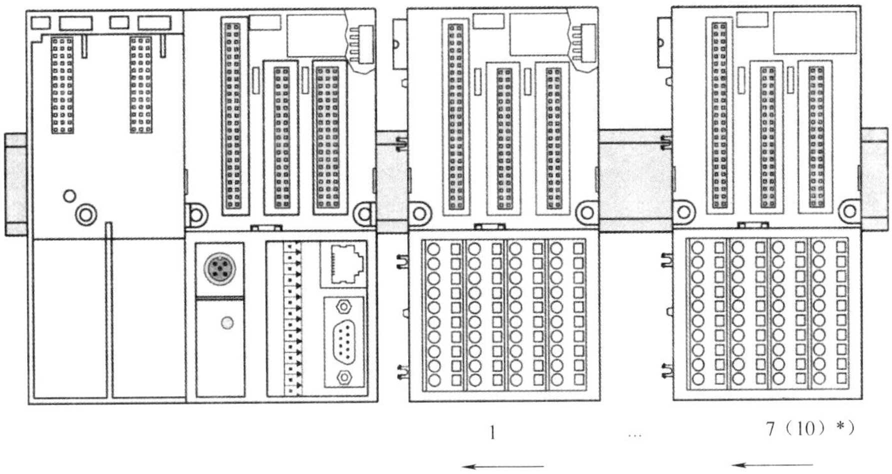

图 2-77　最大配置（1 个 CPU 底板插 10 个 I/O 模块底板）

将螺钉旋具插入图示的位置，将模块底板分离，如图 2-78 所示。

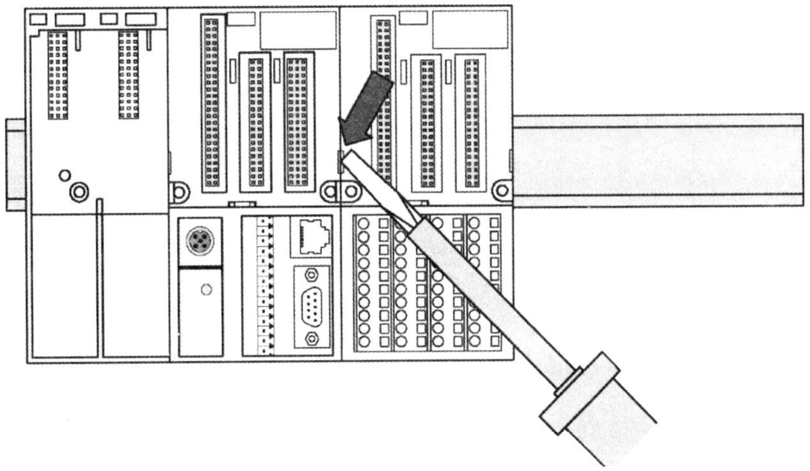

图 2-78　拆卸 I/O 模块底板（TU515、TU516、TU531 或 TU532）

6. 安装和拆卸通信模块

先将通信模块的下部插入卡槽，然后按压模块上部，并将其按压到位，如图 2-79 所示。

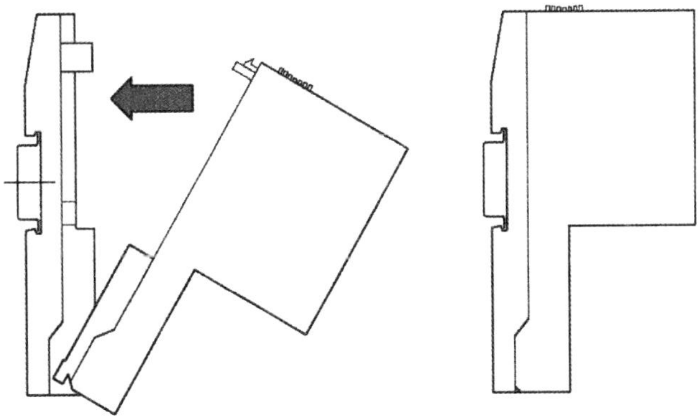

图 2-79　安装通信模块

> **警告**
>
> 可能会发生故障或人员伤害！
>
> 通信模块未使用的插槽没有保护起来，可能发生误触事件。灰尘和污垢可能导致接触问题和故障。
>
> 通信模块未使用的插槽必须用通信模块插槽盲板（TA524）覆盖。

拆卸的顺序则相反。上下按压，将通信模块松动后将其取出，如图 2-80 所示。

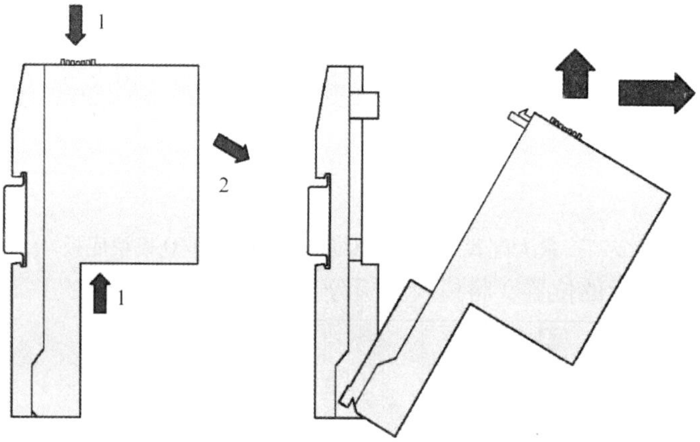

图 2-80　拆卸通信模块

2.3.9　接线

1. 数字量输入的连接

如图 2-81 和图 2-82 所示。

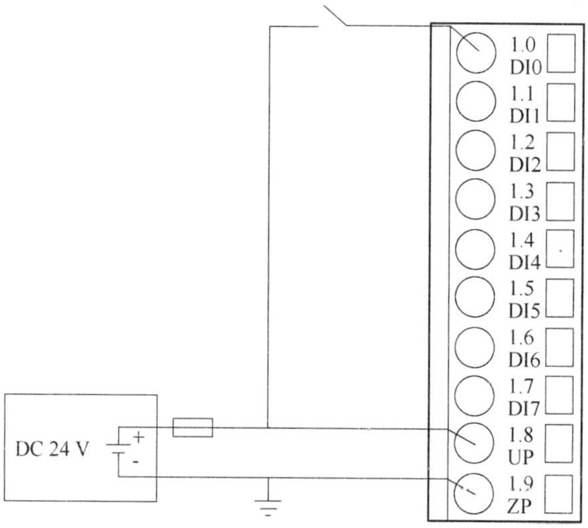

图 2-81　数字量输入的电气连接（DI524）

2. 数字量输出的连接

如图 2-83 和图 2-84 所示。

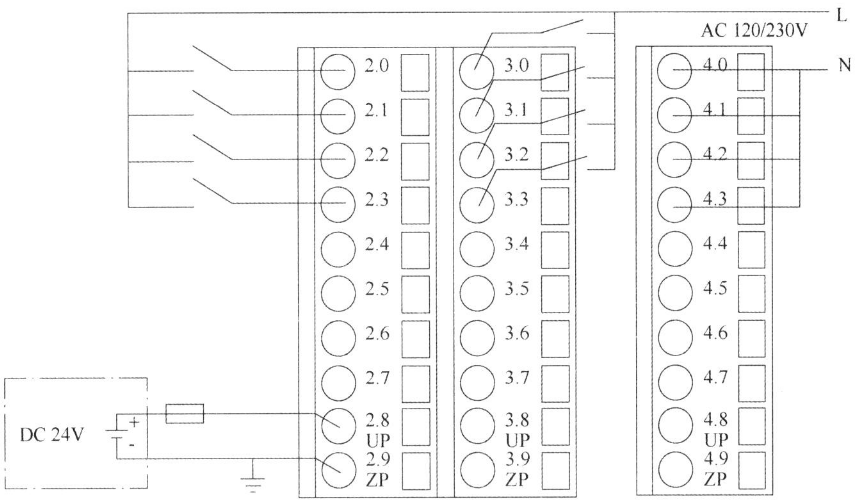

图 2-82　数字量输入的电气连接（DX531）

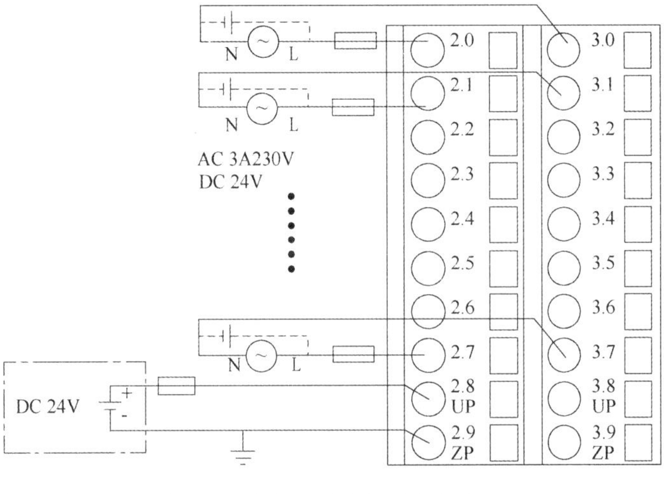

图 2-83　数字量输出的电气连接（常开触点，DX522）

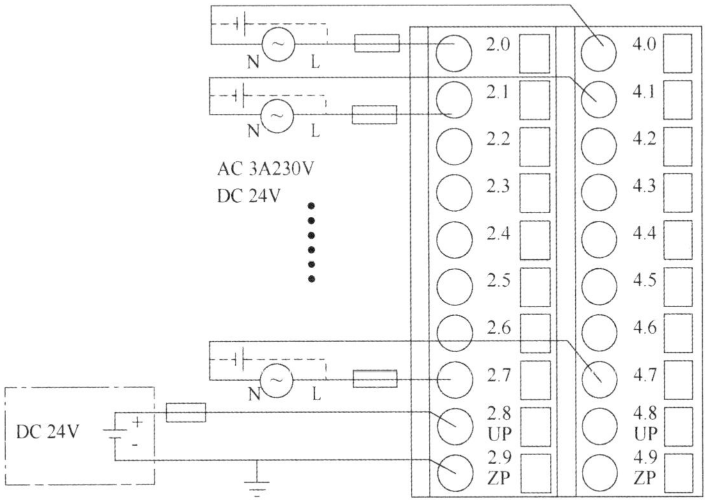

图 2-84　数字量输出的电气连接（常闭触点，DX522）

3. 模拟量输入

1）2 线制热电阻的接线，如图 2-85 所示。

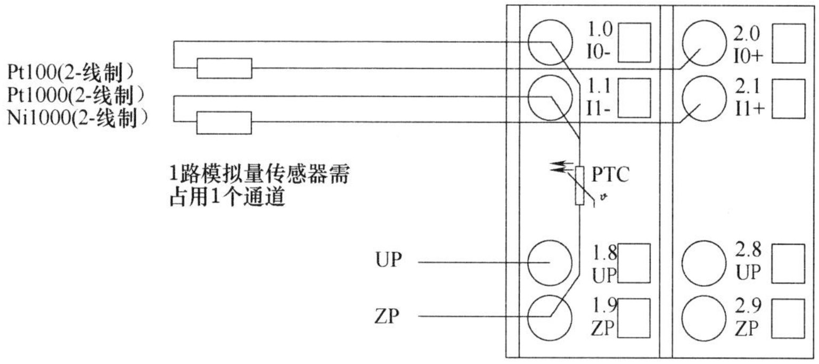

图 2-85　2 线制热电阻的接线（AX522）

2）3 线制热电阻的接线，如图 2-86 所示。

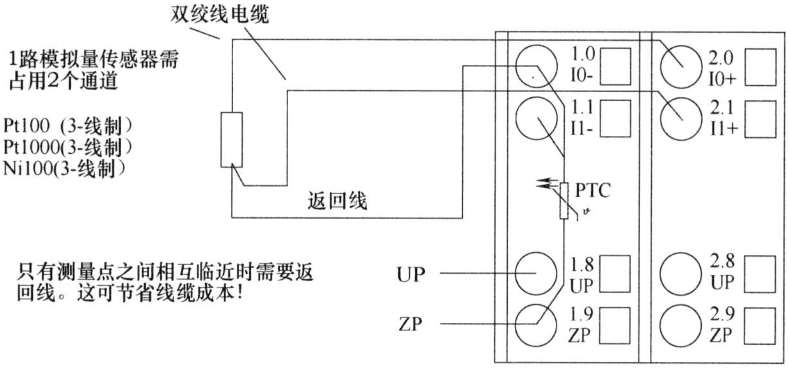

图 2-86　3 线制热电阻的接线（AX522）

3）独立电源供电的有源模拟量传感器（电压），如图 2-87 所示。

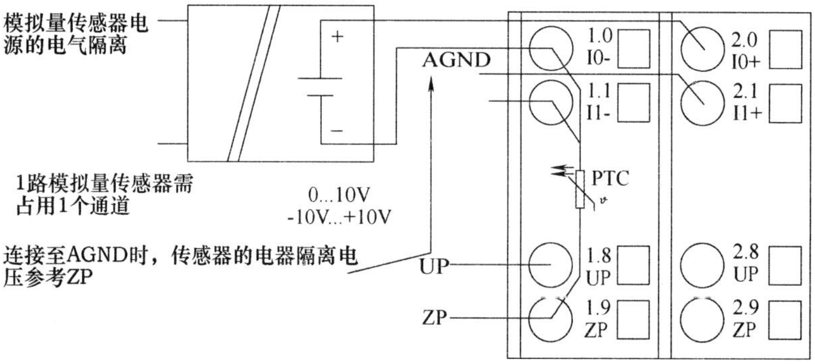

图 2-87　独立电源供电的有源模拟量传感器（电压）的接线（AX522）

4）独立电源供电的有源型模拟量传感器（电流），如图 2-88 所示。

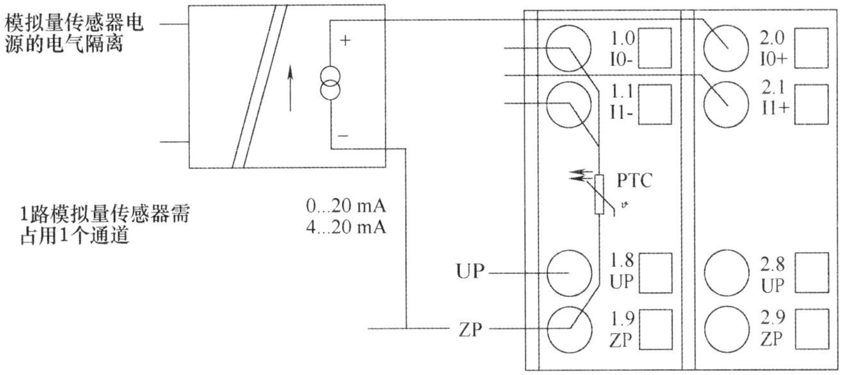

图 2-88　独立电源供电的有源模拟量传感器（电流）的接线（AX522）

5）非独立电源供电的有源型模拟量传感器（电压），如图 2-89 所示。

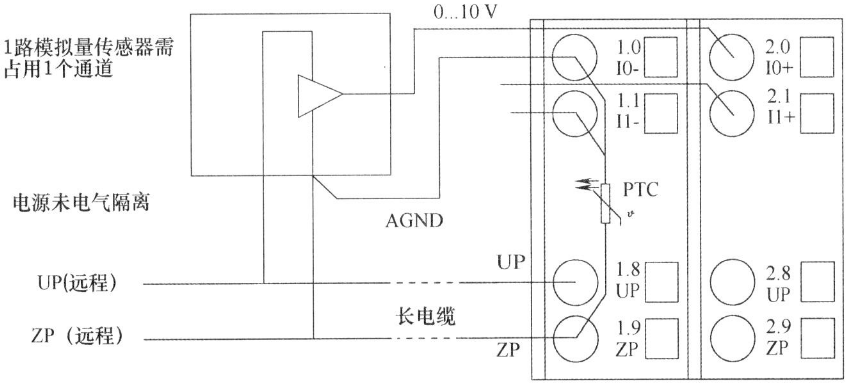

注意：
AX522 模块 AGND 与 ZP 的电压差不得超过 1V，即使较长线路也不能超过（请参见图片“AX522 的端子分配”）。

图 2-89　非独立电源供电的有源型传感器（电压）的接线（AX522）

6）无源型模拟量传感器的连接（电流），如图 2-90 所示。

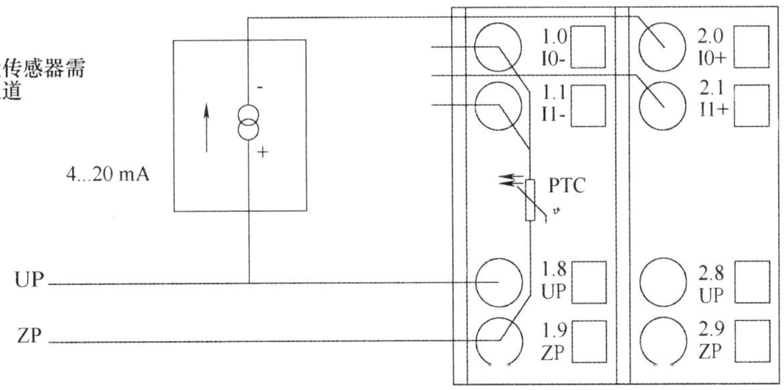

图 2-90　无源型模拟量传感器的连接（电流，AX522）

7）有源型模拟量传感器（电压）与差分输入的连接，如图 2-91 所示。

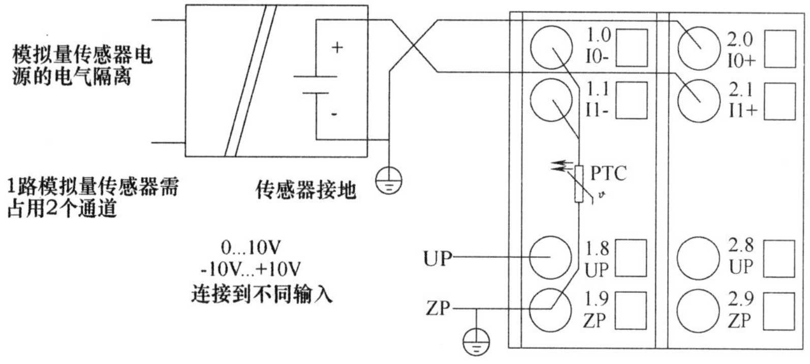

图 2-91　有源型模拟量传感器（电压，AX522）与差分输入的连接

8）模拟量输入作为数字量输入的连接，如图 2-92 所示。

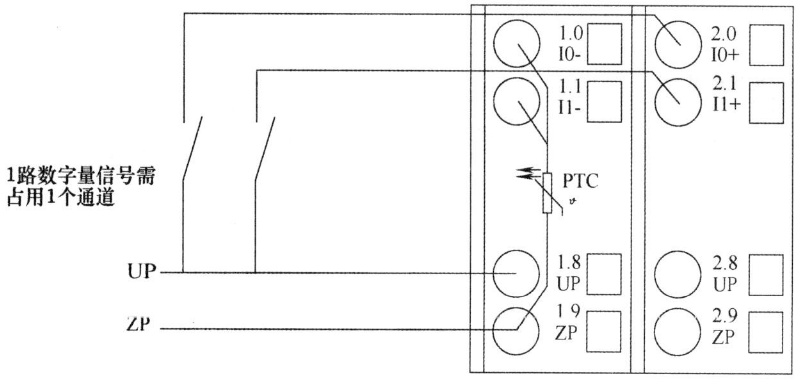

图 2-92　AX522 模拟量输入作为数字量输入

4. 模拟量输出的连接

模拟量输出负载（电压、电流），如图 2-93 所示。

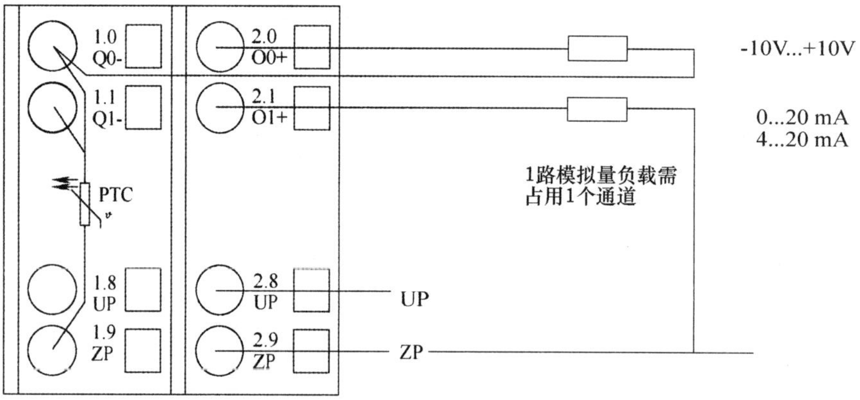

图 2-93　AX522 模拟量输出负载（电流、电压）的连接

第3章 ABB AC500系列PLC的数据存储

3.1 存储区分配

AC500PLC存储区分为输入区（%I）、输出区（%Q）、内部寄存器区（%M）和可寻址掉电保持区（%R）。以上各区均可通过位（X）、字节（B）、字（W）、双字（D）进行访问和操作，并采用Motorola（摩托罗拉）字节顺序。

1. 输入/输出区（%I/%Q）

1）对于AC500 PM57x、PM58x和PM59x CPU支持以下输入和输出接口，见表3-1。

表3-1 AC500 CPU输入输出地址分配

设备	输入/输出	接口		范围	地址
CPU I/O	输入(4kB)	CPU	I/O总线	0000..0999	%IB0...%IB4095
			COM1	1000..1999	%IW0...%IW2047
			COM2	2000..2999	%ID0...%ID1023
			FBP	3000..3999	%IX0.0...%IX4095.7
			预留	4000..4095	
	输出(4kB)		I/O总线	0000..0999	%QB0...%QB4095
			COM1	1000..1999	%QW0...%QW2047
			COM2	2000..2999	%QD0...%QD1023
			FBP	3000..3999	%QX0.0...%QX4095.7
			预留	4000..4095	
集成通信接口	输入(4kB)	线路0		0.0000…0.4095	%IB0.0...%IB0.4095
					%IW0.0...%IW0.2047
					%ID0.0...%ID0.1023
					%IX0.0.0...%IX0.4095.7
	输出(4kB)				%QB0.0...%QB4095
					%QW0.0...%QW2047
					%QD0.0...%QD1023
					%QX0.0...%QX4095.7
扩展通信模块1	输入(4kB)	线路1		1.0000…1.4095	%IB1.0...%IB1.4095
					%IW1.0...%IW1.2147
					%ID1.0...%ID1.1123
					%IX1.0.0...%IX1.4195.7
	输出(4kB)				%QB1.0...%QB1.4195
					%QW1.0...%QW1.2147
					%QD1.0...%QD1.1023
					%QX1.0...%QX1.4095.7

（续）

设　　备	输入/输出	接　　口	范　　围	地　　址
…				
扩展通信模块 4	输入(4kB)	线路 4	4.0000…4.4095	%IB4.0...%IB4.4095
				%IW4.0...%IW4.2047
				%ID4.0...%ID4.1023
				%IX4.0.0...%IX4.4095.7
	输出(4kB)			%QB4.0...%QB4.4095
				%QW4.0...%QW4.2047
				%QD4.0...%QD4.1023
				%QX4.0...%QX4.4095.7

2）对于 AC500-eCo PM55x 和 PM56x CPU 支持以下输入和输出接口，见表 3-2。

表 3-2　AC500-eCo CPU 输入输出地址分配

设　　备	输入/输出	接　　口	范　　围	寻　　址
CPU I/O	输入(4kB)	I/O 总线	0000..0999	%IB0...%IB4095
		COM1	1000..1999	%IW0...%IW2047
		COM2	2000..2999	%ID0...%ID1023
		预留	3000..3999	%IX0.0...%IX4095.7
		板载 I/O	4000..4095	
	输出(4kB)	I/O 总线	0000..0999	%QB0...%QB4095
		COM1	1000..1999	%QW0...%QW2047
		COM2	2000..2999	%QD0...%QD1023
		预留	3000..3999	%QX0.0...%QX4095.7
		板载 I/O	4000..4095	

2. 内部寄存器区（%M）

内部寄存器区通常用来存储程序的中间结果、工作状态或其他控制信息，详见表 3-3。

1)%M 的大小：AC500 系列 PLC 中的内部寄存器区区分为不同的段，每个段 64K 字节，最多可以寻址 8 个段。%M 区的大小取决于 CPU 的型号（AC500-eCoCPU 仅占用 0 段 64KB 中的 2KB）。

表 3-3　AC500 系列 CPU %M 区大小

段	操作数	累计大小 [KB]	CPU PM554 CPU PM564	CPU PM556 CPU PM566	CPU PM572	CPU PM573	CPU PM58x	CPU PM59x
0	%MB0.0... %MB0.65535	64	2kB	+	4kB	+	+	+
1	%MB1.0... %MB1.65535	128	–	–	–	+	+	+
2	%MB2.0... %MB2.65535	192	–	–	–	–	–	+

（续）

段	操作数	累计大小［KB］	CPU PM554 CPU PM564	CPU PM556 CPU PM566	CPU PM572	CPU PM573	CPU PM58x	CPU PM59x
3	%MB3.0... %MB3.65535	256	–	–	–	–	–	+
4	%MB4.0... %MB4.65535	320	–	–	–	–	–	+
5	%MB5.0... %MB5.65535	284	–	–	–	–	–	+
6	%MB6.0... %MB6.65535	448	–	–	–	–	–	+
7	%MB7.0... %MB7.65535	512	–	–	–	–	–	+

注：“+”表示支持，“-”表示不支持。

2)%M区操作数的不同访问方式，见表3-4。

表3-4 %M区操作数的访问方式

字　节	位(源于字节)	字	双　字
SINT/BYTE	BOOL	INT/WORD	DINT/DWORD
段0			
%MB0.0	%MX0.0.0...%MX0.0.7	%MW0.0	%MD0.0
%MB0.1	%MX0.1.0...%MX0.1.7		
%MB0.2	%MX0.2.0...%MX0.2.7	%MW0.1	
%MB0.3	%MX0.3.0...%MX0.3.7		
...	...	...	...
%MB0.65532	%MX0.65532.0...%MX0.65532.7	%MW0.32766	%MD0.16383
%MB0.65533	%MX0.65533.0...%MX0.65533.7		
%MB0.65534	%MX0.65534.0...%MX0.65534.7	%MW0.32767	
%MB0.65535	%MX0.65535.0...%MX0.65535.7		
段1			
%MB1.0	%MX1.0.0...%MX1.0.7	%MW1.0	%MD1.0
%MB1.1	%MX1.1.0...%MX1.1.7		
%MB1.2	%MX1.2.0...%MX1.2.7	%MW1.1	
%MB1.3	%MX1.3.0...%MX1.3.7		
...	...	...	...
%MB1.65532	%MX1.65532.0...%MX1.65532.7	%MW1.32766	%MD1.16383
%MB1.65533	%MX1.65533.0...%MX1.65533.7		
%MB1.65534	%MX1.65534.0...%MX1.65534.7	%MW1.32767	
%MB1.65535	%MX1.65535.0...%MX1.65535.7		

（续）

字　节	位（源于字节）	字	双　字
SINT/BYTE	BOOL	INT/WORD	DINT/DWORD
段 2			
%MB2.0	%MX2.0.0...%MX2.0.7	%MW2.0	%MD2.0
%MB2.1	%MX2.1.0...%MX2.1.7		
%MB2.2	%MX2.2.0...%MX2.2.7	%MW2.1	
%MB2.3	%MX2.3.0...%MX2.3.7		
...	...	...	...
%MB2.65532	%MX2.65532.0...%MX2.65532.7	%MW2.32766	%MD2.16383
%MB2.65533	%MX2.65533.0...%MX2.65533.7		
%MB2.65534	%MX2.65534.0...%MX2.65534.7	%MW2.32767	
%MB2.65535	%MX2.65535.0...%MX2.65535.7		
...	...	...	...
段 7			
%MB7.0	%MX7.0.0...%MX7.0.7	%MW7.0	%MD7.0
%MB7.1	%MX7.1.0...%MX7.1.7		
%MB7.2	%MX7.2.0...%MX7.2.7	%MW7.1	
%MB7.3	%MX7.3.0...%MX7.3.7		
...	...	...	...
%MB7.65532	%MX7.65532.0...%MX7.65532.7	%MW7.32766	%MD7.16383
%MB7.65533	%MX7.65533.0...%MX7.65533.7		
%MB7.65534	%MX7.65534.0...%MX7.65534.7	%MW7.32767	
%MB7.65535	%MX7.65535.0...%MX7.65535.7		

3. 可寻址掉电保持区（%R）

1）%R 的大小：同%M 区一样，%R 区也分为不同的段，每个段 64 K 字节，最多可以寻址 8 个段。%R 区的大小取决于 CPU 的型号并且需要在软件中配置，参见第 4 章节内容及表 3-5。

表 3-5　AC500 系列 CPU %R 区大小

%R PERSISTENT	eCo	PM572	PM573-ETH	PM582	PM583-ETH	PM59x-ETH
	1kB	4kB	128kB	128kB	128kB	512kB
段 0	+	+	+	+	+	+
段 1	-	-	+	+	+	+
段 2	-	-	-	-	-	+
段 3	-	-	-	-	-	+
段 4	-	-	-	-	-	+
段 5	-	-	-	-	-	+
段 6	-	-	-	-	-	+
段 7	-	-	-	-	-	+

注：“+”表示支持，“-”表示不支持。

2) %R 区操作数的不同访问方式，见表 3-6。

表 3-6　%R 区操作数的访问方式

字　节	位(源于字节)	字	双　字
SINT/BYTE	BOOL	INT/WORD	DINT/DWORD
段 0			
%RB0.0	%RX0.0.0...%RX0.0.7	%RW0.0	%RD0.0
%RB0.1	%RX0.1.0...%RX0.1.7		
%RB0.2	%RX0.2.0...%RX0.2.7	%RW0.1	
%RB0.3	%RX0.3.0...%RX0.3.7		
...	...	...	...
%RB0.65532	%RX0.65532.0...%RX0.65532.7	%RW0.32766	%RD0.16383
%RB0.65533	%RX0.65533.0...%RX0.65533.7		
%RB0.65534	%RX0.65534.0...%RX0.65534.7	%RW0.32767	
%RB0.65535	%RX0.65535.0...%RX0.65535.7		
段 1			
%RB1.0	%RX1.0.0...%RX1.0.7	%RW1.0	%RD1.0
%RB1.1	%RX1.1.0...%RX1.1.7		
%RB1.2	%RX1.2.0...%RX1.2.7	%RW1.1	
%RB1.3	%RX1.3.0...%RX1.3.7		
...	...	...	...
%RB1.65532	%RX1.65532.0...%RX1.65532.7	%RW1.32766	%RD1.16383
%RB1.65533	%RX1.65533.0...%RX1.65533.7		
%RB1.65534	%RX1.65534.0...%RX1.65534.7	%RW1.32767	
%RB1.65535	%RX1.65535.0...%RX1.65535.7		
段 2			
%RB2.0	%RX2.0.0...%RX2.0.7	%RW2.0	%RD2.0
%RB2.1	%RX2.1.0...%RX2.1.7		
%RB2.2	%RX2.2.0...%RX2.2.7	%RW2.1	
%RB2.3	%RX2.3.0...%RX2.3.7		
...	...	...	...
%RB2.65532	%RX2.65532.0...%RX2.65532.7	%RW2.32766	%RD2.16383
%RB2.65533	%RX2.65533.0...%RX2.65533.7		
%RB2.65534	%RX2.65534.0...%RX2.65534.7	%RW2.32767	
%RB2.65535	%RX2.65535.0...%RX2.65535.7		
...	...	...	...
段 7			
%RB7.0	%RX7.0.0...%RX7.0.7	%RW7.0	%RD7.0
%RB7.1	%RX7.1.0...%RX7.1.7		
%RB7.2	%RX7.2.0...%RX7.2.7	%RW7.1	
%RB7.3	%RX7.3.0...%RX7.3.7		
...	...	...	...
%RB7.65532	%RX7.65532.0...%RX7.65532.7	%RW7.32766	%RD7.16383
%RB7.65533	%RX7.65533.0...%RX7.65533.7		
%RB7.65534	%RX7.65534.0...%RX7.65534.7	%RW7.32767	
%RB7.65535	%RX7.65535.0...%RX7.65535.7		

3.2 寻址方式

AC500 系列 PLC 直接地址操作数采用 Motorola（摩托罗拉）字节顺序存储。输入区（%I）

举例见表 3-7，说明位（BOOL）、字节（BYTE）、字（WORD）和双字（DWORD）的关系：

表 3-7　AC500 系列 PLC 输入区寻址方式

地址	Addr	Addr + 1	Addr + 2	Addr + 3
BYTE	% IB0	% IB1	% IB2	% IB3
BOOL	7. . . 0	7. . . 0	7. . . 0	7. . . 0
	% IX0. 7. . . % IX0. 0	% IX1. 7. . . % IX1. 0	% IX2. 7. . . % IX2. 0	% IX3. 7. . . % IX3. 0
WORD	% IW0		% IW1	
	15. . . 8	7. . . 0	15. . . 8	7. . . 0
DWORD	% ID0			
	31. . . 24	23. . . 16	15. . . 8	7. . . 0

例如某数据的对应关系见表 3-8：

表 3-8　数据对应关系举例

% IX0. 0	: = TRUE		
	% IB0 : = 1	: = 16#01	
	% IW0 : = 256	: = 16#0100	(Bit 8 = TRUE)
	% ID0 : = 16777216	: = 16#01000000	(Bit 24 = TRUE)
% IX3. 0	: = TRUE		
	% IB3 : = 1	: = 16#01	
	% IW1 : = 1	: = 16#0001	
	% ID0 : = 1	: = 16#00000001	

3.3　寻址格式

按 IEC61131-3 标准，所有的直接地址都从“%”开始。以% M 区为例，不同数据的寻址格式见表 3-9。

表 3-9　%M 区寻址格式

位寻址	格式	% MXl. m. n
	描述	X 表示是按位寻址 l 表示在% M 存储区中的段号，(% I 和% Q 区不含此项) m 表示在% M 存储区某段中的字节编号 n 表示位于该字节的第几位，范围为 0 ~ 7
	数据类型	BOOL
	示例	% MX0. 1. 3、% MX0. 6. 5
字节寻址	格式	% MBl. m
	描述	B 表示按字节寻址 l 表示在% M 存储区中的段号，(% I 和% Q 区不含此项) m 表示在% M 存储区某段中的字节编号
	数据类型	BYTE
	示例	% MB0. 103、% MB0. 2000

（续）

字寻址	格式	% MWl. m
	描述	W 表示按字寻址 l 表示在% M 存储区中的段号，（% I 和% Q 区不含此项） m 表示在% M 存储区某段中的字编号
	数据类型	WORD
	示例	% MW0. 150
双字寻址	格式	% MDl. m
	描述	D 表示按双字寻址 l 表示在% M 存储区中的段号，（% I 和% Q 区不含此项） m 表示在% M 存储区某段中的双字编号
	数据类型	DWORD
	示例	% MD0. 10

第 4 章　ABB AC500 系列 PLC 的编程软件

4.1　Automation Builder 集成开发工具功能简介

Automation Builder 是一款面向那些希望以统一高效方式使其机器和系统实现自动化的机器制造商和系统集成商的软件。Automation Builder 是对于 ABB 多种自动化产品进行配置和编程的标准软件——包括 AC500 系列 PLC 及其安全 PLC、运动控制器、变频器、机器人和 HMI，可显著提高工业控制和机械自动化项目的开发速度和效率，降低软件的复杂性，减少购买成本。本书中所涉及的软件 Automation Builder 内容均基于版本 V1. 1。

Automation Builder V1. 1 可完成对 AC500 全系列产品的配置如下：

- CPU 配置；
- I/O 模块配置；
- 所有接口和现场总线配置。

由 Automation Builder V1. 1 界面可进入到 CoDeSys V2. 3. 9 软件界面，完成程序的编写、下载和调试等功能，并为编程者提供的便利如下：

- 标准化编程（符合 IEC61131-3 标准）—五种编程语言（结构化文本（ST）、功能块图表（FBD）、指令列表（IL）、梯形图（LD）、顺序功能图（SFC））；
- 全面的功能块库并支持用户自定义库；
- 离线仿真功能—不需要连接 PLC 硬件；
- 用于程序测试的调试查错功能；
- 用于可视化界面；
- 采样跟踪—过程变量的时序图；
- 配方管理和监视列表。

Automation Builder V1. 1 集成的工程对象和特性介绍见表 4-1。

表 4-1　Automation Builder V1. 1 集成的工程对象及特性

集成对象	特性	免费基础版	标准版	高级版	所需其他许可证
AC500	AC500-eCo、具有本地 I/O 的 AC500、TCP/IP、Modbus、CS31、IEC60870-5	•	•	•	
	IEC61131-3 + CFC	•	•	•	
	C/C ++			•	
	Profinet、Profibus DP、EtherCAT、CANopen		•	•	
	AC500-Safety 安全功能		○	○	
CP600	Panel Builder 600	○	•	•	

（续）

集成对象	特性	免费基础版	标准版	高级版	所需其他许可证
变频器	Drive Manager 传动管理器				
	ACS880 变频器编程	●	●	○[1]	
	Drive composer pro				● Drive composer pro[2]
运动控制	MintWorkBench	●	●	●	
机器人	RobotStudio Basic 基础工具	●	●	●	
	RobotStudio Premium 高级工具	○	○	○	
工程设计	集成工程设计（PLC、面板、变频器、运动控制和机器人）	●	●		
	EPLAN 接口 AC500/AC500-eCo		●	○[3]	
	高级 CSV 数据交换		●		
	项目对比		●		

● 内置

○ 可选

[1] 要求在传动中内置运行许可证，加上编码 N8010

[2] 独立使用要求单独的许可证

[3] EPLAN Electric P8 PLC 接口选件

Automation Builder 从 V1.1 起使用如图 4-1 所示三种许可证模式：

- 基本许可证模式允许对简单 PLC 系统进行 IEC61131-3 编程；
- 标准许可证模式包含 PLC、变频器、面板、运动控制器和机器人的集成环境；
- 高级许可证模式包含生产率工程和合作工程。

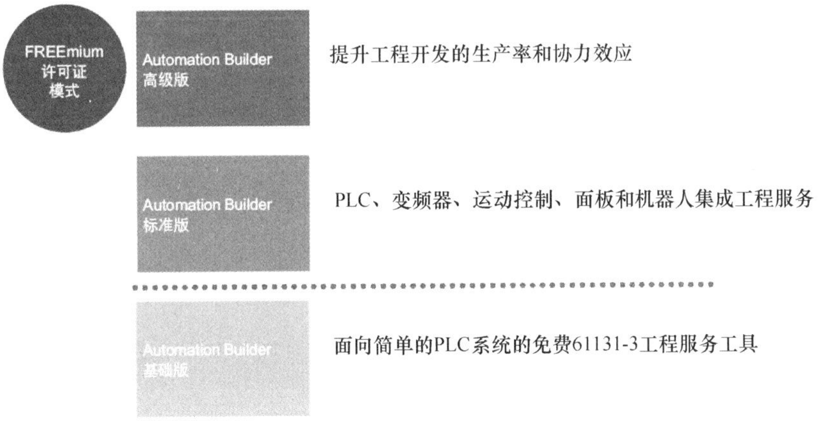

图 4-1　Automation Builder V1.1 三种许可证模式

4.2　软件安装

1）请在以下 ABB PLC 官网上单击“Download Automation Builder”即可下载最新的软件。

下载地址：http://new.abb.com/plc/automationbuilder，如图 4-2 所示。

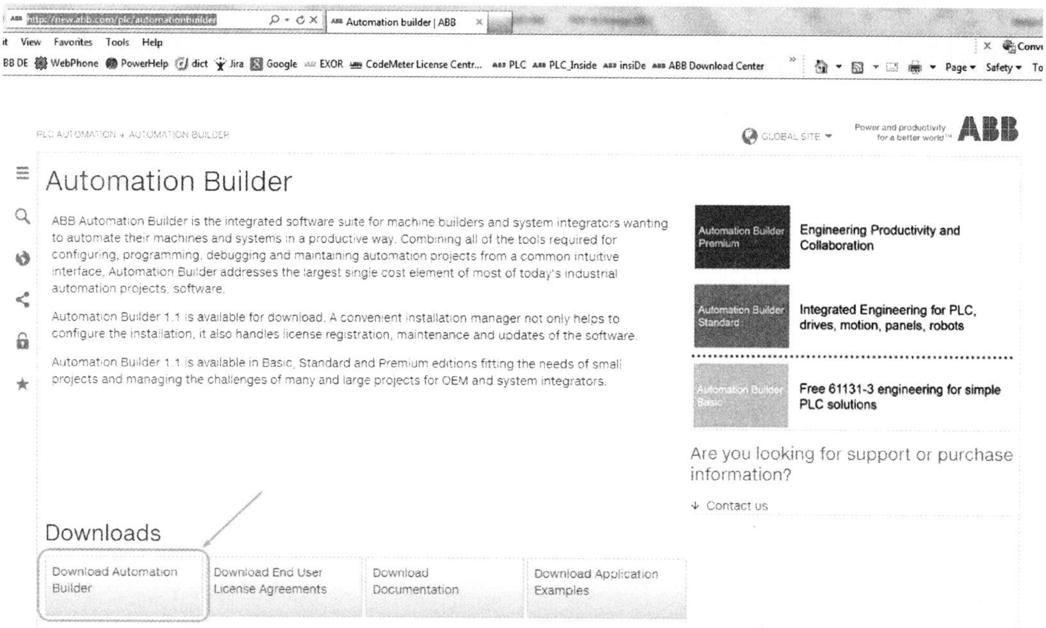

图 4-2　Automation Builder V1.1 下载地址

2）单击“Run”，如图 4-3 所示运行该软件。

图 4-3　软件运行确认窗口

3）选择安装语言并单击“Automation Builder 安装包”，如图 4-4 及图 4-5 所示。

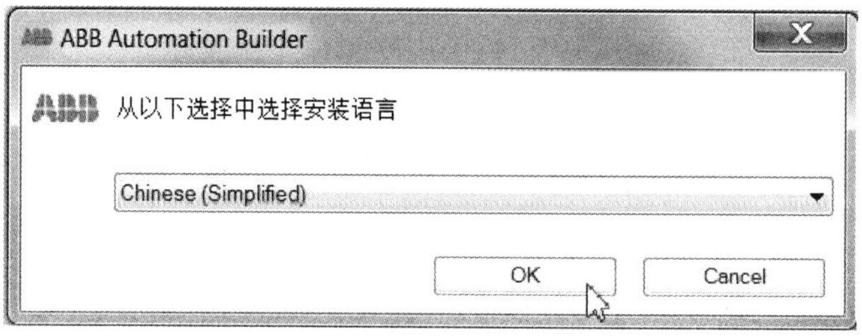

图 4-4　语言选择窗口

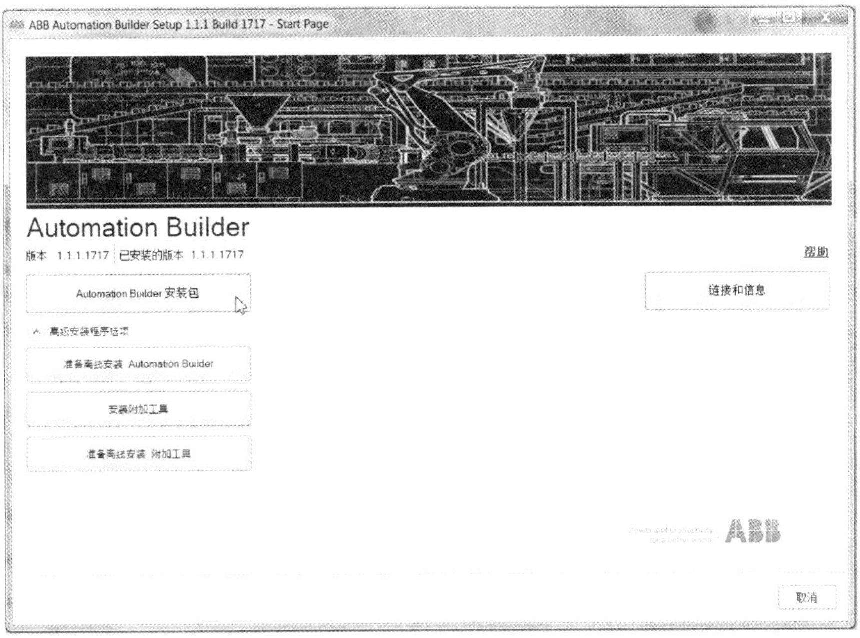

图 4-5　安装软件窗口

4）通过复选框勾选需要安装的组件，如图 4-6 所示。

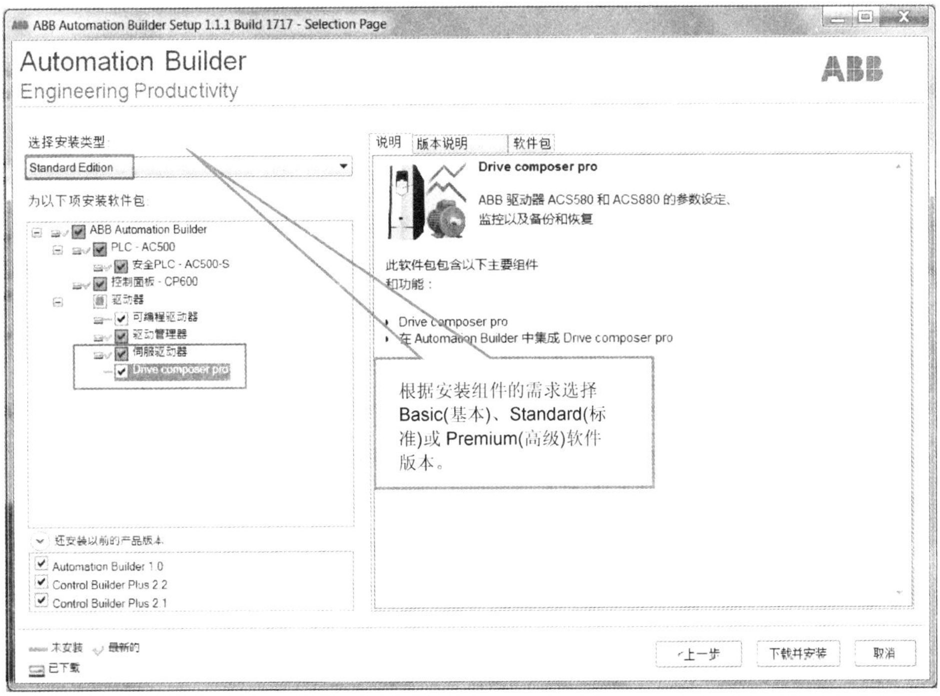

图 4-6　选择软件安装类型及安装软件包

5）下载成功后，选择离线安装包存储地址，如图 4-7 及图 4-8 所示。

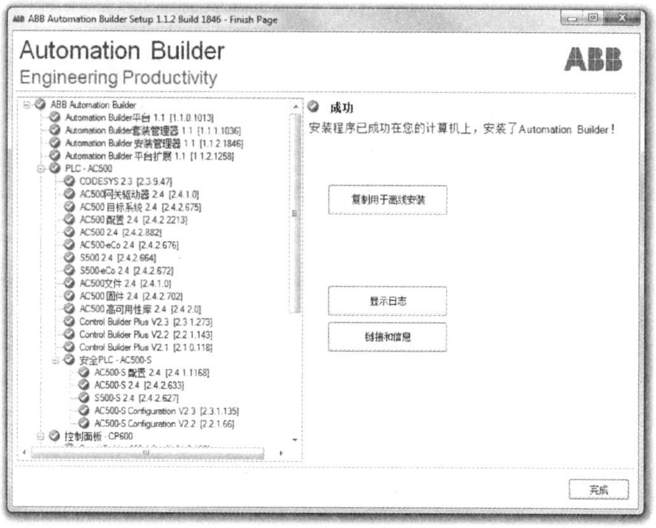

图 4-7　下载成功窗口

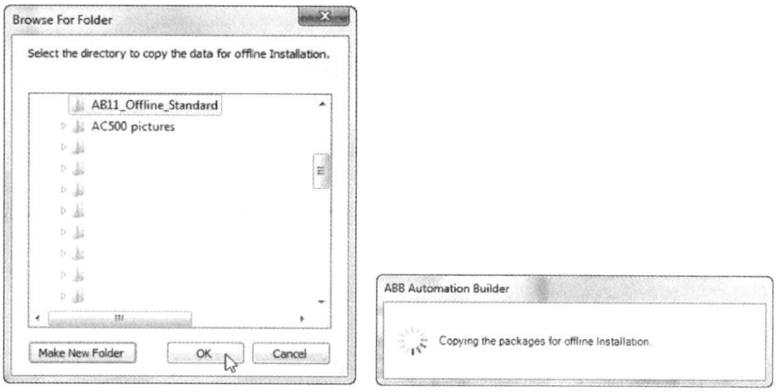

图 4-8　选择离线包存储地址窗口

4.3　工程创建及硬件配置

本节将举例说明如何在 Automation Builder 软件中新建一个工程，硬件配置见表 4-2：

表 4-2　工程硬件配置

模块名称	数量	说　明	模块名称	数量	说　明
PM583-ETH	1	AC500 CPU 模块	TU515	1	AI523 模块底板
DX522	1	DI/DO 混合模块	TU531	1	DX522 模块底板
AI523	1	AI 模块	TB521	1	AC500 CPU 底板

通过此工程的搭建，希望读者可以熟练地利用 Automation Builder 软件完成 PLC 系统的基本硬件配置，如 CPU 的参数、I/O 模块及通信端口配置，重点介绍了 CPU IP 地址的两种设置方法，为接下来的编程学习打下基础。

4.3.1　CPU 配置

双击“Automation Builder”软件图标，或单击“开始→程序→ABB→Automation Builder”，打开 Automation Builder 界面。界面语言（英语）为系统默认语言，用户可以通过“Tools→Options→International Settings→Specific language”改为简体中文，同时可以选择帮助文件的语言。(更改界面语言后，必须重新打开软件才能生效。) 如图 4-9 所示。Automation Builder 软件完成对 PLC 系统的硬件配置以及参数设定。

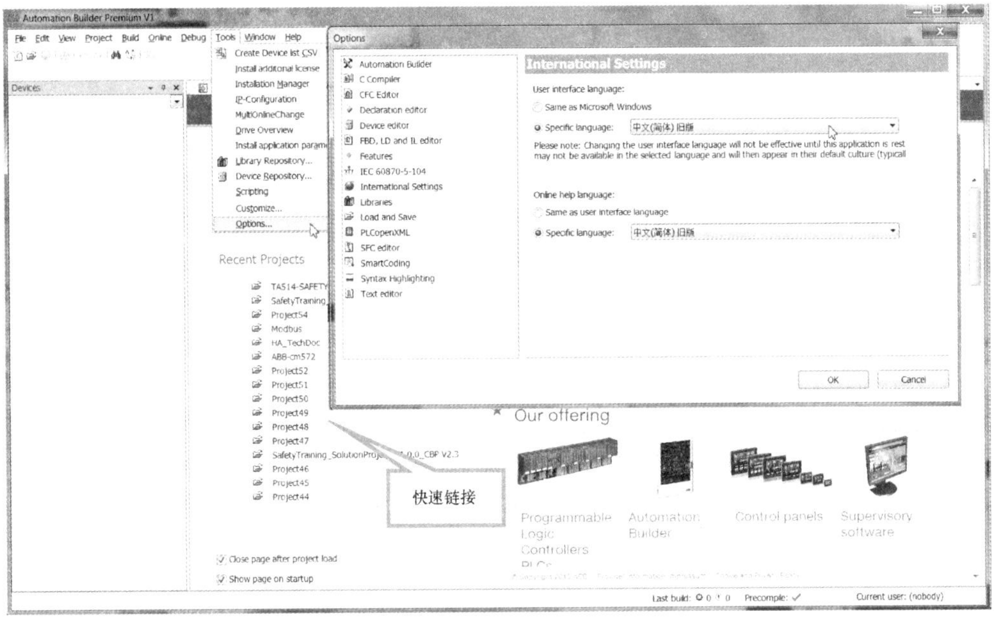

图 4-9　更改界面语言

1）单击“文件→新建工程”打开新建工程对话框，完成工程名称命名及存储位置的设置，如图 4-10 所示。

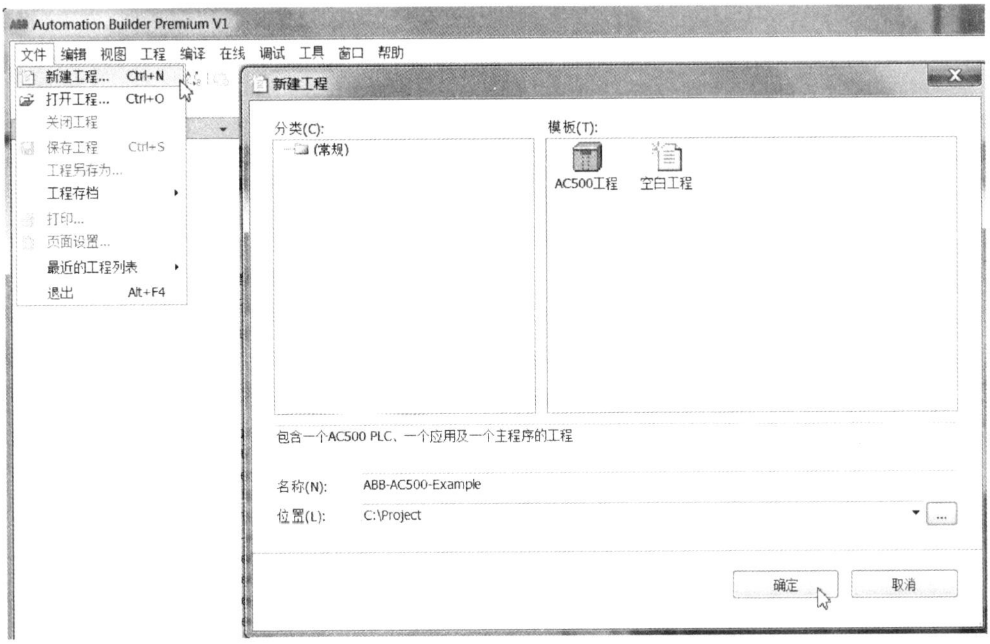

图 4-10　新建 AC500 工程

2）在自动弹出的“新工程”对话框中，选择所需的 PLC 类型 AC500 PM583-ETH，并单击“添加 PLC”按钮，如图 4-11 所示。

图 4-11 添加 AC500 CPU 窗口

3）添加成功后，起始页左侧出现“设备树”窗口，如图 4-12 所示。

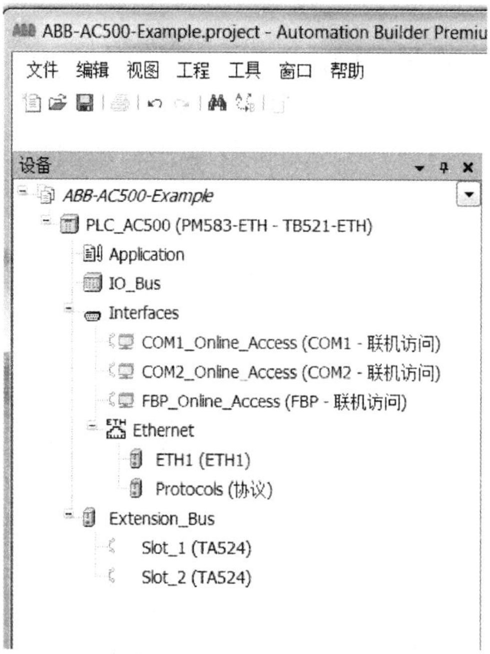

图 4-12 “设备树”窗口

工程中以下内容采用树状结构显示：

- PLC_AC500：CPU 属性参数配置；
- Application：启动 CoDeSys 软件编程平台；
- IO_Bus：本地集中 I/O 扩展配置；
- Interfaces：CPU 底板上集成通信端口设置；
- Extension_Bus：通信端口和扩展通信模块设置。

4）底板的选择及 CPU 的更换可通过双击“PLC_AC500”，在右侧弹出硬件类型配置窗口进行替换，如图 4-13 所示。

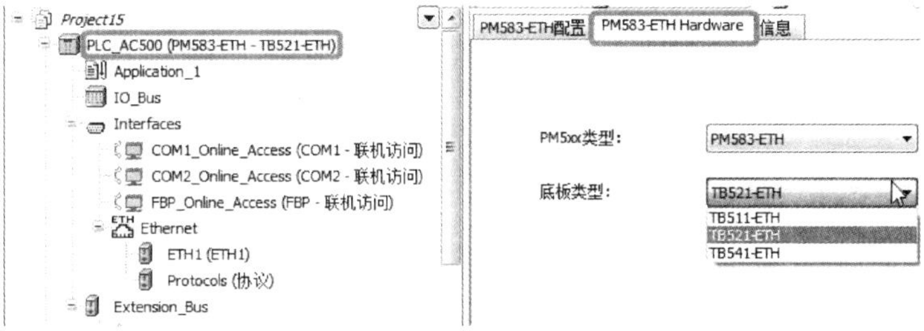

图 4-13　更换 CPU

5）CPU 属性参数设置

双击“PLC_AC500”，进入 CPU 参数设置界面，在方框内可进行参数设置，如图 4-14 所示。CPU 参数含义见表 4-3。

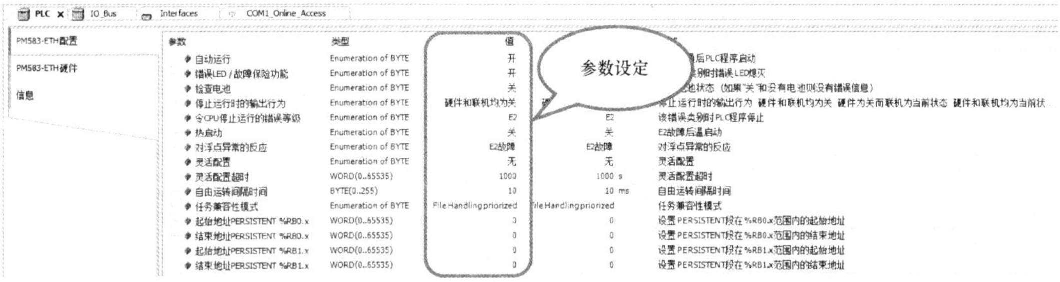

图 4-14　CPU 参数设置

表 4-3　CPU 参数含义

参　　数	默　　认	值	含　　义
自动运行	开	开	如果 FLASH 中包含一个有效的工程，在启动 CPU 时这个工程将被加载到 RAM 内存，并执行
		关	如果 FLASH 中包含一个有效的工程，在启动 CPU 时这个工程将被加载到 RAM 内存，但不执行
错误 LED/故障保险功能	开	开	对于所有类型的错误，LED 均亮，未使用故障保护功能
		E4 时关	仅发生警告 E4 时不点亮 LED 灯，未启用 I/O 总线的故障保护功能
		E3 时关	仅发生警告 E4 和轻微错误 E3 时不点亮 LED 灯，未启用 I/O 总线的故障保护功能
		开 + 故障保险	对于所有类型的错误，LED 灯均亮，启用 I/O 总线的故障保护功能

（续）

参　　数	默　　认	值	含　　义
错误 LED/故障保险功能	开	E4 时关 + 故障保险	仅发生警告 E4 时不点亮 LED 灯，启用 I/O 总线的故障保护功能
		E3 时关 + 故障保险	仅发生警告 E4 和轻微错误 E3 时不点亮 LED 灯，启用 I/O 总线的故障保护功能
检查电池	开	开	检查电池有效性和电池状态。如果无电池或电池电量不足，系统将提示警告 E4，ERR-LED 灯亮起
		关	不检查电池有效性，不产生警告 E4。已安装电池但电量不足时，同样不产生警告
停止运行时的输出行为	硬件和联机均为关	硬件和联机均为关	当系统处于 STOP 状态时，所有的硬件输出和联机显示均为 FALSE 或 0
		硬件为关而联机为当前状态	当系统处于 STOP 状态时，所有的硬件输出设为 FALSE 或 0，联机显示用户程序最后一次循环执行的状态
		硬件和联机均为当前状态	硬件输出和联机显示均保持为用户程序最后一次循环执行的状态
令 CPU 停止运行的错误等级	E2	E2	在遇到致命错误或严重错误 E1-E2 时，用户程序将停止
		E3	在遇到致命错误、严重错误或轻微错误 E1-E3 时，用户程序将停止
		E4	遇到致命错误、严重错误或轻微错误 E1-E3 或警告 E4 时，用户程序将停止
热启动	关	关	遇到致命错误 E2 时，不执行热启动
		发生 E2 错误时，系统执行热启动	遇到致命错误 E2 时，系统自动执行热启动
		短时压降时，执行热启动	短时压降后执行热启动
		发生 E2 错误或短时压降时，执行热启动	遇到致命错误 E2 或短时压降后，自动进行热启动
对浮点异常的反应	E2 故障	E2 故障	仅适用于 PM59X：如果浮点异常，将显示 E2 错误（Err = 38）。CPU 停止运行
		无故障	仅适用于 PM59X：如果浮点异常，不触发 E2 错误报警。通过在用户程序中使用 FPU_ EXINFO 功能块，可处理可能发生的异常
灵活配置	无	无	没有使用灵活配置
		FLASH	从 FLASH 加载 FlexConf. ini
		用户程序	通过用户程序加载 FlexConf. ini
		FTP 文件	从 FTP 加载 FlexConf. ini
灵活配置超时	1000	0... 65535	FlexConf. ini 超时［s］
自由运转间隔时间	10	0... 255	程序循环周期（ms）
起始地址 PERSISTENT % RB0. X	0	0... 65535	持久型数据存储区% R0x 中的缓冲区的起始偏移量
结束地址 PERSISTENT % RB0. X	0	0... 65535	持久型数据存储区% R0x 中的缓冲区的结束偏移量

4.3.2　本地I/O扩展配置

1）右键单击“IO_Bus”，选择“添加对象”，在CPU本地右侧最多可添加10个I/O模块。例：添加一个模拟量输入模块AI523，如图4-15所示。

图4-15　添加I/O模块AI523

2）双击添加的AI523，在“AI523配置”中可对通道进行配置。在“值”的下拉选项中可对各个通道进行输入信号类型的设定，如图4-16所示。

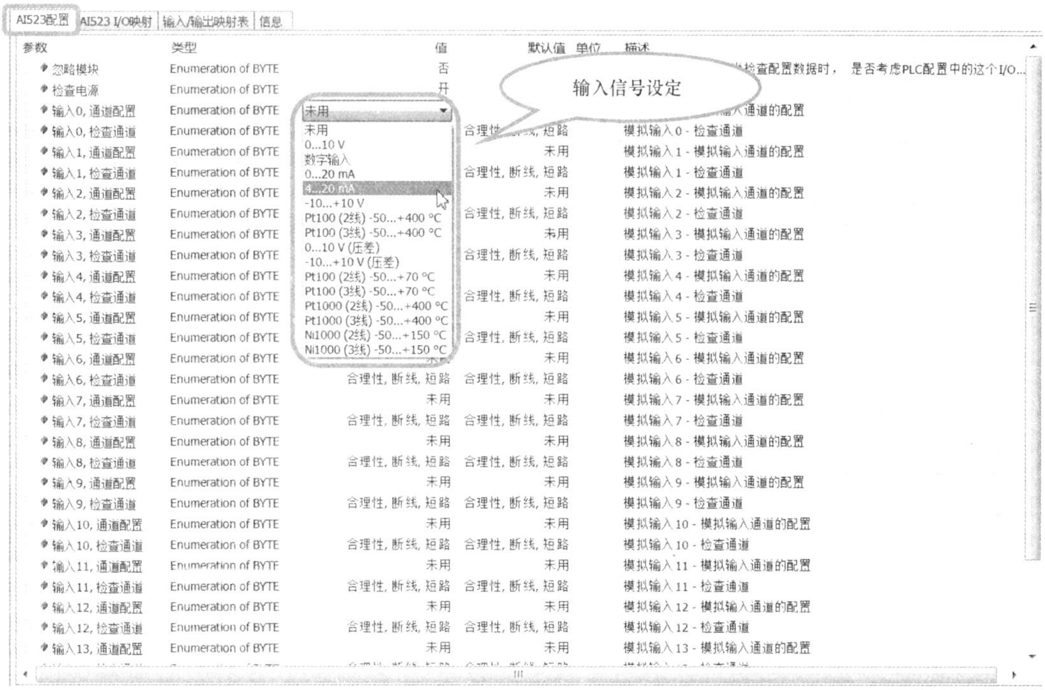

图4-16　设定AI523通道类型

3）在“AI523 I/O 映像”中设置变量名和对变量进行注释，如图 4-17 所示。

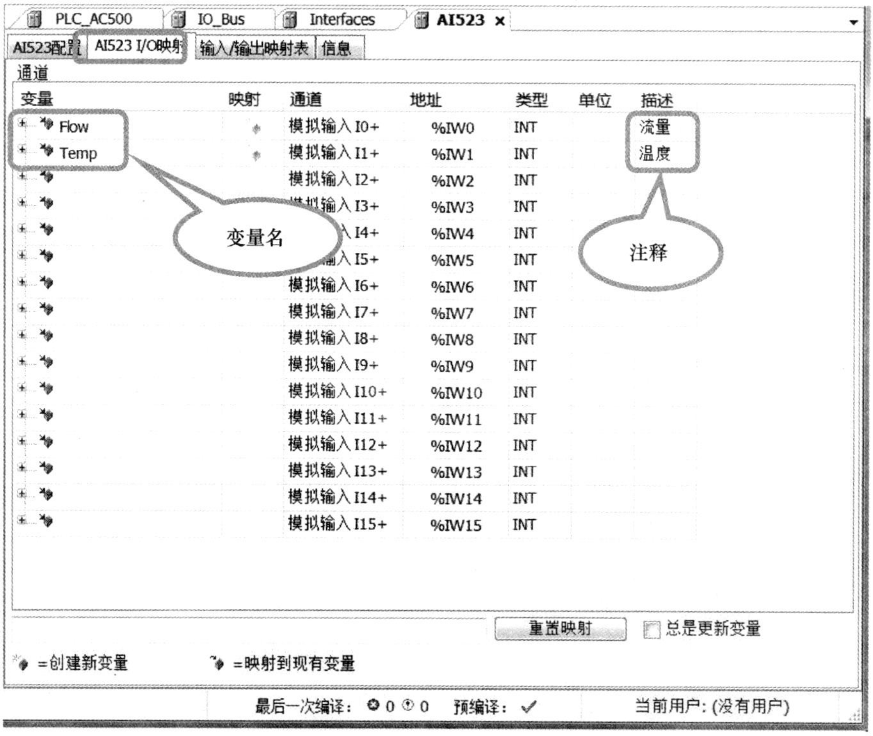

图 4-17　映射 AI523 I/O 变量

4）右键单击“IO_Bus”，选择“添加设备”，添加一个 DI/DO 混合模块 DX522，如图 4-18 所示。

图 4-18　添加模块 DX522

5）双击“DX522”打开模块参数配置界面，可对相关参数进行设置，如“输入延迟”、“快速计数器”等，如图 4-19 和图 4-20 所示。

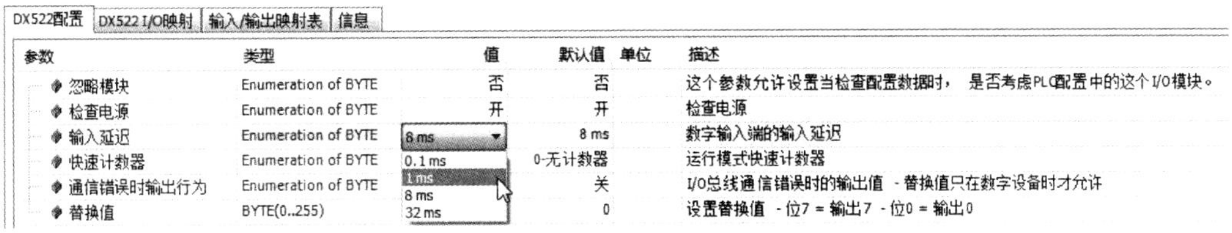

图 4-19　设置 DX522 输入延迟时间

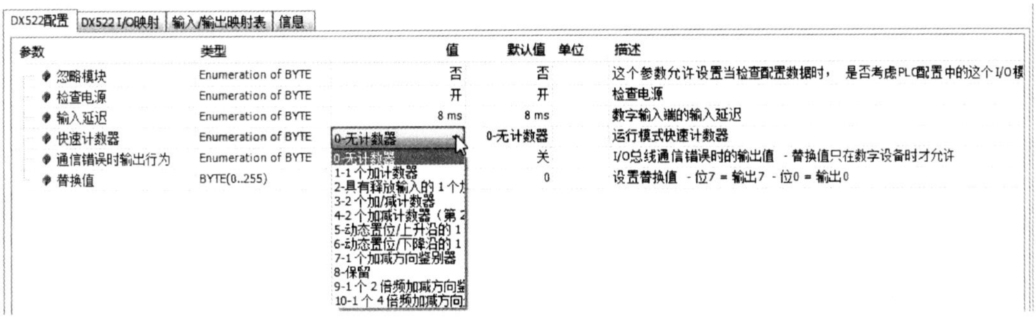

图 4-20　设置 DX522 计数器模式

4.3.3　通信端口配置

1. CPU 集成串口配置

串口 COM1/COM2 的默认工作方式均为联机访问，要改变它们的通信方式，单击右键→“添加对象”，从中选择所需的通信协议，如图 4-21 所示。

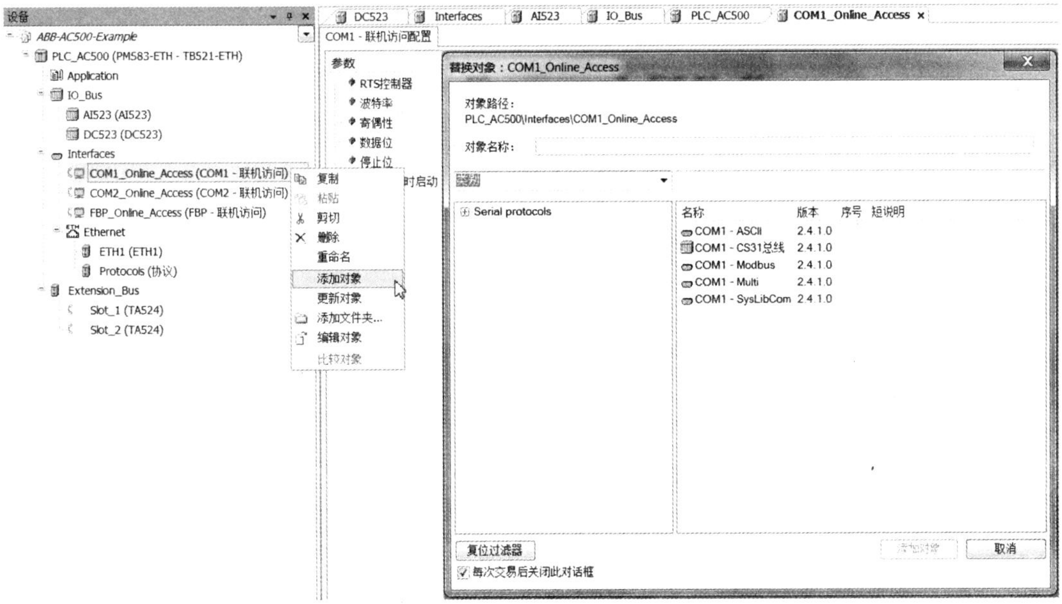

图 4-21　设置 CPU 串口通信方式

- 联机访问（默认）；
- ASCII；
- Modbus（主站或从站）；
- CS31 总线（COM1 只能做主站，COM2 不支持此总线协议）。

2. CPU 集成以太网配置

如果 CPU 型号为 PM5xx，CPU 内部没有集成通信模块；如果 CPU 型号为 PM5xx-ETH，CPU 内部集成以太网通信模块，在设备树中显示下图方框中的内容，否则不显示，如图 4-22 所示。

如果需要 AC500 PLC 之间通过 Ethernet 进行数据交换，或需要与上位软件（ABB Digivis500/CP600 触摸屏/CP400 触摸屏/第三方软件）进行数据通信，右键单击“Protocols（协议）”，单击“添加对象”，可选择需要的协议，如图 4-23 所示。

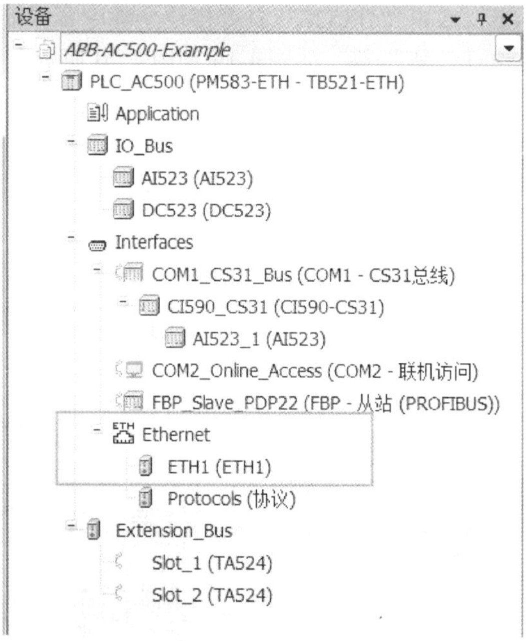

图 4-22　CPU 集成以太网通信模块配置显示

图 4-23　添加以太网通信协议

3. CPU 左侧扩展通信配置

选择“Slot_1 (TA524)”，单击右键，选择“添加对象”，选择相应的通信模块。AC500 PLC 左侧最多可扩展 4 个通信模块，这些通信模块可并行运行，且能自由组合，如图 4-24 所示。

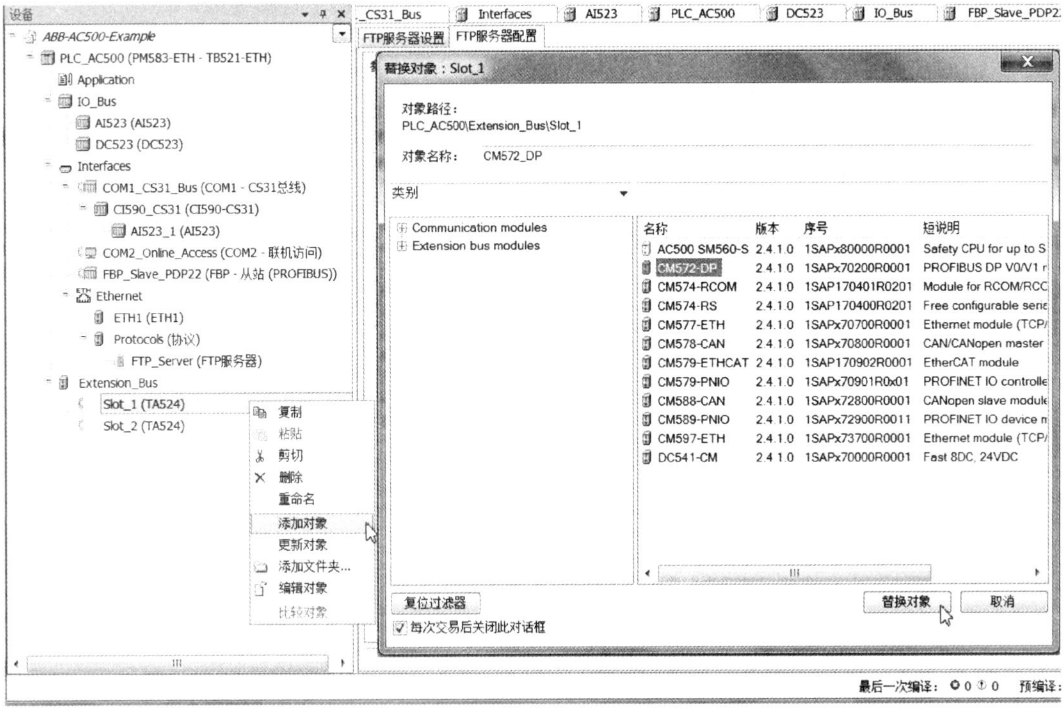

图 4-24 添加通信模块

4.3.4 设置 CPU 的 IP 地址

AC500 和 AC500-eCo 系列 PLC 可以通过 IP 配置工具配置 IP 地址。本节中介绍两种进入 IP 配置工具的界面的方法。

1. 通过 IP 配置工具设置 IP 地址

1）在设备树形图中，双击“ETH1”，单击“IP 配置”，即可进入 IP 配置界面，如图 4-25 和图 4-26 所示。

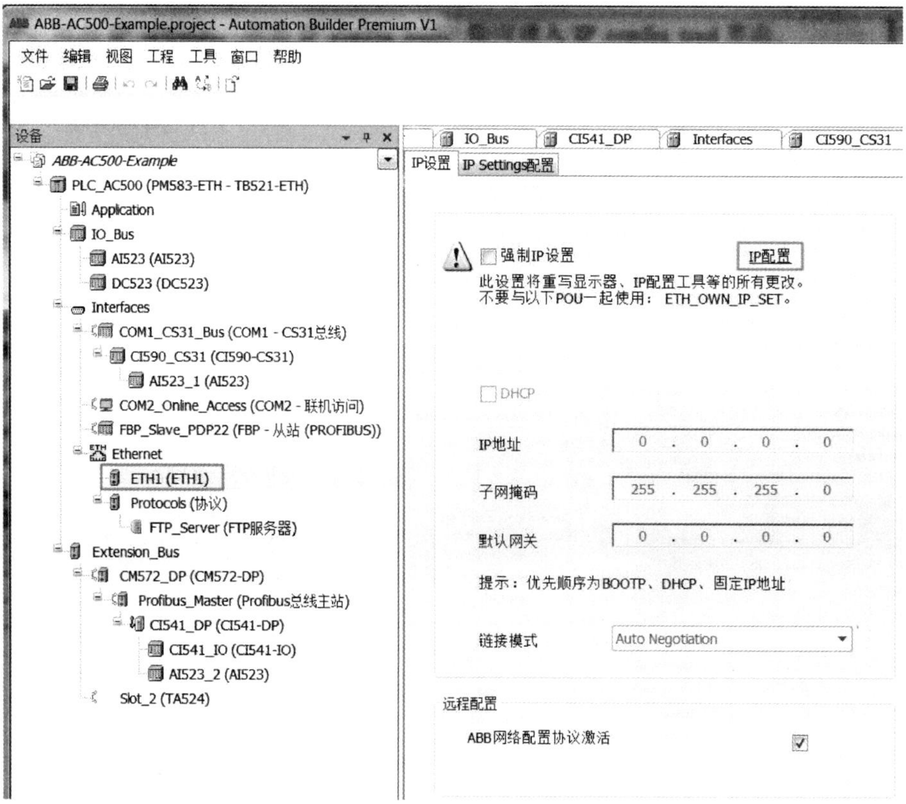

图 4-25 IP 配置界面

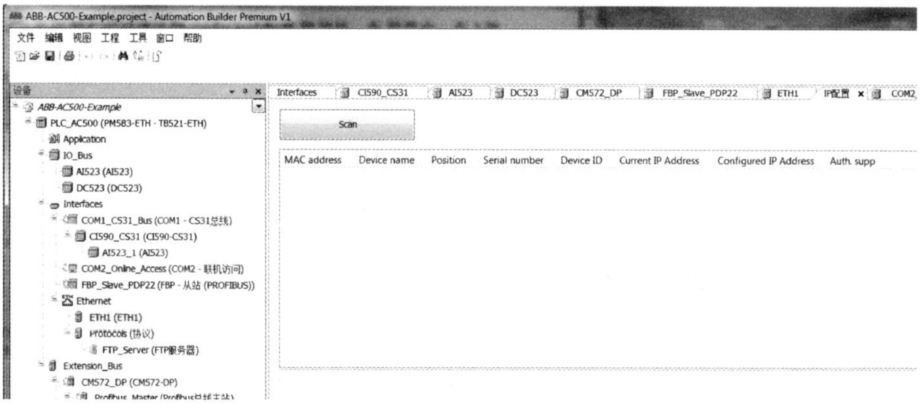

图 4-26 IP 扫描界面

2）单击菜单栏“工具”→“IP 配置”，也可进入 IP 配置界面，如图 4-27 所示。

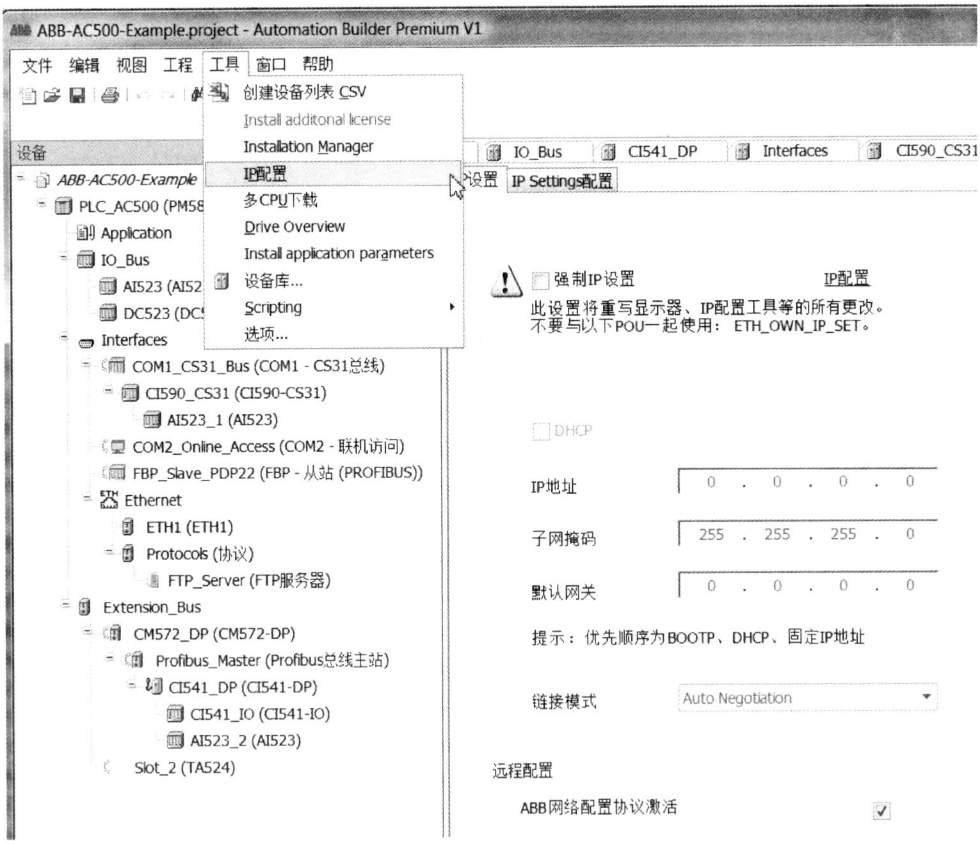

图 4-27　IP 配置界面

3）进入 IP 配置界面后，确认编程 PC 与 CPU 之间以太网连接正常，单击“扫描（Scan）”，软件根据以太网卡的 MAC 地址搜索连接的设备，如图 4-28 所示。

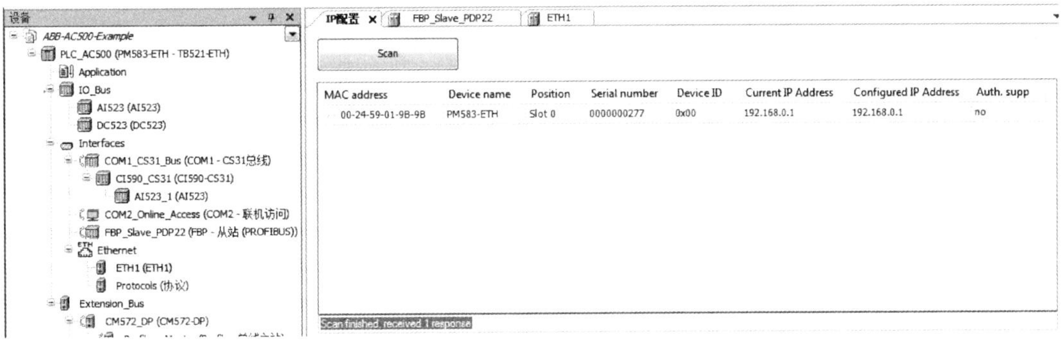

图 4-28　扫描到连接的 CPU

如果单击扫描时显示如下问题，则表明 PC 与 CPU 的网卡没有正常连接。此时，检查网线，并检查是否关闭 PC 的杀毒软件和防火墙，PC 与 CPU 的 IP 地址是否设在同一网段。检查完毕后，重新单击“扫描”，如图 4-29 所示。

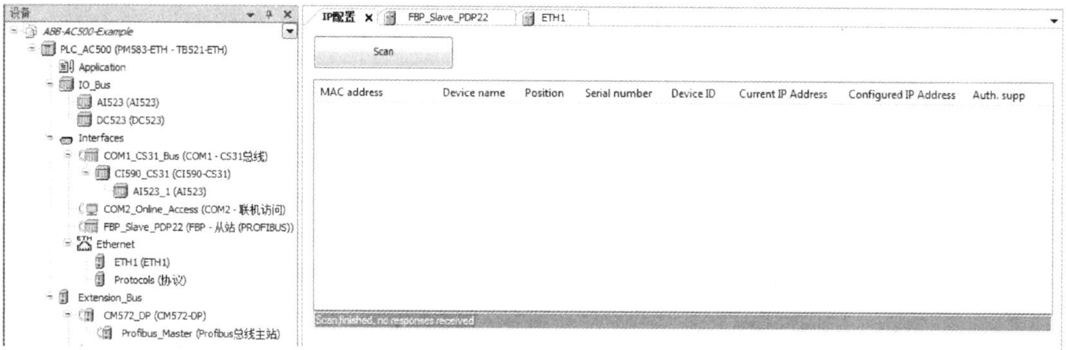

图 4-29　异常扫描结果显示

4）扫描成功后，可显示当前 CPU 的 IP 地址，单击搜索到的网卡，在底部出现的 IP 地址设置区域修改 IP 地址。例如：将 192. 168. 0. 1 修改为 192. 168. 0. 20，修改后单击“发送配置”，如图 4-30 所示。

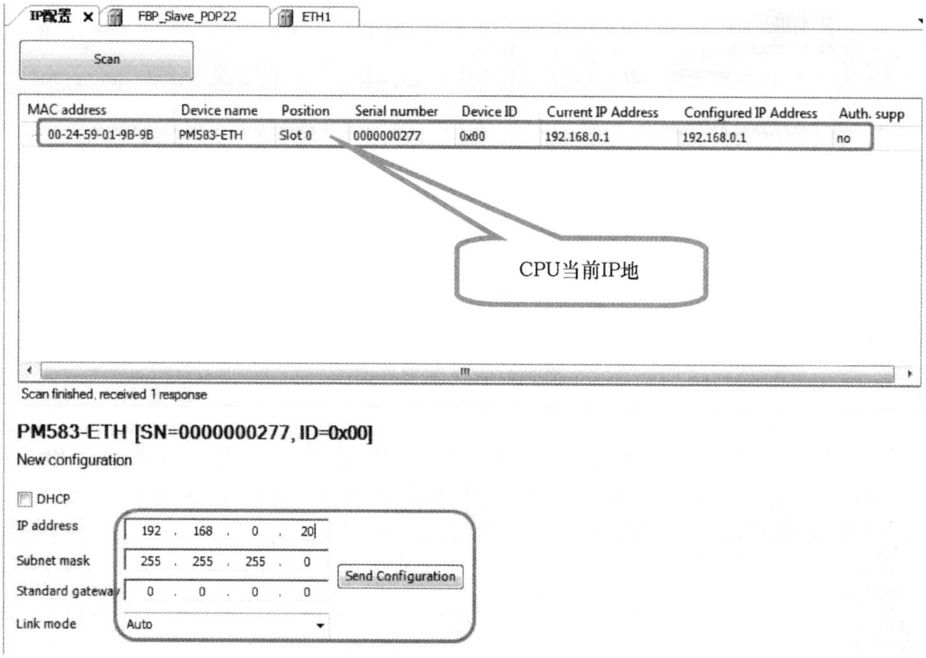

图 4-30　修改 CPU 当前 IP 地址

5）单击“发送配置”，出现如下窗口，如图 4-31 所示。

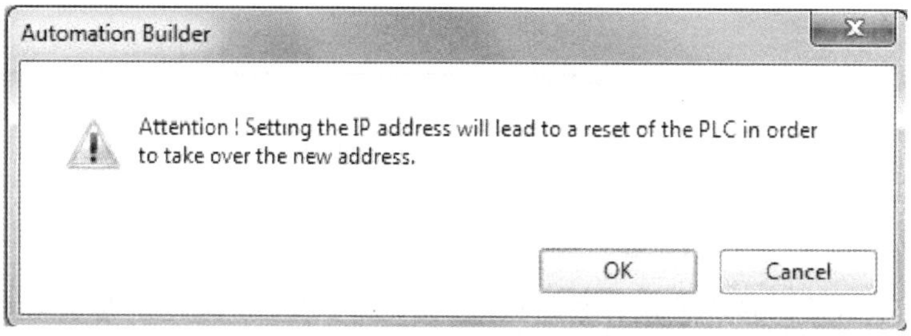

图 4-31　发送配置对话框

6）单击“OK”，完成地址修改。下方显示发送成功，重新扫描IP地址，IP地址变为新修改的IP地址192.168.0.20，如图4-32及图4-33所示。

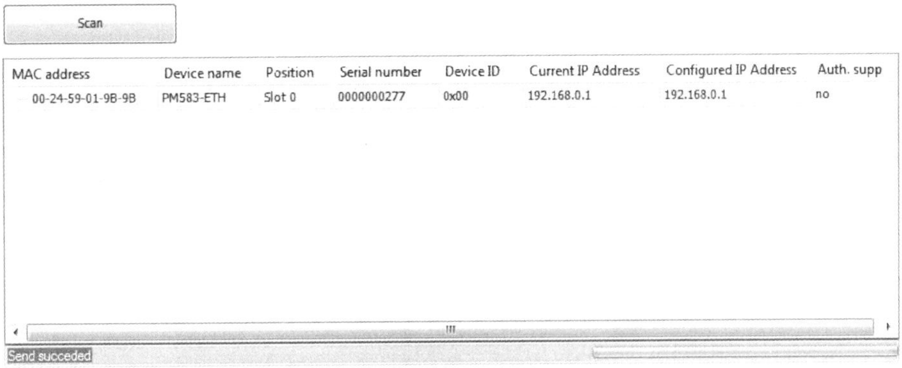

图4-32　IP地址发送成功

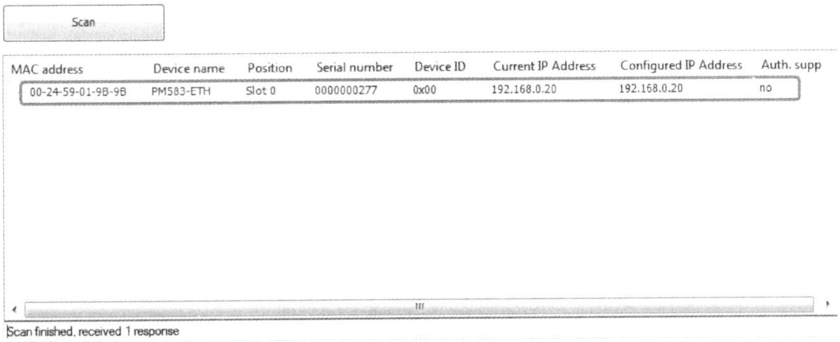

图4-33　IP地址修改成功

7）重新单击“扫描”，确认修改的地址已经生效，如图4-33所示。

> **重要提示**
> 修改IP地址时，需要将CPU设置为STOP状态（手动将CPU硬件开关置为STOP），否则会出现如图4-34所示的提示。

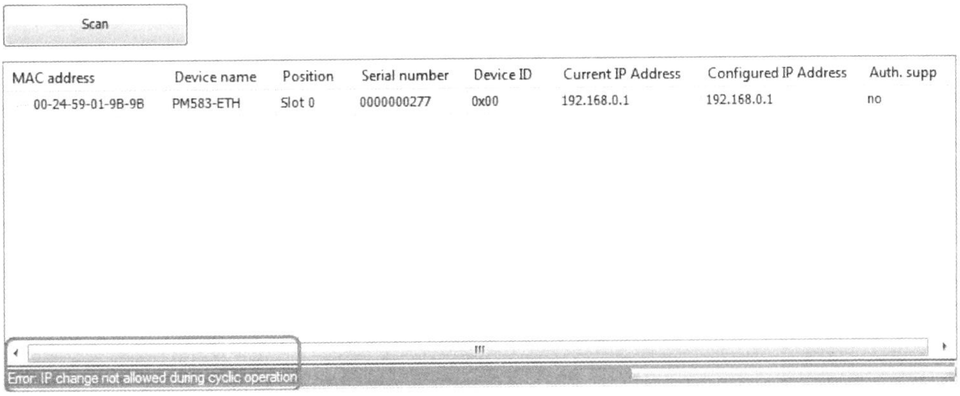

图4-34　IP地址修改异常

注意

设定 IP 地址时，注意以下几点：

1）安装 Automation Builder 的计算机必须设置固定的 IP 地址；

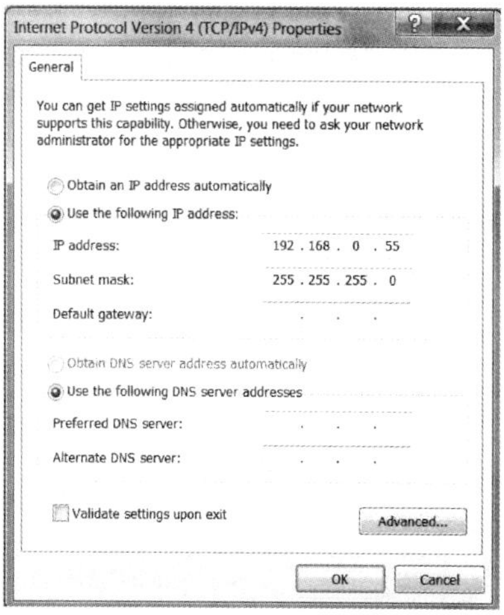

2）关闭安装 Automation Builder 的 PC 上的防火墙等拦截工具；

3）首先确认 CPU 与 PC 硬件连接正常；

4）单击“发送配置”前，将 CPU 置于 STOP 状态；

5）发送配置时，系统会提示该操作会复位 CPU 设置，单击确认后，启动发送配置的过程；

6）修改 IP 地址后，CPU 会自动重启，之后新的 IP 地址才会生效；

7）一般情况下，不需要勾选强制 IP 设置。

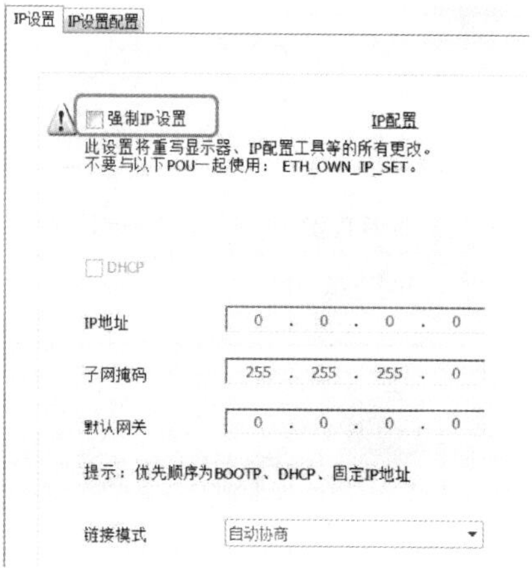

2. 通过 CPU 面板按钮设置 IP 地址

只有 AC500PLC 可以通过面板按钮设置 IP 地址。例：选取 CPU 型号为 PM583-ETH 模块。

1）在 CPU 模块处于 STOP 或 RUN 状态时，按“CFG”键，CPU 显示“IP-SET”，进入 IP 设置界面，如图 4-35 所示。

2）按面板按钮“OK”，CPU 显示“Slot 00”槽号 0；如果配置以太网通信模块 CM577-ETH 的 IP 地址，槽号要更改为对应的槽号，从右至左依次为 1 ~4，如图 4-36 所示。

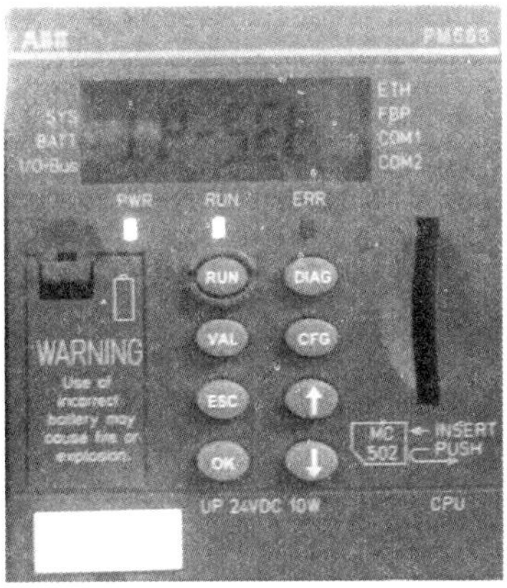

图 4-35　CPU 面板进入 IP 设置界面

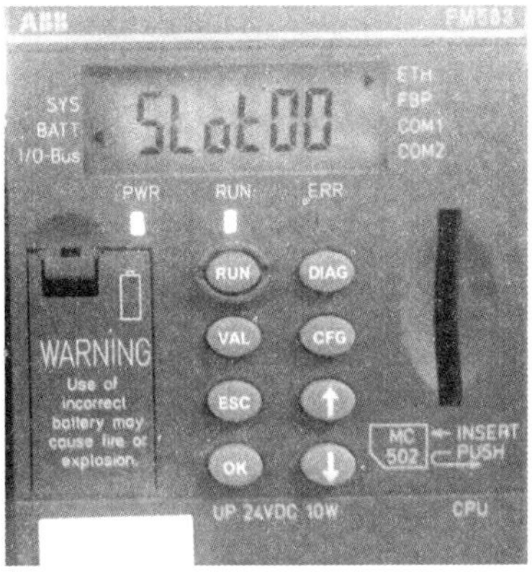

图 4-36　CPU 显示通信模块插槽号

3）按面板按钮“OK”，CPU 显示“STATIC”，如图 4-37 所示。

4）按面板按钮“OK”，CPU 显示“AI 192”，为 IP 第一段地址，用“↑”和“↓”按钮设置 IP 地址，如图 4-38 所示。

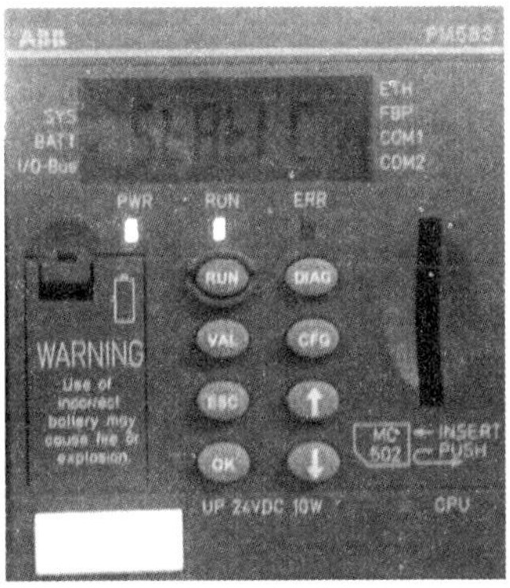

图 4-37　CPU 显示“STATIC”

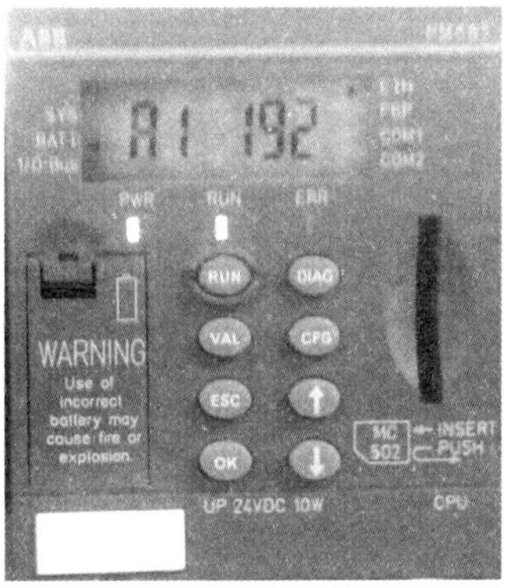

图 4-38　CPU 显示 IP 第一段地址

5）设定好第一段地址后，按“CFG”键，接着设置第二段地址，如图 4-39 所示。

6）设定好第二段地址后，同样按“CFG”键，接着设置第三段和第四段地址。继续按“CFG”键进入子网掩码设置界面，如图 4-40 所示。

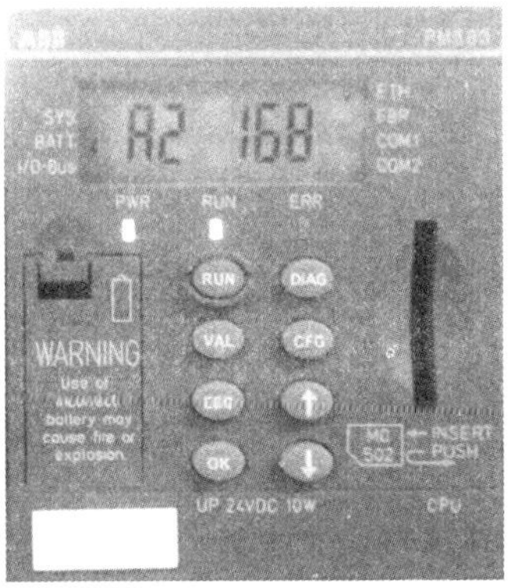

图 4-39　CPU 显示 IP 第二段地址

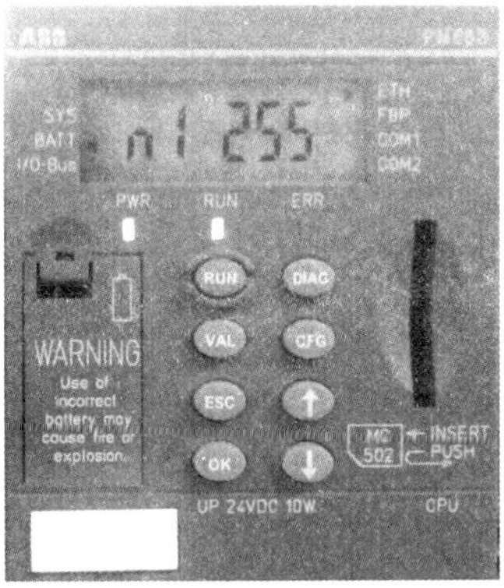

图 4-40　CPU 显示子网掩码

7）设置好四段子网掩码后即进入默认网关设置界面，如图 4-41 所示。

8）设置好默认网关后，按“OK”键，大约 5s 后，显示屏上出现“done”，表示 IP 地址设置完成，如图 4-42 所示。

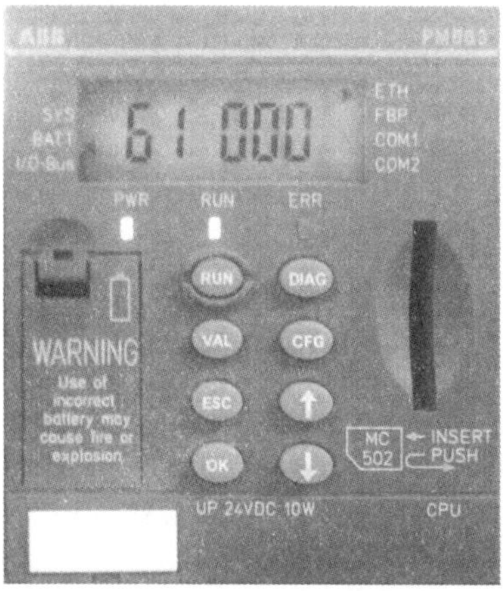

图 4-41　CPU 显示默认网关设置

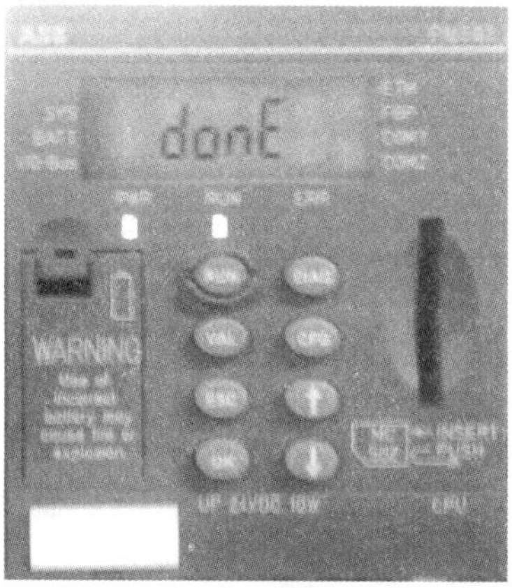

图 4-42　IP 设置完成

> **重要提示**　IP 地址设置完成后需要将 CPU 重新断电上电，用 IP 配置工具可扫描到新设定的 IP 地址。

4.4　程序编写

4.4.1　编程平台 CoDeSys 概述

完成 PLC 的硬件及网络配置即可双击设备树中的“Application”，进入 CoDeSys 编程平台，进行变量声明、程序编写、下载及调试等工作，如图 4-43 所示。

编程主界面如图 4-44 所示。

编程界面由以下部分组成：

- 菜单栏：包括文件、编辑、工程、插入、附加、联机、窗口、帮助等菜单；
- 工具栏：提供快捷图标（或快捷按钮）；
- 状态区：用于显示工程目前的状态及诊断信息；
- 变量区：声明及显示程序中声明的变量；
- 程序区：程序编辑和修改区域；
- 对象组织器：包含“POUs”、“数据类型”、“可视化界面”和“资源”四部分；
- 消息区：显示工程和当前命令的相关信息。

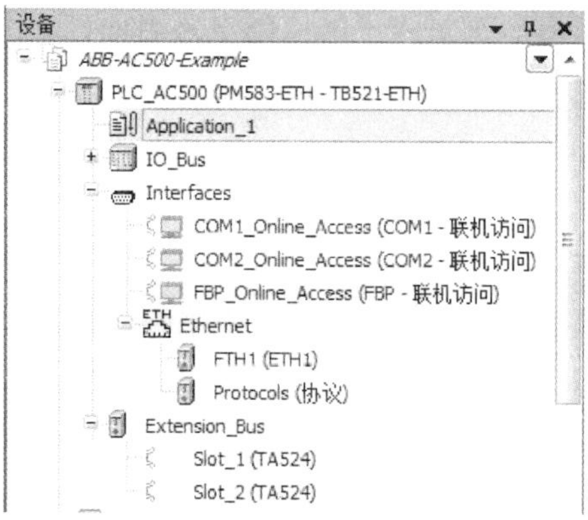

图 4-43　由 Automation Builder 进入 CoDeSys 的入口

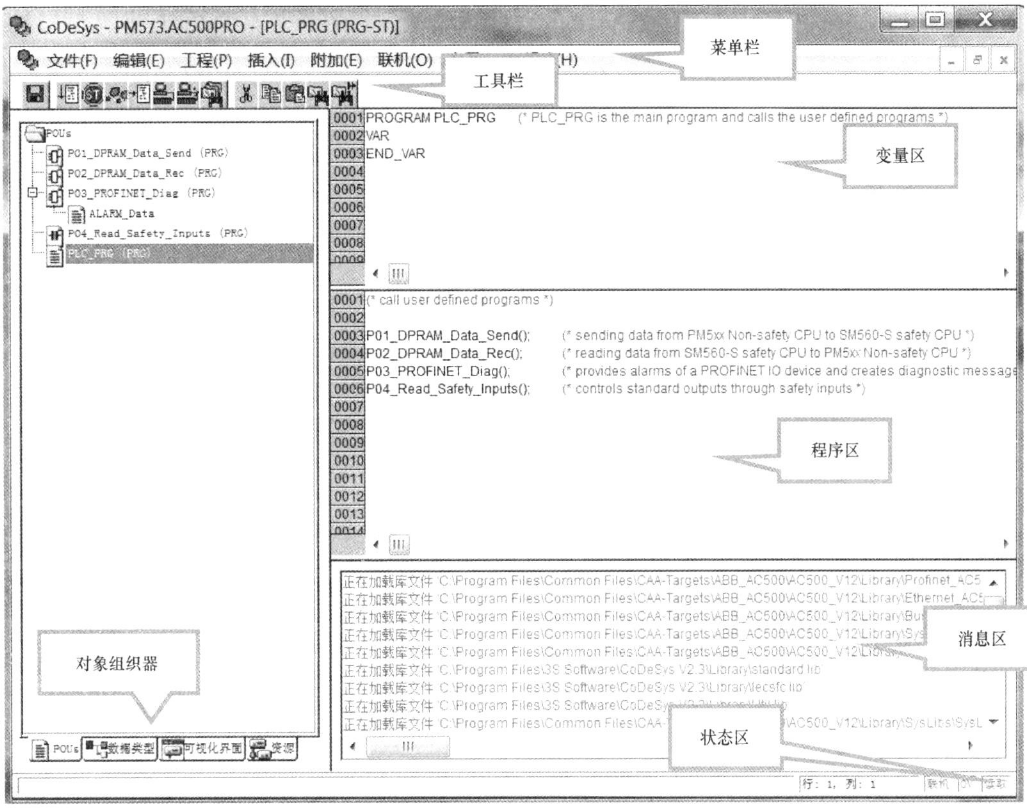

图 4-44　CoDeSys 界面组成

4.4.2　程序组织单元 POU

POU 是程序组织单元（Program Organization Unit）的简称，是 CoDeSys 平台的基本构成元素，用户编写的程序都包含在 POU 中。新工程中创建的第一个 POU 自动命名为 PLC_PRG，程序从这里开始执行（相当于 C 程序中的主函数），从这里能够访问其他的 POUs（程序、功能块、功能）。

1. POU 的编程语言

CoDeSys 支持五种不同的编程语言编写 POU，编写均在 POU 的程序区域完成。

编程语言包括：指令表（IL）、结构化文本（ST）、功能图（FBD）、梯形图（LD）、顺序功能图（SFC）、连续功能图（CFC）。

1）指令表 IL，如图 4-45 所示。特点：文本化的编程界面；指令类似于低级汇编语

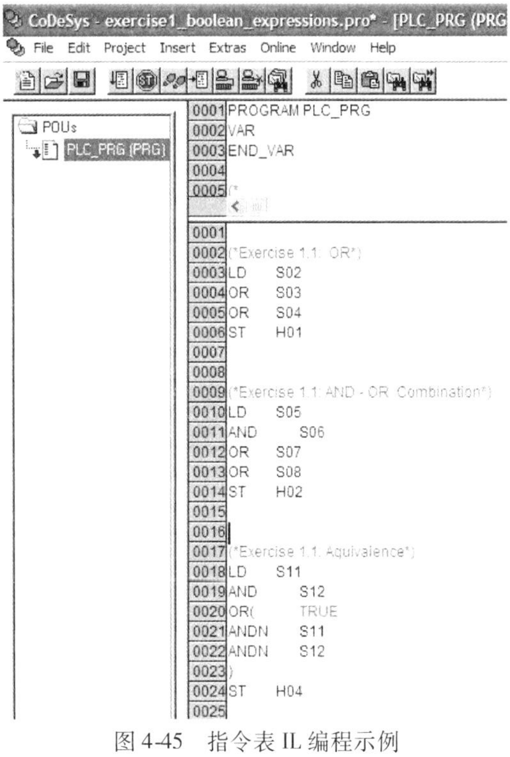

图 4-45　指令表 IL 编程示例

言；使用专用寄存器可进行直接汇编操作；运行速度快，但可读性较差；IL 不支持结构化编程。

2）结构化文本 ST，特点：

• 类似 PASCAL、BASIC 等高级文本编程语言；

• 易于编写各种循环及嵌套计算、复杂数学计算、先进智能算法等高级应用程序；

• 用户功能及功能块能嵌入结构文本中，并且也能被以 FBD、CFC 或 LD 编写的程序调用，如图 4-46 所示。

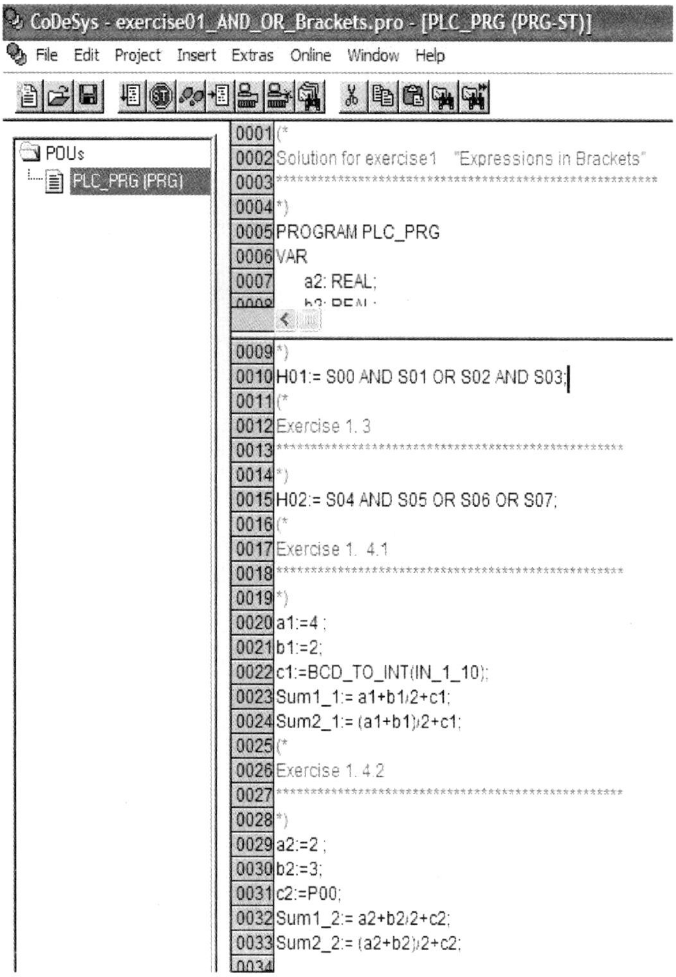

图 4-46　结构化文本 ST 编程示例

3）功能图 FBD，特点：图形化的编程界面；易于理解；能清楚表达功能关系，如图 4-47 所示。

4）梯形图 LD，特点：图形化的编程界面；几乎所有 PLC 都能实现；特别适合布尔变量逻辑运算；很少用于复杂编程。如图 4-48 所示。

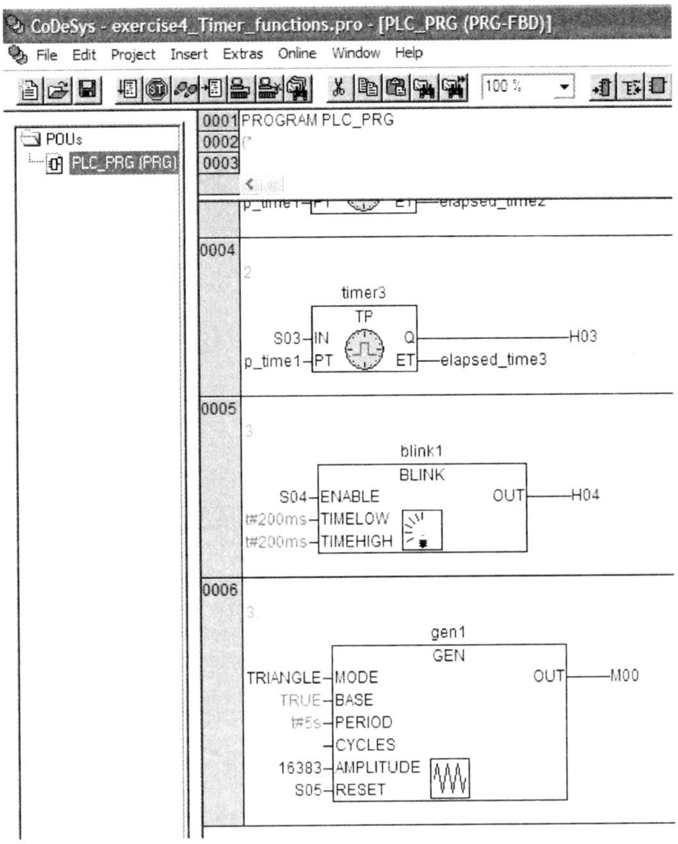

图 4-47 功能图 FBD 编程示例

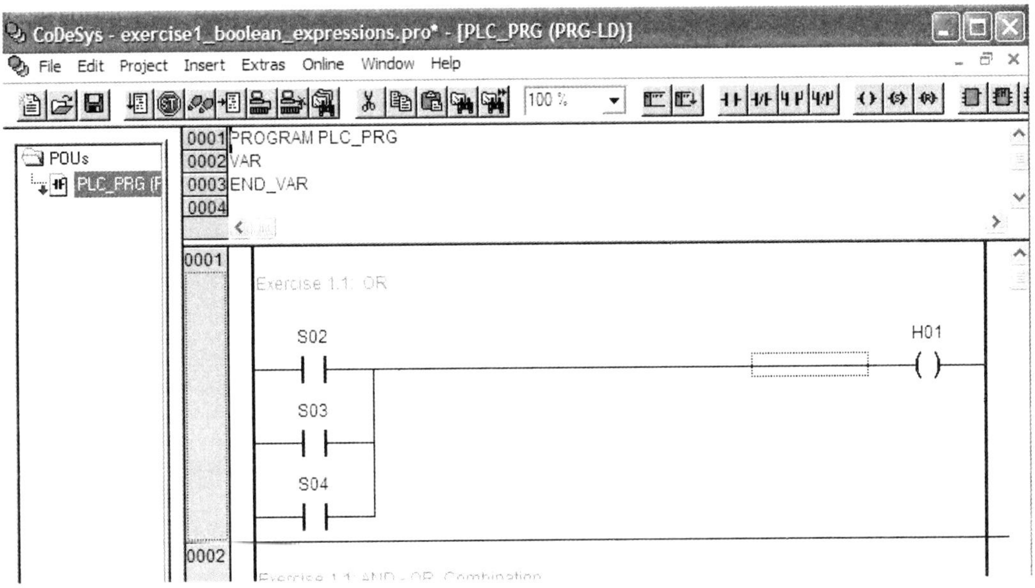

图 4-48 梯形图 LD 编程示例

5）顺序功能图 SFC，特点：图形化编程界面，程序结构清晰；由步及转化条件组成；非常适合顺序控制领域，例如控制设备的启停、联锁和保护等逻辑。如图 4-49 所示。

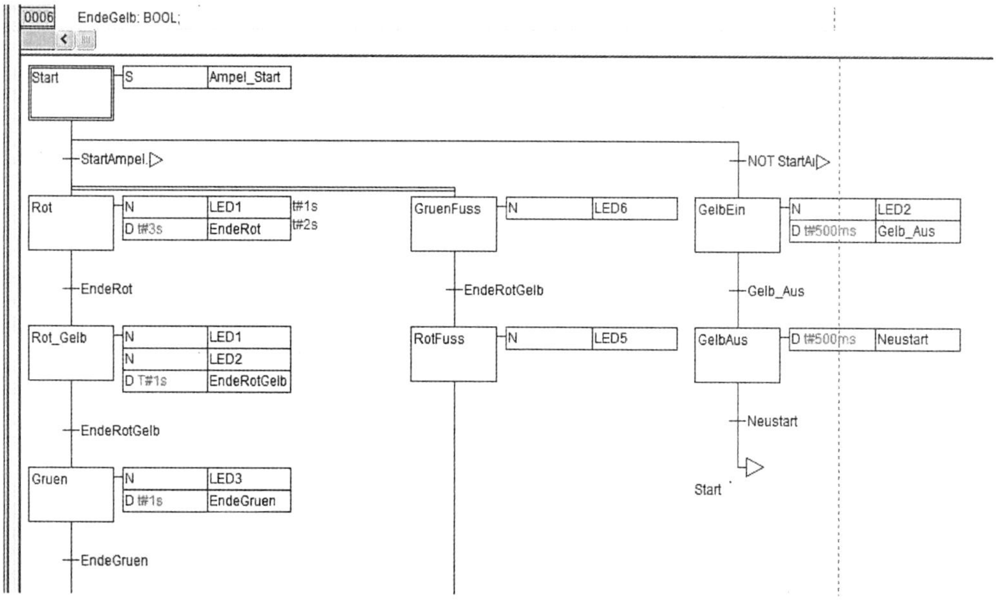

图 4-49　顺序功能图 SFC 编程示例

6）连续功能图 CFC，特点：实际上是 FBD 的另外一种形式；容易理解；可自定义运算块及操作数的计算顺序；可直接插入注解。如图 4-50 所示。

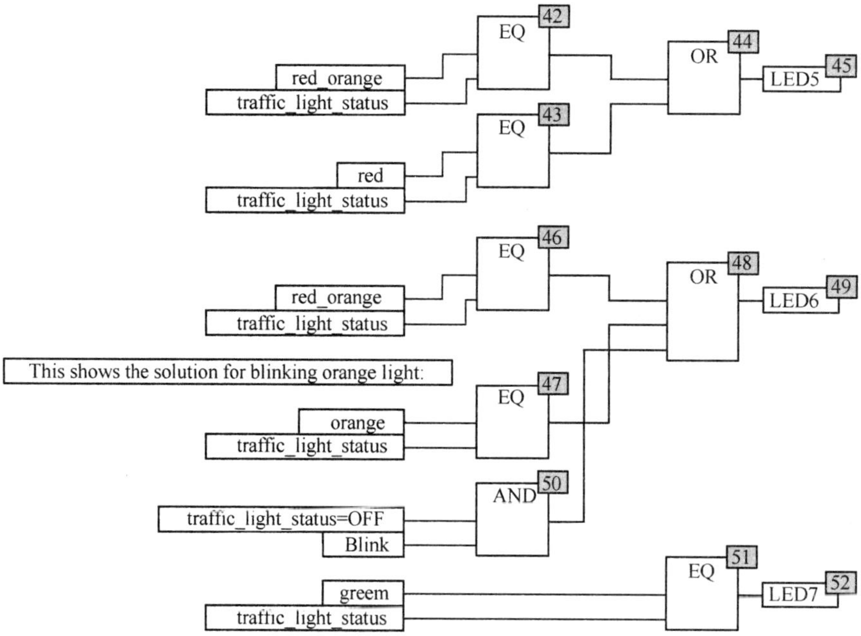

图 4-50　连续功能图 CFC 编程示例

2. POU 的组成

在对象组织器的 POUs 选项卡中选择 POUs，单击右键选择“添加对象”，弹出新建 POU

窗口，创建新的 POU，如图 4-51 所示。

1）POU 命名。

2）POU 类型：程序、功能块、功能。

3）POU 编程语言：指令表（IL）、结构化文本（ST）、功能图（FBD）、梯形图语言（LD）、顺序功能图（SFC）、连续功能图（CFC）。

图 4-51　创建新的 POU

4）POU 的分类：POU 按其功能性的递增顺序，可分为功能（Function）、功能块（Function Block）和程序（Program）三种类型。他们在某些特性方面有所不同。

● 功能（Function）

a. 定义：功能通过代码部分作用于输入变量产生唯一的功能值。功能通常可用作 PLC 运算指令的扩展。

b. 特点：功能本身不能单独执行，只能由程序或功能块调用执行；功能具有一个或任意数量的输入参数，但没有输出参数，只是返回一个功能返回值，即“功能名”，功能返回值可以为任意的数据类型，包括用户自定义的数据类型；相同的输入只是产生相同的功能返回值，这与调用的频繁程度及何时调用无关。因为功能不存储状态信息或内部数据，也就是说它们进行“无记忆”操作。功能的编程语言是 LD、FBD、IL、ST 及 CFC，不能选用 SFC 语言。

c. 创建：在对象组织器中选中“POUs”，在程序列表中单击鼠标右键，弹出 POUs 管理菜单，选择“添加对象”，弹出“新建 POU”对话框，如图 4-52 所示。

图 4-52 创建功能

d. 功能示例：本例中的功能是完成比例系数的计算，如图 4-53 所示。

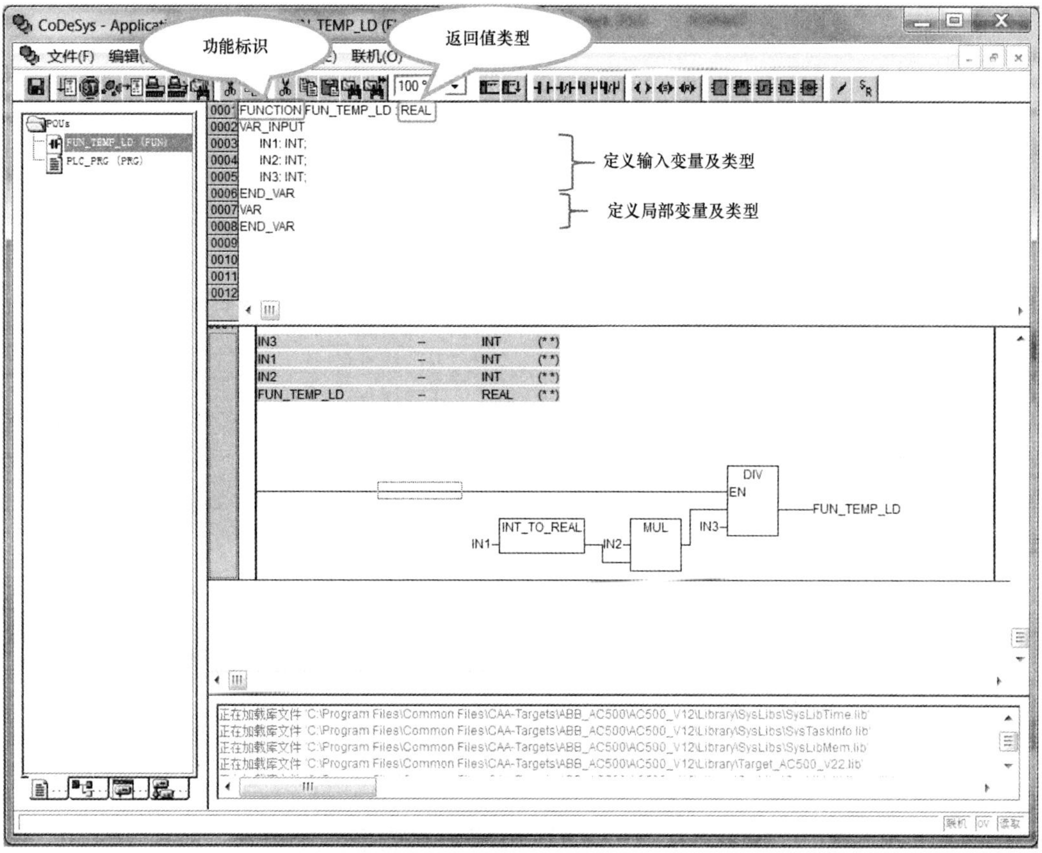

图 4-53 功能编程示例

e. 功能调用，如图 4-54 所示。

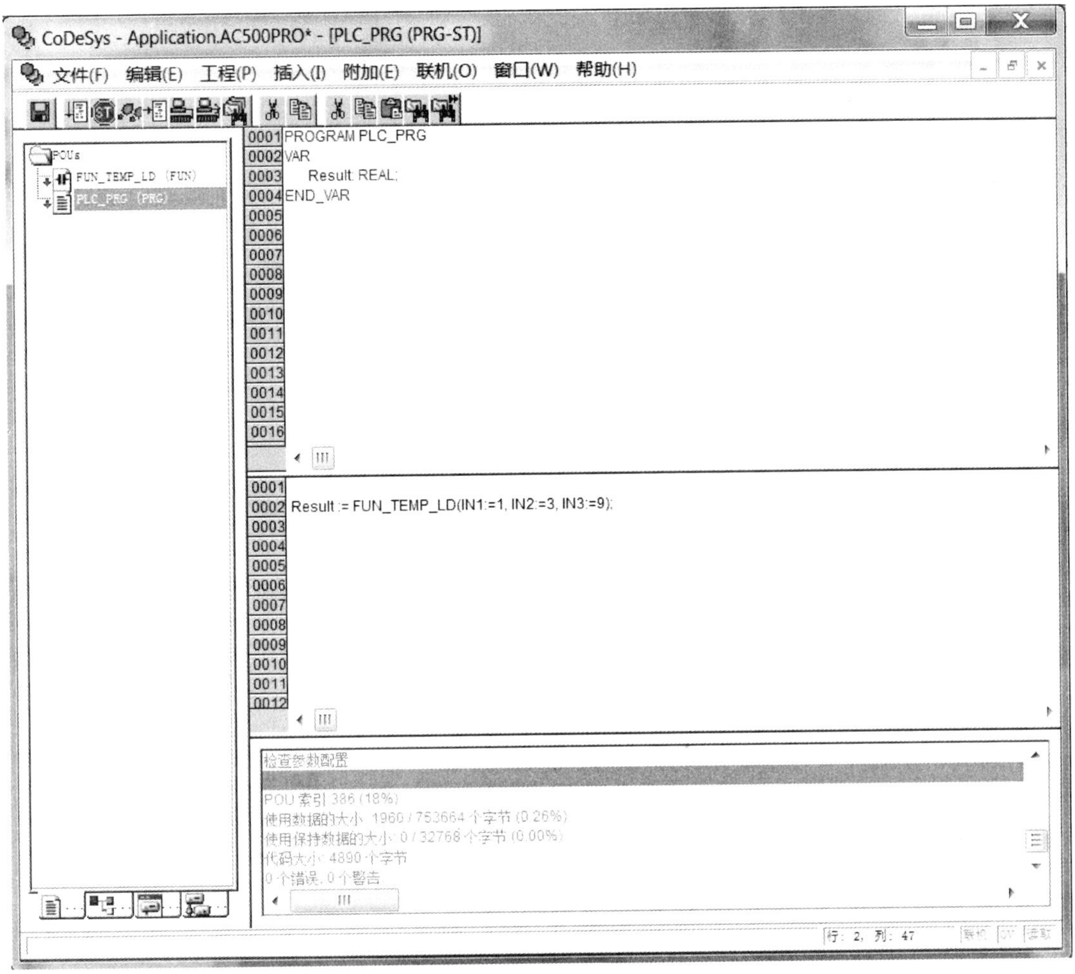

图 4-54　功能调用示例

• 功能块（Function Block）

a. 定义：功能块是实现用户所要的控制而编辑的一个控制块，具有通用性，在调用时将地址或变量写入即可输出所需的控制或结果。功能块的编程语言是 LD、FBD、IL、ST、SFC 及 CFC。

b. 特点：相比功能，功能块本身没有返回值，必须具有输入变量和输出变量；功能块的输入量可以是一个或多个，输出量也可以是一个或多个；每个功能块执行完成后，所有的值都将被保留至下一个处理过程。因此，具有相同输入的功能块不总是得到相同的输出值。

c. 创建：在对象组织器中选中“POUs”，在程序列表中单击鼠标右键，弹出 POUs 管理菜单，选择“添加对象”，弹出“新建 POU”对话框，如图 4-55 所示。

图 4-55　创建新的功能块

d. 功能块编写：

ⓐ打开 CoDeSys，新建一个工程，选择目标 PLC 类型，如图 4-56 所示。

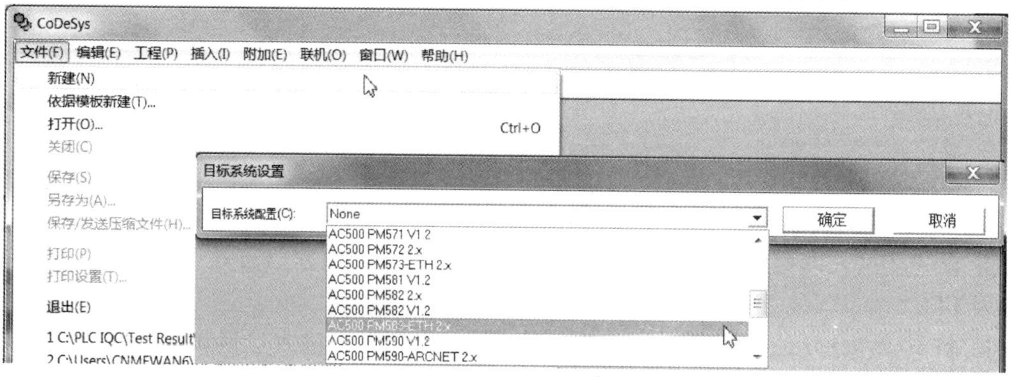

图 4-56　新建 AC500 工程

ⓑ在弹出的“新建 POU”对话框中选择 POU 类型为“功能块”，并命名为“FBD_TEMP_LD”，如图 4-57 所示。

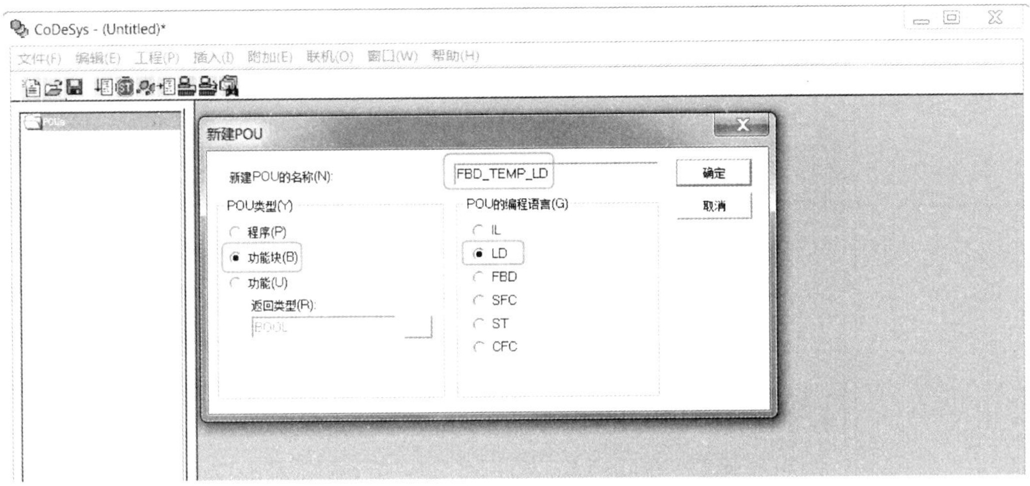

图 4-57　新建功能块

ⓒ添加一个加法指令，并定义两个 WORD 型输入变量，如图 4-58 所示。

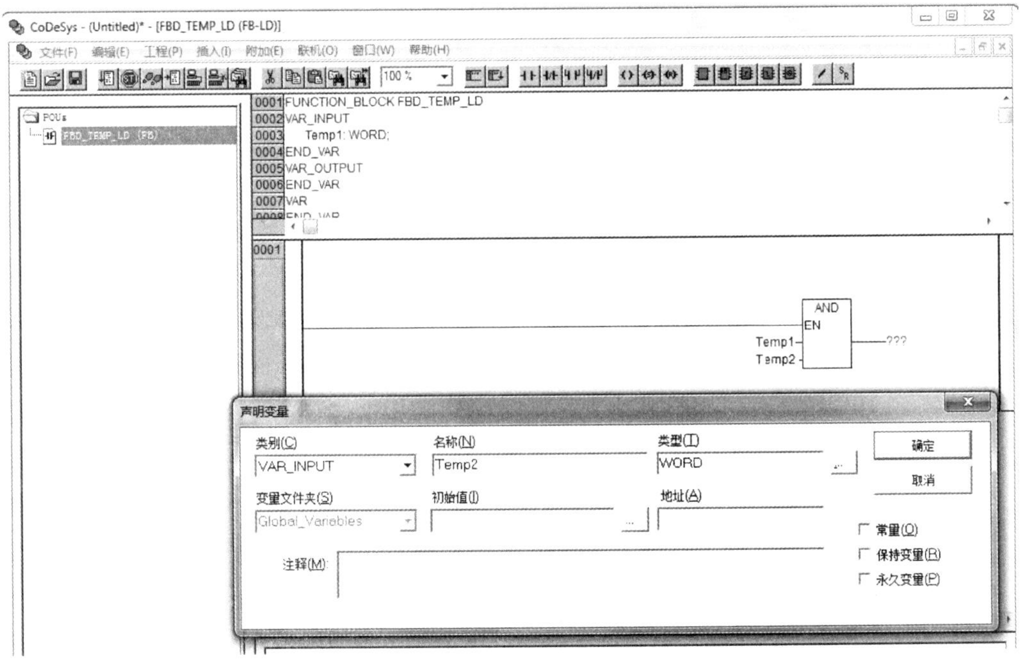

图 4-58　定义输入变量

ⓓ定义一个输入/输出变量，如图 4-59 所示。

ⓔ添加乘法指令并将输入输出定义为 WORD 型，如图 4-60 所示。

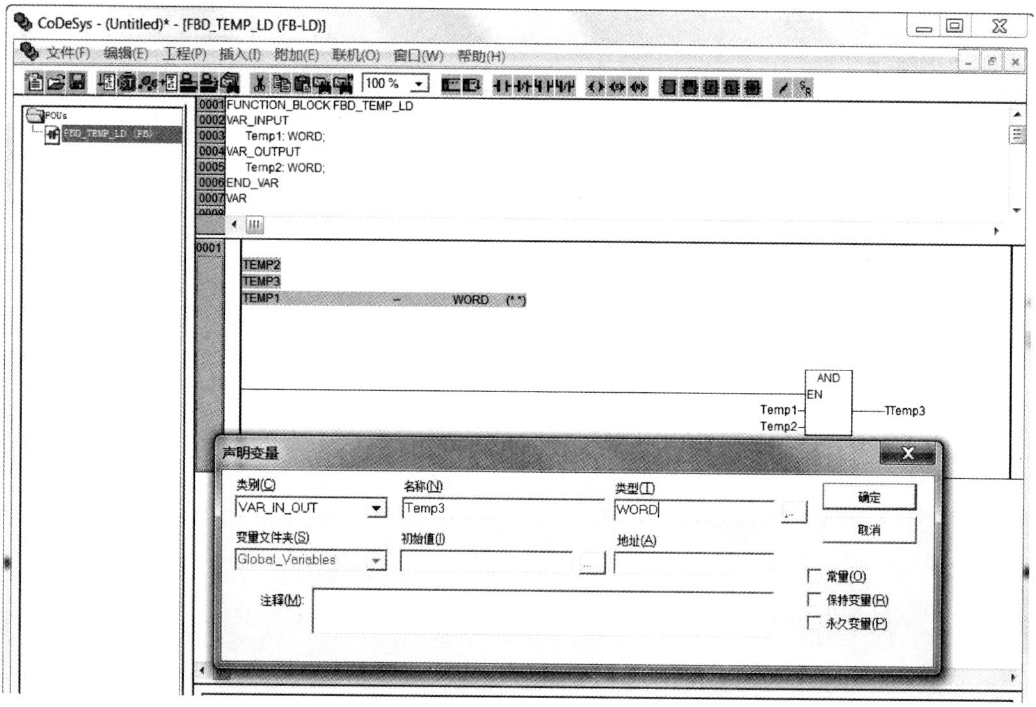

图 4-59　定义输入/输出变量

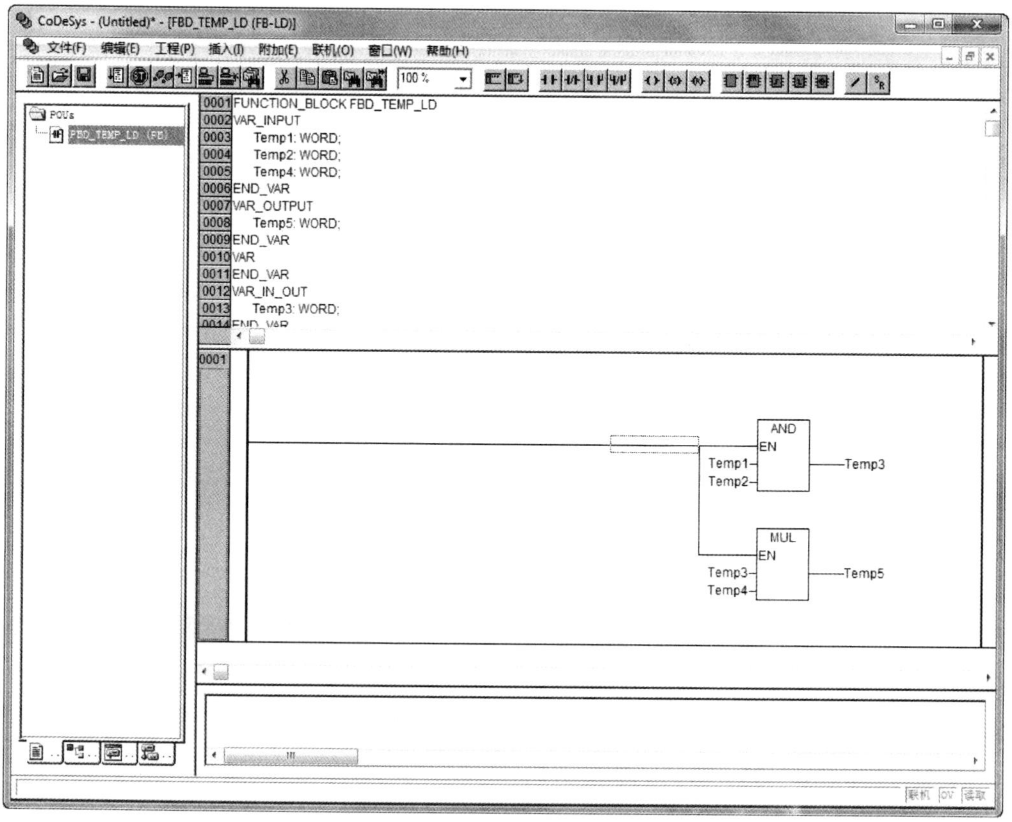

图 4-60　添加乘法指令

ⓕ另存为“内部库”，取文件名为“计算库”，如图 4-61 所示。

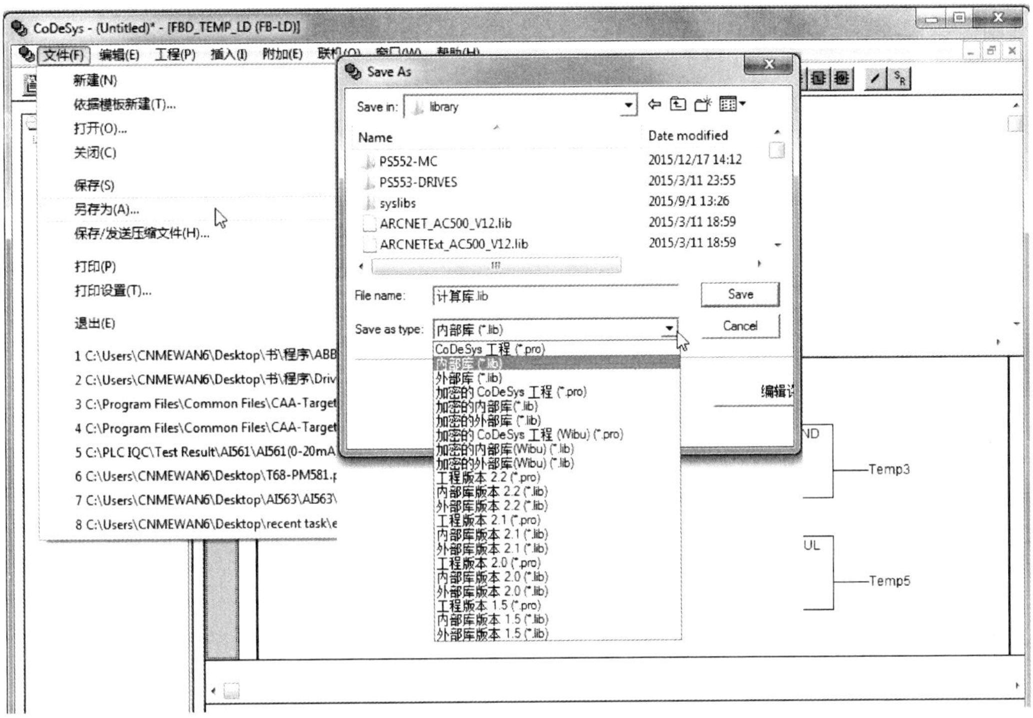

图 4-61　将新库另存

计算库的存储地址如图 4-62 所示。

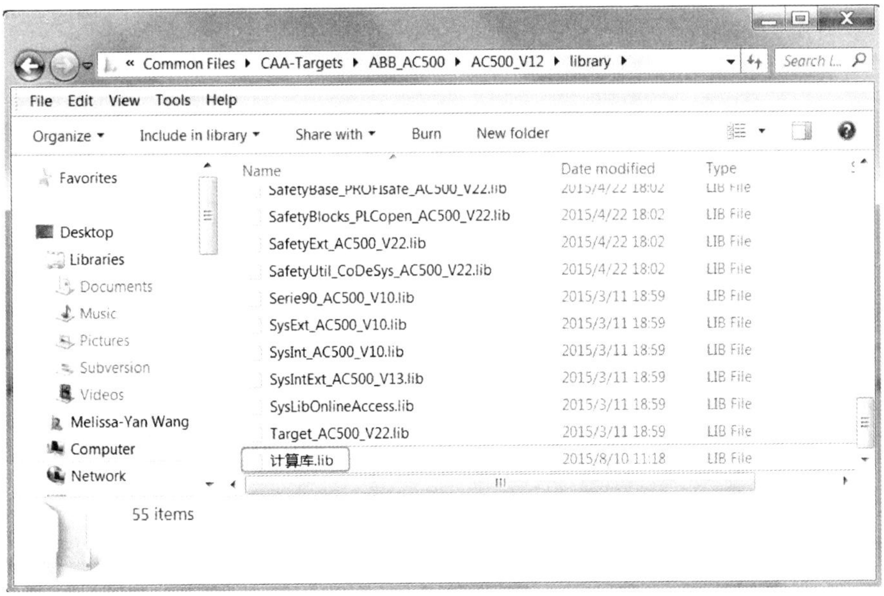

图 4-62　新库存储地址

ⓖ在 CoDeSys 中打开“资源”→“库文件管理器”，右击“库文件”，选择“添加库文件”，如图 4-63 所示。

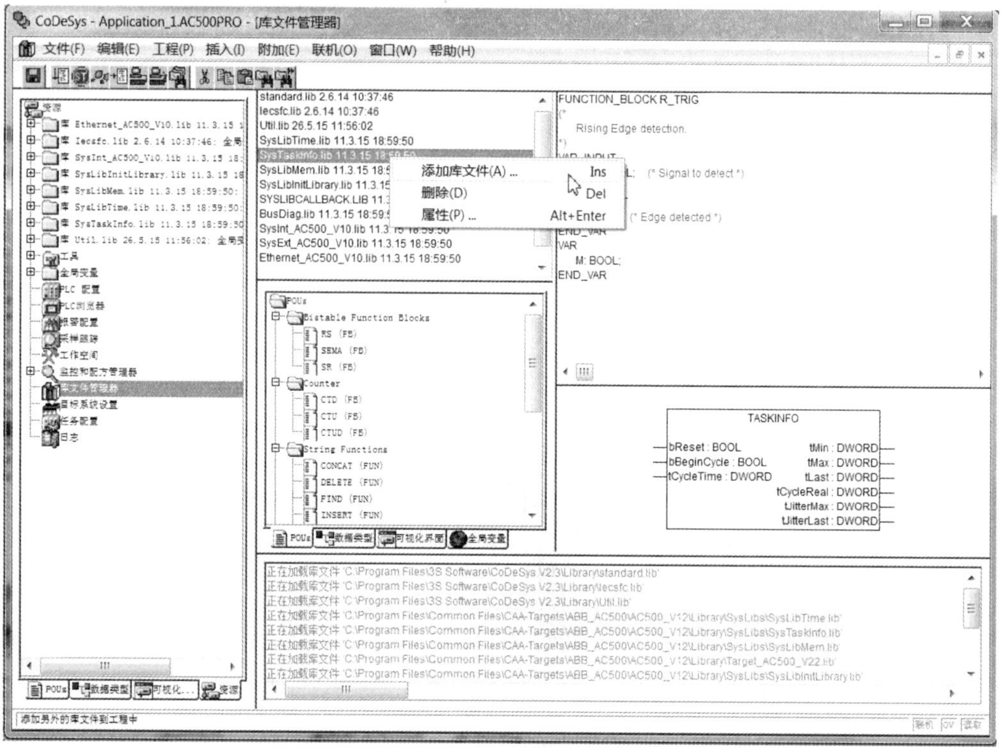

图 4-63　添加库文件

ⓗ在“计算库”保存的地址中找到该文件，并“打开”，如图 4-64 所示。

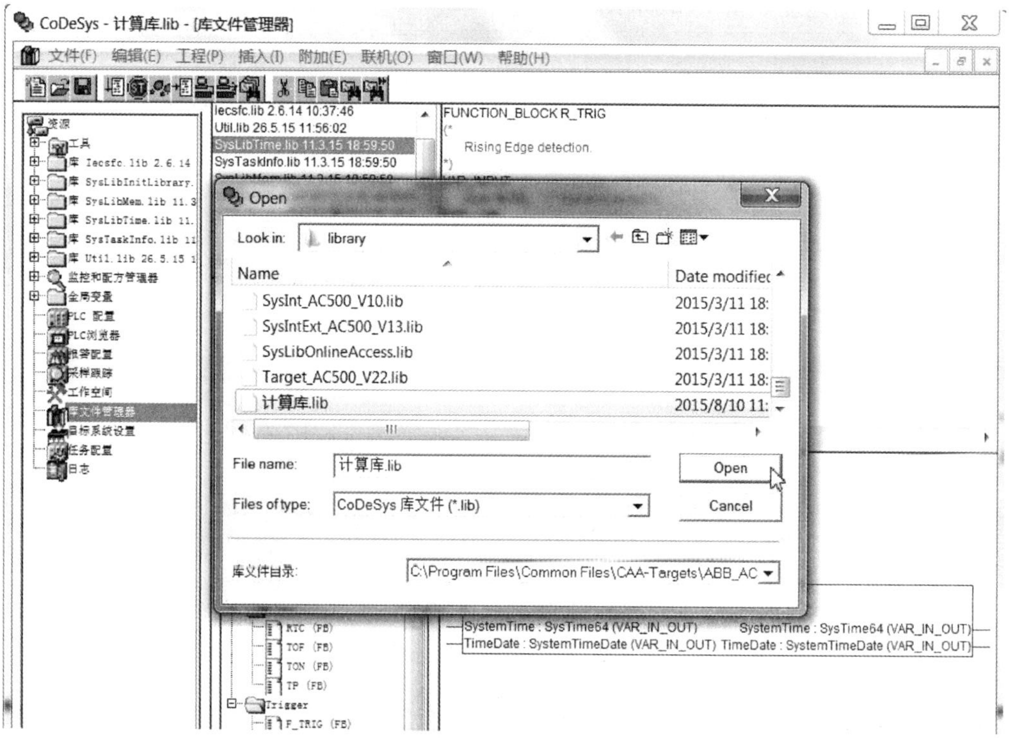

图 4-64　打开库文件

ⓘ计算库中所包含的功能块显示如图 4-65 所示。

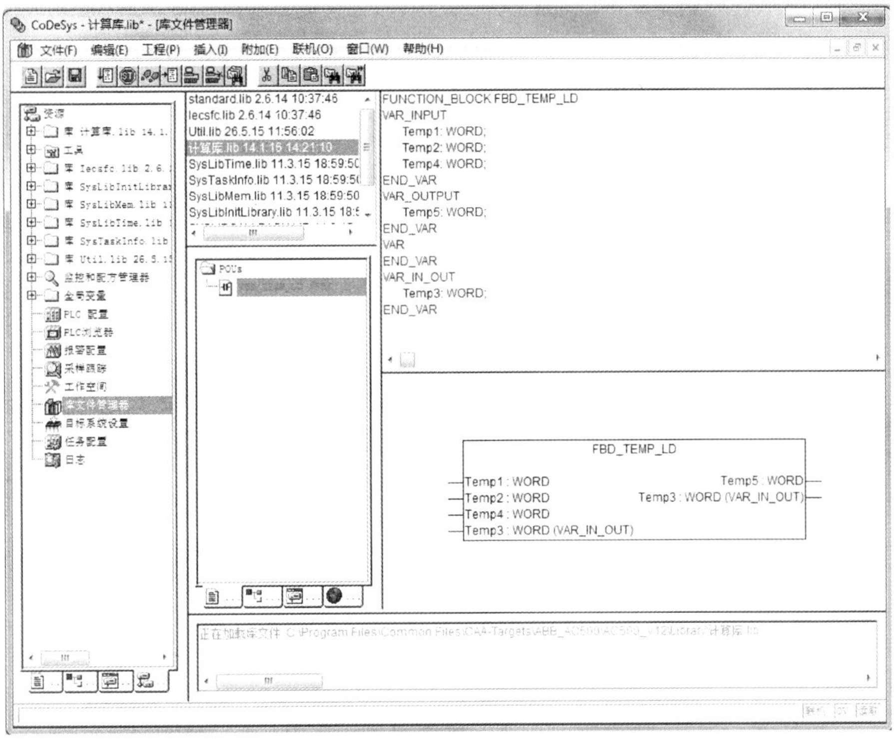

图 4-65　库文件中功能块显示

e. 功能块调用

ⓐ在 CoDeSys 工程中单击如图 4-66 所示图标，添加一个带 EN 的功能块。

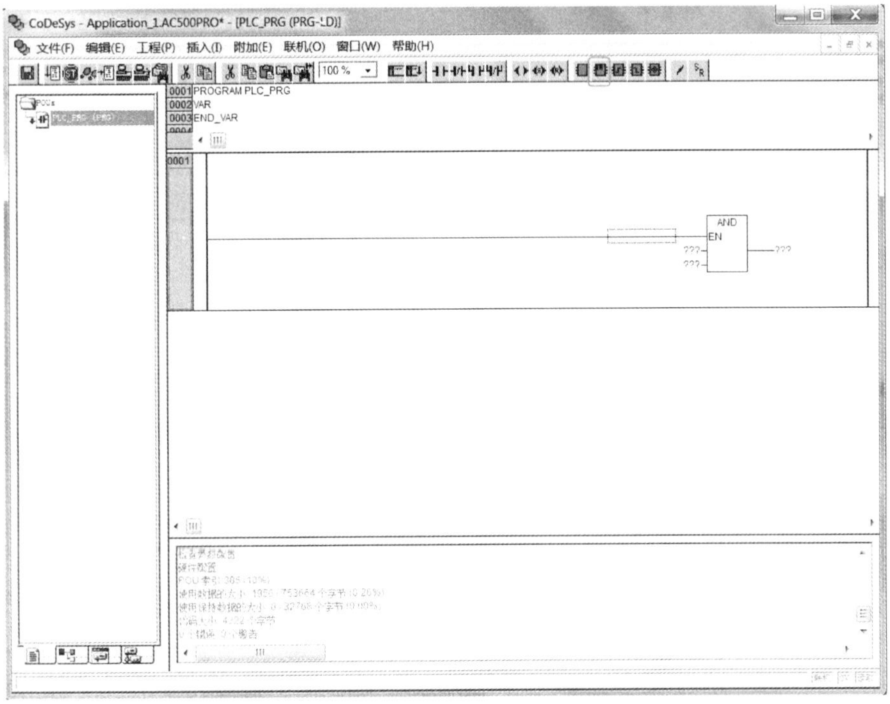

图 4-66　添加带 EN 的功能块

ⓑ单击“AND”，按“F2”，在弹出对话框左侧选择“标准功能块”，右侧找出“FBD_TEMP_LD”，单击“确定”按钮，如图 4-67 所示。

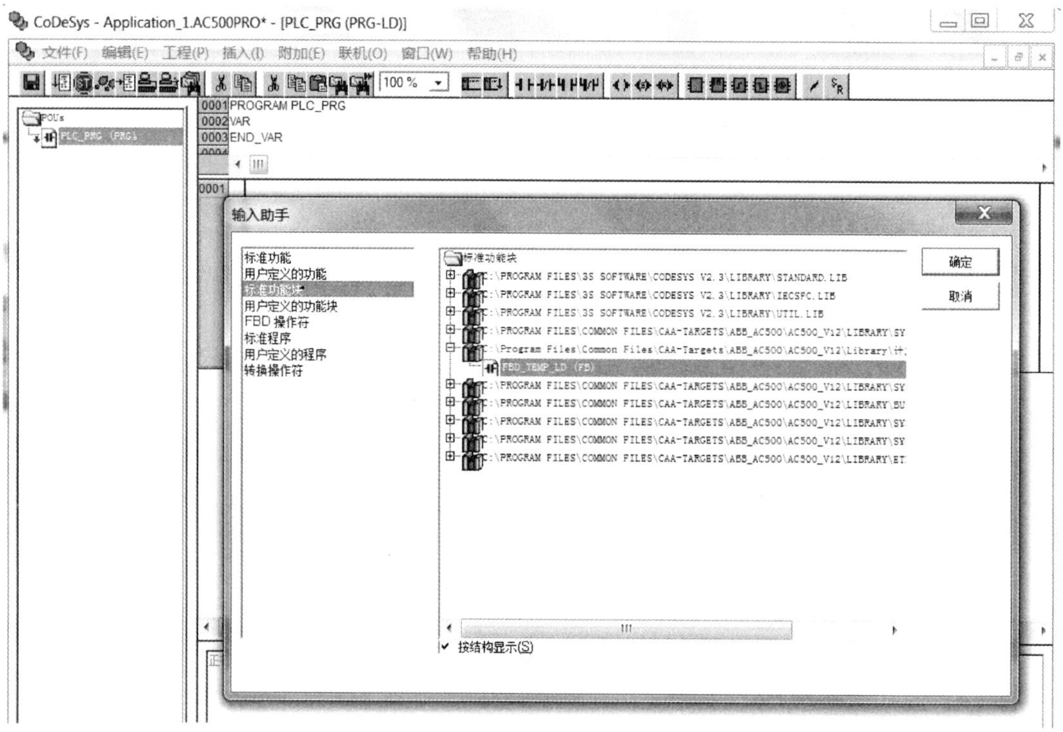

图 4-67　选择添加库文件功能块

ⓒ功能块添加后显示如图 4-68 所示。

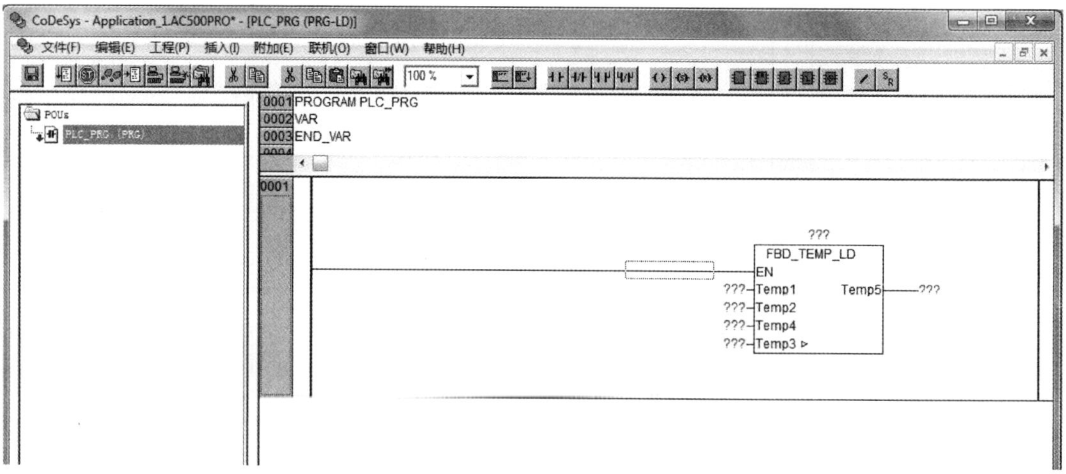

图 4-68　功能块添加显示

ⓓ定义功能块名和变量，如图 4-69 所示。

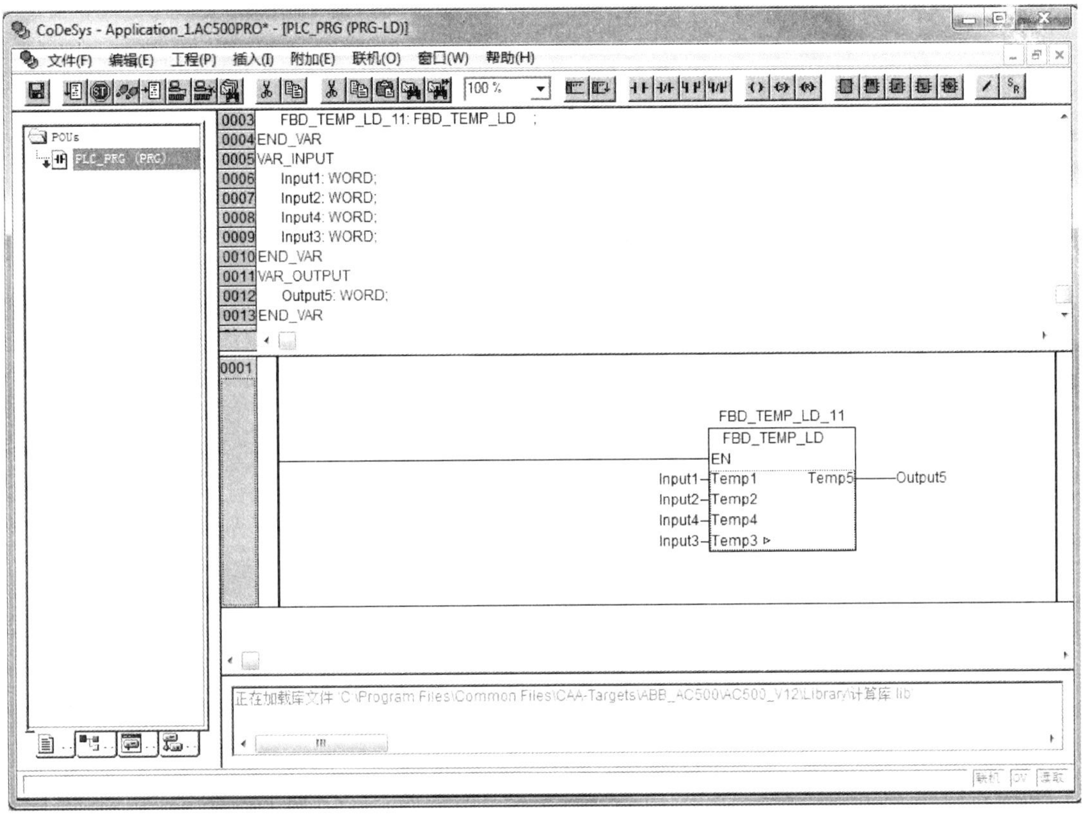

图 4-69　定义功能块名和变量

• 程序（Program）

a. 定义：程序是唯一可执行的用户程序的主体，程序可以调用功能块、功能和其他程序。

b. 特点：程序是最高层的 POU，能存取赋予 PLC 直接地址的变量，并使它们能为其他 POU 所存取。

c. 创建：在对象组织器中选中“POUs”，在程序列表中单击鼠标右键，弹出 POUs 管理菜单，选择“添加对象”，弹出“新建 POU”对话框，选择“程序”类型，并进行编程语言的选择和程序命名，如图 4-70 所示。

d. 程序的编写：如图 4-71 所示创建一个用 ST 语言编写的程序“MODBUS_TEST”，用来测试 PLC 之间 Modbus 通信的状态。

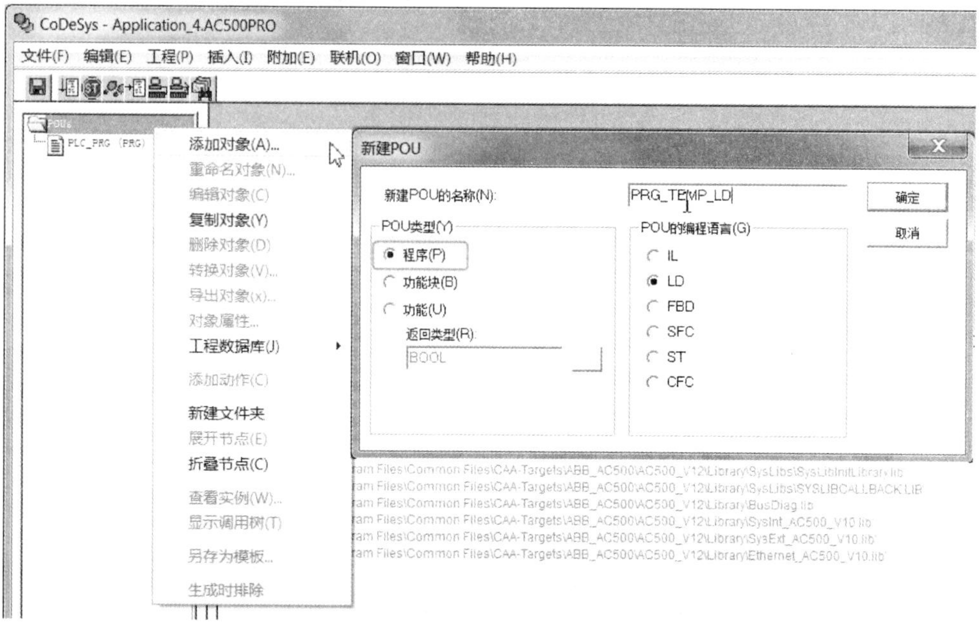

图 4-70　新建程序

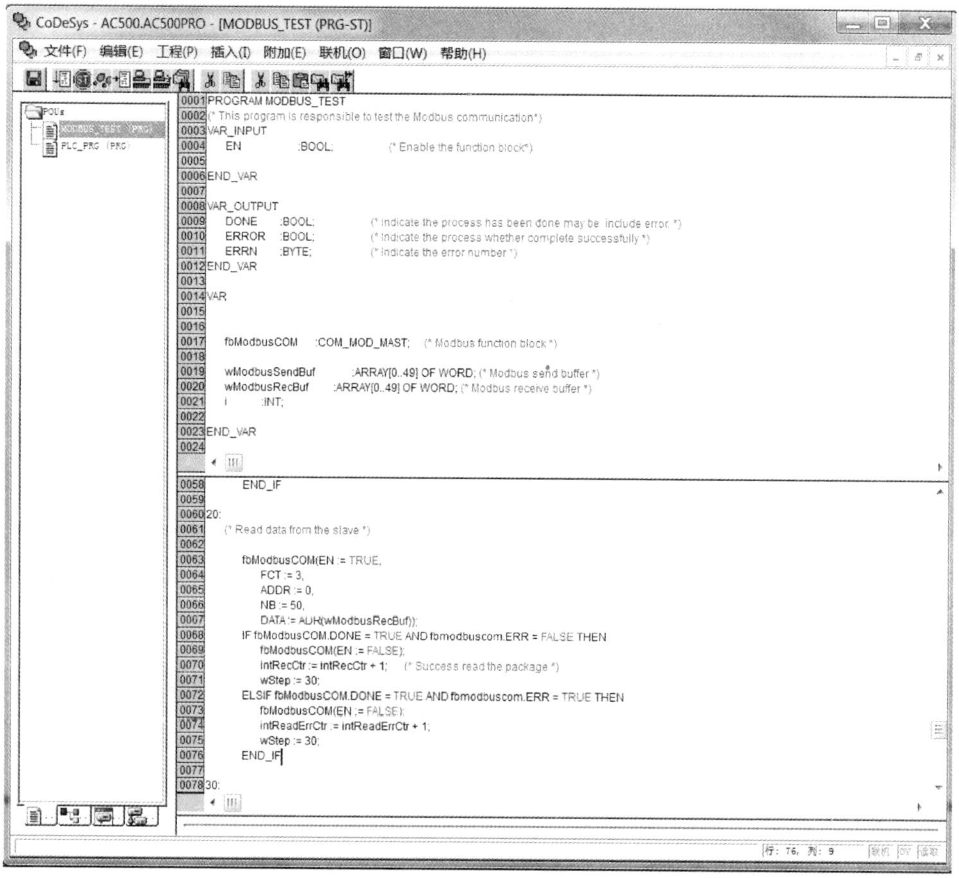

图 4-71　编写程序

e. 程序的调用：新建工程时系统默认创建程序“PLC_PRG”，该程序是一个特殊的 POU，系统默认该程序为主程序，以 10ms 为周期调用该 POU。此时，工程必须以 PLC_PRG 为主程序，不能删除和更改其名称，通过它来实现对其他程序的调用，如图 4-72 所示。

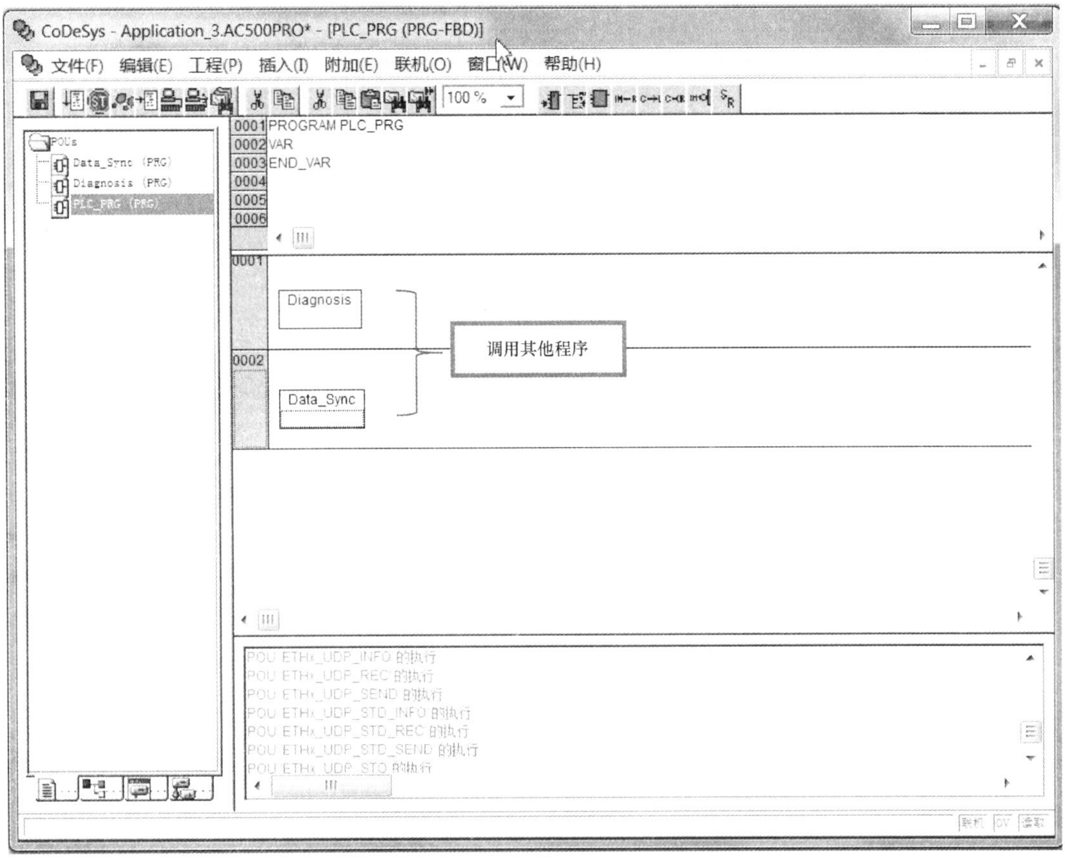

图 4-72　调用程序

3. POU 的调用

POU 的调用有以下两种方法：

1）被其他已经调用的 POU 来调用。

2）通过“任务配置”来调用，这种方法仅限于程序调用。当程序中没有进行任务配置时，系统会自动调用主程序“PLC_PRG”。此时，程序中必须有“PLC_PRG”，且不能修改名称。

POU 的调用遵循以下原则，如图 4-73 所示。

1）程序可以调用功能、功能块和其他程序；

2）功能块可以调用功能和其他功能块；

3）功能只可以调用功能。

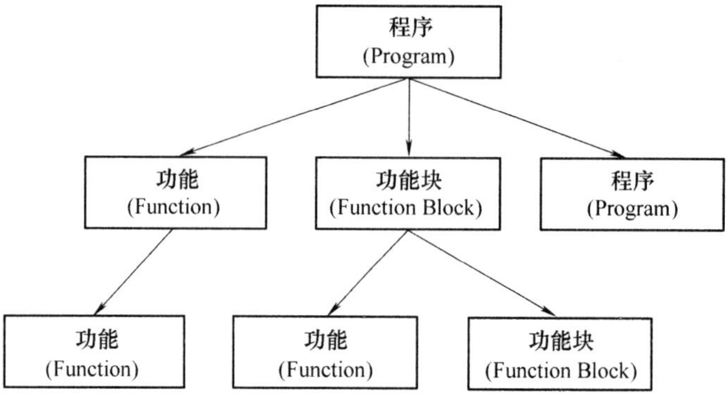

图 4-73 POU 的调用原则

4. POU 的变量

(1) 变量类别

变量用于初始化、处理和存储用户数据。在每个 POU 的声明部分声明变量并定义变量类别。CoDeSys 针对变量不同的功能，规定了不同的变量类别，如：全局变量、局部变量、输入变量、输出变量等。不同 POU 允许使用的变量类别是不同的，见表 4-4。

表 4-4 POU 的变量分类

变量类别	功 能	程序 (Program)	功能块 (Function Block)	功能 (Function)
VAR (局部变量)	仅在该程序中使用。在其余程序中可以定义相同名称的变量，被认为是两个变量	可以	可以	可以
VAR_INPUT (输入变量)	当调用程序时，输入变量用于实现调用程序时的参数传递。在调用程序时，可以将参数通过输入变量传递至子程序或其余 POU 中	可以	可以	可以
VAR_OUTPUT (输出变量)	当调用程序时，输出变量用于实现调用程序时的参数传递。在调用程序时，可以将参数通过输出变量传递至调用该 POU 的程序中	可以	可以	不可以
VAR_IN_OUT (输入/输出变量)	VAR_ INPUT 和 VAR_ OUTPUT 变量的组合，同样用于参数传递	可以	可以	不可以
VAR_GLOBAL (全局变量)	若该变量定义为全局变量，则在任何程序中均可使用该变量。同时，不能再定义名称相同的变量	可以	不可以	不可以

VAR、VAR_INPUT、VAR_OUTPUT、VAR_IN_OUT、VAR_GLOBAL 是用于标识变量类别的关键词，定义时根据需要对类别进行选择。从表 4-4 中可以看出，程序可以使用所有的变量类型，功能块不能提供全局变量给其他 POU，而功能只能使用局部和输入变量，它用功能返回值返回计算结果。

注意

在 PLC 配置平台 Automation Builder 中通过“I/O 映射”声明的变量均为全局变量。

（2）变量数据类型

数据类型决定变量的特性，如初始值、数据的范围及数据的存储内存空间大小。当编译 PLC 程序时，系统会自动执行类型检验。CoDeSys 中支持的变量数据类型包括标准类型和用户自定义类型。

1）标准数据类型及范围

见表 4-5。

表 4-5 POU 的标准数据类型

类型	类型名称	数据下限	数据上限	存储器空间	备 注
BOOL	布尔型	0	1	1Bit	—
BYTE	字节型	0	255	8Bit	—
WORD	字型	0	65535	16Bit	—
DWORD	双字型	0	4294967295	32Bit	—
SINT	短整型	-128	127	8Bit	—
USINT	无符号短整型	0	255	8Bit	—
INT	整型	-32768	32767	16Bit	—
UINT	无符号整型	0	65535	16Bit	—
DINT	长整型	-2147483648	2147483647	32Bit	—
UDINT	无符号长整型	0	4294967295	32Bit	—
REAL	实数型	1.175494351e-38	3.402823466e+38	32Bit	单精度浮点数
LREAL	实数型	2.225073855072014e-308	1.7976931348623158e+308	64 Bit	双精度浮点数
TIME	时间型	—	—	32Bit	示例： Time1： TIME：=t#3s
TOD	时刻型	—	—	—	示例： Tod1： TOD：=TOD# 00:00:00
DATE	日期型	—	—	—	示例： Date1： DATE：=D# 2008-8-8
DT	日期时刻型	—	—	—	示例： DT1:DT：=dt# 2008-08-08- 20:08:08

（续）

类型	类型名称	数据下限	数据上限	存储器空间	备　注
STRING	字符串型	—	—	—	示例： Str:STRING (35)：=‘hi‘
ARRAY	数组	—	—	—	示例： Arr1:ARRAY [1..5] OF BYTE：=1,2,3,4,5

注：“—”表示不存在。

2）自定义数据类型

CoDeSys 自定义数据类型有数组、结构体、指针和保持变量。

①数组

定义：数组（ARRAY）是一组具有相同类型的数据集合，在程序中便于用户的定义及引用。数组不仅支持多种数据类型，还支持多维数组，最多支持 9 维数组嵌套。

声明：<数组名>:ARRAY[<L11>..<U11>,<L12>..<U12>]OF<数据类型>

其中，“ARRAY”为数组关键字；[ ] 中定义数组维数和数组元素的个数，每维之间用“,”隔开。

初始化：定义数组时，可选择给数组中的元素赋初始值，有以下两种方式：

逐个写出二维数组的每个元素的初始值，例如

ARRAY_V21：ARRAY [1..3,1..3] OF INT：=111,0,0,210,222,0,310,0,333；

用缩写形式写出二维数组的每个元素的初始值，例如

ARRAY_V22：ARRAY [1..3,1..3] OF INT：=3(11),2,2(33),3,2(44)，如图 4-74 所示。

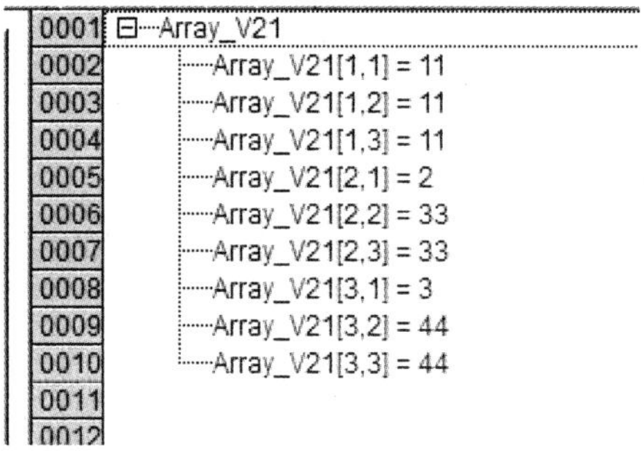

图 4-74　程序运行时数组 ARRAY_V22 的初值显示

引用格式：<数组名>[Index1,Index2]

其中，Index1 为任意整型表达式，满足 0≤Index1<行数；

Index2 为任意整型表达式，满足 0≤Index2<列数。

②结构体

定义：结构体（STRUCT）是由一系列具有相同类型或者不同类型的数据组合成的数据集合，以便于引用。

添加方式：在编程界面 CoDeSys 的“对象组织器”的“数据类型”中添加结构体。右键单击“数据类型”，为添加的结构体命名，如图 4-75 所示。

图 4-75　添加结构体

声明格式：结构体由多个成员组成，每个成员有成员名及类型，类型可相同也可不同。例如，下列中定义的结构体“STRUCT_V1”，内含 3 个成员，分别为 V1、V2 和 V3，数据类型各不相同，如图 4-76 所示。

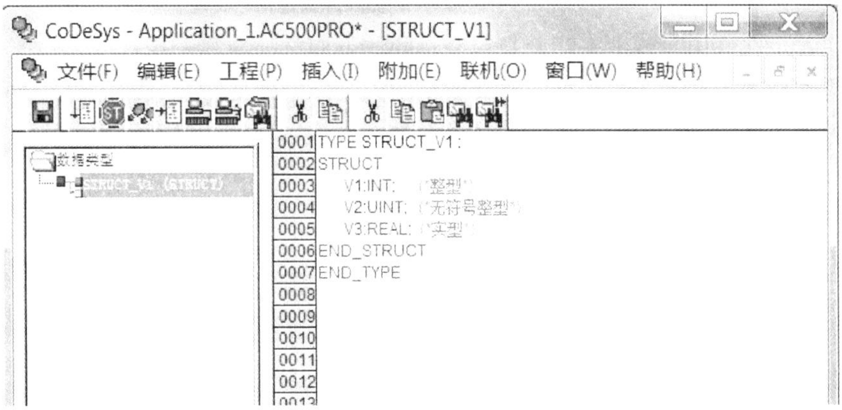

图 4-76　结构体定义格式

引用格式：首先需定义结构体的实例，结构体的成员才能被程序引用。如图 4-77 所示，“ST_V1”为结构体“STRUCT_ V1”的实例名，可通过“实例名 . 成员名称”的格式调用结构体中的成员。

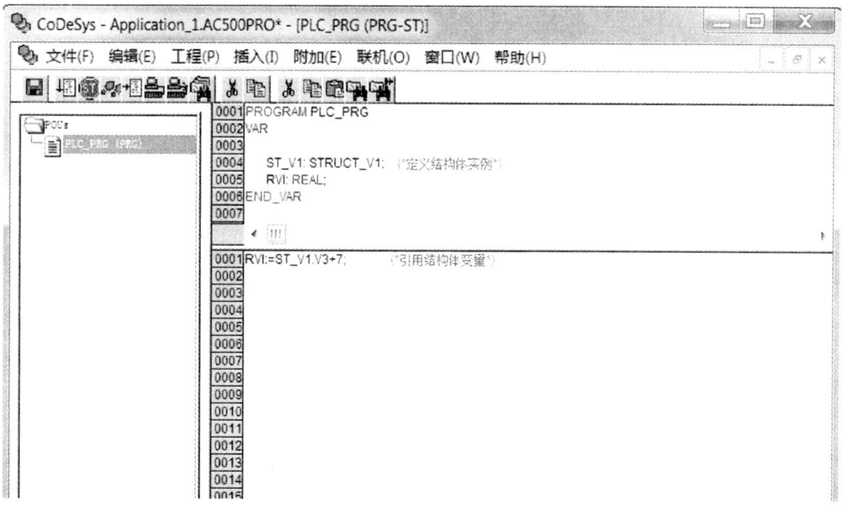

图 4-77　结构体引用格式

③指针变量

定义：在 AC500 系列 PLC 中，所有的数据都是存放在 CPU 存储器中，存储器中的一个字节成为一个内存单元，不同的数据类型所占用的内存单元数不等，如整型量占用 2 个单元，字符量占用 1 个单元等。为了正确地访问这些内存单元，必须为每个内存单元编号，内存单元的编号也称为地址。既然根据内存单元的编号或地址就可以找到所需的内存单元，所以通常也把这个地址称为指针。内存单元的指针和内存单元的内容是两个不同的概念。

严格地说，一个指针是一个地址，是一个常量。而一个指针变量却可以被赋予不同的指针值，是变量。但常把指针变量简称为指针。为避免混淆，“指针”指地址，是常量；“指针变量”指取值为地址的变量。利用指针变量可以表示各种数据结构，能很方便地使用数组和字符串。

声明格式：在使用过程中需明确指针变量的如下四方面内容：指针变量的类型，指针变量所指向的类型，指针变量的地址，指针变量的内容。指针变量定义的语法格式为：

<指针名>:POINTER TO <数据类型/功能块>。

例：

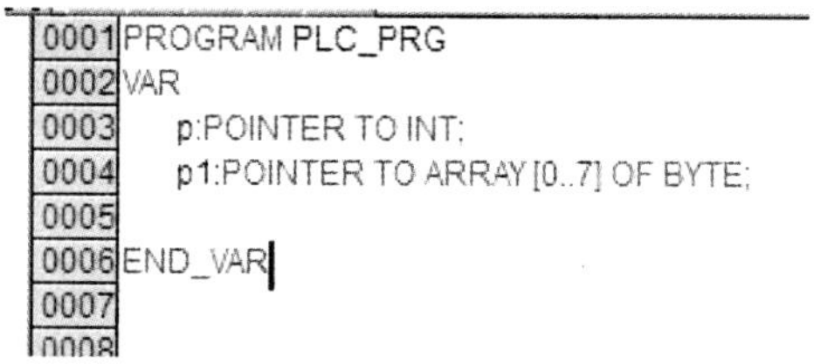

图 4-78　指针变量声明格式

类型：指针变量本身是一种特殊的变量，具有自己的数据类型。如图 4-78 所示，指针变量 p 的类型是 POINTER TO INT，即整型变量指针；指针变量 p1 的类型是 POINTER TO ARRAY [0..7] OF BYTE，即 8 个元素的字节型数组的指针；指针变量 p 所指向的类型是 INT 型；指针变量 p1 所指向的类型是字节型数组。地址：指针变量本身也占用内存区，在

CoDeSys 平台里，指针变量本身占据了 4 个字节的长度。因为 AC500 系列 PLC 的存储区是按字节存储的，因此访问字节时，指针变量值加 1；访问字或整型或定时器或计数器的当前值时，指针变量值加 2；访问双字时，指针变量值加 4。如图 4-79 所示为相邻整型数据指针变量的运算。

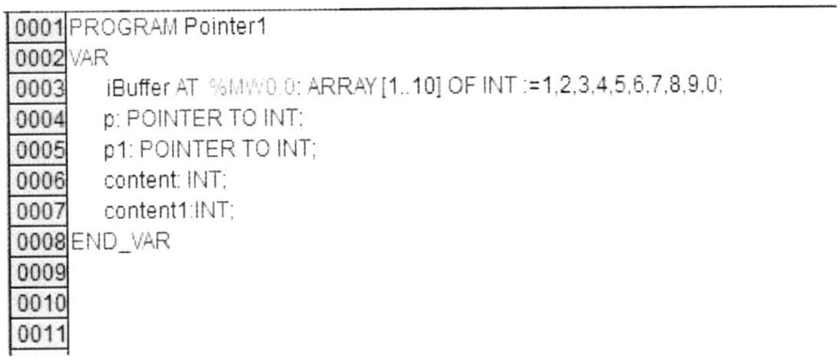

图 4-79　指针变量的声明举例

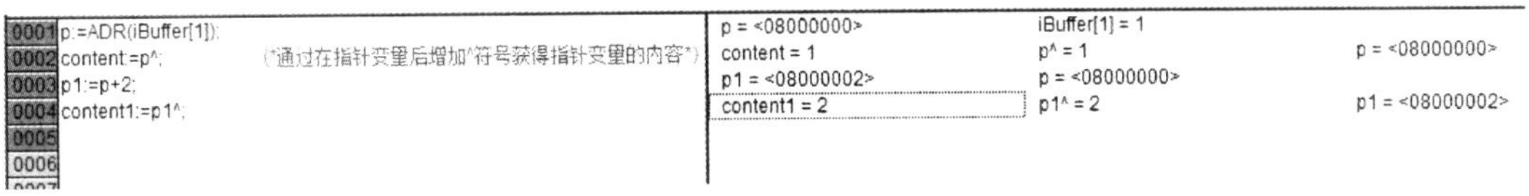

图 4-80　程序及运算结果

指针变量的内容：指针变量的内容指的是该指针所指地址的数据内容。在 CoDeSys 中，通过在指针变量后增加“^”符号来获得指针变量的内容。如图 4-80 中 content 和 content1 所示。

指针的运算：取地址指令 ADR

CoDeSys 中提供 ADR 指令取得变量的内存地址并输出。该地址可在程序内当作指针使用，也可作为指针传送给函数（如图 4-80 所示程序中第 1 行）。ADR 指令编程示例如图 4-81 所示。

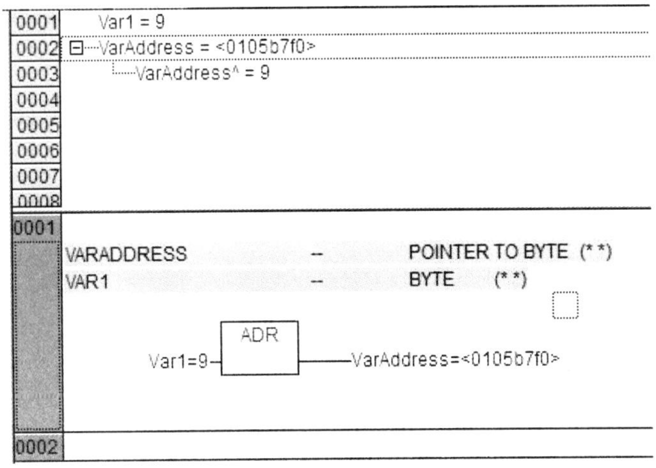

图 4-81　ADR 指令编程示例

地址运算：

作为一种特殊的数据类型，指针也可以进行加减运算，但是含义有所不同。指针加减运算的主要目的是指向前一个或后一个存储区。如图 4-82 所示。

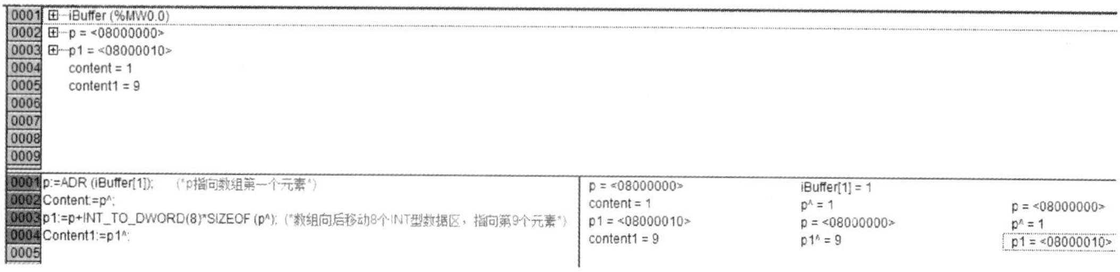

图 4-82　地址运算示例

注：SIZEOF（p^）用来计算指针所指向的数据类型长度，用于指针计算。

④保持变量

在实际应用中，通常需要数据具有掉电保持功能，即 PLC 断电后始终保持它们的值。AC500 系列 PLC 支持以下三种保持变量：

- RETAIN 保持变量；
- PERSISTENT 永久变量；
- RETAIN PERSISTENT 保持永久变量；
- % R PERSISTENT 保持永久变量；
- RETAIN 保持变量的声明。

变量声明时，在自动声明对话框的右下角，选择“保持变量”选项，变量就自动定义为保持变量，如图 4-83 及图 4-84 所示。

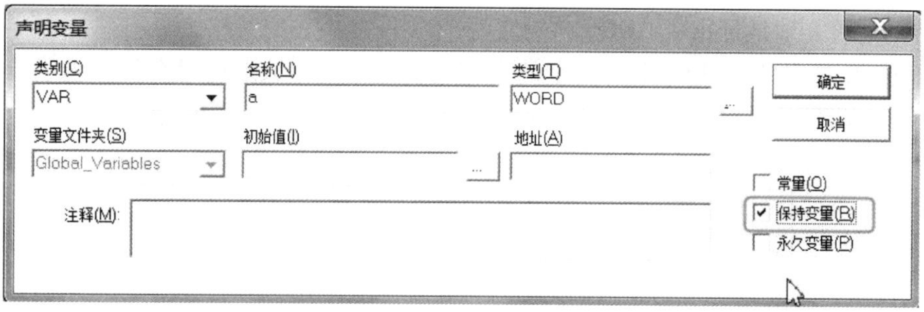

图 4-83　RETAIN 变量的声明

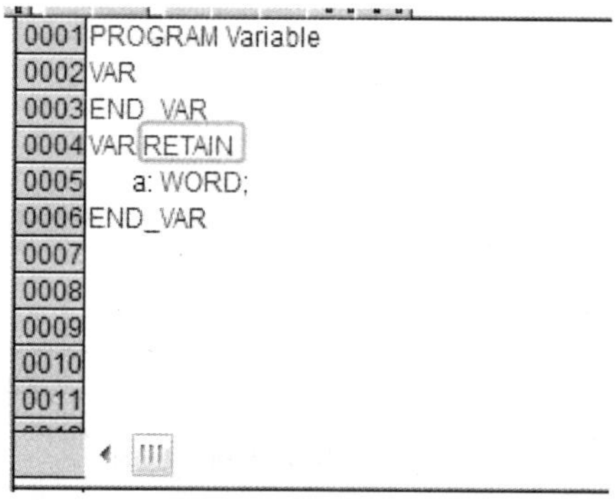

图 4-84　RETAIN 变量声明后在变量区的显示

RETAIN 保持变量的特性，见表 4-6。

表 4-6 RETAIN 保持变量的特性

动　作	初始值状态
OFF/ON（重新上电）	保持
STOP/RUN（通过 RUN/STOP 开关操作）	保持
STOP/START（通过 CoDeSys 平台操作）	保持
热复位（Reset）	保持
下载（Download）	不保持，恢复初始值
冷复位（Reset（cold））	不保持，恢复初始值
复位到初始化状态（Reset（origin））	不保持，恢复初始值

注意

AC500-eCo 系列与 AC500 系列 PLC 都支持掉电保持功能（OFF/ON），但有所区别，参照下表：

系列	是否需要电池	无绝对地址区域	%M 区域	%R 区域
AC500-eCo	不需要	支持	不支持	支持（需使能）
AC500	需要	支持	支持	支持（需使能）

PERSISTENT 永久变量的声明：

变量声明时，在自动声明对话框的右下角，选择“永久变量”选项，变量就自动定义为永久变量，如图 4-85 及图 4-86 所示。

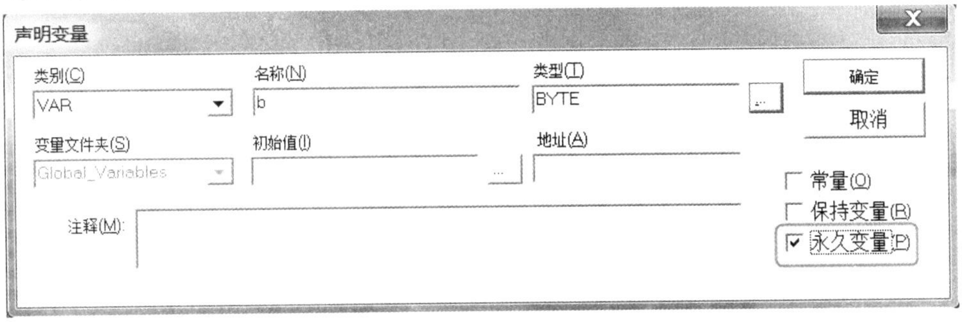

图 4-85 PERSISTENT 变量声明

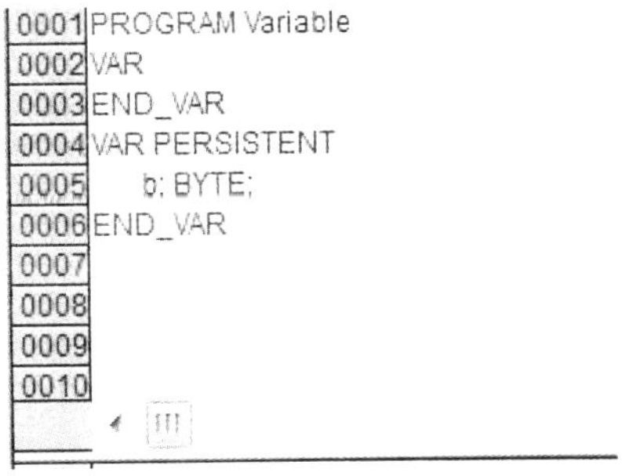

图 4-86 PERSISTENT 变量声明后在变量区的显示

PERSISTENT 永久变量的特性，见表 4-7。

表 4-7　PERSISTENT 永久变量的特性

动　　作	初始值状态
OFF/ON（重新上电）	不保持，恢复初始值
STOP/RUN（通过 RUN/STOP 开关操作）	保持
STOP/START（通过 CoDeSys 平台操作）	保持
热复位（Reset）	不保持，恢复初始值
下载（Download）	保持
冷复位（Reset（cold））	不保持，恢复初始值
复位到初始化状态（Reset（origin））	不保持，恢复初始值

RETAIN PERSISTENT 保持永久变量的声明：

变量声明时，在自动声明对话框的右下角，同时选择“保持变量”和“永久变量”选项，变量就自动定义为保持永久变量，如图 4-87 及图 4-88 所示。

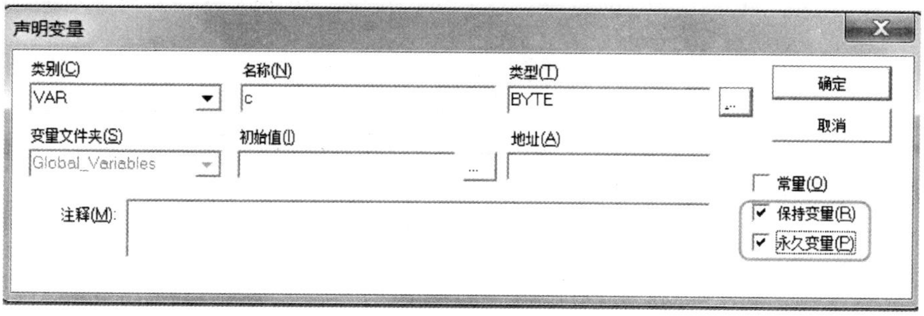

图 4-87　RETAIN PERSISTENT 变量的声明

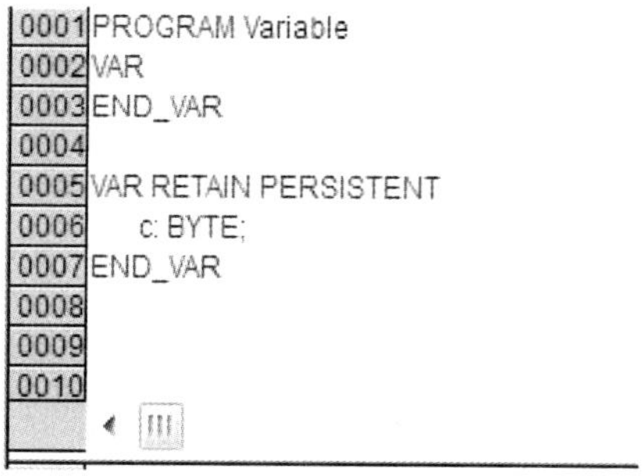

图 4-88　RETAIN PERSISTENT 变量声明后在变量区的显示

RETAIN PERSISTENT 保持永久变量的特性，见表 4-8。

表 4-8　RETAIN PERSISTENT 变量的特性

动　　作	初始值状态
OFF/ON（重新上电）	保持
STOP/RUN（通过 RUN/STOP 开关操作）	保持
STOP/START（通过 CoDeSys 平台操作）	保持
热复位（Reset）	保持

（续）

动　　作	初始值状态
下载（Download）	保持
冷复位（Reset（cold））	不保持，恢复初始值
复位到初始化状态（Reset（origin））	不保持，恢复初始值

% R PERSISTENT 变量的声明：

AC500 系列 PLC 提供特殊的可寻址掉电保持区（% R 区），如果需要使用% R 区域的 PERSISTENT 数据，需要配置可读写的% R 区域。双击“PLC_AC500”，打开 CPU 参数配置界面，如图 4-89 所示。

图 4-89　配置可读写的% R 区域

设置可访问的% R 区域，对于不同的 CPU 有不同的% R 区域。如 PM583-ETH，% R 区域为 128KB，分为两段，每段 64KB。设置 PM583-ETH 可用的% R 区域为 1024 个字节，如图 4-89 所示设置，则可访问的区域为% RB0. 0 ~ % RB0. 1023，或以字来访问% RW0. 0 ~ % RW0. 511，或以双字来访问% RD0. 0 ~ % RD0. 255，区域内的变量才有保持功能，区域外的变量虽然可以使用，但没有保持功能。在 PLC_PRG 中新建四种地址类型的变量，如图 4-90 所示：

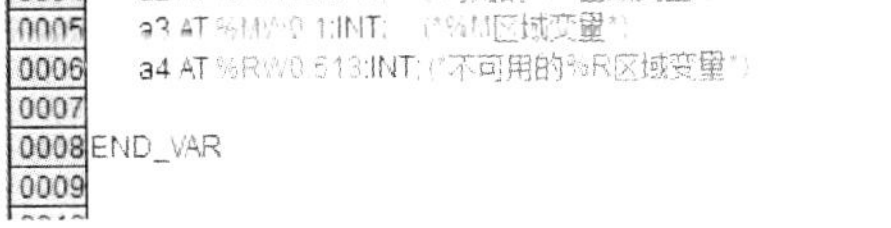

图 4-90　声明四种地址类型的变量

不需要编程，下载程序（参考 4. 6. 3 章节），并运行。

单击“联机”菜单下的“创建引导工程”，设置该工程为自启动工程，如图 4-91 所示。

图 4-91　创建引导工程

在线监控变量，双击变量，修改变量值，如图 4-92 所示。

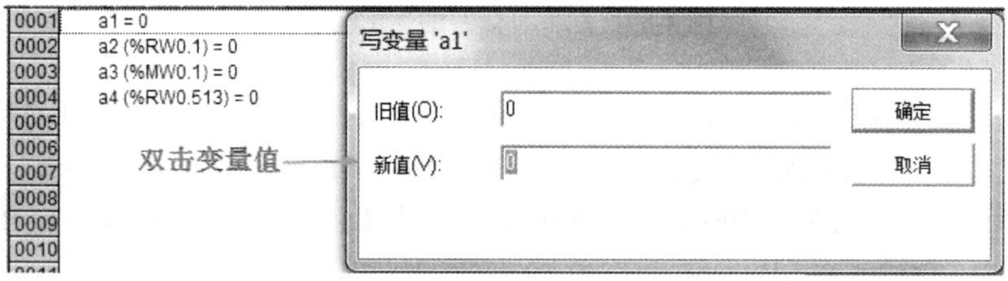

图 4-92　修改变量值

写入新值如图 4-93 所示。

按 CTRL + F7 将修改值写入变量，如图 4-94 所示。

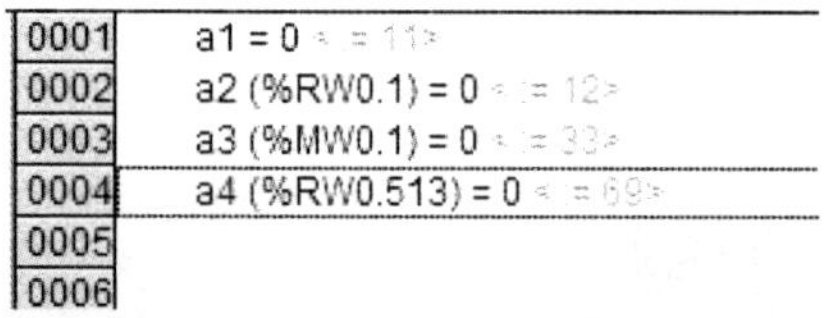

图 4-93　写入变量新值

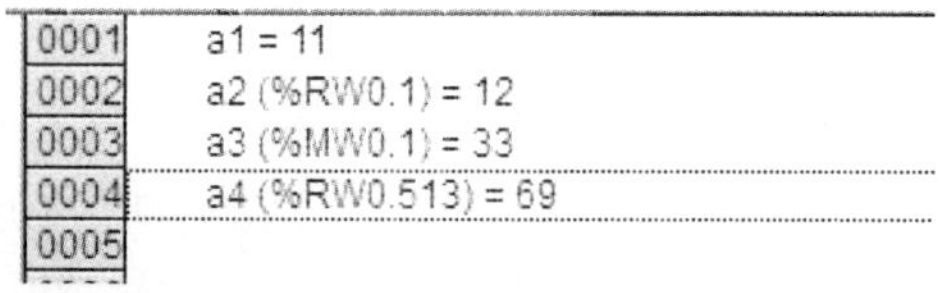

图 4-94　新值生效

切断 CPU 电源，一段时间后重新上电，等待 CPU 运行后，登录系统，查看变量状态，如图 4-95 所示。

无绝对地址区域、%M 区域和可用的%R 区域都可以实现掉电保持，可用%R 区域外的变量不能掉电保持。

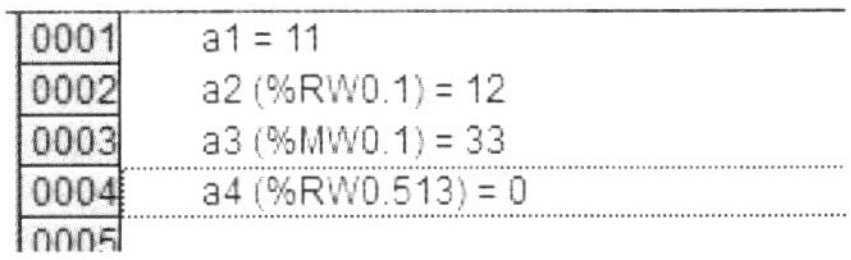

图 4-95　CPU 重新上电后变量状态

4.5　任务配置

通过任务配置，实现对工程中任意程序的调用，是 CoDeSys 编程平台软件程序调用的另一种方式。AC500 PLC 支持多任务方式，如果不进行任务配置的组态，系统默认为单任务方式，即以 10ms 为周期调用主程序 PLC_PRG，由该程序调用其他 POU：

- 类型：周期执行；
- 优先级：10；
- 循环周期：10ms；
- 调用的程序：PLC_PRG。

当用户程序较大，CPU 的负载超过 70% 时，应该通过任务配置，延长调用 PLC_ PRG 的任务周期，以减轻 CPU 的负载。

4.5.1　新任务设置

1. 新任务添加

在对象组织器的“资源”选项卡中选择并双击“任务配置”，在中间窗口中，右击“任务配置”，选择“添加任务”，进行新任务的添加，如图 4-96 所示。

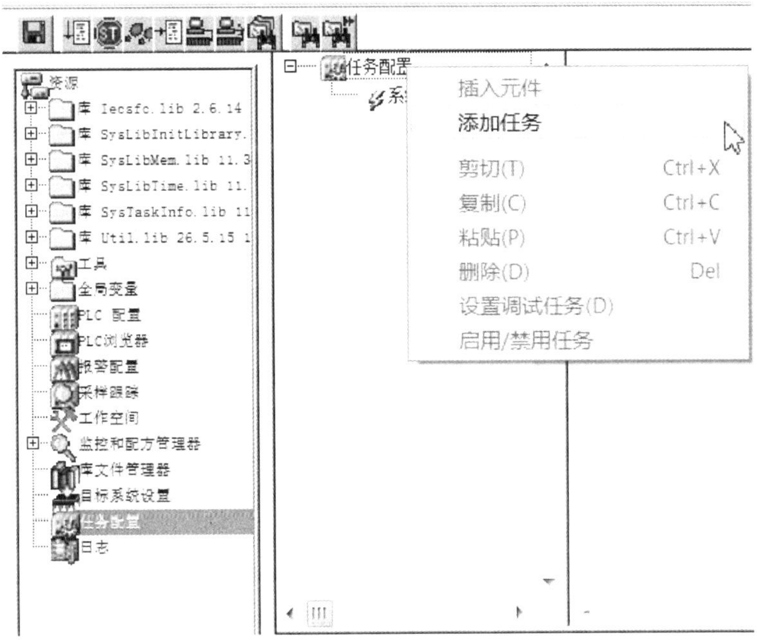

图 4-96　添加新任务

2. 对新添加的任务进行设定

（1）名称

任务的名字，以字母加数字的方式填写，如图 4-97 所示默认的任务名称为“NewTask”。

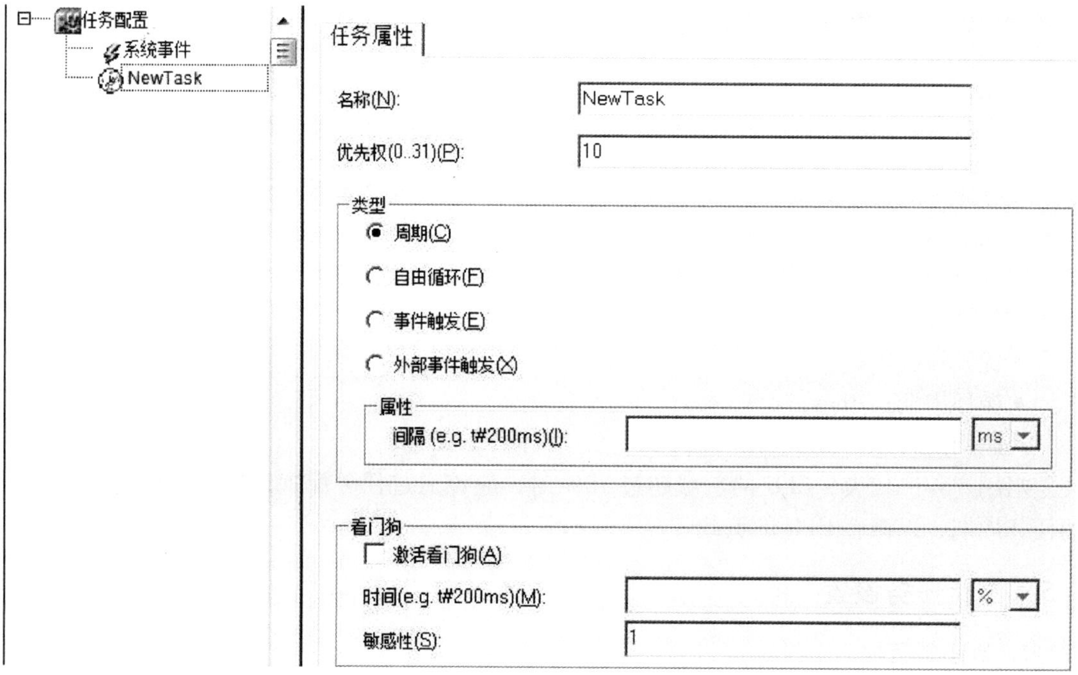

图 4-97　新任务设定

（2）优先权

1）任务的优先级通过 1 ~ 31 的数字体现，1 位最高优先级，31 为最低优先级。

2）1 ~ 9：用于高优先级任务，这些任务一般由外部事件触发，且要求其执行时间较短。

3）10 ~ 31：常规任务。

（3）类型（触发条件）

1）周期：周期地处理任务，运行周期通过“属性”中的“间隔”定义，如图 4-98 所示。

2）自由循环：只要启动，就处理任务，运行一次后自动重新启动。

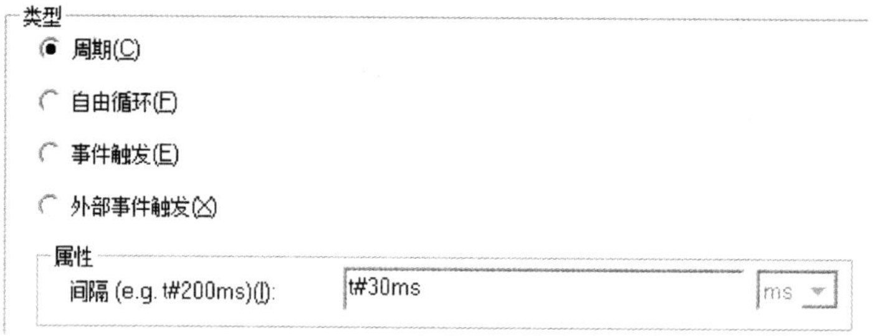

图 4-98　定义任务类型

3）事件触发：某个全局变量出现上升沿（0/1）称为一个事件，此事件发生后立即启动配置的对应任务。事件通过“属性”中的“事件”定义，如图 4-99 所示。

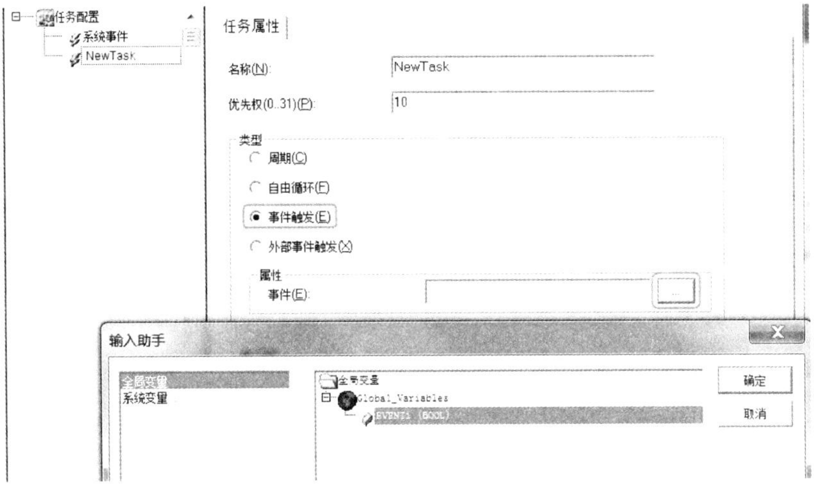

图 4-99　定义“事件触发”中的“事件”

4）外部事件触发：某个中断通道出现上升沿（0/1）称为一个外部事件。此外部事件发生后立即启动配置的对应任务。外部事件用于触发具有较高优先级的任务，且要求任务的程序短小简单。外部事件通过“属性”中的“事件”定义，如图 4-100 所示。可用的外部事件的种类和多少取决于 AC500 系列 PLC 的型号。

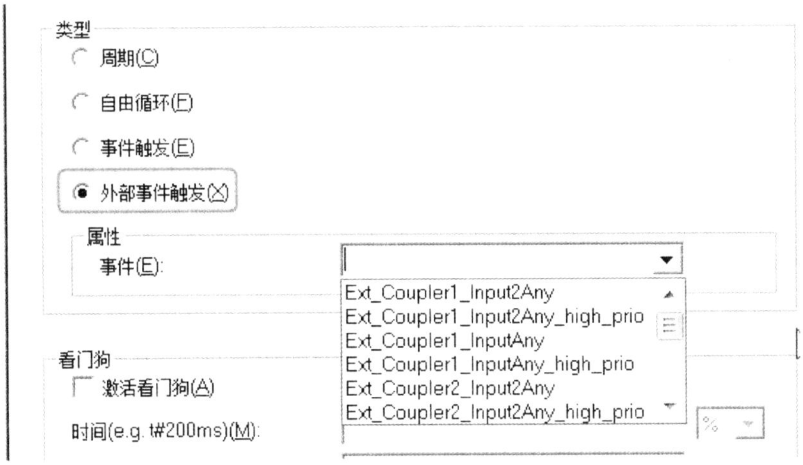

图 4-100　定义“外部事件触发”中的“事件”

（4）属性

1）间隔：当“类型”中选择“周期”时，用于设定运行周期。任务包含的程序运行的周期根据控制速度的需要填写，格式为“t#”，此处不区分大小写，单位可选 ms（毫秒）、s（秒）、m（分钟）、h（小时）、d（天）。

2）事件：当“类型”中选择“事件触发”或“外部事件触发”时，用于选择事件。

（5）看门狗

看门狗可为每个任务配置一个时间监视器，如图 4-101 所示。

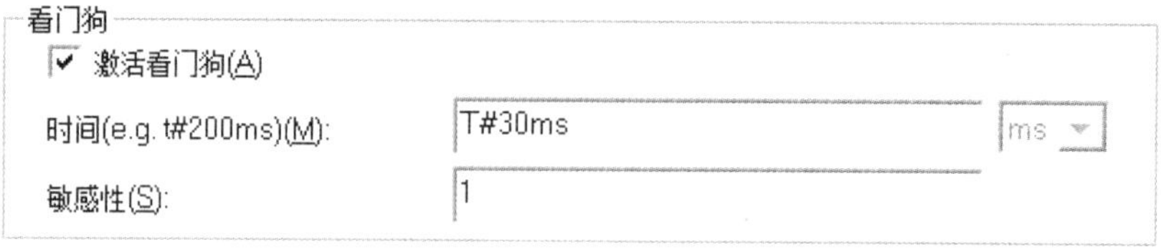

图 4-101　激活看门狗

1）激活看门狗：监控主程序的运行，防止程序无限制的运行，造成死循环。一旦任务处理时间长于看门狗设定时间，任务将终止并产生错误信息。

2）看门狗时间设定：在此输入任务的最大运行时间，当超过该值时，根据当前设定的敏感性激活看门狗事件。

3）敏感性：看门狗时间触发前连续超过最大运行时间的次数（敏感性为 0 表示取消看门狗）。

4.5.2　程序配置

任务配置完成后，即可为任务配置所需调用的程序。

1）右击任务，选择“添加程序调用”弹出“程序调用”窗口，如图 4-102 所示。

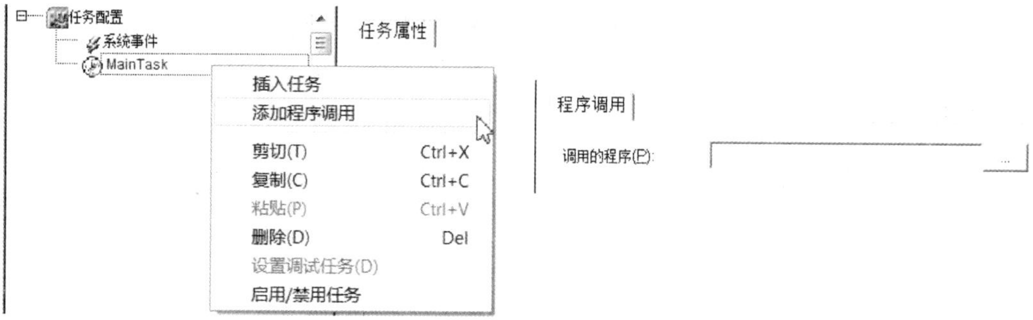

图 4-102　添加程序调用

2）在“程序调用”窗口中单击右侧按钮“…”，得到所有程序列表，从中选择所需调用的程序，单击“确定”按钮，程序即被任务调用，如图 4-103 所示。

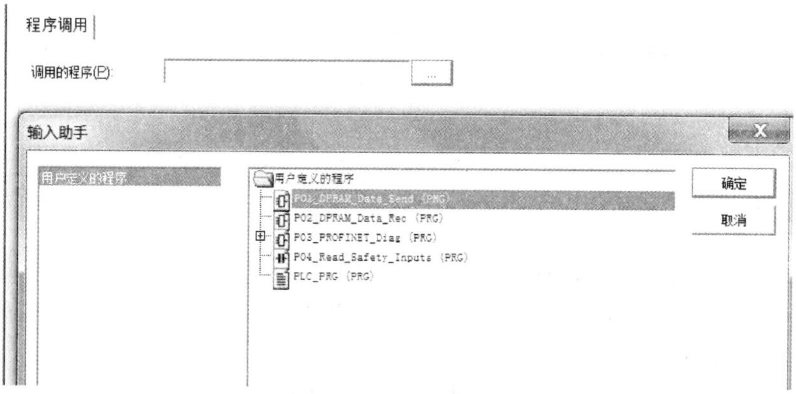

图 4-103　选择调用的程序

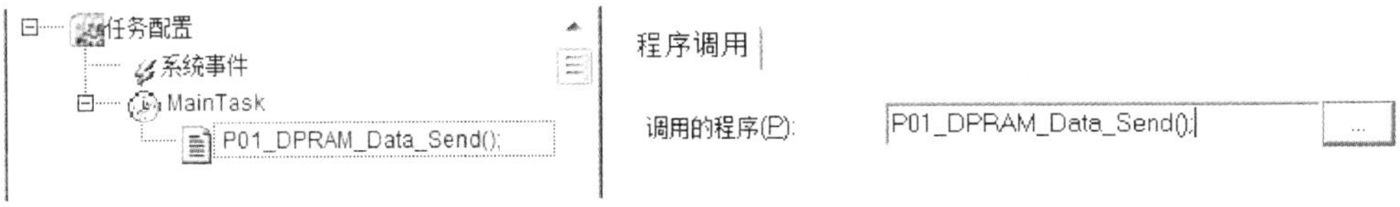

图4-103　选择调用的程序（续）

4.5.3　系统事件

通过系统事件而不是任务也可以调用POU，当相应的触发条件满足时，调用指定的事件，如图4-104所示。对于eCo CPU仅支持“start”和“stop”两个事件。配置步骤：

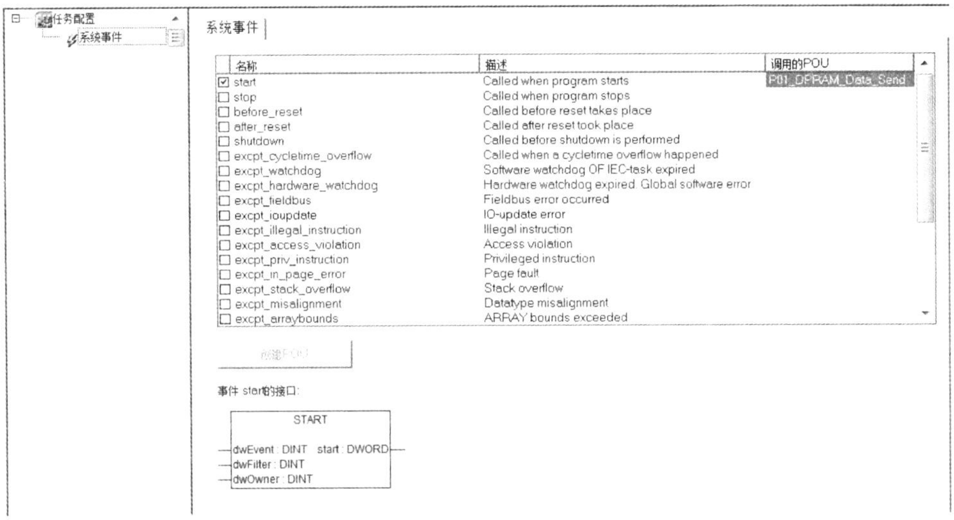

图4-104　通过系统事件调用POU

1）单击“系统事件”，右边窗口显示所有可用的系统事件。

2）选择需要使用的系统事件，在前方框中打钩，然后填入事件触发时需要调用的POU（使用功能键<F2>或手动输入。对于尚未存在的程序，输入名称后需单击“创建POU”按钮，系统将自动在“POUs”中插入此POU，且输入输出参数自动在POU中声明，无需用户定义）。

4.5.4　中断功能

中断也称中断事件，由PLC的外界硬件或内部特殊信号进行触发。中断一旦到来，PLC自动保存工作状态，转去执行中断程序。中断处理完成后，又自动恢复保存的状态继续原来的工作。中断程序是单独运行的程序，与主程序、扫描周期无关。

eCo CPU的板载I/O最多支持4路中断。要使用这些中断，需进行以下配置：

- 配置中断模式；
- 编写中断服务程序；
- 配置调用中断程序的任务；
- 配置调用默认主程序（PLC_PRG）的任务。

1. 配置中断模式

eCo CPU PM554和PM564集成的板载I/O中，4个输入通道I0...I3支持中断输入功能，上升沿或下降沿模式可选。在 Automation Builder 中双击设备树下的“OBIO”，右边弹出 I/O 配置界面。如图 4-105 所示将通道 I0 配置为上升沿触发中断，通道 I1 配置为下降沿触发中断。对于中断输入通道，应选择较短的输入延迟，本例中选择 0. 1ms。

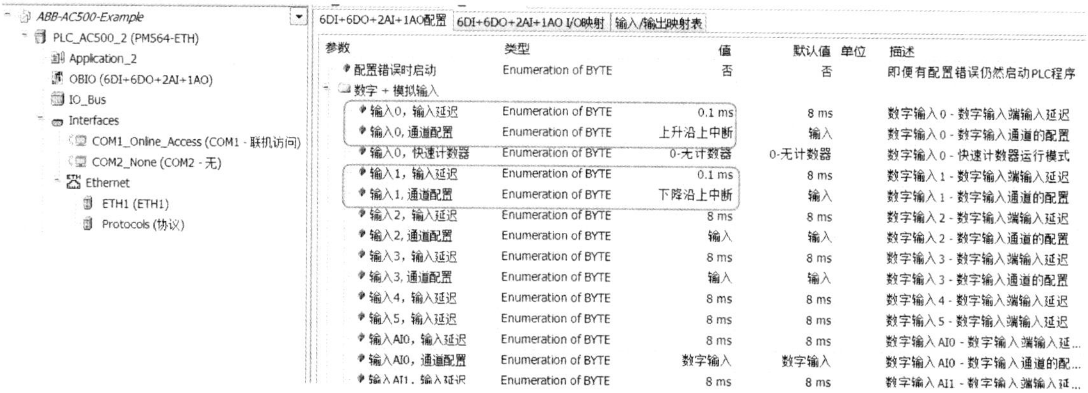

图 4-105　中断模式配置

2. 创建中断服务程序

用户根据实际需要进行中断程序的编写，但应当使中断服务程序短小简单，执行时间不能过长。创建中断程序的过程就是创建子程序的过程。

下例程序中通过调用功能块 ONB_IO_INT_IN 可获取集成在 AC500-eCo CPU 上的中断输入的状态，区分具体是哪个输入通道触发了中断，并显示中断状态，如图 4-106 所示。

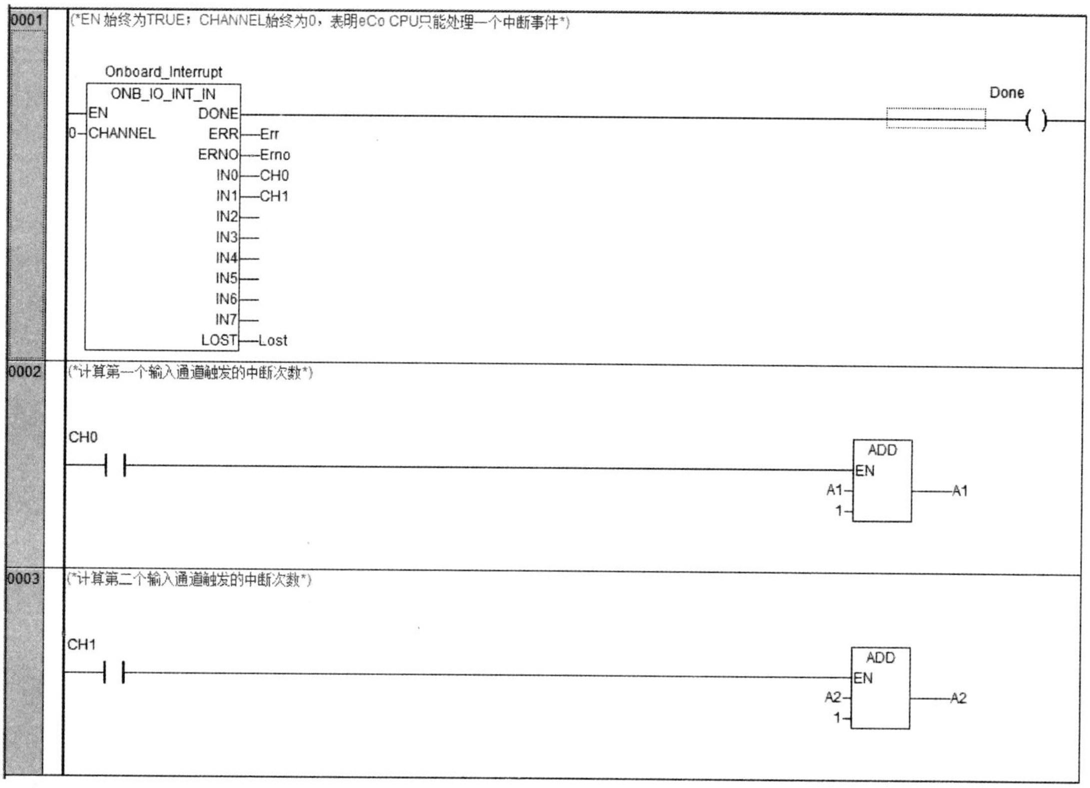

图 4-106　中断服务程序

> 注意
>
> AC500-eCo 板载 I/O 对应的中断程序必须调用 ONB_IO_INT_IN 功能块，ONB_IO_INT_IN 功能块包含在“OnBoardIO_AC500_V13. lib”库中。

3. 配置中断任务

eCo 板载 I/O 的中断服务程序，必须通过 CoDeSys 的外部事件类型的任务来调用，如图 4-107 所示。步骤如下：

图 4-107　配置中断任务

1）创建一个新任务，任务类型选择“外部事件触发”。

2）指定任务所需调用的中断服务程序。

3）选择事件的属性：

InputAny：中断事件的优先级通过任务的优先级属性参数确定（1...31）。

InputAny_high_prio：中断事件具有最高优先级，此时，优先级属性参数已无意义。

> 注意
>
> 如果中断任务属性选择 InputAny_high_prio（最高优先级），中断服务程序的执行时间不得超过 400μs。否则，CPU 无法进入联机模式。

4. 配置主任务

当用户不进行任何任务配置时，系统默认程序“PLC_PRG”为主程序，以 10ms 为周期调用（优先级为 10）。因此，创建中断任务后，必须再创建一个任务来调用主程序，主程序的名称不再必须为“PLC_PRG”，如图 4-108 所示。

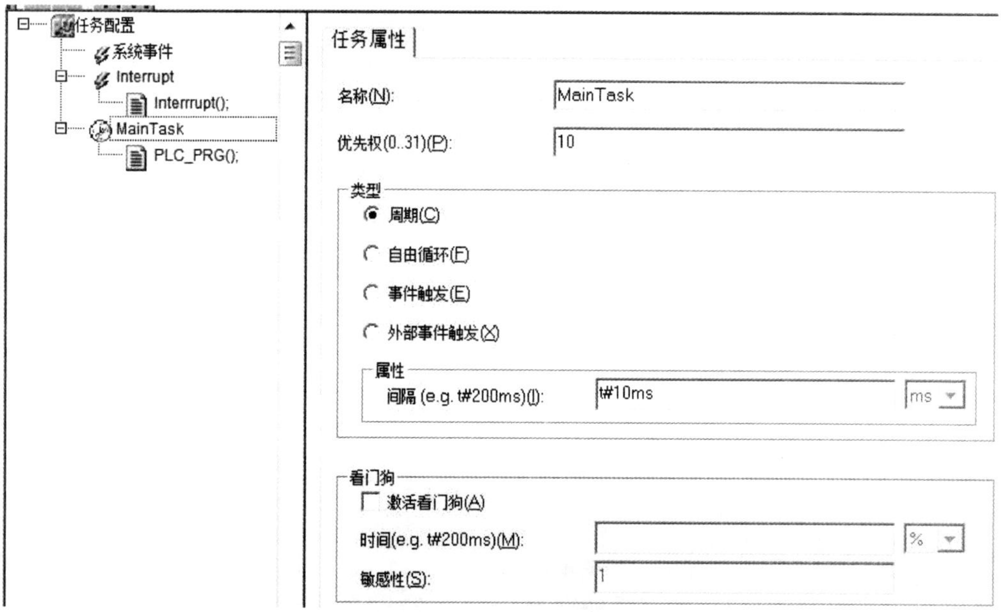

图 4-108　调用主程序

4.6　编译与调试

用户编写完程序后，首先应对程序进行编译，当编译通过后，才能将程序下载到 CPU 模块中。调试成功的程序方能与被控对象连接运行，最终达到控制目的。

4.6.1　编译

CoDeSys 软件的“工程”菜单提供“编译生成”和“全部重新编译生成”两种编译命令，如图 4-109 所示，用于检查程序有无语法错误：

- 编译生成：仅对程序的变化部分进行编译，并更新到原有的目标文件中。
- 全部重新编译生成：与“编译生成”不同，可以完全重新编译整个工程。
- 全部清除：清除上次编译和下载的信息。执行此命令后，进行的下载属于“全部下载”。

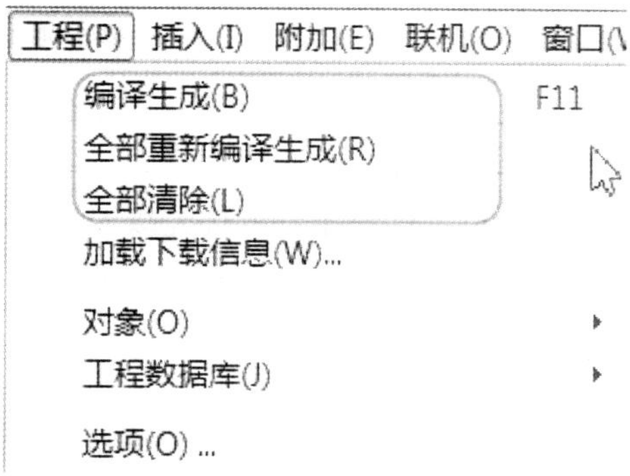

图 4-109　编译工程

没有语法错误的程序才能生成可执行的目标文件。编译的结果会显示在消息区，如果发现错误将用红色显示，如图 4-110 所示。

鼠标位于消息区，单击右键弹出错误指示菜单：

- 下一个错误：指向光标处后面的错误信息行，同时程序区的光标自动选中错误程序。
- 前一个错误：指向光标处前面的错误信息行，同时程序区的光标自动选中错误程序。

信息（M）：隐藏消息区。如果想恢复消息区，只需鼠标左键单击菜单栏中“窗口”下

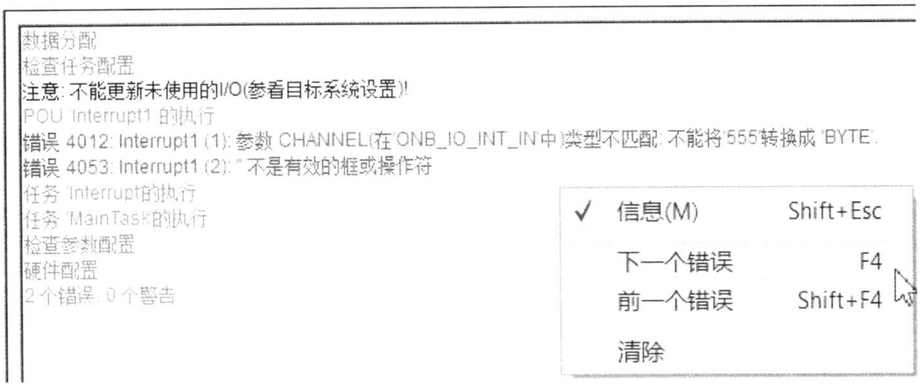

图 4-110　程序编译错误显示

的“信息”。

4.6.2　建立通信连接

在程序编译调试无误后，便可将程序下载到 CPU 中，建立 CPU 与 PC 之间的连接，即联机。要进行程序下载，首先要选择下载方式，并设定相应的通信参数。计算机和 CPU 可通过串口 COM1/COM2 或以太网进行连接。

1. 通过串口联机

通过串口与 CPU 联机需要使用编程电缆，如图 4-111 所示。

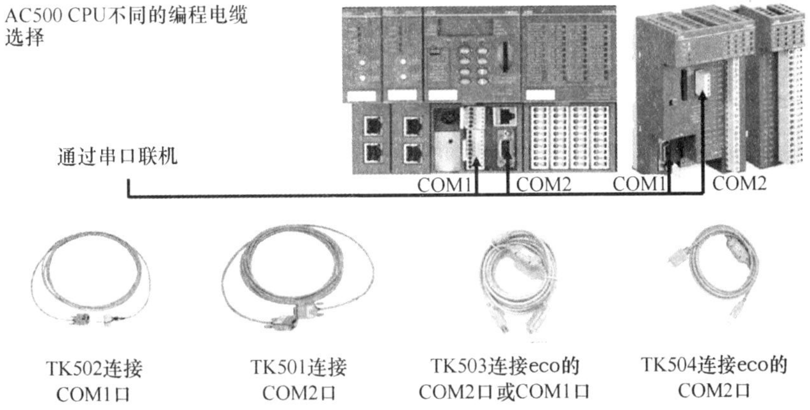

图 4-111　编程电缆

本例中使用 TK503 连接 PC 和 AC500-eCo CPU 的 COM1 口，相关设置如下：

1）TK503 插入 PC 后，Windows 会自动检测并建立一个虚拟通信端口。（查看路径为“控制面板”→“设备和打印机”），如图 4-112 所示。

2）在 Automation Builder 中，双击 COM1_Online_Access (COM1 - 联机访问)，对 COM1 口进行参数设定，使用默认值即可，如图 4-113 所示。

3）在 CoDeSys 菜单栏中，选择“联机”→“通信参数”，如图 4-114 所示。

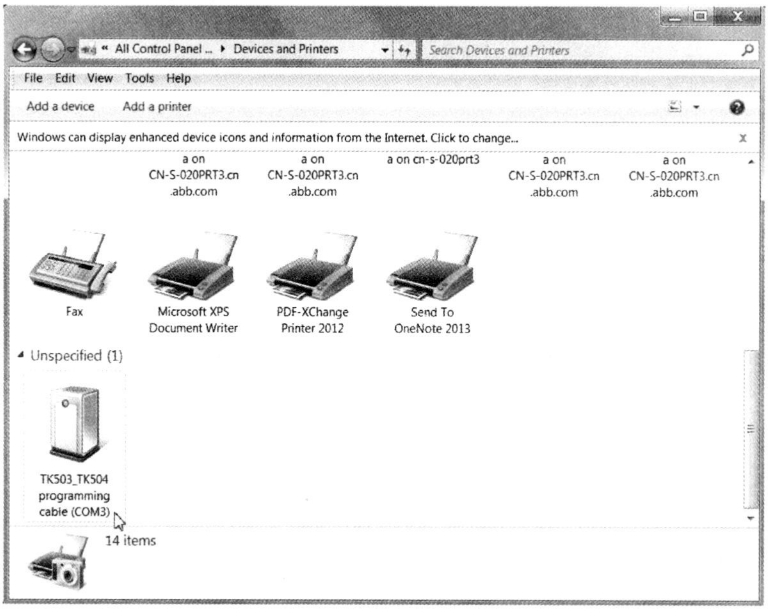

图 4-112　弹出虚拟通信端口

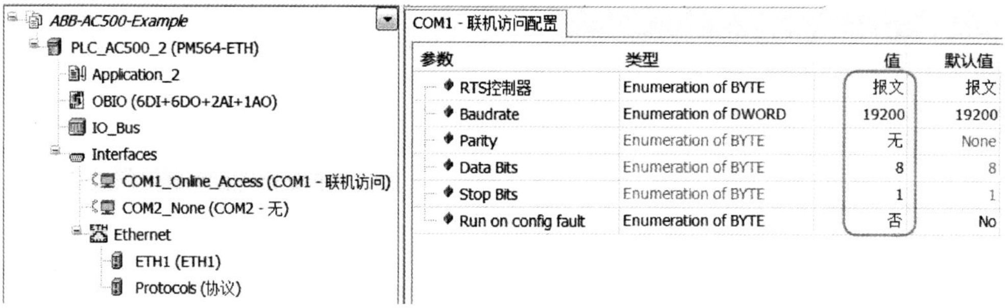

图 4-113　COM1 口参数配置

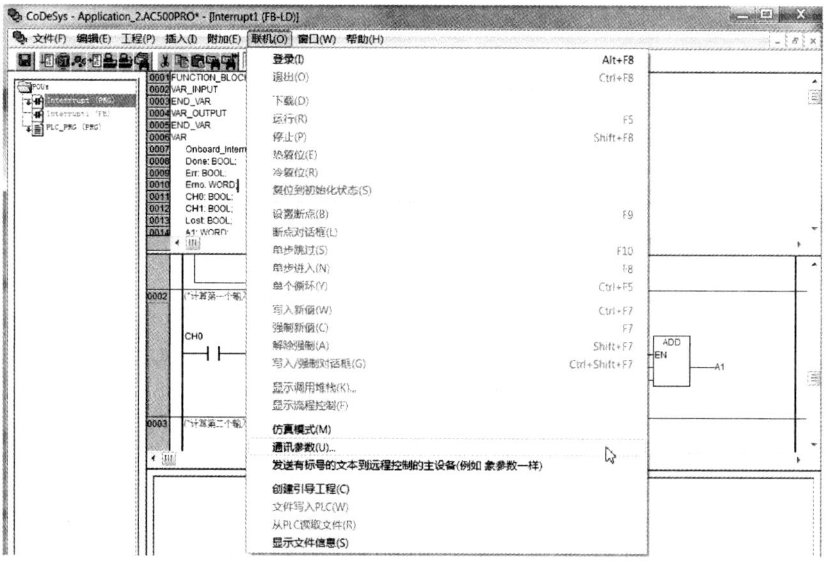

图 4-114　通信参数配置选项

4）串口通信参数设定：在弹出的“Communication Parameters”窗口中，单击“New”，在Device列表中选择通信方式“Serial（RS232）”，单击“OK”，如图4-115所示。

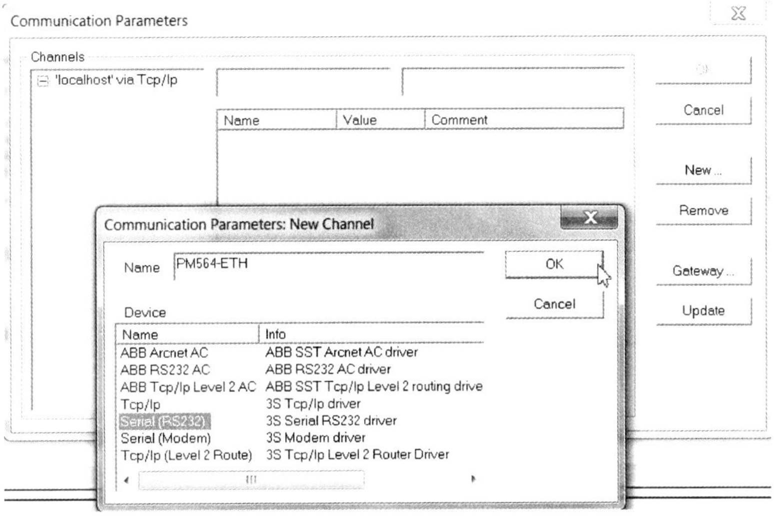

图4-115　串口通信设定

5）进行相关参数设置，如图4-116所示。

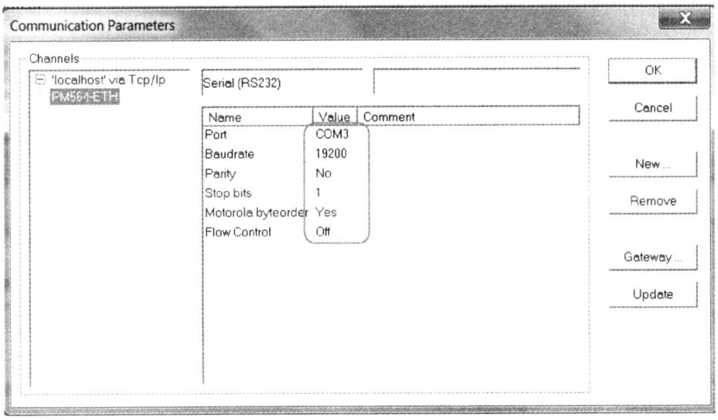

图4-116　通信参数设置

- Port：选择与AC500-eCoCPU连接的PC机的串口（本例中虚拟通信端口为COM3）；
- Baudrate：波特率（可设置）
- Parity：奇偶校验NO（固定）
- Stop bits：停止位1（固定）

（Baudrate、Parity、Stop bits三项）与Automation Builder界面COM1参数配置一致；

- Motorola byteorder：Yes（固定）；
- Flow Control：OFF（固定）。

2. 通过以太网联机

1）检查所连接的CPU模块的IP地址，可以通过Automation Builder中提供的“IP配置工具”检查所连接的CPU模块的IP地址（具体操作可参见4.3.4章节）。本例中CPU的IP地址为“192.168.0.10”，如图4-117所示。

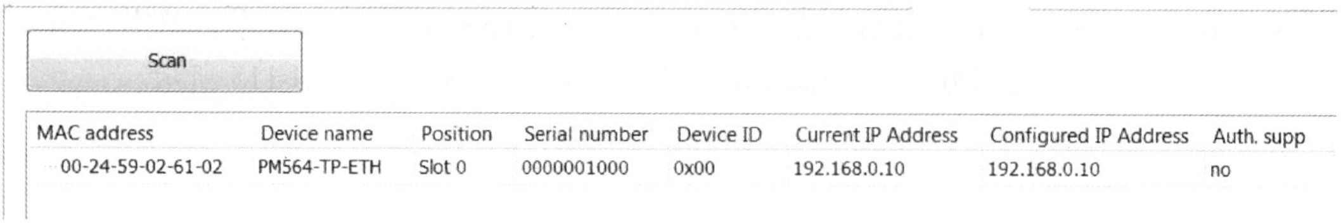

图 4-117　检查 CPU 的 IP 地址

2）修改 PC 的 IP 地址，必须将 PC 的 IP 地址配置在 CPU 模块 IP 地址所在的网段内。本例中 CPU 的 IP 地址为“192. 168. 0. 10”，所以 PC 的 IP 地址必须为“192. 168. 0. X”（X 不能为 10），子网掩码设为“255. 255. 255. 0”。通过 PC 操作系统“本地连接”设置的过程如图 4-118 所示。

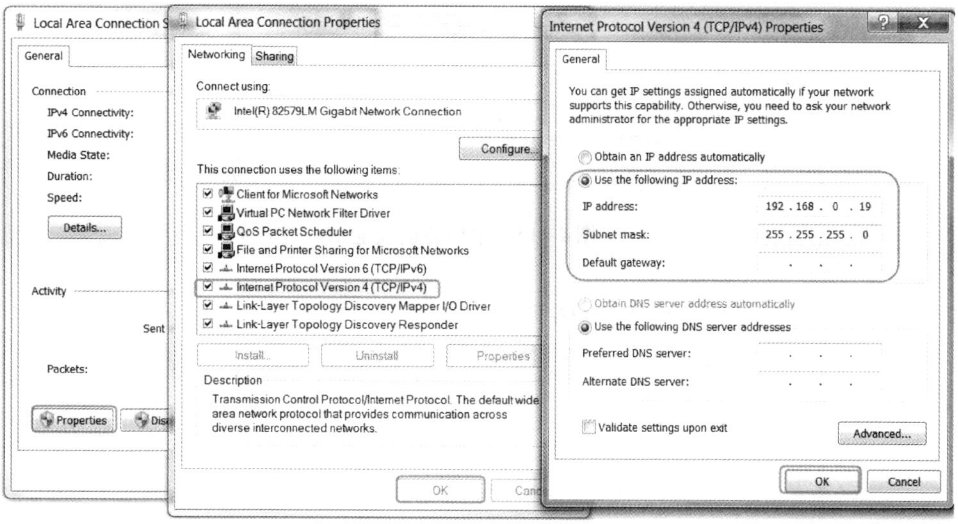

图 4-118　修改 PC 的 IP 地址

3）配置完成后，双击设备树中“Application”图标，在 CoDeSys 编程界面中，单击“联机”→“通信参数”，在弹出窗口中新建一个 TCP/IP 类型的网关，如图 4-119 所示。

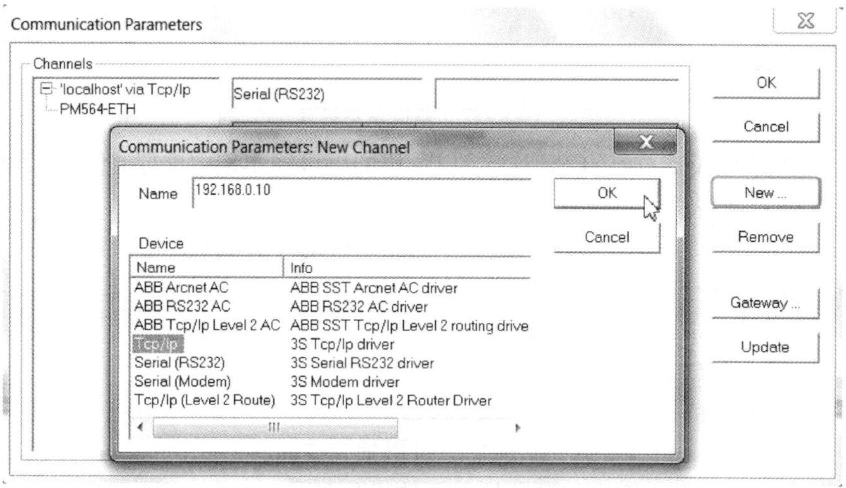

图 4-119　新建 TCP/IP 类型的网关

4）修改网关的参数如图 4-120 所示。

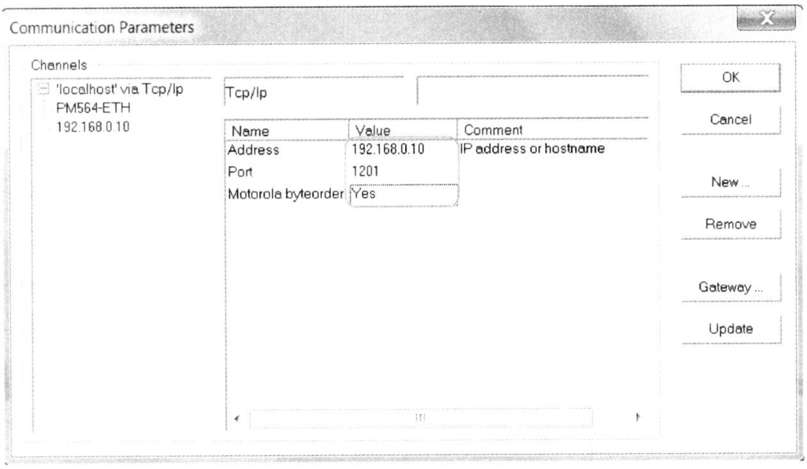

图 4-120　修改网关参数

- Address：对应 CPU 模块的 IP 地址。
- Port：必须为“1201”。
- Motorola byteorder：必须为“Yes”。

3. 在 Automation Builder 中与 CPU 联机

1）右键单击控制器名（AC500_PM564_V2_1），单击“设置网关”，如图 4-121 所示。

在弹出的“Communication Parameters”窗口中设置通信参数，设置方法与 4.6.2 中所描述的设置通信参数方法相同。

2）设置完通信参数后，右键单击控制器名选择“登录”，如图 4-122 所示。

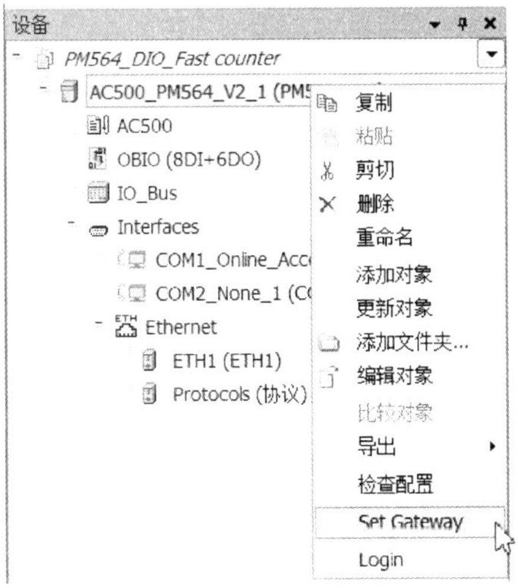

图 4-121　选择网关设置

图 4-122　选择登录

4.6.3　程序下载

从 PC 向 CPU 模块下载程序，分为“全部下载”和“增量下载”两种方式。

1. 全部下载

初次下载或硬件配置修改后进行的下载属于“全部下载”。此时，CPU 中的用户程序停止运行，模块的输出行为依照 CPU 参数“停止运行时的输出行为”设定输出模式，如图 4-123 所示。

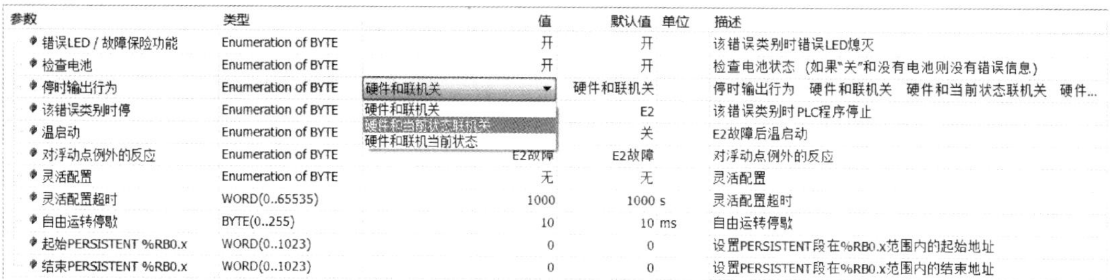

图 4-123　设定模块输出行为

> **注意**　硬件配置修改后，需要在 Automation Builder 界面上右击“Application”，单击“创建配置数据”进入 CoDeSys 界面后再进行程序的下载，否则下载的程序仍然为未更改硬件配置信息的旧程序。

选择“联机”→“登录”，或单击登录快捷键，将用户程序从 PC 下载到 CPU 模块中，如图 4-124 所示。

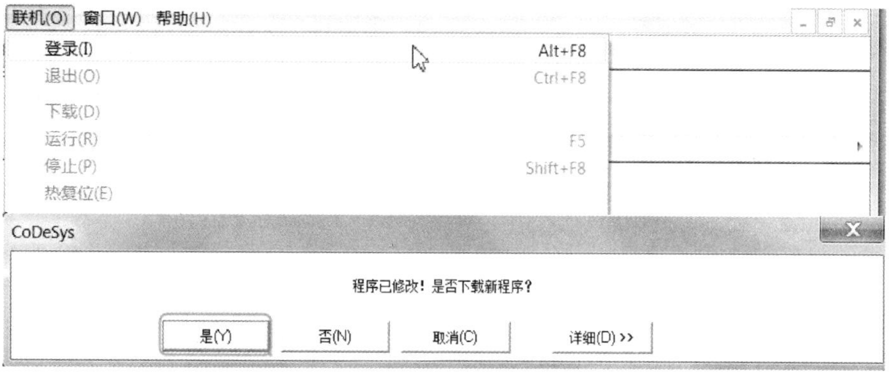

图 4-124　下载程序

如果希望不进行程序下载而直接进入联机监控状态，可以在系统提示下载信息时选择“否”，此时对工程的修改不会被下载到模块中，但可以监控模块中原有程序的运行情况。

2. 增量下载

如果在原目标文件的基础上追加修改内容，增量下载只将修改部分下载到 CPU 中，对于正在运行的用户程序是无扰过程。例如在增减、修改程序或变量后，选择“联机”→“登录”，或单击登录快捷菜单，选择“是”实现增量下载；选择“全部载入”将执行全部下载，如图 4-125 所示。

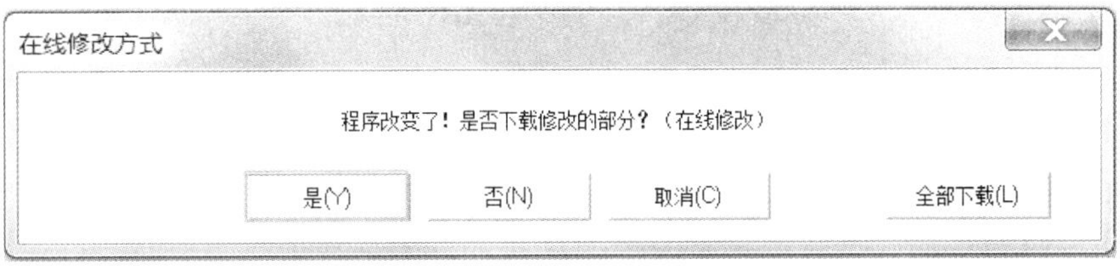

图 4-125　选择增量下载

3. 创建引导工程

引导工程是指下载至 CPU Flash 中的程序。引导工程的存在可以保证 PLC 在断电后用户程序不会丢失，重新上电后，如果 CPU 模块的 RUN/STOP 开关处于“RUN”模式，系统自动将 Flash 中的程序导入 ROM 并执行。下载过程中 CPU 面板上的“RUN”灯处于闪烁状态，如图 4-126 所示。

双击“资源”→“目标系统设置”，选择“一般设置”对话框，勾选“自动加载引导工程”，系统每次下载后自动创建引导工程，如图 4-127 所示。

> **注意**：为了保证 AC500-eCo CPU 模块断电重新上电后执行下载的引导工程，必须确定 CPU 模块的“RUN/STOP”开关为“RUN”模式。

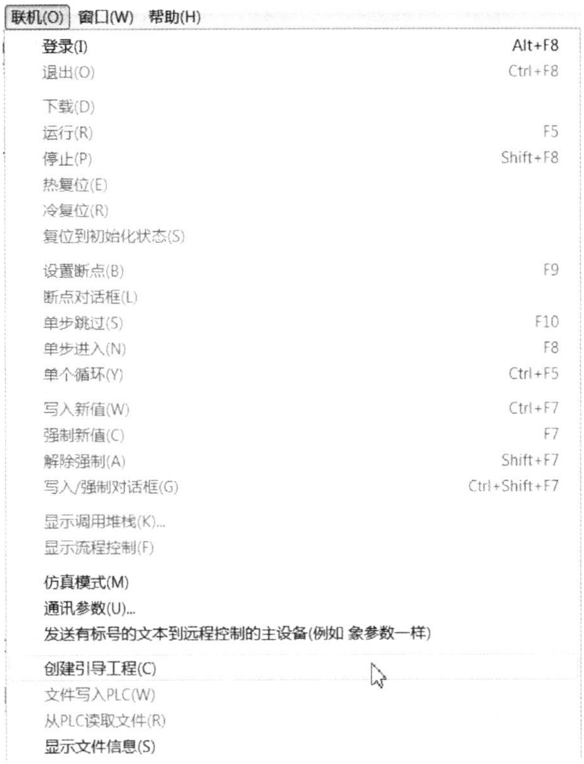

图 4-126　创建引导工程

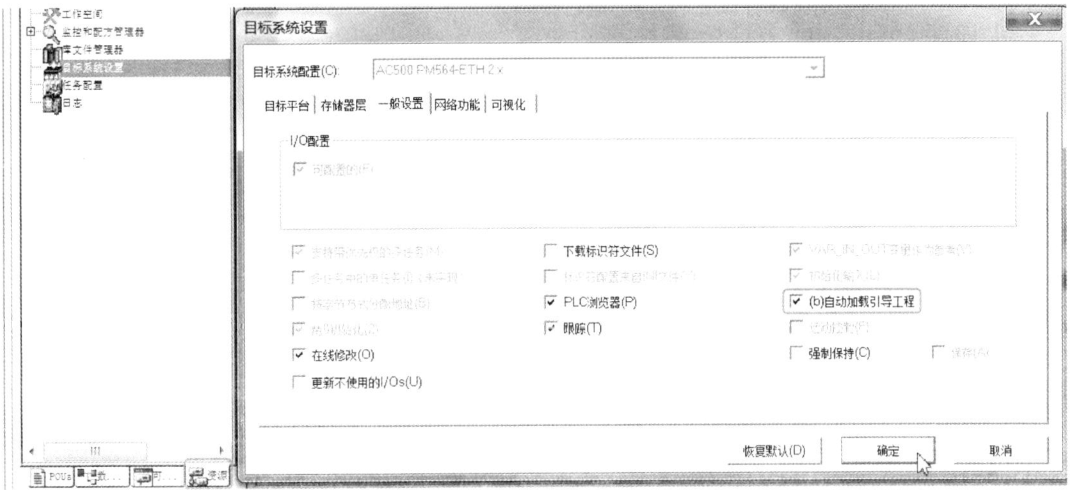

图 4-127　自动加载引导工程

4.6.4　诊断

AC500 系列 PLC 具有功能丰富的诊断系统，可分别通过模块上的 LED、编程工具联机诊断或程序中的诊断功能块对整个控制系统进行故障监控和实时诊断。

AC500 系列 PLC 的诊断系统具有一个循环缓冲区域，该区域可管理 100 个错误信息。在运行系统中，会根据 CPU 的实时时钟（RTC）给每隔一故障时间标记一个日期与时间的标签。例如 CoDeSys 的状态栏显示的诊断信息，如图 4-128 所示。

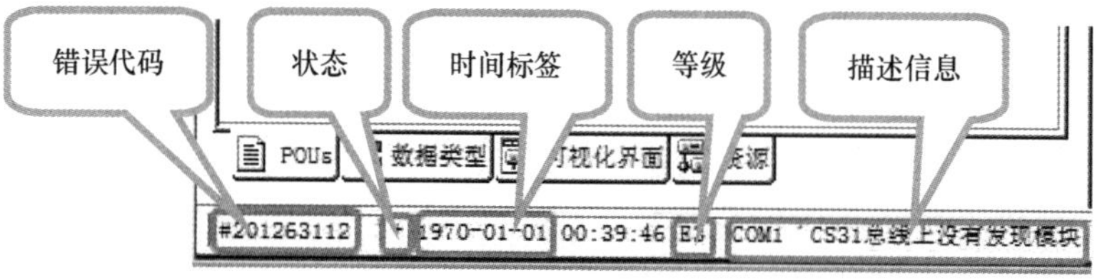

图 4-128　CoDeSys 状态栏信息显示

有以下几种不同的方法可访问错误信息：

- 通过 CPU 上的“ERR”错误 LED 指示灯、键盘和显示器直接诊断。
- 通过 Automation Builder 软件诊断。
- 通过 PLC 浏览器命令进行诊断。
- 通过 SysInt_AC500_Vxx. lib 库中的诊断功能块在用户程序中进行诊断。
- 通过 AC500 诊断库 DIAG_AC500_V20. lib 进行诊断。

本书中只介绍前三种方法。

1. 通过“ERR”错误指示 LED、键盘和 LCD 显示屏诊断

所有的 AC500 CPU 都配有 LED 和 LCD 显示屏，可显示操作状态和错误信息。详细内容请参见 2. 3. 2 章节。

AC500-eCo CPU 只能通过 CPU 的“ERR”LED 的显示进行诊断。

2. 通过 Automation Builder 软件诊断

Automation Builder 中提供的诊断工具，主要用于访问 PLC 运行过程中的诊断数据，同时也可以监视模块 I/O 接点的状态。

打开 Automation Builder 提供的调试工具，需首先“登录”。在此登录不会引起工程的下载，登录成功后 CPU 名称前方出现循环标识“ ”，如图 4-129 所示。

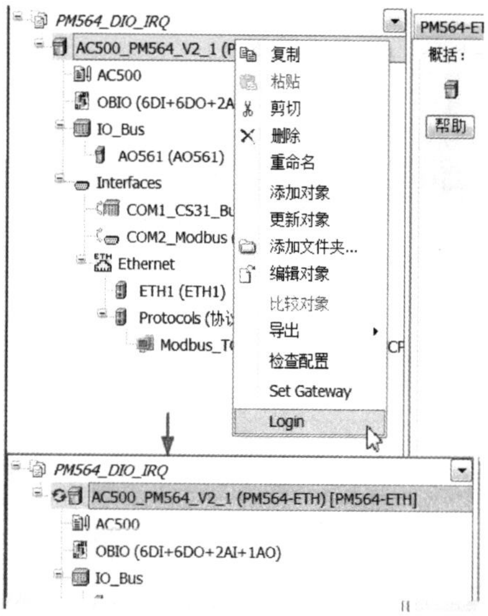

图 4-129　CPU 登录成功后软件状态显示

登录后，双击设备树中的各项硬件，便可以打开对应设备的监视窗口。例如双击 CPU 名称打开 CPU 信息诊断窗口，其中包括 CPU 诊断、统计信息、版本信息等选项卡，如图 4-130 所示：

如果 PLC 出现故障无法运行，可单击“读错误”按钮刷新错误列表。选中某错误通过单击“确认”按钮进行确认。“清除所有错误”用于一次性删除已读取的错误。全部错误确认或删除后 CPU 可进入运行状态。

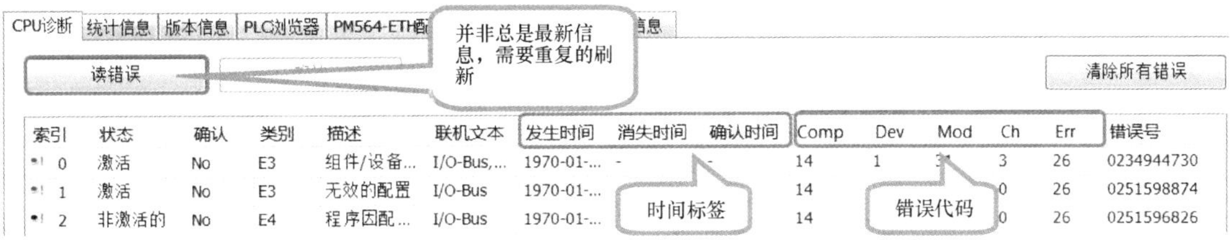

图 4-130　CPU 诊断信息显示

3. 通过 PLC 浏览器命令诊断

PLC 浏览器选项卡的功能是 CPU 诊断、统计数据、版本信息选项卡的总和，通过输入命令获得诊断结果。

PLC 浏览器在 Automation Builder 和 CoDeSys 平台中都有提供。下面以 CoDeSys 平台中的 PLC 浏览器为例介绍其使用方法。

在对象组织器的“资源”选项卡中，打开“PLC 浏览器”窗口，如图 4-131 所示。PLC 浏览器窗口是一个基于文本的控制监视器，由命令输入行和信息窗口组成，使用标准命令直接访问 CPU 完成诊断和调试功能。

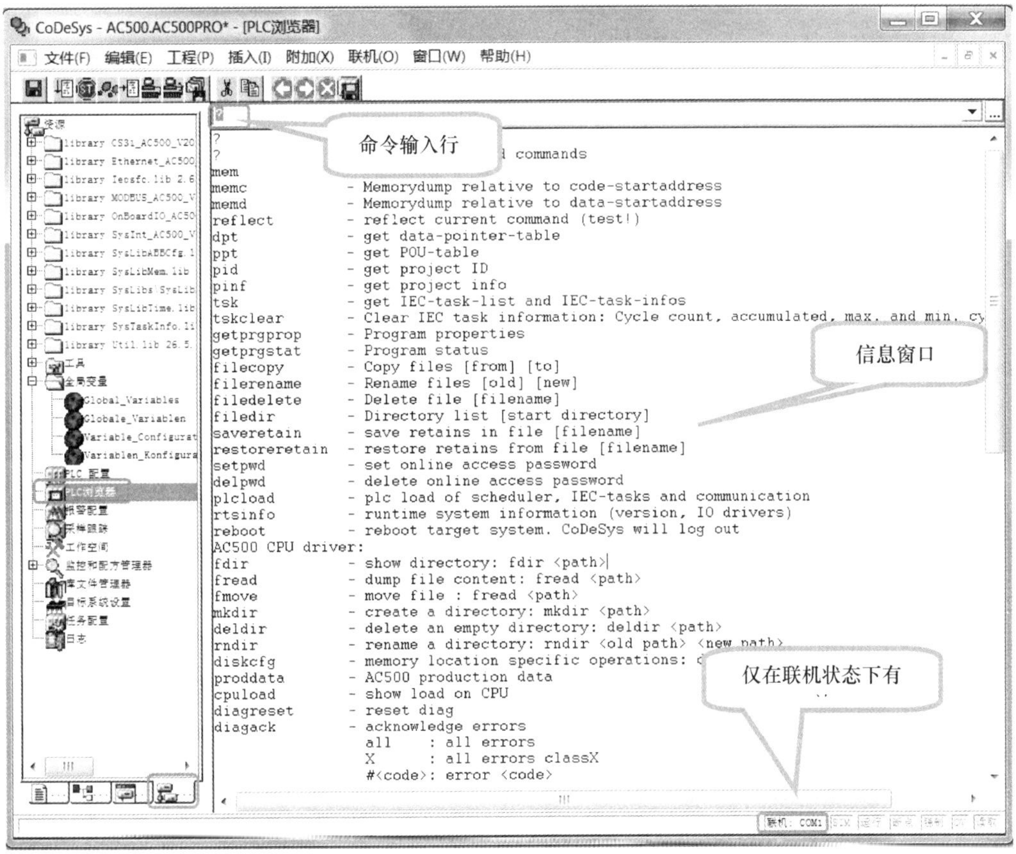

图 4-131　PLC 浏览器诊断指令

PLC 浏览器同样为命令的输入提供输入助手。单击命令输入行右侧的“…”按钮，弹出“插入标准命令”窗口，列表中双击选择命令并按 < 回车 > 键，信息窗口便显示相应的服务结果。信息窗口并非总显示最新信息，需要重复刷新命令，如图 4-132 所示。

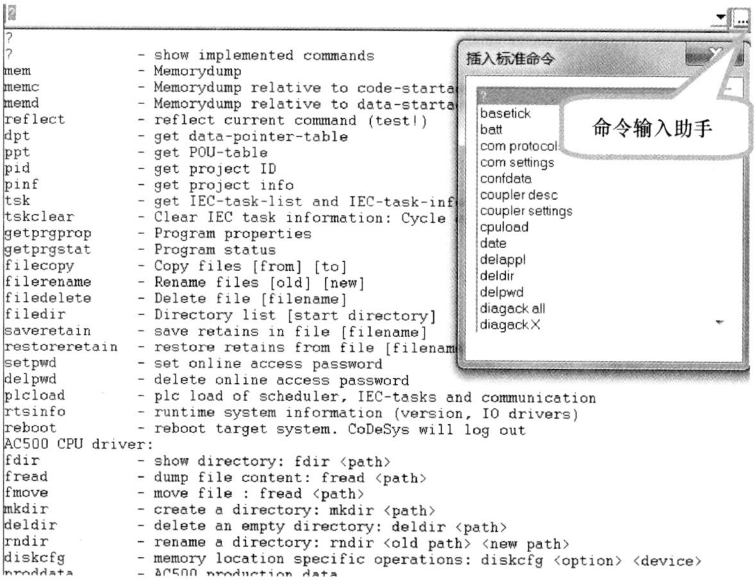

图 4-132　命令提示窗口

如果 CPU 出现故障无法运行，可通过顺序执行“diagshow all（读取所有错误）”→“diagack all（确认所有错误）”→“diagreset（复位诊断系统）”命令恢复 CPU 的运行。PLC 浏览器的常用命令和含义见表 4-9：

表 4-9　PLC 浏览器常用指令说明

命令	含　义	执行
?	显示所有执行的命令	标准
mem	内存存储范围	标准
memc	代码区相关内存释放	标准
memd	数据区相关内存释放	标准
reflect	反映实际的命令行（用于测试目的）	标准
dpt	显示数据指针表	标准
ppt	显示功能块指针表	标准
pid	显示工程 ID	标准
pinf	显示工程信息	标准
tsk	显示 IEC 任务和任务信息列表	标准
startprg	启动用户程序	标准
stopprg	停止用户程序	标准
resetprg	复位用户程序	标准
resetprgcold	复位用户程序（冷）	标准

（续）

命令	含　义	执行
resetprgorg	复位用户程序（初始）	标准
reload	从 FLASH 中重新加载引导工程	标准
getprgprop	显示程序属性	标准
getprgstat	显示程序状态	标准
filecopy	文件复制命令	不运行
filerename	文件重命名命令	不运行
filedelete	文件删除命令	不运行
filedir	文件命令目录	不运行
saveretain	V1.0 和 V1.1 版本：保存掉电保持数据存储区变量到 SD 卡中 V1.2 版本：写掉电保持数据存储区变量到 RAM 中	特殊
restoreretain	V1.0 和 V1.1 版本：从 SD 卡中恢复掉电保持数据存储区的变量 V1.2 版本：从 RAM 中恢复掉电保持数据存储区变量	特殊
setpwd	设置 PLC 密码（登录时需要）	标准
delpwd	删除 PLC 密码	标准
plcload	显示 PLC 使用内容（系统和 IEC、任务、通信）	标准
rtsinfo	显示固件信息（版本、驱动）	特殊
traceshedon	允许任务跟踪	不运行
traceschedoff	禁止任务跟踪	不运行
traceschedstore	存储任务跟踪内容到 RAM	不运行
ipaddr	设置 CPU IP 地址	不运行
basetick	基准设置为 μs	不运行
diagreset	复位诊断系统	特殊
diagack all	确认所有错误信息	特殊
diagack x	确认类别 X（X = 1...4）的所有错误	特殊
time	显示和设置实时时钟的时间	特殊
date	显示和设置实时时钟的日期	特殊
batt	获取电池状态	特殊
sdappl	将引导工程保存到 SD 卡中	特殊
sdfunc	显示和改变 SD 卡功能	特殊
sdboot	从 SD 卡更新引导代码	特殊
sdfirm	从 SD 卡更新固件	特殊
sdcoupler x	从 SD 卡更新通信模块 X 的固件	特殊
cpuload	显示 CPU 负载（当前、最小、最大、平均）	特殊
delappl	从 FLASH 中删除用户程序	特殊
retain	从 SD 卡上读取/存储掉电保持寄存器数据	V1.2 版

（续）

命令	含　义	执行
persistent	从 SD 卡上读取/存储永久变量	V1.2 版
io-bus stat	显示 I/O 总线统计信息	特殊
io-bus desc	显示 I/O 总线配置信息	特殊
com protocols	显示可用于串行接口的协议	特殊
com settings	显示串行接口设置	特殊
coupler desc	显示通信模块接口信息（类型、固件、串口号码、日期）	特殊
coupler settings	显示当前通信模块设置，例如，IP 地址和插槽分配	V1.2 版本的特殊功能
reboot	重新启动 PLC（当重启时，CoDeSys 执行退出或命令输入后 3s 退出）	特殊

4.6.5　调试

1. 监视和配方管理

在对象组织器的“资源”选项卡中，可以打开“监视和配方管理器”，集中监控工程中各程序的变量。监控和配方管理器可以用确定的值预置变量并且以组的形式将它们传送给 PLC（“写入配方”功能）。同样，当前 PLC 的值可以读入和存储在监控和配方管理器里（“读取配方”功能）。例如：

首先，单击菜单栏“工程”→“选项”，在弹出的对话框勾选“表格式查看编辑器”，如图 4-133 所示。

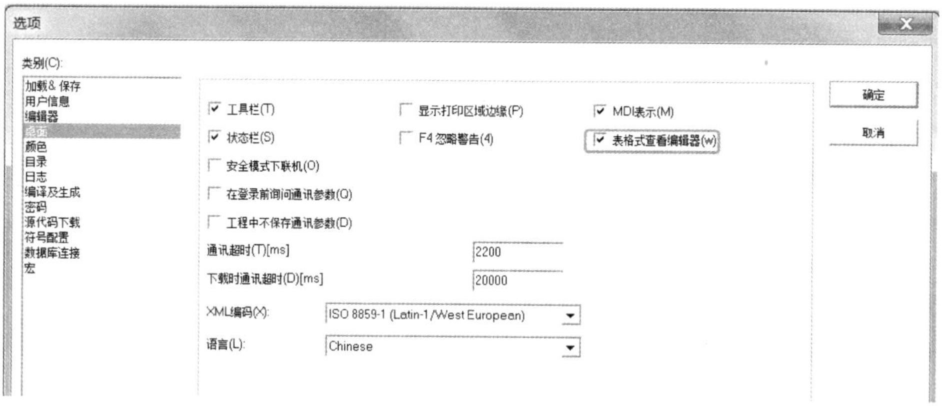

图 4-133　选择“表格式查看编辑器”

在“资源”选项卡中，双击“配方和监控管理器”→“Standard”，在右侧窗口单击右键，选择“插入地址范围”，如图 4-134 所示。

在弹出的对话框中，输入要监控的变量起始地址和长度，如图 4-135 所示。

创建的变量表如图 4-136 所示。

在联机状态下，可以查看并修改变量数值，如图 4-137 所示。

图 4-134　选择“插入地址范围”

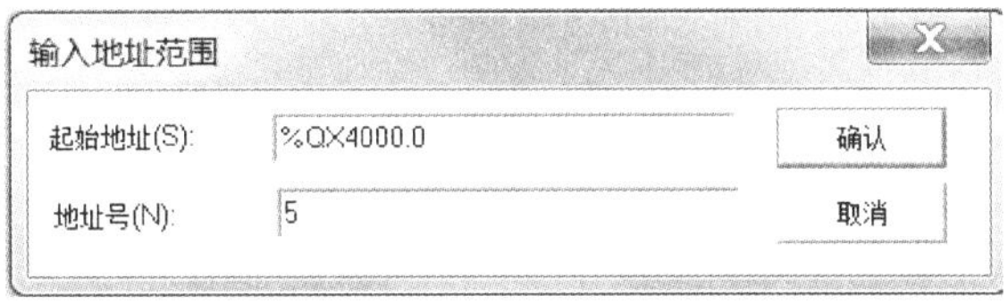

图 4-135　要监控变量的起始地址和长度

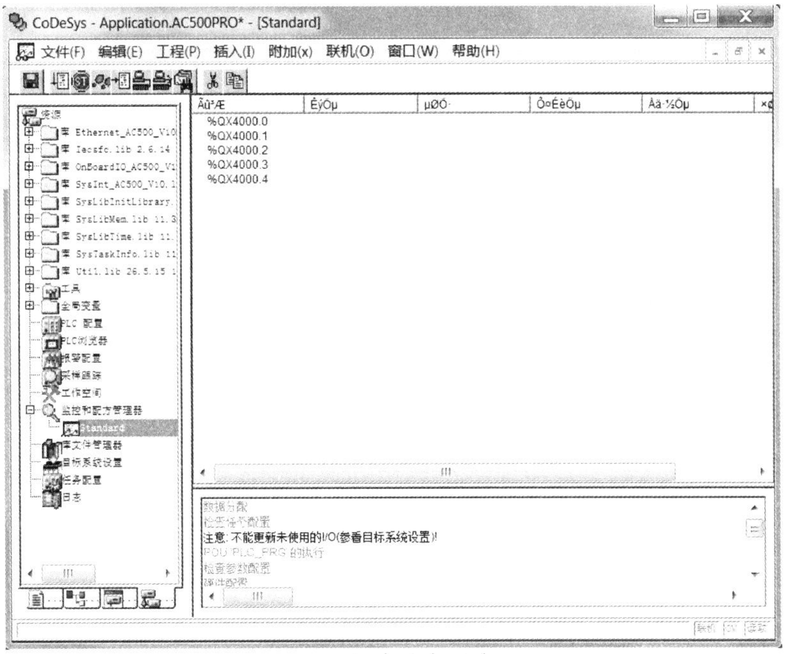

图 4-136　创建的变量表显示

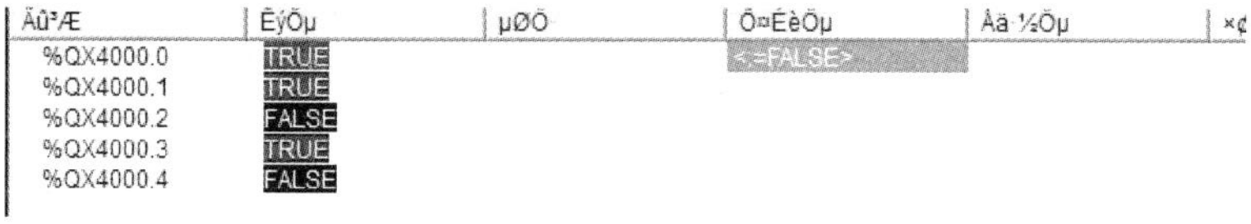

图 4-137　联机修改变量值

2. 采样跟踪

在对象组织器的“资源”选项卡中，可以打开“采样跟踪”窗口，如图 4-138 所示。通过采样跟踪可以跟踪某段时间内变量值的变化趋势。变量的值被写入到跟踪缓冲区。如果跟踪缓冲区满，那么先写入缓冲区的值将被删除以便写入新值。由于跟踪缓冲区空间大小的限制，最多可以同时追踪 20 个变量，每个变量最多追踪 500 个值。但对于长字节变量（如 DWORD 型），跟踪的数值将少于 500。例如 PLC 中的跟踪缓冲区空间大小为 5000 个字节，如果跟踪 10 个 WORD 型变量，那么对每个变量，最多可以追踪 250 个值。

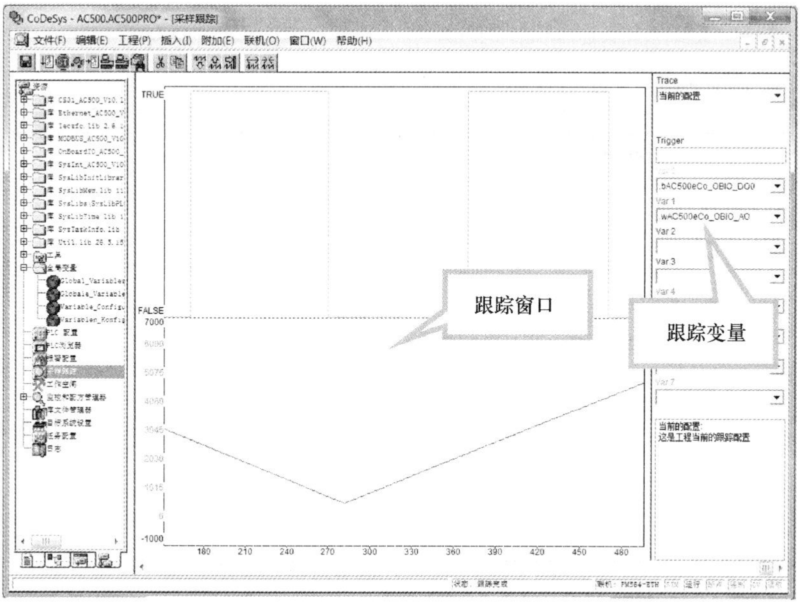

图 4-138　处于读取状态的采样跟踪窗口

（1）采样跟踪的配置

在采样跟踪窗口右击选择“跟踪配置”命令打开跟踪配置对话框，在此完成变量和参数的配置，如图 4-139 所示。采样跟踪配置参数说明见表 4-10。

表 4-10　采样跟踪配置参数说明

选项	解　释
触发变量	可以输入数字或模拟变量，也可用功能键 <F2> 辅助输入。触发变量描述跟踪的终止条件，如果未选择，跟踪记录会无休止的运行。可通过“附加→停止跟踪”命令停止记录
触发位置	用于设置在触发事件发生前记录的测试值的百分比。例如如果输入 25，那么显示的测量值中 25% 是出发时间发生前记录的，75% 是触发事件发生后记录的，光标停在 25% 处
触发级别	设置模拟触发变量的触发边界

（续）

选项	解　　释
触发沿	
正向	数字触发变量的上升沿或模拟触发变量从低到高超过触发级别时，“正向”触发事件发生
负向	数字触发变量的下降沿或模拟触发变量从高到低小于触发级别时，“负向”触发事件发生
双向	上升沿和下降沿或者一个正和负变量通过时，“双向”触发事件发生
无	不设置任何触发事件
采样数目	每个变量的跟踪值的个数，目前最大支持 500 个
采样频率	用于设置两个记录之间的时间间隔。默认值“0”代表每个 PLC 扫描周期记录一次
记录方式	选择记录值的记录方式
输入跟踪变量	跟踪变量列表初始为空。可使用“变量输入行”的“帮助管理器”或功能键 < F2 > 列出变量清单，从中选择需要跟踪的变量。最多可配置 20 个变量

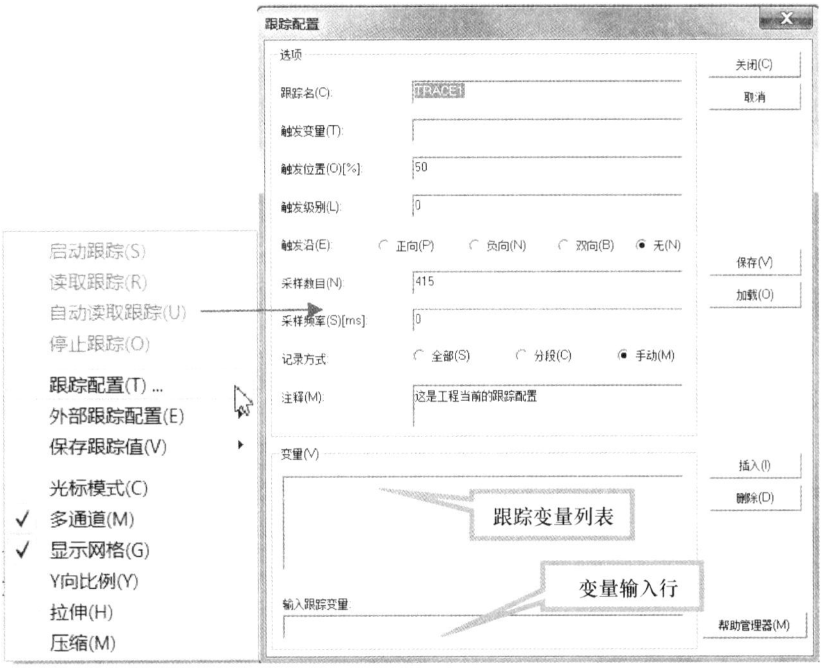

图 4-139　采样跟踪配置

（2）采样跟踪的启动

在“联机”或“仿真”模式下通过单击右键菜单或者“附加”菜单命令控制采样跟踪的执行，如图 4-140 所示。采样跟踪选项说明见表 4-11。

表 4-11　采样跟踪选项说明

启动选项	解　　释
启动跟踪	跟踪配置被传送到 PLC，跟踪采样在 PLC 中启动
读取跟踪	从 PLC 中读出当前的跟踪缓冲区，并且显示被选变量的值
自动读取跟踪	从 PLC 中自动读出当前的跟踪缓冲区，并且连续显示值
停止跟踪	停止在 PLC 中的采样跟踪

3. 断点调试

断点是指可以在程序中设置进程停止的地方。通过设置断点，可以在程序的具体地点观察当前的变量值，便于分段调试程序。

（1）单独设置断点

执行“联机”→“设置断点”命令，可在当前位置设置或删除一个断点，断点的设置位置取决于对应程序的语言类型：在 IL 和 ST 语言中，断点设置在当前光标所在的行；在 FBD 和 LD 中，断点设置在当前被选定的网络中；在 SFC 中，断点设置在当前选定的步上。

如图 4-141 所示，黑色背景的行号（网络号）表示该行可以设置断点，而灰色背景的行号表示该行不可设置断点。可以直接用鼠标单击黑色背景的行号设置或删除断点。如果该行被设置为断点，对应的行号会呈现浅蓝色背景。当程序运行到达所设置的断点处停止时，相应的行号以红色背景来显示，使用“联机”→“单步跳过”或“联机”→“单步进入”命令，可以继续运行程序。

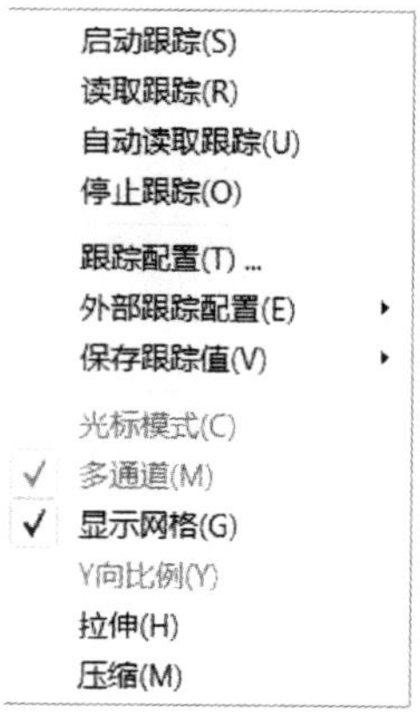

图 4-140　采样跟踪的执行控制

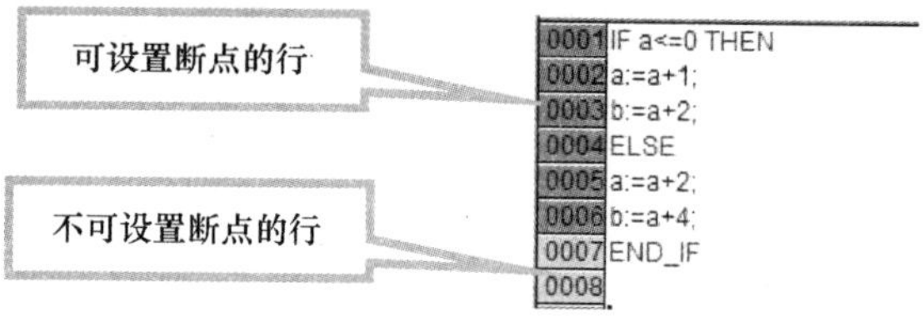

图 4-141　断点设置原则

例如，联机登录后，在 0003 行设置一个断点，如图 4-142 所示。

运行程序。执行到 003 行断点处时，程序中断，变量 b 保持初始值不变，而上一行的变量 a 被重新赋值，如图 4-143 所示。

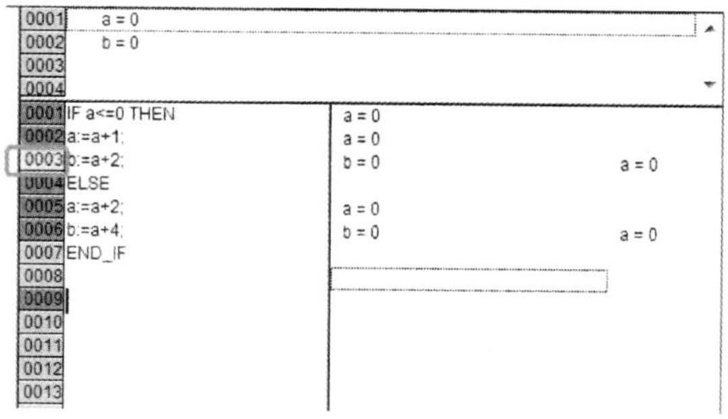

图 4-142　断点设置举例

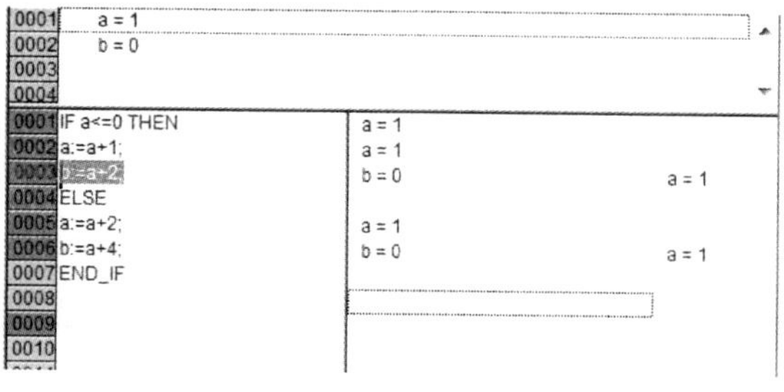

图 4-143　断点处程序执行中断

（2）整个程序设置断点

执行“联机”→“断点对话框”命令，弹出如图 4-144 所示对话框，可以编辑整个工程的断点。

在“POU”项中选择一个需要设置断点的程序，在“位置”项中选择设置断点的行号，单击“添加”，则断点被添加到列表中。选中断点，单击“转到”，则立刻跳转到编辑器中断点设置的位置。

4. 赋值调试

（1）写入新值

在联机模式下，用鼠标双击变量，弹出写变量对话框，如图 4-145 所示。

在“新值”中填入变量的新值，单击“确认”按钮，需要写入的值以青绿色显示在变量旧值后的括号中。对于布尔型变量，双击后直接在当前值后面用淡蓝色文本标出 TRUE/FALSE 的状态切换，不使用写变量对话框输入，如图 4-146 所示。

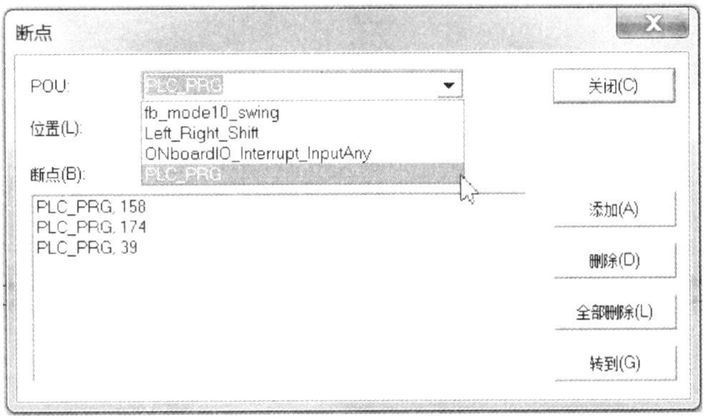

图 4-144　选择工程断点

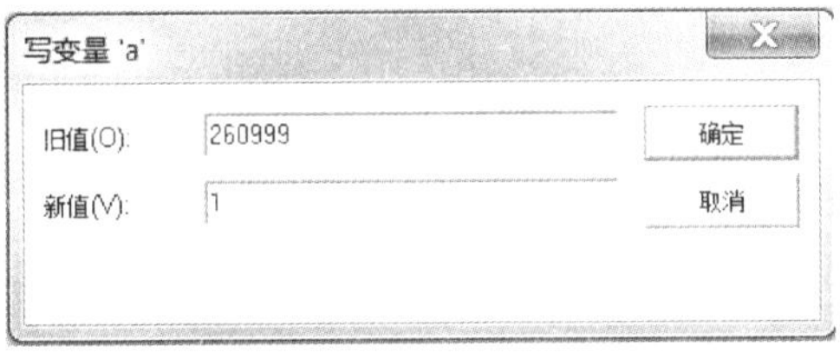

图 4-145　写入变量新值

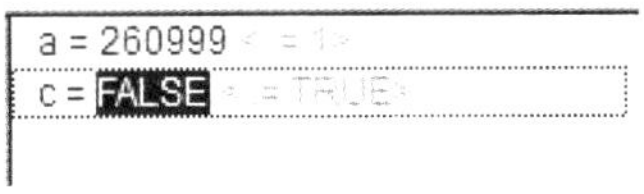

图 4-146　填入变量新值

使用快捷键 <Ctrl + F7> 或执行“联机”→“写入新值”命令，可在循环开始时写入用户为变量设置的新值。写入新值的变量数目不受限制，如图 4-147 所示。

（2）强制新值

快捷键：<F7>。使用这个命令，可以对一个或多个变量进行永久性赋值。强制赋值一直保持有效，直到用户取消（用户使用命令“联机→解除强制”或退出编程系统）。变量被强制时，其值用红色文本表示，如图 4-148 所示。

图 4-147　新值生效

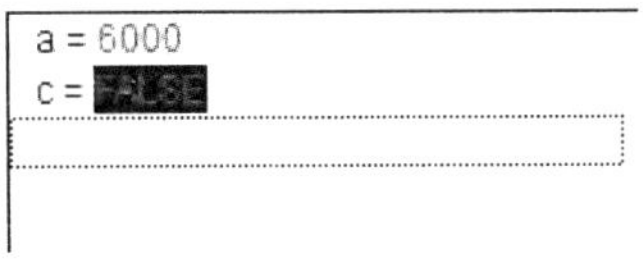

图 4-148　对变量强制赋值

“写入新值”和“强制新值”的区别：

变量初值，如图 4-149 所示。

程序主体，如图 4-150 所示。

输入 a、b 的值，强制 c、d 的值，如图 4-151 所示。

a = 0
b = 0
d = 0
c = 0

图 4-149　变量初值

a:=a+1;
b:=a+2;
c:=a+3;
d:=a+4;

图 4-150　程序主体

a = 1
b = 2
c = 3
d = 4

图 4-151　输入和强制变量值

运行后显示，如图 4-152 所示。

可以看出，“写入新值”命令只改变变量 a、b 的当前值，程序一旦运行，变量 a、b 将按照程序自行累加，而“强制新值”命令使变量 c、d 在每次程序执行时都被赋予强制值，所以一直保持不变。

执行“联机”→“解除强制”命令，终止对变量的强制赋值命令，变量值恢复黑色，如图 4-153 所示。

a = 638
b = 640
c = 3
d = 4

图 4-152　运行后变量值

a = 638
b = 640
c = 3
d = 4

图 4-153　终止强制赋值

5. 仿真模式

如果没有连接 CPU 硬件模块，创建的程序不能在实际的 CPU 中进行调试，而是在本地计算机模拟运行程序，成为仿真模式，如图 4-154 所示。程序编写完成并且编译无误后，选择“联机”→“仿真模式”，再选择“联机”→“登录”，将程序下载至仿真器。

仿真模式下所有的联机功能都是可用的，这样便可在没有 PLC 硬件的情况下检测用户程序逻辑的正确性。程序中与硬件相关的部分功能无法通过仿真模式进行调试。例如，通信功能不能在仿真模式下调试。

6. 复位

（1）热复位

“热复位”命令除了 RETAIN 保持变量之外的所有变量（包括 PERSISTENT 永久变量）的当前值重置为初始值。如果变量没有初始值，系统将赋予默认值（如整型变量默认值为 0），同时停止程序的运行。

（2）冷复位

“冷复位”命令将除了 PERSISTENT 永久变量之外的所有变量（包括 RETAIN 保持变量）的当前值重置为初始值，同时停止程序的运行。

图 4-154　启动仿真模式

(3) 复位到初始化状态

“复位到初始化状态”命令将所有的变量（包括 RETAIN 保持变量和 PERSISTENT 永久变量）的当前值重置为初始值，并删除模块中的用户程序，模块返回到初始状态。对于 CPU（仅限 PM5x4_ETH）的板载以太网接口，执行初始化操作是否恢复默认值，取决于“复原时删除配置”的设置，如图 4-155 所示。参数含义详见表 4-12。

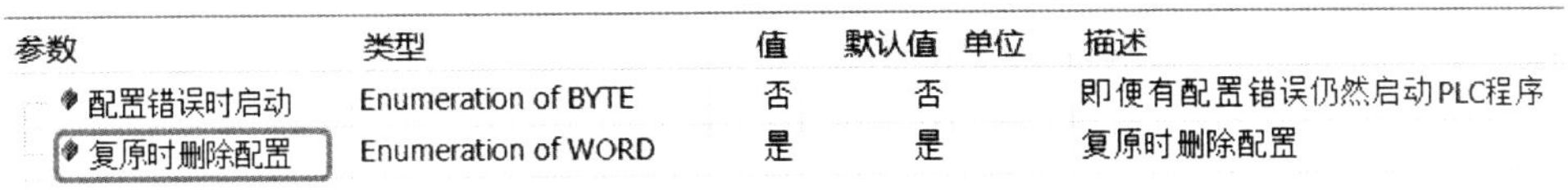

参数	类型	值	默认值	单位	描述
配置错误时启动	Enumeration of BYTE	否	否		即便有配置错误仍然启动 PLC 程序
复原时删除配置	Enumeration of WORD	是	是		复原时删除配置

图 4-155　执行初始化操作选项

表 4-12　初始化操作参数含义

参数	默认值	选项	含　义
复原时删除配置	是	否	执行“复位到初始状态”后，删除以太网配置，恢复为默认状态
		是	执行“复位到初始状态”后，以太网保持之前的配置

第 5 章　指 令 系 统

在可编程序控制系统中，使 CPU 完成某种操作或实现某种功能的命令及多个命令的组合称为指令，指令的集合称为指令系统。AC500 系列 PLC 为用户提供了丰富的指令。

5.1　指令分类

AC500 系列 PLC 指令按照实现方式的不同分为功能和功能块两类。以功能方式实现的指令（以 FUN 标注），在使用时无需声明；以功能块方式实现的指令（以 FB 标注），在使用时需要声明实例。AC500 还将某些指令进行打包，整体完成某项任务，以程序的方式提供给用户（以 PRG 标注）。

程序中调用指令时使用快捷键 < F2 > 会弹出如图 5-1 所示的输入助手。

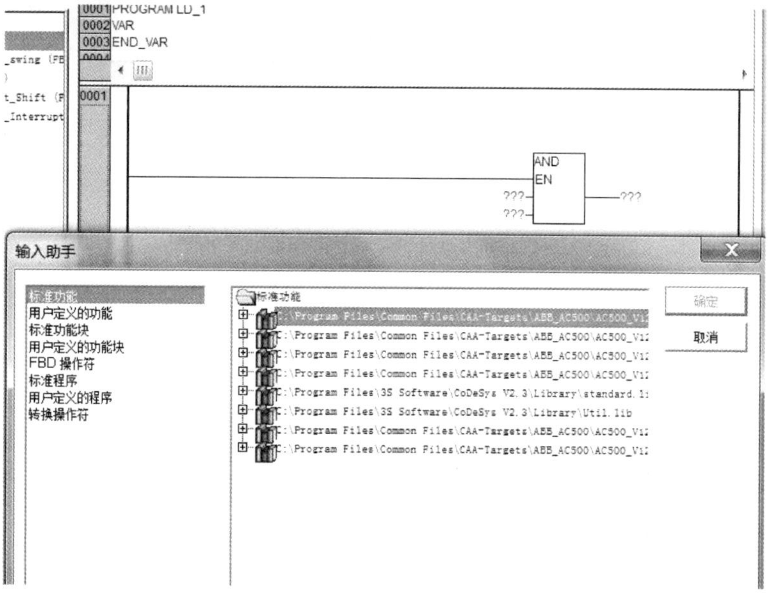

图 5-1　指令调用输入助手

按照调用方法的不同，将指令分为标准功能指令、标准功能块指令、FBD 操作符（基本运算指令）、标准程序以及转换操作符（数据类型转换指令）等。如图 5-1 所示，这里的“标准”是指 PLC 系统标准提供的，与之对应的称为“用户定义的”，即用户自行编写的功能、程序或功能块。

库是若干指令的集合，所有的库文件均以“库名 . lib”的方式命名，将具有相关功能的指令集合起来进行存储，建立专门的指令库。按照库中指令功能的不同将其分为 CoDeSys 标准系统库和 AC500 库。

5.1.1 CoDeSys 标准系统库

CoDeSys 标准系统库提供常用指令，如触发器指令、计数器指令、定时器指令、字符串处理指令等。标准系统库与固件版本无关，可在 AC500 系列 PLC 中使用。详见表 5-1。

表 5-1 CoDeSys 标准系统库分类

指令	功能	组	库
RS	复位优先双稳态器	Bistable Function Blocks(双稳态指令)	Standard. lib 标准库，在工程建立时自动添加，无需用户手动添加
SR	置位优先双稳态器		
SEMA	软件信号灯		
CTU	递增计数器	Counter(计数器)	
CTD	递减计数器		
CTUD	递增递减计数器		
TON	延时导通定时器	Timer(定时器)	
TOF	延时断开定时器		
TP	脉冲定时器		
RTC	实时时钟		
R_TRIG	上升沿触发器	Trigger(触发器)	
F_TRIG	下降沿触发器		
CONCAT	合并字符串指令	String Function(字符串指令)	
DELETE	删除字符串指令		
FIND	查找字符串指令		
INSERT	插入字符串指令		
LEFT	左边获取字符串指令		
RIGHT	右边获取字符串指令		
LEN	取字符串长度指令		
MID	获取字符串指令		
REPLACE	替换字符串指令		
HYSTERESIS	滞后指令	Analog monitors(模拟量处理指令)	Util. lib 应用库，在工程建立时自动添加，无需用户手动添加
LIMITALARM	上下限报警指令		
BCD_TO_INT	BCD 码转整型指令	BCD conversions(BCD 码转换指令)	
INT_TO_BCD	整型转 BCD 码指令		
PD	比例微分控制器	Controller(PID 控制器指令)	
PID	比例积分微分控制器		
PID_FIXCYCLE	比例积分微分控制器，周期固定		
CHARCURVE	特征曲线指令	Mathematical functions(高等数学运算指令)	
RAMP_INT	整型限速指令		
RAMP_REAL	实型限速指令		

（续）

<table>
<tr><th>指令</th><th>功能</th><th>组</th><th>库</th></tr>
<tr><td>EXTRACT</td><td>位提取指令</td><td rowspan="4">bit/byte fucntions（位/字节转化指令）</td><td rowspan="14">Util. lib 应用库，在工程建立时自动添加，无需用户手动添加</td></tr>
<tr><td>PACK</td><td>位整合指令</td></tr>
<tr><td>PUTBIT</td><td>位赋值指令</td></tr>
<tr><td>UNPACK</td><td>位拆分指令</td></tr>
<tr><td>BLINK</td><td>脉冲信号发生器</td><td rowspan="3">Signals（信号生成指令）</td></tr>
<tr><td>GEN</td><td>典型周期信号发生器</td></tr>
<tr><td>FREQ_MEASURE</td><td>频率测量指令</td></tr>
<tr><td>DERIVATIVE</td><td>微分指令</td><td rowspan="6">Function manipulators（函数操纵器指令）</td></tr>
<tr><td>INTEGRAL</td><td>积分指令</td></tr>
<tr><td>LIN_TRAFO</td><td>线性转换指令</td></tr>
<tr><td>STATISTICS_INT</td><td>整型统计指令</td></tr>
<tr><td>STATISTICS_REAL</td><td>实型统计指令</td></tr>
<tr><td>VARIANCE</td><td>平方偏差指令</td></tr>
<tr><td>Version_Util</td><td>库版本查看指令</td><td>Version_Util（库版本查看指令）</td></tr>
<tr><td>SysCallbackRegister</td><td>事件调用</td><td rowspan="2">SysLibxxx. lib</td><td rowspan="13">SysLibxxx. lib 系统库</td></tr>
<tr><td>SysCallbackUnregiste</td><td>解除事件调用</td></tr>
<tr><td>CurTime</td><td>提供本地系统的实时时间</td><td rowspan="2">SysLibTIME. lib</td></tr>
<tr><td>CurtimeEx</td><td>提供本地系统的实时时间的扩展信息</td></tr>
<tr><td>SysMemCpy</td><td>复制内存</td><td rowspan="4">SysLibMem. lib</td></tr>
<tr><td>SysMemCmp</td><td>比较两个内存里的内容</td></tr>
<tr><td>SysMemFree</td><td>释放内存空间</td></tr>
<tr><td>SysMemMove</td><td>移动一个内存中的内容到另一个内存</td></tr>
<tr><td>SysEventCreate</td><td>产生一个事件</td><td rowspan="4">SysLibEvent. lib</td></tr>
<tr><td>SysEventDelete</td><td>删除一个事件</td></tr>
<tr><td>SysEventSet</td><td>设置一个事件</td></tr>
<tr><td>SysEventWait</td><td>设置一个事件的超时时间</td></tr>
<tr><td>SFCActionControl</td><td>SFC 语言中 IEC 步关联动作的控制</td><td>Iecsfc. lib</td></tr>
</table>

CoDeSys 标准系统库主要包括以下三个库：

- Standard. lib（标准库，如触发器指令、计数器指令、定时器指令）；
- Util. lib（应用库，如字符串处理指令、BCD 码转换指令）；
- SysLibxxx. lib（系统库，如事件调用）。

5.1.2　AC500 库

AC500 库提供与硬件功能相关的指令，如通信指令、实时时钟指令、高速计数指令等。用户进行硬件配置后与之对应的功能库将自动添加，无需用户手动添加。

AC500 库的名称遵循统一的命名规则，名称包括功能描述 Funcx（例如 Ethernet）、target 目标系统（例如 AC500、S90）以及所要求的最低固件版本 Vxx，如“Ethernet_AC500_V10. lib”。统一格式如下：

<Funca><Funcb><Funcc>_AC500_V<VersInfo>. lib

AC500 库主要文件包括：

- SysInt_AC500_V10. lib(内部系统库)；
- SysExt_AC500_V10. lib(外部系统库)；
- SysIntExt_AC500_V13. lib(内部系统扩展库)；
- OnBoardIO_AC500_V13. lib(板载 IO 功能库)；
- MODBUS_AC500_V10. lib(Modbus 通信库)；
- ASCII_AC500_V10. lib(ASCII 码通信库)；
- Ethernet_AC500_V10. lib(Ethernet 通信库)；
- EtherCAT_AC500_V13. lib(EtherCAT 通信库)；
- PROFIBUS_AC500_V10. lib(Profibus DP 通信库)；
- Profinet_AC500_V13. lib(Profinet 通信库)；
- CANopen_AC500_V11. lib(CANOpen 通信库)；
- DC541_AC500_V11. lib(DC541 功能库)；
- Counter_AC500_V20. lib(计数器库)；
- Diag_AC500_V20. lib(诊断库)；
- CD522_AC500_V13. lib(CD522 功能库)；
- RCOM_AC500_V13. lib(CM574 功能库)；
- IEC6870_AC500_V20. lib(IEC6870 通信库)；
- SysLibABBCfg. lib(配置库)。

AC500 库分类见表 5-2。

表 5-2　AC500 库分类

指令	功能	子组	组	库
CPU_CONFIG_READ	从 FLASH 中读取配置数据	Configuration data（配置数据）	Data Storage（数据存储）	SysInt_AC500_V10. lib（内部系统库）
CPU_CONFIG_WRITE	将配置数据写入 FLASH			
FLASH DEL	从 FLASH 删除一个数据段	FLASH		
FLASH_READ	从 FLASH 读取一个数据段			
FLASH_WRITE	从 FLASH 写入一个数据段			

（续）

指令	功能	子组	组	库
PERSISTENT_CLEAR	删除 SRAM 中的持久型数据	Persistent data（Persistent 数据）	Data Storage（数据存储）	SysInt_AC500_V10. lib（内部系统库）
PERSISTENT_EXPORT	将 RAM-DISC 中的持久型数据写入 SD 卡			
PERSISTENT_IMPORT	将 SD 卡中的持久型数据写入 RAM-DISC			
PERSISTENT_RESTORE	将 RAM-DISC 中的持久型数据写入 SRAM			
PERSISTENT_SAVE	将 SRAM 中的持久型数据写入 RAM-DISC			
CPU_PROD_ENTRY_READ	读取 FLASH 中的产品数据	Production data（产品数据）		
RETAIN_CLEAR	删除 SRAM 中的保持数据	Retain data（Retain 数据）		
RETAIN_EXPORT	将 RAM-DISC 中的保持数据写入 SD 卡			
RETAIN_IMPORT	将 SD 卡中的保持数据写入 RAM-DISC			
RETAIN_RESTORE	将 RAM-DISC 中的保持数据写入 SRAM			
RETAIN_SAVE	将 SRAM 中的保持数据写入 RAM-DISC			
SD_READ	从 SD 卡读取数据	SD card（SD 卡）		
SD_WRITE	向 SD 卡写入数据			
DIAG_ACK	确认故障信息	Diagnosis（诊断）		
DIAG_ACK_ALL	确认同一等级的全部故障信息			
DIAG_EVENT	生成故障事件			
DIAG_GET	读取故障信息			
DIAG_INFO	显示未读取信息的故障等级			
DPRAM_CM5XX_REC	从 CM5xx 接收数据	DPRAM communication（DPRAM 通信）		
DPRAM_CM5XX_SEND	将数据发送到 CM5xx			
IO_DIAG	读取 I/O 总线上的诊断数据	I/O Bus（I/O 总线）		
IO_INFO	读取 I/O 总线上连接的模块数量			

（续）

指令	功能	子组	组	库
IO_MODULE_DIAG	读取 I/O 总线上的模块诊断数据	I/O Bus（I/O 总线）		SysInt_AC500_V10. lib（内部系统库）
IO_VERSION	读取 I/O 总线变频器的版本号			
COM_SET_PROT	更改串行接口的协议	Serial Interface（串行接口）		
PLC_REBOOT	重新启动 PLC	System order（系统命令）		
CPU_INFO	读取 CPU 型号	System information（系统信息）		
FPU_EXCEPTION_INFO	读取 FPU 异常信息			
RTS_INFO	读取 CPU 运行系统的版本号			
SLOT_INFO	读取插槽信息			
SYS_TIME	读取系统时间			
BATT	读取电池状态	Battery（电池）		SysExt_AC500_V10. lib（外部系统库）
CPUCheckUserAccess	预留给内部处理	Data access（数据存取）		
CPUDevltfCmd	预留给内部处理			
CLOCK	设置/读取时钟和日期	Realtime clock（实时时钟）		
CLOCK_DT	使用“DT”格式设置/读取时钟和日期			
DPRAM_IO_COPY	复制 IO 数据区域	DPRAM communication（DPRAM 通信）		SysIntExt_AC500_V13. lib
DPRAM_PM5XX_REC	从主机 CPU 接收数据			
DPRAM_PM5XX_SEND	发送数据到主机 CPU			
LED_SET	设置 CM574LED 灯的模式	LED		
CPU_OWN_ADR	检测 CM574 旋转开关的地址设置	检测 CM574 旋转开关的地址设置		
ONB_IO_CNT	板载 I/O 的高速计数指令	Counter_OBIO（板载 IO 计数器）		OnBoardIO_AC500_V13. lib
ONB_IO_PWM_FREQ	板载 I/O 的 PWM 输出（频率方式）	PWM_OBIO（板载 I/O PWM 输出）		
ONB_IO_PWM_TIME	板载 I/O 的 PWM 输出（周期方式）			
CPU_IO_INT_IN	读取板载 I/O 的中断输入方式	Interrupt_Input_OBIO（板载 I/O 中断输入）		
COM_MOD_MAST	Modbus RTU 主站指令	Modbus		MODBUS_AC500_V10. lib（Modbus 通信库）
COM_REC	串口自由协议接收数据	ASCII		ASCII_AC500_V10. lib（ACSII 码通信库）
COM_SEND	串口自由协议发送数据			

（续）

指令	功能	子组	组	库
ETH_OWN_IP_INFO	输出 IP 设置信息	Diagnosis（常规）	Diagnosis（常规）	Ethernet_AC500_V10. lib（Ethernet 通信库）
ETH_OWN_IP	输出 IP 地址	Diagnosis（常规）	Diagnosis（常规）	Ethernet_AC500_V10. lib（Ethernet 通信库）
ETH_UDP_INFO	读取 UDP/IP 处理的状态信息	含 AC31 报头	DPRAM communication（DPRAM 通信）	Ethernet_AC500_V10. lib（Ethernet 通信库）
ETH_UDP_REC	通过 UDP/IP 接收数据	含 AC31 报头	DPRAM communication（DPRAM 通信）	Ethernet_AC500_V10. lib（Ethernet 通信库）
ETH_UDP_SEND	通过 UDP/IP 发送数据	含 AC31 报头	DPRAM communication（DPRAM 通信）	Ethernet_AC500_V10. lib（Ethernet 通信库）
ETH_UDP_STO	读取 UDP/IP 超时数据包	含 AC31 报头	DPRAM communication（DPRAM 通信）	Ethernet_AC500_V10. lib（Ethernet 通信库）
ETH_UDP_STD_INFO	读取标准 UDP/IP 处理的状态信息	无 AC31 报头	DPRAM communication（DPRAM 通信）	Ethernet_AC500_V10. lib（Ethernet 通信库）
ETH_UDP_STD_REC	通过标准 UDP/IP 接收数据	无 AC31 报头	DPRAM communication（DPRAM 通信）	Ethernet_AC500_V10. lib（Ethernet 通信库）
ETH_UDP_STD_SEND	通过标准 UDP/IP 发送数据	无 AC31 报头	DPRAM communication（DPRAM 通信）	Ethernet_AC500_V10. lib（Ethernet 通信库）
ETH_MOD_MAST	Modbus TCP/IP 主站指令	MODBUS_TCP（基于 TCP/IP 的 OpenModbus）	MODBUS_TCP（基于 TCP/IP 的 OpenModbus）	Ethernet_AC500_V10. lib（Ethernet 通信库）
IP_ADR_DWORD_TO_STRING	IP 地址由 DWORD 格式转换为 STRING 格式	IP conversions（IP 地址的格式转换）	IP conversions（IP 地址的格式转换）	Ethernet_AC500_V10. lib（Ethernet 通信库）
IP_ADR_STRING_TO_DWORD	IP 地址由 STRING 格式转换为 DWORD 格式	IP conversions（IP 地址的格式转换）	IP conversions（IP 地址的格式转换）	Ethernet_AC500_V10. lib（Ethernet 通信库）
ECAT_COE_READ	读取从站的一个 CoE 对象	CoE	CoE	EtherCAT_AC500_V13. lib
ECAT_COE_WRITE	向从站写入一个 CoE 对象	CoE	CoE	EtherCAT_AC500_V13. lib
ECAT_BUS_DIAG	ECAT 总线诊断信息	DIAG（诊断）	DIAG（诊断）	EtherCAT_AC500_V13. lib
ECAT_SLV_DIAG	ECAT 从站诊断信息	DIAG（诊断）	DIAG（诊断）	EtherCAT_AC500_V13. lib
ECAT_GET_DCLK_DEVI	读取分布式时钟的偏差	DIAG（诊断）	DIAG（诊断）	EtherCAT_AC500_V13. lib
ECAT_STATE	读取通信模块的状态信息	INFO（信息）	INFO（信息）	EtherCAT_AC500_V13. lib
DPM_CTRL	向从站发送全局控制命令	Control（控制）	Control（控制）	PROFIBUS_AC500_V10. lib（PROFIBUS DP 通信库）
DPM_READ_INPUT	读取从站全局控制命令	—	Data（数据）	PROFIBUS_AC500_V10. lib（PROFIBUS DP 通信库）
DPM_READ_OUTPUT	读取其他主站的从站的输入数据	—	Data（数据）	PROFIBUS_AC500_V10. lib（PROFIBUS DP 通信库）
DPV1_MSAC1_READ	读取 DPV1 从站的输入数据	DPV1	Data（数据）	PROFIBUS_AC500_V10. lib（PROFIBUS DP 通信库）
DPV1_MSAC1_WRITE	向 DPV1 从站写入数据	DPV1	Data（数据）	PROFIBUS_AC500_V10. lib（PROFIBUS DP 通信库）

（续）

指令	功能	子组	组	库
DPM_SLV_DIAG	读取从站诊断信息	Diagnosis（诊断）		PROFIBUS_AC500_V10. lib（PROFIBUS DP 通信库）
DPM_STATE	读取通信模块的状态信息			
DPM_SYS_DIAG	读取所有从站的状态信息			
PNIO_DEV_ALARM	读取 PROFINET IO 设备报警信息	Alarm（报警）		PROFINET_AC500_V13. lib（PROFINET 通信库）
PNIO_DEV_DIAG	读取 PROFINET 设备诊断信息	Diagnosis（诊断）		
PNIO_DEV_INFO	读取 PROFINET IO 设备一般信息	INFO（信息）		
PNIO_IM0	PROFINET IO 设备的标识和维护信息			
PNIO_STATE	读取总线的一般信息			
PNIO_SYS_DIAG	读取通信模块的状态信息			
CAN2A_INFO	读取 CAN 2.0A 通信信息	CAN2. 0A		CANopen_AC500_V11. lib（CANopen 通信库）
CAN2A_REC	接收 CAN 2.0A 报文			
CAN2A_SEND	发送 CAN 2.0A 报文			
CAN2B_INFO	读取 CAN 2.0B 通信信息	CAN2. 0B		
CAN2B_REC	接收 CAN 2.0B 报文			
CAN2B_SEND	发送 CAN 2.0B 报文			
CANOM_NMT	控制 NMT 节点的状态	Control（控制）		
CANOM_SDO_READ	读取从站的 SDO	Parameter（参数）		
CANOM_SDO_WRITE	写从站的 SDO			
CANOM_NODE_DIAG	读取从站的诊断信息	Diagnosis（诊断）		
CANOM_RES_ERR	复位通信模块的错误			
CANOM_STATE	读取通信模块的诊断信息			
CANOM_SYS_DIAG	显示所有从站的状态			
DC541_32BIT_CNT	DC541 32 位计数器指令	Counter（计数器）		DC541_AC500_V11. lib（DC541 功能库）
DC541_LIMIT	DC541 32 位计数器极限监视指令			
DC541_FWD_CNT	DC541 32 位加计数器指令			
DC541_FREQ_OUT	DC541 仅频率可调的 PWM 输出			

（续）

指令	功能	子组	组	库
DC541_GET_CFG	读取 DC541 的配置信息	Diagnosis（诊断）		DC541_AC500_V11. lib（DC541 功能库）
DC541_STATE	获取 DC541 的状态			
DC541_INT_IN	读取中断源	IO		
DC541_IO	读/写 DC541 的输入和输出			
CD522_16BIT_2CNT	CD522 双 16 位计数器指令	—		CD522_AC500_V13. LIB（CD522 功能库）
CD522_16BIT_CNT	CD522 16 位计数器指令			
CD522_32BIT_CNT	CD522 32 位计数器指令			
CD522_32BIT_ENCODER	CD522 增量式编码器指令			
CD522_SSI_CNT	CD522 绝对式编码器指令			
CD522_FREQ_SCAN	CD522 时间频率计指令			
CD522_PWM_OUT	CD522 频率及占空比可调的 PWM 输出			
CD522_PULSE_OUT	CD522 脉冲输出			
CD522_FREQ_OUT	CD522 仅频率可调的 PWM 输出			
CNT_DC551	CS31 总线接口模块的高速计数指令	—		Counter_AC500_V20. lib（计数器库）
CNT_IO	S500 I/O 设备的高速计数指令			
CPU_DIAG	读取 CPU 诊断信息	CPU Diagnosis（CPU 诊断）		Diag_AC500_V20. lib（诊断库）
CPU_LOAD	读取 CPU 负荷			
CS31_DIAG	CS31 总线诊断	CS31_BUS_Diagnosis（CS31 诊断）		
CS31_DIAG_EXT	CS31 总线扩展诊断			
FBP_DIAG	诊断 FBP 从站的中断源	FBP_Diagnosis（FBP 诊断）		

5.1.3　FBD 运算和数据类型转换指令

CoDeSys 编程环境标准提供 FBD 运算指令和数据类型转换指令，与库无关，用户可以直接调用，见表 5-3。FBD 运算指令也称为 FBD 操作符。这些指令可对混合类型数据进行计算，但用户应确保选择的输出数据类型可以存储输出结果，否则可能引起数据错误，而且系统不会因此给出警告信息。

> **注意**　LD 编程语言环境中，FBD 运算指令、转换指令只能通过“带 EN 的框”调用。

表 5-3 FBD 运算指令和数据类型转换指令

指　　令	功　　能	分类
AND	与指令	逻辑运算指令
OR	或指令	
XOR	异或指令	
NOT	取反指令	
MOVE	赋值	赋值指令
SHL	左移指令	移位和循环移位指令
SHR	右移指令	
ROL	左循环移位指令	
ROR	右循环移位指令	
GT	大于指令	比较指令
LT	小于指令	
GE	大于等于指令	
LE	小于等于指令	
EQ	等于指令	
NE	不等于指令	
ADD	加法指令	数学运算指令
SUB	减法指令	
MUL	乘法指令	
DIV	除法指令	
MOD	取余指令	
ABS	绝对值指令	
SIN	正弦指令	
COS	余弦指令	
TAN	正切指令	
ASIN	反正切指令	
ACOS	反余弦指令	
ATAN	反正切指令	
LN	自然对数指令	
LOG	常用对数指令	
SQRT	平方根指令	
EXP	指数指令	
EXPT	幂指令	
SEL	二选一指令	选择指令
MAX	取最大值指令	
MIN	取最小值指令	
LIMIT	极限值指令	
MUX	多选一指令	

（续）

指　　令	功　　能	分类
ADR	取地址指令	地址运算指令
^	取地址内容指令	
BITADR	位地址指令	
INDEXOF	索引指令	
SIZEOF	获取数据类型大小指令	
INI	初始化	初始化指令
BOOL_TO_<TYPE>	布尔类型转换指令	数据类型转换指令
BYTE_TO_<TYPE>	字节类型转换指令	
WORD_TO_<TYPE>	字类型转换指令	
DWORD/LWORD_TO_<TYPE>	双字或长字类型转换指令	
SINT_TO_<TYPE>	短整型转换指令	
USINT_TO_<TYPE>	无符号短整型转换指令	
INT_TO_<TYPE>	整数类型转换指令	
UINT_TO_<TYPE>	无符号整数类型转换指令	
DINT/ULINT_TO_<TYPE>	双整数或长整数类型转换指令	
UDINT/ULINT_TO_<TYPE>	无符号双整数或长整数类型转换指令	
REAL/LREAL_TO_<TYPE>	实数类型转换指令	
TIME_TO_<TYPE>	时间类型转换指令	
DATE_TO_<TYPE>	日期类型转换指令	
DT_TO_<TYPE>	日期时间类型转换指令	
TOD_TO_<TYPE>	时间类型转换指令	
STRING_TO_<TYPE>	字符类型转换指令	
TRUNC	截短转换指令	

5.2　库文件管理器

指令库是指令的结合，调用某个指令，必须添加相应的库文件。CoDeSys 中通过库文件管理器来管理库文件，库文件管理器窗口的结构如图 5-2 所示。

库文件管理器分为“库列表”、“指令”、“变量声明”和“指令图形”四部分。

- 库列表：列出当前工程中已添加的所有库文件。
- 指令：列出所选库文件中包含的指令并按类分别列出。
- 变量声明：列出所选指令的变量声明。
- 指令图形：显示所选指令的图形，左边为输入端，右边为输出端。

通过库文件管理器可实现以下功能：

1. 打开库文件管理器

1）单击编程界面菜单栏的“窗口（W）”，鼠标左键单击“库文件管理器（L）”，如图 5-3 所示。

2）单击对象管理器中“资源”，打开资源窗口，再双击“库文件管理器”，如图 5-4 所示。

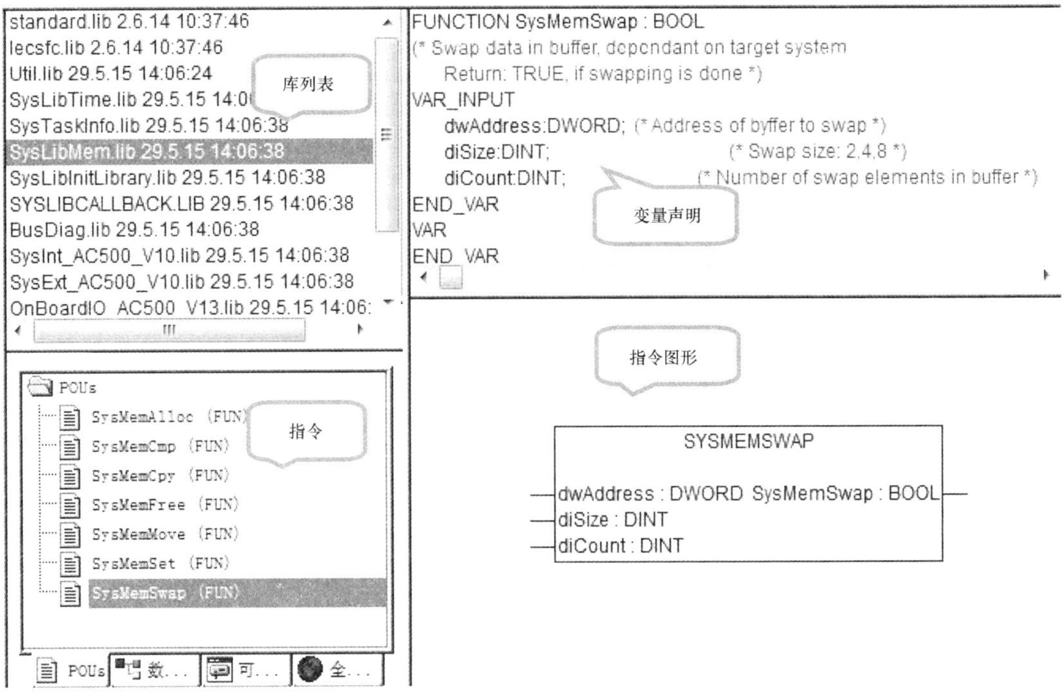

图 5-2 库文件管理器窗口

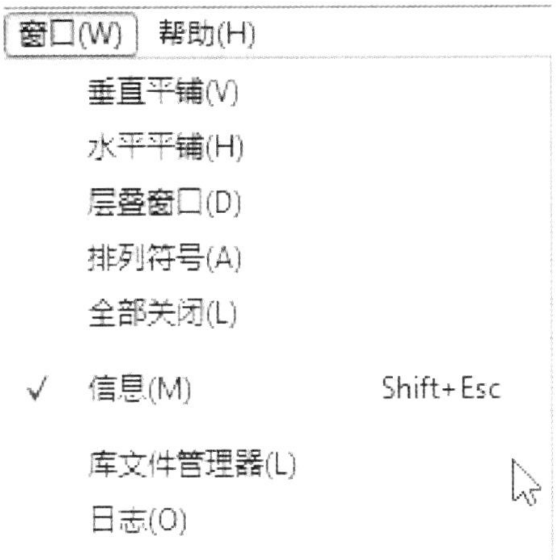

图 5-3 打开库文件管理器-1

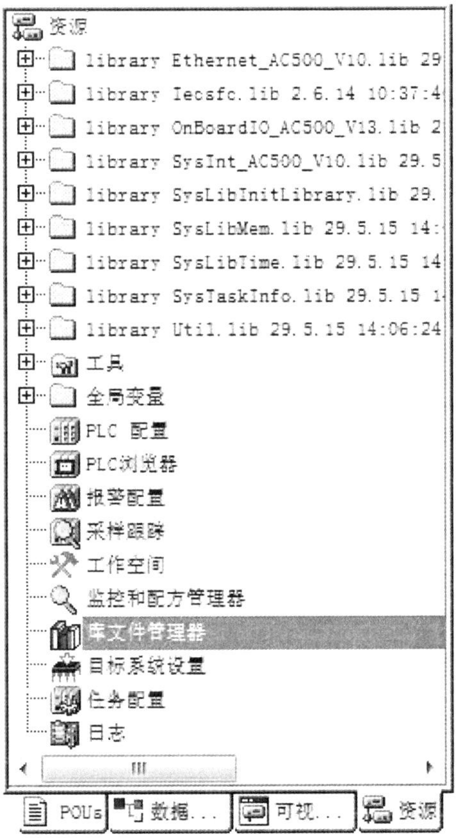

图 5-4 打开库文件管理器-2

2. 指令库的添加

当库列表区的库文件已不能满足目前的编程需要时，则需要手动添加所需的库文件。

1）在库文件管理器窗口的库列表位置选择鼠标右键菜单命令“添加库文件”，如图 5-5 所示。

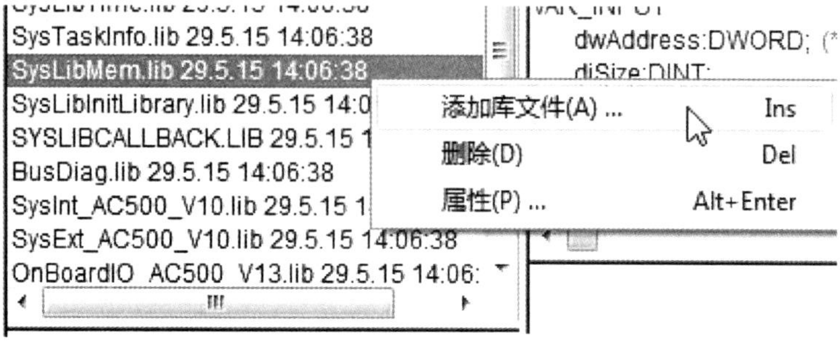

图 5-5　添加库文件

2）选择所需要的库文件，单击“Open”，打开对应的 *. lib 文件，如图 5-6 所示。

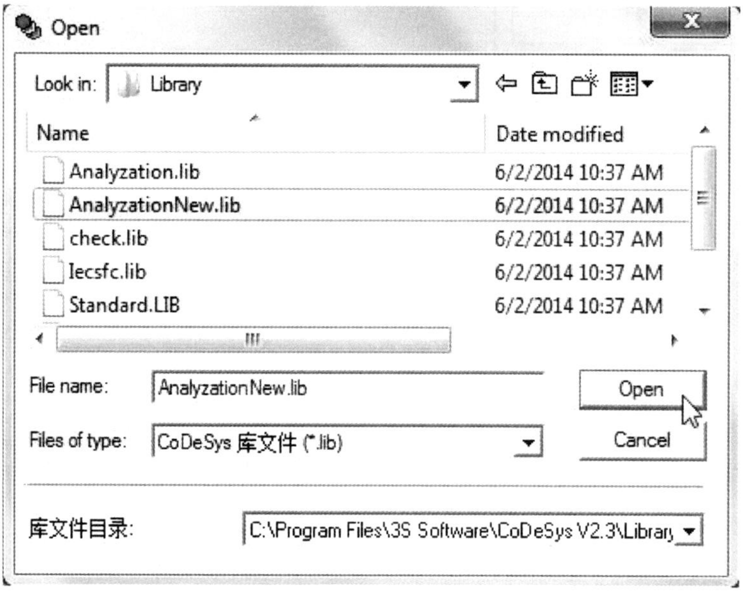

图 5-6　选择库文件

> **注意**　凡是添加到库文件管理器的库都会占用用户程序空间，所以建议用户只添加必须使用的库。

3. 删除库

选中库文件，选择鼠标右键菜单命令“删除”，即可从工程和库文件管理器中删除已添加的库。

5.3 指令的调用

用户编写程序时，无论选用何种编程语言都可以借助输入助手（功能键 < F2 >）从中选择调用所需的指令，如图 5-7 所示。系统默认按照 POU 实现类型和指令库方式提供指令。

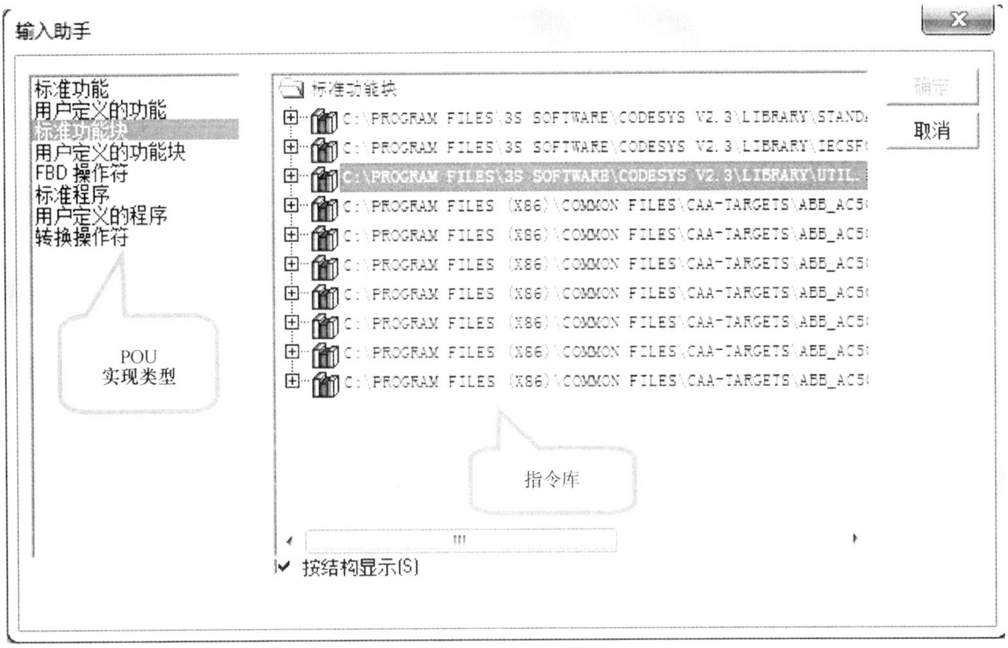

图 5-7 选择调用所需的指令

如果对指令所属的库文件名称不了解，可以去除“按结构显示”前的“✓”，切换至指令名称显示形式，如图 5-8 所示。

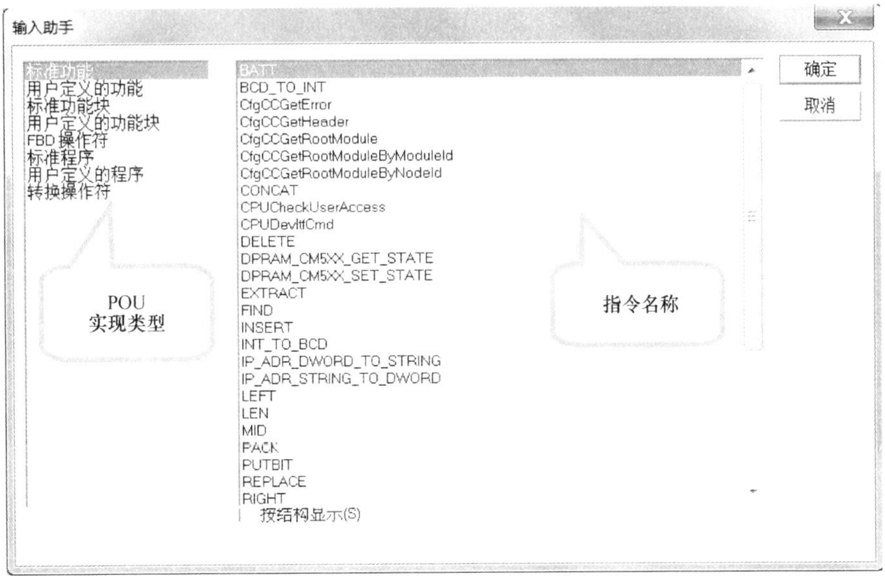

图 5-8 指令按名称形式显示

用户在工程实施和编写程序的过程中，如果有一些算法需要重复使用，那么可将这部分算法制作成库，以便于程序调用和资源共享，而且可应用于多个工程。请参见 4.4.2 章节功能块编写内容。

5.4 指令说明举例

5.4.1 常用指令

1. 脉冲信号发生器指令—— BLINK

功能：该指令用于产生脉冲信号。如果 ENABLE 被设为 TRUE，脉冲信号发生器开始工作，输出高电平时间由 TIMEHIGH 设定，输出低电平时间由 TIMELOW 设定。

类型：标准功能块（FB）

参数说明见表 5-4。

表 5-4　BLINK 功能块参数说明

输入参数	数据类型	描　述
ENABLE	BOOL	使能。当 ENABLE 为 TRUE 时，指令开始工作 当 ENABLE 为 FLASE 时，OUT 保持前一个周期的状态
TIMELOW	TIME	输出低电平时间
TIMEHIGH	TIME	输出高电平时间
输出参数	数据类型	描　述
OUT	BOOL	脉冲信号输出值

指令使用说明见表 5-5。

表 5-5　BLINK 功能块使用说明

变量定义

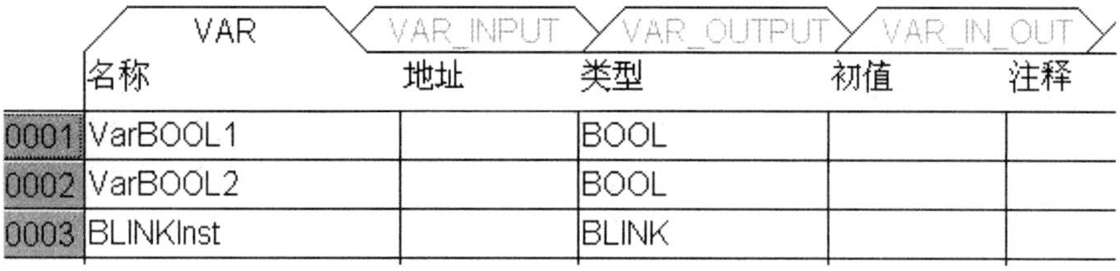

编程语言	程　序
功能块（FBD）	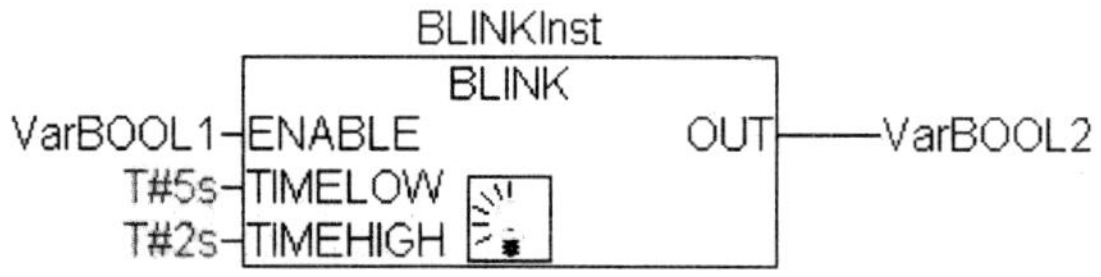

当指令执行时，VarBOOL2 输出波形如图 5-9 所示。

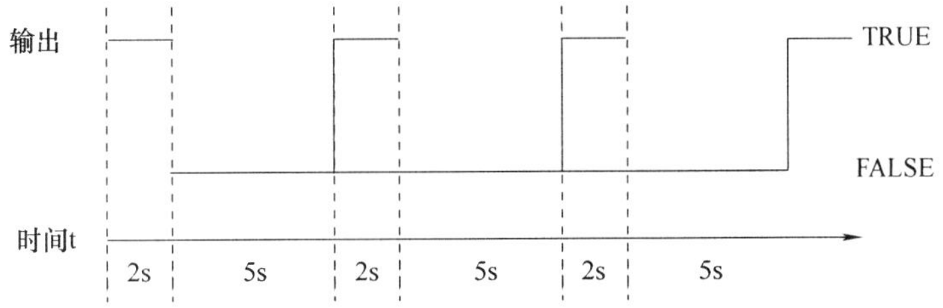

图 5-9　BLINK 输出波形

> **注意**
> 该指令输出的工作开始后首先固定输出高电平。
> 使能端断开，输出将保持。

2. REAL 数据线性转换指令——LIN_TRAFO

功能：该指令根据设定的上下限范围将输入数据进行线性转换。

类型：标准功能块（FB）

转换格式：（IN-IN_MIN）:（IN_MAX-IN）=（OUT-OUT_MIN）:（OUT_MAX-OUT）

参数说明见表 5-6。

表 5-6　LIN_TRAFO 功能块参数说明

输入参数	数据类型	描　述
IN	REAL	输入数据
IN_MIN	REAL	输入下限
IN_MAX	REAL	输入上限
OUT_MIN	REAL	输出下限
OUT_MAX	REAL	输出上限
输出参数	数据类型	描　述
OUT	REAL	转换输出值
ERROR	BOOL	错误标识 FALSE：无错误 TRUE：错误，如输入超限

指令使用说明见表 5-7。

表 5-7　LIN_ TRAFO 功能块使用说明

变量定义

VAR　VAR_INPUT　VAR_OUTPUT　VAR_IN_OUT

	名称	地址	类型	初值	注释
0001	LINInst		LIN_TRAFO		
0002	Var2		REAL		
0003	Var1		REAL		
0004	Var_ERR		BOOL		

（续）

编程语言	程　　序
功能块（FBD）	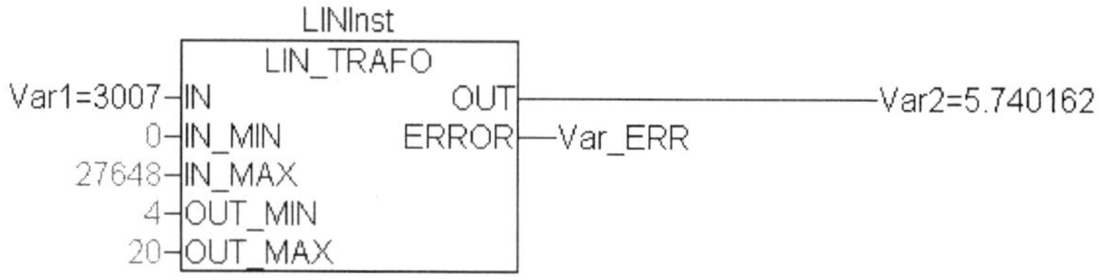

注意　LD 语言环境中添加该指令应通过“带 EN 的框”进行调用。

5.4.2　高速计数指令

1. 高速计数功能概述

AC500 系列 PLC 支持高速计数功能，并提供多种实现途径。用户可根据需求灵活选择。

1）AC500-eCo CPU PM55x 和 PM56x 的板载 I/O，高速计数输入信号的频率最高可达 50kHz。

2）S500 开关量 I/O 模块，高速计数输入信号的频率最高可达 50kHz。

3）CS31 总线接口模块，高速计数输入信号的频率最高可达 50kHz。

4）专用编码器模块 CD522，高速计数输入信号的频率最高可达 300kHz。

5）专用中断和高速计数器模块 DC541，高速计数输入信号的频率最高可达 50kHz。

2. 集成于 PM55x 和 PM56x CPU 板载 I/O 上的高速计数器

eCo CPU PM55x 和 PM56x 的板载 I/O 支持高速计数功能，根据操作模式，每个 CPU 最多提供两个高速计数器（通道 0 和通道 1），输入信号的频率最高可达 50kHz。

高速计数器输入通道和输出通道的分配情况见表 5-8。

表 5-8　eCo CPU 高速计数器输入和输出通道的分配

CPU	是否集成高速计数器	分配的输入		分配的输出	注　　释
		通道 A	通道 B	通道 C	
PM55x	是	输入通道 0（%IX4000.0）	输入通道 1（%IX4000.1）	输出通道 0（%QX4000.0）	模块最多提供两个高速计数器，输入通道 0 是高速计数器的默认通道，输入通道 1 根据高速计数器的模式其功能有所不同（见下表）
PM56x	是	输入通道 0（%IX4000.0）	输入通道 1（%IX4000.1）	输出通道 0（%QX4000.0）	

（1）PM55x 和 PM56x CPU 板载 I/O 高速计数器的操作模式

PM55x 和 PM56x CPU 板载 I/O 高速计数器提供 9 种操作模式。在 Automation Builder 配置中，通过配置参数选择所需的操作模式。

操作模式的选择决定使能、设置及方向功能的控制方式。计数器未使用的输入或输出通道可用于其他功能。

高速计数器既支持普通的计数器模式也支持 A/B 轨迹计数器模式。A/B 轨迹计数器用于对运动传感器的信号进行计数，且支持倍频功能。

操作模式的详细描述见表 5-9，其中 A 指输入通道 A，B 指输入通道 B，C 指输入通道 C。

表 5-9 高速计数器操作模式

操作模式	功能	占用的通道	描述	最大计数频率
0	无计数器	无	不使用集成的高速计数器选择此种模式	—
1	一个加计数器	A = 计数输入	对 A 的上升沿进行加计数，范围从 0 到 0xFFFFFFFF	50kHz
		C = 达到结束值	达到结束值时，C 被置为高电平	50kHz
2	一个通过端子使能输入的加计数器	A = 计数输入	对 A 的上升沿进行加计数，范围从 0 到 0xFFFFFFFF	50kHz
		B = 使能输入	只有 B 为高电平，计数器才被激活	
		C = 达到结束值	当已达结束值时，C 将被置为高电平	
3	两个加/减计数器	A = 计数器输入 1 B = 计数器输入 2	两个独立的计数器，通过用户程序控制使能、设置及方向功能	50kHz
4	两个加/减计数器	A = 计数器输入 1 B = 计数器输入 2	两个独立的计数器，与模式 3 相似，但输入 2 是对 B 的下降沿进行计数	50kHz
5	一个通过端子上升沿设置的加/减计数器	A = 计数器输入	对 A 的上升沿进行计数。使能和方向能通过用户程序控制。设置功能由端子输入 B 控制	50kHz
		B = 动态设置输入	“动态”是指设置功能由 B 的上升沿触发完成	
6	一个通过端子下降沿设置的加/减计数器	A = 计数器输入	与模式 5 相似	50kHz
		B = 动态设置输入	“动态”是指设置功能由 B 的下降沿触发完成	
7	一个加/减计数器（增量式编码器）	A = A 相	在该模式下，可使用增量式编码器，计数信号的 A 相和 B 相的相位差为 90°	35kHz
		B = B 相	依靠 A 和 B 两个信号的顺序决定加或减计数。使能和设置功能通过用户程序控制。无脉冲倍频功能。传感器必须提供 24V 信号，5V 传感器信号必须转换	
8	保留	—	—	—
9	一个加/减计数器（2 倍频增量式编码器）	A = A 相 B = B 相	与模式 7 相似，但对计数输入端的脉冲进行 2 倍频，这意味着计数器对 A 相的上升沿和下降沿都进行计数，精度也相应增加	30kHz
10	一个加/减计数器（4 倍频增量式编码器）	A = A 相 B = B 相	与模式 7 相似，但对计数输入端的脉冲进行 4 倍频，这意味着计数器对 A 相和 B 相的上升沿和下降沿都进行计数，精度也相应增加	15kHz

（2）ONB_IO_CNT（板载 I/O 高速计数指令）

其功能块如图 5-10 所示。

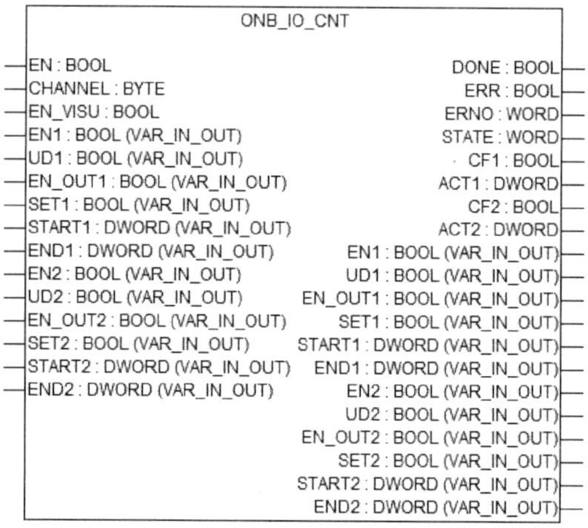

图 5-10　ONB_IO_CNT 功能块

功能：控制 AC500-eCo CPU PM55x 和 PM56x 板载 I/O 高速计数器；

类型：标准功能块（FB，含历史数据）；

所属库：OnBoardIO_AC500_V13. lib。

参数说明见表 5-10。

说明：

- 调用该功能块完成对计数器的操作，用户仅进行逻辑编写无需考虑计数器与用户程序之间如何进行数据交换。
- 计数范围 0 ～ 4，294，967，295（16 进制 00 00 00 00 ~ FF FF FF FF）。
- 可以为每个计数器设置一个起始值。加计数器的默认起始值为 0，减计数器的默认起始值为 4，294，967，295。

表 5-10　ONB_IO_CNT 参数说明

输入参数	数据类型	描　　述
EN	BOOL	使能功能块 FALSE：无效 TRUE：高电平有效
CHANNEL	BYTE	高速计数的通道号（0）。0 是唯一有效的值，占用输入 I0 和 I1
EN_VISU	BOOL	使能可视化界面 visuONB_IO_CNT 的控制功能 FALSE：禁用可视化界面控制功能 TRUE：使能可视化界面控制功能
输入输出参数	数据类型	描　　述
EN1	BOOL	使能计数器 1　FALSE：禁用计数器 1 TRUE：高电平使能计数器 1
UD1	BOOL	计数器 1 的计数方向 FALSE：加计数 TRUE：减计数
EN_OUT1	BOOL	输出 C 的控制来源（仅适用于模式 1 和模式 2） FALSE：输出 C 根据模式依计数器状态动作 TRUE：通过 PLC 程序控制输出 C
SET1	BOOL	设置计数器 1 上升沿激活起始值及方向控制功能。功能变化时需要重新激活 保持为 TRUE 时，计数器的当前值保持不变
START1	DWORD	计数器 1 的起始值
END1	DWORD	计数器 1 的结束值
EN2	BOOL	使能计数器 2（仅适用于模式 3 和模式 4）
UD2	BOOL	计数器 2 的计数方向 FALSE：加计数 TRUE：减计数

（续）

输入参数	数据类型	描述
EN_OUT2	BOOL	保留
SET2	BOOL	设置计数器2 上升沿激活起始值及方向控制功能。功能变化时需要重新激活 保持为TRUE时，计数器的当前值保持不变
START2	DWORD	计数器2的起始值
END2	DWORD	计数器2的结束值
输出参数	数据类型	描述
DONE	BOOL	功能块完成标识，操作执行完毕为TRUE，仅保持一个扫描周期
ERR	BOOL	功能块错误标识。该输出要与DONE一起综合判断。DONE为TRUE，且ERR为TRUE，则说明操作完成但存在错误；DONE为TRUE，且ERR为FALSE，则说明操作成功
ERNO	WORD	功能块操作存在错误的代码，只有DONE为TRUE，且ERR也为TRUE时，ERNO的输出值才有效
STATE	WORD	功能块状态显示
CF1	BOOL	计数器1达到结束值指示
ACT1	DWORD	计数器1的当前值
CF2	BOOL	计数器2达到结束值指示
ACT2	DWORD	计数器2的当前值

• 应该为每个计数器设置一个结束值。计数器不断地将其与当前值进行比较，判断是否相等。当计数器（当前值）达到设定的结束值时，输出CF被置位。

• 在所有的操作模式下都可以进行加计数。从起始值开始计数，直到结束值。到达极限值4，294，967，295后，再收到一个脉冲当前值变为0。

• UDx：方向控制。某些操作模式下，计数器也可以进行减计数。如果需要减计数，UDx位必须置为TRUE。这时，计数器从起始值开始减计数，直到结束值。到达极限值0后，再收到一个脉冲当前值变为4，294，967，295。

• ENx：使能控制。EN必须为TRUE，计数器才被激活。

• SETx：设置控制。SET的上升沿激活起始值及方向控制功能。功能变化时需要重新激活。SET为TRUE时，计数器的当前值保持不变。

• CFx：当计数器到达程序设定的结束值时，计数器的输出保持，CF = TRUE（到达结束值）。只有当再次被设定时（起始值），CF复位为FALSE。

程序举例，如图5-11所示。

注：本例中计数器始终处于激活状态。方向控制发生变化时需激活计数器设置变量“SETx”，本例中将计数器1的加减计数方式均激活。

3. 集成于S500 I/O模块中的高速计数器

部分S500开关量I/O模块集成高速计数功能，且计数器功能只能在I/O总线本地扩展

VAR | VAR_INPUT | VAR_OUTPUT | VAR_IN_OUT | CONSTANT | RETAIN | INFO

	名称	地址	类型	初值	注释
0001	CNT		ONB_IO_CNT		
0002	EN_CNT		BOOL	TRUE	使能功能块
0003	Enable1		BOOL	TRUE	使能计数器1
0004	UD1		BOOL		计数器1默认为加计数器
0005	Set1		BOOL		设置计数器1
0006	Start1		DWORD	0	计数器1起始值为0
0007	End1		DWORD	20000	计数器1结束值为20000
0008	Enable2		BOOL	TRUE	使能计数器2
0009	UD2		BOOL		计数器2默认为加计数器
0010	En_Out1		BOOL		模式3中无效
0011	En_Out2		BOOL		模式3中无效
0012	Set2		BOOL		设置计数器2
0013	Start2		DWORD	0	计数器2起始值为0
0014	End2		DWORD	30000	计数器2结束值为30000
0015	err		BOOL		

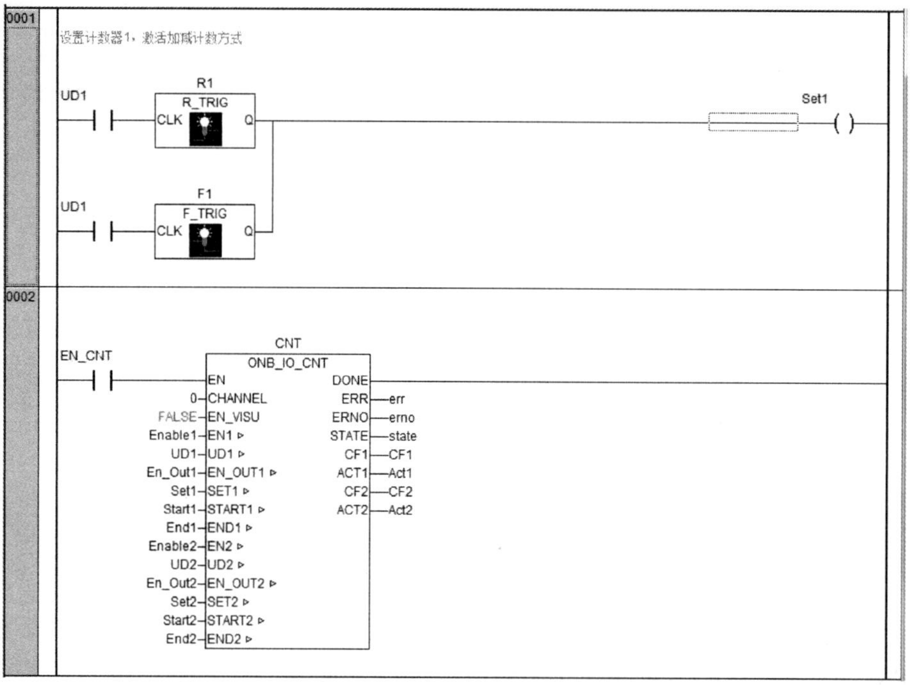

图5-11　ONB_IO_CNT编程举例

的模块上正常工作。根据操作模式，每个I/O模块最多提供两个高速计数器。计数器占用2个开关量输入和1个开关量输出（与操作模式相关），计数器不使用的输入或输出通道可用于其他功能。

1）哪些S500模块集成高速计数器？哪些开关量输入和输出被高速计数器占用见表5-11。

S500 I/O模块高速计数器的操作模式与PM55x和PM56x CPU板载I/O高速计数器的操作模式相同，参见本章节的相关内容。

表 5-11 S500 I/O 模块集成高速计数器情况

I/O 模块	是否集成高速计数器	分配的输入		分配的输出
		通道 A	通道 B	通道 C
DC522	是	C8	C9	C10
DC523	是	C16	C17	C18
DC532	是	C24	C25	C26
DI524	是	I24	I25	无硬件输出点
DX522	是	I0	I1	高速计数器不能使用继电器通道
DC561	否	—	—	—
DI561，DI562，DI571	否	—	—	—
DO561，DO571，DO572	否	—	—	—

2）CNT_IO（S500 I/O 模块高速计数指令），功能块如图 5-12 所示。

功能：控制 S500 开关量 I/O 模块集成的高速计数器。

类型：标准功能块（FB，含历史数据）

所属库：Counter_AC500_V20. lib

参数说明见表 5-12。

此功能块的说明请参见对 ONB_IO_CNT 的说明。

4. 集成于 CS31 总线接口模块中的高速计数器

CS31 总线接口模块 DC551-CS31，CI590-CS31-HA 和 CI592-CS31 集成高速计数功能。根据操作模式，每个模块最多提供两个高速计数器。计数器占用 2 个开关量输入和 1 个开关量输出（与操作模式相关），计数器不使用的输入或输出通道可用于其他功能。

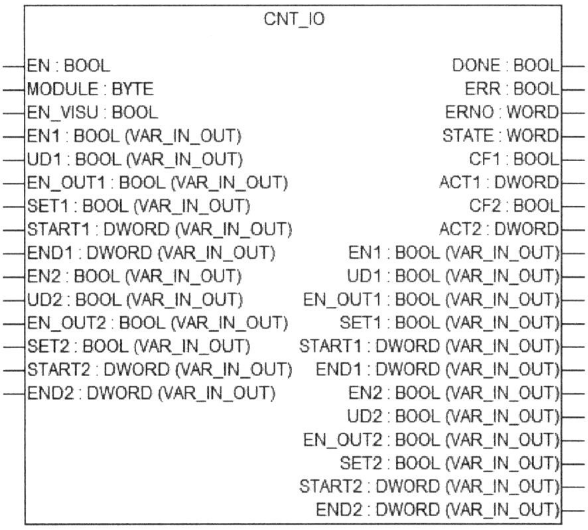

图 5-12 CNT_IO 功能块

表 5-12 CNT_IO 参数说明

输入参数	数据类型	描述
EN	BOOL	使能功能块 FALSE：无效 TRUE：高电平有效
MODULE	BYTE	I/O 总线的模块位置编号（1～10），CPU 右侧第一个模块的编号为 1
EN_VISU	BOOL	使能可视化界面 visuCNT_IO 的控制功能 FALSE：禁用可视化界面控制功能 TRUE：使能可视化界面控制功能

（续）

输入输出参数	数据类型	描　　述
EN1	BOOL	使能计数器 1　FALSE：禁用计数器 1 TRUE：高电平使能计数器 1
UD1	BOOL	计数器 1 的计数方向 FALSE：加计数 TRUE：减计数
EN_OUT1	BOOL	输出 C 的控制来源（仅适用于模式 1 和模式 2） FALSE：输出 C 根据模式依计数器状态动作 TRUE：通过 PLC 程序控制输出 C
SET1	BOOL	设置计数器 1 上升沿激活起始值及方向控制功能。功能变化时需要重新激活。保持为 TRUE 时，计数器的当前值保持不变
START1	DWORD	计数器 1 的起始值
END1	DWORD	计数器 1 的结束值
EN2	BOOL	使能计数器 2（仅适用于模式 3 和模式 4）
UD2	BOOL	计数器 2 的计数方向 FALSE：加计数 TRUE：减计数
EN_OUT2	BOOL	保留
SET2	BOOL	设置计数器 2 上升沿激活起始值及方向控制功能。功能变化时需要重新激活。保持为 TRUE 时，计数器的当前值保持不变
START2	DWORD	计数器 2 的起始值
END2	DWORD	计数器 2 的结束值
输出参数	数据类型	描　　述
DONE	BOOL	功能块完成标识，操作执行完毕为 TRUE，仅保持一个扫描周期
ERR	BOOL	功能块错误标识。该输出要与 DONE 一起综合判断。DONE 为 TRUE，且 ERR 为 TRUE，则说明操作完成但存在错误；DONE 为 TRUE，且 ERR 为 FALSE，则说明操作成功
ERNO	WORD	功能块操作存在错误的代码，代码含义请参见附录 A。只要 DONE 为 TRUE，且 ERR 也为 TRUE 时，ERNO 的输出值才有效
STATE	WORD	指示高速计数器的当前模式
CF1	BOOL	计数器 1 达到结束值指示
ACT1	DWORD	计数器 1 的当前值
CF2	BOOL	计数器 2 达到结束值指示
ACT2	DWORD	计数器 2 的当前值

（1）高速计数器输入通道和输出通道的分配情况（见表 5-13）。

只有当模块上的地址旋转开关设置的总线地址大于 70 时，CS31 总线模块的计数器功能才被激活。这时，有效的总线地址等于设置的地址减去 70。例如，如果总线地址为 83，则集成的高速计数器有效，其有效总线地址为 83 - 70 = 13。

表 5-13　CS31 总线接口模块集成高速计数器情况

I/O 模块	是否集成高速计数器	分配的输入		分配的输出
		通道 A	通道 B	通道 C
DC551-CS31	是	C16	C17	C18
CI590-CS31-HA	是	C8	C9	C10
CI592-CS31	是	DC8	DC9	DC10

CS31 总线接口模块高速计数器的操作模式与 PM5x4 CPU 板载 I/O 高速计数器的操作模式相同，参见本章节。

（2） CNT_DC551（CS31 总线接口模块高速计数指令）

功能块如图 5-13 所示。

功能：控制 CS31 总线接口模块集成的高速计数器（DC551-CS31、CI590-CS31 和 CI592-CS31）。

类型：标准功能块（FB，含历史数据）

所属库：Counter_AC500_V20. lib

参数说明见表 5-14。

此功能块的说明请参见对 ONB_IO_CNT 的说明。

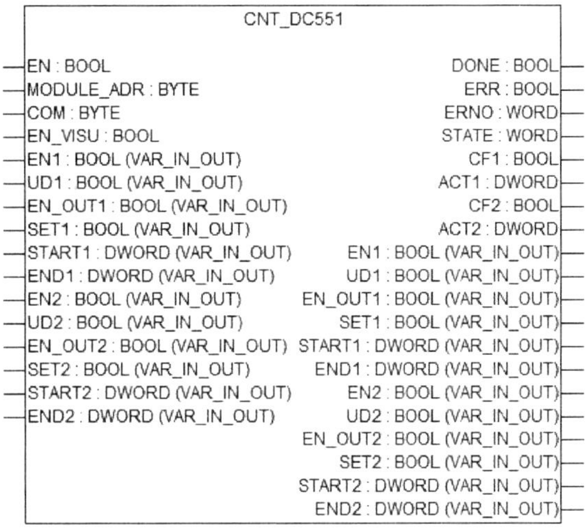

图 5-13　CNT_DC551 功能块

表 5-14　CNT_DC551 参数说明

输入参数	数据类型	描　述
EN	BOOL	使能功能块 FALSE：无效 TRUE：高电平有效
MODULE_ADR	BYTE	CS31 总线接口模块的地址 70 ~ 99
COM	BYTE	CS31 总线主站的接口编号 1：COM1；2：COM2
EN_VISU	BOOL	使能可视化界面 visuCNT_IO 的控制功能 FALSE：禁用可视化界面控制功能 TRUE：使能可视化界面控制功能
输入输出参数	数据类型	描　述
EN1	BOOL	使能计数器 1　FALSE：禁用计数器 1 TRUE：高电平使能计数器 1
UD1	BOOL	计数器 1 的计数方向 FALSE：加计数 TRUE：减计数
EN_OUT1	BOOL	输出 C 的控制来源（仅适用于模式 1 和模式 2） FALSE：输出 C 根据模式依计数器状态动作 TRUE：通过 PLC 程序控制输出 C

（续）

输入输出参数	数据类型	描　　述
SET1	BOOL	设置计数器 1 上升沿激活起始值及方向控制功能。功能变化时需要重新激活。保持为 TRUE 时，计数器的当前值保持不变
START1	DWORD	计数器 1 的起始值
END1	DWORD	计数器 1 的结束值
EN2	BOOL	使能计数器 2（仅适用于模式 3 和模式 4）
UD2	BOOL	计数器 2 的计数方向 FALSE：加计数 TRUE：减计数
EN_OUT2	BOOL	保留
SET2	BOOL	设置计数器 2 上升沿激活起始值及方向控制功能。功能变化时需要重新激活。保持为 TRUE 时，计数器的当前值保持不变
START2	DWORD	计数器 2 的起始值
END2	DWORD	计数器 2 的结束值
输出参数	数据类型	描　　述
DONE	BOOL	功能块完成标识，操作执行完毕为 TRUE，仅保持一个扫描周期
ERR	BOOL	功能块错误标识。该输出要与 DONE 一起综合判断。DONE 为 TRUE，且 ERR 为 TRUE，则说明操作完成但存在错误；DONE 为 TRUE，且 ERR 为 FALSE，则说明操作成功
ERNO	WORD	功能块操作存在错误的代码，代码含义请参见附录 A。只要 DONE 为 TRUE，且 ERR 也为 TRUE 时，ERNO 的输出值才有效
STATE	WORD	指示高速计数器的当前模式
CF1	BOOL	计数器 1 达到结束值指示
ACT1	DWORD	计数器 1 的当前值
CF2	BOOL	计数器 2 达到结束值指示
ACT2	DWORD	计数器 2 的当前值

5. 编码器模块 CD522 的高速计数器

CD522 为专用编码器和脉冲输出功能模块。CD522 集成两路独立的高速计数器，每一路均具有如下特点：

- 支持 12 种操作模式。
- 最高计数频率达 300kHz。
- 最高测频频率 5kHz。
- 支持 +24 VDC，+5 VDC，差分输入，1Vpp 正弦输入。
- 支持复位、设置、触发/锁存和参考点初始化（RPI）功能。
- 支持数字输入滤波功能。
- 具有到达结束值和溢出指示。

(1) CD522高速计数器的操作模式

CD522高速计数器支持12种操作模式。在Automation Builder PLC配置中，通过配置参数选择所需的操作模式。见表5-15。操作模式的选择决定使能、复位、设置以及触发/锁存等功能的控制方式。

表5-15 CD522高速计数器的操作模式

操作模式	功能	占用通道	描述	调用功能块
0	无计数器	无	不使用高速计数器	—
1	一个32位加/减计数器	A=计数输入	对A的上升沿进行加/减计数。支持复位、设置、触发/锁存功能。具有到达结束值和溢出指示	CD522_32BIT_CNT
2	一个通过输入端子使能的32位加/减计数器	A=计数输入 B=使能输入	对A的上升沿进行加/减计数。支持复位、设置、触发/锁存功能。具有到达结束值和溢出指示 只有B为高电平时，计数器才被激活	CD522_32BIT_CNT
3	两个16位加/减计数器	A=计数输入1 B=计数输入2	两个独立的计数器 支持复位、触发/锁存功能。具有溢出指示	CD522_16BIT_CNT
4	两个16位加/减计数器	A=计数输入1 B=计数输入2	两个独立的计数器，与模式3相似，但输入2是对B的下降沿进行计数	CD522_16BIT_CNT
5	一个可通过输入端子上升沿设置的32位加/减计数器	A=计数输入 B=动态设置输入	对A的上升沿进行加/减计数。支持复位、设置、触发/锁存功能。具有到达最终值和溢出指示。设置功能可通过端子输入B完成 “动态”是指设置功能由B的上升沿触发完成	CD522_32BIT_CNT
6	一个可通过输入端子下降沿设置的32位加/减计数器	A=计数输入 B=动态设置输入	与模式5相似 “动态”是指设置功能由B的下降沿触发完成	CD522_32BIT_CNT
7	保留	—	—	—
8	一个通过输入端子使能的16位加/减计数器，具有过0检测功能	A=计数输入 B=使能输入	对A的上升沿进行加/减计数（范围-32768~32767）。支持复位、设置、触发/锁存功能。具有到达最终值、溢出及过0指示。只有B为高电平，计数器才被激活	CD522_16BIT_CNT
9	保留	—	—	—
10	保留	—	—	—
11	增量式编码器	A=A相 B=B相 Z=Z相	计数信号A和B的相位差为90°。依靠A和B信号的顺序决定加或减计数。无脉冲倍频功能。支持复位、设置、触发/锁存功能。具有到达最终值和溢出指示	CD522_32BIT_ENCODER

（续）

操作模式	功能	占用通道	描　　述	调用功能块
12	2 倍频增量式编码器	A = A 相 B = B 相 Z = Z 相	与模式 11 相似，但对计数输入端的脉冲进行 2 倍频。这意味着计数器对 A 相的上升沿和下降沿都进行计数，精度也相应增加	CD522_32BIT_ENCODER
13	4 倍频增量式编码器	A = A 相 B = B 相 Z = Z 相	与模式 11 相似，但对计数输入端的脉冲进行 4 倍频。这意味着计数器对 A 相和 B 相的上升沿和下降沿都进行计数，精度也相应增加	CD522_32BIT_ENCODER
14	绝对式 SSI 编码器	A = 数据信号 B = 时钟信号	使用 SSI 接口的绝对编码器	CD522_SSI_CNT
15	时间频率测量	Z = 输入信号	通过对 Z 信号上升沿、下降沿的时间测量，计算每分钟的旋转速度和频率	CD522_FREQ_SCAN

（2）CD522_32BIT_CNT（CD522 32 位计数器指令）

功能块如图 5-14 所示。

功能：用于控制 CD522 模块的 32 位加/减计数器。CD522 工作于模式 1、2、5 和模式 6 时，可提供 2 路 32 位加/减计数器，范围 -2，147，483，648 ~ 2，147，483，647。脉冲计数对于计数器 0 为 A0，对于计数器 1 为 A1。使能或动态设置信号，对于计数器 0 为 B0，对于计数器 1 为 B1。

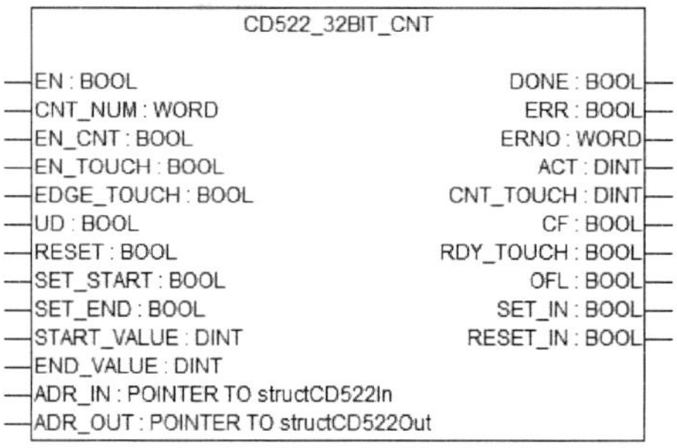

图 5-14　CD522_32BIT_CNT 功能块

类型：标准功能块（FB，含历史数据）。

所属库：CD522_AC500_V13. lib。

参数说明见表 5-16。

表 5-16　CD522_32BIT_CNT 参数说明

输入参数	数据类型	描　　述
EN	BOOL	使能功能块 FALSE：无效 TRUE：高电平有效
CNT_NUM	WORD	计数器选择（0 或 1）
EN_CNT	BOOL	使能计数器 FALSE：禁用计数器 TRUE：高电平有效
EN_TOUCH	BOOL	使能触发/锁存功能FALSE：功能无效 TRUE：高电平有效，上升沿使能一次
EDGE_TOUCH	BOOL	触发边沿选择FALSE：下降沿激活触发/锁存功能 TRUE：上升沿激活触发/锁存功能

（续）

输入参数	数据类型	描　述
UD	BOOL	加/减计数方向选择FALSE：加计数 TRUE：减计数
RESET	BOOL	复位计数器，当前值清零 FALSE：无效 TRUE：高电平有效。保持为 TRUE 时，计数器的当前值始终为0（ACT=0）
SET_START	BOOL	设置计数器的起始值 FALSE：无效 TRUE：高电平有效。保持为 TRUE 时，计数器的当前值保持不变（ACT=START_VALUE）
SET_END	BOOL	设置计数器的结束值 FALSE：无效 TRUE：高电平有效。为计数器设置一个目标值。计数器不断地将其与当前值进行比较，判断是否相等
START_VALUE	DINT	计数器的起始值
END_VALUE	DINT	计数器的结束值
ADR_IN	POINTER TO STRUCTCD522COUNTERIN	指向 CD522 模块输入首地址的指针
ADR_OUT	POINTER TO STRUCTCD522COUNTERIN	指向 CD522 模块输出首地址的指针
输出参数	数据类型	描　述
DONE	BOOL	功能块完成标识，操作执行完毕为 TRUE，仅保持一个扫描周期
ERR	BOOL	功能块错误标识，该输出要与 DONE 一起综合判断。DONE 为 TRUE，且 ERR 为 TRUE，则说明操作完成但存在错误；DONE 为 TRUE，且 ERR 为 FALSE，则说明操作成功
ERNO	WORD	功能块操作存在错误的代码，代码含义请参见附录 A。只有 DONE 为 TRUE，且 ERR 也为 TRUE 时，ERNO 的输出值才有效
ACT	DINT	计数器的当前值
CNT_TOUCH	DINT	计数器锁存的计数值
CF	BOOL	计数器达到结束值指示
RDY_TOUCH	BOOL	锁存值更新标识，有新的锁存值时为 TRUE
OFL	BOOL	计数器溢出标识，溢出时为 TRUE
SET_IN	BOOL	“SET”功能有效标识，有效时为 TRUE
RESET_IN	BOOL	“RESET”功能有效标识，有效时为 TRUE

描述：

触发/锁存（Touch/Catch）功能。

触发/锁存功能利用外部硬件信号同步获得计数位置，但要扣除所有 I/O 总线和程序运行的延迟时间。如果使用相同的硬件用于触发/锁存输入信号，可实现两个不同编码器设备的运行同步。

如图 5-15 所示说明了功能块各参数的关系：

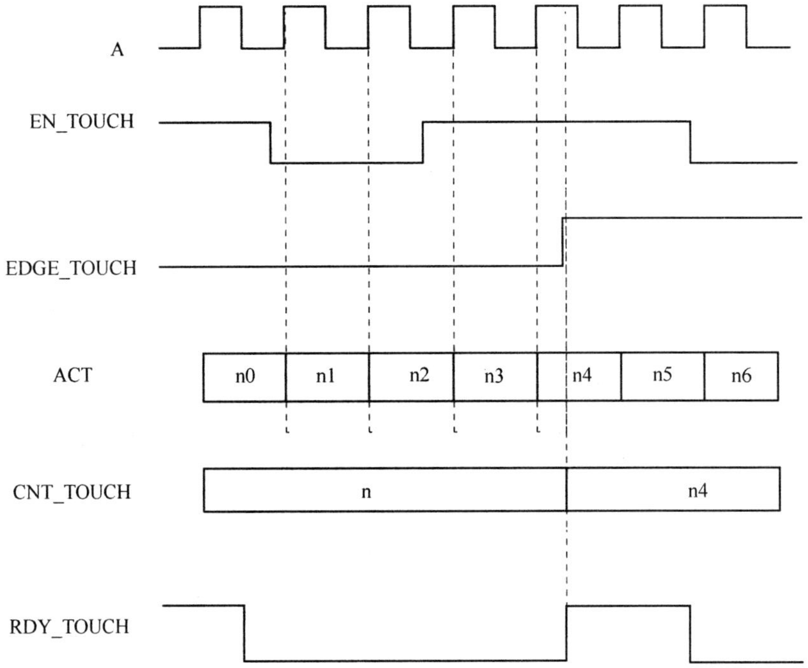

图 5-15　CD522 32 位计数器指令参数关系

EN_TOUCH 输入出现上升沿时，激活触发/锁存功能，且当 EN_TOUCH = TRUE 时，输入 I3（对于计数器 0）或者 I11（对于计数器 1）出现上升沿时，功能块保存当前计数值（ACT）到一个专用的双字地址（CNT_TOUCH）中，并将锁存值更新标识 RDY_TOUCH 置为 TRUE。

EDCE_TOUCH 的值决定该功能是由上升沿还是下降沿触发，如图 5-15 所示以上升沿触发为例。

ADR_IN（输入地址指针）：该输入指定 CD522 模块结构的第一个输入数据的地址，需要使用 ADR 运算符获得。如果输入 ADR_IN 没有连接，输出 ERR = TRUE。

输入首地址变量如图 5-16 所示。获取输入首地址变量指针如图 5-17 所示。

ADR_OUT（输出地址指针）：该输出指定 CD522 模块结构的第一个输出数据的地址，需要使用 ADR 运算符获得。如果输出 ADR_OUT 没有连接，输出 ERR = TRUE。

输出首地址变量如图 5-18 所示。定义功能块输出参数如图 5-19 所示。

OFL（溢出标识）：计数器采用无限循环方式进行计数，当 32 位测量值达到 16#80000000 = 2147483648 时，会发生溢出。如图 5-20 所示，对于加计数器，当前值 ACT 从正数变为负数，OFL = TRUE；对于减计数器，当前值 ACT 从负数变为正数，OFL = TRUE。

（3）CD522_32BIT_ENCODER（CD522 增量式编码器指令）

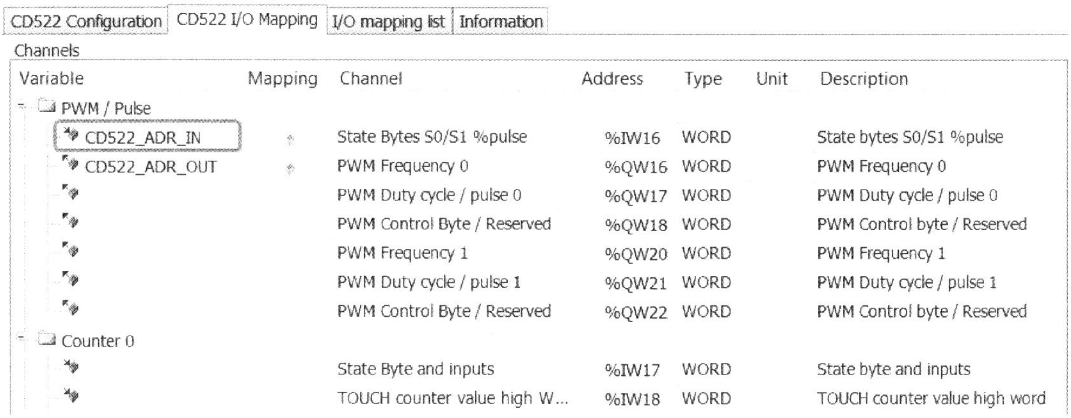

图 5-16　CD522 输入首地址变量

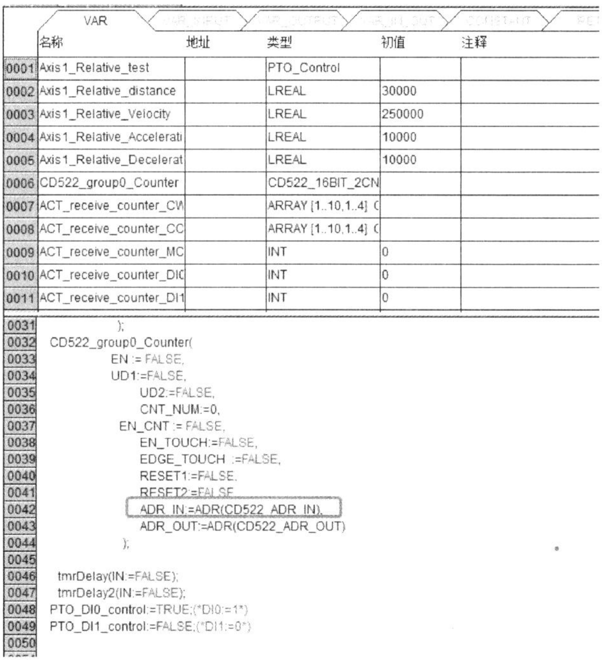

图 5-17　获取 CD522 输入首地址变量指针

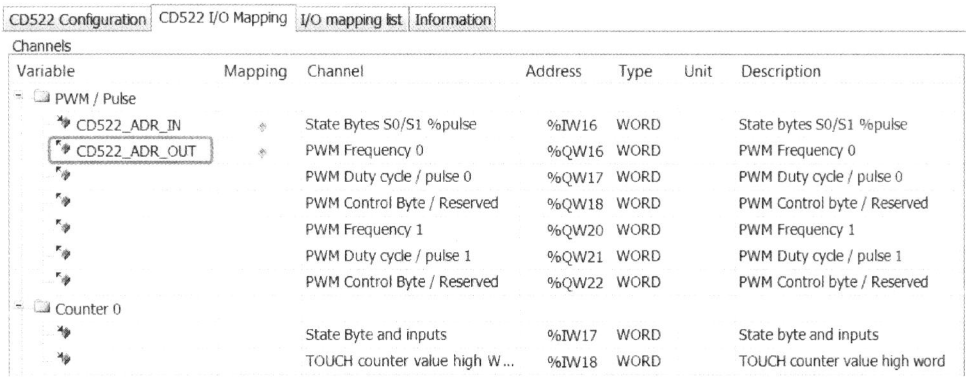

图 5-18　CD522 输出首地址变量

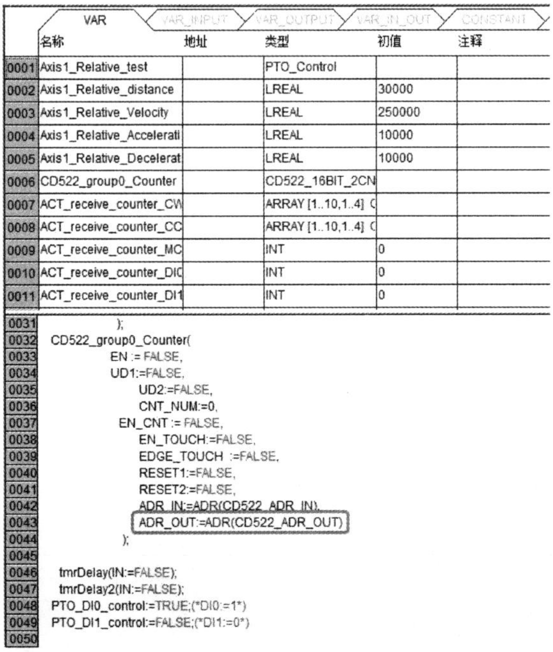

	名称	地址	类型	初值	注释
0001	Axis1_Relative_test		PTO_Control		
0002	Axis1_Relative_distance		LREAL	30000	
0003	Axis1_Relative_Velocity		LREAL	250000	
0004	Axis1_Relative_Accelerati		LREAL	10000	
0005	Axis1_Relative_Decelerat		LREAL	10000	
0006	CD522_group0_Counter		CD522_16BIT_2CN		
0007	ACT_receive_counter_CW		ARRAY [1..10,1..4] (		
0008	ACT_receive_counter_CC		ARRAY [1..10,1..4] (		
0009	ACT_receive_counter_MC		INT	0	
0010	ACT_receive_counter_DIC		INT	0	
0011	ACT_receive_counter_DI1		INT	0	

```
        );
CD522_group0_Counter(
        EN := FALSE,
        UD1:=FALSE,
            UD2:=FALSE,
            CNT_NUM:=0,
        EN_CNT := FALSE,
            EN_TOUCH:=FALSE,
            EDGE_TOUCH :=FALSE,
            RESET1:=FALSE,
            RESET2:=FALSE,
            ADR_IN:=ADR(CD522_ADR_IN),
            ADR_OUT:=ADR(CD522_ADR_OUT)
        );

 tmrDelay(IN:=FALSE);
 tmrDelay2(IN:=FALSE);
PTO_DI0_control:=TRUE;(*DI0:=1*)
PTO_DI1_control:=FALSE;(*DI1:=0*)
```

图 5-19　定义功能块输出参数

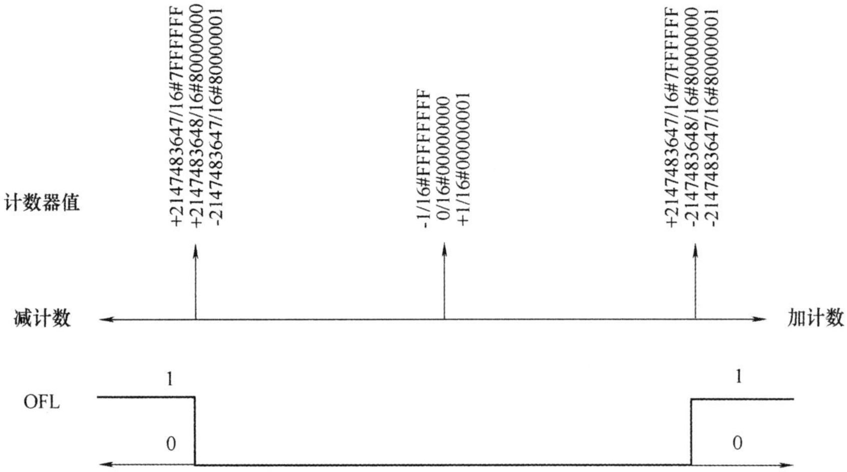

图 5-20　计数器循环计数方式

功能块如图 5-21 所示。

功能：CD522 模块的计数器工作于模式 11、12 或 13 时，每一个计数器可连接一个增量式编码器，范围是 -2147483648 ~ 2147483647。通过此功能块对增量式编码器功能进行设置和监控。

类型：标准功能块（FB，含历史数据）。

所属库：CD522_AC500_V13. lib。

参数说明见表 5-17。

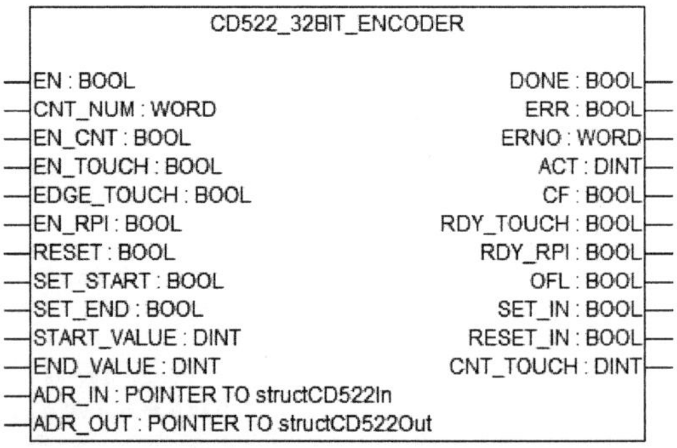

图 5-21　CD522_32BIT_ENCODER 功能块

表 5-17 CD522_32BIT_ENCOUDER 参数说明

输入参数	数据类型	描述
EN	BOOL	使能功能块 FALSE：无效 TRUE：高电平有效
CNT_NUM	WORD	计数器选择（0 或 1）
EN_CNT	BOOL	使能计数器 FALSE：禁用计数器 TRUE：高电平有效
EN_TOUCH	BOOL	使能触发/锁存功能FALSE：功能无效 TRUE：高电平有效，上升沿使能一次
EDGE_TOUCH	BOOL	触发边沿选择FALSE：下降沿激活触发/锁存功能 TRUE：上升沿激活触发/锁存功能
EN_RPI	BOOL	使能 RPI 功能 FALSE：RPI 功能无效 TRUE：高电平有效，上升沿使能一次
RESET	BOOL	复位计数器，当前值清零 FALSE：无效 TRUE：高电平有效。保持为 TRUE 时，计数器的当前值始终为0（ACT=0）
SET_START	BOOL	设置计数器的起始值 FALSE：无效 TRUE：高电平有效。保持为 TRUE 时，计数器的当前值保持不变（ACT=START_VALUE）
SET_END	BOOL	设置计数器的结束值 FALSE：无效 TRUE：高电平有效。为计数器设置一个目标值。计数器不断地将其与当前值进行比较，判断是否相等
START_VALUE	DINT	计数器的起始值
END_VALUE	DINT	计数器的结束值
ADR_IN	POINTER TO STRUCTCD522COUNTERIN	指向 CD522 模块输入首地址的指针
ADR_OUT	POINTER TO STRUCTCD522COUNTERIN	指向 CD522 模块输出首地址的指针
输出参数	数据类型	描述
DONE	BOOL	功能块完成标识，操作执行完毕为 TRUE，仅保持一个扫描周期
ERR	BOOL	功能块错误标识，该输出要与 DONE 一起综合判断。DONE 为 TRUE，且 ERR 为 TRUE，则说明操作完成但存在错误；DONE 为 TRUE，且 ERR 为 FALSE，则说明操作成功
ERNO	WORD	功能块操作存在错误的代码，代码含义请参见附录 A。只有 DONE 为 TRUE，且 ERR 也为 TRUE 时，ERNO 的输出值才有效
ACT	DINT	计数器的当前值
RDY_TOUCH	BOOL	锁存值更新标识，有新的锁存值时为 TRUE
CF	BOOL	计数器达到结束值指示
RDY_RPI	BOOL	RPI 功能有效标识，有效时为 TRUE
OFL	BOOL	计数器溢出标识，溢出时为 TRUE

（续）

输出参数	数据类型	描　　述
SET_IN	BOOL	“SET” 功能有效标识，有效时为 TRUE
RESET_IN	BOOL	“RESET” 功能有效标识，有效时为 TRUE
CNT_TOUCH	DINT	计数器锁存的计数值

描述：

CD522 模块可连接两个增量式编码器。通过测量 A、B、Z 三个信号来确定相对位置。A 和 B 两个信号用于识别旋转方向和脉冲数量，对于计数器 0 为 A0 和 B0，对于计数器 1 为 A1 和 B1。Z 信号用于多圈检测，对旋转的圈数（机械零位）进行计数。对于计数器 0 是 Z0，对于计数器 1 是 Z1。

旋转方向通过 A 和 B 信号之间的 90° 相位差进行识别。在模块 CD522 中，信号 A 超前 B 时为顺时针旋转方向，即加计数，如图 5-22 及图 5-23 所示。

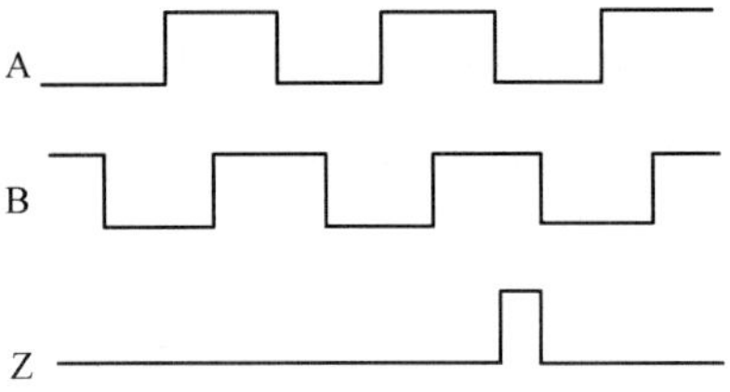

图 5-22　顺时针旋转，加计数

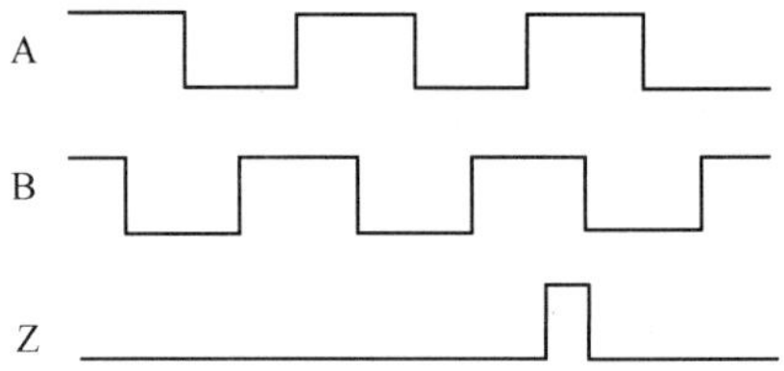

图 5-23　逆时针旋转，减计数

根据操作模式的不同，计数过程的分辨率有所不同，分为一倍频，二倍频和四倍频。一倍频计数模式（模式 11），对编码器模块的 A 信号进行上升沿计数。

为了增加分辨率，可以设定为二倍频计数模式（模式 12）。二倍频计数模式在 A 信号的上升沿和下降沿进行计数。

使用四倍频计数模式，分辨率可提高四倍（模式 13）。编码器模块对 A 和 B 信号的上升沿和下降沿均进行计数。

计数器模式选择及计数分辨率类型如图 5-24 及图 5-25 所示。

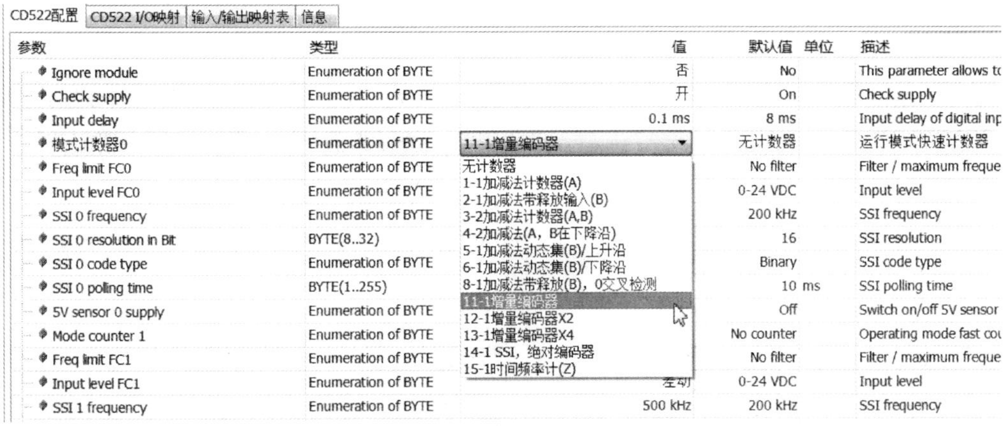

图 5-24　CD522 计数器模式选择

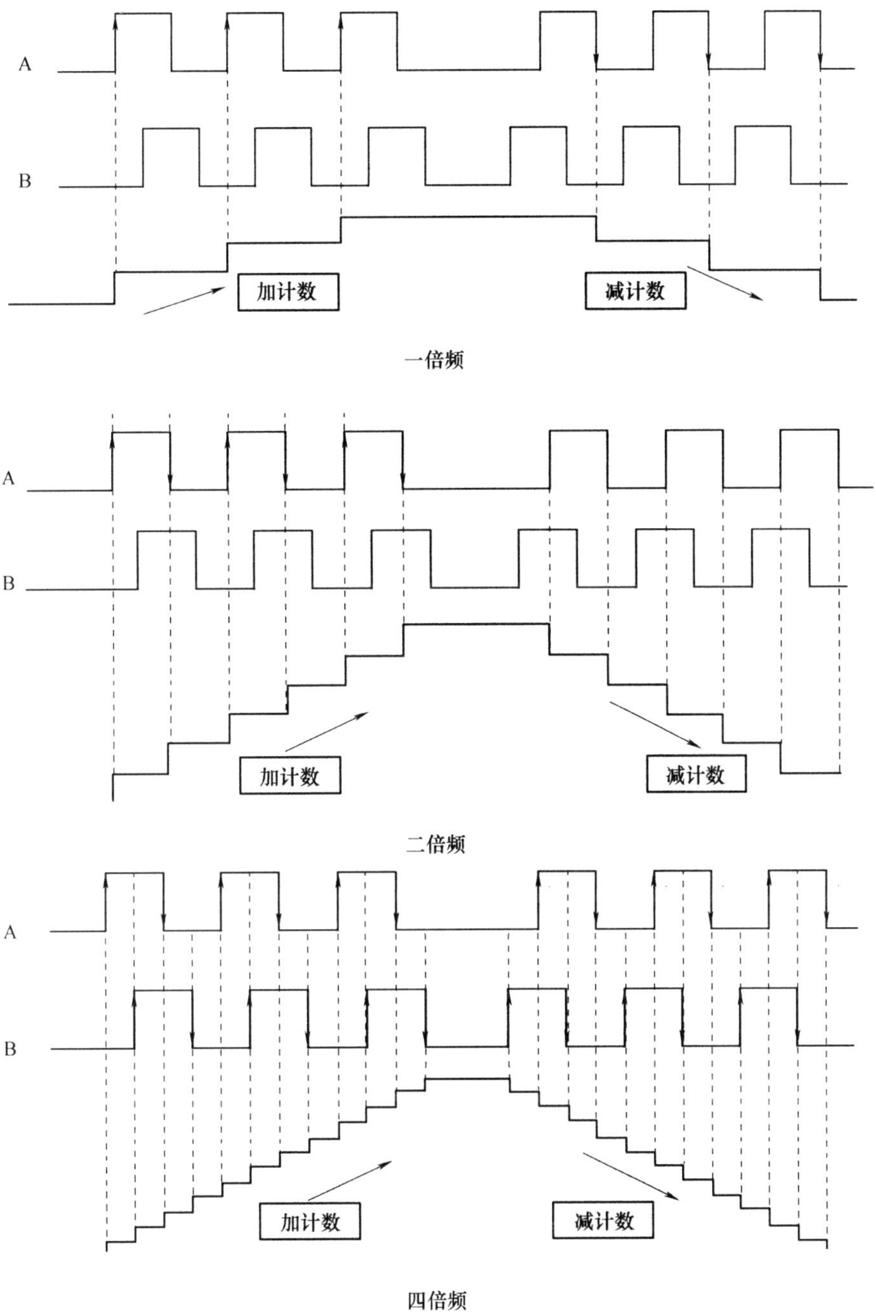

图 5-25 计数分辨率类型

RPI 功能：

RPI 功能（参考点初始化）可使编码器与自身的“零点”信号同步。通过 EN_RPI（控制位）使能 RPI 功能，且当 EN_RPI 为 TRUE 时，RPI 功能有效。此时，当检测到 Z 信号的上升沿时，使 ACT = START_VALUE（当前值 = 设置的起始值），同时 RDY_RPI 被置位。如果输入 EN_RPI 为 FALSE，输出 RDY_RPI 被复位为 FALSE，如图 5-26 所示。

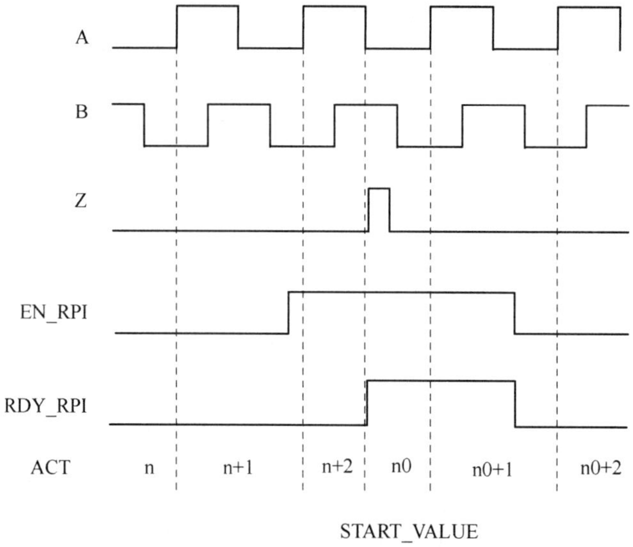

图 5-26　RPI 功能解析

RPI 信号对于计数器 0 可选择在 I3、I4、I5、I6、I7 中配置；对于计数器 1 可选择在 I11、I12、I13、I14 和 I15 中配置。配置方法如图 5-27 所示。

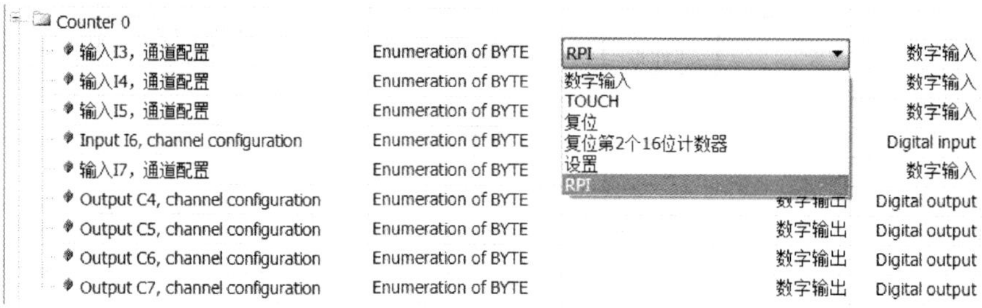

图 5-27　RPI 配置方法

需要通过外部同步信号为编码器设置新的参考值时，该操作方式可用作“触发/锁存”操作。当这两个功能同时激活，或者在其中一个未完成时又激活了另一个功能，则 RPI 功能比触发/锁存功能享有更高的优先级。其他参数的功能描述请参见 CD522_32BIT_CNT 指令。

（4）CD522_SSI_CNT（CD522 绝对式编码器指令）

功能块如图 5-28 所示。

功能：CD522 模块的计数器工作于模式 14 时，每一个计数器可连接一个 SSI 绝对式编码器，通过此功能块进行设置和监控。

类型：标准功能块（FB，含历史数据）。

所属库：CD522_AC500_V13. lib。

参数说明见表 5-18。

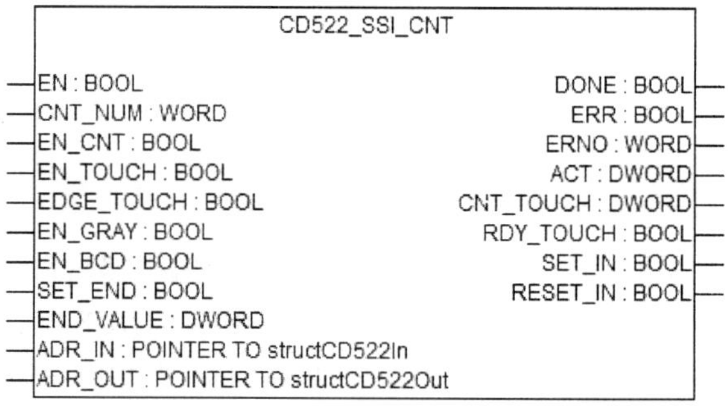

图 5-28　CD522_SSI_CNT 功能块

表 5-18 CD522 _SSI_CNT 参数说明

输入参数	数据类型	描述
EN	BOOL	使能功能块 FALSE：无效 TRUE：高电平有效
CNT_NUM	WORD	计数器选择（0 或 1）
EN_CNT	BOOL	使能计数器FALSE：禁用计数器 TRUE：高电平有效
EN_TOUCH	BOOL	使能触发/锁存功能FALSE：功能无效 TRUE：高电平有效，上升沿使能一次
EDGE_TOUCH	BOOL	触发边沿选择FALSE：下降沿激活触发/锁存功能 TRUE：上升沿激活触发/锁存功能
EN_GRAY		使能 GRAY 码（格林码）模式 FALSE：无效 TRUE：高电平使能，通过 GRAY 码计算出实际值
EN_BCD	BOOL	使能 BCD 功能 FALSE：无效 TRUE：高电平使能，通过 BCD 码计算出实际值
SET_END	BOOL	设置计数器的结束值 FALSE：无效 TRUE：高电平有效。为计数器设置一个目标值。计数器不断地将其与当前值进行比较，判断是否相等
END_VALUE	DINT	计数器的结束值
ADR_IN	POINTER TO STRUCTCD522COUNTERIN	指向 CD522 模块输入首地址的指针
ADR_OUT	POINTER TO STRUCTCD522COUNTERIN	指向 CD522 模块输出首地址的指针
输出参数	数据类型	描述
DONE	BOOL	功能块完成标识，操作执行完毕为 TRUE，仅保持一个扫描周期
ERR	BOOL	功能块错误标识，该输出要与 DONE 一起综合判断。DONE 为 TRUE，且 ERR 为 TRUE，则说明操作完成但存在错误；DONE 为 TRUE，且 ERR 为 FALSE，则说明操作成功
ERNO	WORD	功能块操作存在错误的代码，代码含义请参见附录 A。只有 DONE 为 TRUE，且 ERR 也为 TRUE 时，ERNO 的输出值才有效
ACT	DWORD	计数器的当前值
CNT_TOUCH	DWORD	计数器锁存的计数值
RDY_TOUCH	BOOL	锁存值更新标识，有新的锁存值时为 TRUE
SET_IN	BOOL	“SET”功能有效标识，有效时为 TRUE
RESET_IN	BOOL	“RESET”功能有效标识，有效时为 TRUE

描述：

SSI 的触发/锁存（Touch/Catch）功能。SSI 传感器支持触发操作。触发操作的目标是与具有相同功能硬件信号的传感器同步。在 SSI 模式下，根据读取过程是否运行，处理有所不同。

如果触发信号激活时，读取过程正常结束，最后读取的值存储到触发锁存寄存器中。

如果读取过程未开始处于两次测量之间，则需再一次启动读取过程，最后读取的结果存储到触发锁存寄存器中。

触发锁存功能解析如图 5-29 所示。

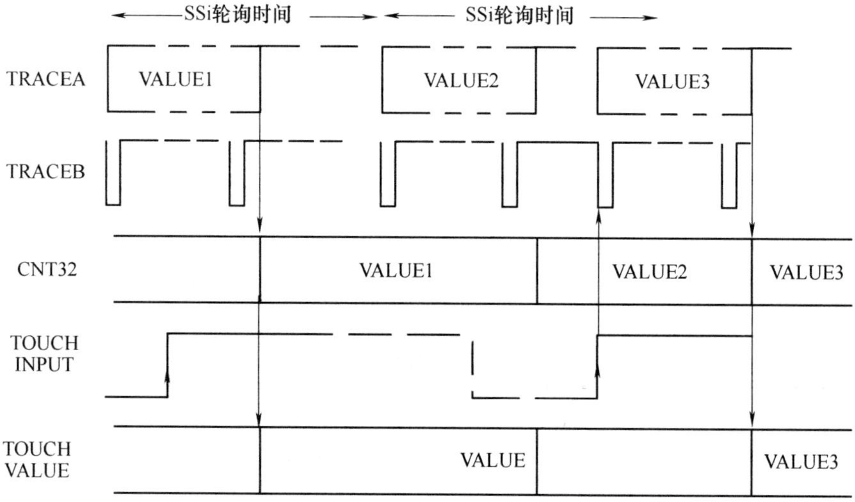

图 5-29　触发锁存功能解析

（5）CD522_FREQ_SCAN（CD522 时间频率计指令）

功能块如图 5-30 所示。

功能：CD522 模块的计数器工作于模式 15 时，可对输入信号 Z（对于计数器 0 为输入 I3，对于计数器 1 为输入 I11）进行时间、频率和旋转速度的测量。分辨率为 1μs。可通过此功能块进行设置和监控。

类型：标准功能块(FB,含历史数据)

所属库：CD522_AC500_V13. lib

参数说明见表 5-19。

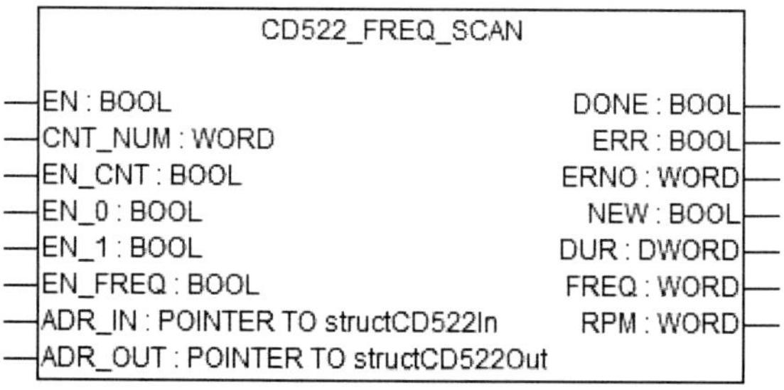

图 5-30　CD522_FREQ_SCAN 功能块

表 5-19　CD522_FREQ_SCAN 参数说明

输入参数	数据类型	描　　述
EN	BOOL	使能功能块 FALSE：无效 TRUE：高电平有效
CNT_NUM	WORD	计数器选择（0 或 1）
EN_CNT	BOOL	使能频率测量功能 FALSE：不工作 TRUE：高电平使能

（续）

输入参数	数据类型	描述
EN_0	BOOL	下降沿捕捉选择 FALSE：功能无效 TRUE：捕捉信号的下降沿进行测量
EN_1	BOOL	上升沿捕捉选择 FALSE：功能无效 TRUE：捕捉信号的上升沿进行测量
EN_FREQ	BOOL	频率模式选择 FALSE：时间模式，输出通过 DUR（μs）显示 TRUE：频率转速模式，输出通过 FREQ（Hz）和 RPM（rpm）显示
ADR_IN	POINTER TOstructCD522IN	指向 CD522 模块输入地址的指针
ADR_OUT	POINTER TO structCD522Out	指向 CD522 模块输出地址的指针
输出参数	数据类型	描述
DONE	BOOL	功能块完成标识，操作执行完毕为 TRUE，仅保持一个扫描周期
ERR	BOOL	功能块错误标识，该输出要与 DONE 一起综合判断。DONE 为 TRUE，且 ERR 为 TRUE，则说明操作完成但存在错误；DONE 为 TRUE，且 ERR 为 FALSE，则说明操作成功
ERNO	WORD	功能块操作存在错误的代码，代码含义请参见附录 A。只有 DONE 为 TRUE，且 ERR 也为 TRUE 时，ERNO 的输出值才有效
NEW	BOOL	时间测量值更新标识，有新的测量值时为 TRUE（仅时间模式时有效）
DUR	DWORD	信号持续时间（μs）
FREQ	WORD	信号频率（Hz）
RPM	WORD	信号旋转速度（RPM）

描述：

功能块 CD522_FREQ_SCAN 通过输入 EN_CNT 进行使能功能块控制，输入 EN_0 或 EN_1 配置下降沿或上升沿捕捉方式，输入 EN_FREQ 配置时间或频率、转速测量。

根据配置的输入参数和时间举例如图 5-31 所示，所得到的测量值见表 5-20。其他参数的功能描述请参见 CD522_32BIT_CNT 指令。

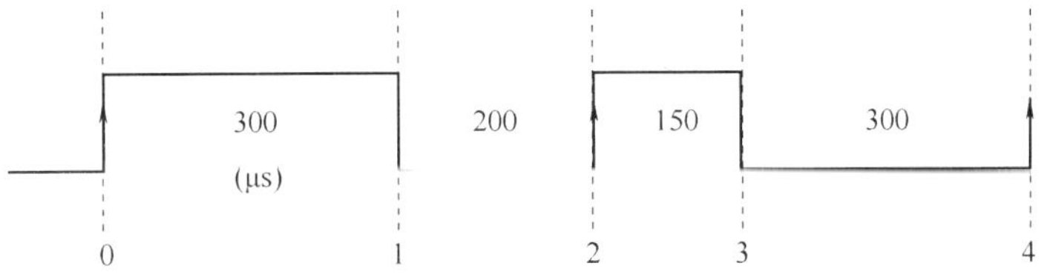

图 5-31 时间测量举例

表 5-20　CD522_FREQ_SCAN 测量情况分析

EN_0	EN_1	EN_FREQ	类型	1	2	3	4
FALSE	FALSE	TRUE	不进行测量	0	0	0	0
FALSE	TRUE	TRUE	2 个上升沿之间	不测量	2000(Hz)/120000(r/m)	不测量	2222(Hz)/133333(r/min)
TRUE	FALSE	TRUE	2 个下降沿之间	不测量	不测量	2850(Hz)/171000(r/min)	不测量
TRUE	TRUE	TRUE	任意 2 个沿之间	不确定	不确定	不确定	不确定
FALSE	FALSE	FALSE	不进行测量	0	0	0	0
TRUE	FALSE	FALSE	低电平持续时间(脉宽)	不测量	200(μs)	不测量	300(μs)
FALSE	TRUE	FALSE	高电平持续时间(脉宽)	300(μs)	不测量	150(μs)	不测量
TRUE	TRUE	FALSE	任意 2 个沿之间	不确定	不确定	不确定	不确定

6. 中断和高速计数模块 DC541 的高速计数器

DC541 是一种多功能开关量 I/O 模块。与其他 I/O 模块不同，DC541 需要安装到 AC500 的通信模块插槽中。根据使用的 CPU 底板 TB5x1，最多可以配置 4 个 DC541 模块。

DC541 具有 8 路可配置通道 C0... C7，可以根据需要配置为普通 DI/DO 模式、编码器 X4 模式、计数器模式。

其配置选项如图 5-32 所示。

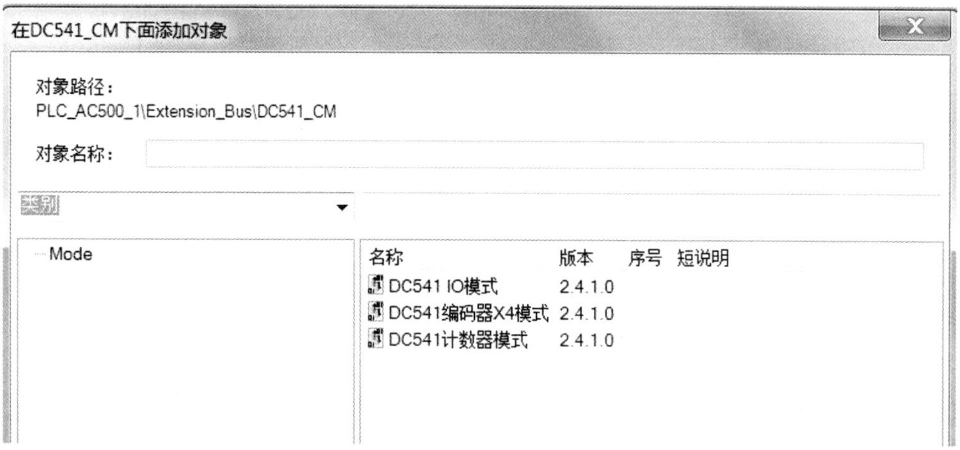

图 5-32　DC541 配置选项

在“I/O”操作模式下，通道可以进行如下配置：

- 输入；
- 输出；
- 中断输入。

在“编码器 X4”操作模式下，通道可以进行如下配置：

- 32 位编码器 X4；

- 输入；
- 输出。

在“计数器”操作模式下，通道可以进行如下配置：

- 输入；
- 输出；
- 32 位计数器（32 位加/减计数器，计数方式通过功能块输入参数设置）；
- 正向计数器（32 位加计数器，计数方式通过功能块输入参数设置）；
- PWM（脉宽调制）；
- 频率输出；
- 频率测量；
- 极限通道 0；
- 高速频率测量。

（1）DC541 高速计数器的操作模式

详见表 5-21。

表 5-21 DC541 高速计数器的操作模式

模式	占用的通道	描　述	调用功能块
32 位计数器（32 位加/减计数器）	C0：增量式编码器的 A 相 C1：增量式编码器的 B 相 C2、C3：参考凸轮或触发/锁存	可连接一个增量式编码器。支持参考点逼近、触发/锁存功能	DC541_32BIT_CNT
正向计数器（32 位加计数器）	C0 ~ C7：脉冲信号输入端	C0 ~ C7 各通道均可以配置为正向计数器，对信号的上升沿进行加计数	DC541_FWD_CNT
极限通道 0（有限制的 32 位计数器）	C4 ~ C7：其中的某个通道为输出通道	监视 32 位计数器的当前值与限制值的对比关系，并通过配置的输出点进行指示	DC541_LIMIT

（2）DC541_32BIT_CNT（32 位加/减计数器）

功能块如图 5-33 所示。

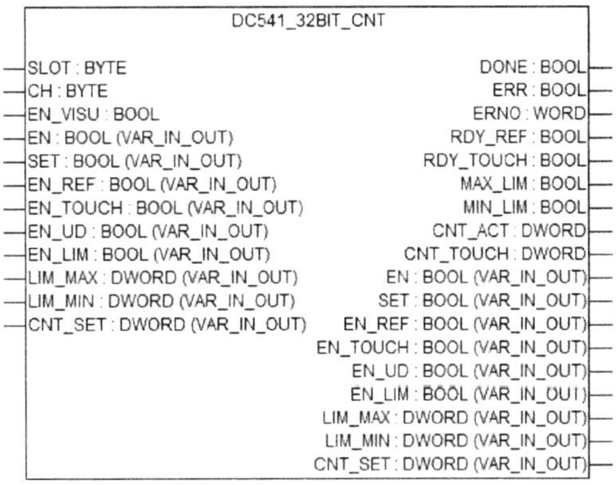

图 5-33 DC541_32BIT_CNT 功能块

功能：DC541 模块的计数器工作于 32 位计数器模式时，适用于连接增量式编码器。此功能块用于设置和监控 32 位计数器功能。

类型：标准功能块（FB，含历史数据）

所属库：DC541_AC500_V11. lib

参数说明见表 5-22。

描述：

1）EN_UD（选择计数方向识别方式）

EN_UD = FALSE：依靠 A 和 B 两个信号的相位差决定计数方向（C0 连接编码器 A 相，C1 连接编码器 B 相，相差 90°）。计数频率最高为 50kHz。

表 5-22　DC541_32BIT_CNT 参数说明

输入参数	数据类型	描　述
SLOT	BYTE	DC541 所在插槽的编号。CPU 左侧第一个插槽的编号为 1
CH	BYTE	高速计数器的通道号 0，0 是唯一有效的值
EN_VISU	BOOL	使能集成可视化功能块 visuDC541_32BIT_CNT 的控制功能 FALSE：禁用可视化界面控制功能 TRUE：使能可视化界面控制功能
输入输出参数	数据类型	描　述
EN	BOOL	使能功能块 FALSE：功能无效 TRUE：高电平有效
SET	BOOL	设置计数器的当前值 FALSE：无效 TRUE：高电平有效。当保持为 TRUE 时，计数器的当前值保持不变(CNT_ACT = CNT_SET)
EN_TOUCH	BOOL	使能触发/锁存功能FALSE：功能无效 TRUE：高电平有效，上升沿使能一次
EN_REF	BOOL	使能参考点逼近功能FALSE：功能无效 TRUE：高电平有效，上升沿使能一次
EN_UD	BOOL	选择 32 位计数器的计数模式 FALSE：连接增量式编码器（A/B 相，相差 90°） TRUE：加/减计数器（C1：加计数；C0：减计数）
EN_LIM	BOOL	设置计数器的操作模式 FALSE：无限计数器（无限模式） TRUE：有限计数器（有限模式）
LIM_MAX	DWORD	EN_LIM = TRUE 时，可设置计数器的上限值
LIM_MIN	DWORD	EN_LIM = TRUE 时，可设置计数器的下限值
CNT_SET	DWORD	计数器的设置值
输出参数	数据类型	描　述
DONE	BOOL	功能块完成标识，操作执行完毕为 TRUE，仅保持一个扫描周期
ERR	BOOL	功能块错误标识，该输出要与 DONE 一起综合判断。DONE 为 TRUE，且 ERR 为 TRUE，则说明操作完成但存在错误；DONE 为 TRUE，且 ERR 为 FALSE，则说明操作成功
ERNO	WORD	功能块操作存在错误的代码，代码含义请参见附录 A。只有 DONE 为 TRUE，且 ERR 也为 TRUE 时，ERNO 的输出值才有效
RDY_REF	BOOL	参考点归零功能有效标识，有效时为 TRUE
RDY_TOUCH	BOOL	锁存值更新标识，有新的锁存值时为 TRUE
MAX_LIM	BOOL	当 EN_LIM = FALSE(无限计数器模式)且 CNT_ACT > MAX_LIM 时，MAX_LIM = TRUE
MIN_LIM	BOOL	当 EN_LIM = FALSE（无限计数器模式）且 CNT_ACT < MAX_LIM 时，MIN_LIM = TRUE
CNT_ACT	DWORD	计数器的当前值
CNY_TOUCH	DWORD	计数器锁存的计数值

EN_UD = TRUE：通道 CI 连接的信号进行加计数，通道 C0 连接的信号进行减计数。计数频率最高为 50kHz。

计数器总是使用 DC541 的 C0... C3 通道：

- C0：连接增量式编码器输出的 A 相；
- C1：连接增量式编码器输出的 B 相；
- C2：参考点归零；
- C3：触发/锁存；

DC541 模块通道说明如图 5-34 所示。

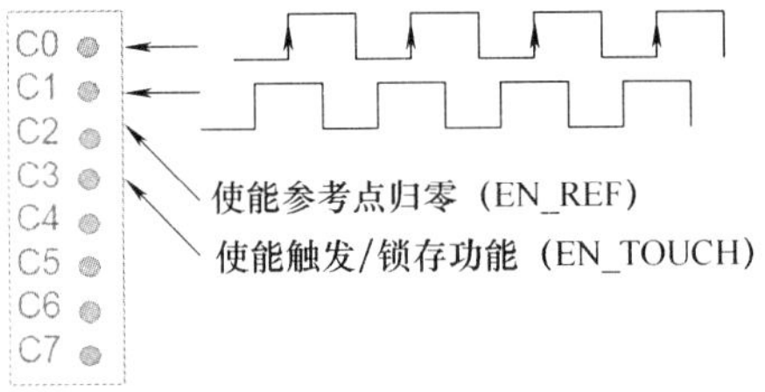

图 5-34 DC541 模块通道说明

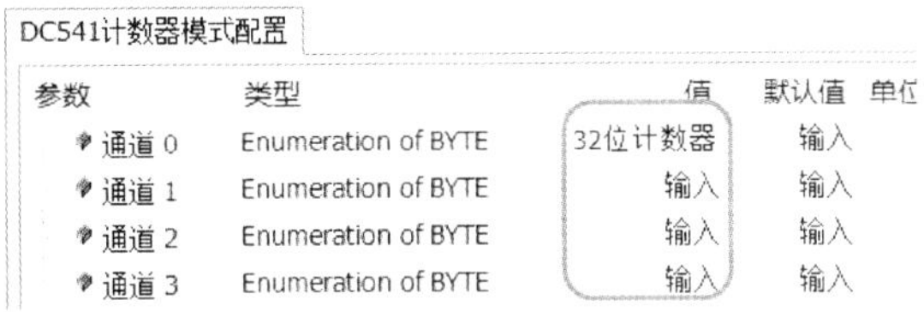

图 5-35 DC541 工作于 32 位计数器模式的通道配置

2）EN_LIM（使能限制值） EN_LIM = FALSE：计数器作为无限计数器（无终止模式）。计数范围为 0 ~ 4，294，967，295（0 ~ 16#FFFFFFFF）。当 CNT_ACT > LIM_MAX 时，MAX_LIM = TRUE；当 CNT_ACT < LIM_MIN 时，MIN_LIM = TRUE。

EN_LIM = TRUE：计数限制模式启用（无终止模式）。计数范围为 LIM_MIN ~ LIM_MAX。当 CNT_ACT 到达 LIM_MAX 时，计数器从 LIM_MIN 重新开始。

LIM_MAX 必须高于下限值 LIM_MIN。反之，计数器无法工作，同时输出 ERR/ERNO 显示错误信息。LIM_MAX 和 LIM_MIN 之间的差值应大于 DC541 检测循环时间内产生脉冲数量的两倍。

例如：

脉冲频率 = 40kHz = 40000 个脉冲/s = 40 个脉冲/ms

DC541 的循环时间 = 100 μs

因此，LIM_MAX 和 LIM_MIN 之间的最小差值为 8。

3）EN_TOUCH（使能触发/锁存功能） 如果 EN_TOUCH = TRUE，当通道 C2 或 C3 出现上升沿时，功能块保存当前计数值 CNT_ACT，并在 CNT_TOUCH 中输出。CN_TOUCH 的有效性通过 RDY_TOUCH 显示出来。

4）EN_REF（使能参考点归零） 如果 EN_REF = TRUE，当通道 C2 或 C3 出现上升沿时，CNT_ACT = CNT_SET。C2 或 C3 保持为 TRUE 时，计数器的当前值保持不变。

同一时刻，EN_REF 和 EN_TOUCH 中只能有一个被置 TRUE，如果同时激活这两个功能或在其中一个功能未完成时激活了另一个功能，将在输出 ERR/ERNO 显示相应的错误信息。

DC541 工作于 32 位计数器模式的通道配置如图 5-35 所示。

(3) DC541_FWD_CNT（32 位加计数器）

功能块如图 5-36 所示。

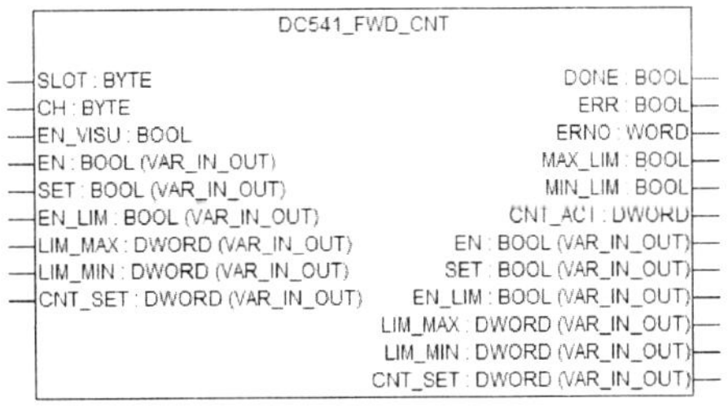

图 5-36 DC541_FWD_CNT 功能块

功能：DC541 模块的各个通道均可以配置为正向计数器，对信号的上升沿进行加计数，彼此独立。此功能块用于设置和监控 32 位加计数器功能。

类型：标准功能块（FB，含历史数据）。

所属库：DC541_AC500_V11. lib。

参数说明见表 5-23。

表 5-23　DC541 32 位加计数器功能块参数说明

输入参数	数据类型	描　　述
SLOT	BYTE	DC541 所在插槽的编号。CPU 左侧第一个插槽的编号为 1
CH	BYTE	高速计数器的通道号（0～7），对应的通道为 C0 ～ C7
EN_VISU	BOOL	使能集成可视化功能块 visuDC541_32BIT_CNT 的控制功能 FALSE：禁用可视化界面控制功能 TRUE：使能可视化界面控制功能
输入输出参数	数据类型	描　　述
EN	BOOL	使能功能块 FALSE：功能无效 TRUE：高电平有效
SET	BOOL	设置计数器的当前值 FALSE：无效 TRUE：高电平有效。当保持为 TRUE 时，计数器的当前值保持不变（CNT_ACT = CNT_SET）
EN_LIM	BOOL	选择计数限制FALSE：无限计数器 TRUE：有限计数器
LIM_MAX	DWORD	EN_LIM = TRUE 时，可设置计数器的上限值
LIM_MIN	DWORD	EN_LIM = TRUE 时，可设置计数器的下限值
CNT_SET	DWORD	设置计数器的当前值
输出参数	数据类型	描　　述
DONE	BOOL	功能块完成标识，操作执行完毕为 TRUE，仅保持一个扫描周期
ERR	BOOL	功能块错误标识，该输出要与 DONE 一起综合判断。DONE 为 TRUE，且 ERR 为 TRUE，则说明操作完成但存在错误；DONE 为 TRUE，且 ERR 为 FALSE，则说明操作成功
ERNO	WORD	功能块操作存在错误的代码，代码含义请参见附录 A。只有 DONE 为 TRUE，且 ERR 也为 TRUE 时，ERNO 的输出值才有效
MAX_LIM	BOOL	当 EN_LIM = FALSE（无限计数器模式）且 CNT_ACT > MAX_LIM 时，MAX_LIM = TRUE
MIN_LIM	BOOL	当 EN_LIM = FALSE（无限计数器模式）且 CNT_ACT < MAX_LIM 时，MIN_LIM = TRUE
CNT_ACT	DWORD	计数器的当前值

描述：

DC541 模块的各个通道均可以配置为一个 32 位的正向计数器，而实际 DC541 内部为 16 位计数器，通过累加每个周期的计数差值，在功能块内部生成实际的当前值 CNT_ACT，如果功能块的调用周期比较长，则会造成脉冲信号的捕捉遗漏。输入 C0 和 C1 的最大计数频率为 50kHz，输入 C2～C7 的最大计数频率为 5kHz，各通道的最大调用周期按照以下方法计算：

通道0、1：最大为50kHz→32767/50 = 655ms；

通道2～7：最大为5kHz→32767/5 = 6550ms。

因此，使用循环时间小于100ms的任务调用该功能块，便可以防止任何计数脉冲的丢失。其他参数的功能描述请参见本章节DC541_32BIT_CNT指令内容。

> **注意** 在LD编程语言环境中，DC541_ FWD_ CNT指令只能通过“带EN的框”调用。

（4）DC541_LIMIT（DC541 32位计数器极限监视指令）

功能块如图5-37所示。

功能：监视32位计数器的当前值与限制值的对比关系。

类型：标准功能块（FB，含历史数据）。

所属库：DC541_AC500_V11. lib

参数说明见表5-24。

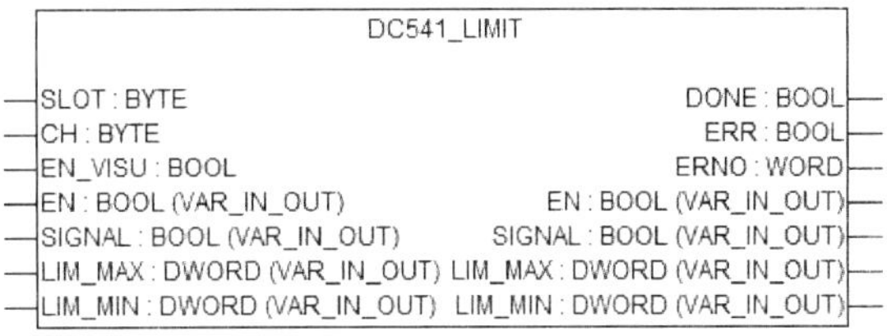

图5-37　DC541_LIMIT功能块

表5-24　DC541 32位计数器极限监视指令功能块参数说明

输入参数	数据类型	描　述
SLOT	BYTE	DC541所在插槽的编号。CPU左侧第一个插槽的编号为1
CH	BYTE	监视结果的输出通道（4～7），对应的通道为C4～C7
EN_VISU	BOOL	使能集成可视化功能块visuDC541_32BIT_CNT的控制功能 FALSE：禁用可视化界面控制功能 TRUE：使能可视化界面控制功能
输入输出参数	数据类型	描　述
EN	BOOL	使能功能块FALSE：功能无效 TRUE：高电平有效
SIGNAL	BOOL	输出通道（CH）的输出方式
LIM_MAX	DWORD	设置计数器的上限值，应确保LIM_MAX > LIM_MIN
LIM_MIN	DWORD	设置计数器的下限值
输出参数	数据类型	描　述
DONE	BOOL	功能块完成标识，操作执行完毕为TRUE，仅保持一个扫描周期
ERR	BOOL	功能块错误标识，该输出要与DONE一起综合判断。DONE为TRUE，且ERR为TRUE，则说明操作完成但存在错误；DONE为TRUE，且ERR为FALSE，则说明操作成功
ERNO	WORD	功能块操作存在错误的代码，代码含义请参见附录A。只有DONE为TRUE，且ERR也为TRUE时，ERNO的输出值才有效

描述：

功能块的时间分辨率＜100μs，即可对10kHz以下信号的测量结果进行监视。

设备 DC541 必须配置为计数模式，通道 C0 配置为 32 位计数器模式，输出 C4～C7 中的某一通道必须配置为“极限通道 0”。参数配置如图 5-38 所示。

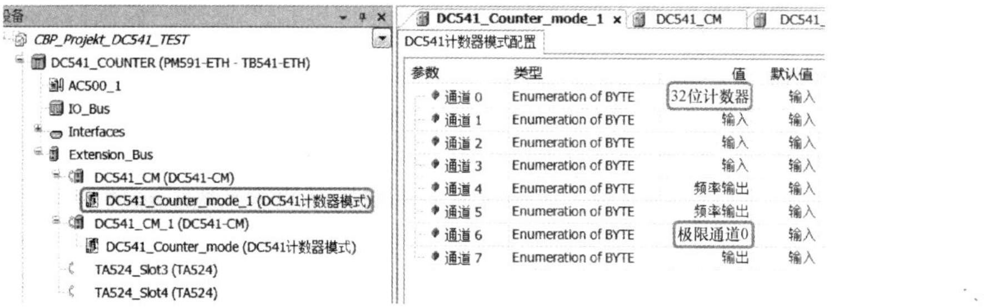

图 5-38　DC541 工作于极限监视状态的参数配置

1）CH（监视输出的通道）　确保监视输出通道与在 Automation Builder 界面中选择配置的通道一致。

2）SIGNAL（确定输出通道的状态）　当 SIGNAL 为 TRUE 时，如果 32 位计数器的当前值在限制值 LIM_MIN 和 LIM_MAX 给定的范围内，输出通道 CH 为 TRUE；如果计数器的当前值超过了此范围，输出通道 CH 为 FALSE。

当 SIGNAL 为 FALSE 时，如果 32 位计数器的当前值在限制值 LIM_MIN 和 LIM_MAX 给定的范围内，输出通道 CH 为 FALSE；如果计数器的当前值超过了此范围，输出通道 CH 为 TRUE。

DC541 输出通道状态见表 5-25。

表 5-25　DC541 输出通道状态

DC541_32BIT_CNT 的 CNT_ACT	当 SIGNAL = TRUE 时，输出 CH	当 SIGNAL = FALSE 时，输出 CH
CNT_ ACT ＜LIM_MIN	FALSE	TRUE
LIM_MIN＜ = CNT_ ACT＜ = LIM_MAX	TRUE	FALSE
CNT_ ACT ＞LIM_MAX	FALSE	TRUE
	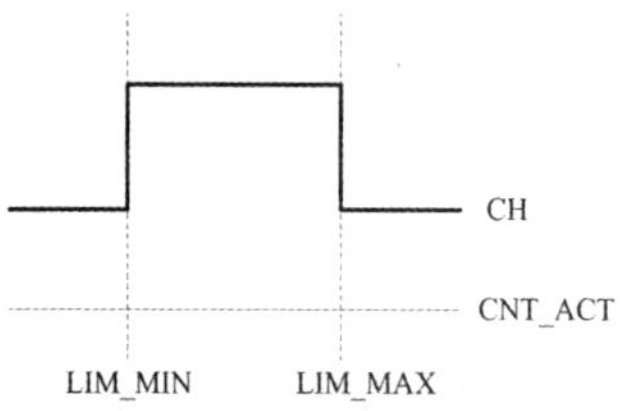	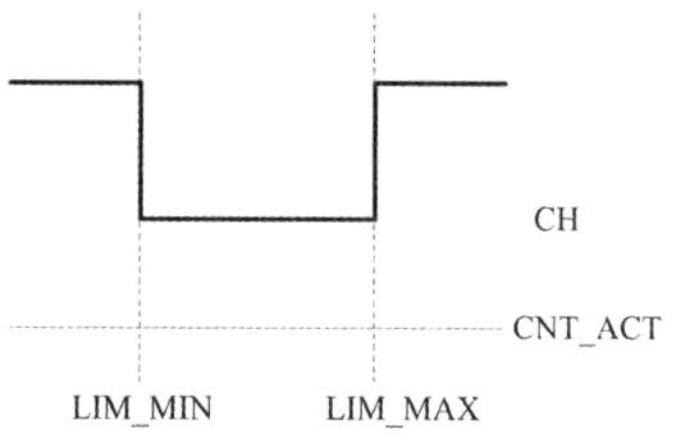

注意

在 LD 编程语言环境中，DC541_LIMIT 指令只能通过“带 EN 的框”调用。

5.4.3 PWM 控制功能指令

1. PWM 控制概述

AC500 系列 PLC 支持脉宽调制（PWM）方式和脉冲输出的运动控制功能，最高频率为100kHz，提供多种实现途径。用户可根据需求灵活选择。

- 专用编码器模块 CD522，支持 PWM 输出或脉冲输出，频率最高可达 100kHz。
- 专用中断和高速计数模块 DC541，支持 PWM 输出或脉冲输出，频率最高可达 2.5kHz。
- AC500-eCo CPU PM5x4 的板载 I/O，PWM 输出的频率最高可到 20kHz。

2. CD522 模块及 DC541 模块的 PWM 输出指令

描述见表 5-26。

表 5-26 CD522 模块及 DC541 模块的 PWM 输出指令描述

模式	占用的通道	描　述	调用功能块
PWM 输出	CD522 模块的 O0、O1：两路均支持，彼此独立，特性相同	频率及占空比均可调，频率最高可达 100kHz	CD522_PWM_OUT
		仅频率可调，占空比固定为 50%，频率最高可达 100kHz	CD522_FREQ_OUT
脉冲输出	CD522 模块的 O0、O1：两路均支持，彼此独立，特性相同	频率以及脉冲个数可调，占空比固定为 50%，频率最高可达 15kHz	CD522_PULSE_OUT
脉冲输出	DC541 模块的 C0 ~ C7；各通道均支持，彼此独立，特性相同	频率以及脉冲个数可调，占空比固定为 50%，频率最高可达 2.5kHz	DC541_FREQ_OUT

（1）CD522_PWM_OUT（CD522 频率及占空比可调的 PWM 输出）

功能块如图 5-39 所示。

功能：CD522 模块在 PWM 模式下提供两路独立的 PWM 输出，输出通道 O0 和通道 O1。通过此功能块完成对频率（1Hz ~ 100kHz）以及占空比的控制。

类型：标准功能块（FB，含历史数据）。

所属库：CD522_AC500_V13.lib。

参数说明见表 5-27。

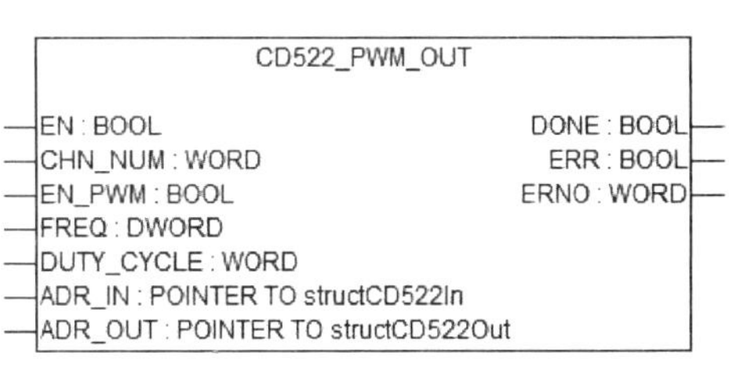

图 5-39 CD522_PWM_OUT 功能块

表 5-27 CD522_PWM_OUT 参数说明

输入参数	数据类型	描　述
EN	BOOL	使能功能块 FALSE：功能无效 TRUE：高电平有效
CNT_NUM	WORD	通道选择。输出通道 O0、O1 对应的有效值为 0、1

（续）

输入参数	数据类型	描　　述
EN_PWM	BOOL	使能 PWM 输出 FALSE：功能无效 TRUE：高电平有效
FREQ	DWORD	PWM 的频率。1Hz ~ 100kHz 可调
DUTY_CYCLE	WORD	占空比。0 ~ 1000（0 ~ 100.0%）可调，不包括小数点。例如要设置 75.8%，则应写为 758
ADR_IN	POINTER TO structCD522In	指向 CD522 模块输入首地址的指针
ADR_OUT	POINTER TO structCD522Out	指向 CD522 模块输出首地址的指针
DONE	BOOL	功能块完成标识，操作执行完毕为 TRUE，仅保持一个扫描周期
ERR	BOOL	功能块错误标识，该输出要与 DONE 一起综合判断。DONE 为 TRUE，且 ERR 为 TRUE，则说明操作完成但存在错误；DONE 为 TRUE，且 ERR 为 FALSE，则说明操作成功
ERNO	WORD	功能块操作存在错误的代码，代码含义请参见附录 A。只有 DONE 为 TRUE，且 ERR 也为 TRUE 时，ERNO 的输出值才有效

描述：

CD522 模块的输出通道 O0 和 O1 均支持 PWM 输出方式，且两通道的特性相同，彼此可以独立工作。ADR_IN（输入首地址指针）：该输入指定 CD522 模块结构的第一个输入数据的地址，需要使用 ADR 运算符获得。如果输入 ADR_IN 没有连接，输出 ERR = TRUE，如图 5-40 所示。

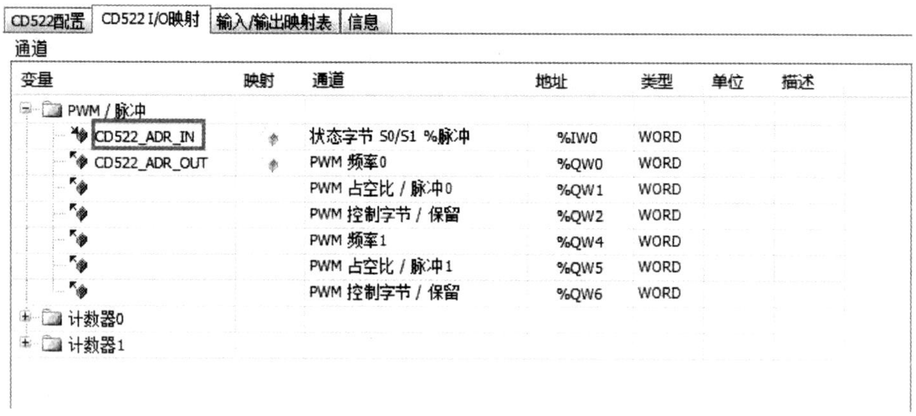

图 5-40　映射 CD522 的输入首地址变量

ADR_OUT（输出首地址指针）：该输出指定 CD522 模块结构的第一个输出数据的地址，需要使用 ADR 运算符获得。如果输出 ADR_OUT 没有连接，输出 ERR = TRUE，如图 5-41 所示。

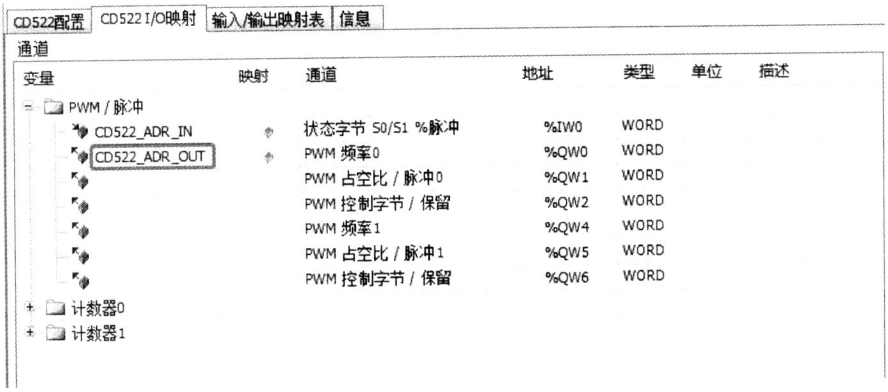

图 5-41 映射 CD522 的输出首地址变量

（2）CD522_FREQ_OUT（CD522 仅频率可调的 PWM 输出）

功能块如图 5-42 所示。

功能：CD522 模块在 PWM 模式下提供两路独立的 PWM 输出，输出通道 O0 和通道 O1。通过此功能块完成对频率（1Hz ~ 100kHz）的控制。

类型：标准功能块（FB，含历史数据）。

所属库：CD522_AC500_V13. lib。

参数说明见表 5-28。

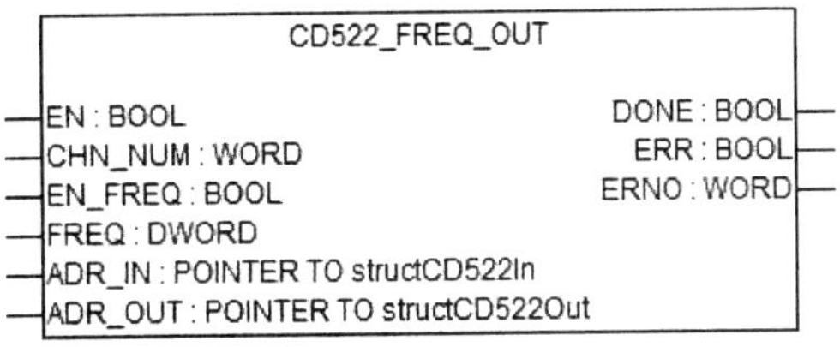

图 5-42 CD522_FREQ_OUT 功能块

表 5-28 CD522_FREQ_OUT 参数说明

输入参数	数据类型	描 述
EN	BOOL	使能功能块 FALSE：功能无效 TRUE：高电平有效
CNT_NUM	WORD	通道选择。输出通道 O0、O1 对应的有效值为 0、1
EN_FREQ	BOOL	使能 PWM 输出 FALSE：功能无效 TRUE：高电平有效
FREQ	DWORD	PWM 的频率，1Hz ~ 100kHz 可调
ADR_IN	POINTER TO structCD522In	指向 CD522 模块输入首地址的指针
ADR_OUT	POINTER TO structCD522Out	指向 CD522 模块输出首地址的指针
DONE	BOOL	功能块完成标识，操作执行完毕为 TRUE，仅保持一个扫描周期
ERR	BOOL	功能块错误标识，该输出要与 DONE 一起综合判断 DONE 为 TRUE，且 ERR 为 TRUE，则说明操作完成但存在错误；DONE 为 TRUE，且 ERR 为 FALSE，则说明操作成功
ERNO	WORD	功能块操作存在错误的代码，代码含义请参见附录 A 只有 DONE 为 TRUE，且 ERR 也为 TRUE 时，ERNO 的输出值才有效

描述：

参数功能描述请参见本章节 CD522_PWM_OUT 指令内容。

（3）CD522_PULSE_OUT（CD522 脉冲输出）

功能块如图 5-43 所示。

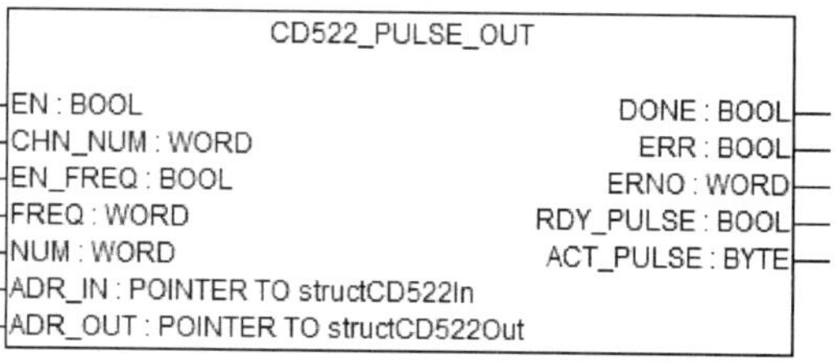

图 5-43　CD522_PULSE_OUT 功能块

功能：CD522 模块在脉冲输出模式下提供两路独立的方波（占空比固定为 50%）输出，输出通道 O0 和 O1。通过此功能块完成对频率以及脉冲个数的控制。

类型：标准功能块（FB，含历史数据）。

所属库：CD522_AC500_V13. lib。

参数说明见表 5-29。

表 5-29　CD522_PULSE_OUT 参数说明

输入参数	数据类型	描　述
EN	BOOL	使能功能块 FALSE：功能无效 TRUE：高电平有效
CNT_NUM	WORD	计数器选择。输出通道 O0、O1 对应的有效值为 0、1
EN_FREQ	BOOL	使能 PULSE 输出 FALSE：功能无效 TRUE：高电平有效
FREQ	WORD	脉冲的频率。1Hz ~ 15kHz 可调
NUM	WORD	设定的脉冲个数，有效范围 1 ~ 65535
ADR_IN	POINTER TO structCD522In	指向 CD522 模块输入地址的指针
ADR_OUT	POINTER TO structCD522Out	指向 CD522 模块输出地址的指针
DONE	BOOL	功能块完成标识，操作执行完毕为 TRUE，仅保持一个扫描周期
ERR	BOOL	功能块错误标识，该输出要与 DONE 一起综合判断 DONE 为 TRUE，且 ERR 为 TRUE，则说明操作完成但存在错误；DONE 为 TRUE，且 ERR 为 FALSE，则说明操作成功
ERNO	WORD	功能块操作存在错误的代码，代码含义请参见附录 A。只有 DONE 为 TRUE，且 ERR 也为 TRUE 时，ERNO 的输出值才有效
RDY_PULSE	BOOL	脉冲发送完成标识，设定的脉冲数发送完毕后置为 TRUE
ACT_PULSE	BYTE	已发出脉冲的个数，以百分比形式显示 0 ~ 100%

描述：

参数功能描述请参见本章节 CD522_PWM_OUT 内容。

（4）DC541_FREQ_OUT（DC541 仅频率可调的 PWM 输出）

功能块如图 5-44 所示。

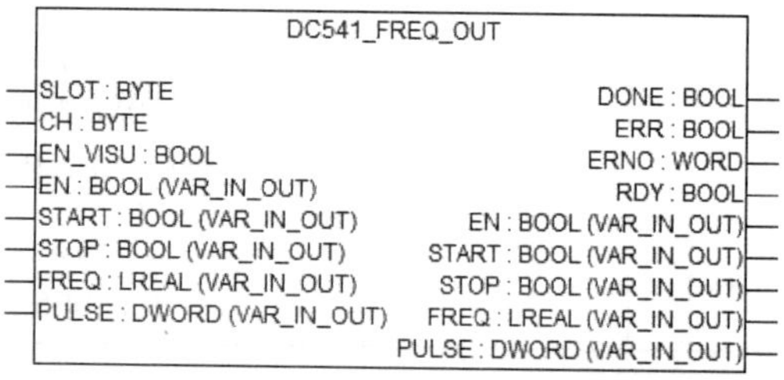

图 5-44　DC541_FREQ_OUT 功能块

功能：DC541 模块的各个通道均可以配

置为频率输出模式，彼此独立。通过此功能块完成对频率（0.5Hz ~ 2500Hz）以及脉冲个数的控制，占空比固定为 50%。

类型：标准功能块（FB，含历史数据）。

所属库：DC541_AC500_V11.lib。

参数说明见表 5-30。

表 5-30 DC541_FREQ_OUT 参数说明

输入参数	数据类型	描　述
SLOT	BYTE	DC541 所在插槽的编号。CPU 左侧第一个插槽的编号为 1
CH	BYTE	通道选择（4 ~7），对应的通道为 C4 ~ C7
EN_VISU	BOOL	使能集成可视化功能块 visuDC541_32BIT_CNT 的控制功能 FALSE：禁用可视化界面控制功能 TRUE：使能可视化界面控制功能
输入输出参数	数据类型	描　述
EN	BOOL	使能功能块 FALSE：功能无效 TRUE：高电平有效
START	BOOL	启动输出 FALSE：功能无效 TRUE：启动输出，高电平有效，输入 START 出现上升沿将开始脉冲输出
STOP	BOOL	终止输出 FALSE：功能无效 TRUE：终止输出，高电平有效。优先级高于 START
FREQ	LREAL	脉冲频率。0.5Hz ~2.5kHz 可调
PULSE	DWORD	脉冲个数 =0：无限输出 >0：设定脉冲个数
输出参数	数据类型	描　述
DONE	BOOL	功能块完成标识，操作执行完毕为 TRUE，仅保持一个扫描周期
ERR	BOOL	功能块错误标识，该输出要与 DONE 一起综合判断。DONE 为 TRUE，且 ERR 为 TRUE，则说明操作完成但存在错误；DONE 为 TRUE，且 ERR 为 FALSE，则说明操作成功
ERNO	WORD	功能块操作存在错误的代码，代码含义请参见附录 A。只有 DONE 为 TRUE，且 ERR 也为 TRUE 时，ERNO 的输出值才有效
RDY	BOOL	脉冲发送完成标识，设定的脉冲数发送完毕后设置为 TRUE

3. 板载 I/O 的 PWM 输出指令

eCo CPU 板载 I/O 中的晶体管输出最多提供两路 PWM 输出，输出通道 2（%QX4000.2）和输出通道 3（%QX4000.3）。支持频率和周期两种控制方式，如果输出通道 2 和 3 都要使用 PWM 输出模式，则 PWM 功能必须配置为相同的控制方式，详见表 5-31。

表 5-31 板载 I/O 的 PWM 输出方式

控制方式	占用的通道	描　述	对应功能块
频率控制	%QX4000.2 和%QX4000.3	设置频率和占空比，最高频率 20kHz	ONB_IO_PWM_FREQ
周期控制	%QX4000.2 和%QX4000.3	设置周期和占空比，最高频率 20kHz	ONB_IO_PWM_TIME

（1）ONB_IO_PWM_FREQ（板载 I/O 的 PWM 频率方式输出）

功能块如图 5-45 所示。

功能：通过设置频率和占空比，产生频率为 125Hz ~ 20kHz、占空比为 0 ~ 100% 的脉冲。

类型：标准功能块（FB，含历史数据）。

所属库：OnBoardIO_AC500_V13. lib。

参数说明见表 5-32。

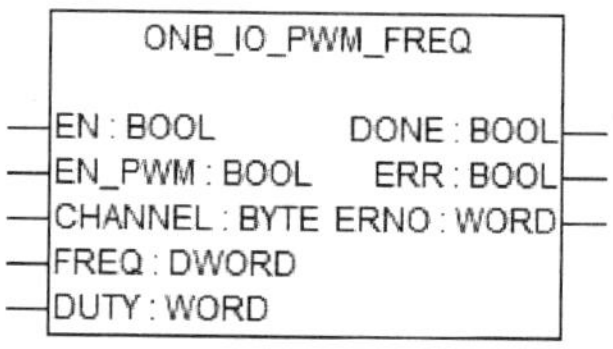

图 5-45　ONB_IO_PWM_FREQ 功能块

表 5-32　ONB_IO_PWM_FREQ 参数说明

输入参数	数据类型	描　　述
EN	BOOL	使能功能块 FALSE：功能无效 TRUE：高电平有效
EN_PWM	BOOL	使能 PWM 输出 FALSE：功能无效 TRUE：高电平有效
CHANNEL	BYTE	板载 I/O 上 PWM 输出的通道 0：选择输出通道 2（%QX4000. 2） 1：选择输出通道 3（%QX4000. 3）
FREQ	DWORD	PWM 的频率，125Hz ~ 20kHz 可调
DUTY	WORD	占空比。0 ~ 1000（0 ~ 100. 0%）可调，不包括小数点。例如要设置 75. 8%，则应写为 758
输出参数	数据类型	描　　述
DONE	BOOL	功能块完成标识，操作执行完毕为 TRUE，仅保持一个扫描周期
ERR	BOOL	功能块错误标识，该输出要与 DONE 一起综合判断。DONE 为 TRUE，且 ERR 为 TRUE，则说明操作完成但存在错误；DONE 为 TRUE，且 ERR 为 FALSE，则说明操作成功
ERNO	WORD	功能块操作存在错误的代码，代码含义请参见附录 A。只有 DONE 为 TRUE，且 ERR 也为 TRUE 时，ERNO 的输出值才有效

指令使用举例如图 5-46 所示。

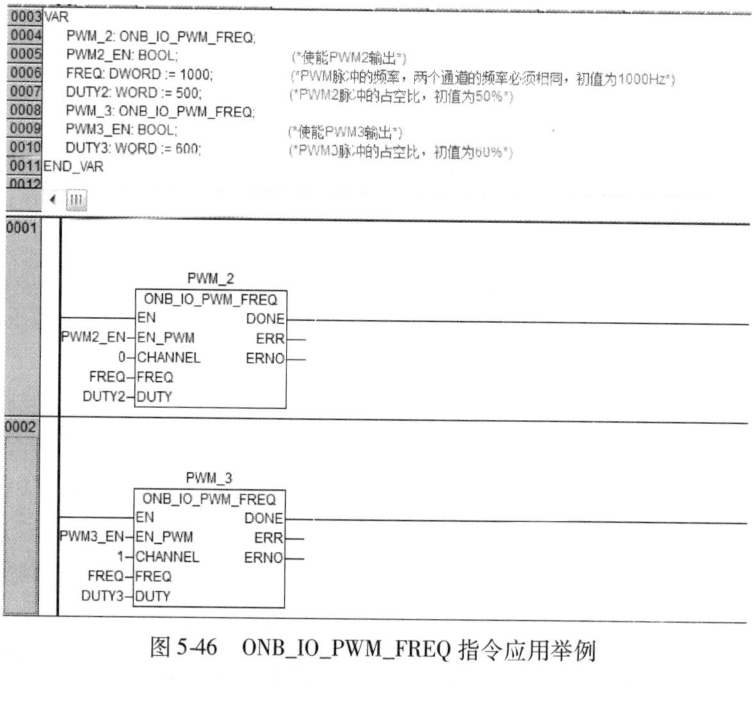

图 5-46　ONB_IO_PWM_FREQ 指令应用举例

> **注意**　输出通道 2 和 3 两路脉冲的占空比可以不同，但频率必须相同。

（2） ONB_IO_PWM_TIME（板载 I/O 的 PWM 周期方式输出）

功能块如图 5-47 所示。

功能：通过设置周期时间和占空比，同样可产生频率为 125Hz ～ 20kHz、占空比为 0～100% 的脉冲。

类型：标准功能块（FB，含历史数据）。

所属库：OnBoardIO_AC500_V13. lib。

参数说明见表 5-33。

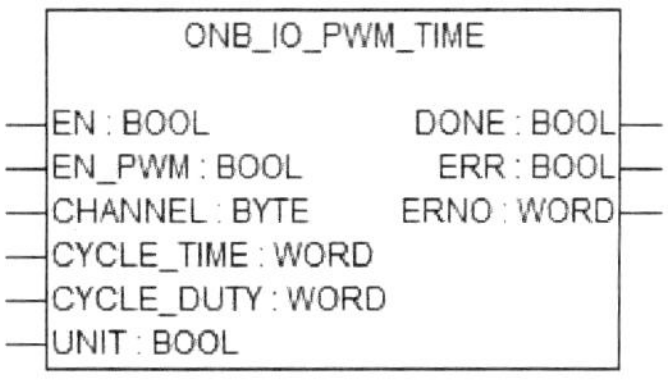

图 5-47　ONB_IO_PWM_TIME 功能块

表 5-33　ONB_IO_PWM_TIME 参数说明

输入参数	数据类型	描　　述
EN	BOOL	使能功能块 FALSE：功能无效 TRUE：高电平有效
EN_PWM	BOOL	使能 PWM 输出 FALSE：功能无效 TRUE：高电平有效
CHANNEL	BYTE	板载 I/O 上 PWM 输出的通道 0：选择输出通道 2（%QX4000. 2） 1：选择输出通道 3（%QX4000. 3）
CYCLE_TIME	WORD	PWM 的周期时间。周期时间从 8000μs（8 ms）至 50μs 可调，即 125Hz～20kHz。当输入变量 UNIT = TRUE 时，时间单位为“ms”
CYCLE_DUTY	WORD	占空比。0～1000（0～100. 0%）可调，不包括小数点。例如要设置 75. 8%，则应写为 758
UNIT	BOOL	周期时间单位。FALSE：μs TRUE：ms
输出参数	**数据类型**	**描　　述**
DONE	BOOL	功能块完成标识，操作执行完毕为 TRUE，仅保持一个扫描周期
ERR	BOOL	功能块错误标识，该输出要与 DONE 一起综合判断。DONE 为 TRUE，且 ERR 为 TRUE，则说明操作完成但存在错误；DONE 为 TRUE，且 ERR 为 FALSE，则说明操作成功
ERNO	WORD	功能块操作存在错误的代码，代码含义请参见附录 A。只有 DONE 为 TRUE，且 ERR 也为 TRUE 时，ERNO 的输出值才有效

> **注意**　ONB_IO_PWM_TIME 与 ONB_IO_PWM_FREQ 的使用方法相同，输出通道 2 和 3 两路脉冲的占空比可以不同，但周期时间必须相同。

5.4.4 高可靠性系统 HA CS31 指令

AC500 高可靠性系统是根据高可靠性自动化系统的要求设计的，简称 HA 系统。HA CS31 库（HA_CS31_AC500_V20. lib)提供多条指令，用于管理和控制 HA 系统。

1. HA_ CS31_ CONTROL(HA 系统控制指令)

功能块如图 5-48 所示。

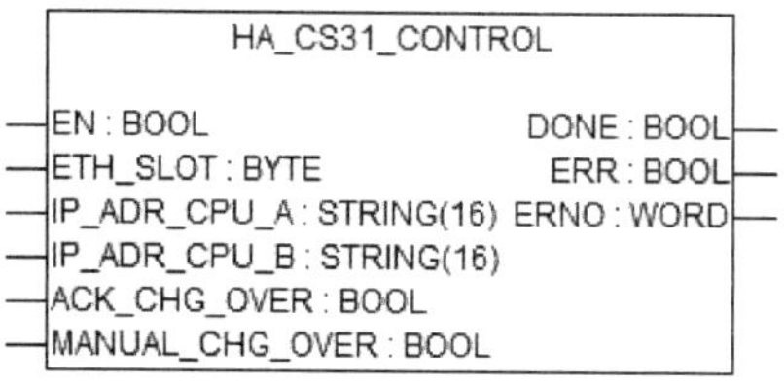

图 5-48　HA_CS31_CONTROL 功能块

功能：该功能块处理 AC500 HA 系统操作。例如：一旦主 CPU 发生故障，控制命令需切换到备用 CPU，同时在 HA CPU 之间传输相关的诊断信息及数据。

类型：标准功能块（FB，含历史数据）。

参数说明见表 5-34。

表 5-34　HA 系统控制功能块参数说明

输入参数	数据类型	描　　述
EN	BOOL	使能功能块 FALSE：功能无效 TRUE：高电平有效
ETH_SLOT	BYTE	以太网插槽。集成通信模块的编号为 0，所有扩展通信模块从右向左计数，起始值为 1
IP_ADR_CPU_A	STRING(16)	连接到总线 A 的 AC500 CPU 的 IP 地址
IP_ADR_CPU_B	STRING(16)	连接到总线 B 的 AC500 CPU 的 IP 地址
ACK_CHG_OVER	BOOL	切换事件确认输入
MANUAL_CHG_OVER	BOOL	手动切换输入。在主 CPU 中，如果出现上升沿时，则将强制主 CPU 切换为热备 CPU
输出参数	数据类型	描　　述
DONE	BOOL	功能块完成标识，操作执行完毕为 TRUE，仅保持一个扫描周期
ERR	BOOL	功能块错误标识，该输出要与 DONE 一起综合判断。DONE 为 TRUE，且 ERR 为 TRUE，则说明操作完成但存在错误；DONE 为 TRUE，且 ERR 为 FALSE，则说明操作成功
ERNO	WORD	功能块操作存在错误的代码，代码含义请参见附录 A。只有 DONE 为 TRUE，且 ERR 也为 TRUE 时，ERNO 的输出值才有效

描述：

该功能块负责管理 HA 系统，因此必须被调用。

建议创建冗余处理程序，程序中调用该功能块。

2. HA_CS31_DATA_SYNC(HA 系统数据同步指令)

功能块如图 5-49 所示。

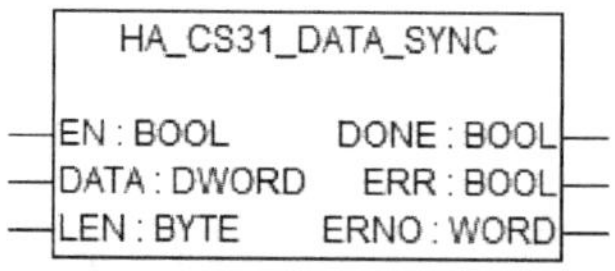

图 5-49　HA_CS31_DATA_SYNC 功能块

功能：该功能块用于在 HA 系统中同步指定的数据块。

类型：标准功能块（FB，含历史数据）。

参数说明见表 5-35。

表 5-35　HA_CS31_DATA_SYNC 参数说明

输入参数	数据类型	描　述
EN	BOOL	使能功能块 FALSE：功能无效 TRUE：高电平有效
DATA	DWORD	地址指针，指向需要同步的数据（可通过 ADR 指令获取该地址）
LEN	BYTE	数据长度，以字节为单位（可通过 SIZEOF 指令获取长度）
输出参数	数据类型	描　述
DONE	BOOL	功能块完成标识，操作执行完毕为 TRUE，仅保持一个扫描周期
ERR	BOOL	功能块错误标识，该输出要与 DONE 一起综合判断。DONE 为 TRUE，且 ERR 为 TRUE，则说明操作完成但存在错误；DONE 为 TRUE，且 ERR 为 FALSE，则说明操作成功
ERNO	WORD	功能块操作存在错误的代码，代码含义请参见附录 A。只有 DONE 为 TRUE，且 ERR 也为 TRUE 时，ERNO 的输出值才有效

描述：

DATA 读取需要同步的数据的首地址，LEN 读取长度信息。每个功能块可同步的最大数据量为 256 字节，如果同步数据较多，可声明多个实例。

交换数据最大为 1024 个字节。

建议创建冗余处理程序，程序中调用该功能块。

3. HA_CS31_DIAG（读取 HA 系统诊断信息）

功能块如图 5-50 所示。

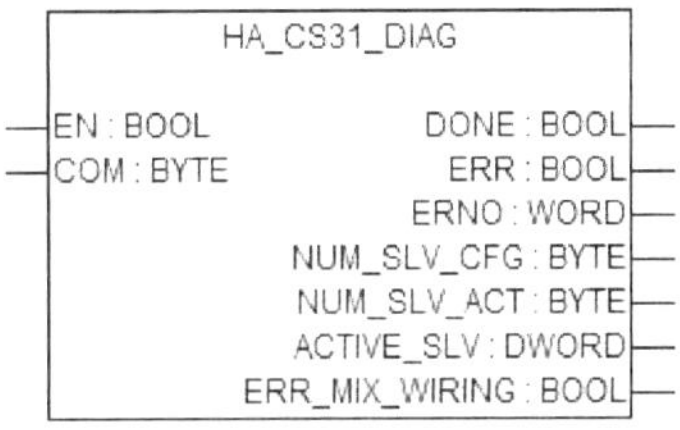

图 5-50　HA_CS31_DIAG 功能块

功能：该功能块读取 CS31 总线上各 CI590-CS31-HA 模块的状态字节。

类型：标准功能块（FB，含历史数据）

参数说明见表 5-36。

表 5-36　HA_CS31_DIAG 参数说明

输入参数	数据类型	描　述
EN	BOOL	使能功能块 FALSE：功能无效 TRUE：高电平有效
COM	BYTE	指定串行接口的编号　1：COM1 接口 2：COM2 接口
输出参数	数据类型	描　述
DONE	BOOL	功能块完成标识，操作执行完毕为 TRUE，仅保持一个扫描周期
ERR	BOOL	功能块错误标识，该输出要与 DONE 一起综合判断。DONE 为 TRUE，且 ERR 为 TRUE，则说明操作完成但存在错误；DONE 为 TRUE，且 ERR 为 FALSE，则说明操作成功
ERNO	WORD	功能块操作存在错误的代码，代码含义请参见附录 A。只有 DONE 为 TRUE，且 ERR 也为 TRUE 时，ERNO 的输出值才有效
NUM_SLV_CFG	BYTE	PLC 中配置的 CI590 从站数量

（续）

输出参数	数据类型	描　　述
NUM_SLV_ACT	BYTE	CS31 总线上激活的 CI590 从站数量
ACTIVE_SLV	DWORD	双字中的每个位代表一个 CS31 总线上激活的 CI590 设备
ERR_MIX_WIRING	BOOL	CS31 从站的总线 A 与总线 B 之间存在交叉接线错误标识

描述：

建议创建冗余处理程序，程序中调用该功能块。

4. HA_CS31_CALLBACK_STOP（HA 系统 CPU 停止时间调用程序）

功能块如图 5-51 所示。

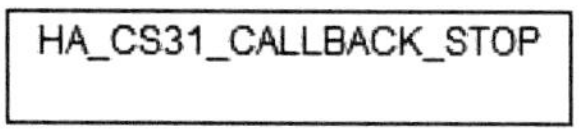

图 5-51　HA_CS31_CALLBACK_STOP 功能块

功能：处理 AC500 HA 工程在 CPU STOP 模式时的相关逻辑。

类型：标准程序（PRG）。

指令使用举例如图 5-52 及图 5-53 所示。

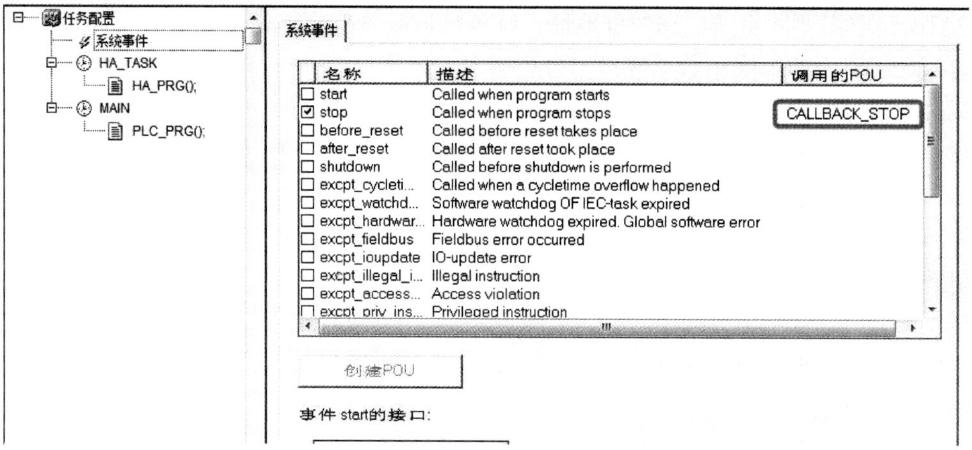

图 5-52　HA 系统 CPU 停止时间调用程序指令使用说明

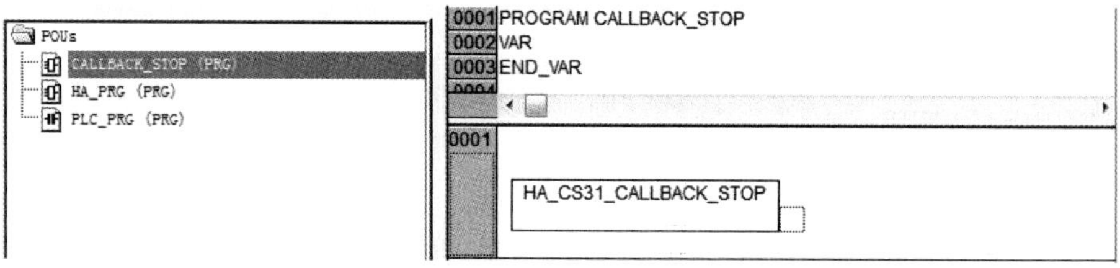

图 5-53　程序调用说明

- 通过 CPU 停止系统事件调用 CALLBACK_STOP；
- CALLBACK_STOP 中调用该程序；
- HA 工程必须调用该程序。

注意

CPU 停止事件调用的程序强制命名为“CALLBACK_STOP”（不区分大小写）。

5. 冗余数据标准功能块指令

HA 高可靠性系统中与时间相关的数据应该包含在两个 CPU 中，即称为冗余数据。冗余数据包括以下三种：

- 积分值；
- 计数值；
- 时序值。

用户程序中如果需要对冗余数据进行操作，应选择以下标准功能块，以便实现数据的同步。各参数的说明请参见对应的非冗余标准功能块。

- HA_CS31_PID；
- HA_CS31_PID_FIXCYCLE；
- HA_CS31_INTEGRAL；
- HA_CS31_RAMP_REAL；
- HA_CS31_RAMP_INT；
- HA_CS31_CTUD；
- HA_CS31_CTU；
- HA_CS31_CTD；
- HA_CS31_TON；
- HA_CS31_TOF。

第 6 章　ABB AC500 系列 PLC 通信系统

随着自动化设备智能化的不断提高，以及工业现场总线和 IT 技术的不断融合，工业通信在用户进行系统设计过程中的重要程度日益提高。ABB AC500 系列 PLC 拥有强大的通信能力，很好地兼容了市场主流的通信协议，使其可以很好地满足用户的通信需求。本章将重点介绍实现 AC500 系列 PLC 之间、AC500 系列 PLC 与远程 I/O 站、AC500 系列 PLC 与 ABB 变频器、AC500 系列 PLC 与触摸屏、上位机软件（SCADA）、AC500 系列 PLC 与伺服驱动器之间多种通信方法。

6.1　AC500 系列 PLC 的通信

6.1.1　AC500 与 AC500-eCo 通过 Modbus TCP 的通信

本节用于指导用户实现 AC500 系列 CPU 基于 TCP/IP 的 OpenModbus 通信。需要准备的硬件和软件见表 6-1。

表 6-1　硬件和软件需求

硬　件	软　件
PM583-ETH（V2.4）1 个	Automation Builder V1.1
PM564-TP-ETH（V2.4）1 个	
以太网连接电缆 1 根	
TB511 CPU 底板 1 个	

1. 硬件连接

在本通信工程中，AC500-eCo 系列 CPU PM564-TP-ETH 作为 Modbus 通信的从站，即服务器；PM583-ETH 作为 Modbus 通信的主站，即客户机。硬件连接图如图 6-1 所示。

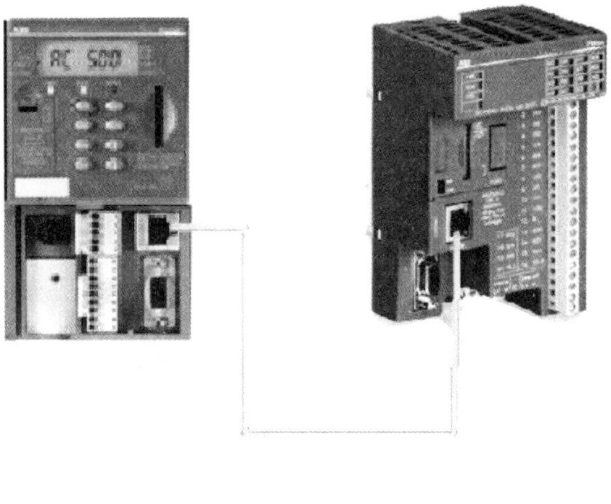

图 6-1　Modbus 通信连接

2. Modbus 从站组态

1）启动 Automation Builder V1.1，新建一个 PM564-TP-ETH 工程，将 CPU 的 IP 地址配置为 192.168.0.161，如图 6-2 所示。

IP 地址设置步骤请参考 4.3.4 节“设置 CPU 的 IP 地址”的内容。

2）右键单击“Protocols（协议）”，添加对象“Modbus TCP/IP 服务器”，如

图 6-3 所示。

图 6-2　CPU 的 IP 地址显示

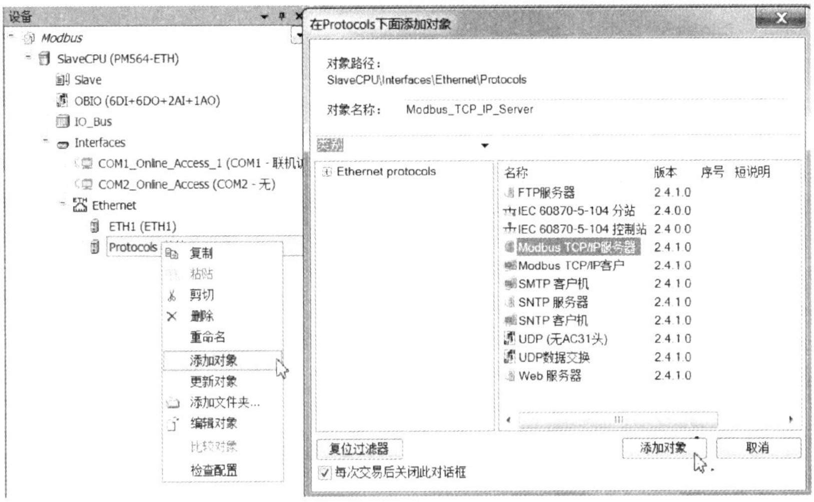

图 6-3　添加 Modbus TCP/IP 服务器

3）双击设备树中“Modbus_TCP_IP_Server”，右侧出现 Modbus TCP/IP 服务器参数设置界面，如图 6-4 所示。

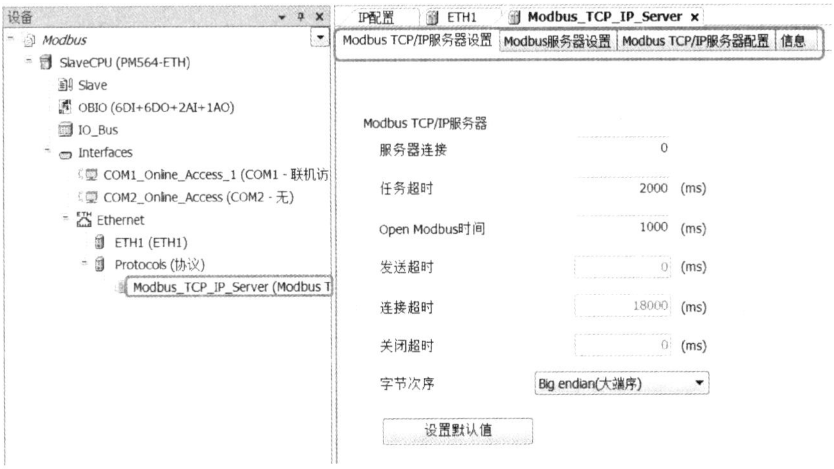

图 6-4　设置 Modbus TCP/IP 服务器参数

该参数界面共有“Modbus TCP/IP 服务器设置”“Modbus 服务器设置”“Modbus TCP/IP 服务器配置”“信息”4 个选项卡，一般仅需要设置“Modbus TCP/IP 服务器设置”中的参数。各参数含义见表 6-2。

表 6-2　Modbus TCP/IP 服务器参数指令

参数	缺省值	值范围	含义
服务器连接	0	0...12	PLC 作为 Modbus 服务器(从站)时，允许连接的客户端(主站)的数量。因客户端较多导致通信中断时，应调大 Open Modbus 时间
任务超时	2000	100...60000(ms)	PLC 作为客户端，向服务器发出传输请求后，等待服务器应答的最长时间
Open Modbus 时间	1000	100...60000(ms)	PLC 作为服务器，保持通信连接的时间。Modbus TCP/IP 基于建立的逻辑通信连接交换数据。如果数据通信的间隔较长，应该在完成通信后立即关闭连接，避免长期连接堵塞 Modbus 访问 设置较大的“Open Modbus 时间”，可以降低建立和关闭连接的频率
发送超时	0	0...2000000000(ms)	PLC 作为客户端，向服务器发送请求的时间长度。板载以太网不支持此功能
连接超时	0	0...2000000000(ms)	PLC 作为客户端，尝试与服务器建立连接的最长时间 板载以太网固定为 18s
关闭超时	0	0...2000000000(ms)	PLC 作为客户端，尝试与服务器关闭连接的时间长度 板载以太网不支持此功能
字节次序	大端	小端	传输数据(WORD 类型)时自动交换字中的两个字节。如果服务器采用英特尔格式，即小端格式，需要进行交换
		大端	传输数据(WORD 类型)时不自动交换字中的两个字节，保持摩托罗拉格式，即大端格式
设置默认值	—	—	恢复所有参数的默认值

对于从站即服务器端，一般仅需修改“服务器连接”为非 0 值。典型的参数配置如图 6-5 所示。组态完成后，保存工程。

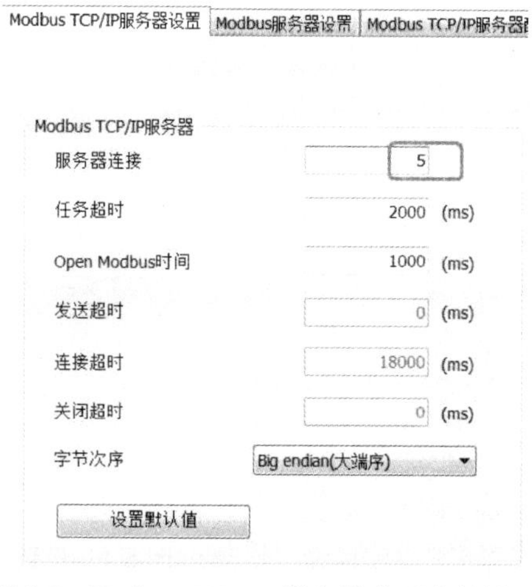

图 6-5　Modbus TCP/IP 服务器典型参数设置

3. 程序下载

双击设备树中的“Slave”图标，进入 CoDeSys 编程界面，将程序下载到 PM564-TP-ETH 中，并创建引导工程。具体步骤请参见 4.6 节内容，如图 6-6 所示。

4. 程序监控

在 Modbus 从站中，不需要编写程序，但可以添加变量表用于监控运行状态，如图 6-7 所示。

图 6-6　创建引导工程

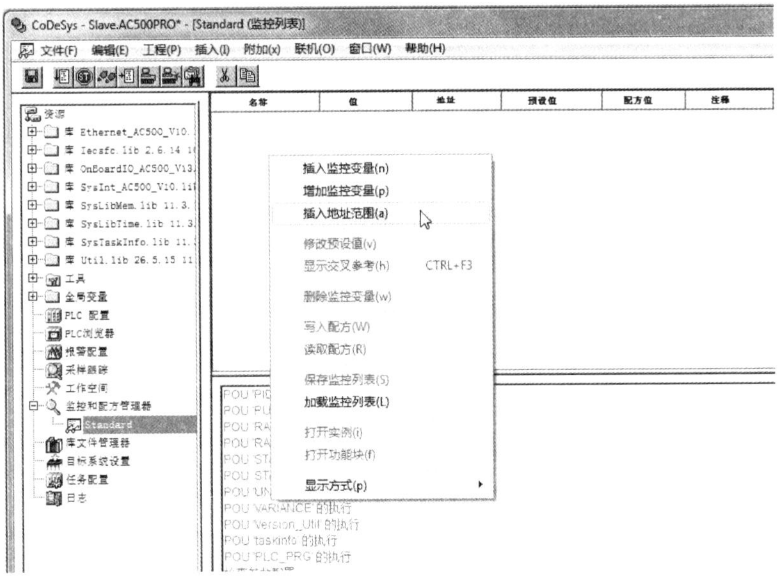

图 6-7　添加监控变量

在弹出的对话框中，选择要监控的变量起始地址和长度，如图 6-8 所示。

在联机状态下，创建的变量表可以进行查看和修改变量数值，如图 6-9 所示。

5. Modbus 主站组态

1）在前面新建的 Automation Builder 工程中，右键添加设备 PM583-ETH，可以修改该站点的名称为"MasterCPU"，程序的名称为"Master"，如图 6-10 所示。

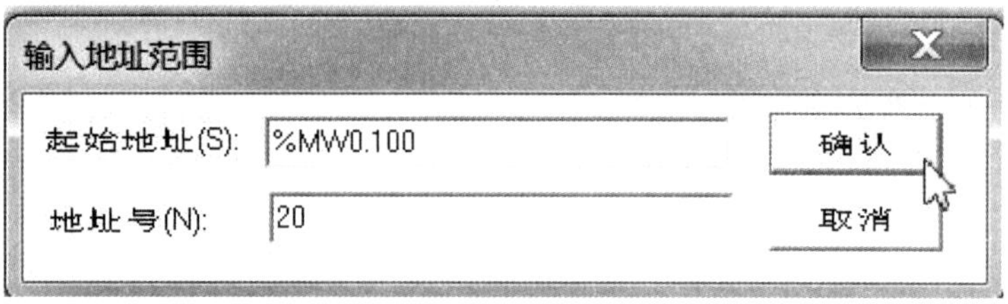

图 6-8　选择变量地址

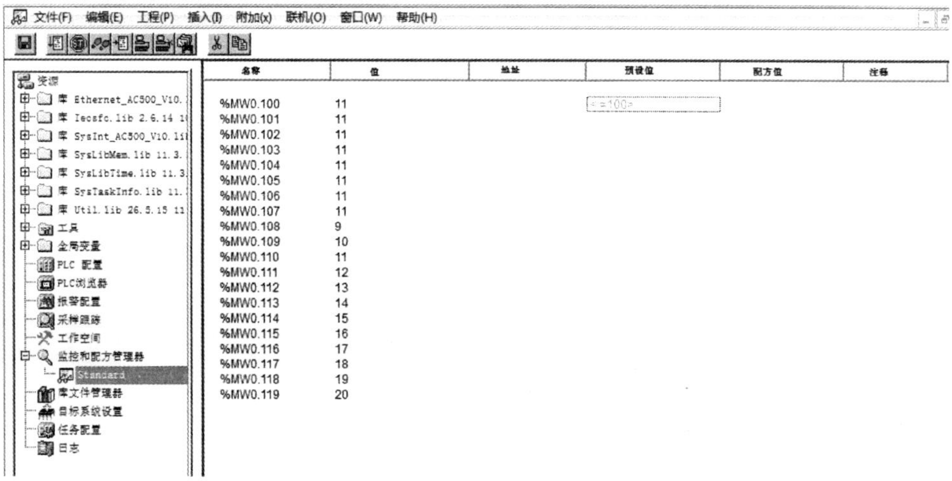

图 6-9　修改变量值

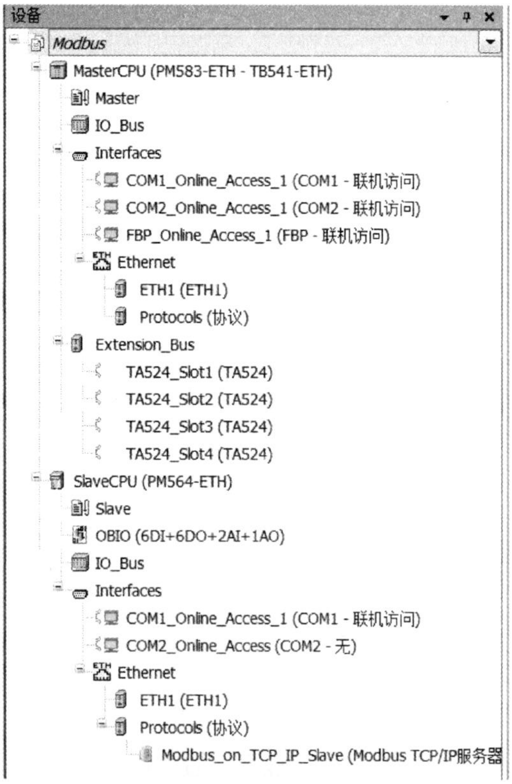

图 6-10　添加新工程

2）参照 4.3.4 节的内容，设置 PM583-ETH 的 IP 地址为 192.168.0.1，如图 6-11 所示。

图 6-11　设置 IP 地址

3）设置 Modbus 参数，对于主站即客户端，“Modbus TCP/IP 服务器设置”中各项参数一般采用默认值即可，无需修改。

所有参数设置完毕后，保存参数，如图 6-12 所示。

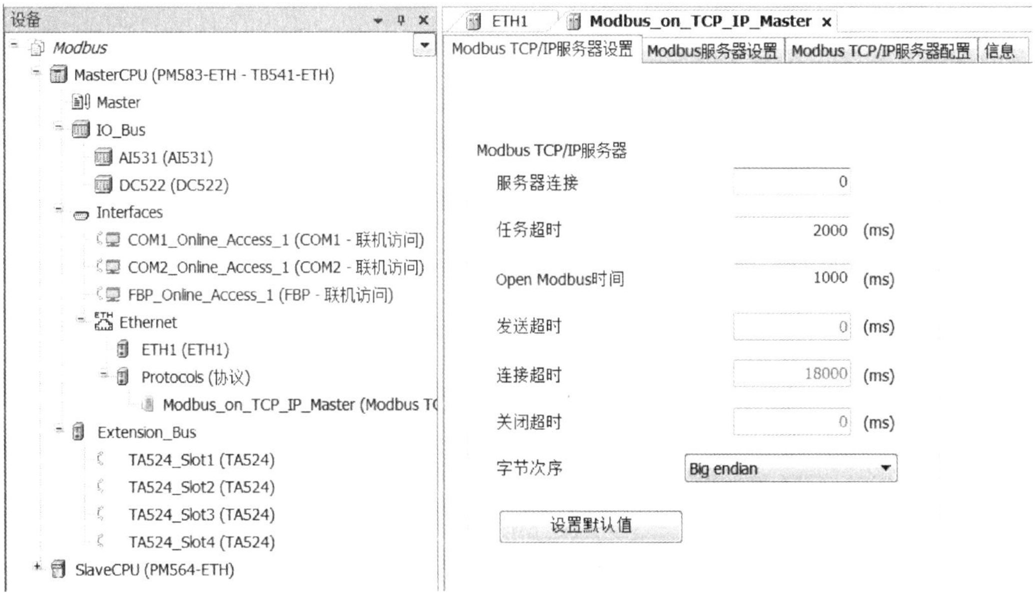

图 6-12　Modbus 通信参数设置

> **注意**　在设置主站参数时，参数“字节次序”需要根据从站的字节传输顺序合理选择，从而确保数据传输的正确性。这点对于从站是第三方设备的情况至关重要。“Big endian”为 Motorola 字节，“Little endian”为 Interlace 字节顺序。

6. Modbus 主站程序编制

（1）样例程序功能描述

主站 PM583-ETH 执行写入操作时，将主站的发送数据区（起始地址为% MW0.100，数据长度为 20）的数据写入从站的数据区（起始地址为% MW0.100，数据长度为 20）。

执行读取操作时，将从站数据区（起始地址为% MW0. 100，数据长度为 20）的数据，保存到主站接收数据区（起始地址为% MW0. 0，数据长度为 20）。这样，主站的接收数据区的数据随发送数据而变化。

程序执行的原理如图 6-13 所示。

（2）知识储备

1）功能块描述　在 TCP/IP 的 Modbus 通信中，需要在主站编制数据读写程序，从站部分不需要编程。ABB AC500 提供 Modbus 通信功能块如下：

ETH_MOD_MAST：用于发送一个 TCP/IP OpenModbus 报文到服务器（从站）并处理相关响应，功能块如图 6-14 所示。

ETH_MOD_INFO：从基于 TCP/IP 的 OpenModbus 处理中读取状态信息，功能块如图 6-15 所示。

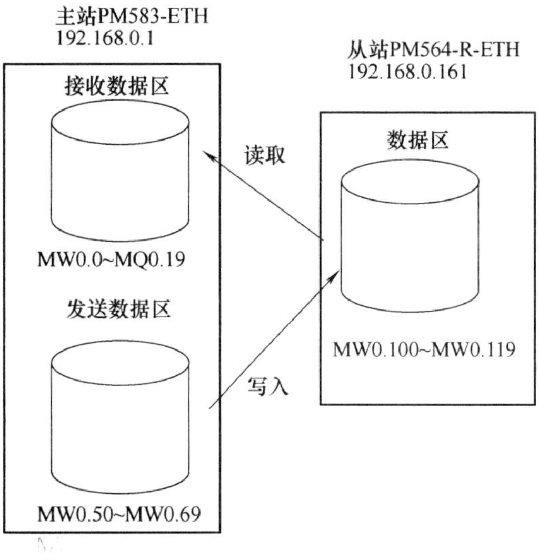

图 6-13　程序的执行原理图

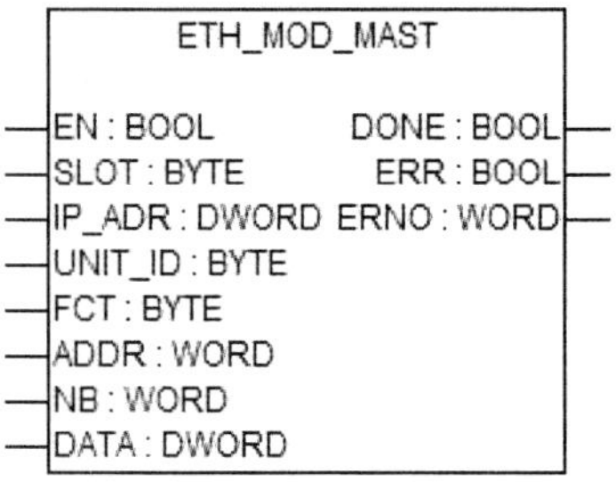

图 6-14　ETH_MOD_MAST 功能块

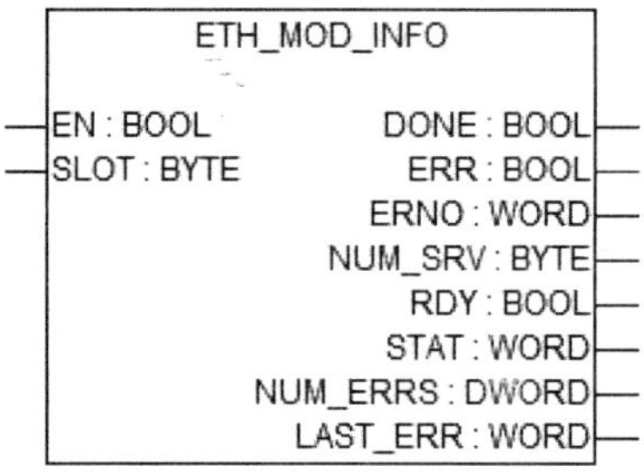

图 6-15　ETH_MOD_INFO 功能块

ETH_MOD_MAST 的参数说明见表 6-3：

表 6-3　功能块 ETH_MOD_MAST 的参数说明

ETH_MOD_MAST			功能描述
EN	输入	BOOL	启用数据收发功能。上升沿 FALSE→TRUE：执行一次收发操作
SLOT	输入	BYTE	通信模块的插槽（模块号码）。CPU 内置网卡为 0，扩展网卡从 CPU 侧向左依次为 1 ~ 4
IP_ADR	输入	DWORD	服务器的 IP 地址
UNIT_ID	输入	BYTE	从站子地址。如果 Modbus 从站是由 IP_ADR 定义的 Modbus 服务器串行连接的从站，则必须在输入 UNIT_ID 设定 Modbus 从站的地址。如果 Modbus 服务器没有连接更多从站，则不需要使用这个输入
FCT	输入	BYTE	Modbus 功能代码
ADDR	输入	WORD	服务器的操作数/寄存器地址
NB	输入	WORD	读/写数据的数量（根据功能码不同，单位为 bit 或 word）

（续）

ETH_MOD_MAST			功能描述
DATA	输入	DWORD	客户端（主站）中数据存储区的首地址（写给服务器的数据或从服务器读取的数据将要保存的地址）
DONE	输出	BOOL	功能块就绪信息。操作执行完毕为 1，仅保持一个扫描周期
ERR	输出	BOOL	功能块故障信息。与 DONE 和 ERNO 一起指示操作是否成功 DONE& ERR =0：操作成功 DONE & ERR =1，读写操作完成但存在错误，错误代码保存在 ERNO 中
ERNO	输出	WORD	故障代码，代码含义请参见附录 A

ETH_MOD_INFO 的参数说明见表 6-4。

表 6-4　功能块 ETH_MOD_INFO 的参数说明

ETH_MOD_INFO			功能描述
EN	输入	BOOL	启用数据收发功能。上升沿 FALSE→TRUE：执行一次收发操作
SLOT	输入	BYTE	通信模块的插槽（模块号码）。CPU 集成通信模块的编号为 0，所有扩展通信模块从右到左计数，起始值为 1
DONE	输出	BOOL	功能块就绪信息。操作执行完毕为 1，仅保持一个扫描周期
ERR	输出	BOOL	功能块故障信息。与 DONE 和 ERNO 一起指示操作是否成功 DONE& ERR =0：操作成功 DONE & ERR =1，读写操作完成但存在错误，错误代码保存在 ERNO 中
ERNO	输出	WORD	故障代码，代码含义请参见附录 A
NUM_SRV	输出	BYTE	配置的服务器数量
RDY	输出	BOOL	指示基于 TCP/IP 的 OpenModbus 处理运行就绪。如果 RDY = TRUE，服务器处理以及客户端处理都准备好进行运行。当 DONE = TRUE 且 ERR = FALSE 时，RDY 才有效
STAT	输出	WORD	指示基于 TCP/IP 的 OpenModbus 处理的当前运行状态。当 DONE = TRUE 且 ERR = FALSE 时，STAT 才有效
NUM_ERRS	输出	DWORD	显示以太网通信模块发送的错误数量
LAST_ERR	输出	WORD	最后发送的错误标识

2）Modbus 功能代码和地址，如图 6-16 所示。

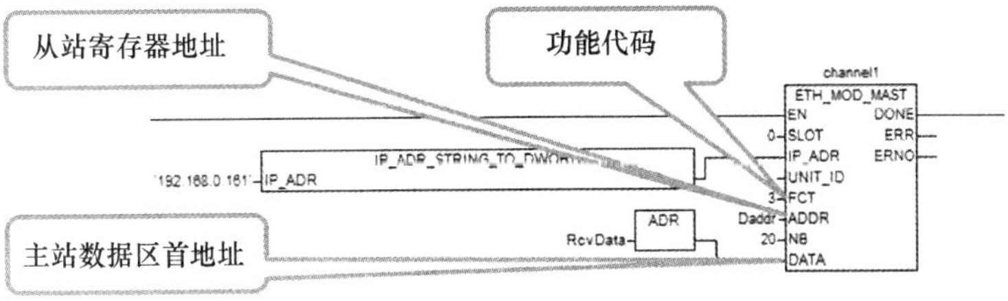

图 6-16　Modbus 功能代码和地址

AC500 系列 CPU 可处理 Modbus 操作代码见表 6-5。

表 6-5 Modbus 操作代码

FCT		描述	长度限制
Dec	Hex		
01 或 02	01 或 02	读取 n 位	255 位（固件版本在 V01. 33 以下） 1800 位（固件版本高于 V01. 41） 1536 位（仅限于 PM573 / PM583）
03 或 04	03 或 04	读取 n 个字	100 个字 / 50 个双字
05	05	写 1 位	1 位
06	06	写 1 个字	1 个字
07	07	快速读取 CPU 状态字节	8 位
15	0F	写 n 位	255 位（固件版本在 V01. 33 以下） 1800 位（固件版本高于 V01. 41） 1536 位（仅限于 PM573 / PM583）
16	10	写 n 个字	100 个字/ 50 个双字
22	16	写掩码	1 个字
23	17	读/写多个字	读：125 个字 / 62 个双字 写：123 个字 / 61 个双字

从站 Modbus 地址仅当 AC500 系列 CPU 做 Modbus 从站时有效。Modbus 可以访问 AC500 可寻址标志区（%M 区）的 0 段和 1 段，允许访问的存储区长度为 128 K。因此，全部地址范围从 0000 hex 到 FFFF hex 均可以通过 Modbus 进行访问。输入和输出区（%I 和%Q 区）不允许通过 Modbus 直接访问。对于 eCo CPU 只支持 0 段中的前 2KB，即% MB0. 0 ~ %MB0. 2047。（本例中为 AC500-eCo 作从站）

按字和双字访问时，地址分配见表 6-6。

表 6-6 Modbus 地址表

Modbus 地址		字节	位（源于字节）	字	双字
Hex	Dec	SINT / BYTE	BOOL	INT / WORD	DINT / DWORD
段 0					
0000	0	% MB0. 0	% MX0. 0. 0 . . . % MX0. 0. 7	% MW0. 0	% MD0. 0
		% MB0. 1	% MX0. 1. 0 . . . % MX0. 1. 7		
0001	1	% MB0. 2	% MX0. 2. 0 . . . % MX0. 2. 7	% MW0. 1	
		% MB0. 3	% MX0. 3. 0 . . . % MX0. 3. 7		
0002	2	% MB0. 4	% MX0. 4. 0 . . . % MX0. 4. 7	% MW0. 2	% MD0. 1
		% MB0. 5	% MX0. 5. 0 . . . % MX0. 5. 7		
0003	3	% MB0. 6	% MX0. 6. 0 . . . % MX0. 6. 7	% MW0. 3	% MD0. 2
		% MB0. 7	% MX0. 7. 0 . . . % MX0. 7. 7		
. . .	. . .	. . .	. . .	. . .	. . .

（续）

Modbus 地址		字节	位（源于字节）	字	双字
Hex	Dec	SINT / BYTE	BOOL	INT / WORD	DINT / DWORD
7FFE	32766	% MB0. 65532	% MX0. 65532. 0 . . . % MX0. 65532. 7	% MW0. 32766	% MD0. 16383
		% MB0. 65533	% MX0. 65533. 0 . . . % MX0. 65533. 7		
7FFF	32767	% MB0. 65534	% MX0. 65534. 0 . . . % MX0. 65534. 7	% MW0. 32767	
		% MB0. 65535	% MX0. 65535. 0 . . . % MX0. 65535. 7		
段 1					
8000	32768	% MB1. 0	% MX1. 0. 0 . . . % MX1. 0. 7	% MW1. 0	% MD1. 0
		% MB1. 1	% MX1. 1. 0 . . . % MX1. 1. 7		
8001	32769	% MB1. 2	% MX1. 2. 0 . . . % MX1. 2. 7	% MW1. 1	
		% MB1. 3	% MX1. 3. 0 . . . % MX1. 3. 7		
8002	32770	% MB1. 4	% MX1. 4. 0 . . . % MX1. 4. 7	% MW1. 2	% MD1. 1
		% MB1. 5	% MX1. 5. 0 . . . % MX1. 5. 7		
8003	32771	% MB1. 6	% MX1. 6. 0 . . . % MX1. 6. 7	% MW1. 3	% MD1. 2
		% MB1. 7	% MX1. 7. 0 . . . % MX1. 7. 7		
. . .	. . .	. . .	. . .	. . .	. . .
FFFE	65534	% MB1. 65532	% MX1. 65532. 0 . . . % MX1. 65532. 7	% MW1. 32766	% MD1. 16383
		% MB1. 65533	% MX1. 65533. 0 . . . % MX1. 65533. 7		
FFFF	65535	% MB1. 65534	% MX1. 65534. 0 . . . % MX1. 65534. 7	% MW1. 32767	
		% MB1. 65535	% MX1. 65535. 0 . . . % MX1. 65535. 7		

按位访问时，地址设置见表 6-7。

表 6-7　Modbus 按位访问时的地址表

Modbus 地址		字节	位（源于字节）	字	双字
Hex	Dec	SINT / BYTE	BOOL	INT / WORD	DINT / DWORD
段 0					
0000	0	% MB0. 0	% MX0. 0. 0	% MW0. 0	% MD0. 0
0001	1		% MX0. 0. 1		
0002	2		% MX0. 0. 2		
0003	3		% MX0. 0. 3		
0004	4		% MX0. 0. 4		
0005	5		% MX0. 0. 5		
0006	6		% MX0. 0. 6		
0007	7		% MX0. 0. 7		
0008	8	% MB0. 1	% MX0. 1. 0		
0009	9		% MX0. 1. 1		
000A	10		% MX0. 1. 2		
000B	11		% MX0. 1. 3		

（续）

Modbus 地址		字节	位（源于字节）	字	双字
Hex	Dec	SINT / BYTE	BOOL	INT / WORD	DINT / DWORD
000C	12	%MB0.1	%MX0.1.4	%MW0.0	%MD0.0
000D	13		%MX0.1.5		
000E	14		%MX0.1.6		
000F	15		%MX0.1.7		
0010	16	%MB0.2	%MX0.2.0	%MW0.1	
0011	17		%MX0.2.1		
0012	18		%MX0.2.2		
0013	19		%MX0.2.3		
0014	20		%MX0.2.4		
0015	21		%MX0.2.5		
0016	22		%MX0.2.6		
0017	23		%MX0.2.7		
0018	24	%MB0.3	%MX0.3.0		
0019	25		%MX0.3.1		
001A	26		%MX0.3.2		
001B	27		%MX0.3.3		
001C	28		%MX0.3.4		
001D	29		%MX0.3.5		
001E	30		%MX0.3.6		
001F	31		%MX0.3.7		
...	...	...	...	...	...
0FFF	4095	%MB0.511	%MX0.511.7	%MX0.255	%MD0.127
1000	4096	%MB0.512	%MX0.512.0	%MX0.256	%MD0.128
...	...	...	...	...	...
7FFF	32767	%MB0.4095	%MX0.4095.7	%MX0.2047	%MD0.1023
8000	32768	%MB0.4096	%MX0.4096.0	%MX0.2048	%MD0.1024
...	...	...	...	...	...
FFFF	65535	%MB0.8191	%MX0.8191.7	%MX0.4095	%MD0.2047

位访问时的地址与变量的对应关系见表 6-8。

表 6-8　Modbus 按位访问时的地址与变量对应关系

说　明	符　号	公　式
Modbus 地址	ADDR	10 进制地址值
M 区地址字节字段	BYTE	ADDR / 8
M 区地址位字段	BIT	ADDR mod 8（取余）
公式：ADDR（Modbus 地址变量）:= %MX0.BYTE.BIT（存储区）		

例：ADDR：=16 # 2002：=8194；

BYTE ：= 8194 / 8 ：= 1024；

BIT ：= 8194 mod 8 ：= 2；

位变量为 %MX0. 1024. 2。

> **注意**
>
> 1. Modbus 地址按字访问的地址范围是% MW0. 0 … % MW1. 32767；按位访问的地址范围是% MW0. 0 … % MX0. 8191. 7。
> 2. 不能对 0 段和 1 段中的读保护和写保护区域进行读写操作。
> 3. 如果访问地址超过允许的地址范围，将会产生一个错误。

（3）数据写入程序示例

数据写入程序示例如图 6-17 所示。

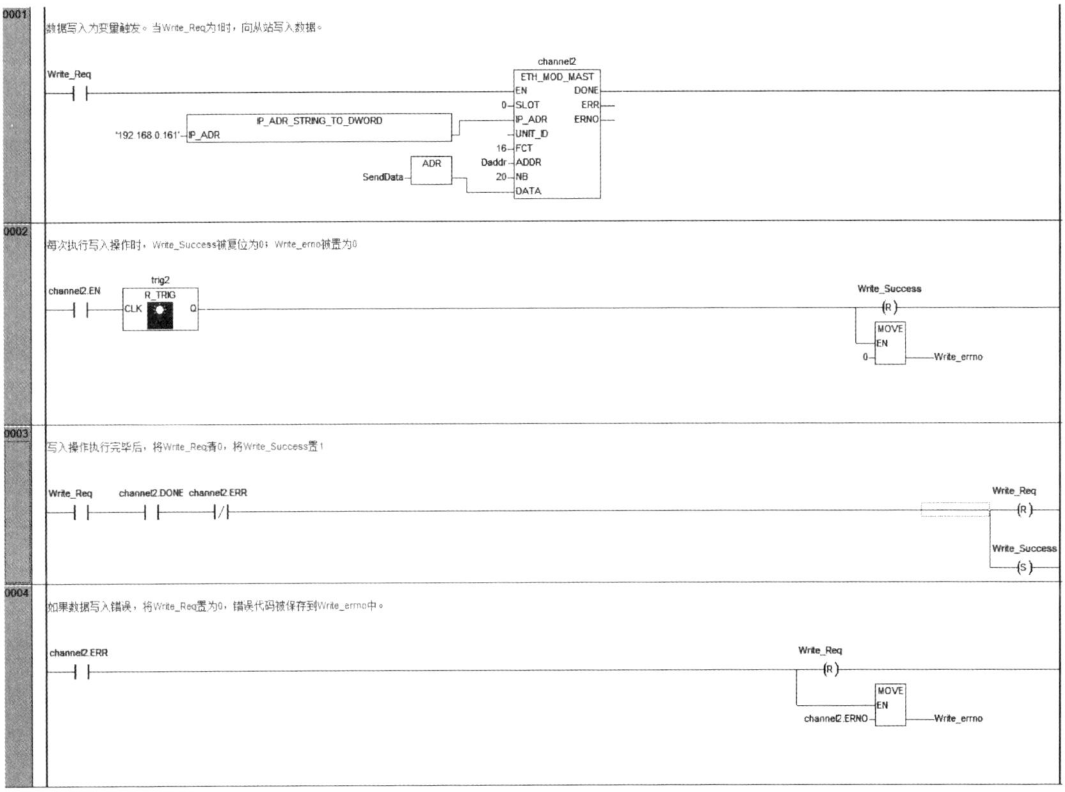

图 6-17　数据写入程序

（4）数据读取程序示例

如图 6-18 所示，图中 EN 上升沿有效，每次由 0 变为 1 时，执行一次收发操作。SLOT 表示以太网插槽编号，从 CPU 左侧第一个插槽向左依次为 1 ～ 4，内部网卡为 0。IP_ADR 为从站 IP 地址，此处为 192. 168. 0. 161，形式为 DWORD。FCT = 3 为 modbus 功能代码，表示连续读取 n 个字。ADDR 为从站数据区起始地址，此处为 100。NB 为读取的数据长度，此处为 20。DATA 为主站数据区的地址指针。

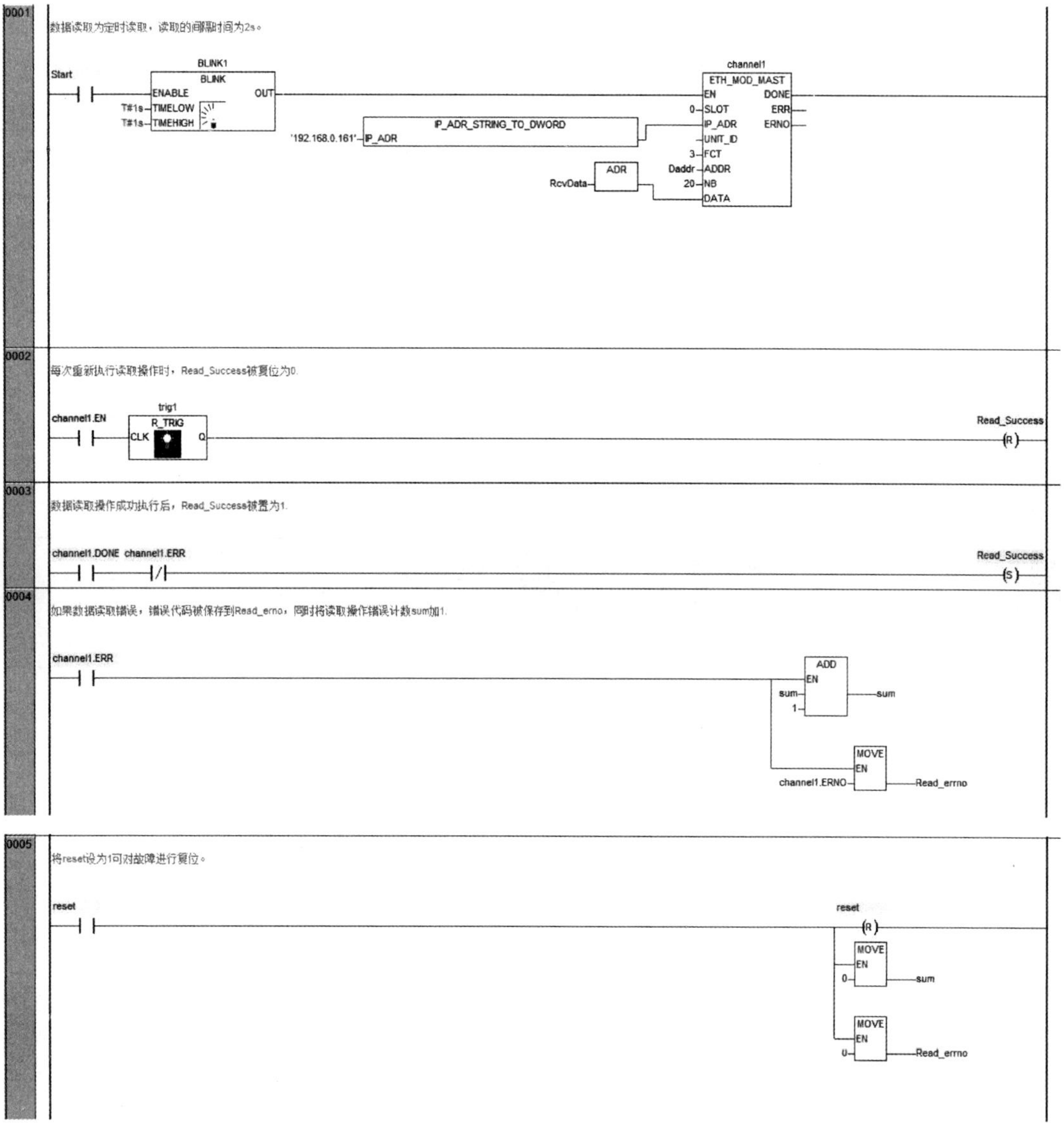

图 6-18　数据读取程序

(5) 通信诊断程序示例

通信诊断程序示例如图 6-19 所示。

程序的第三部分为 OpenModbus 的诊断程序，当标志位 DONE = 1，ERR = 0，表示功能块成功执行，读取到的状态有效，分别保存到 NUM_SRV、LAST_ERR、NUM_ERRS、STAT 和 RDY 中。

(6) 程序下载及调试

程序的下载步骤参见本书 4.6 节内容。程序的运行效果如图 6-20 ~ 图 6-22 所示。

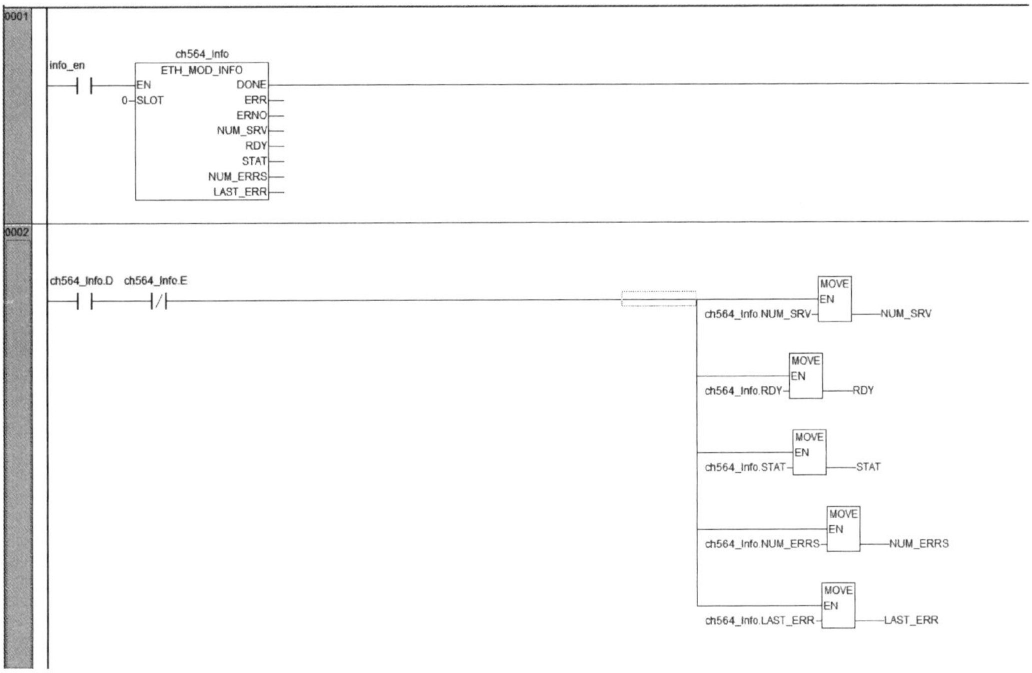

图 6-19　通信诊断程序

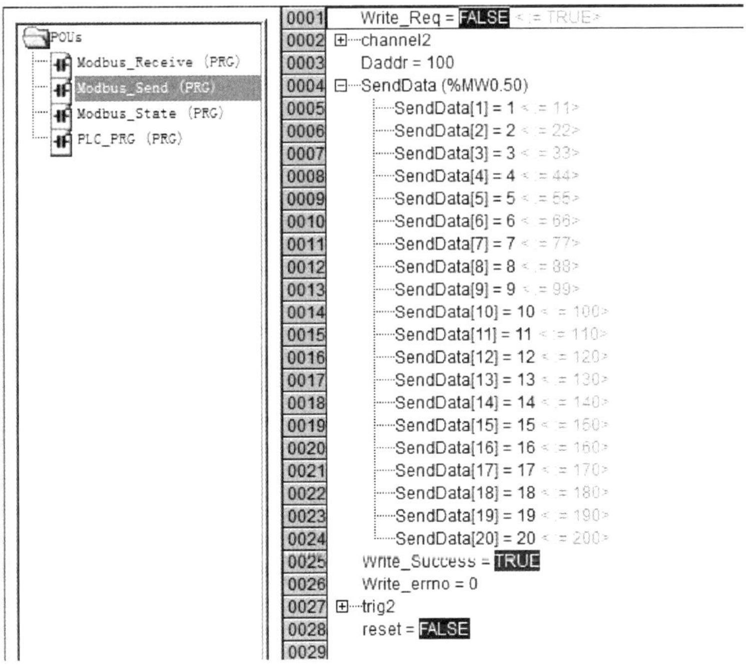

图 6-20　程序运行结果

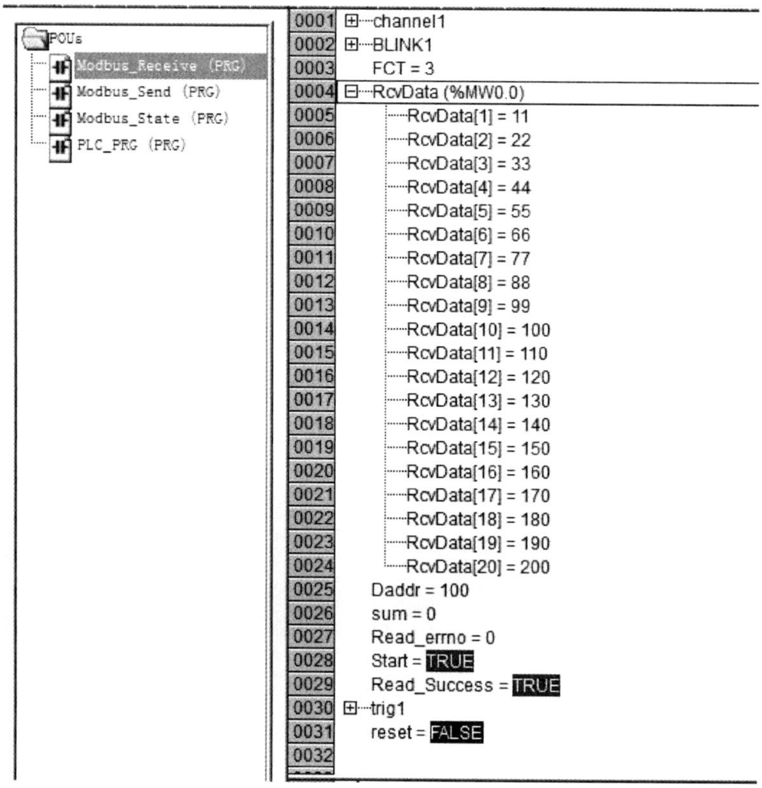

图 6-21　主站接收数据区结果显示

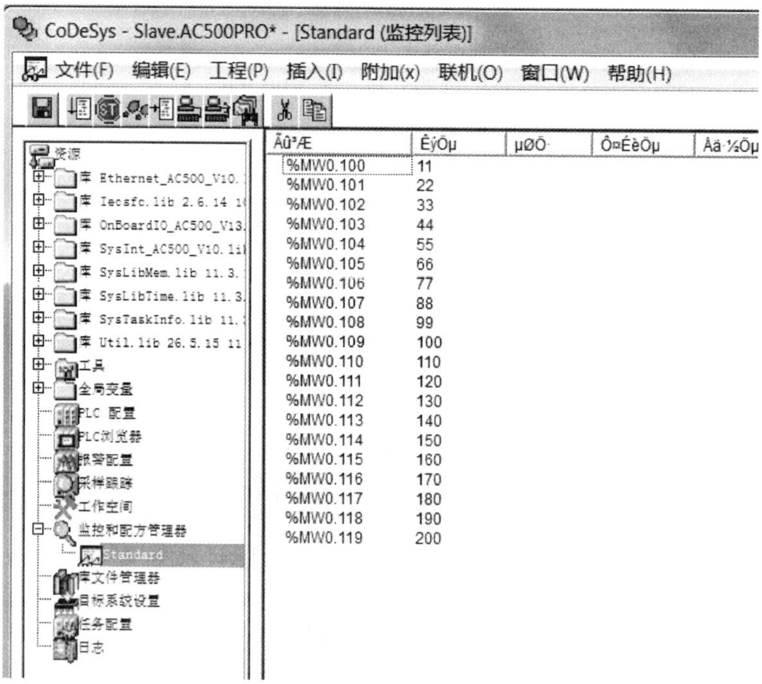

图 6-22　从站收发数据区结果显示

6.1.2　AC500 通过 Modbus RTU 的通信

本节用于指导用户实现 AC500 系列 CPU 基于串口的 Modbus 通信。需要准备的硬件和软件见表 6-9，表 6-9 中 CPU 的型号仅供用户参考，可根据实际 CPU 测试。

表 6-9　硬件和软件需求

硬件	软件
PM583-ETH（V2.4）1 个	Automation Builder V1.1
PM592-ETH（V2.4）1 个	
屏蔽双绞线 1 根	
TB511 CPU 底板 2 个	

1. 硬件连接

在本通信工程中，AC500 系列 CPU PM592-ETH 的 COM1 作为 Modbus 通信的主站，即客户；PM583-ETH 的 COM1 作为 Modbus 通信的从站，即服务器。硬件连接示意图如图 6-23 所示，COM1 的端子分配见表 6-10。

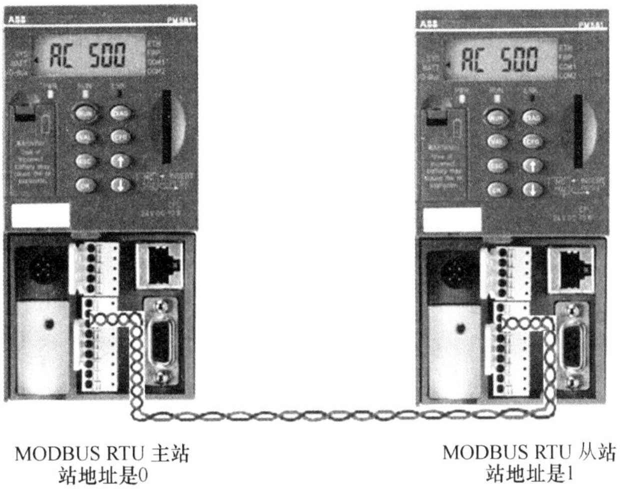

图 6-23　Modbus 通信硬件连接示意图

表 6-10　串行接口 COM1 的端子分配

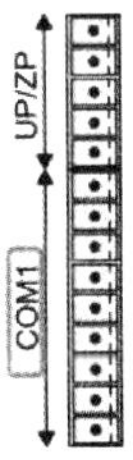 端子排已移除	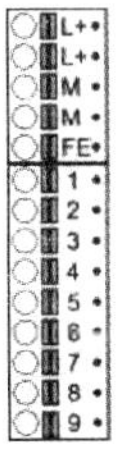 端子排已插入	L +	+24 V DC	UP	
		L +	+24 V DC	UP	
		M	0V	ZP	
		M	0V	ZP	
		FE	FE	功能接地	
		1	终端 P	RS-485	终端 P
		2	RxD/TxD-P	RS-485	接收/发送正
		3	Rxd/TxD-N	RS-485	接收/发送负
		4	终端 N	RS-485	终端 N
		5	RTS	RS-232	请求发送（输出）
		6	TxD	RS-232	发送数据（输出）
		7	SGND	信号地	
		8	RxD	RS-232	接收数据（输入）
		9	CTS	RS 232	清除发送（输入）

2. Modbus 从站组态

1）启动 Automation Builder V1.1，新建一个 PM583-ETH 工程，将 CPU 的 IP 地址配置为 192.168.0.10。如图 6-24 所示。

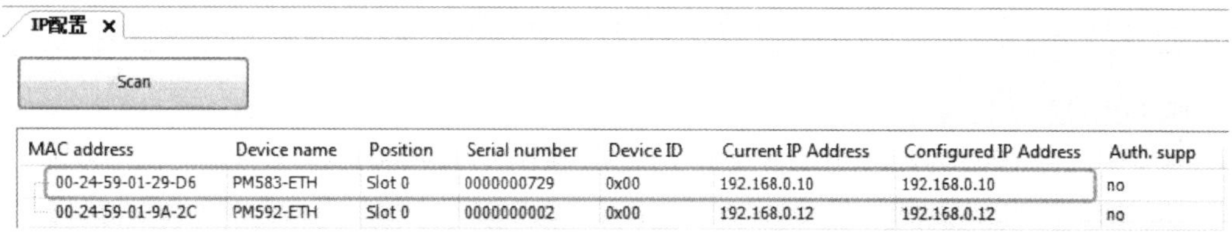

图 6-24　CPU 的 IP 地址显示

IP 地址设置步骤请参考 4.3.4 节“设置 CPU 的 IP 地址”的内容。

2）右键单击“COM1_Online_Access（COM1-联机访问）”，添加对象“COM1-Modbus”，如图 6-25 所示。

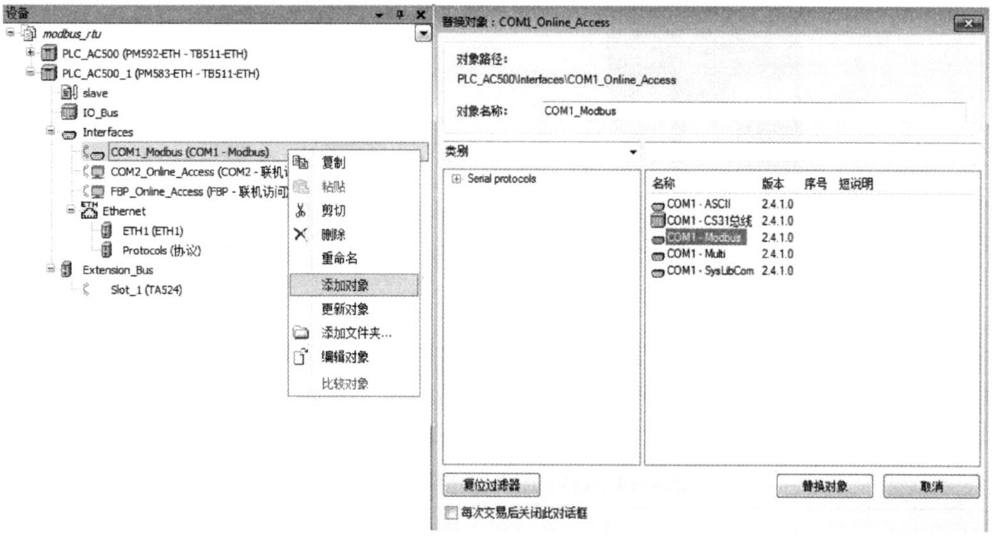

图 6-25　添加 Modbus 通信方式

3）双击设备树中“COM1-Modbus（COM1-Modbus）”，右侧出现 COM1-Modbus 参数设置界面，如图 6-26 所示。

对于从站（即服务器），一般采用 RS485 通信是 RTS 控制器设为“报文”，运行模式设为“服务器”，站地址设为“1”。典型的参数配置如图 6-27 所示。

对于服务器，一般需修改如下几项关键参数：

RTS 控制器：对于 RS485 接线方式，必须设置为“报文”（Telegram），RS232 接线方式设置为“无”（None）。

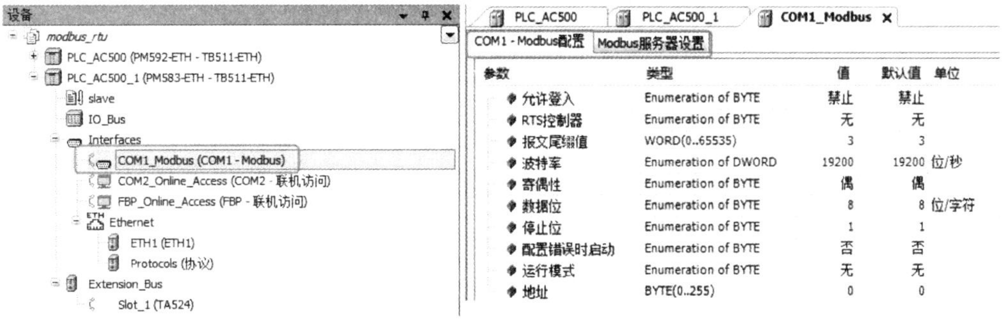

图 6-26　COM1-Modbus 参数配置界面

图 6-27　Modbus 通信从站典型参数配置

运行模式：设置为“服务器”。

地址：设置为 1 ~ 31 的数。

其他与串行通信相关的参数如波特率/停止位等可根据需求修改。

组态完成后，保存工程。

3. 程序下载

双击设备树中的“Slave”图标，进入 CoDeSys 编程界面，将程序下载到 PM583-ETH 中，并创建引导工程，如图 6-28 所示，具体步骤请参见 4.6 节内容。

4. 程序监控

在 Modbus 从站中，不需要编写程序，但可以添加变量表用于监控运行状态，如图 6-29 所示。

在弹出的对话框中，选择要监控的变量起始地址和长度，如图 6-30 所示。

在联机状态下，创建的变量表可以进行查看和修改变量数值，如图 6-31 所示。

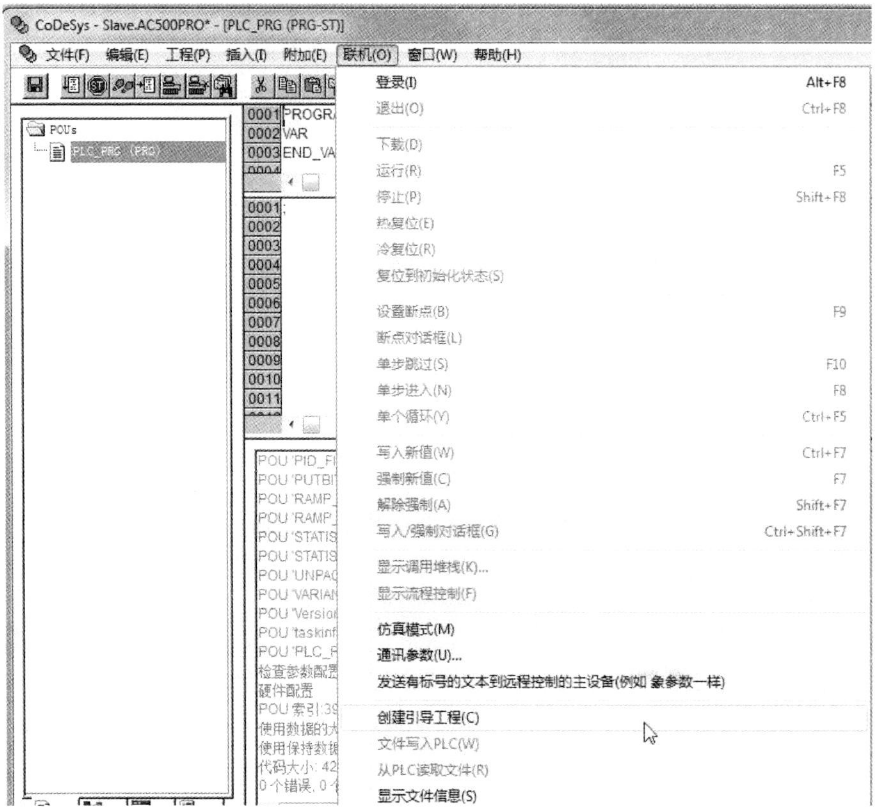

图 6-28　创建引导工程

图 6-29　添加监控变量

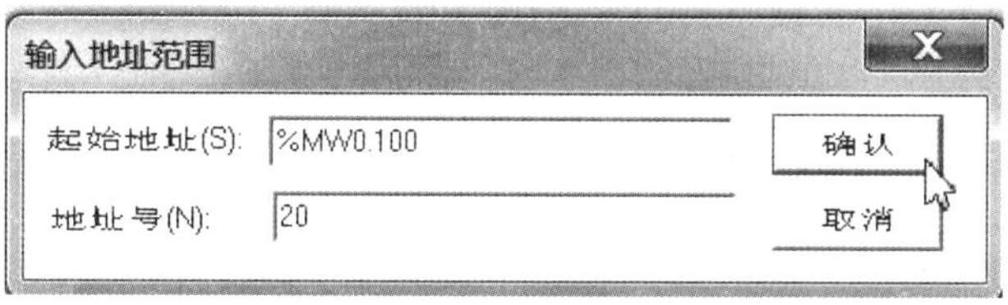

图 6-30 输入变量地址

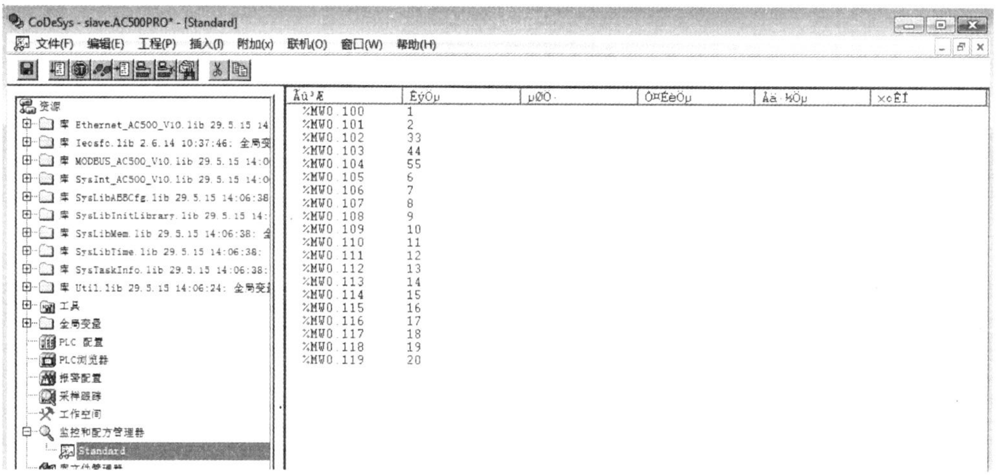

图 6-31 查看变量结果

5. Modbus 主站组态

1）在刚才新建的 Automation Builder 工程中，右键添加设备 PM592-ETH，程序的名称为“Master”，如图 6-32 所示。

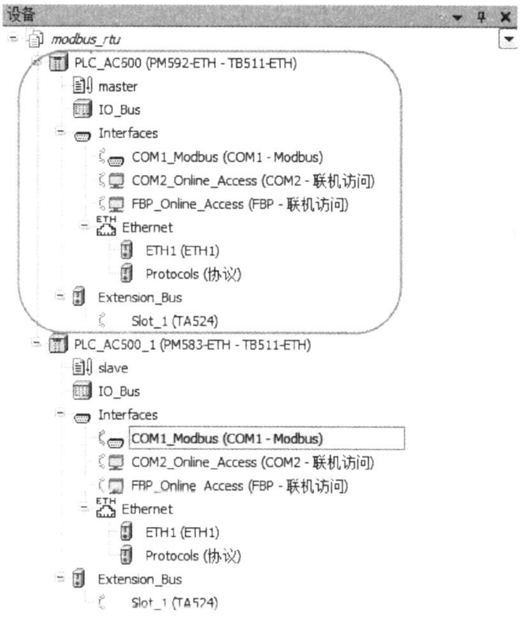

图 6-32 添加新工程

2）参照4.3.4节的内容，设置PM592-ETH的IP地址为192.168.0.12。如图6-33所示。

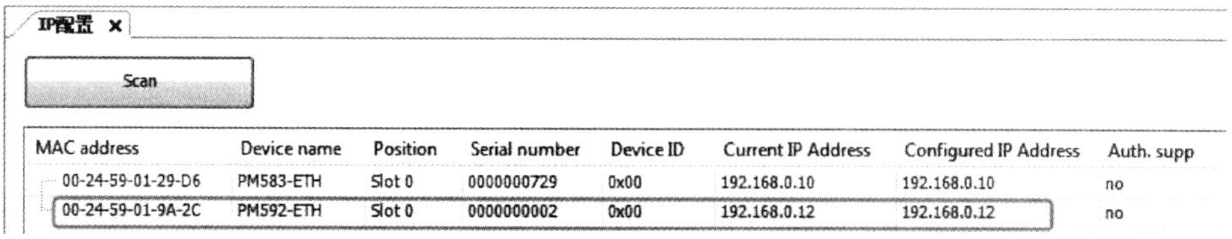

图6-33　查看CPU的IP地址

3）设置Modbus参数　对于主站（即客户），一般采用RS485通信是RTS控制器设为“报文”，运行模式设为“客户”，站地址设为“0”。典型的参数配置如图6-34所示：

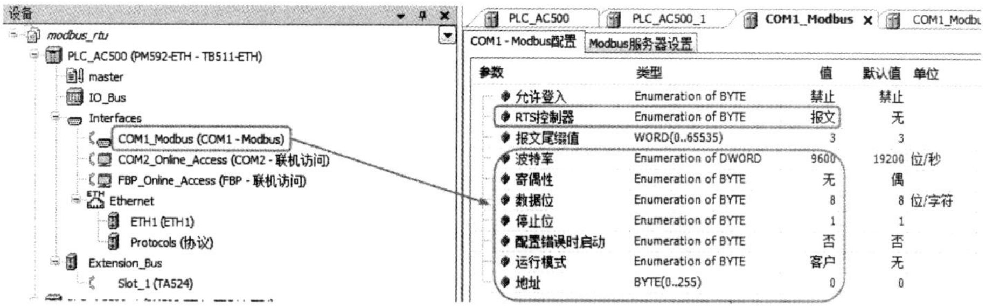

图6-34　Modbus通信主站典型参数配置

RTS控制器：对于RS485接线方式，必须设置为“报文”（Telegram），RS232不需要接线方式设置为“无”（None）。

运行模式：设置为“客户”。

地址：设置为0。

> **注意**
> 在主站参数中，地址必须设置为0。
> 在配置主站和从站参数时，一定要根据接线方式修改“RTS控制器”参数。
> 串口通信的通用参数，主站和从站设置必须一致。

所有参数设置完毕后，保存参数。

6. Modbus主站程序编制

（1）样例程序功能描述

主站PM592-ETH执行写入操作时，将主站的发送数据区的数据写入从站的数据区（起始地址为%MW0.100，数据长度为20）。

执行读取操作时，将从站数据区（起始地址为%MW0.100，数据长度为20）的数据，保存到主站接收数据区。这样，主站的接收数据区的数据随发送数据而变化。

程序执行原理如图6-35所示。

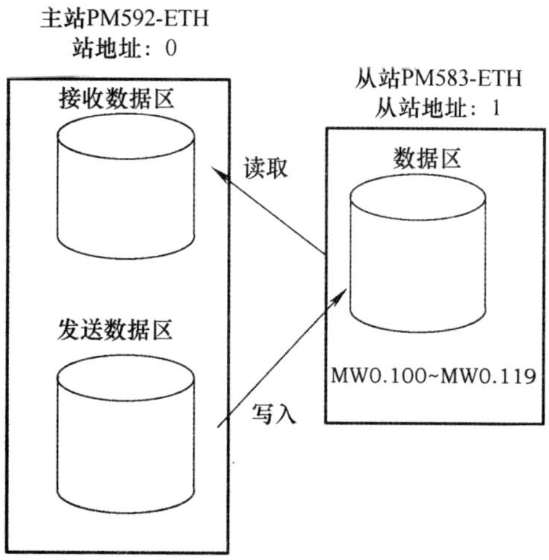

图6-35　程序的执行原理图

（2）知识储备

1）功能块描述　在串口的Modbus通信中，

需要在主站编制数据读写程序，从站部分不需要编程。ABB AC500 提供如下 Modbus 通信功能块如下：

COM_MOD_MAST：处理基于串口的 ModbusRTU 通信报文。其功能块如图 6-36 所示。

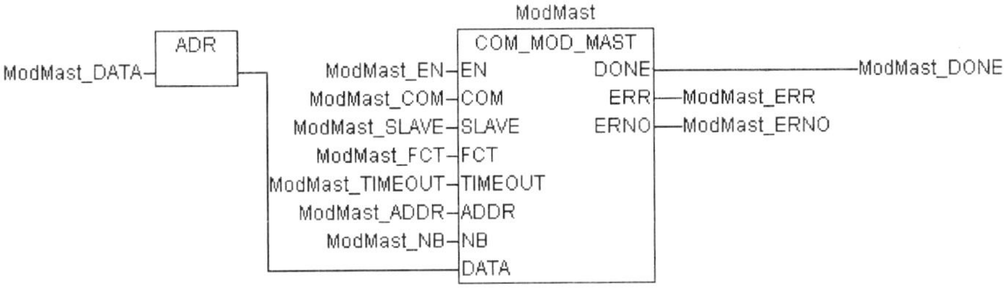

图 6-36 COM_MOD_MAST 功能块

COM_MOD_MAST 的参数说明见表 6-11：

表 6-11 功能块 COM_MOD_MAST 的参数说明

实例	COM_MOD_MAST		功能描述
EN	输入	BOOL	启动报文发送（上升沿有效）
COM	输入	BYTE	接口编号（COM1，COM2）
SLAVE	输入	BYTE	从站地址
FCT	输入	BYTE	功能代码
TIMEOUT	输入	WORD	报文超时时间，单位 ms
ADDR	输入	WORD	从站寄存器地址
NB	输入	WORD	数据个数
DATA	输入	DWORD	主站数据区首地址，发送时将该区域的数据发送到从站，接收时将读自从站的数据保存在这里
DONE	输出	BOOL	就绪信息
ERR	输出	BOOL	功能块故障信息
ERNO	输出	WORD	故障代码

2）Modbus 功能代码和地址如图 6-37 所示。

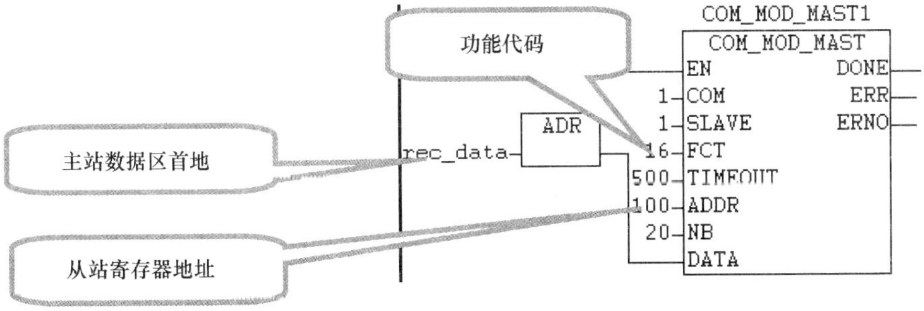

图 6-37 COM_MOD_MAST 功能块的说明

AC500 系列 CPU 可处理以下 Modbus 操作代码见表 6-12：

表 6-12　Modbus 操作代码

FCT		描述	长度限制
Dec	Hex		
01 或 02	01 或 02	读取 n 位	255 位（固件版本在 V01. 33 以下） 1800 位（固件版本高于 V01. 41） 1536 位（仅限于 PM573 / PM583）
03 或 04	03 或 04	读取 n 个字	100 个字 / 50 个双字
05	05	写 1 位	1 位
06	06	写 1 个字	1 个字
07	07	快速读取 CPU 状态字节	8 位
15	0F	写 n 位	255 位（固件版本在 V01. 33 以下） 1800 位（固件版本高于 V01. 41） 1536 位（仅限于 PM573 / PM583）
16	10	写 n 个字	100 个字/ 50 个双字
22	16	写掩码	1 个字
23	17	读/写多个字	读：125 个字 / 62 个双字 写：123 个字 / 61 个双字

从站 Modbus 地址仅当 AC500 系列 CPU 做 Modbus 从站时有效。Modbus 可以访问 AC500 可寻址标志区（%M 区）的 0 段和 1 段，允许访问的存储区长度为 128 K。因此，全部地址范围从 0000 hex 到 FFFF hex 均可以通过 Modbus 进行访问。输入和输出区（%I 和%Q 区）不允许通过 Modbus 直接访问。对于 eCo CPU 只支持 0 段中的前 2KB，即% MB0. 0 ～ %MB0. 2047。（本例中为 AC500-eCo 作从站）

按字和双字访问时，地址分配见表 6-13：

表 6-13　Modbus 按字和双字访问时的地址表

Modbus 地址		字节	位（源于字节）	字	双字
Hex	Dec	SINT / BYTE	BOOL	INT / WORD	DINT / DWORD
段 0					
0000	0	%MB0. 0	%MX0. 0. 0 . . . %MX0. 0. 7	%MW0. 0	%MD0. 0
		%MB0. 1	%MX0. 1. 0 . . . %MX0. 1. 7		
0001	1	%MB0. 2	%MX0. 2. 0 . . . %MX0. 2. 7	%MW0. 1	
		%MB0. 3	%MX0. 3. 0 . . . %MX0. 3. 7		
0002	2	%MB0. 4	%MX0. 4. 0 . . . %MX0. 4. 7	%MW0. 2	%MD0. 1
		%MB0. 5	%MX0. 5. 0 . . . %MX0. 5. 7		
0003	3	%MB0. 6	%MX0. 6. 0 . . . %MX0. 6. 7	%MW0. 3	%MD0. 2
		%MB0. 7	%MX0. 7. 0 . . . %MX0. 7. 7		
. . .	. . .	. . .	. . .	. . .	. . .

（续）

Modbus 地址		字节	位（源于字节）	字	双字
Hex	Dec	SINT / BYTE	BOOL	INT / WORD	DINT / DWORD
7FFE	32766	% MB0. 65532	% MX0. 65532. 0 . . . % MX0. 65532. 7	% MW0. 32766	% MD0. 16383
		% MB0. 65533	% MX0. 65533. 0 . . . % MX0. 65533. 7		
7FFF	32767	% MB0. 65534	% MX0. 65534. 0 . . . % MX0. 65534. 7	% MW0. 32767	
		% MB0. 65535	% MX0. 65535. 0 . . . % MX0. 65535. 7		
段 1					
8000	32768	% MB1. 0	% MX1. 0. 0 . . . % MX1. 0. 7	% MW1. 0	% MD1. 0
		% MB1. 1	% MX1. 1. 0 . . . % MX1. 1. 7		
8001	32769	% MB1. 2	% MX1. 2. 0 . . . % MX1. 2. 7	% MW1. 1	
		% MB1. 3	% MX1. 3. 0 . . . % MX1. 3. 7		
8002	32770	% MB1. 4	% MX1. 4. 0 . . . % MX1. 4. 7	% MW1. 2	% MD1. 1
		% MB1. 5	% MX1. 5. 0 . . . % MX1. 5. 7		
8003	32771	% MB1. 6	% MX1. 6. 0 . . . % MX1. 6. 7	% MW1. 3	% MD1. 2
		% MB1. 7	% MX1. 7. 0 . . . % MX1. 7. 7		
. . .	. . .	. . .	. . .	. . .	. . .
FFFE	65534	% MB1. 65532	% MX1. 65532. 0 . . . % MX1. 65532. 7	% MW1. 32766	% MD1. 16383
		% MB1. 65533	% MX1. 65533. 0 . . . % MX1. 65533. 7		
FFFF	65535	% MB1. 65534	% MX1. 65534. 0 . . . % MX1. 65534. 7	% MW1. 32767	
		% MB1. 65535	% MX1. 65535. 0 . . . % MX1. 65535. 7		

按位访问时，地址设置见表 6-14：

表 6-14　Modbus 按位访问时的地址表

Modbus 地址		字节	位（源于字节）	字	双字
Hex	Dec	SINT / BYTE	BOOL	INT / WORD	DINT / DWORD
段 0					
0000	0	% MB0. 0	% MX0. 0. 0	% MW0. 0	% MD0. 0
0001	1		% MX0. 0. 1		
0002	2		% MX0. 0. 2		
0003	3		% MX0. 0. 3		
0004	4		% MX0. 0. 4		
0005	5		% MX0. 0. 5		
0006	6		% MX0. 0. 6		
0007	7		% MX0. 0. 7		
0008	8	% MB0. 1	% MX0. 1. 0		
0009	9		% MX0. 1. 1		
000A	10		% MX0. 1. 2		
000B	11		% MX0. 1. 3		

（续）

<table>
<tr><th colspan="2">Modbus 地址</th><th>字节</th><th>位（源于字节）</th><th>字</th><th>双字</th></tr>
<tr><th>Hex</th><th>Dec</th><th>SINT / BYTE</th><th>BOOL</th><th>INT / WORD</th><th>DINT / DWORD</th></tr>
<tr><td>000C</td><td>12</td><td rowspan="4">% MB0. 1</td><td>% MX0. 1. 4</td><td rowspan="4">% MW0. 0</td><td rowspan="20">% MD0. 0</td></tr>
<tr><td>000D</td><td>13</td><td>% MX0. 1. 5</td></tr>
<tr><td>000E</td><td>14</td><td>% MX0. 1. 6</td></tr>
<tr><td>000F</td><td>15</td><td>% MX0. 1. 7</td></tr>
<tr><td>0010</td><td>16</td><td rowspan="8">% MB0. 2</td><td>% MX0. 2. 0</td><td rowspan="16">% MW0. 1</td></tr>
<tr><td>0011</td><td>17</td><td>% MX0. 2. 1</td></tr>
<tr><td>0012</td><td>18</td><td>% MX0. 2. 2</td></tr>
<tr><td>0013</td><td>19</td><td>% MX0. 2. 3</td></tr>
<tr><td>0014</td><td>20</td><td>% MX0. 2. 4</td></tr>
<tr><td>0015</td><td>21</td><td>% MX0. 2. 5</td></tr>
<tr><td>0016</td><td>22</td><td>% MX0. 2. 6</td></tr>
<tr><td>0017</td><td>23</td><td>% MX0. 2. 7</td></tr>
<tr><td>0018</td><td>24</td><td rowspan="8">% MB0. 3</td><td>% MX0. 3. 0</td></tr>
<tr><td>0019</td><td>25</td><td>% MX0. 3. 1</td></tr>
<tr><td>001A</td><td>26</td><td>% MX0. 3. 2</td></tr>
<tr><td>001B</td><td>27</td><td>% MX0. 3. 3</td></tr>
<tr><td>001C</td><td>28</td><td>% MX0. 3. 4</td></tr>
<tr><td>001D</td><td>29</td><td>% MX0. 3. 5</td></tr>
<tr><td>001E</td><td>30</td><td>% MX0. 3. 6</td></tr>
<tr><td>001F</td><td>31</td><td>% MX0. 3. 7</td></tr>
<tr><td>...</td><td>...</td><td>...</td><td>...</td><td>...</td><td>...</td></tr>
<tr><td>0FFF</td><td>4095</td><td>% MB0. 511</td><td>% MX0. 511. 7</td><td>% MX0. 255</td><td>% MD0. 127</td></tr>
<tr><td>1000</td><td>4096</td><td>% MB0. 512</td><td>% MX0. 512. 0</td><td>% MX0. 256</td><td>% MD0. 128</td></tr>
<tr><td>...</td><td>...</td><td>...</td><td>...</td><td>...</td><td>...</td></tr>
<tr><td>7FFF</td><td>32767</td><td>% MB0. 4095</td><td>% MX0. 4095. 7</td><td>% MX0. 2047</td><td>% MD0. 1023</td></tr>
<tr><td>8000</td><td>32768</td><td>% MB0. 4096</td><td>% MX0. 4096. 0</td><td>% MX0. 2048</td><td>% MD0. 1024</td></tr>
<tr><td>...</td><td>...</td><td>...</td><td>...</td><td>...</td><td>...</td></tr>
<tr><td>FFFF</td><td>65535</td><td>% MB0. 8191</td><td>% MX0. 8191. 7</td><td>% MX0. 4095</td><td>% MD0. 2047</td></tr>
</table>

位访问时的地址与变量的对应关系见表 6-15：

表 6-15　Modbus 按位访问时的地址与变量对应关系

说　明	符　号	公　式
Modbus 地址	ADDR	10 进制地址值
M 区地址字节字段	BYTE	ADDR / 8
M 区地址位字段	BIT	ADDR mod 8（取余）
公式：ADDR（Modbus 地址变量）：= % MX0. BYTE. BIT（存储区）		

例：ADDR：= 16 # 2002 ：= 8194；

　　BYTE ：= 8194 / 8 ：= 1024；

　　BIT ：= 8194 mod 8 ：= 2；

位变量为 %MX0. 1024. 2。

> **注意**
> 1. Modbus 地址按字访问的地址范围是%MW0. 0 … %MW1. 32767；
>   按位访问的地址范围是%MW0. 0 … %MX0. 8191. 7。
> 2. 不能对 0 段和 1 段中的读保护和写保护区域进行读写操作。
> 3. 如果访问地址超过允许的地址范围，将会产生一个错误。

3）主站数据写入和读取程序示例

如图 6-38 所示，通过 COM_MOD_MAST1. DONE 信号来实现轮询功能，当 DONE 信号为 TRUE 时，count 计数一次，当 count = 1 时，执行主站写入数据到从站，FCT = 16；当 COUNT = 2 时，执行主站读取数据操作，FCT = 3；当通信异常时，num 记录错误代码，具体含义请参见附录 A。

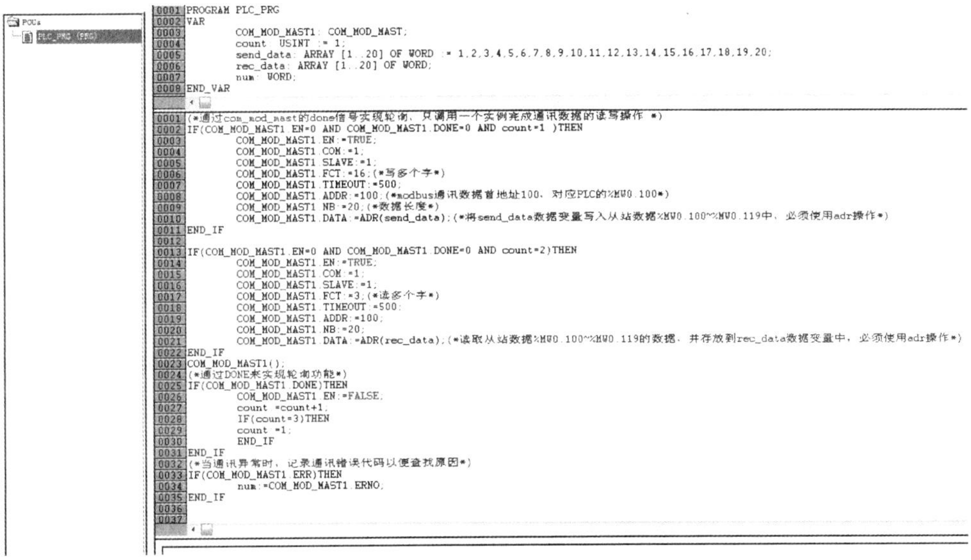

```
PROGRAM PLC_PRG
VAR
        COM_MOD_MAST1: COM_MOD_MAST;
        count: USINT := 1;
        send_data: ARRAY [1..20] OF WORD := 1,2,3,4,5,6,7,8,9,10,11,12,13,14,15,16,17,18,19,20;
        rec_data: ARRAY [1..20] OF WORD;
        num: WORD;
END_VAR

(*通过com_mod_mast的done信号实现轮询，只调用一个实例完成通讯数据的读写操作 *)
IF(COM_MOD_MAST1.EN=0 AND COM_MOD_MAST1.DONE=0 AND count=1 )THEN
        COM_MOD_MAST1.EN:=TRUE;
        COM_MOD_MAST1.COM:=1;
        COM_MOD_MAST1.SLAVE:=1;
        COM_MOD_MAST1.FCT:=16;(*写多个字*)
        COM_MOD_MAST1.TIMEOUT:=500;
        COM_MOD_MAST1.ADDR:=100;(*modbus通讯数据首地址100，对应PLC的%MW0.100*)
        COM_MOD_MAST1.NB:=20;(*数据长度*)
        COM_MOD_MAST1.DATA:=ADR(send_data);(*将send_data数据变量写入从站数据%MW0.100~%MW0.119中，必须使用adr操作*)
END_IF

IF(COM_MOD_MAST1.EN=0 AND COM_MOD_MAST1.DONE=0 AND count=2)THEN
        COM_MOD_MAST1.EN:=TRUE;
        COM_MOD_MAST1.COM:=1;
        COM_MOD_MAST1.SLAVE:=1;
        COM_MOD_MAST1.FCT:=3;(*读多个字*)
        COM_MOD_MAST1.TIMEOUT:=500;
        COM_MOD_MAST1.ADDR:=100;
        COM_MOD_MAST1.NB:=20;
        COM_MOD_MAST1.DATA:=ADR(rec_data);(*读取从站数据%MW0.100~%MW0.119的数据，并存放到rec_data数据变量中，必须使用adr操作*)
END_IF
COM_MOD_MAST1();
(*通过DONE来实现轮询功能*)
IF(COM_MOD_MAST1.DONE)THEN
        COM_MOD_MAST1.EN:=FALSE;
        count:=count+1;
        IF(count=3)THEN
        count:=1;
        END_IF
END_IF
(*当通讯异常时，记录通讯错误代码以便查找原因*)
IF(COM_MOD_MAST1.ERR)THEN
        num:=COM_MOD_MAST1.ERNO;
END_IF
```

图 6-38　主站程序示例

addr 为从站数据区起始地址，此处为 100。NB 为读取的数据长度，此处为 20。Data 为主站数据区的地址指针。

4）程序下载及调试

程序的下载步骤参见本书 4. 6 节内容。程序的运行效果如图 6-39 所示。

主站读取数据区数据显示如图 6-40 所示。

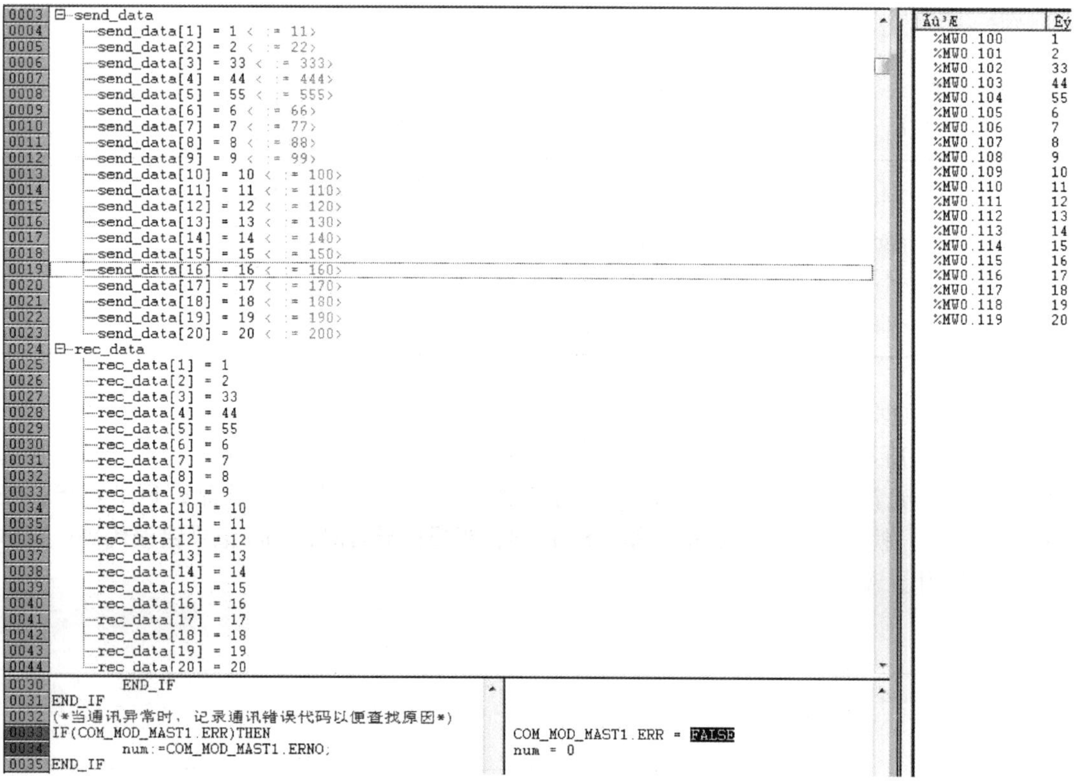

图 6-39　主站写入数据区数据显示

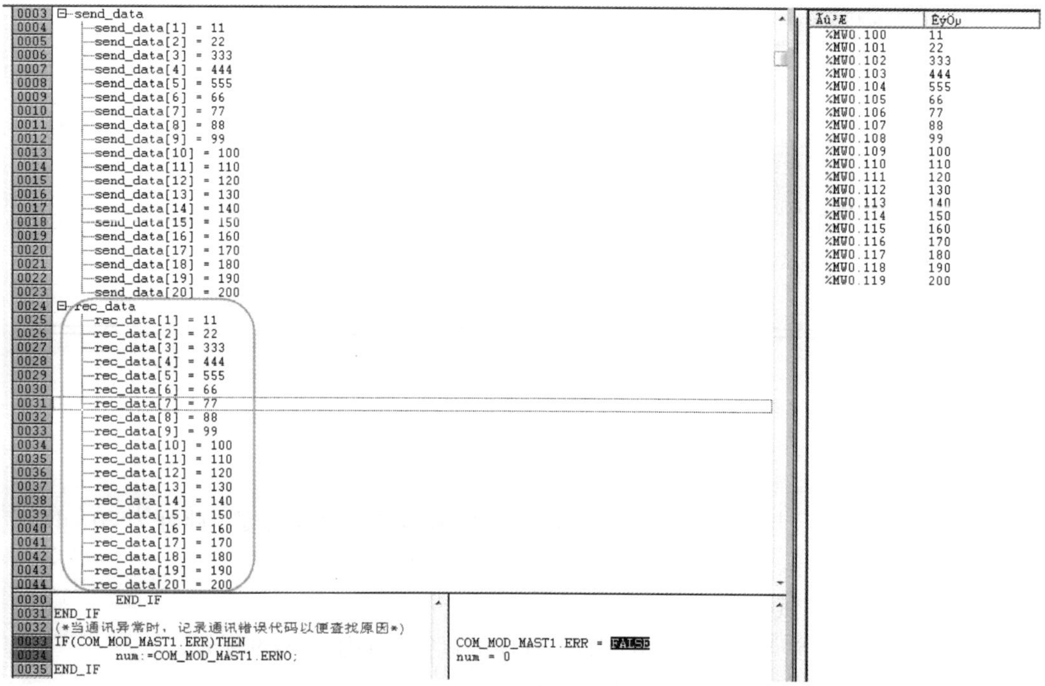

图 6-40　主站读取数据区数据显示

从站收发数据区数据显示如图 6-41 所示。

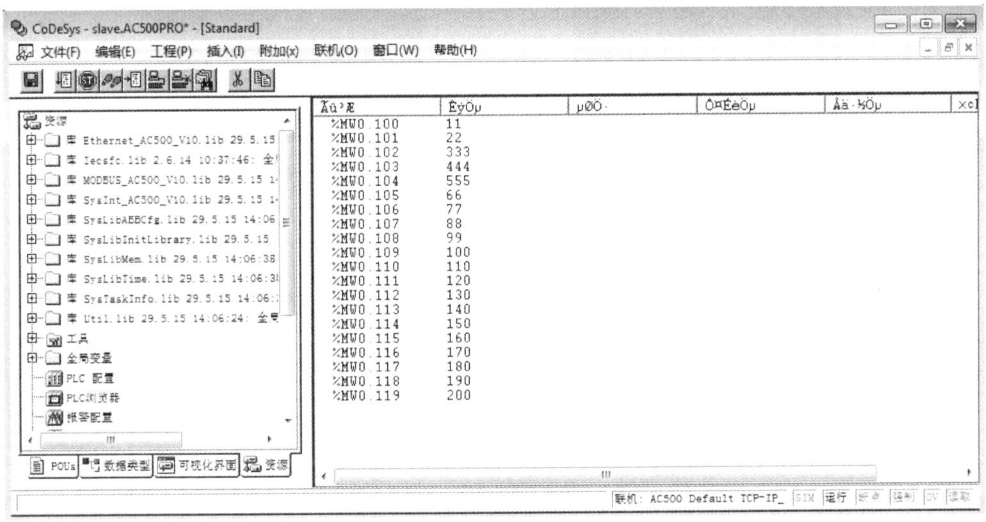

图 6-41　从站收发数据区数据显示

6.1.3　AC500 通过 PROFINET 的通信

本节用于指导如何实现 AC500 系列 CPU 通过 PROFINET 总线进行通信。PROFINET 是基于工业以太网应用的开放标准。AC500 PROFINET RT 是基于 PROFINET RT 的 PROFINET IO。AC500 PROFINET RT 通过了 IEC 61158 认证，符合一致性等级 CCA 标准。

本例中需要准备的硬件和软件见表 6-16，本例 CPU 中的型号仅供客户参考，可根据实际 CPU 测试。

表 6-16　硬件和软件需求

硬　　件	软　　件
PM583-ETH（V2.4）1 个	Automation Builder V1.1
PM592-ETH（V2.4）1 个	
以太网连接电缆 1 根	
TB521 CPU 底板 2 个	
CM579-PNIO　1 个	
CM589-PNIO　1 个	

1. 硬件连接

在该工程中，AC500 系列 CM579-PNIO 作为 PROFINET IO 通信的主站，即控制器，CM589-PNIO 作为 PROFINET IO 通信的从站，即 IO 设备。硬件连接图如图 6-42 所示。

2. PROFINET 控制器（CM579-PNIO）组态

Automation Builder 软件中新建工程，在通信槽 slot 右键选择“添加对象”，添加“CM579-PNIO”控制器，如图 6-43 所示。

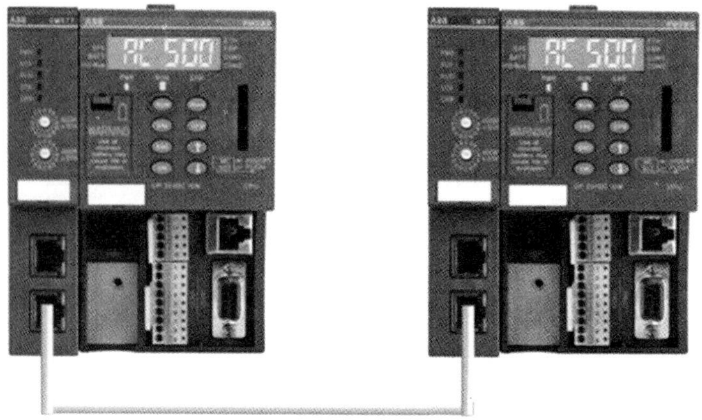

图 6-42　PROFINET 通信连接

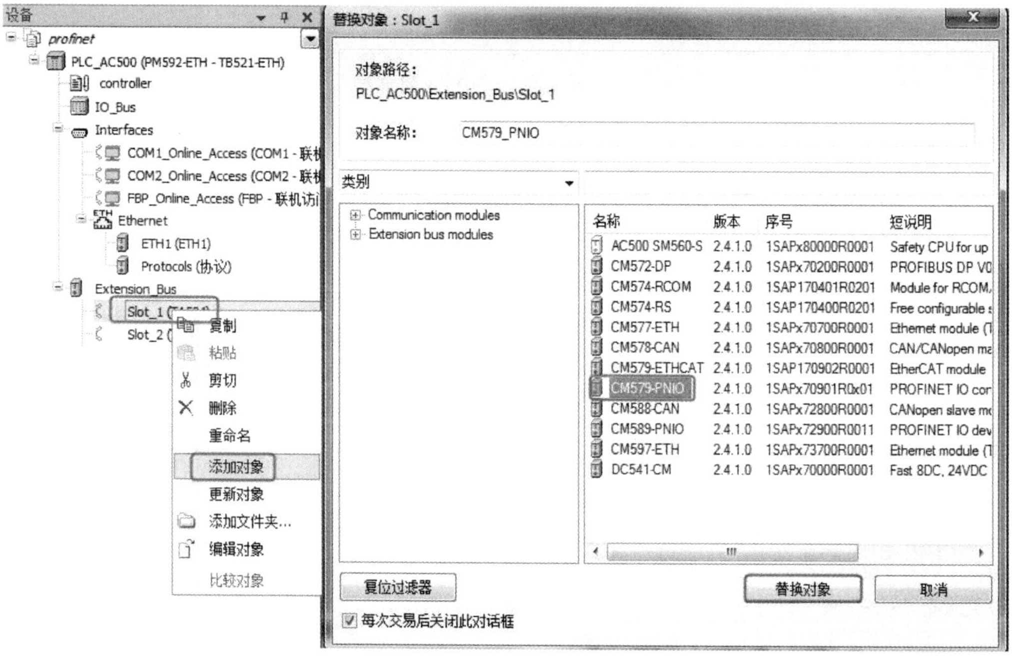

图 6-43　添加 CM579-PNIO 控制器

选中“PNIO _ Controller（PROFINET IO 控制器）”，右键选择“添加对象”，添加“CM589-PNIO-Device”IO 设备，如图 6-44 所示。

在“CM589-PNIO-Device”下右键添加所需的通信区。控制器的输入区对应 IO 设备的输出区，反之控制器的输出区对应 IO 设备的输入区，如图 6-45 所示。

双击“PNIO_Controller（PROFINET IO 控制器）”，配置控制器的 IP 地址。如图 6-46 所示。

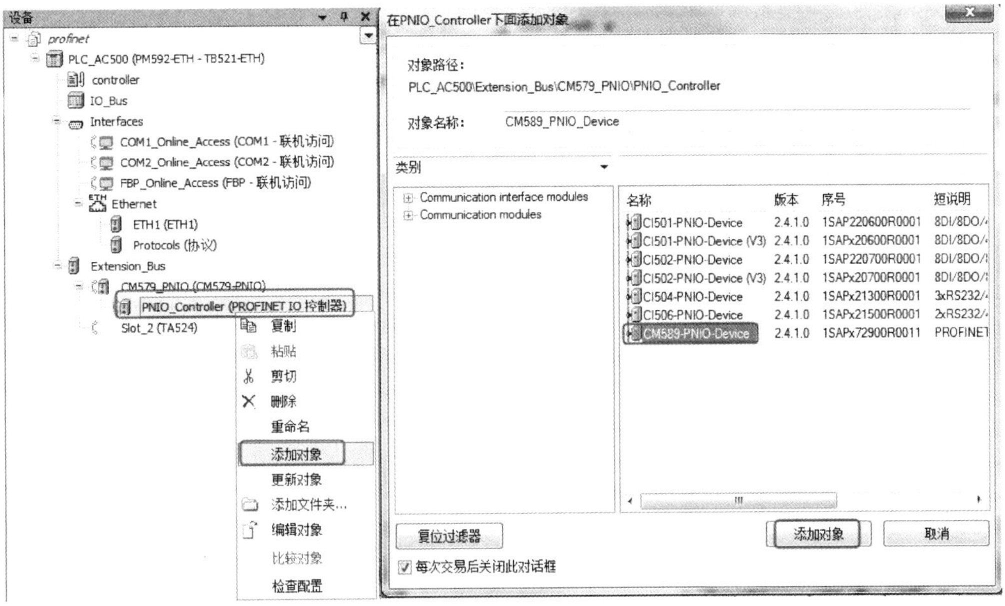

图 6-44　添加 CM589-PNIO-Device IO 设备

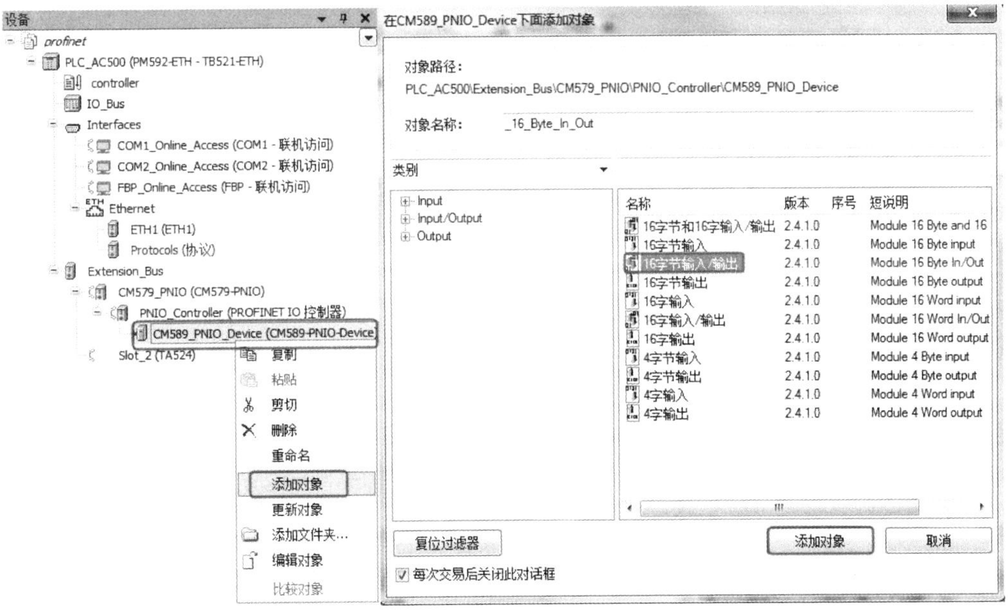

图 6-45　添加所需的通信区

双击“CM589-PNIO-Device”，配置 IO 设备的站名及 IP 地址，其余采用默认配置即可，如图 6-47 所示。

可以为通信区映射 I/O 变量。组态完成后，保存工程，如图 6-48 所示。

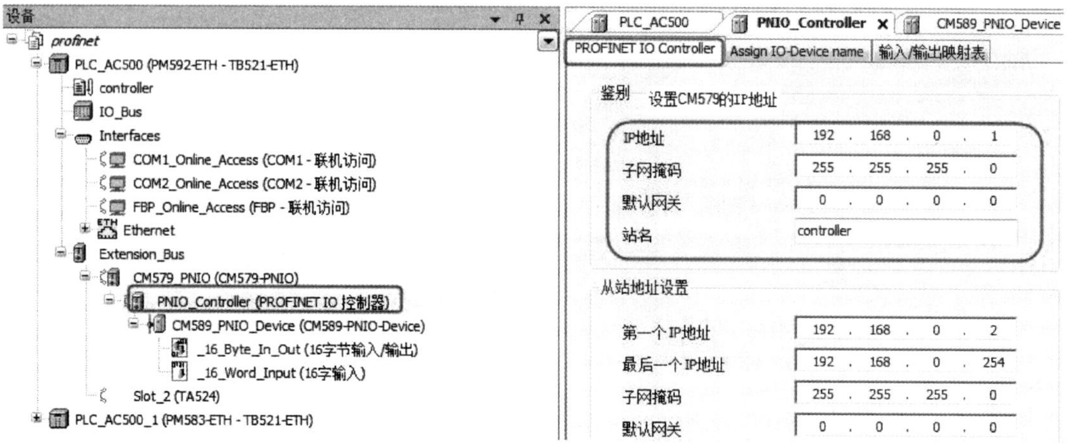

图 6-46　配置控制器的 IP 地址

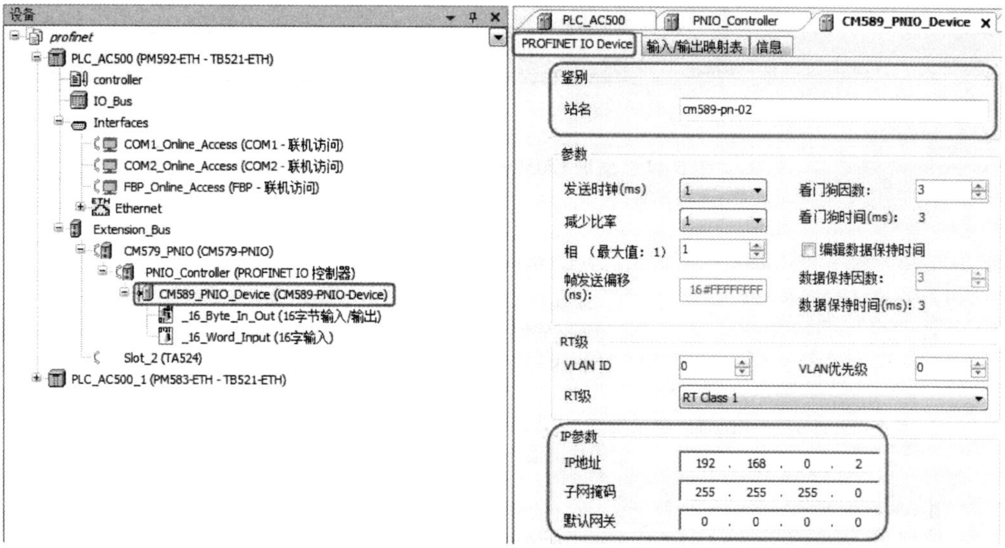

图 6-47　配置 IO 设备的站名及 IP 地址

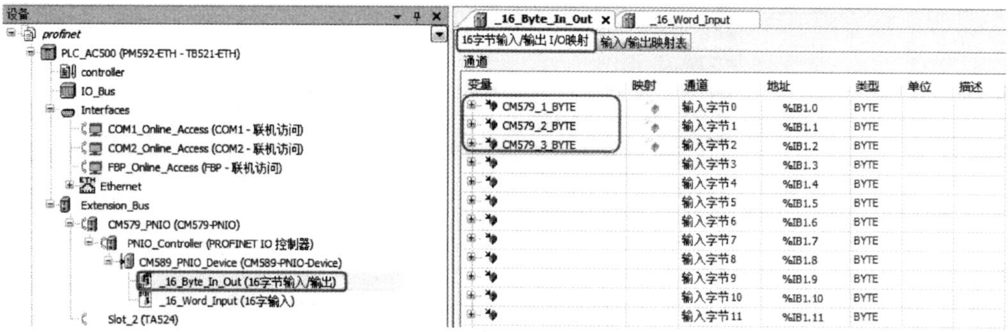

图 6-48　为通信区映射 I/O 变量

3. 控制器程序下载

双击设备树中的“controller”图标，进入 CoDeSys 编程界面，将配置及程序下载到 PM592-ETH 中，并创建引导工程，如图 6-49 所示。具体步骤请参见 4.6 章节内容。

图 6-49　创建引导工程

4. IO 设备（CM589 PNIO）组态

Automation Builder 软件中新建工程，在通信槽 slot 右键选择“添加对象”，添加“CM589-PNIO” IO 设备，如图 6-50 所示。

在“PNIO_Device 设备（PROFINET IO）”下右键添加通信区。同样，控制器的输入区对应 IO 设备的输出区，反之控制器的输出区对应 IO 设备的输入区，如图 6-51 所示。

可以为通信区映射 I/O 变量。组态完成后，保存工程，如图 6-52 所示。

5. IO 设备程序下载

双击设备树中的“IOdevice”图标，进入 CoDeSys 编程界面，将配置及程序下载至与 CM589 一起使用的 CPU 中，并创建引导工程。具体步骤请参见 4.6 章节内容。

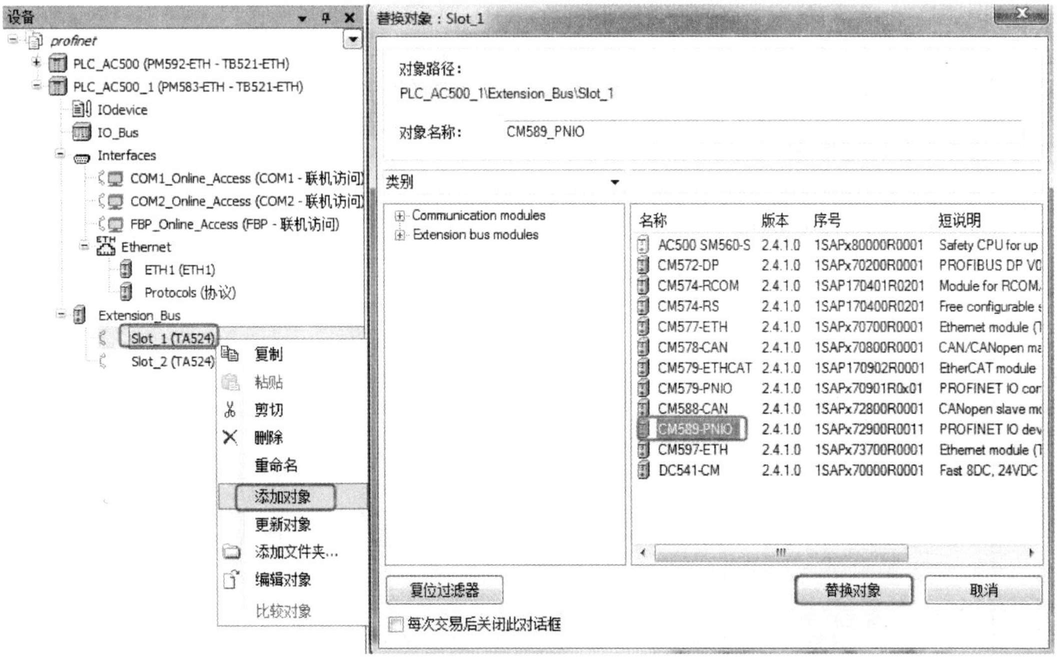

图 6-50　添加“CM589-PNIO”IO 设备

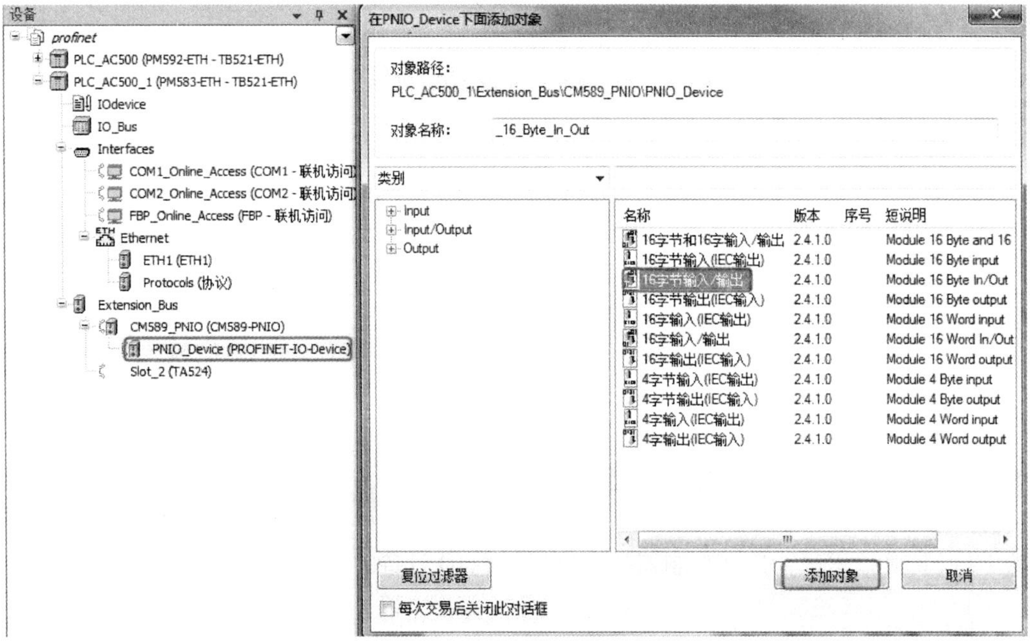

图 6-51　添加通信区

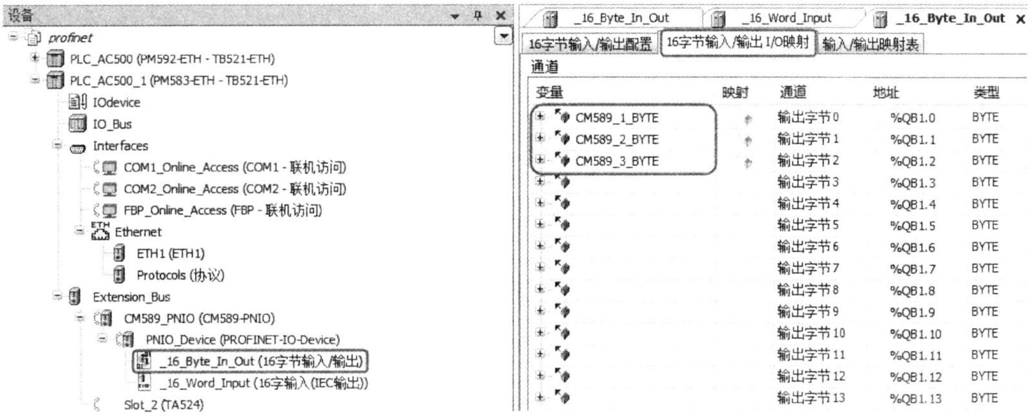

图 6-52　为通信区映射 I/O 变量

6. 向 PROFINET IO 设备发送配置信息

当完成控制器及 IO 设备的组态和下载后，如果通信还没有成功建立，则需要向 PROFINET IO 设备发送配置信息。首先在控制器中的“Assign IO-Device name”单击“与 PLC 连接”登录 PLC，如图 6-53 所示。

图 6-53　登录 PLC

登录后，单击“扫描”，成功后选中扫描到的 PROFINET IO 设备，分配站名和 IP 地址，站名和 IP 地址与硬件拨码无关，如图 6-54 所示。

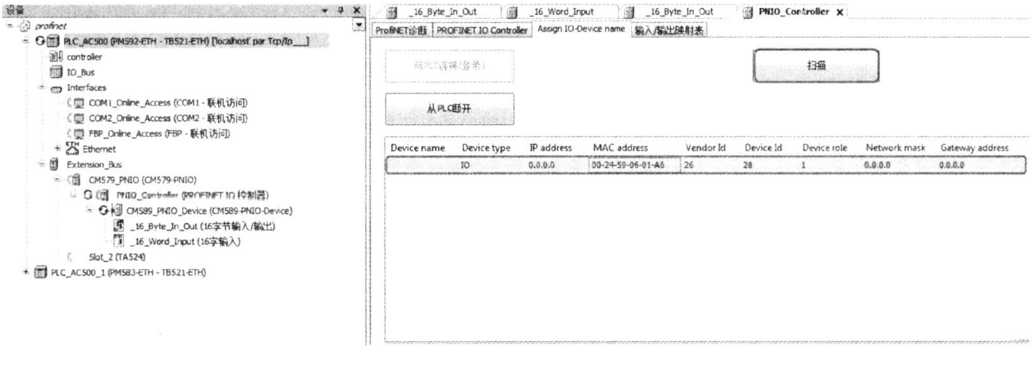

图 6-54　扫描 PROFINET IO 设备

本例中 IO 设备站名为 cm589-pn-02，IP 地址为 192. 168. 0. 2，先分配 I/O 设备，再分配 IP 配置，如图 6-55 所示。

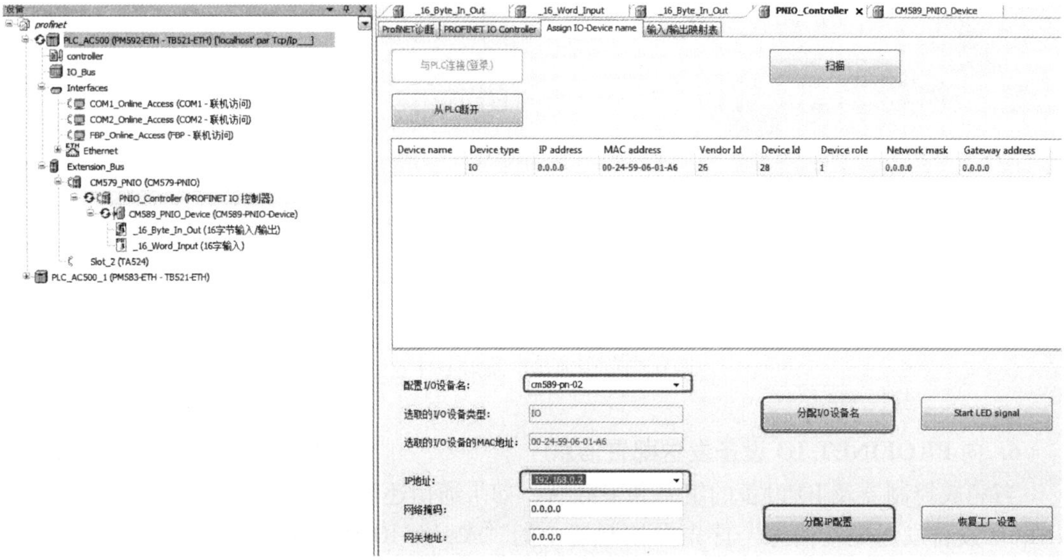

图 6-55　分配站名和 IP 地址

配置完成后，重新扫描，查看是否配置成功，如图 6-56 所示。

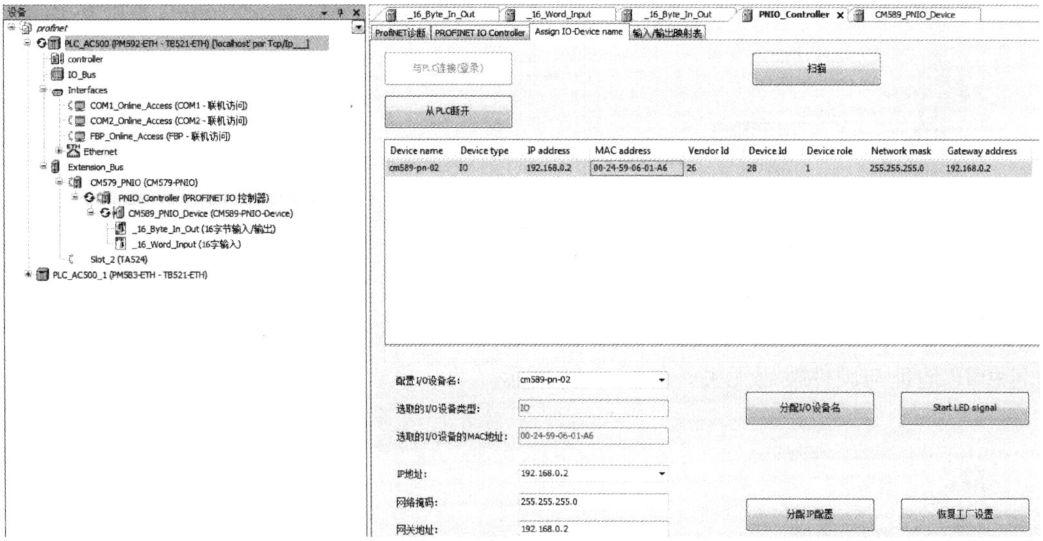

图 6-56　再次扫描查看配置结果

配置成功后可双击“PROFINET 从站诊断”查看节点通信状态，如图 6-57 所示。

7. 程序监控

如果通信状态正常，则可进入程序调试阶段。例如在 CoDeSys 中选择“资源”→“全局变量”，查看通信区变量的状态，进一步验证通信状态，如图 6-58 及图 6-59 所示。

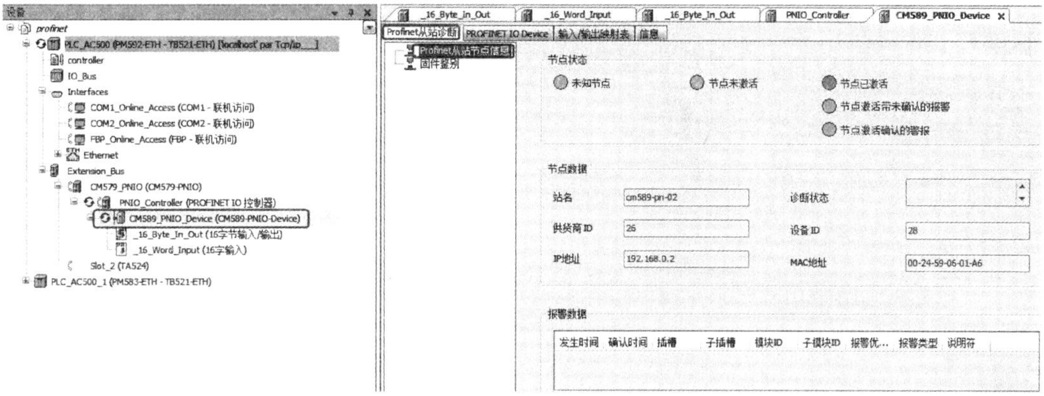

图 6-57　查看节点通信状态

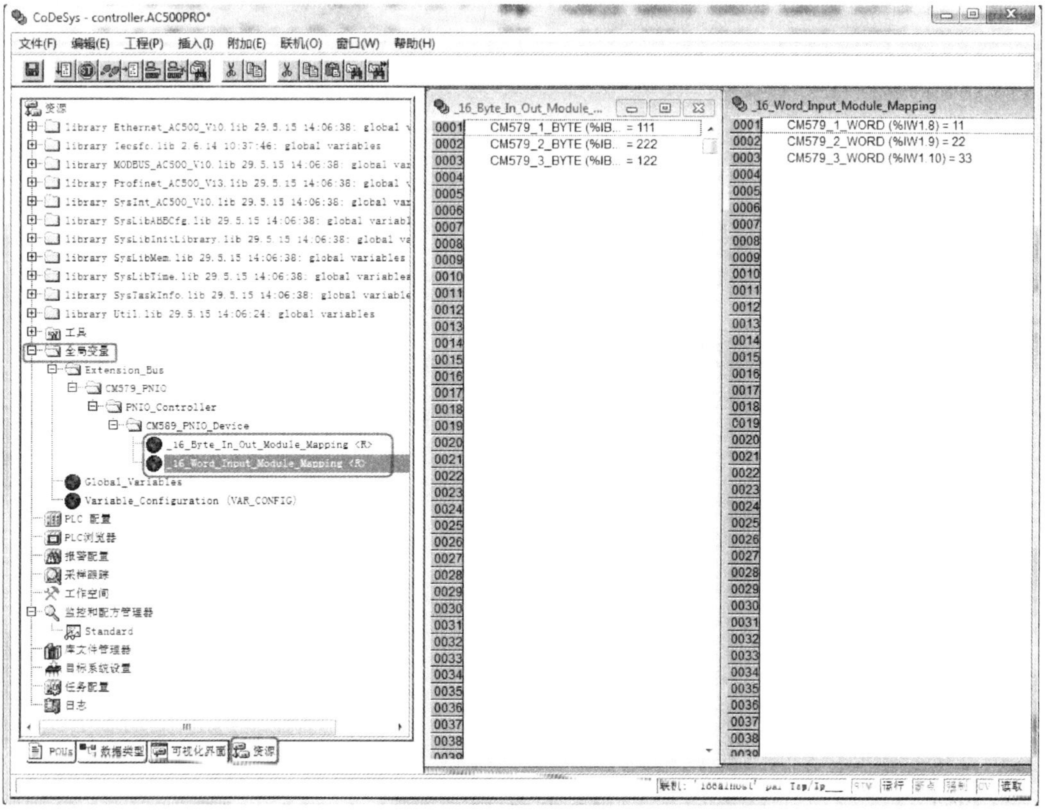

图 6-58　控制器变量监控

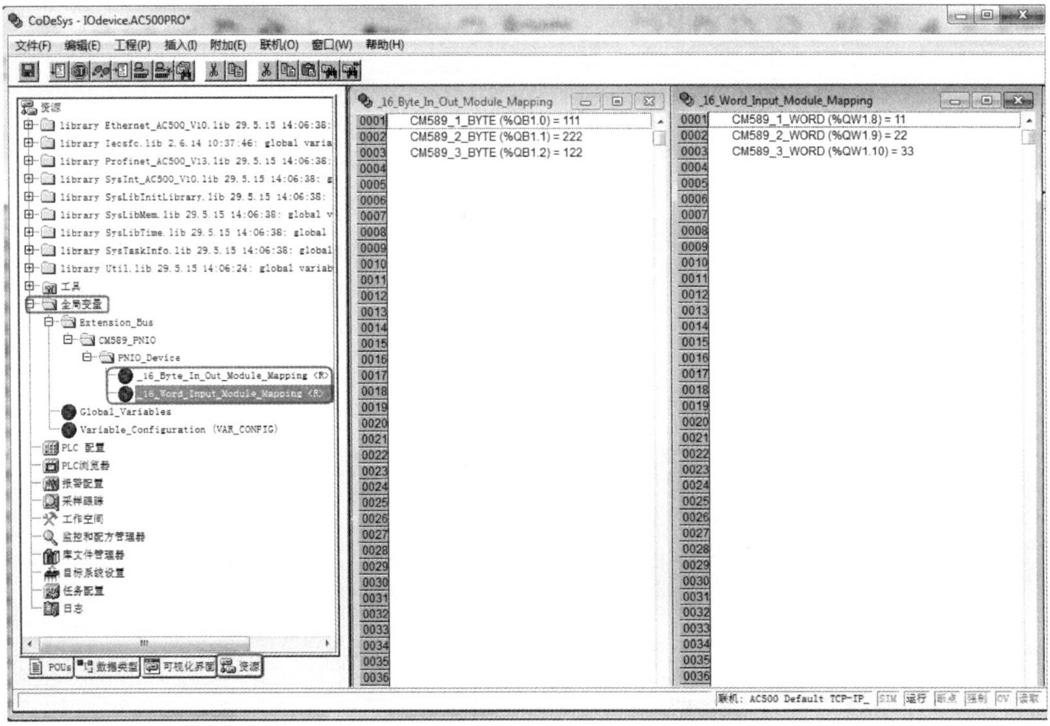

图 6-59　IO 设备变量监控

6.2　AC500 与远程 I/O 的连接

6.2.1　AC500 与 CS31 远程 I/O 的连接

CS31 总线是 ABB 的专有协议，使用 RS485 物理接口。其中 AC500 CPU COM1、CM574-RS COM1 和 COM2 口及 AC500-eCo CPU 的 COM1 均可以作为 CS31 总线主站，AC500 DC551、CI590-HA、CI592 均可以作为 CS31 总线远程从站。一个 CS31 主站最多可连接 31 个从站，一个 CS31 从站最多可扩展 7 个模块，其中模拟量不超过 32 路 AI 和 32 路 AO；数字量不超过 120 个 DI 和 120 个 DO。传输速度为 187.5 kBaud，最大通信距离为 500m（加中继情况下 2000m），而 eCo CPU 为 50m。

本节内容用于指导读者熟悉 AC500 CS31 总线的接线、软件配置及通信，实现 AC500 系列 PLC CS31 模块通信的操作介绍。

需要准备的硬件和软件见表 6-17：

表 6-17　硬件和软件需求

硬　　件	软　　件
PM583-ETH（V2.4）1 个	Automation Builder V1.1
TB511/TB521/TB541 CPU 底板 1 个	

（续）

硬　件	软　件
DC551（CS31 从站模块）1 个	
CI592（CS31 从站模块）1 个	
DC522（数字量可配置模块 16DC）1 个	Automation Builder V1.1
AX522（8AI，8AO）1 个	
以太网连接电缆	

1. 硬件连接

硬件连接如图 6-60 所示。

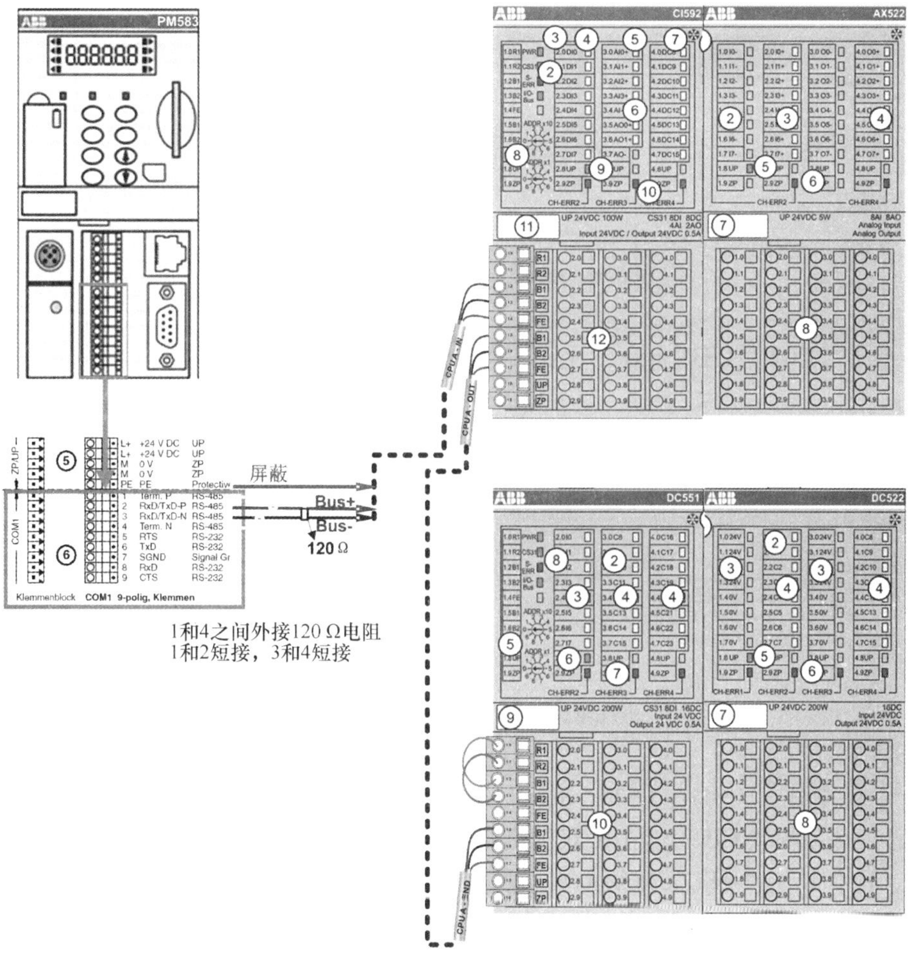

图 6-60　AC500 与 CS31 远程 I/O 的硬件连接

2. 软件配置

1）在 Automation Builder 软件中新建 AC500 PM583-ETH 工程，右键单击“COM1_Online_Access”，添加“COM1-CS31 总线”协议，如图 6-61 所示。

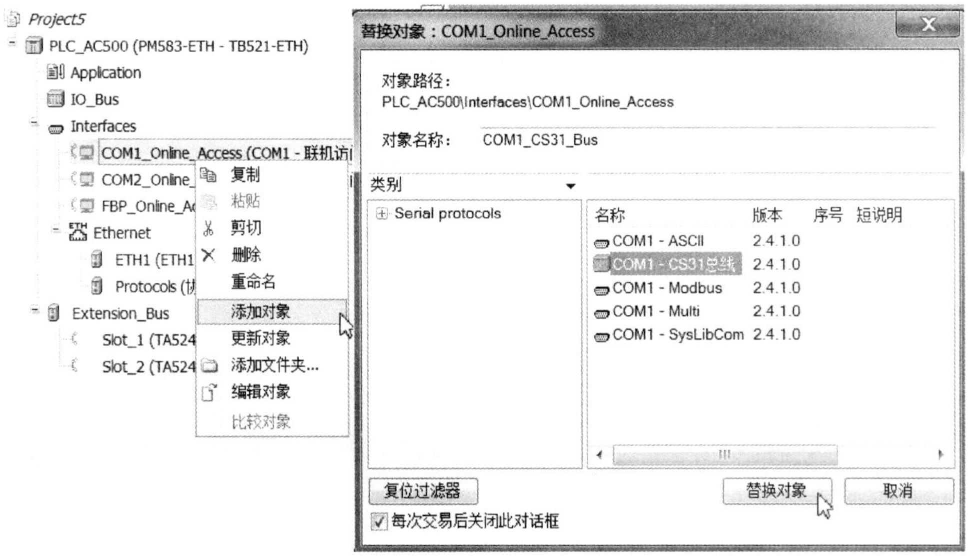

图 6-61　添加“COM1-CS31 总线”协议

2）双击“COM1_CS31_Bus”，打开“COM1-CS31 总线配置”界面，参数显示如图 6-62 所示。

图 6-62　配置 COM1-CS31 总线参数

3）右键单击“COM1_CS31_Bus”，选择添加 C31 总线从站模块“CI592-CS31”。（CS31 总线从站模块 CI590 为 HA 双机热备系统专用模块，CI592 和 DC551 是单 CPU 系统的从站，其中带有“-2FC”尾缀的表示配置从站模块的高速计数功能）如图 6-63 所示。

4）双击“CI592_CS31”，在“CI592-CS31 配置”界面中，将“模块地址”设置为 2，如图 6-64 所示。同时，将 CI592 硬件模块上的拨码 ADDR * 10 处拨为 0，ADDR * 1 处拨为 2。（如果激活高速计数功能，只需将其硬件拨码 + 70 的偏移，即 ADDR * 10 处拨 70，ADDR * 1 处拨 2。）

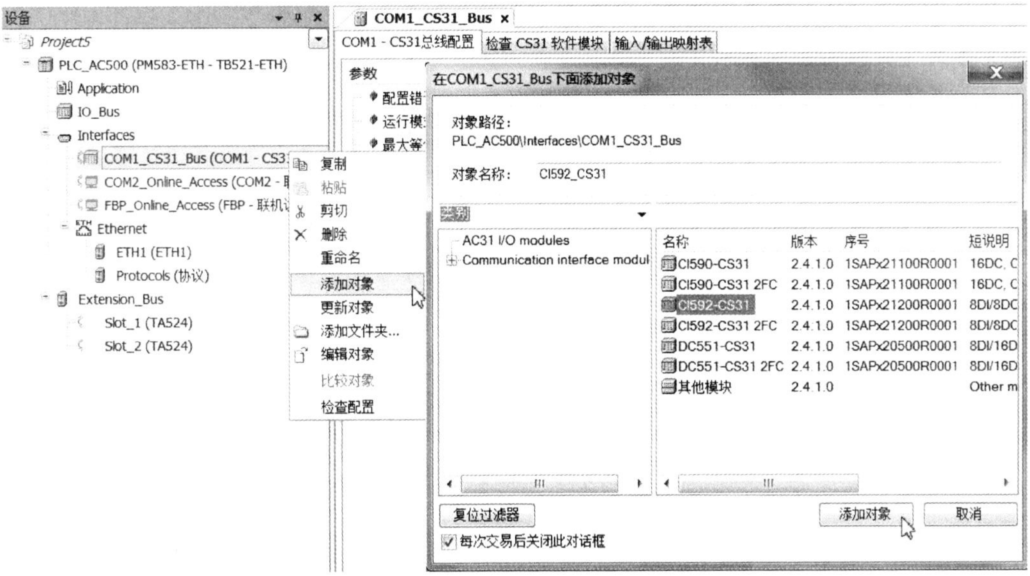

图 6-63　添加 C31 总线从站模块“CI592-CS31”

图 6-64　配置 CI592-CS31 模块参数

> **注意**
>
> 1. 总线上的一个子站是通过它的总线地址来识别的；
> 2. 地址通过模块上的旋转开关来进行设置；
> 3. CS31 从站的地址范围是：0…61；
> 4. 一个最大配置的子站要占用 2 个 CS31 地址。
>
> 建议设定子站地址为 0，2，，，，n，n+2，以避免不必要的计算。

> **注意**
>
> 硬件拨码修改后，需要 PLC 断电，再重新上电才能生效。

5）配置集成在 CI592 上的模拟量输出（AO）通道。将“输出 0，通道配置”处的值选定为“－10... ＋10V”，如图 6-65 所示。

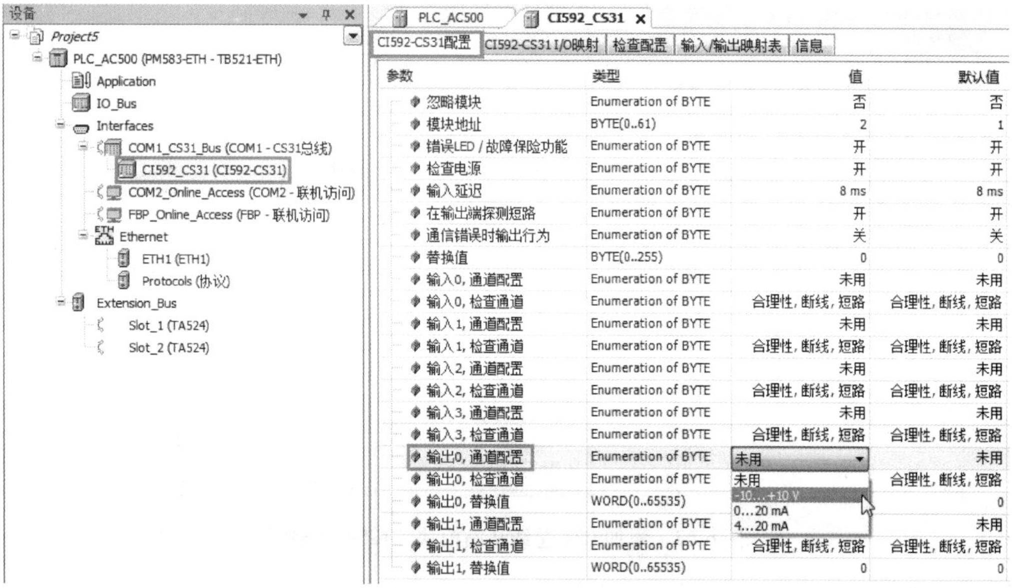

图 6-65　配置集成在 CI592 上的模拟量输出通道

6）在“CI592-CS31 I/O 映射”界面中，定义“模拟输出 AO0 ＋”通道的变量名为“CI592_AO0”，定义“数字输出 DC8”通道的变量名为“CI592_DC8”。在这里定义了变量名，在 CoDeSys 中会自动映射为全局变量，如图 6-66 所示。

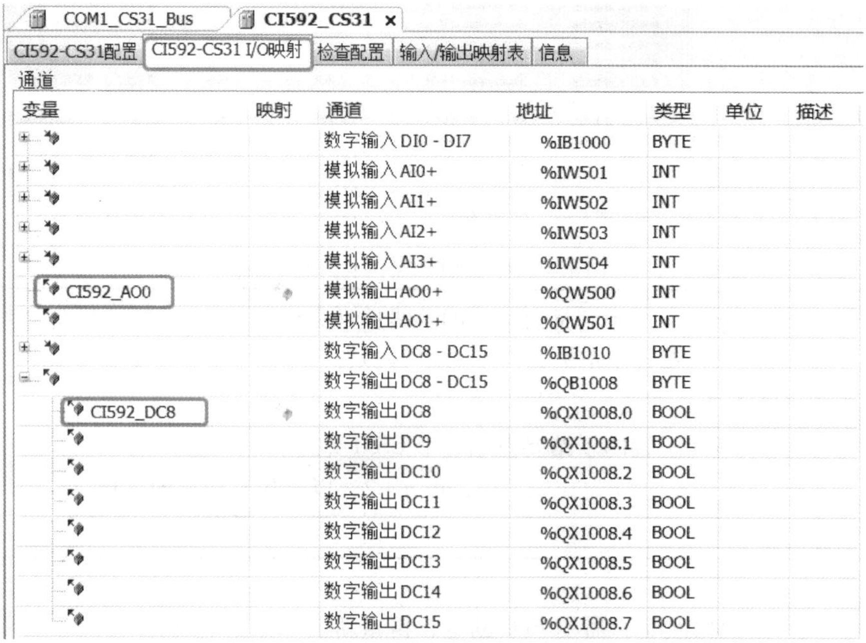

图 6-66　定义输出通道的变量名

7）右键单击“CI592-CS31”，选择添加 CS31 远程 I/O 模块“AX522”，如图 6-67 所示。

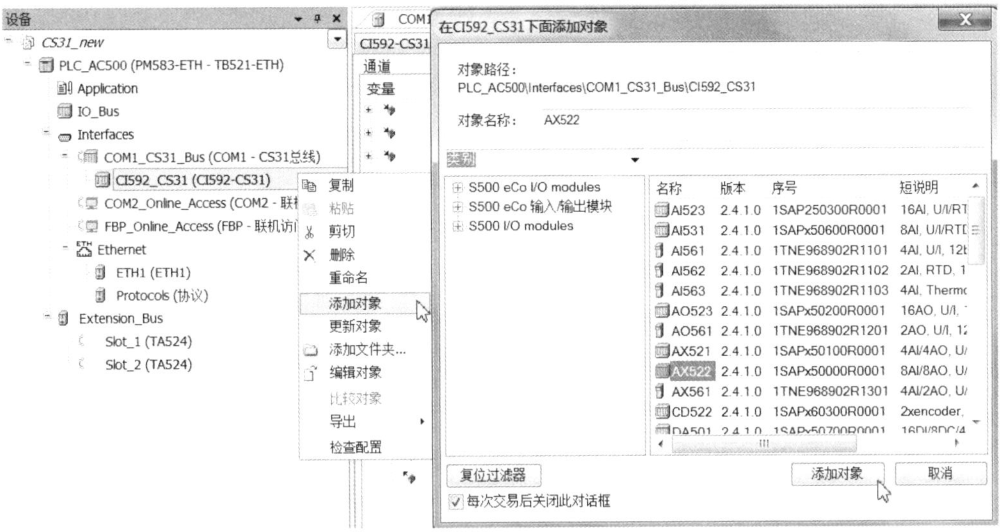

图 6-67　选择添加 CS31 远程 I/O 模块“AX522”

8）双击“AX522”，选定“输出 0，通道配置”的值为“－10... ＋10V”，如图 6-68 所示。

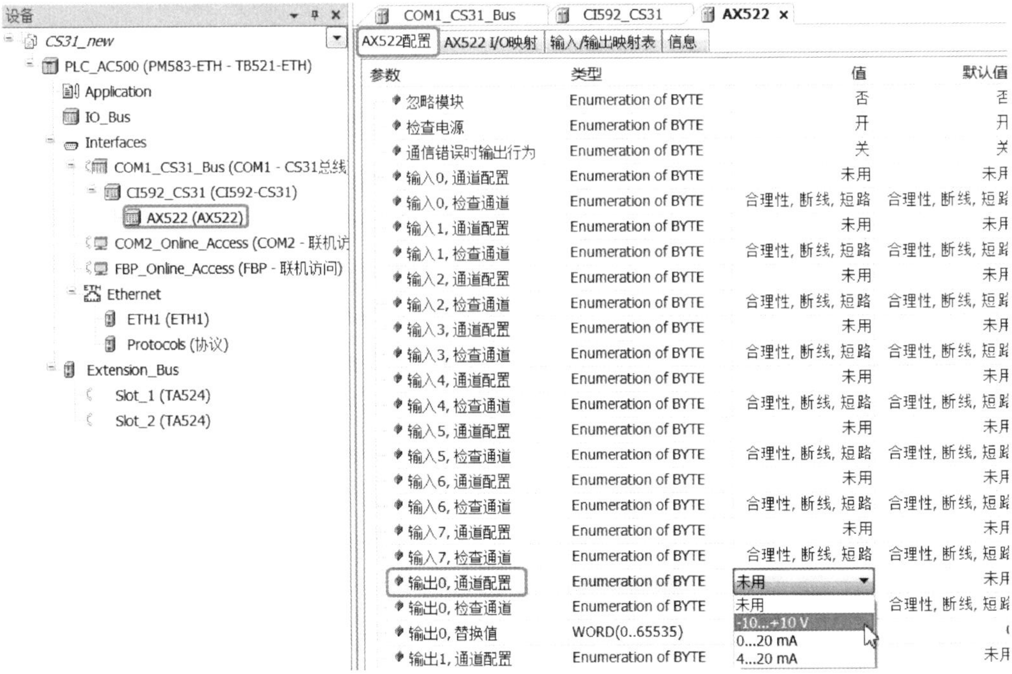

图 6-68　配置 AX522 的通道参数

9）在“AX522 I/O 映射”窗口中，定义“模拟输出 00＋”的变量名为“AX522_O0”。（在此处定义变量名，打开 CoDeSys 后会自动映射为全局变量。）如图 6-69 所示。

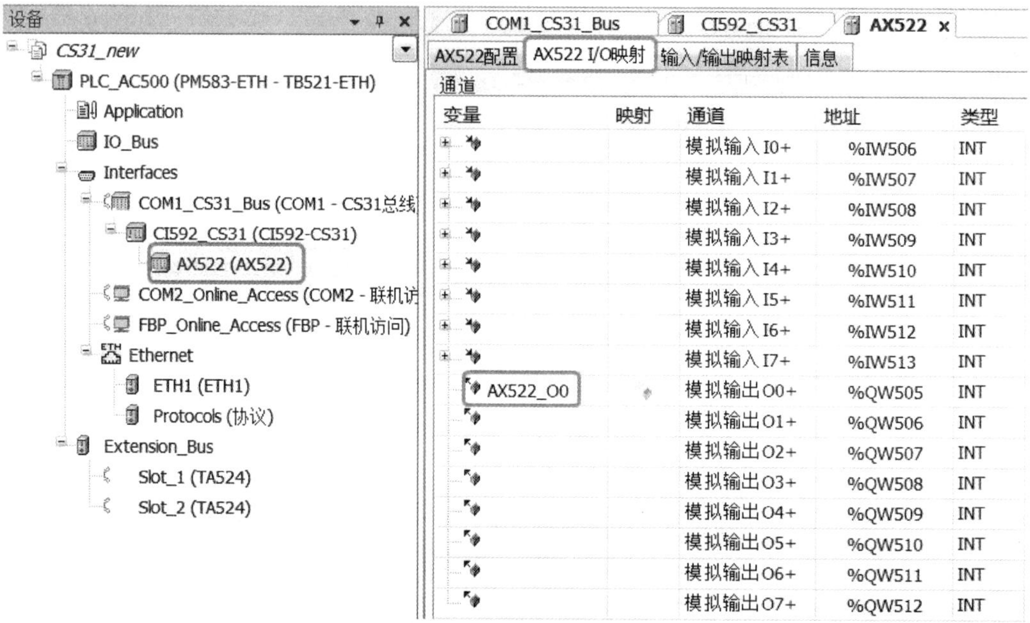

图 6-69　定义模拟输出变量名

10）右键单击“COM1_CS31_Bus”添加从站模块“DC551-CS31”，设置 DC551 模块地址为 8（需与硬件拨码一致），定义“数字输出 C8”的变量名为“DC551_C8”，如图 6-70 所示。

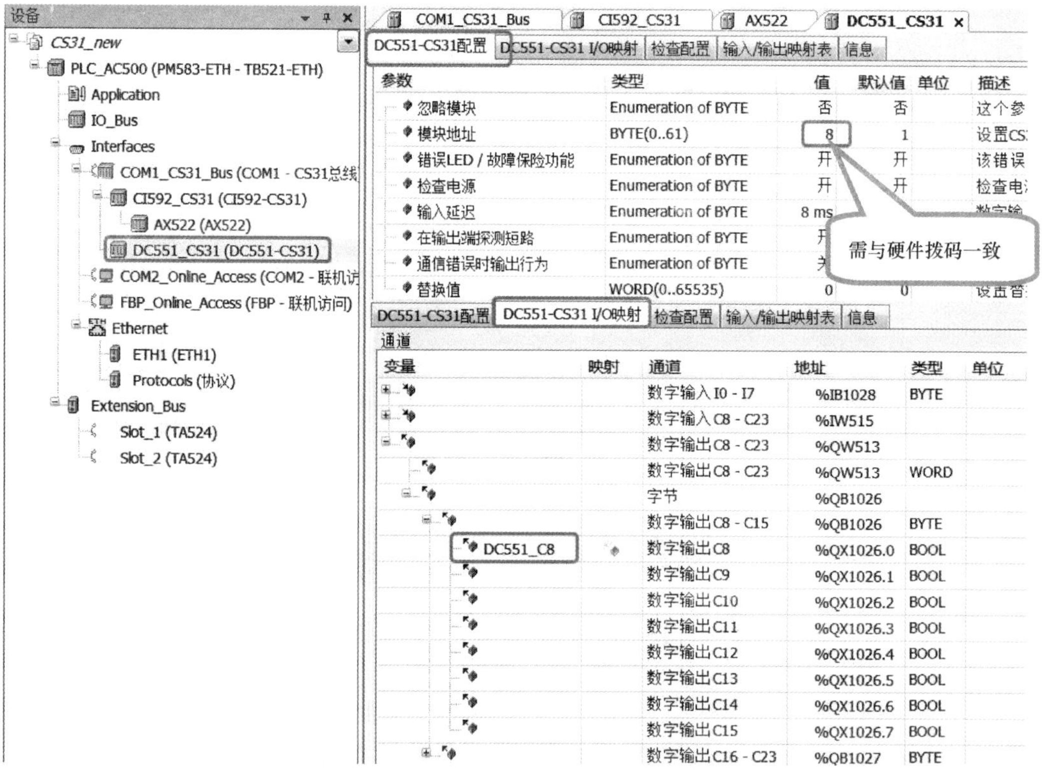

图 6-70　添加从站模块“DC551-CS31”并定义数字输出变量名

11）添加远程扩展 I/O 模块 DC522，定义“数字输出 C0”的变量名为“DC522_C0”。（CS31 总线远程扩展数字量模块不支持高速计数功能。），如图 6-71 所示。

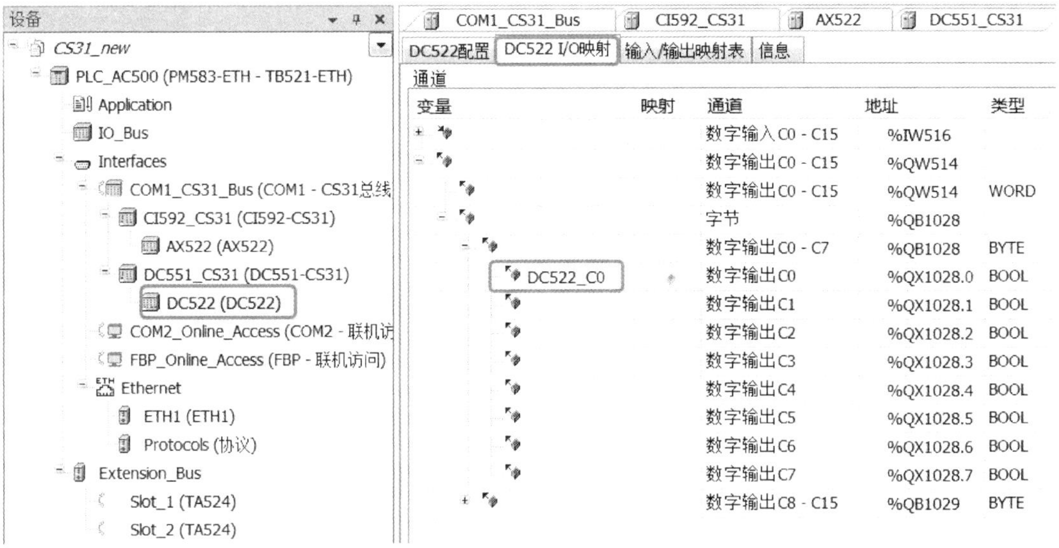

图 6-71　添加远程扩展 I/O 模块 DC522 并定义数字输出变量名

3. 检查扩展模块的数量

双击每个 CS31 从站模块（本例为 CI592-CS31 和 DC551-CS31），在“检查配置”窗口中，查询扩展的 I/O 模块是否超过总线的限制，如图 6-72 所示。

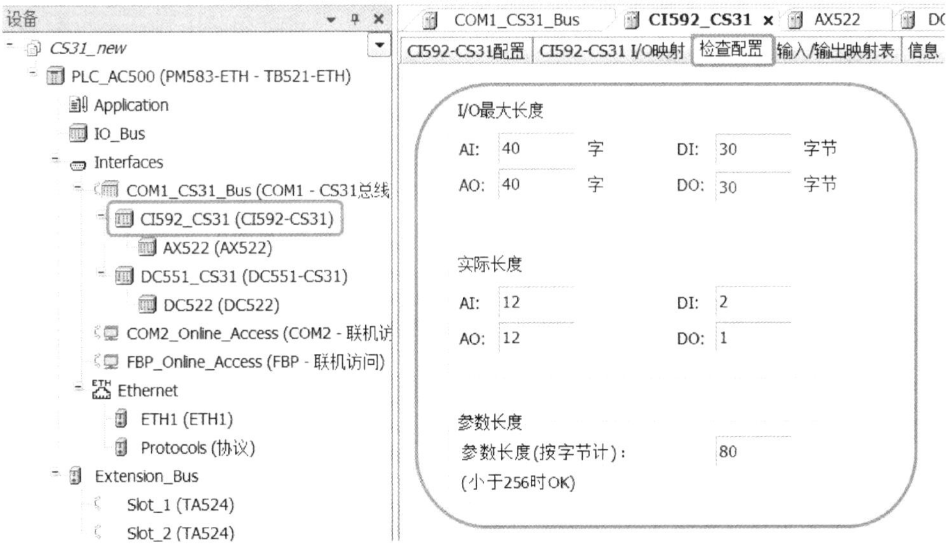

图 6-72　检查扩展模块的数量

注意

一个 DC551 最多可以连接 7 个 S500 I/O 模块，其中数字量为最大 240 点 DI 和 240 点 DO；尽管软件允许模拟量最大配置是 40 路 AI 和 40 路 AO，但仍建议按照 32 路 AI 和 32 路 AO 来配置。

4. 建立 CS31 总线通信

1）双击“Application”进入 CoDeSys 界面，在“资源”管理器下，可查看到从 Automation Builder 中映射过来的全局变量。程序中将这些变量赋值，如图 6-73 所示。

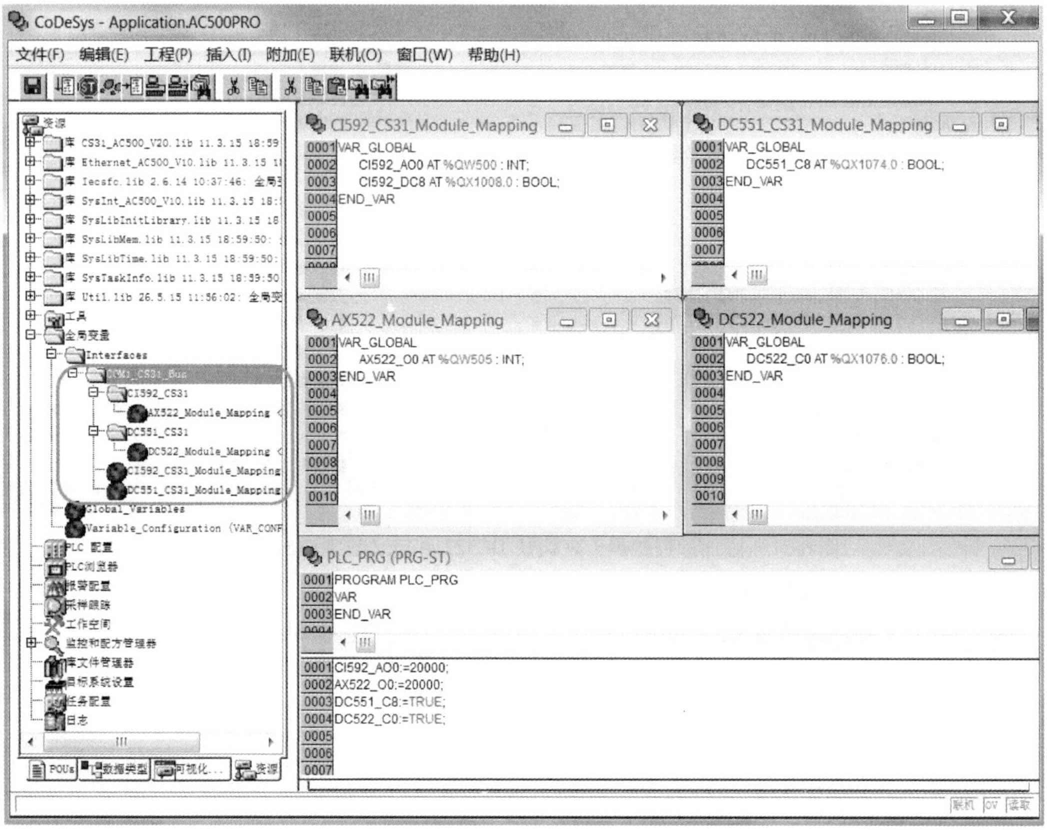

图 6-73　将变量赋值

2）联机、下载程序并运行 PLC（具体步骤参见本书 4.6 章节）。程序运行结果如图 6-74 所示，此时模块实物相应的 LED 灯为橙黄色。

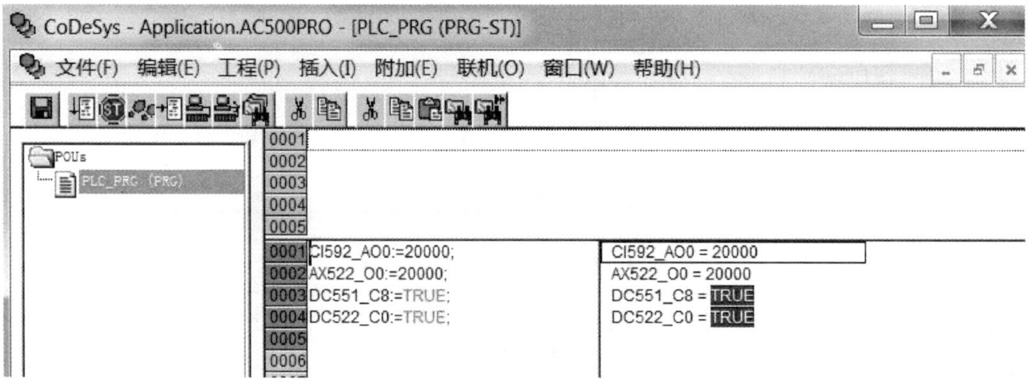

图 6-74　程序运行结果

6.2.2　AC500与PROFIBUS-DP远程I/O的连接

PROFIBUS是一种国际化、开放式、不依赖于设备生产商的现场总线标准，广泛适用于制造业自动化、流程工业化和楼宇、交通、电力等其他自动化领域。PROFIBUS-DP通信是PROFIBUS现场总线中应用最多的一种，是基于IEC61158标准，物理层为RS485的标准总线协议。PROFIBUS-DP通道总线和主从控制的设计，实现了分布式自动化系统的构造，该应用方式提高了自动化过程生产力，增加了系统的扩展性，同时使整个系统更加可靠，维护更加方便。

1. 硬件连接

硬件连接如图6-75所示。

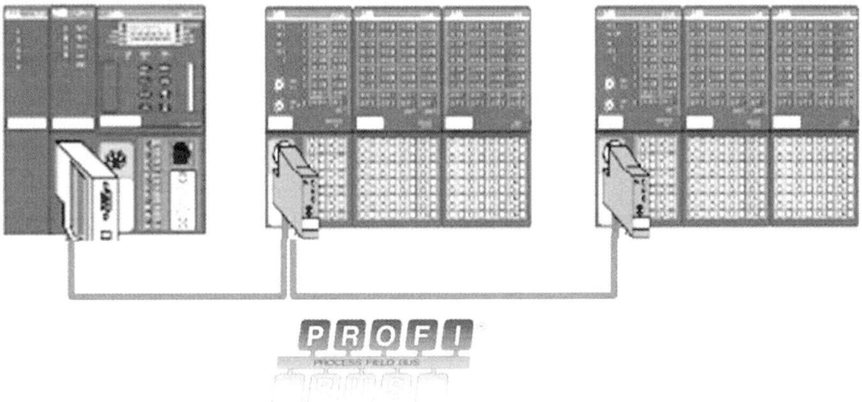

图6-75　使用DP电缆与DP终端头连接主站与所有从站

需要准备的硬件和软件见表6-18：

表6-18　硬件和软件需求

硬　件	软　件
PM583-ETH（V2.4）1个	Automation Builder V1.1
TB511 CPU底板1个	
CM572-DP PROFIBUS DP主站通信模块1个	
CI541或CI542 1个	
AX522 1个	

1）通信模块CM572-DP说明如图6-76所示。

PROFIBUS-DP 主站功能
SUB-D，9 针母头串口
支持 PROFIBUS-DP 协议（DP-V0 和 DP-V1）
5 个状态指示灯
支持波特率 9.6kBaud ~ 12Mbaud

图 6-76　模块 CM572-DP

2）总线模块 CI541-DP 说明如图 6-77 所示。

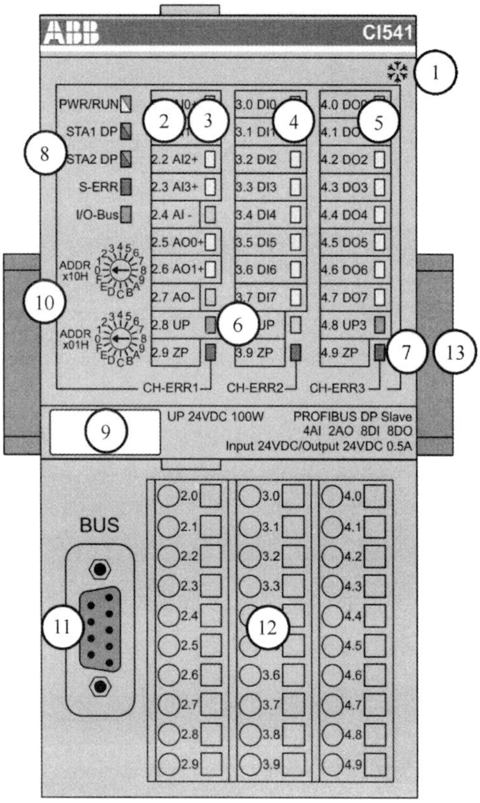

CI541 模块	
1	I/O 总线
2	端子编号与信号名称
3	6 个黄色 LED 显示模拟量输入/输出的信号状态（AI0 ~ AI3，AO0 ~ AO1）
4	8 个黄色 LED 显示数字量输入（DI8-DI15）的信号状态
5	8 个黄色 LED 显示数字量输出（DO8 - D15）的信号状态
6	2 个绿色 LED 显示电源电压 UP 和 UP3
7	3 个红色 LED 显示错误（CH-ERR1，CH-ERR2，CH-ERR3）
8	5 个系统 LED：PWR/RUN，STA1 DP，STA2DP，S-ERR，I/O 总线
9	标签
10	2 个旋转开关设置 IO 设备地址标识
11	DP 接口
12	带有 30 个端子（螺钉或弹簧接线端子）的模块底板（TU5099 或 TU510）
13	DIN 导轨

图 6-77　总线模块 CI541-DP

PROFIBUS-DP 总线模块 CI541-DP 用来作为 PROFIBUS-DP 网络上的分布式 I/O。网络通过集成在模块底板上的 1 个 SUB-D，9 针接口连接。总线模块包括 22 个 I/O 通道，具有以下特点：

- 4 路模拟量输入（2.0...2.3）；
- 2 路模拟量输出（2.5...2.6）；
- 8 路 24 VDC 数字量输入（3.0...3.7）；
- 8 路 24 VDC 数字量输出（4.0...4.7）。

输入/输出与 DP 总线电气隔离。通道间无隔离。通过软件对模拟量输入/输出进行配置。该模块可扩展 10 个 AC500 I/O 模块。

3）总线模块 CI542-DP 说明如图 6-78 所示。

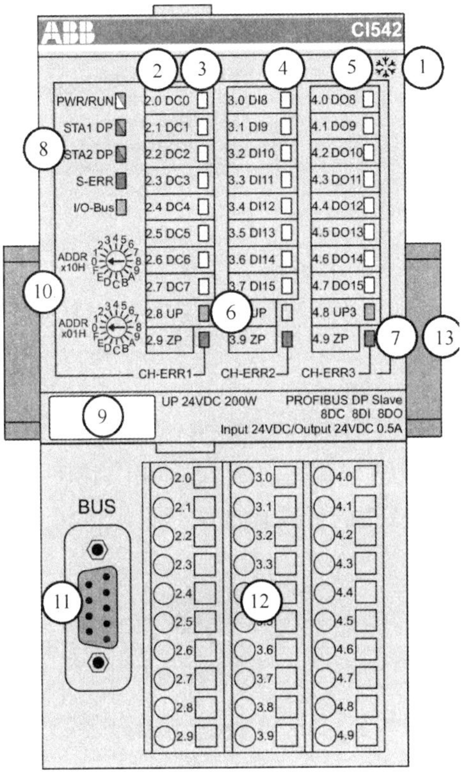

CI542 模块	
1	I/O 总线
2	端子编号与信号名称
3	8 个黄色 LED 显示可配置的数字量输出（DC0 - DC7）的信号状态
4	8 个黄色 LED 显示数字量输入（DI8-DI15）的信号状态
5	8 个黄色 LED 显示数字量输出（DO8 - D15）的信号状态
6	2 个绿色 LED 显示电源电压 UP 和 UP3
7	3 个红色 LED 显示错误（CH-ERR1，CH-ERR2，CH-ERR3）
8	5 个系统 LED：PWR/RUN，STA1 DP，STA2 DP，S-ERR，I/O 总线
9	标签
10	2 个旋转开关设置 IO 设备地址标识
11	DP 接口
12	带有 30 个端子（螺钉或弹簧接线端子）的模块底板（TU509 或 TU510）
13	DIN 导轨

图 6-78　总线模块 CI542-DP

PROFIBUS-DP 总线模块 CI542-DP 用来作为 PROFIBUS-DP 网络上的分布式 I/O 从站。网络通过集成在模块底板上的 1 个 SUB-D，9 针接口连接。总线模块包括 24 个 I/O 通道，具有以下特点：

- 8 路可配置的输入/输出（2.0...2.7）；
- 8 路 24 VDC 数字量输入（3.0...3.7）；
- 8 路 24 VDC 数字量输出（4.0...4.7）。

输入/输出与 DP 总线电气隔离。通道间无隔离。通过软件对数字量输入/输出进行配置。该模块可扩展 10 个 AC500 I/O 模块。

2. 软件配置

1）在 Automation Builder 界面中新建一个 PM583-ETH 工程，插入通信模块 CM572-DP，如图 6-79 所示。

图 6-79　插入通信模块 CM572-DP

2）双击“PROFIBUS_Master”打开“PROFIBUS 主站”编辑窗口。对 PROFIBUS-DP 主站的地址和波特率进行设定。按需要对 PROFIBUS-DP 从站的最高地址进行设定，如图 6-80 所示。

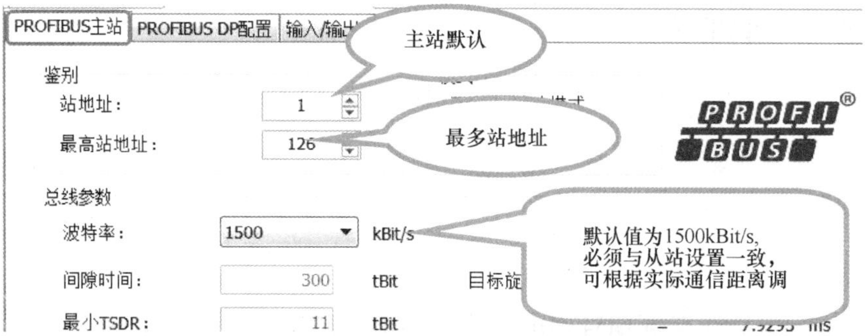

图 6-80　设定 PROFIBUS-DP 主站的地址和波特率

注：从站数目与总线物理结构有关。当总线中没有中继器时，最多只能带 32 个站；使用中继器时，最多 126 个从站；中继器没有站地址，但会被计算到每段站的总数目中，典型的中继器扩展方案如图 6-81 所示。

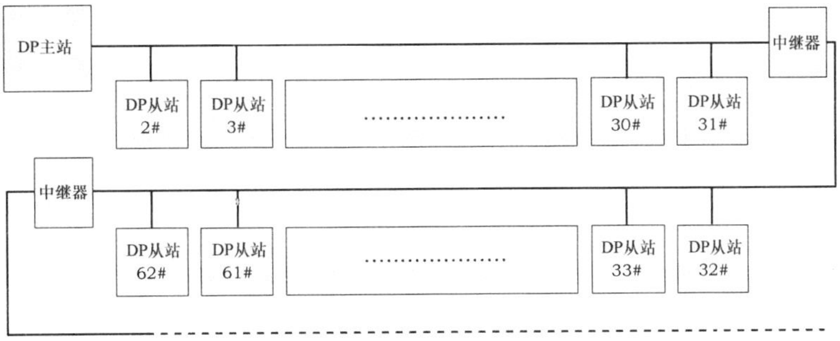

图 6-81　中继器扩展方案

总线波特率与总线长度有关，总线的一段长度为两个中继器之间的总线长度；总线长度与波特率关系见表 6-19：

表 6-19　总线长度与波特率关系

波特率	总线长度/m	波特率	总线长度/m
9.6kBaud ~ 187.5 kBaud	1200	1.5MBaud	200
500kBaud	400	3MBaud ~ 12 MBaud	100

3）如果要修改更多参数，单击“设置最佳值”；在手动修改参数后，可通过单击“恢复默认值”将参数恢复为系统的默认设置，如图 6-82 所示。

图 6-82　修改 PROFIBUS 主站参数方式

4）右键单击“PROFIBUS_Master”，添加 PROFIBUS-DP 从站（本例使用 CI541_DP），如图 6-83 所示。

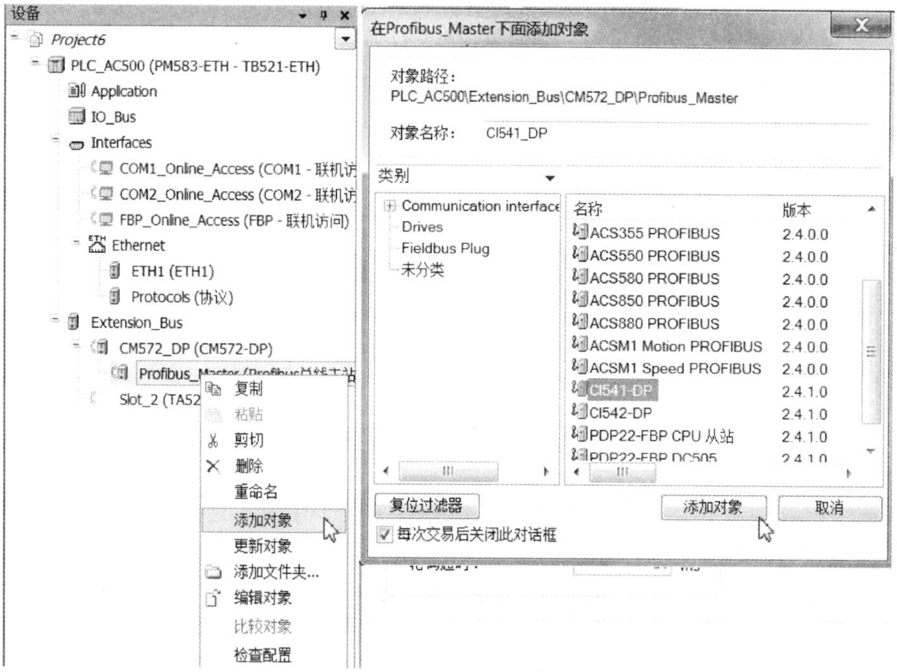

图 6-83　添加 PROFIBUS-DP 从站

5）双击“CI541_DP”，打开从站参数编辑窗口，设置从站的站地址。站地址需与 CI541 模块上旋钮开关所设地址一致，如图 6-84 所示。

图 6-84　设置 PROFIBUS 从站地址

6）双击“CI541_IO”，打开“CI541-IO 映射”界面，可以按照字节或位为变量定义变量名。（在此处定义变量名，打开 CoDeSys 后会自动映射为全局变量。）如图 6-85 所示。

7）右键单击“CI541_DP”，添加从站 I/O 模块 AX522，在配置标签中，根据硬件信号的类型修改默认通道的设置，如图 6-86 所示。

8）打开“AX522 I/O 映射”窗口，可以按字为变量定义符号名，如图 6-87 所示。

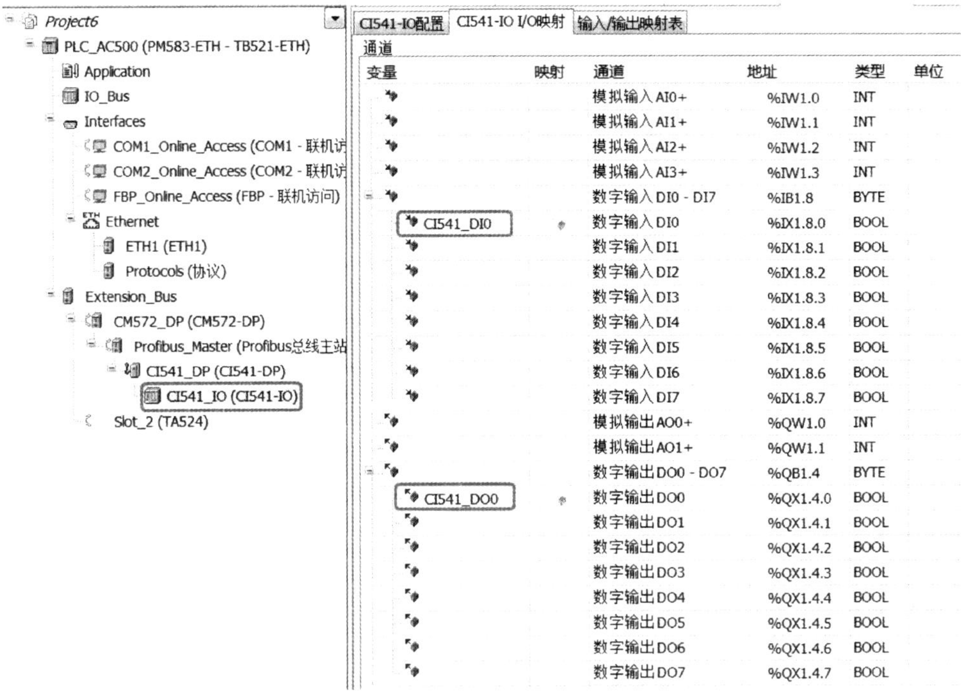

图 6-85　为 CI541 定义变量名

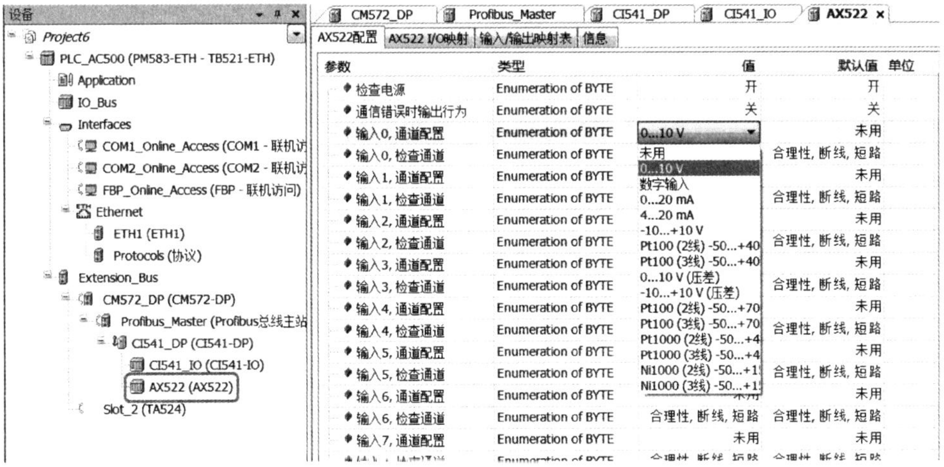

图 6-86　设置 AX522 通道参数

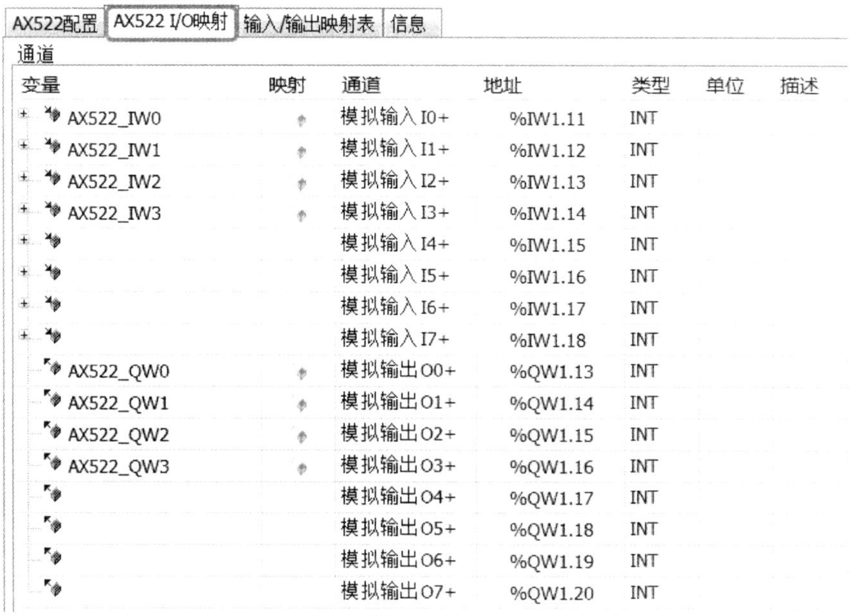

图 6-87　为 AX522 的输入变量定义符号名

9）双击“Application”，即可进入 CoDeSys 界面，完成对系统的编程、下载及调试。

3. 安装 PROFIBUS-DP 设备描述文件

1）PROFIBUS-DP 是一种国际标准总线，AC500 PLC 兼容符合该标准的所有设备，如果使用第三方 PROFIBUS-DP 从站设备，需要首先安装 PROFIBUS-DP 设备描述文件（＊. GSD 文件）。单击“工具→设备库...”如图 6-88 所示。

图 6-88　安装设备描述文件

2）选择“现场总线”下的“PROFIBUS-DP 从站”，单击“安装”，如图 6-89 所示。

3）选择需要添加的 PROFIBUS-DP 配置文件，单击“Open”完成安装，如图 6-90 所示。

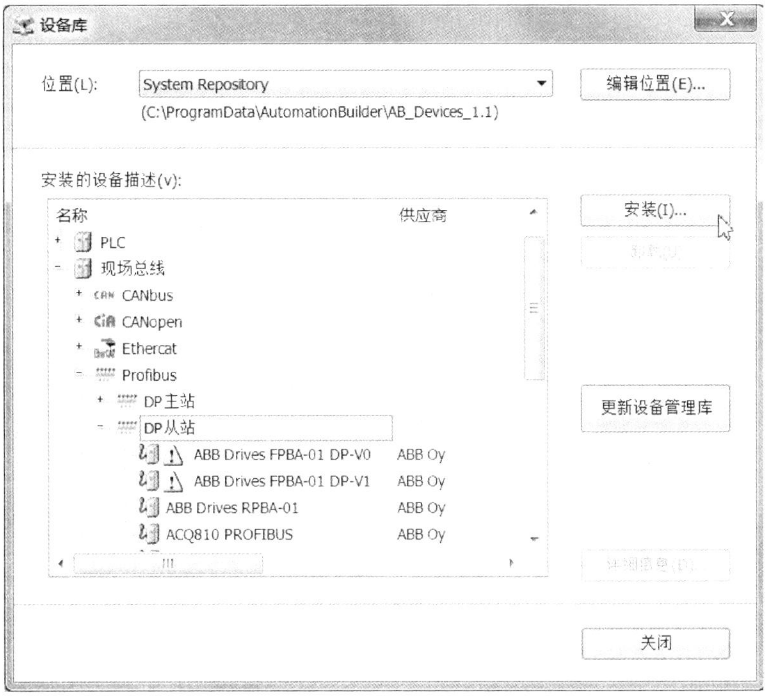

图 6-89　选择“PROFIBUS-DP 从站”

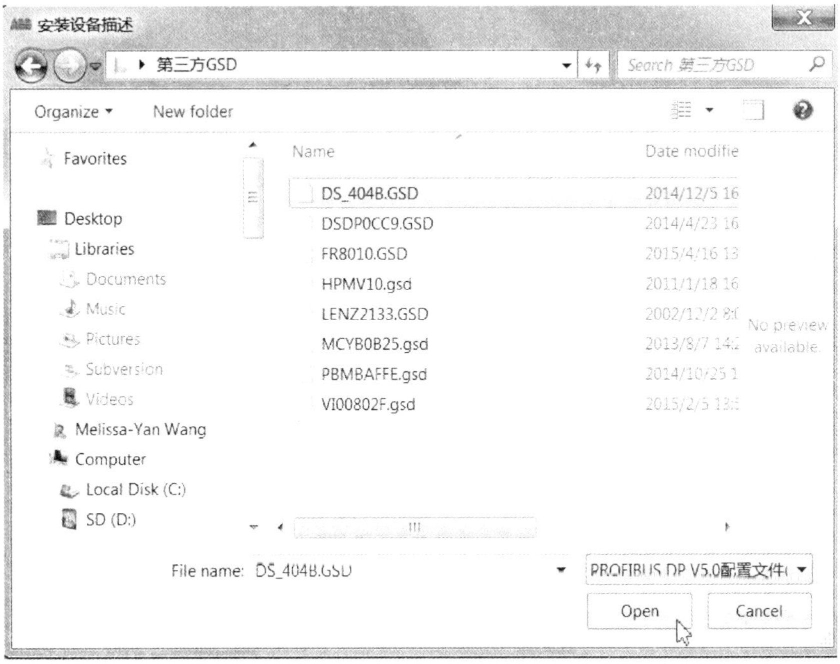

图 6-90　打开所需的配置文件

6.2.3　AC500 PROFINET IO 总线扩展

本节用于指导实现 AC500 系列 CPU 通过 PROFINET 总线扩展分布式 I/O。首先对 PROFINET 进行概述。

PRIFINET 是一种新的以太网通信系统，具有多制造商产品之间的通信能力、自动化和工程模式，并对分布式智能自动化系统进行了优化，其应用结果能够大大节省配置和调试费用。PROFINET 将成熟的 PROFIBUS 现场总线技术的数据交换技术和基于工业以太网的通信技术整合到一起，是一种开放的工业以太网标准。

1. 硬件连接

硬件连接如图 6-91，图 6-92，图 6-93 及图 6-94 所示。

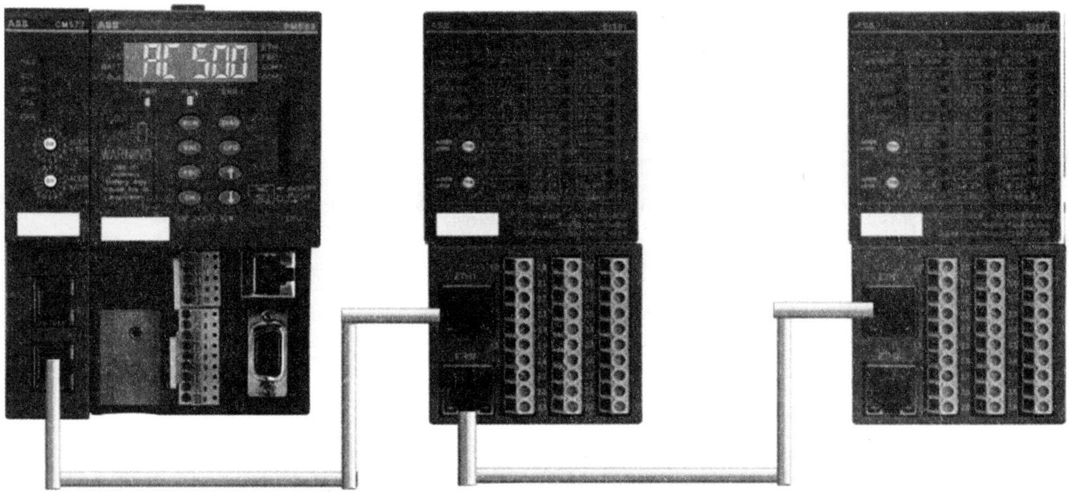

图 6-91　普通 PROFINET 系统连接

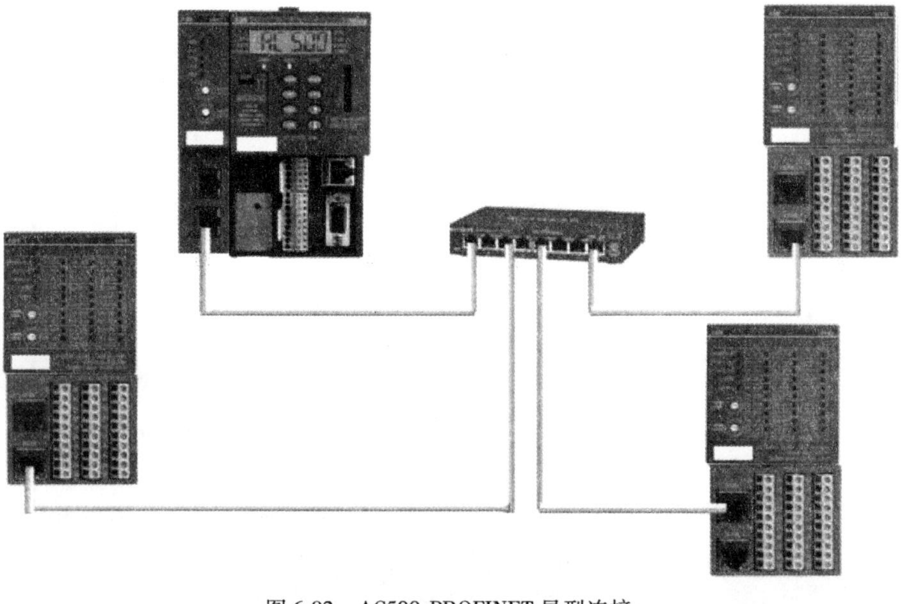

图 6-92　AC500 PROFINET 星型连接

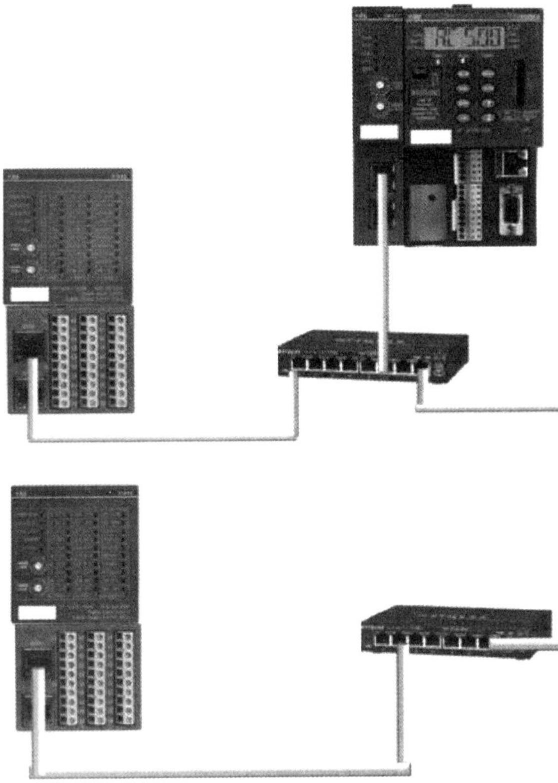

图 6-93　AC500 PROFINET 树形连接

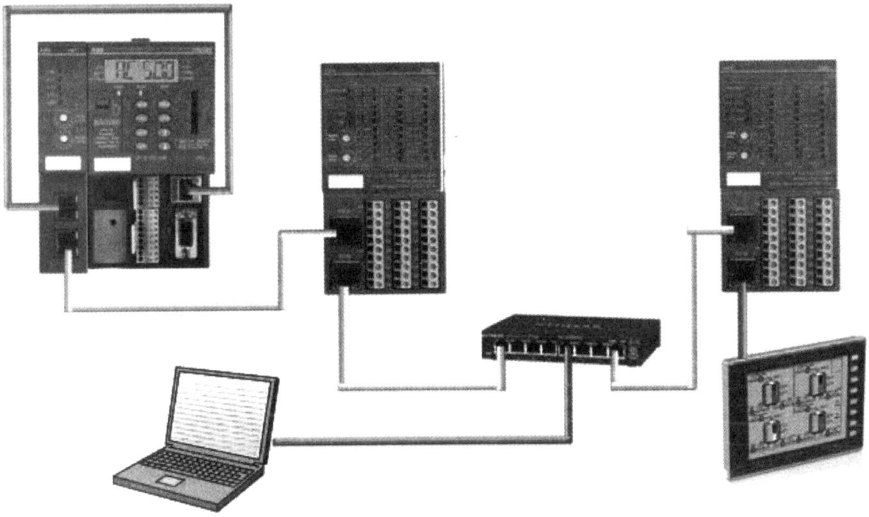

图 6-94　含有混合总线的 PROFINET 系统连接

2. 模块说明

（1）CM579-PNIO 通信模块

AC500 通信模块 CM579-PNIO 用于 PROFINET RT 主站（即控制器）通信，传输速率为

10/100 Mbit / s 全双工。作为 PROFINET IO 的主站，最多可管理 128 个 I/O 设备，不需要外接电源。该模块内置以太网交换机，与以太网的连接可直接建立在通信模块上，无需额外的交换机，如图 6-95 所示。

（2）PROFINET 总线模块 CI501-PNIO

PROFINET 总线模块 CI501-PNIO（见图 6-96 所示），用来作为 PROFINET 网络上的分布式 I/O 从站（即 I/O 设备）。网络通过集成在模块底板上的 2 个 RJ45 接口连接。模块内置以太网交换功能，可建立直接与通信模块之间的以太网连接，不需要额外的交换机。总线模块包含 22 个 I/O 通道，具有以下特点：

通信模块的组件

1	5个LED用于显示状态
2	2个旋转开关用于设置地址（未使用）
3	标签
4	2个RJ45通信接口(PNIO1和PNIO2)

图 6-95　CM579-PNIO 通信模块

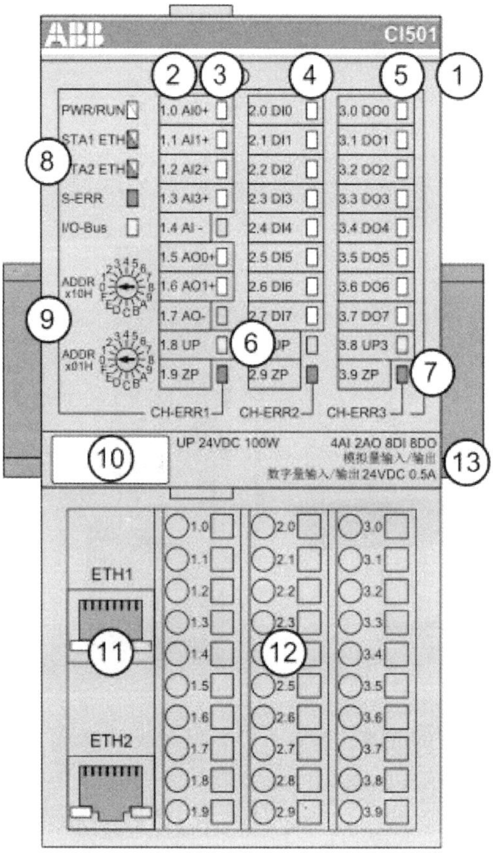

CI541 模块	
1	I/O 总线
2	端子编号与信号名称
3	6 个黄色 LED 显示模拟量输入/输出的信号状态（AI0-AI3，AO0-AO1）
4	8 个黄色 LED 显示数字量输入（DI0 - DI7）的信号状态
5	8 个黄色 LED 显示数字量输出（DO0 - DO7）的信号状态
6	2 个绿色 LED 显示电源电压 UP 和 UP3
7	3 个红色 LED 显示错误（CH-ERR1，CH-ERR2，CH-ERR3）
8	5 个系统 LED：PWR/RUN，STA1 ETH，STA2 ETH，S-ERR，I/O 总线
9	2 个旋转开关设置 IO 设备地址标识
10	标签
11	以太网接口（ETH1，ETH2）
12	带有 30 个端子（螺钉或弹簧接线端子）的模块底板（TU507-ETH 或 TU508-ETH）
13	DIN 导轨

图 6-96　CI501 模块、底板结构

- 4 路模拟量输入（1.0...1.3）；
- 2 路模拟量输出（1.5...1.6）；
- 8 路 24 V DC 数字量输入（2.0...2.7）；
- 8 路 24 V DC 数字量输出（3.0...3.7）。

输入/输出与以太网电气隔离。通道间无隔离。通过软件对模拟量输入/输出进行配置。该模块可扩展 10 个 AC500 I/O 模块。

（3）PROFINET 总线模块 CI502-PNIO

PROFINET 总线模块 CI502-PNIO（见图 6-97 所示）用来作为 PROFINET 网络上的分布式 I/O 从站（即 I/O 设备）。网络通过集成在模块底板上的两个 RJ45 接口连接。模块内置以太网交换功能，可建立直接与通信模块之间的以太网连接，不需要额外的交换机。总线模块包含 24 个 I/O 通道，具有以下特点：

- 8 路可配置的输入/输出（1.0...1.7）；
- 8 路 24 V DC 数字量输入（2.0...2.7）；
- 8 路 24 V DC 数字量输出（3.0...3.7）。

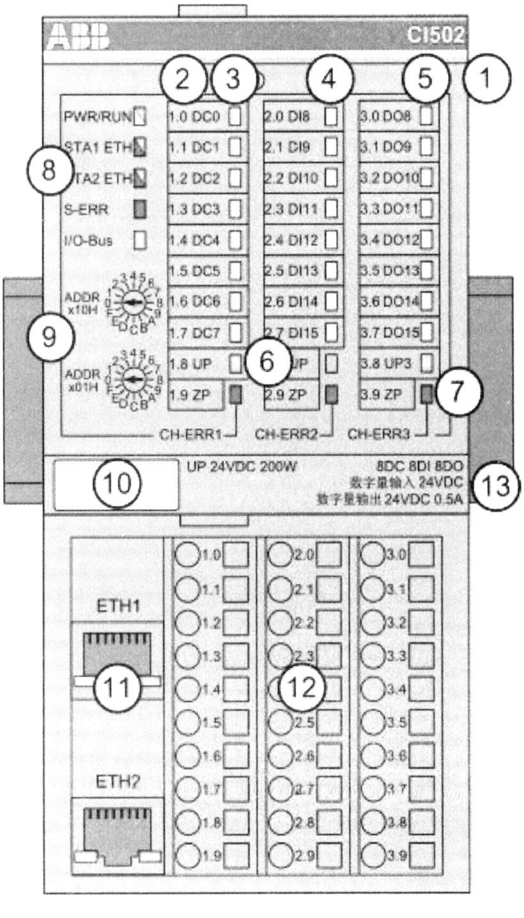

CI502 模块	
1	I/O 总线
2	端子编号与信号名称
3	8 个黄色 LED 显示可配置的数字量输出（DC0 - DC7）的信号状态
4	8 个黄色 LED 显示数字量输入（DI8-DI15）的信号状态
5	8 个黄色 LED 显示数字量输出（DO8 - D15）的信号状态
6	2 个绿色 LED 显示电源电压 UP 和 UP3
7	3 个红色 LED 显示错误（CH-ERR1，CH-ERR2，CH-ERR3）
8	5 个系统 LED：PWR/RUN，STA1 ETH，STA2 ETH，S-ERR，I/O 总线
9	2 个旋转开关设置 IO 设备地址标识
10	标签
11	以太网接口（ETH1，ETH2）
12	带有 30 个端子（螺钉或弹簧接线端子）的模块底板（TU507-ETH 或 TU508-ETH）
13	DIN 导轨

图 6-97　CI502 模块、底板结构

输入/输出与以太网电气隔离。通道间无隔离。通过软件来进行数字量输入/输出的配置。该模块可扩展 10 个 AC500 I/O 模块。

（4）工程组态

1）打开 Automation Builder 软件，新建一个工程。本例中选择 AC500 PM583-ETH。在设备配置树中，选择通信模块下的“Slot_1（TA524）”，单击右键，插入设备 CM579-PNIO，如图 6-98 所示。

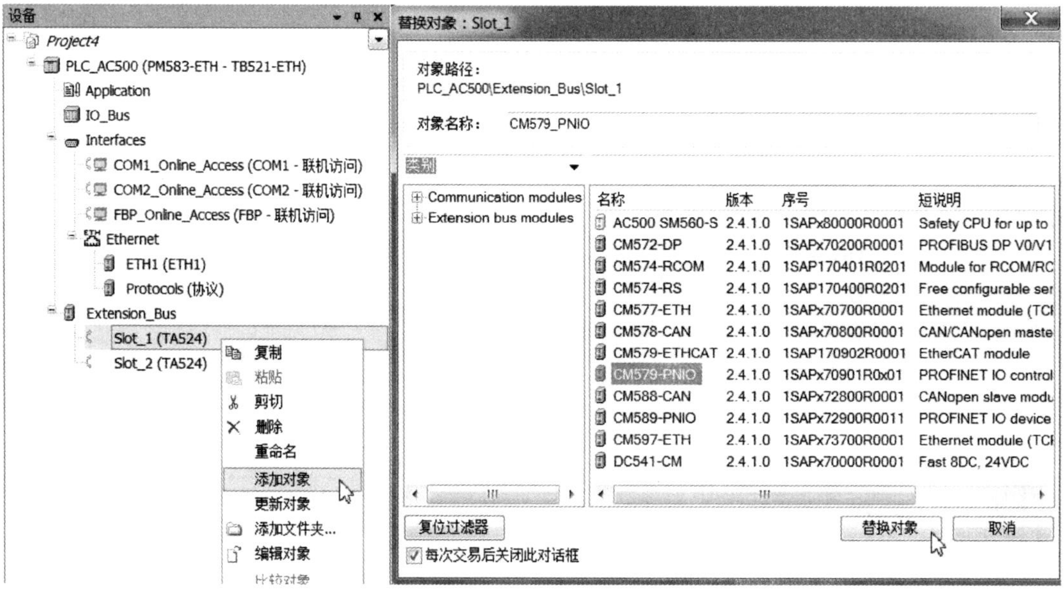

图 6-98　添加通信模块 CM579-PNIO

2）双击“PNIO_Controller”，打开“PROFINET IO Controller”编辑窗口，对 PROFINET 主站的 IP 地址和站名进行设定，对 PROFINET 从站的 IP 地址范围进行设定，如图 6-99 所示。

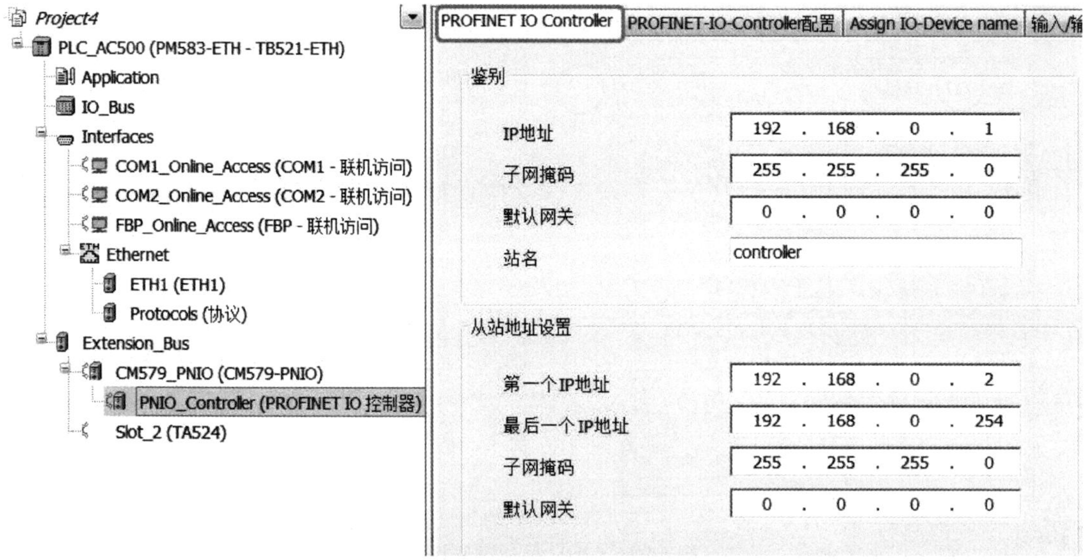

图 6-99　设置 PROFINET 主站和从站参数

3）在添加的“PNIO_Controller”上单击右键，选择添加 PROFINET IO 从站（本例使用 CI502_PNIO（V3）），如图 6-100 所示。

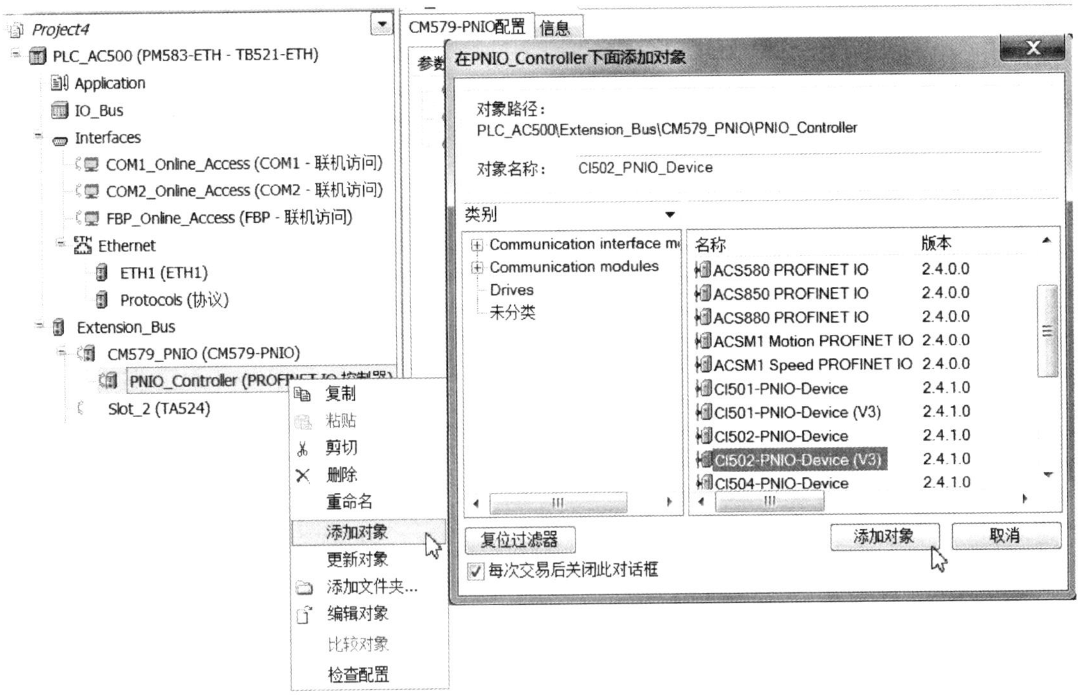

图 6-100　添加 PROFINET IO 从站

4）双击“CI502_PNIO_Device”，打开从站参数编辑窗口，对从站的 IP 地址、减小比率和站名进行设定，站名的命名规则为“ci502-pn-xx”，其中“xx”为 CI502 模块上旋钮开关所设置的数，如图 6-101 所示。

5）右键单击“CI502_PNIO_Device”选择“添加对象”，可以添加 S500 I/O 扩展模块，如图 6-102 所示。

（5）向从站发送配置信息

当需要临时更改 AC500 PROFINET I/O 从站或者使用第三方 PROFINETI/O 从站时，可以通过向从站发送配置信息来完成配置的更改，如图 6-103 所示。

1）在 Automation Builder 设备配置树中，双击“CI502_PNIO_Device”，更改从站站名和 IP 地址为目标值，双击“Application”进入 CoDeSys 界面，下载程序并运行 CPU。

2）在 Automation Builder 界面登录 CPU。双击“PNIO_Controller”图标，打开“分配站名”窗口，扫描从站，更改“配置 I/O 设备名”和“IP 地址”为目标值，并分配给从站，如图 6-104 及图 6-105 所示。

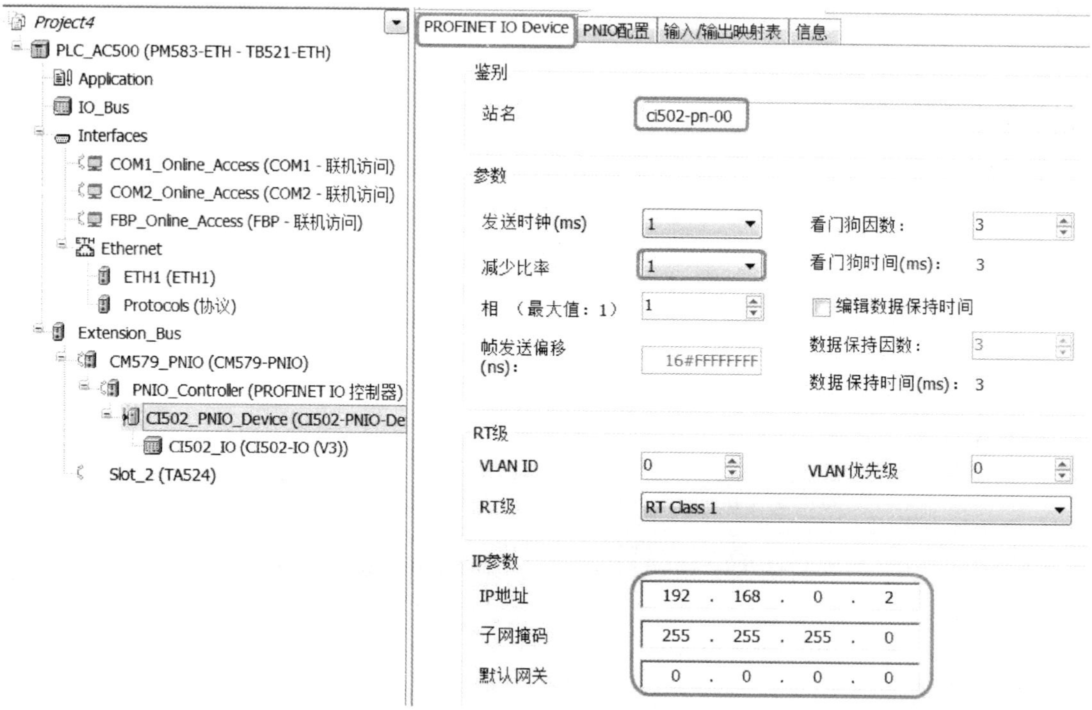

图 6-101　设置 PROFINET 从站参数

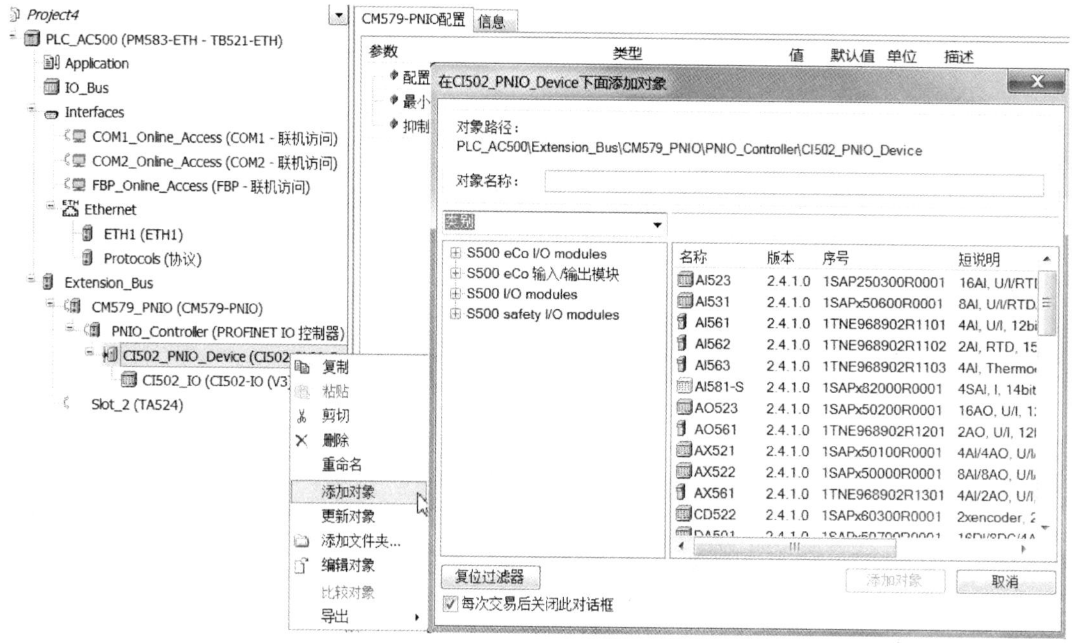

图 6-102　添加 S500 I/O 扩展模块

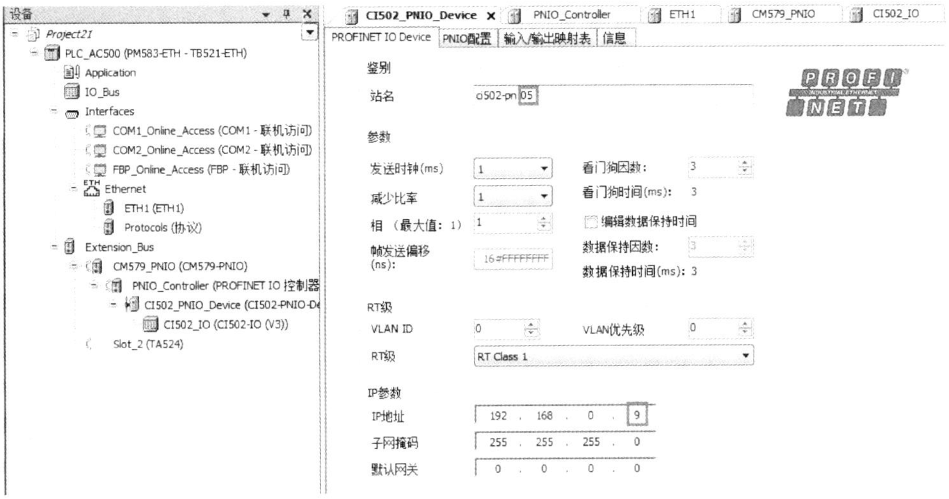

图 6-103　更改从站站名和 IP 地址为目标值

图 6-104　向从站分配 I/O 设备名

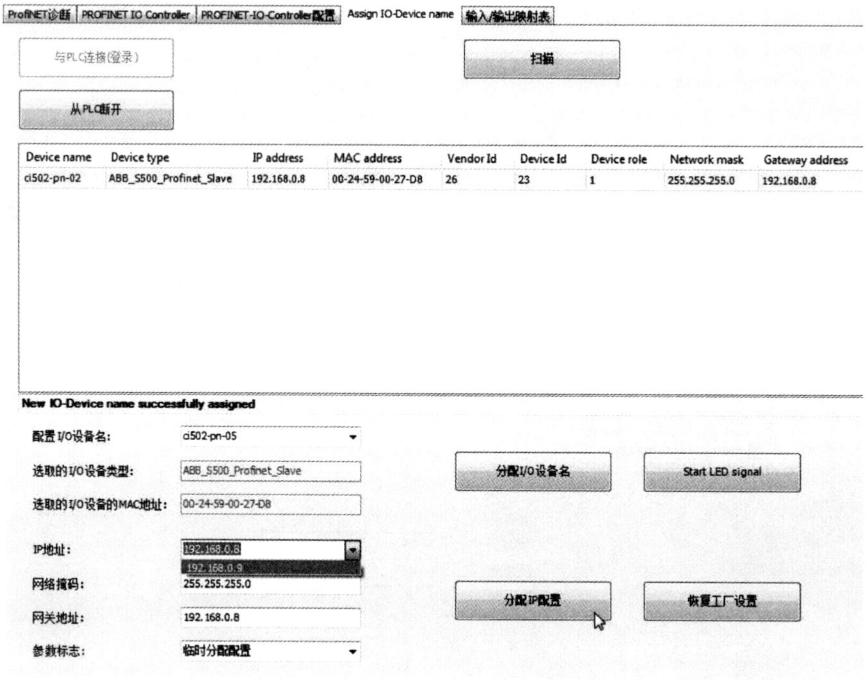

图 6-105　向从站分配 IP 地址

3）将系统断电，设置从站硬件拨码与目标值一致，再对系统重新上电，此时扫描从站站名和 IP 地址，与目标值一致，如图 6-106 所示。

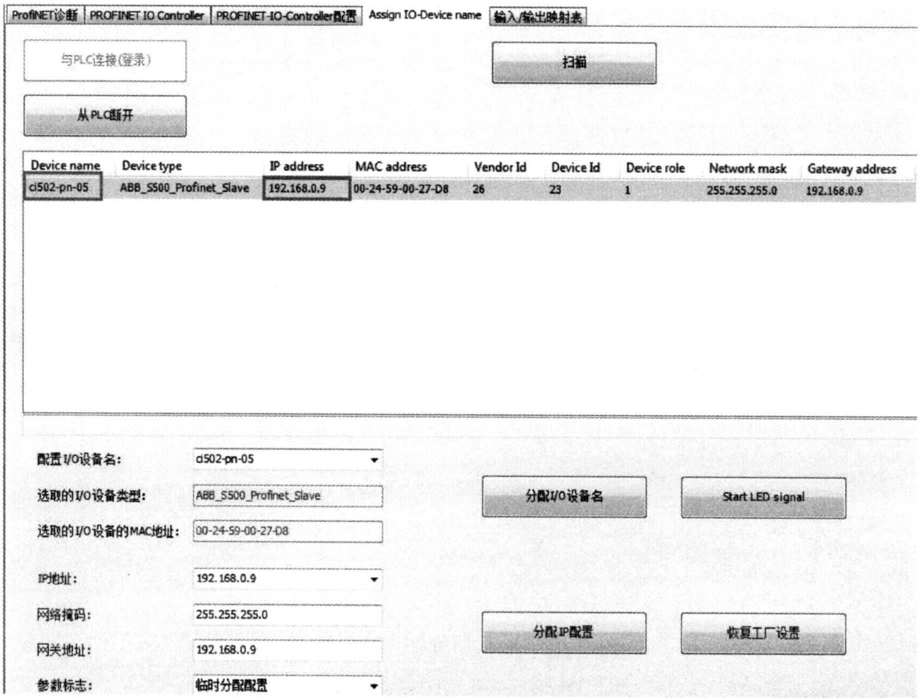

图 6-106　系统重新上电后扫描从站名和 IP 地址

3. 安装PROFINET GSDML（＊.xml）文件

1）如果使用第三方PROFINET I/O设备，需要首先安装PROFINET GSDML（＊.xml）文件。单击“工具→设备库”，如图6-107所示。

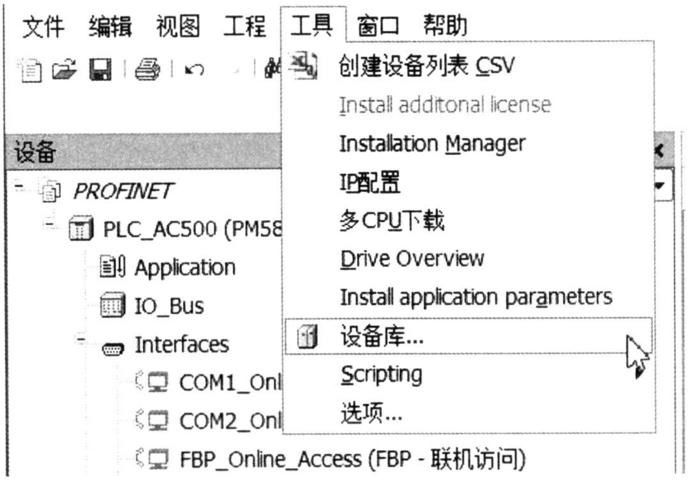

图6-107　安装PROFINET GSDML文件

2）选择“现场总线”下的“PROFINET IO从站”，单击安装，如图6-108所示。

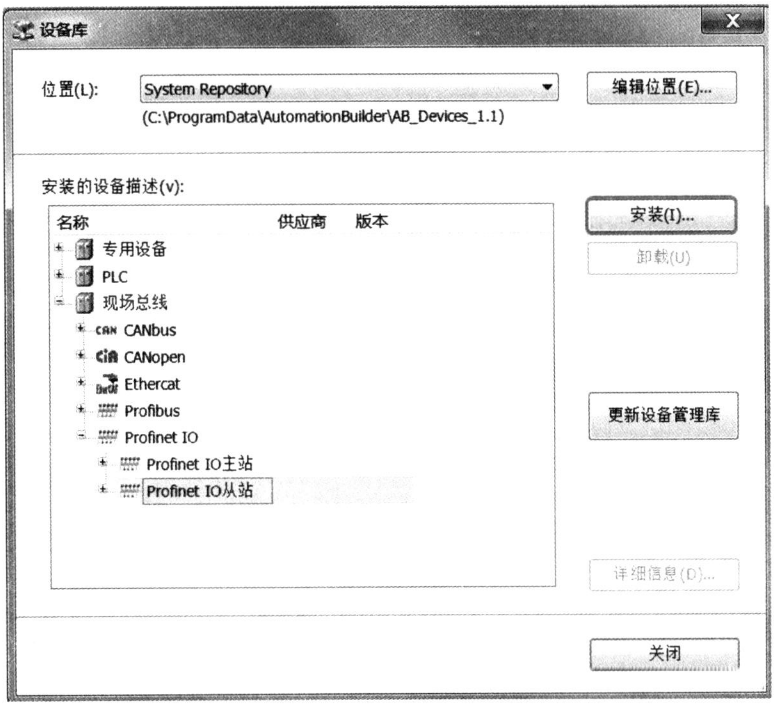

图6-108　选择PROFINET GSDML文件类型

3）选择需要添加的PROFINET GSDML（＊.xml）文件，单击“Open”完成安装，如图

6-109 所示。

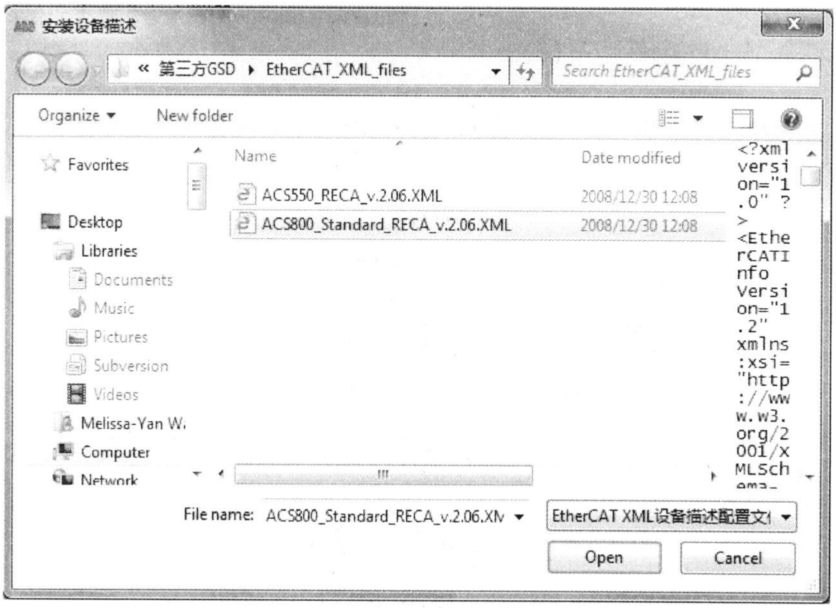

图 6-109　选择添加 PROFINET GSDML（ *. xml）文件

6.3　AC500 与人机界面的通信

ABB 触摸屏系列分为三个系列，分别为低端产品 CP405 和 CP408，中端产品 CP600-eCo 和高端产品 CP600，如图 6-110 所示。

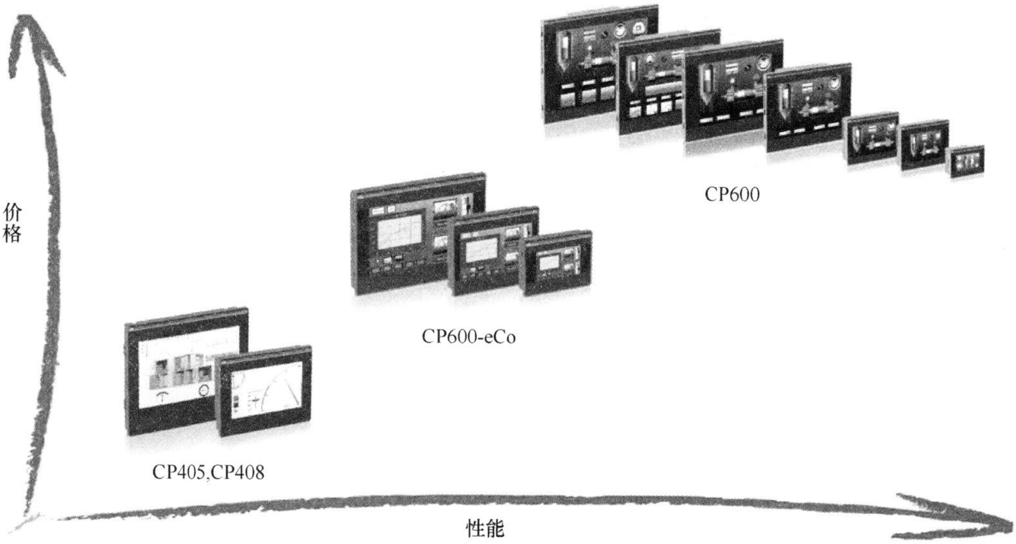

图 6-110　ABB 触摸屏系列

6.3.1　ABB 触摸屏简介

当今工业市场的机械制造业竞争日益激烈，因此选择高性价比自动化打包方案成为设备制造企业非常关注的话题。ABB 公司最新推出的工业触摸屏 CP405/408 拥有可靠的性能，丰富的功能以及有竞争力的价格，与 ABB 公司紧凑型 PLC AC500-eCo 和机械类传动产品组成了高性价比自动化打包方案。助力客户有效控制成本的同时，亦可提高其设备的市场竞争力。CP405/408 产品概览如图 6-111 所示，产品规格见表 6-20，接口说明如图 6-112 所示。

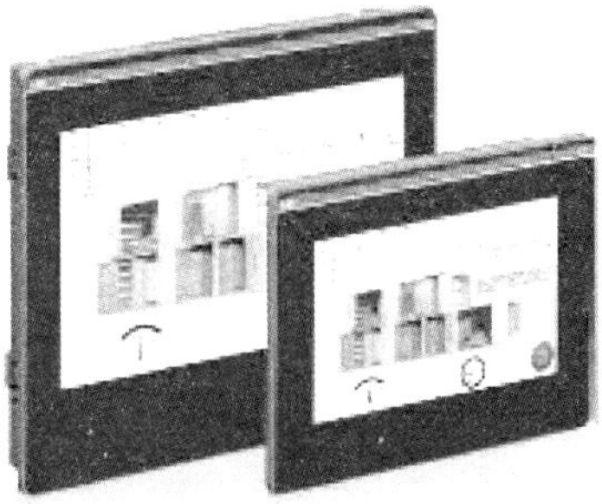

图 6-111　CP405/408 产品概览

表 6-20　CP405/408 HMI 产品规格

产品规格	CP405	CP408
尺寸	7″	10.1″
分辨率	800×480	1024×600
背光	WVGA TFT LCD	
防护等级	IP66	
色彩	65536	
材料	工业塑料	
用户闪存	8 MB NOR + 128 MB NAND 闪存	
配方闪存	是，闪存或 128 kB 电池支持内存	
功能键	无	
时钟	RTC	
工作时间	LED 20，000 小时	
COMx	RS232、RS485、RS422	
USBx	1×USB（A 型）：与打印机和其他典型附件的通信 1×USB（B 型）：编程端口	
Ethernet	不支持	
软件	Panel Builder 400	

CP600-eCo HMI 是 ABB PLC 家族最新推出的人机界面，产品基于 Windows CE 操作平台，具有平台稳定、接口开放的优点；与控制器开发平台 CoDeSys 的无缝集成，为用户节省大量重复劳动；系统集成的 JavaScript 脚本功能，为客户的高级应用提供了一个无限开发环境。CP600-eCo HMI 产品概览如图 6-113 所示，产品规格见表 6-21，接口说明如图 6-114 所示。

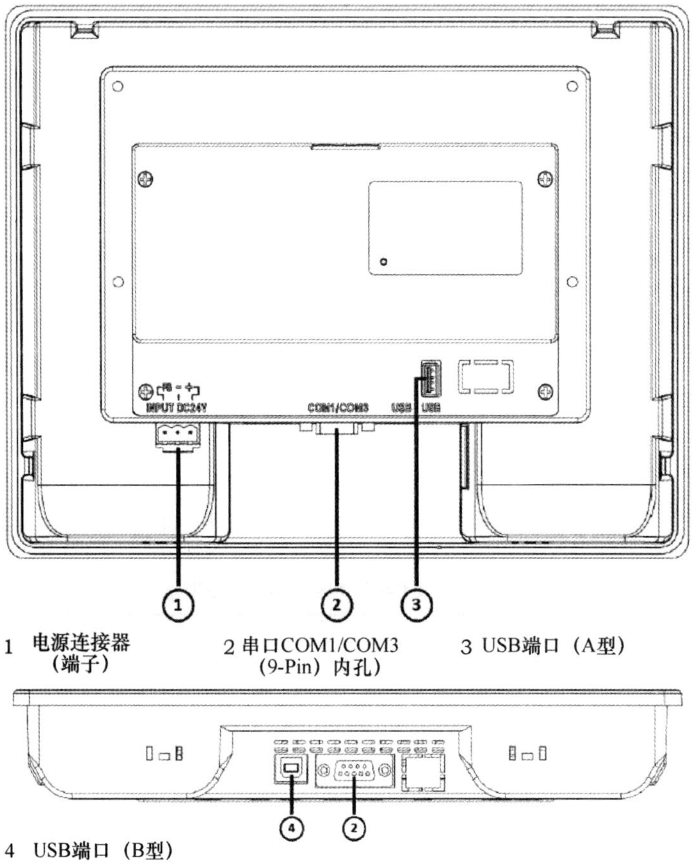

图 6-112　CP405/408 接口说明

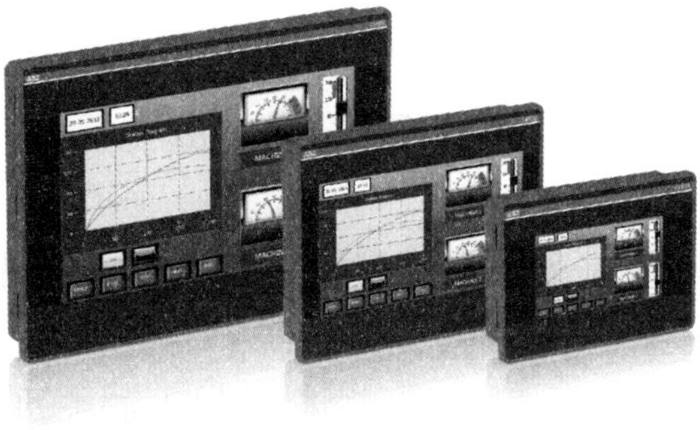

图 6-113　CP600-eCo 产品概览

表 6-21　CP600-eCo HMI 产品规格

产品规格	CP600-eCo		
	CP604	CP607	CP610
尺寸	4.3″	7″	10.1″
分辨率	480 × 272	800 × 480	1024 × 600

（续）

产品规格	CP600-eCo		
	CP604	CP607	CP610
背光	LED 20，000 小时		
防护等级	IP65		
色彩	65535		
材料	工业塑料		
内部存储器	30 MB（用户可用内存）		
功能键	无		
时钟	电池		
工作时间	0 ～ 50℃		
COMx	1 个 RS232/485/422，可软件配置		
USBx	1 个 host		
Ethernet	1 个，10/100 Mbit/s		
Profibus DP	不支持		
Profinet	不支持		
Modbus TCP	支持		
软件	Panel Builder 610 Basic		

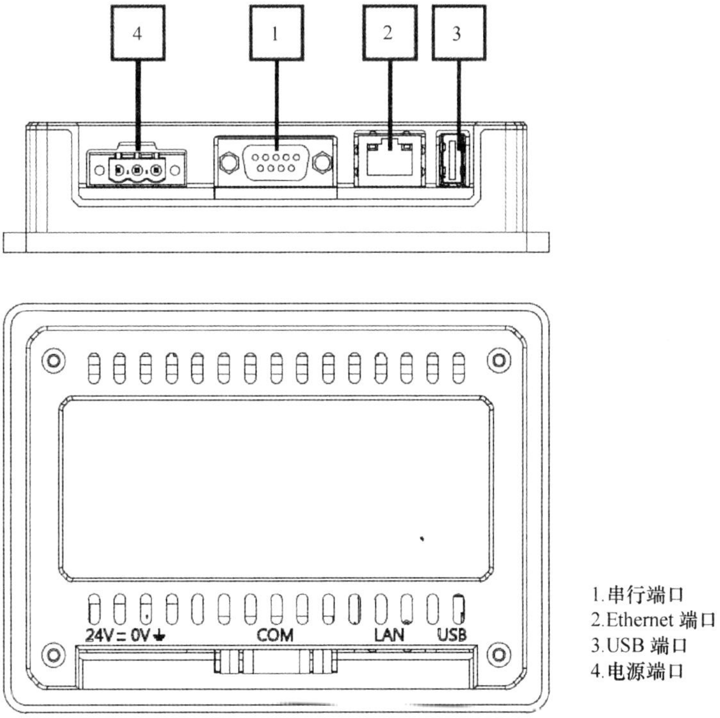

图 6-114　CP600-eCo HMI 接口说明

ABB CP600 系列 HMI 的阵容非常强大，配备的触摸屏从小尺寸（4.3″）到大尺寸（15″）不等。CP600 系列非常灵活，专门针对复杂系统或过程中的高级应用而设计。CP600

系列 HMI 配备利用 Panel Builder 600 工程软件打造的优质图形化触摸屏，或者利用 PLC Webserver 打造的网站浏览器面板，可更有效地呈现信息，简化人机交互过程。

另外，CP600-WEB 触摸屏还可为在触摸屏上显示 PLC 的 CoDeSys 内置可视化信息提供理想的解决方案。CP600-WEB 触摸屏的微型浏览器可直接显示 CoDeSys 可视化中创建的变量和图片，这些变量和图片可被集成和下载到 PLC 的网站服务器中。因为触摸屏不需要单独的编程工具，所以它可帮助用户节省工程时间。界面在 PLC 编程工具 Automation Builder 内被编程后，再被下载到 PLC 网站服务器中。CoDySys 可视化可在不借助任何同步工具的情况下，调用 PLC 程序的所有变量。CP600-WEB 触摸屏与 AC500 PLC 通过以太网与集成网页服务器连在一起，可为 AC500 PLC 提供简单、专业的图形化界面，CP600 产品概览如图 6-115 所示，产品规格见表 6-22，接口说明如图 6-116 所示。

图 6-115　CP600 系列产品概览

表 6-22　CP600 HMI 产品规格

产品规格	CP600				
	CP620/CP630 (WEB)	CP635 (WEB)	CP651/CP661 (WEB)	CP665 (WEB)	CP676 (WEB)
尺寸	4.3″	7″	10.4″	12.1″	15″
分辨率	480×272 / 320×240	800×480	800×600	1280×800	1024×768
背光	LED 40，000 小时				
防护等级	IP66				
色彩	65535				
材料	铝				
内部存储器	128 MB Flash		256 MB Flash		
内存扩展	USB 闪存盘/SD				
功能键	无				
时钟	可充电电池（典型时间 12 周）				
工作时间	0 ~ 50℃				
COMx	1 个 RS232/485，可软件配置				

（续）

产品规格	CP600				
	CP620/CP630（WEB）	CP635（WEB）	CP651/CP661（WEB）	CP665（WEB）	CP676（WEB）
USBx	1 个主机端	2 个主机端			
Ethernet	2-100 Mbit（集成交换机功能）		1-100 Mbit		
Profibus DP	不支持				
Profinet	不支持				
Modbus TCP	支持				
软件	Panel Builder 610				

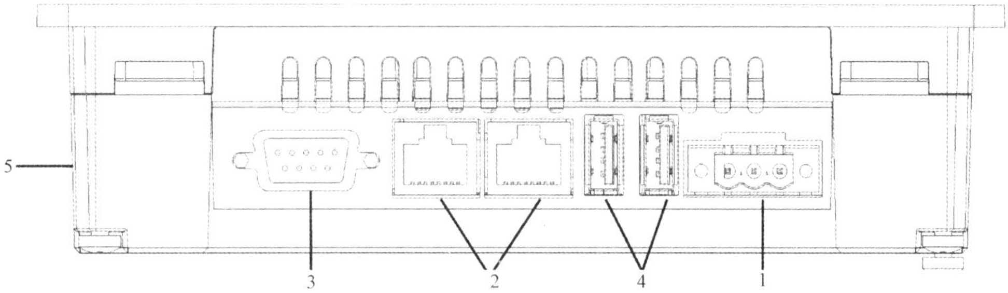

图 6-116　CP600 HMI 接口说明

1—供电电源　2—以太风接口　3—串行接口　4—USB 主接口　5—SD 卡插槽

6.3.2　AC500 与 CP600 通过 Modbus RTU 的通信

CP600 系列触摸屏拥有一个串口，该串口既支持 RS485 通信也支持 RS232 通信，使用内置协议可以方便地与 ABB AC500 系列控制器连接，Modbus RTU 主站协议使 CP600 作为 RTU 主站与 RTU 从站直接通信，如变频器或软启动器。本节详细介绍 AC500 CPU 与 CP600 通过 Modbus RTU 进行通信。

CP600-eCo 与 CP600 串行接口完全一致，软件采用同样的平台，因此 AC500 与 CP600-eCo 之间的 Modbus RTU 通信可完全参考本章节内容。

1. 硬件和软件需求

硬件和软件需求见表 6-23。

表 6-23　硬件和软件需求

硬件	软件
AC500 系列 CPU（以 PM583-ETH（V2.4）为例）1 个	Automation Builder V1.1 Panel Bulder 600 V2.0
TB511 CPU 底板 1 个	
CP600 触摸屏 1 块（以 CP630 为例）	
以太网连接电缆 1 根	

2. 硬件接线

CP600 系列支持 RS232、RS485 和 TCP 通信，集成的协议见表 6-24：

表 6-24　CP600 系列支持的通信协议

序号	协议名称	基础协议	通信物理层/接线方式	描述
1	ABB Modbus TCP	Modbus	TCP	ABB Modbus TCP
2	ABB Modbus RTU	Modbus	RS232，RS485	ABB Modbus RTU
3	ABB CoDeSys ETH	OPC	TCP	ABB 以太网 OPC 服务
4	ABB CoDeSys Serial	OPC	RS232	ABB 串口 OPC 服务
5	ABB Mint Controller HCP	N. A.	N. A.	HCP，HCP2（ABB 运动和伺服驱动设备）
6	CoDeSys ETH	OPC	TCP	通用 OPC 服务
7	Modbus TCP Server	Modbus	TCP	Modbus 从站
8	Modbus RTU Server	Modbus	RS232，RS485	Modbus 从站
9	Modbus TCP	Modbus	TCP	通用 Modbus 协议
10	Modbus RTU	Modbus	RS232，RS485	通用 Modbus 协议
11	Variable	内部变量	—	—

（1）串口引脚定义

CP600 设备带有的 1 个串口引脚定义见表 6-25：

表 6-25　CP600 串口引脚定义

引　脚		引脚名称	描　　述
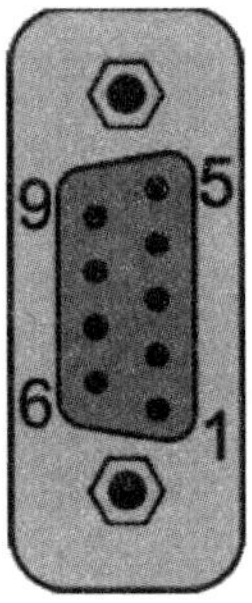	1	SGND	接地
	2		
	3	TX / CHA-	RS232 TX 发送 / RS485 负线
	4	RX / CHB-	RS232 TX 接收 / RS485 终端负线
	5		
	6	+5V output	
	7	CTS / CHB +	RS232 CTS / RS485 终端正线
	8	RTS / CHA +	RS232 RTS / RS485 正线
	9		

AC500 系列 COM1 口引脚定义（RS232，RS485）见表 6-26：

表 6-26　AC500 系列 COM1 引脚定义

引　脚		引脚名称	描　　述
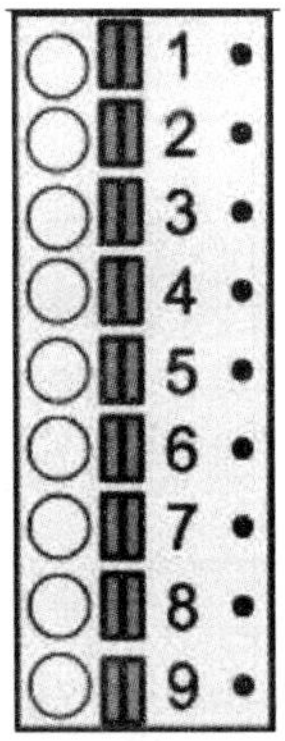	1	Terminator P	RS485 P 终端；主站位于一端时连接终端电阻；主站位于中部时连接总线
	2	R×D / T×d-P	RS485 收发数据总线 P；收发正端
	3	R×D / T×d-N	RS485 收发数据总线 N；收发负端
	4	Terminator N	RS485 N 终端；主站位于一端时连接终端电阻；主站位于中部时用于连接总线
	5	RTS	RS232 请求发送（输出）
	6	T×D	RS232 发送数据（输出）
	7	SGND	信号地
	8	R×D	RS232 接收数据（输入）
	9	CTS	RS232 清除发送（输入）

AC500 系列 COM2 口引脚定义（RS232，RS485）见表 6-27：

表 6-27　AC500 系列 COM2 引脚定义

引　脚		引脚名称	描　述
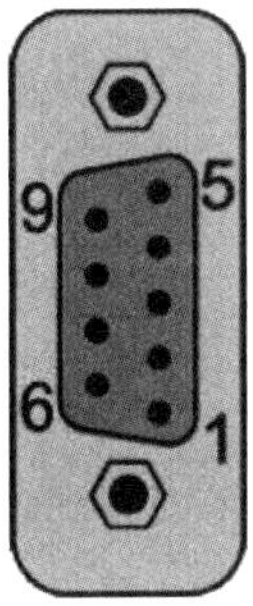	1	FE	功能接地
	2	T×D	RS232 发送数据（输出）
	3	R×D / T×D-P	RS485 收发数据总线 P；收发正端
	4	RTS	RS232 请求发送（输出）
	5	SGND	电源 0 V
	6	+5 V	电源 5 V
	7	R×D	RS232 接收数据（输入）
	8	R×D / T×D-N	RS485 收发数据总线 N；收发负端
	9	CTS	RS232 清除发送（输入）

（2）接线示意图

RS232 接线示意图（仅 AC500 系列支持）：

1）AC500 COM1 如图 6-117 所示：

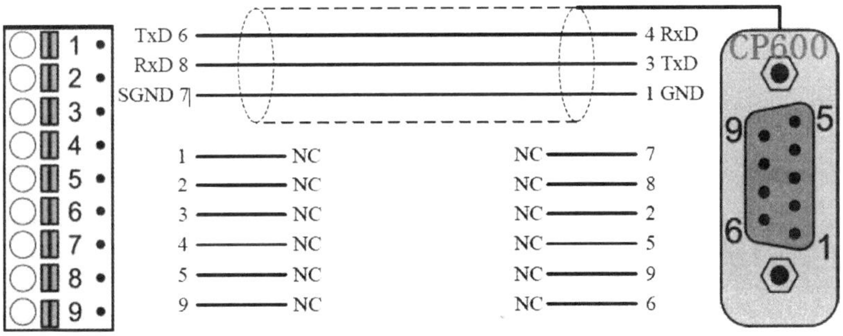

图 6-117　AC500 COM1 与 CP600 串口进行 RS232 通信连接

2）AC500 COM2 如图 6-118 所示：

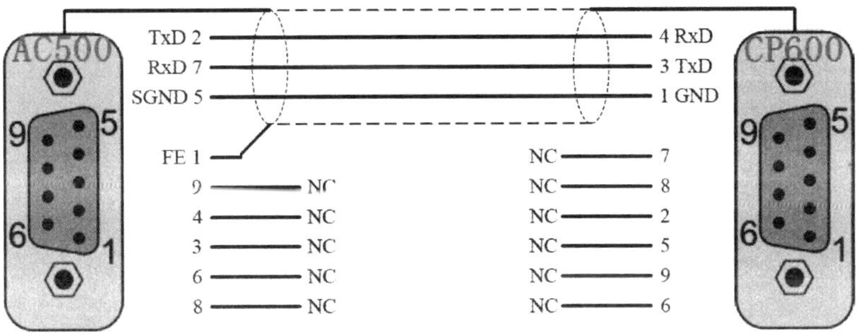

图 6-118　AC500 COM2 与 CP600 串口进行 RS232 通信连接

RS485 接线示意图（AC500、AC500-eCo 系列支持）：

3）AC500 COM1 如图 6-119 所示：

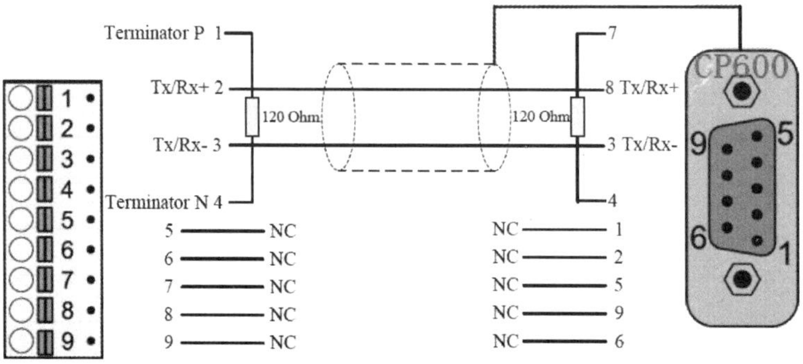

图 6-119　AC500 COM1 与 CP600 串口进行 RS485 通信连接

4）AC500 COM2 如图 6-120 所示：

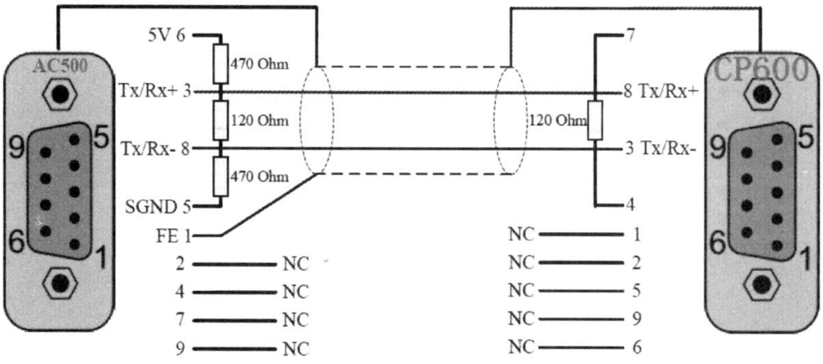

图 6-120　AC500 COM2 与 CP600 串口进行 RS485 通信连接

> **注意**
> 采用 RS485 接线方式时，如果节点位于总线中部，无需串联 120Ω 的终端电阻；当节点位于总线两端时，需要串联 120Ω 的终端电阻。

> **注意**
> 实际接线请严格按照本章所述实施，如短接或地线，否则可能会造成通信不正常。

3. 协议配置

CP600 可以很方便地与 AC500 系列 PLC 连接。在 CP600 中，集成的通信协议主要用于 AC500 系列产品。本节内容的重点是如何设置基于串口的 Modbus 协议参数以实现 AC500 与 CP600 之间的通信。

启动 Panel Builder 600 软件，新建工程，定义工程名称并选择所需的 HMI 类型。如果在已有工程上更改工程对象，则双击左边“ProjectView”选项框中的“Project properties”，CP600 的属性配置界面在软件的右侧弹出。展开“Behavior”配置选项，对工程类型进行选择。本例中选择 CP635，如图 6-121 所示。

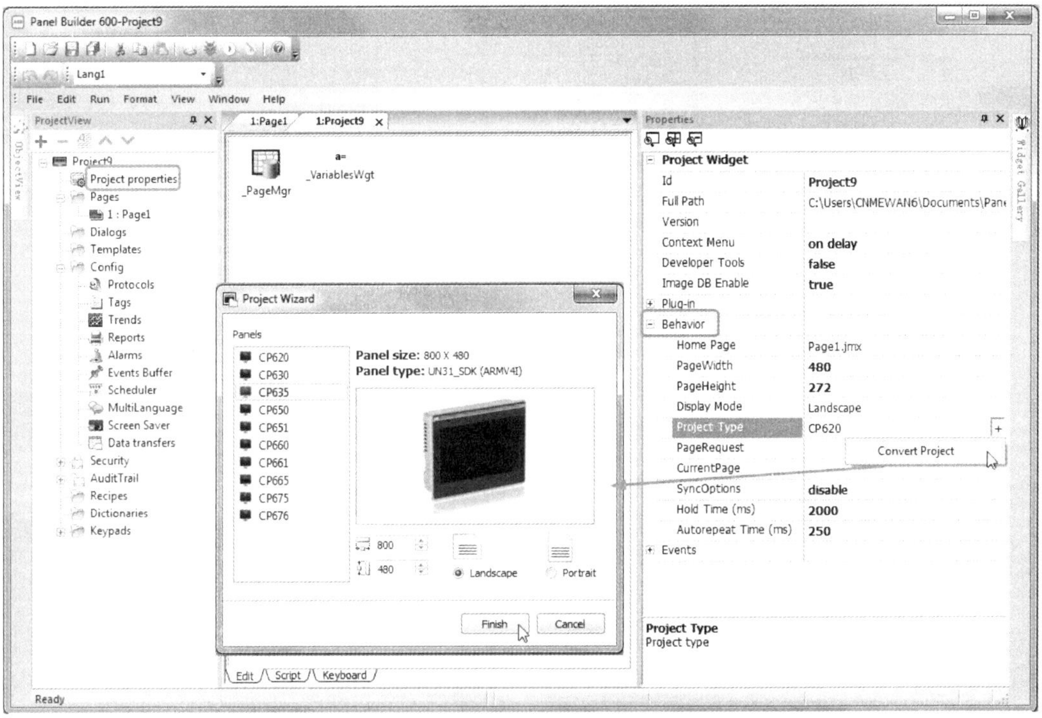

图 6-121　新建工程兵选择工程类型

在 CP600 中，最多可配置 4 种通信协议。双击“Config”下的“Protocols”，打开协议配置界面，如图 6-122 所示。

在下拉列表中选择欲配置协议，会自动弹出对应协议配置对话框。下面就不同协议参数作介绍。

4. Modbus RTU Server 通信配置——HMI 设置

（1）新建“ABB Modbus RTU”协议

新建“ABB Modbus RTU”协议，自动打开如图 6-123 所示的参数配置对话框，单击“Comm”/打开串口通信参数，设置界面：ModbusID 为从站地址。

PLC Models 指定 Modbus 编制方式：Modicon modbus 继电器起始地址为 100001；寄存器

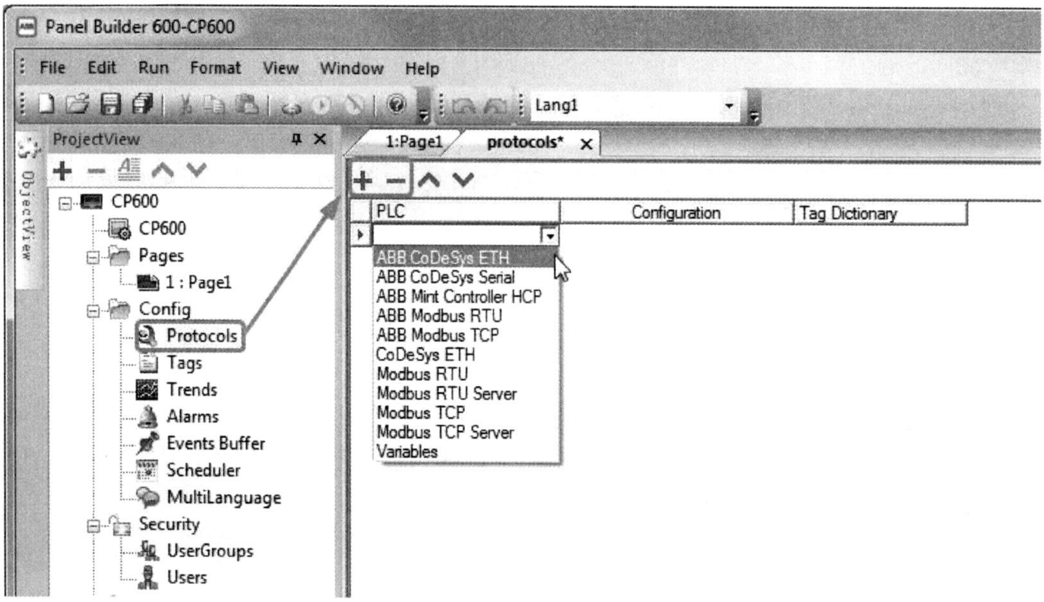

图 6-122　配置通信协议

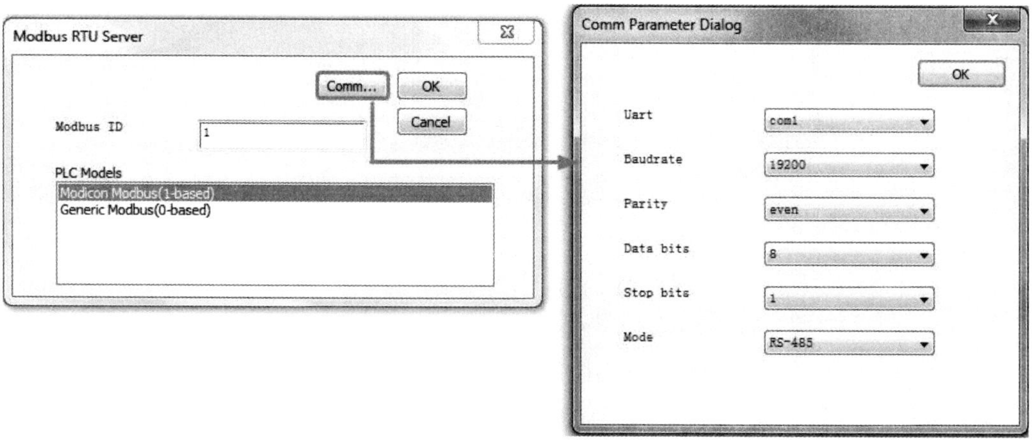

图 6-123　HMI 通信协议参数配置界面

起始地址为 400001；Generic modbus 继电器起始地址为 100000；寄存器起始地址为 400000。

Uart：HMI 设备通信串口号；Baudrate、Parity、Data Bits 和 Stop Bits 为总线参数，与 PLC 侧设置一致；

Mode：通信类型 RS485 或 RS232。

（2）添加标签

PB610 Panel Builder 600 使用标签名来访问所有的设备数据。设备中的所有区域和参考位置都需要被分配标签名才能在 HMI 中使用。要分配标签，在“ProjectView”配置框下双击“Tags”图标，打开标签编辑窗口。

根据实际通信所需使用的寄存器类型及通信数据类型，选择合适的值并单击“OK”确认。如果需要添加的标签不止一个，继续单击“+”进行添加和设置。本例中添加两个 unsignedShort 类型的 Tag 标签，寄存器起始地址分别为 400001 和 400006，如图 6-124 及图 6-125 所示。

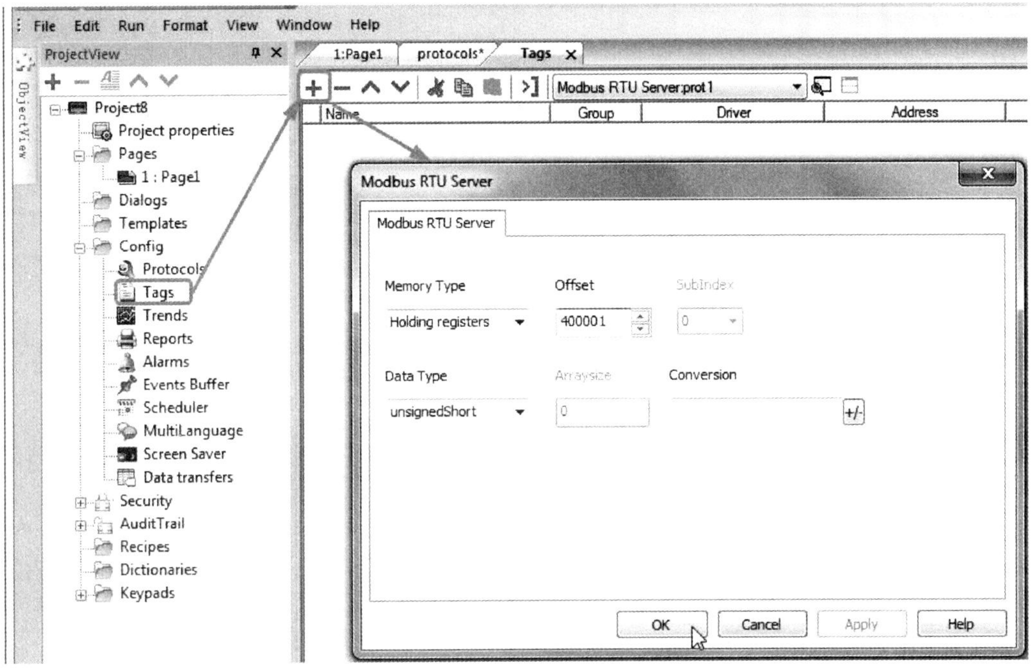

图 6-124　编辑“Tags”

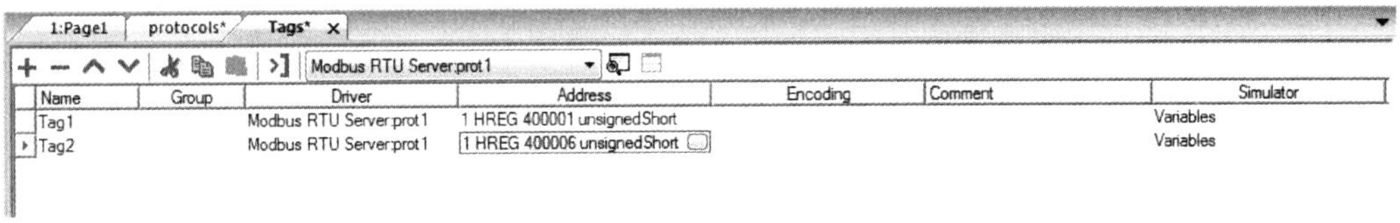

图 6-125　将所有使用的区域分配标签

（3）添加控件并分配标签

双击“Page1”图标，打开工程的一个页面，单击“Widget Gallery（控件库）”，如图 6-126 所示。

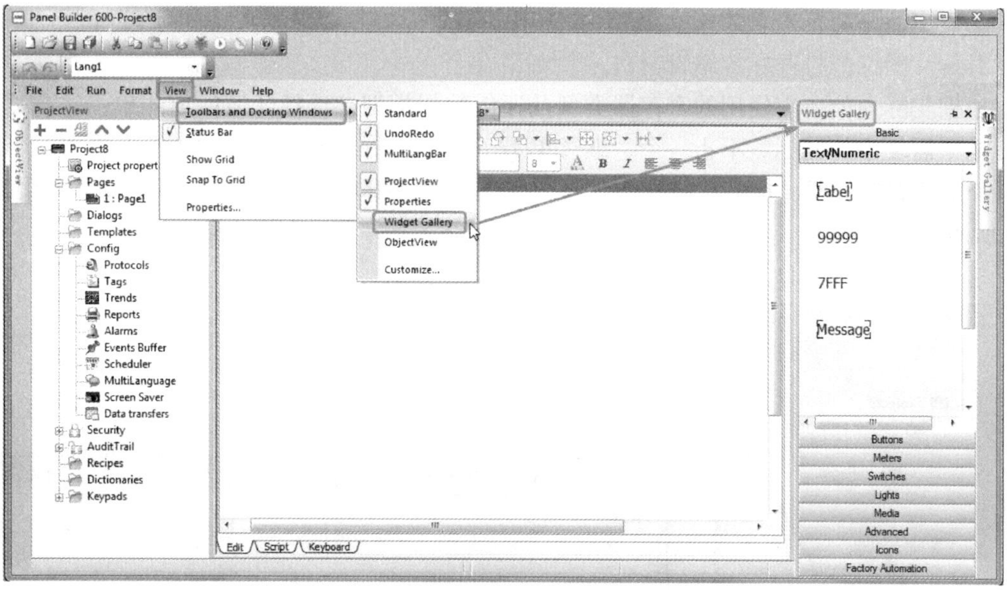

图 6-126　添加控件组件

将右边的一个控件拖拉到中间页面区，例如拖拉一个数字字段，如图 6-127 所示。

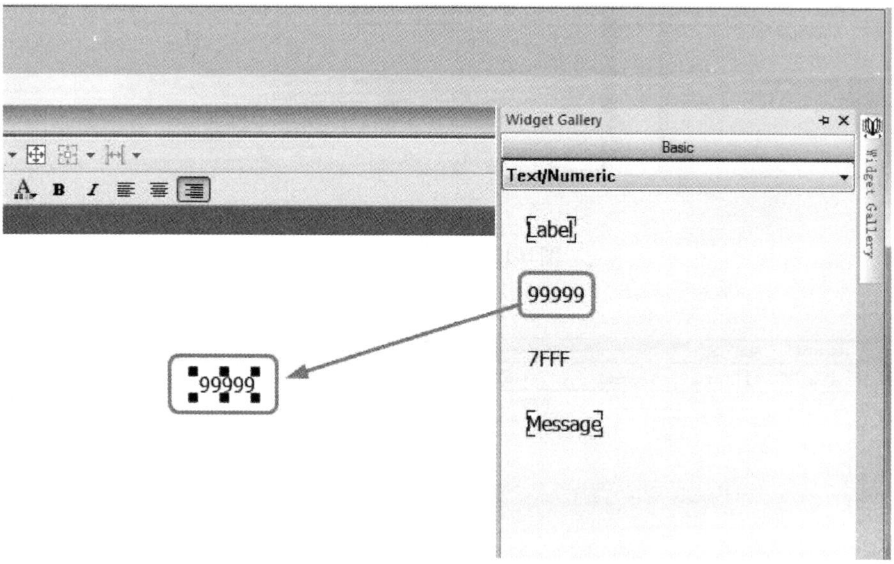

图 6-127　拖拽控件到页面中

使用“Value（值）”的属性为控件赋值。在“Field”区中单击“Value”后的“+”按钮，选择“Attach to”，为添加的第一个数字控件赋值“Tag1”，如图 6-128 所示。

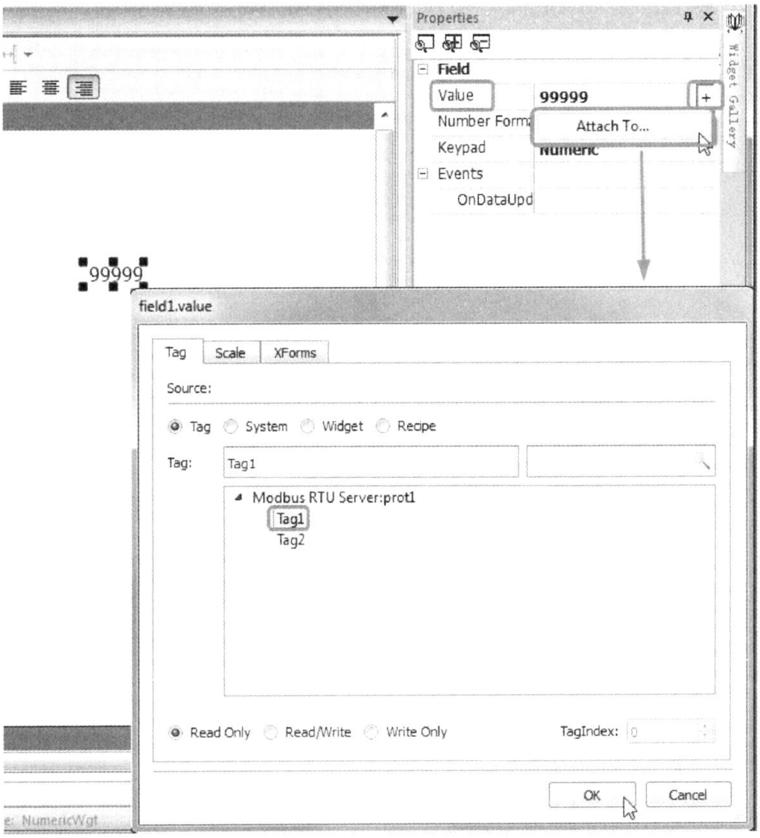

图 6-128　为控件赋值

同理，添加所有需要使用的控件并赋值，如图 6-129 所示。

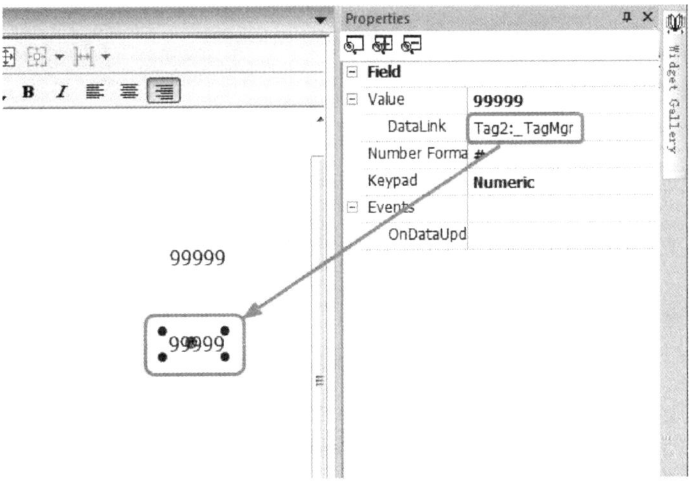

图 6-129　为所有控件赋值

（4）下载 HMI 程序

选择“Run→Download to Target”或使用标记符号启动下载对话框，如图 6-130 所示。

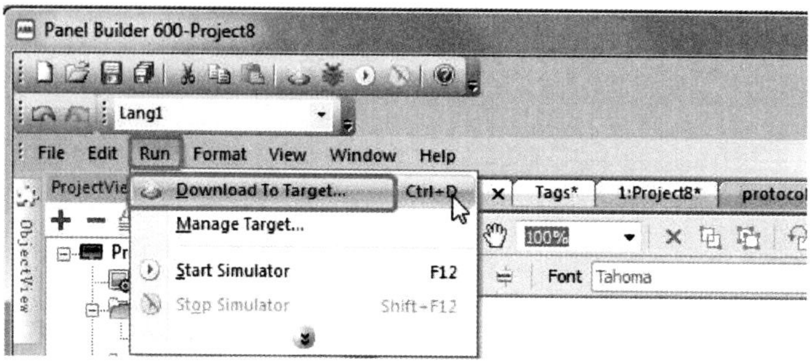

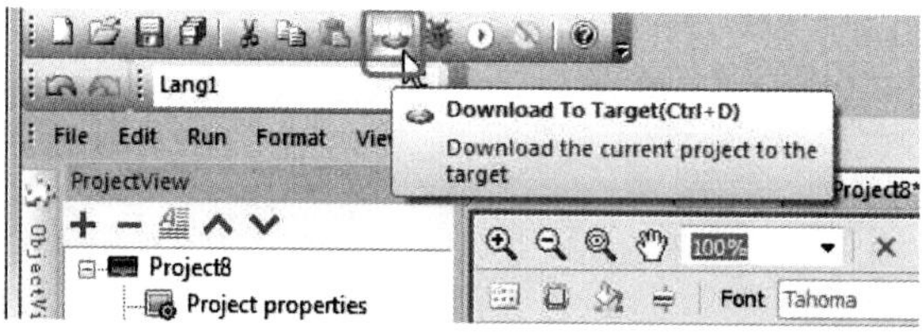

图 6-130　程序下载选项

从下拉列表中选择 CP600 的网址并下载程序，如图 6-131 所示。

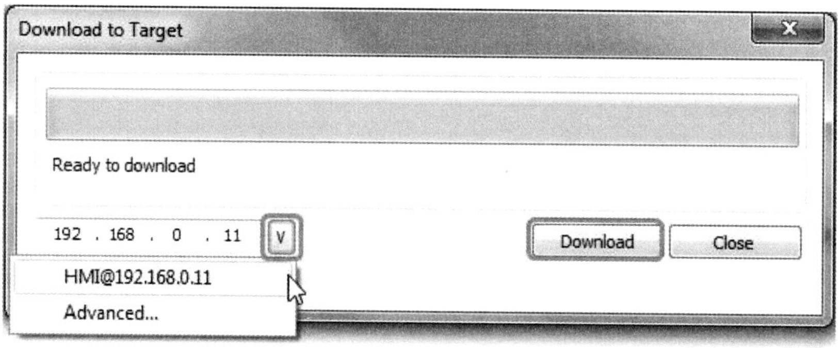

图 6-131　下载程序

（5）Modbus RTU Server 通信配置—— CPU 设置

1）以 AC500 CPU 为例，将 CPU 集成串口配置为 Modbus 主站，并编写通信程序与 CP600 通信。

当 HMI 设备的“Mode”参数设置为“RS485”时，CPU 的“RTS 控制器”必须设置为“报文”；波特率、奇偶性、数据位和停止位与 HMI 设备的 Baudrate、Parity、Data Bits 和 Stop Bits 完全一致；“运行模式”设置为“客户（主站）”，地址为“0”，如图 6-132 所示。

2）进入编程界面，添加 Modbus 通信程序，如图 6-133 所示。

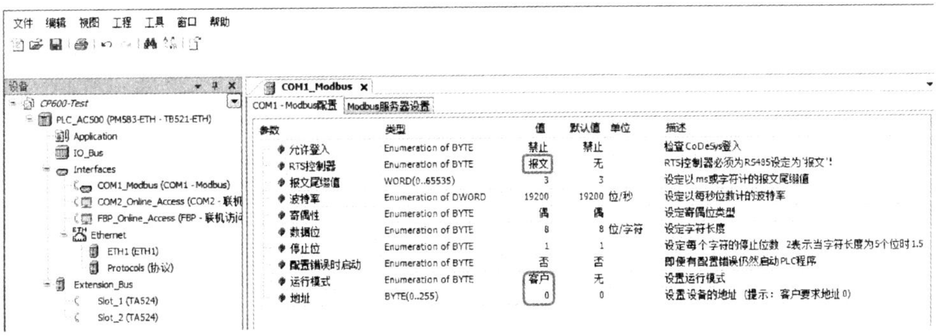

图 6-132　AC500 CPU 作为主站的参数配置界面

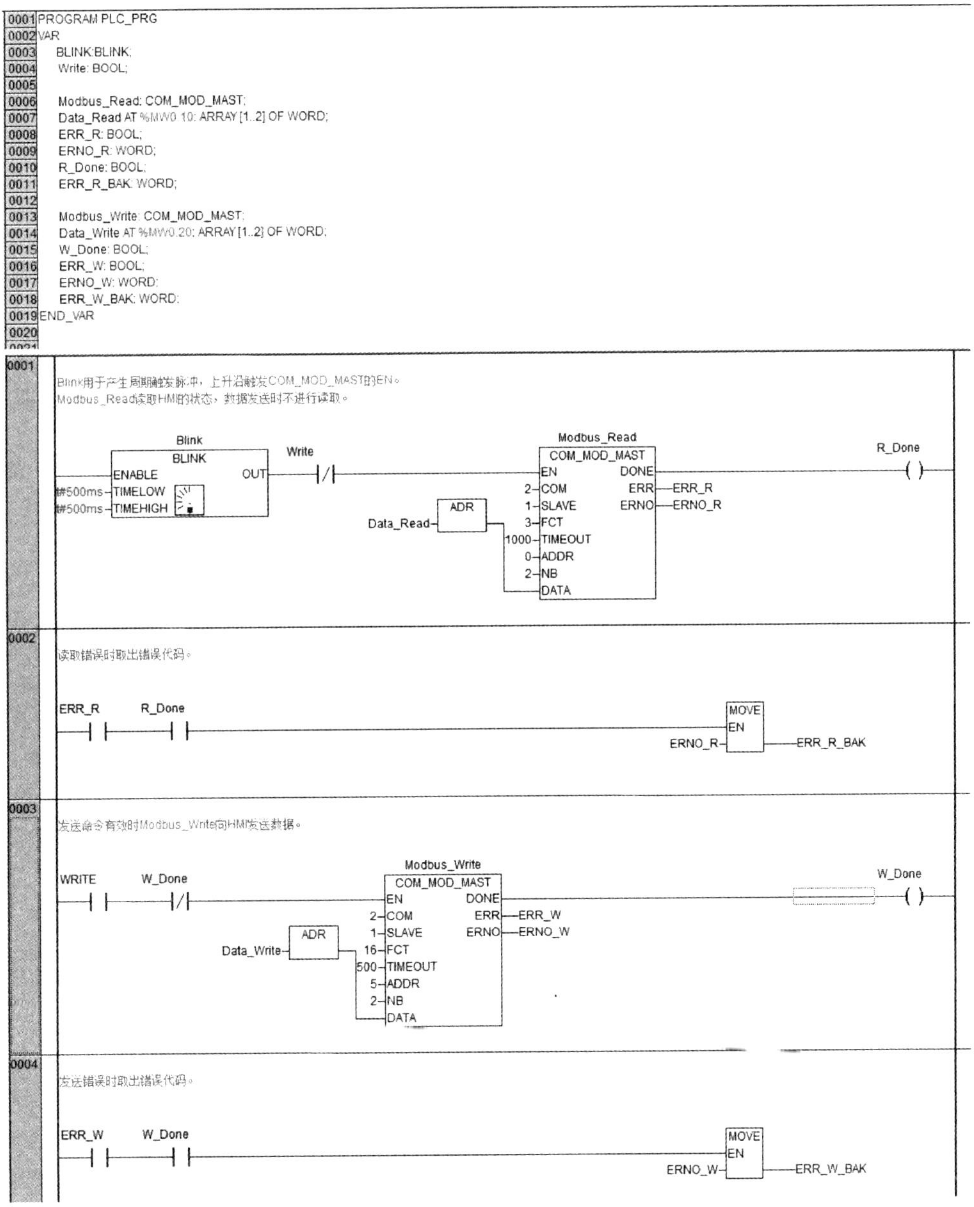

图 6-133　Modbus 通信程序示例

> **注意** 功能块参数 ADDR 指明从站寄存器地址（以 0 为起始），由于在通信协议参数配置中“PLC Models”选为“Modicon Modbus（1-based）”，所以在程序中 ADDR =0 代表对应 CP600 HMI 的寄存器地址为 400001；ADDR = 5 代表对应 CP600 HMI 的寄存器地址为 400006。

（6）通信测试

读测试：从 HMI 侧为控件 1 写入数值 99，如图 6-134 所示。

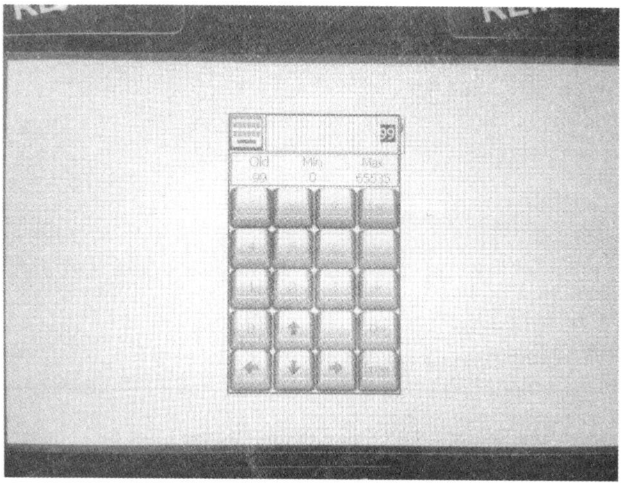

图 6-134　HMI 侧输入数据

CPU 软件侧读到的数据如图 6-135 所示。

写测试：从 CPU 软件侧写入数值 77，如图 6-136 所示。

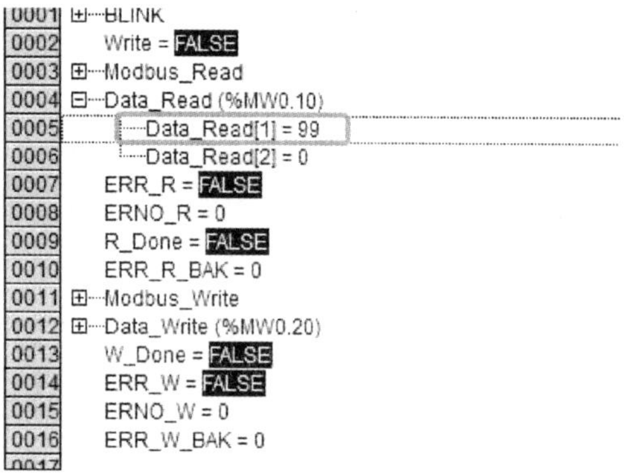

图 6-135　CPU 软件侧读出数据

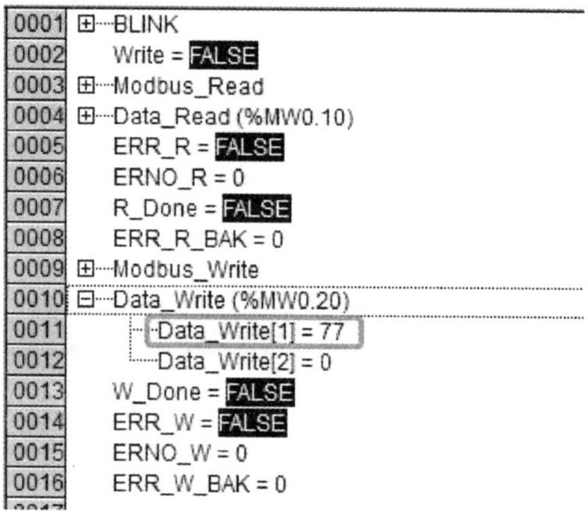

图 6-136　CPU 软件侧写入数据

HMI 侧读取到的结果如图 6-137 所示。

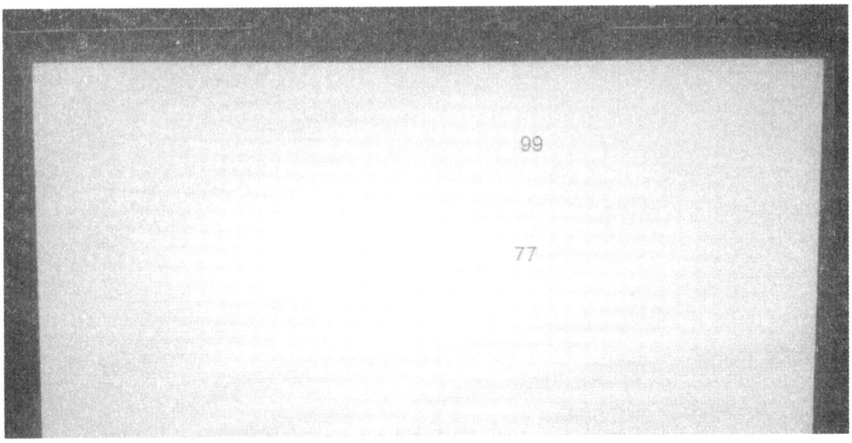

图 6-137　HMI 侧读出数据

(7) ABB Modbus RTU 与 Modbus RTU 的区别

相对于 Modbus RTU 协议，ABB Modbus RTU 协议专用于 ABB 系列 PLC，对原 Modbus 协议地址进行了封装，可以直接选择与控制器中类似的变量地址，如% MX0. 0. 0，在 ABB Modbus RTU 协议下定义如图 6-138 所示：

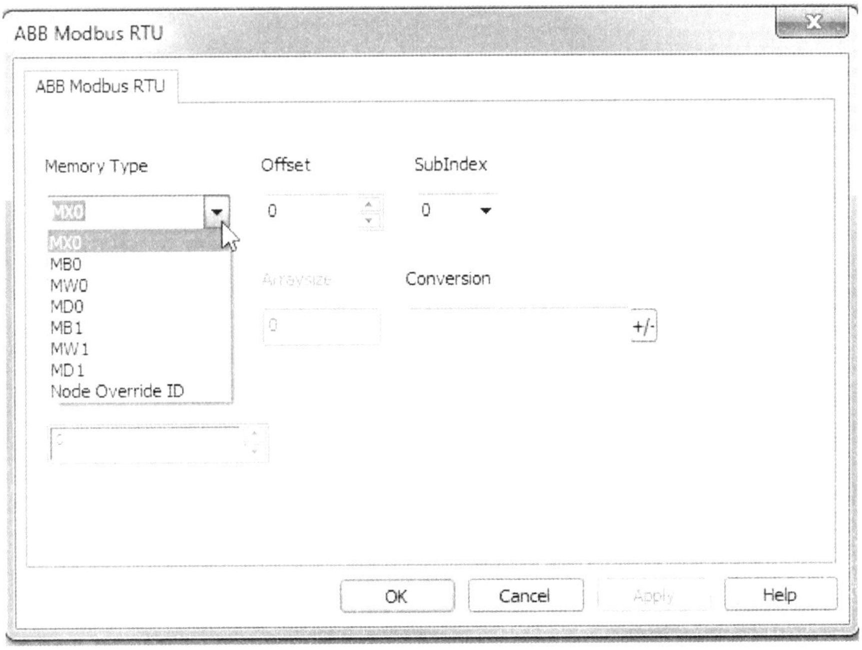

图 6 138　在 ABB Modbus RTU 协议下定义变量地址

Memory Type 指定了访问区域，Offset 指定变量偏移，SubIndex 指定位偏移，如图 6-138 所示为% MX0. 0. 0。

Modbus RTU 用于通用的 Modbus 通信，通过标准地址指定变量，如图 6-139 所示。

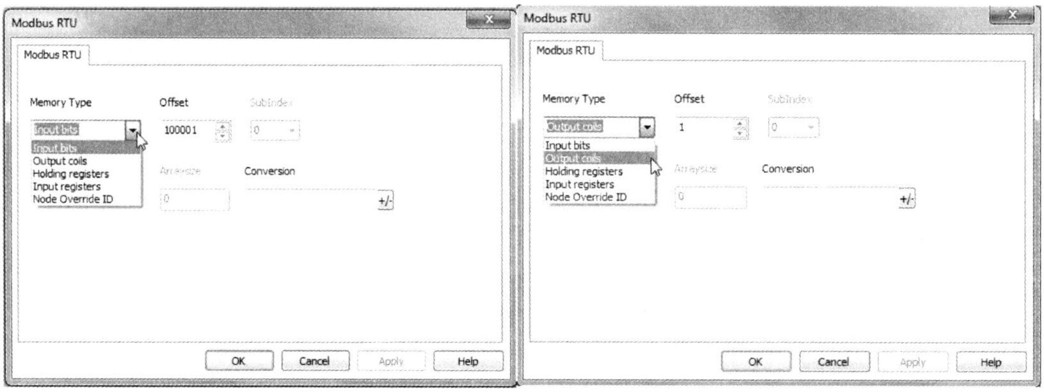

图 6-139　在 Modbus RTU 协议下定义变量地址

Input bits 与 Output coils 对应同一位变量，Input bits 为只读属性，Output coils 为读写属性；地址 000001（软件上显示为“1”）与地址 100001 对应 ABB 控制器的% MX0. 0. 0 变量，当地址是 000001 时，% MX0. 0. 0 变量只能被触摸屏读取，而不能写入；当地址是 100001 时，% MX0. 0. 0 变量既能被触摸屏读取，又能被写入。

当使用 ABB Modbus RTU 协议，又要限制标签读写属性时，通过部件连接对话框设置，如图 6-140 所示。

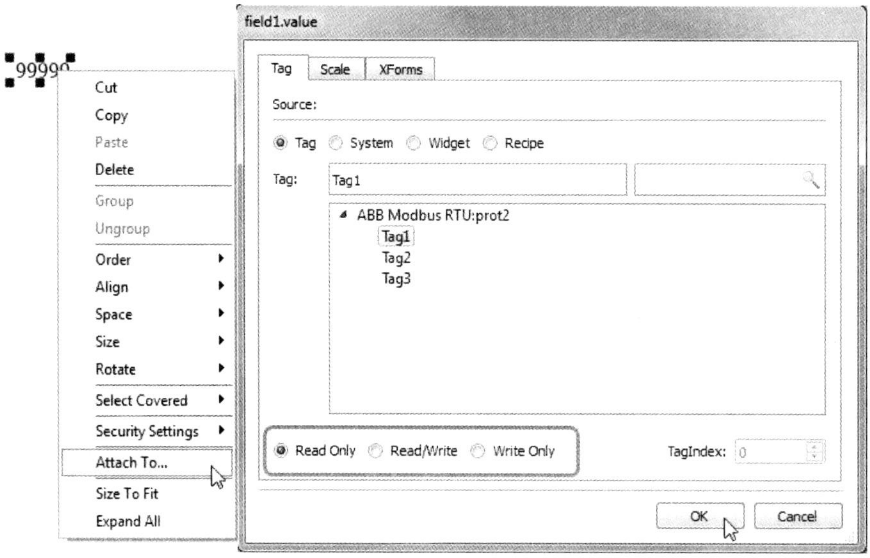

图 6-140　限制标签读写属性设置

（8）多控制器配置

CP600 支持同一协议下多个控制器的配置，在同一个通信协议下可以有多个控制器。

ABB Modbus TCP、ABB Modbus RTU、ABB CoDeSys ETH、ABB CoDeSys Serial、CoDeSys ETH、Modbus TCP 和 Modbus RTU 协议都支持多控制器配置。

新建协议后，显示协议配置对话框，选中“PLC Network”，界面更新后，单击“Add”

后出现单站配置界面，与单个控制器配置界面相同，如图 6-141 所示。

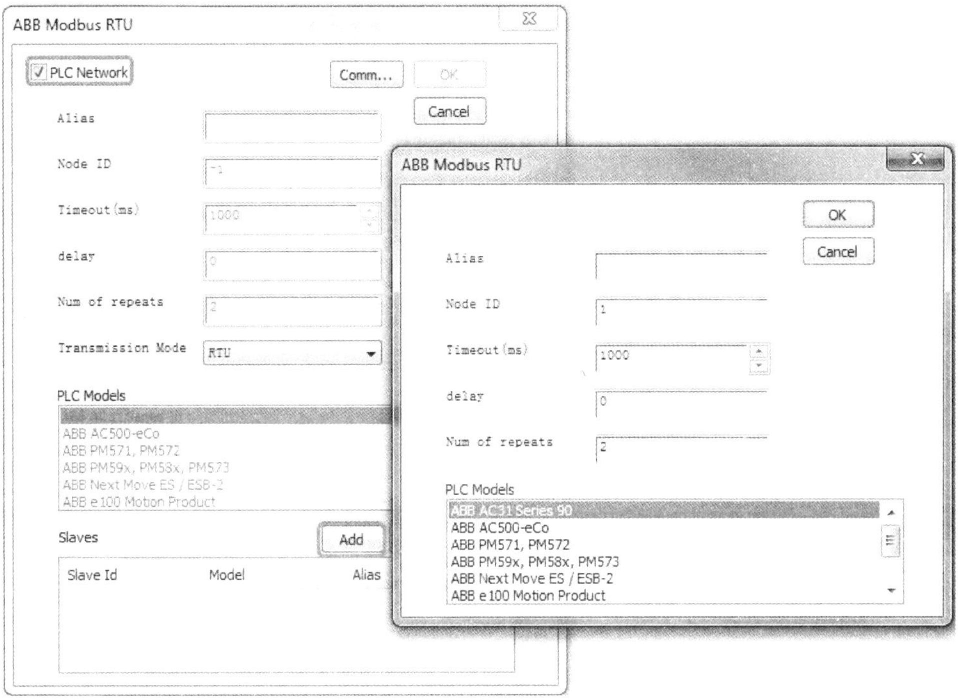

图 6-141　多控制器配置设置

要求参数“Node ID”互不相同，该参数用于新建 TAG 时区分不同控制器。

6.3.3　AC500-eCo 与 CP600-eCo 通过 Modbus TCP 的通信

CP600-eCo 触摸屏全系列都带有一个以太网接口，通过以太网接口可以方便地实现与多个设备的同时通信，并且以太网通信速度高于串口通信，稳定性与通信举例都更具有优势。本章用于指导读者建立 CP600-eCo 与 AC500-eCo 系列控制器之间的连接和通信。

1. 硬件和软件需求（见表 6-28）

表 6-28　硬件和软件需求

硬　　件	软　　件
AC500-eCo 系列 CPU（以 PM564-TP-ETH（V2.4）为例）1 个	Automation Builder V1.1 Panel Bulder 600 V2.0
CP600-eCo 触摸屏 1 块（以 CP604 为例）	
以太网连接电缆 1 根	

2. CP600-eCo 所支持的 Modbus TCP 通信（见表 6-29）

表 6-29　CP600-eCo 所支持的 Modbus TCP 通信协议

序号	协议名称	基础协议	通信物理层/接线方式	描述
1	ABB Modbus TCP	Modbus	TCP	ABB Modbus TCP
2	ABB Modbus RTU	Modbus	RS232，RS485	ABB Modbus RTU
3	ABB CoDeSys ETH	OPC	TCP	ABB 以太网 OPC 服务

（续）

序号	协议名称	基础协议	通信物理层/接线方式	描述
4	ABB CoDeSys Serial	OPC	RS232	ABB 串口 OPC 服务
5	ABB Mint Controller HCP	N. A.	N. A.	HCP，HCP2（ABB 运动和伺服驱动设备）
6	CoDeSys ETH	OPC	TCP	通用 OPC 服务
7	Modbus TCP Server	Modbus	TCP	Modbus 从站
8	Modbus RTU Server	Modbus	RS232，RS485	Modbus 从站
9	Modbus TCP	Modbus	TCP	通用 Modbus 协议
10	Modbus RTU	Modbus	RS232，RS485	通用 Modbus 协议
11	BACnet	BACnet	BACnet/IP：UDP BACnet MS/TP：RS485	BACnet 通信驱动程序专为 HMI 设备连接到 BACnet 网络以及支持 IP 和 MS/TP 通信而设计
12	System Variables	系统变量	—	是特殊的含关于 HMI 运行时间的标签
13	Variable	内部变量	—	—

3. 系统网络参数设置

CP600-eCo 系列触摸屏都带有以太网接口，通常工程下载采用以太网方式；下载工程之前，首先要获取设备 IP 地址，或更改默认 IP 地址；启动运行环境，进入配置界面，如图 6-142 所示。

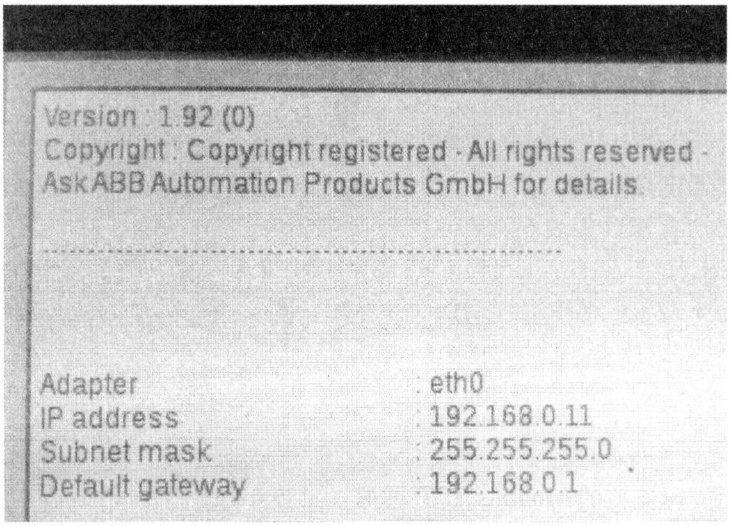

图 6-142　进入 CP600-eCo 配置界面

配置界面显示了设备运行环境版本号 Version：1. 92（0），和设备的网络参数。

长按屏幕或单击鼠标右键，打开系统菜单，选择“Show system settings”，打开系统设置界面，如图 6-143 所示。

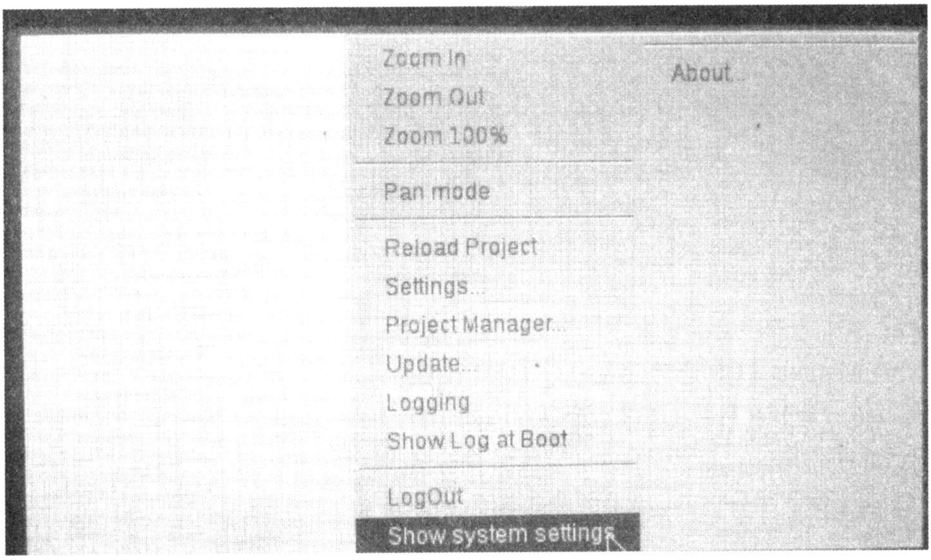

图 6-143　打开系统设置界面

4. PC 与 CP600-eCo 的通信测试

更改 PC 的 IP 地址使其与 CP600-eCo 设备同一网段。连接 CP600-eCo 与 PC，使用 Windows 自带的“cmd”工具进行通信测试，如图 6-144 所示。

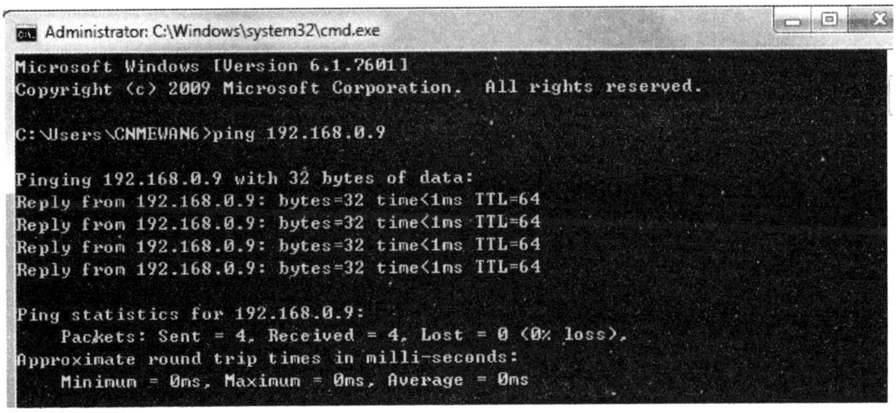

图 6-144　PC 与 CP600-eCo 通信测试成功

如果通信测试不成功，应检查网线和 PC 网络设置。

5. AC500-eCo 控制器与 CP600-eCo 的通信测试

实际通信中，主要通信对象为 AC500-eCo 控制器与 CP600-eCo，通过 Automation Builder 软件所带的 PLC 浏览器功能，可以方便地测试 AC500-eCo 控制器与 CP600-eCo 设备之间的网络是否正常。

连接 PC 与 AC500-eCo CPU，在 Automation Builder 软件中登录 CPU，打开 PLC 浏览器，输入命令“ping 192. 168. 0. 9”测试 CPU 与 CP600-eCo 的网络连接是否正常，如图 6-145 所示。

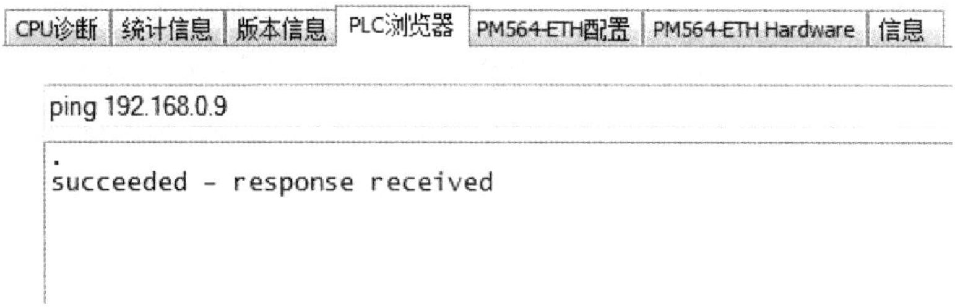

图 6-145　AC500-eCo 控制器与 CP600-eCo 通信测试成功

在保证网络通信正常的情况下，开始配置通信协议。

6. ABB Modbus TCP 通信配置—— HMI 设置

选择 ABB Modbus TCP，HMI 设备为 Modbus 客户端（主站），弹出如图 6-146 所示的设置对话框。

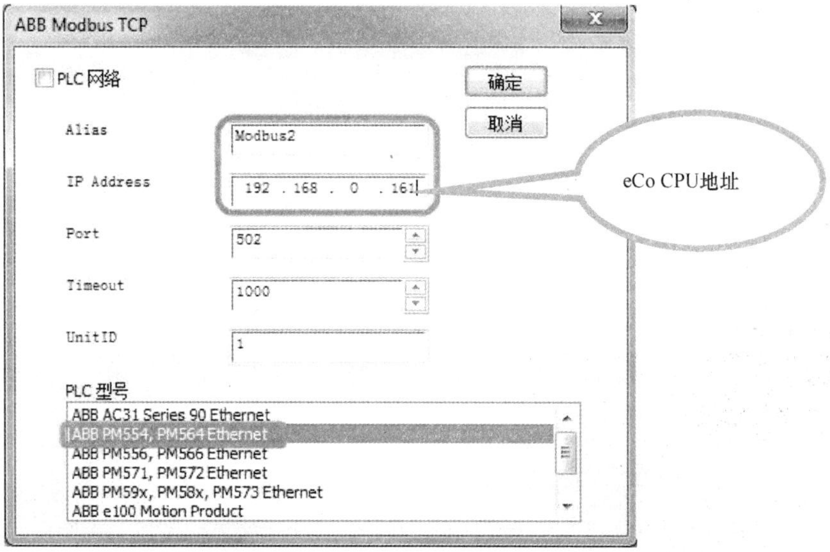

图 6-146　设置 HMI 通信参数

其中只需设置“Alias”、“IP Address” 和 “PLC 型号”，其他参数使用默认值。“PLC 网络” 多选框用于设置同一协议下的多个控制器，请参考 6. 3. 2 章节相关内容。

（1） 添加标签

PB610-B Panel Builder 600 使用标签名来访问所有的设备数据。设备上所有域和参考位置都需要被指定一个标签名以在 HMI 项目中被使用。要分配标签，在“项目视图”配置框下双击“标记”图标，打开标签编辑窗口，如图 6-147 所示。

根据实际通信所需使用的寄存器类型及通信数据类型，选择合适的值并单击“OK”确认。如果需要添加的标签不止一个，继续单击“ + ”进行添加和设置。本例中添加两个 unsignedShort 类型的标签，寄存器起始地址分别为 MW0. 0. 0 和 MW0. 1. 0，如图 6-148 所示。

（2） 添加控件并分配标签

双击“Page1”图标打开工程的一个页面，单击“视图→工具栏和停靠窗口→小工具库”添加基本控件库，如图 6-149 所示。

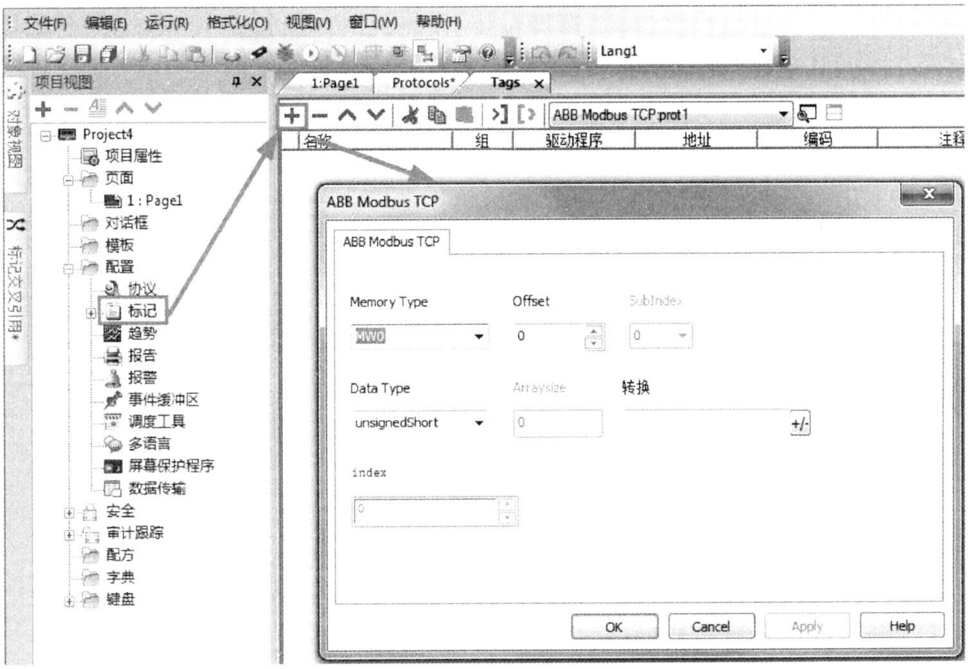

图 6-147　编辑“标记”

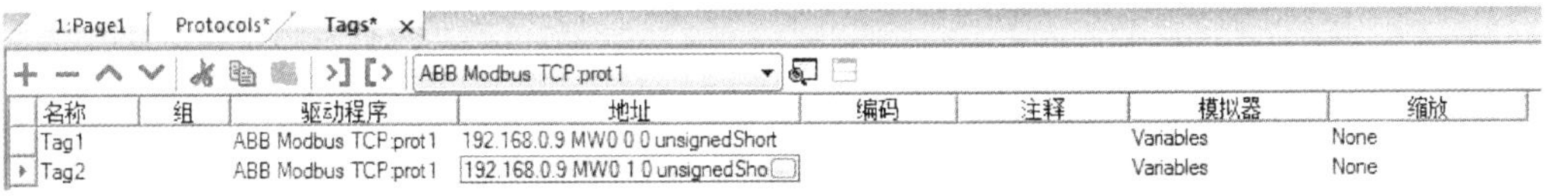

图 6-148　将所有使用的区域分配标签

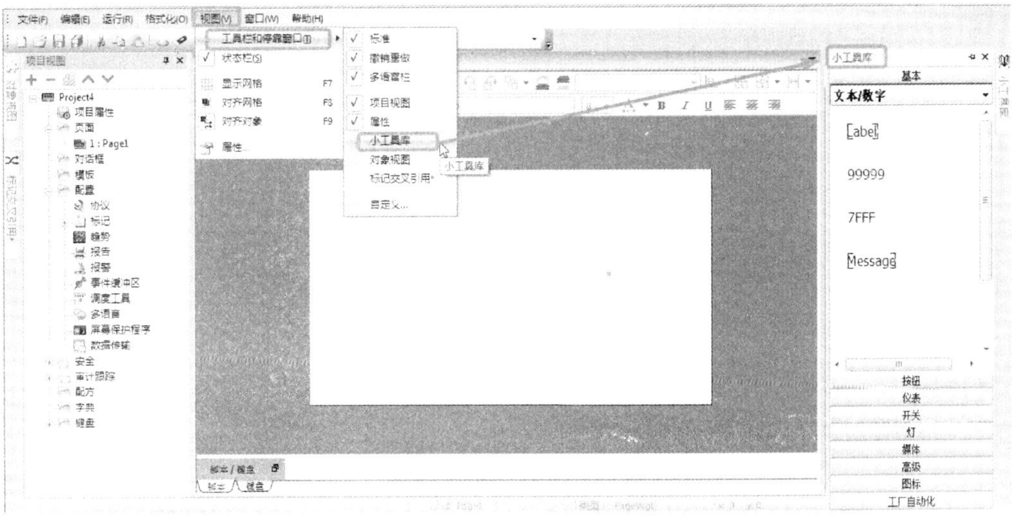

图 6-149　添加控件组件

将右边的一个控件拖拉到中间页面区，例如拖拉一个数字字段，如图 6-150 所示。

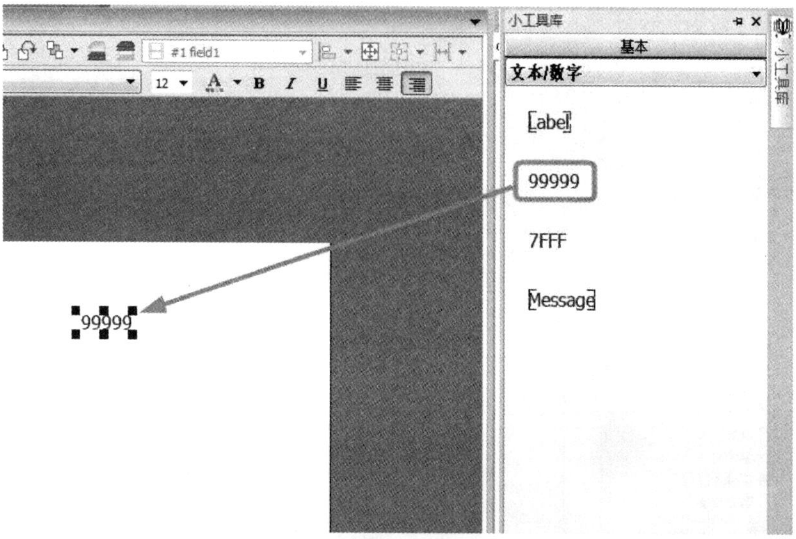

图 6-150　拖拽控件到页面中

使用“值”的属性为控件赋值。在“Field1”区中单击“值”后的“+”按钮，为添加的第一个数字控件赋值 Tag1，如图 6-151 所示。

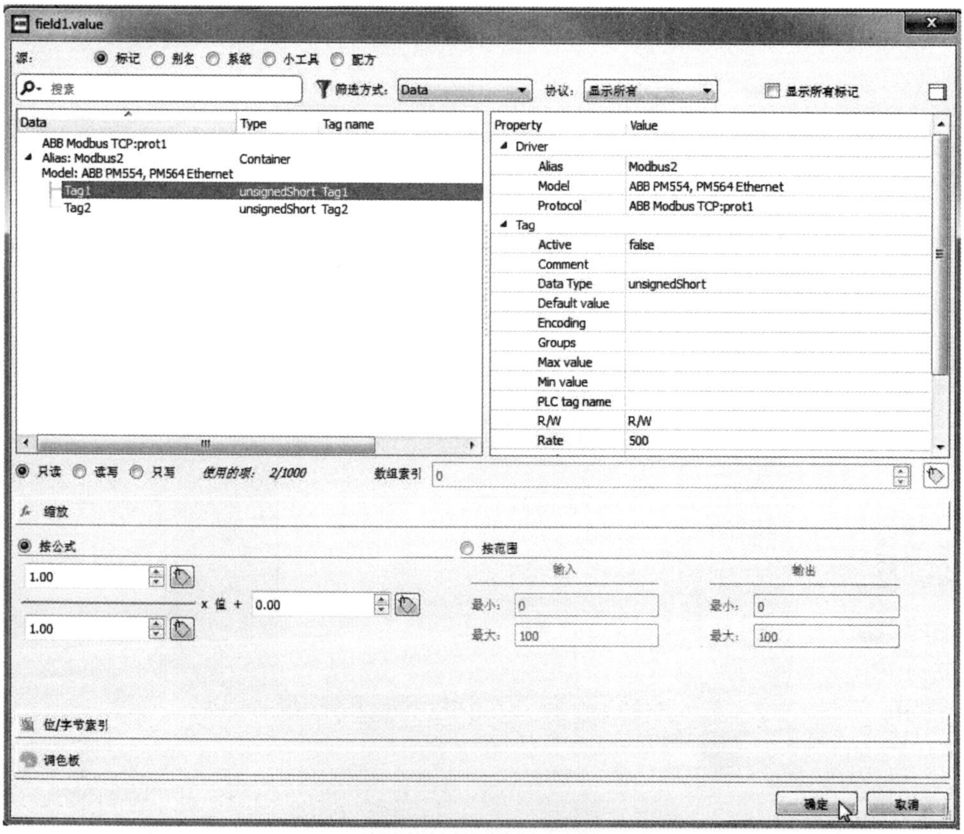

图 6-151　为控件赋值

同理，添加所有需要使用的控件并赋值，如图 6-152 所示。

图 6-152　为所有控件赋值

（3）下载 HMI 程序

选择“运行→下载至目标”或使用标记符号启动下载对话框，如图 6-153 所示。

图 6-153　程序下载选项

从下拉列表中选择 CP600 的网址并下载程序，如图 6-154 所示。

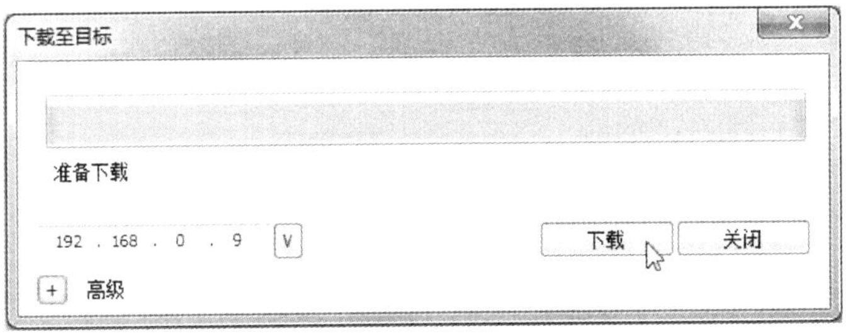

图 6-154　下载程序

7. Modbus TCP 通信配置—— CPU 设置

当 HMI 设备使用该协议时，控制器 CPU 需要添加 Modbus TCP，在集成以太网接口中添加 Modbus TCP 服务器，如图 6-155 所示。

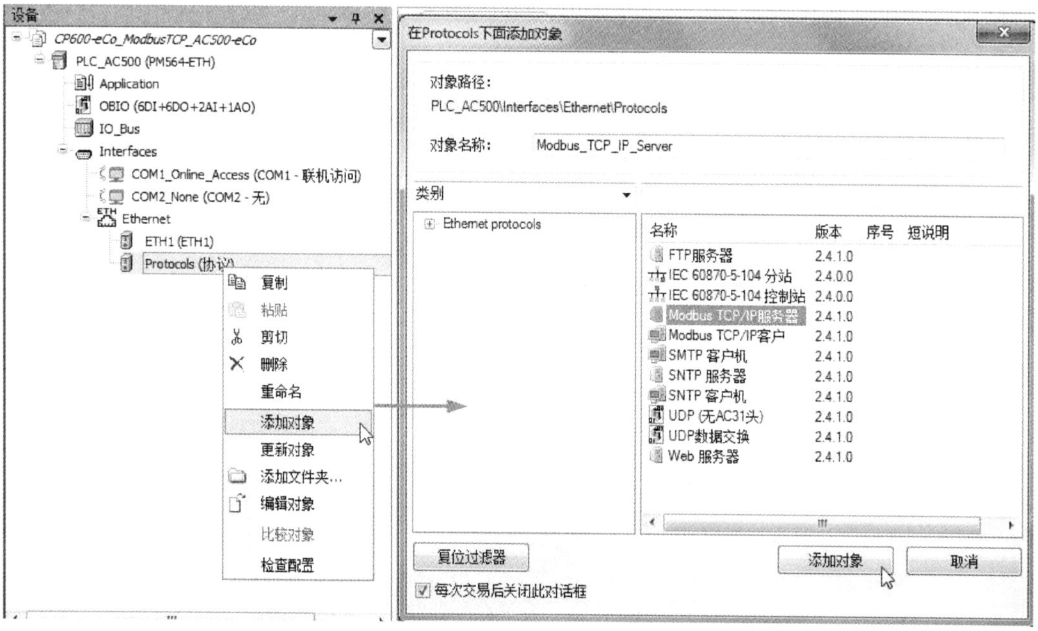

图 6-155　添加 CPU 通信协议

弹出 Modbus TCP/IP 服务器设置窗口如图 6-156 所示。

其中，Modbus TCP/IP 服务器设置参数中“服务器连接”可根据实际需要设置，最大可设置为 12。为 0 时，表示纯客户主站（Modbus 主站）。“Open Modbus 时间”设定了接收到应答报文后连接的保持时间，为了通过客户端与服务器之间建立的连接快速循环交换数据，可以设置较高的“OMB 时间”，以减少建立和关闭连接的频率。进入编程界面，定义变量如图 6-157 所示。

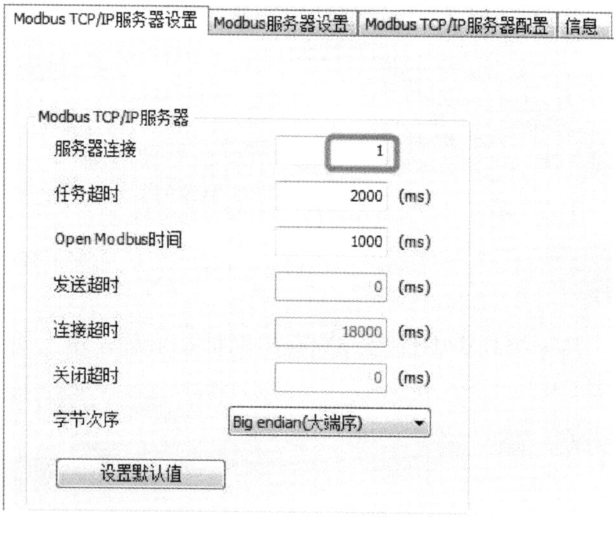

图 6-156　设置 Modbus TCP/IP 服务器

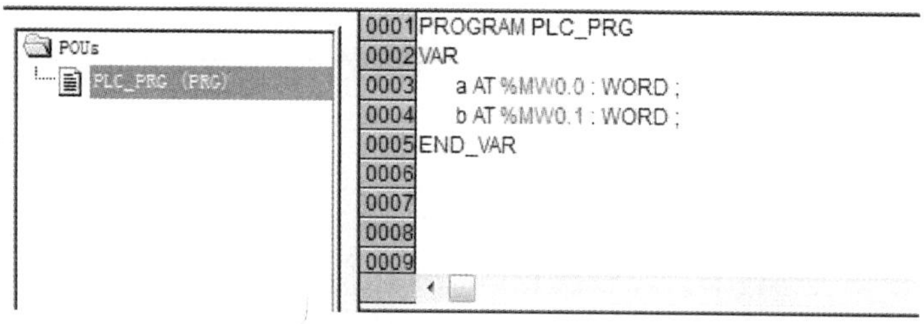

图 6-157　定义变量

8. 通信测试

读测试：从 HMI 侧为控件 1 写入数值 66 如图 6-158 所示。

CPU 软件侧读到的数据为如图 6-159 所示。

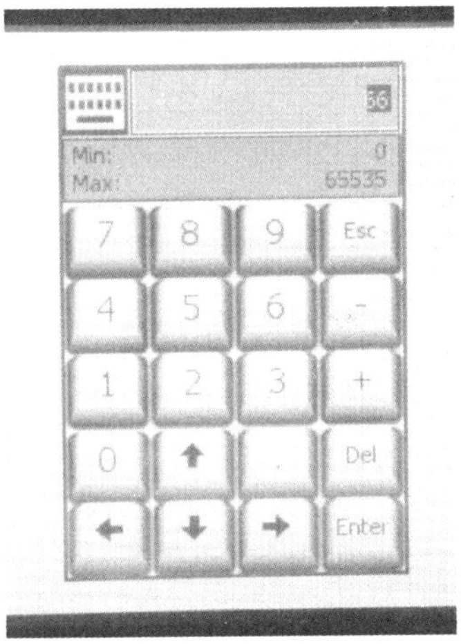

图 6-158　HMI 侧写入数值

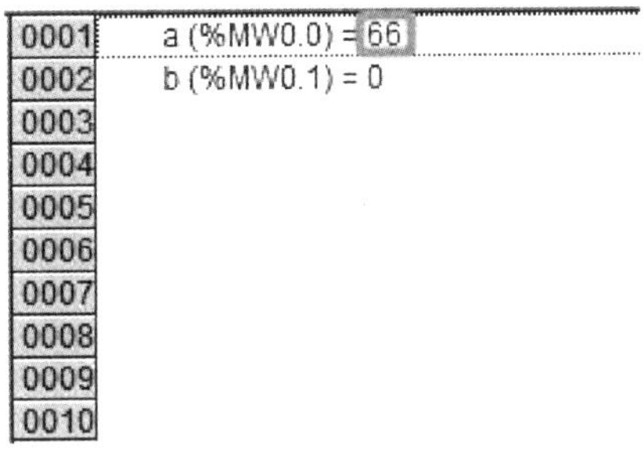

图 6-159　CPU 软件侧读取数值

写测试：从 CPU 软件侧写入数值 88 如图 6-160 所示。

HMI 侧读取到的结果如图 6-161 所示。

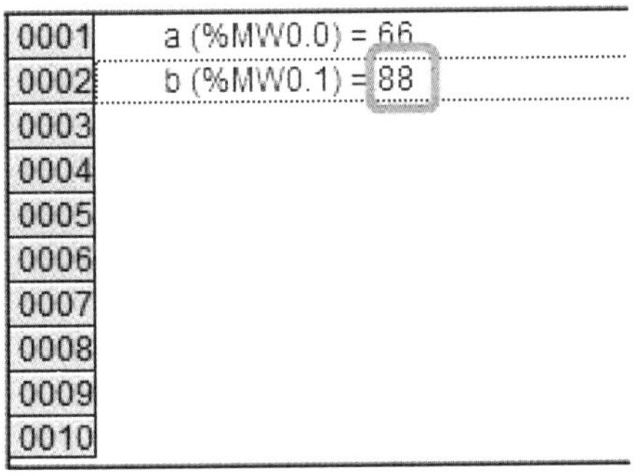

图 6-160　CPU 软件侧写入数值

图 6-161　HMI 侧读取数值

9. ABB Modbus TCP 与 Modbus TCP 的区别

相对于 Modbus TCP，ABB Modbus TCP 专用于 ABB 系列 PLC，对原 Modbus 协议地址进行了封装，可以直接选择与控制器中类似的变量地址，如% MX0. 0. 0；在 ABB Modbus TCP 协议下定义如图 6-162 所示。

“Memory Type” 指定了访问区域，“Offset” 指定变量偏移，“SubIndex” 指定位偏移，如图 6-162 所示为% MW0. 0. 0。

Modbus TCP 用于通用的 Modbus 通信，通过标准地址指定变量，如图 6-163 所示。

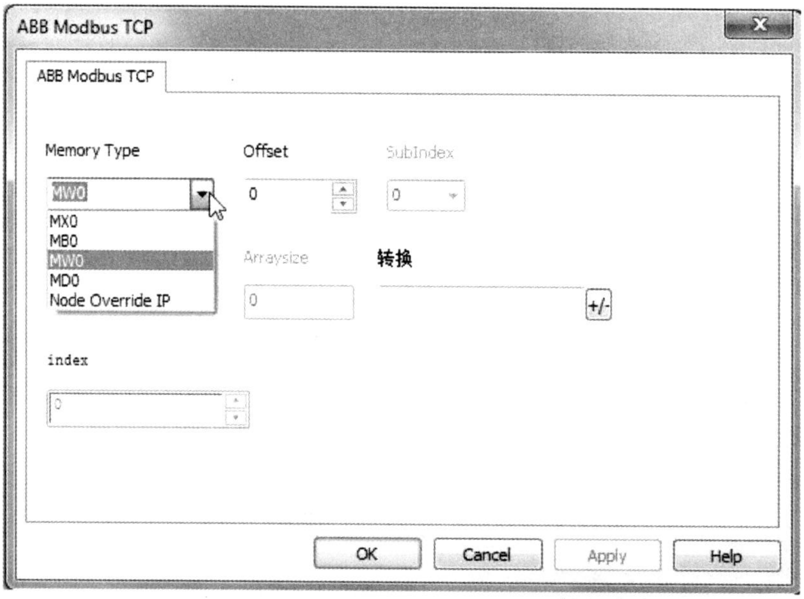

图 6-162　在 ABB Modbus TCP 下定义变量地址

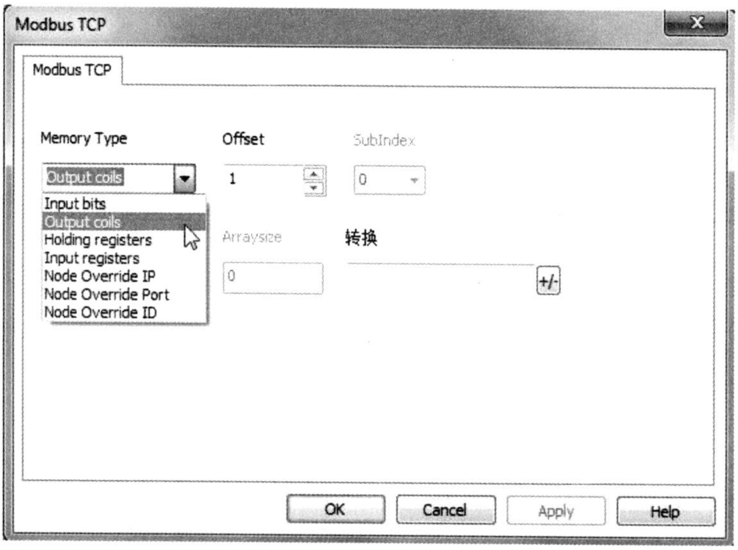

图 6-163　在 Modbus TCP 下定义变量地址

"Input bits"与"Output coils"对应同一位变量，"Input bits"为只读属性，"Output coils"为读写属性；地址 000001（软件中写为"1"）与地址 100001 对应 ABB 控制器的%MX0. 0. 0变量，当地址是 000001 时，%MX0. 0. 0 变量只能被触摸屏读取，而不能写入；当地址是 100001 时，%MX0. 0. 0 变量既能被触摸屏读取，又能被写入。

当使用 ABB Modbus TCP，又要限制标签读写属性时，通过部件连接对话框设置，如图 6-164 所示，连接标签到数字显示部件：

指定连接部件对该标签具有"只读"属性。

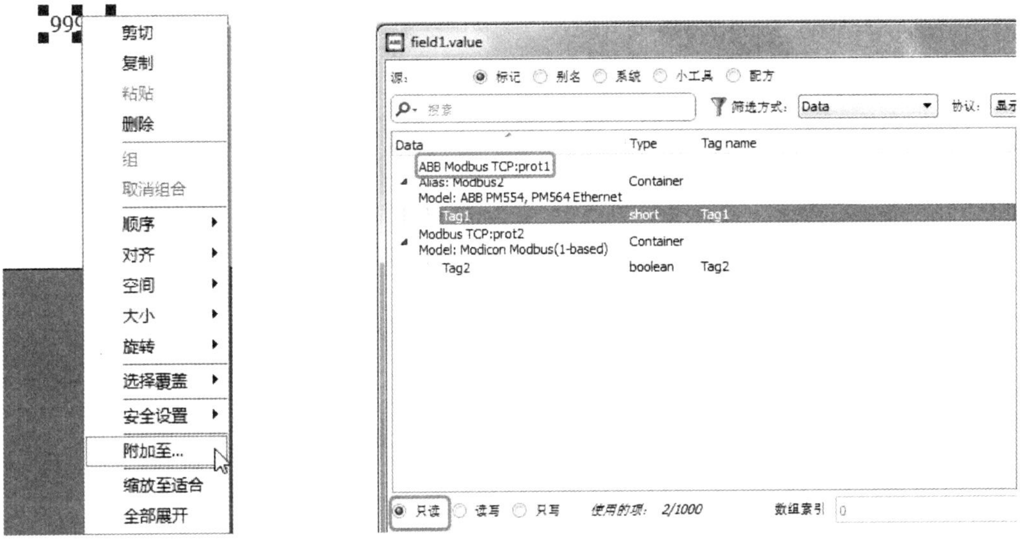

图 6-164　连接标签到数字显示部件

6.3.4　AC500 通过 OPC 与上位组态软件的通信

本节用于指导初学者完成 AC500 系列 PLC 通过以太网和串口与其他客户端进行 OPC 通信。硬件和软件需求见表 6-30。

表 6-30　硬件和软件需求

硬　　件	软　　件
PM583-ETH（V2.4）1 个	Automation Builder V1.1.x
以太网连接电缆 1 根	安装 Automation Builder V1.1.x——程序开发调试
TB511 CPU 底板 1 个	安装 CoDeSys OPC-Server3.5——OPCserver
PC 1 台	安装 OPC 客户机软件（如 SOClient.exe）——测试 OPC 配置及通信

AC500 OPC 用于与 OPC 客户端连接的一些边界条件见表 6-31。

表 6-31　AC500 OPC 用于与 OPC 客户端连接的边界条件

内　　容	串　　口	以太网
最大 PLC 的数量	1	30
最大 CoDeSys 访问的数量	1	1
最大 OPC 访问的数量（通过不同的网关访问 PLC）	1	3
每个用户项的最大变量数	大约 1000	大约 10000
所有项的最大变量数	大约 1000	大约 20000

1. 硬件连接

在该工程中，PLC（PM583-ETH）通过以太网或者串口与 PC 相连，CoDeSys 编程软件、Gateway、OPC Server 和 OPC Client 均安装在同一台计算机上。硬件连接及软件部署如图 6-165 所示（注意，使用串口时只能连接一台 PLC）：

2. 创建程序和变量

在 Automation Builder 里，双击“Application”，进入 CoDeSys 程序编辑环境，如图 6-166 所示。

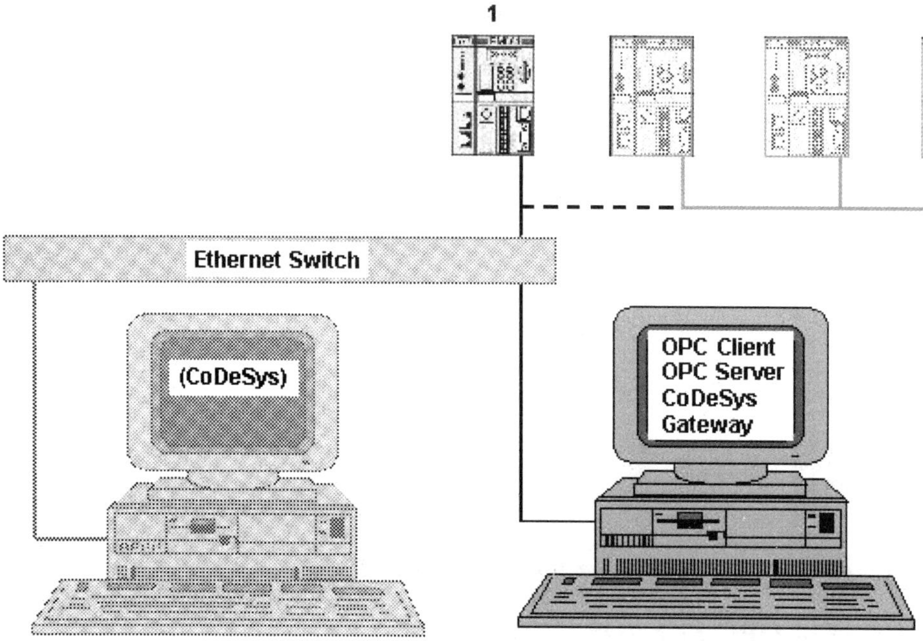

图 6-165　系统互联图

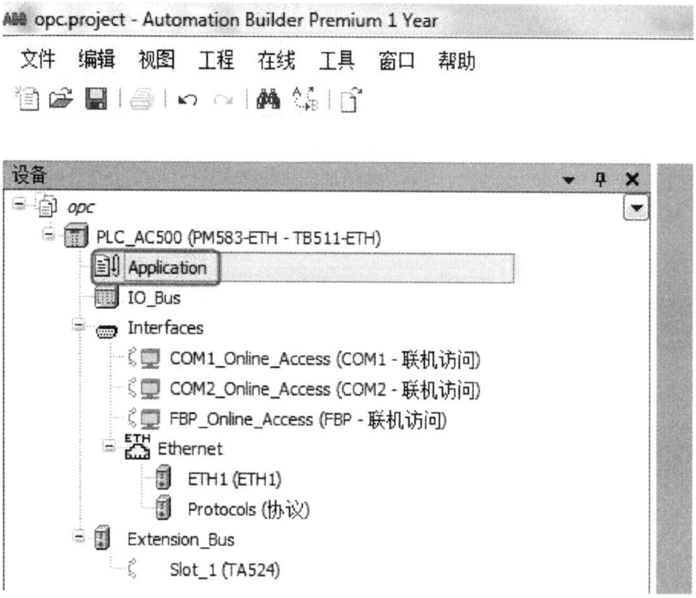

图 6-166　进入 CoDeSys 编程界面

在 CoDeSys 中可以创建符号变量和用户程序。在本例程中，创建主程序和局部变量，如图 6-167 所示。

3. 导出变量的符号表

1）选择“工程”→“选项”，在打开的窗口中选择“符号配置”，勾选“创建符号输入项”，如图 6-168 所示。

图 6-167　主程序

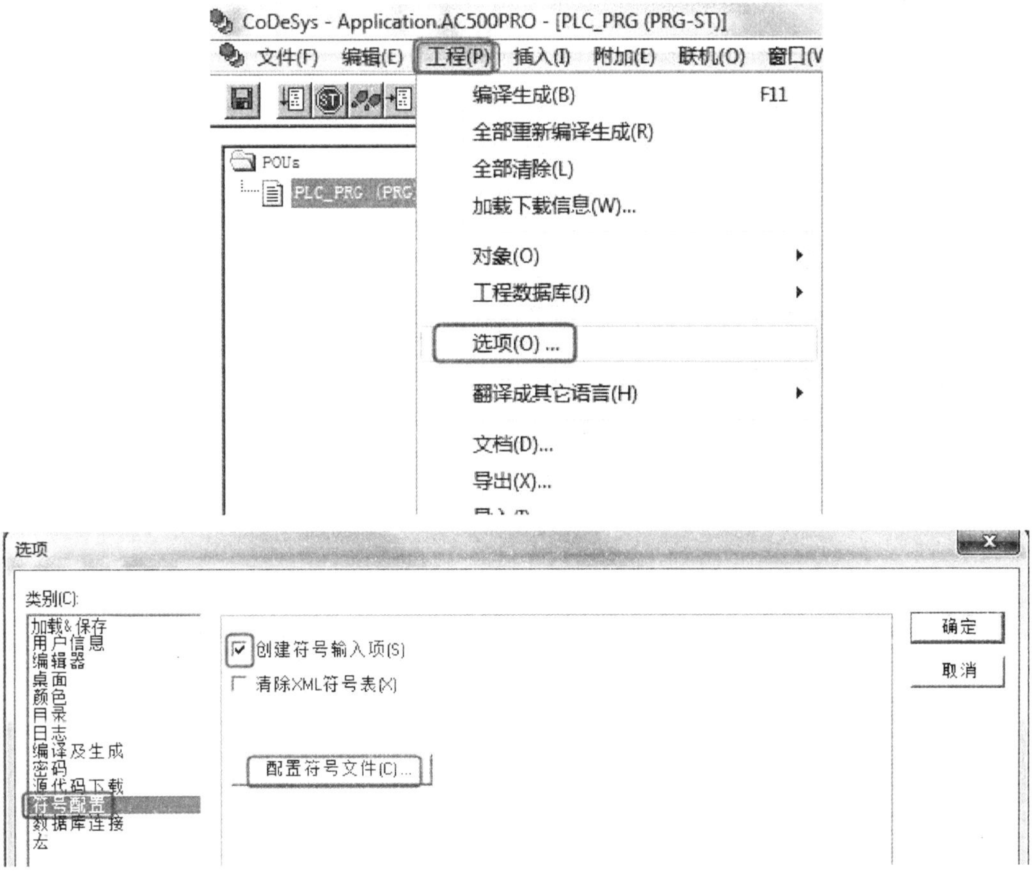

图 6-168　创建符号输入项

2）单击“配置符号文件”，在弹出界面选择所要导出的符号名称（按住 CTRL 可以选择多个目标），在下方将除第二项以外的勾选项打勾，如图 6-169 所示。

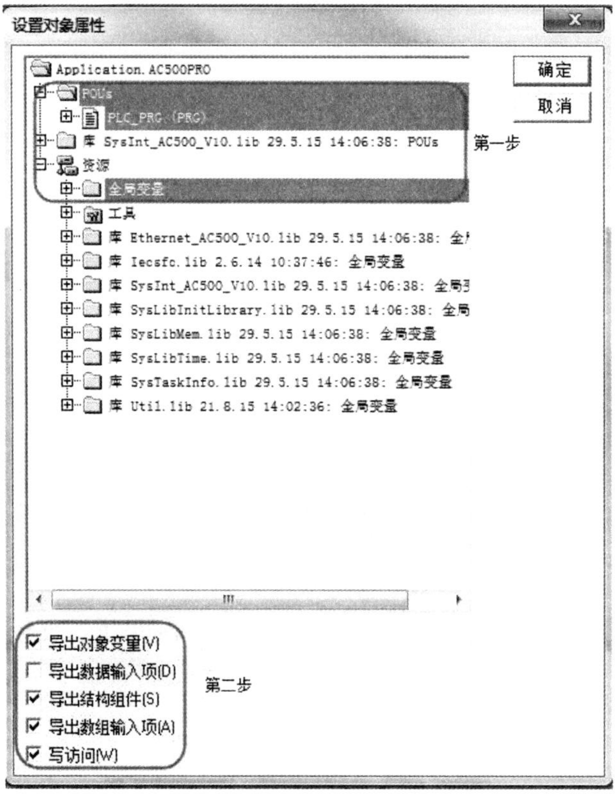

图 6-169　选择所要导出的符号名称

注意　在选择变量时，按住 CTRL 键，可以选择多个变量或变量组。

3）选择“工程”→“全部重新编译生成”，如图 6-170 所示。

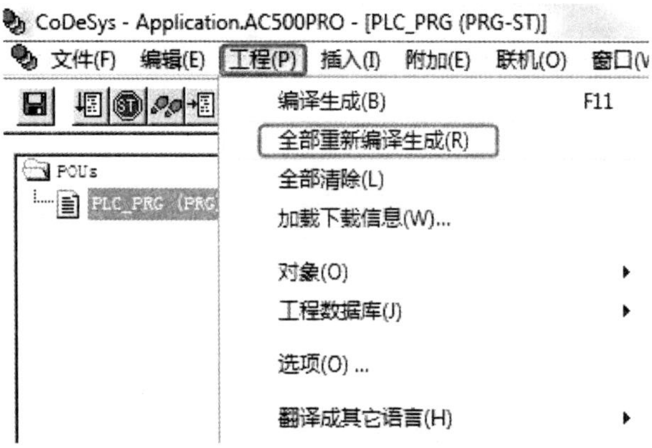

图 6-170　编译程序

4）可以通过查看工程，右键单击“Application”，导出→“符号文件 ...”，保存 *. sym，如图 6-171 所示。

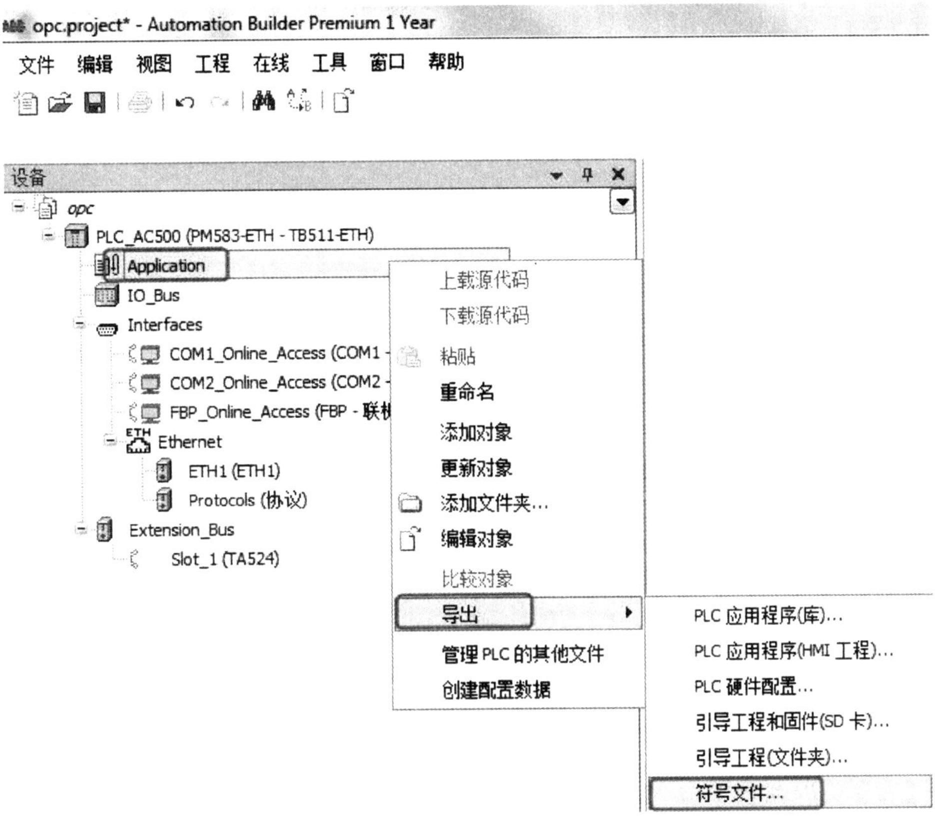

图 6-171　导出符号文件

5）双击保存的 *. sym 文件，用记事本打开，查看变量是否创建成功，如图 6-172 所示。

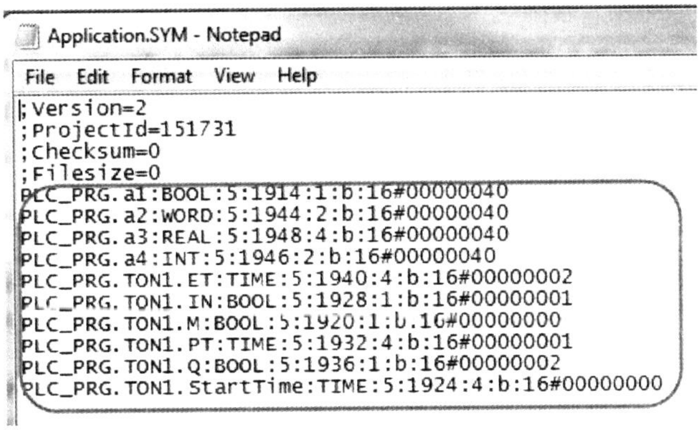
Application.SYM - Notepad

File Edit Format View Help

```
;Version=2
;ProjectId=151731
;Checksum=0
;Filesize=0
PLC_PRG.a1:BOOL:5:1914:1:b:16#00000040
PLC_PRG.a2:WORD:5:1944:2:b:16#00000040
PLC_PRG.a3:REAL:5:1948:4:b:16#00000040
PLC_PRG.a4:INT:5:1946:2:b:16#00000040
PLC_PRG.TON1.ET:TIME:5:1940:4:b:16#00000002
PLC_PRG.TON1.IN:BOOL:5:1928:1:b:16#00000001
PLC_PRG.TON1.M:BOOL:5:1920:1:b:16#00000000
PLC_PRG.TON1.PT:TIME:5:1932:4:b:16#00000001
PLC_PRG.TON1.Q:BOOL:5:1936:1:b:16#00000002
PLC_PRG.TON1.StartTime:TIME:5:1924:4:b:16#00000000
```

图 6-172　查看符号文件

4. 将程序下载到 PLC

在“资源”→“目标系统设置”的“一般设置”选项卡，勾选“下载标识符文件”。激活该功能后，在下载程序时，相应的符号文件 *. sdb 将一同下载到 PLC 中，如图 6-173 所示。

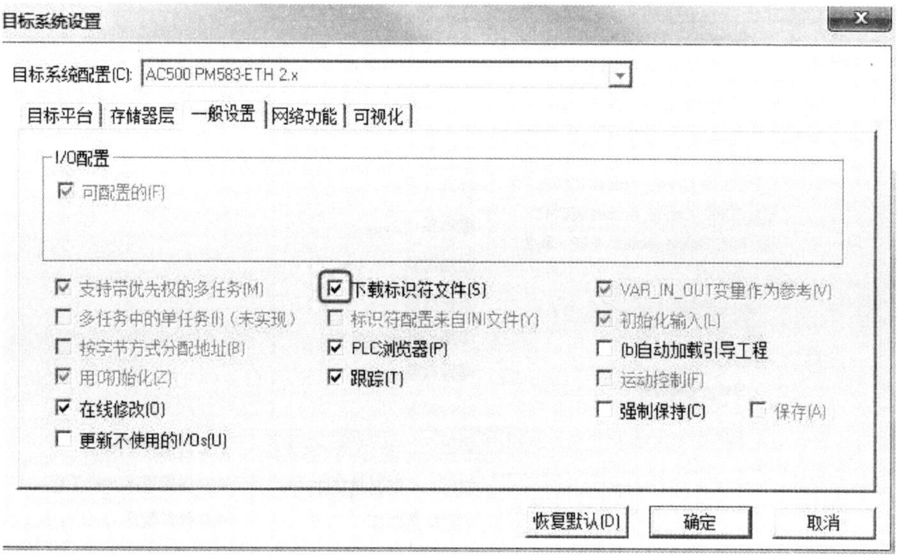

图 6-173　下载符号文件设置

> 注意
> *. sdb 与上面配置的 *. sym 均是 OPC 访问的符号文件，*. sdb 文件为二进制文件，节约存储空间。

在 CoDeSys 中，单击“联机”菜单并选择“通信参数”。

1）使用以太网进行 OPC 通信　单击“New”按钮，选择“Tcp/Ip”，单击“OK”按钮。将 IP 地址设为 192. 168. 0. 10，“Port”设为 1201，“Motorola byteorder”设为“Yes”，最后单击“OK”按钮确认，如图 6-174 所示。

2）使用串口进行 OPC 通信　单击“New”按钮，输入一个符号名（如 Local__1），选择“Serial（RS232）”，单击“OK”按钮，如图 6-175 所示。

3）将“Port”设为计算机（与 PLC 连接）使用的串口（本例为 COM3），“Motorola byteorder”设为“Yes”，其他选择默认，最后单击“OK”按钮确认，如图 6-176 所示。

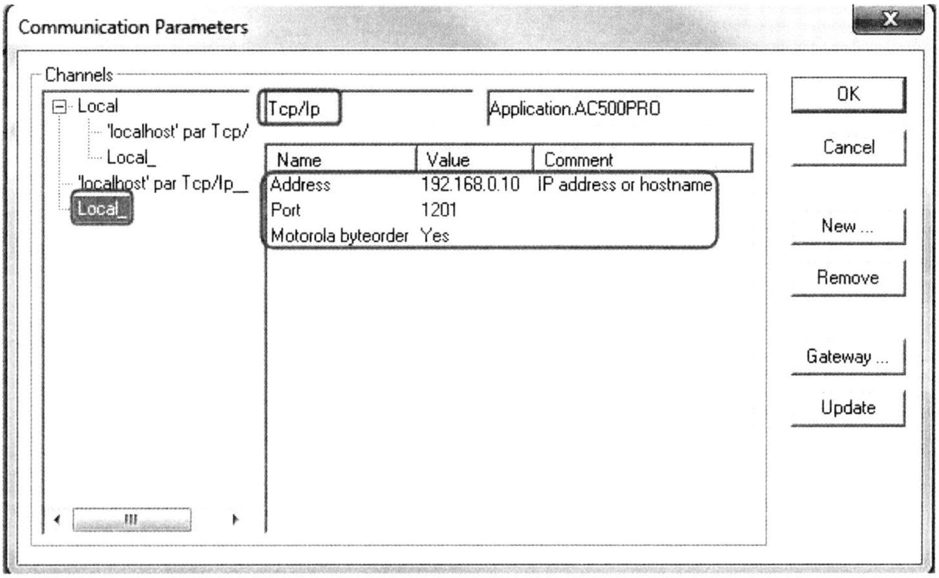

图 6-174　配置以太网通信参数

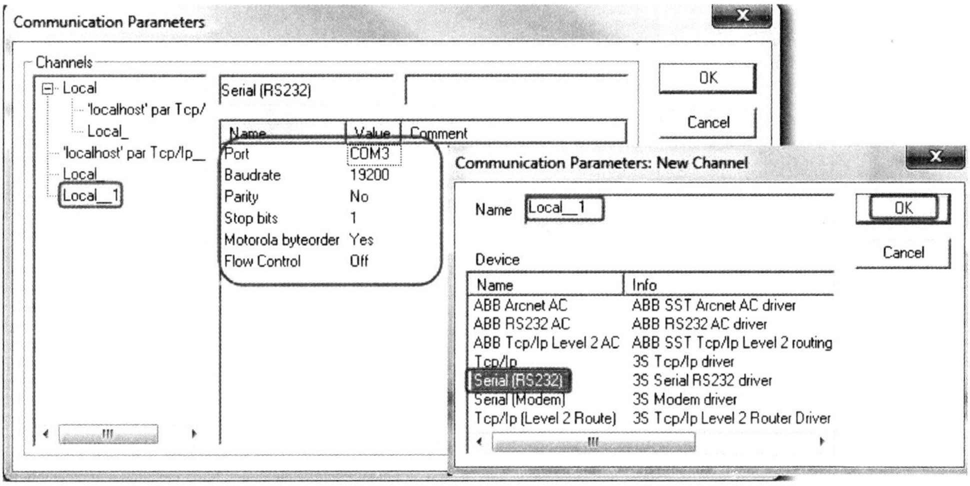

图 6-175　配置串口通信参数

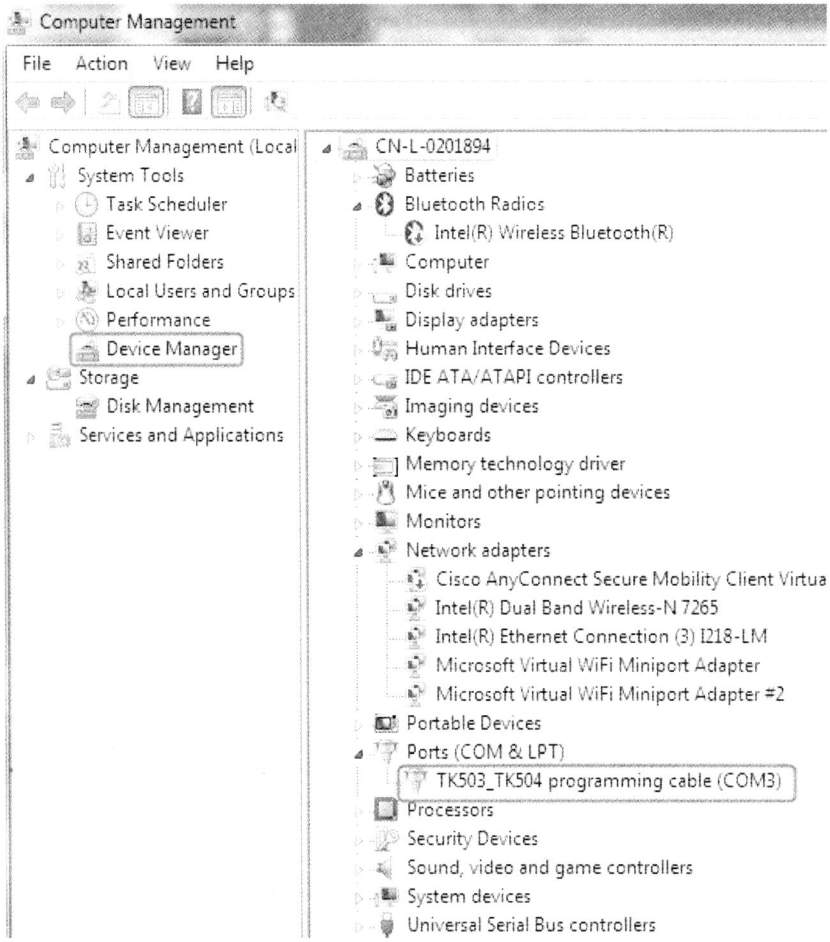

图 6-176　确认 PC 机使用的串口

4）单击“联机”菜单，选择“登录”，如图 6-177 所示。

5）在连接建立后，将程序将下载到 CPU 中，如图 6-178 所示。

6）下载程序到 CPU 后，单击“联机”菜单，选择“创建引导工程”，将程序保存到 PLC 中。将 CPU 切换到 RUN，运行 PLC 程序。

5. 配置 OPC 服务器

1）单击“开始→程序→3S Codesys→Codesys OPC Server V3→OPC Configurator”，打开网关配置工具，如图 6-179 所示。

如没有该文件夹，请到http：//new. abb. com/plc/automationbuilder/platform/software

单击该链接，找到图片位置，下载红框中的文件，如图 6-180 所示。

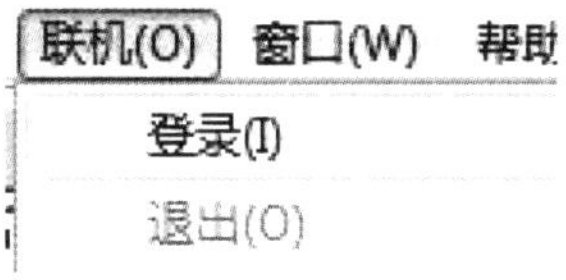

图 6-177　登录 PLC

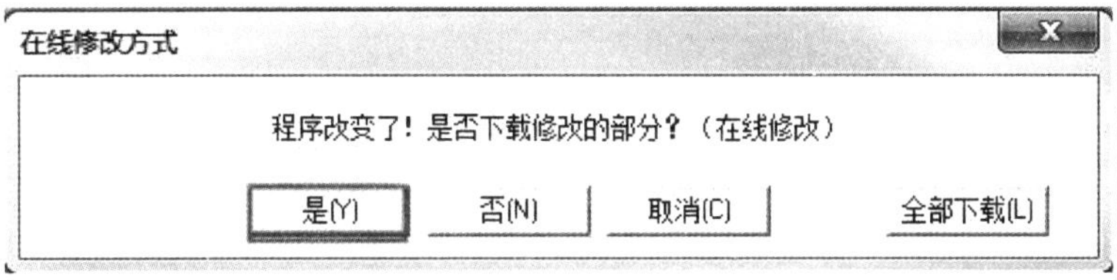

图 6-178　下载程序

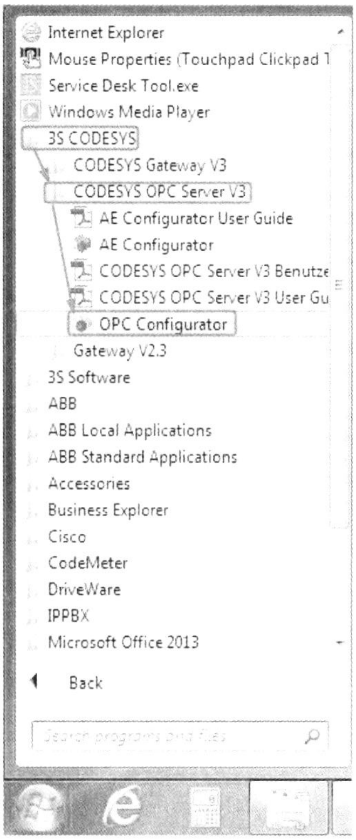

图 6-179　打开网关配置工具

2）在计算机上，双击红框文件，如图 6-181 所示。

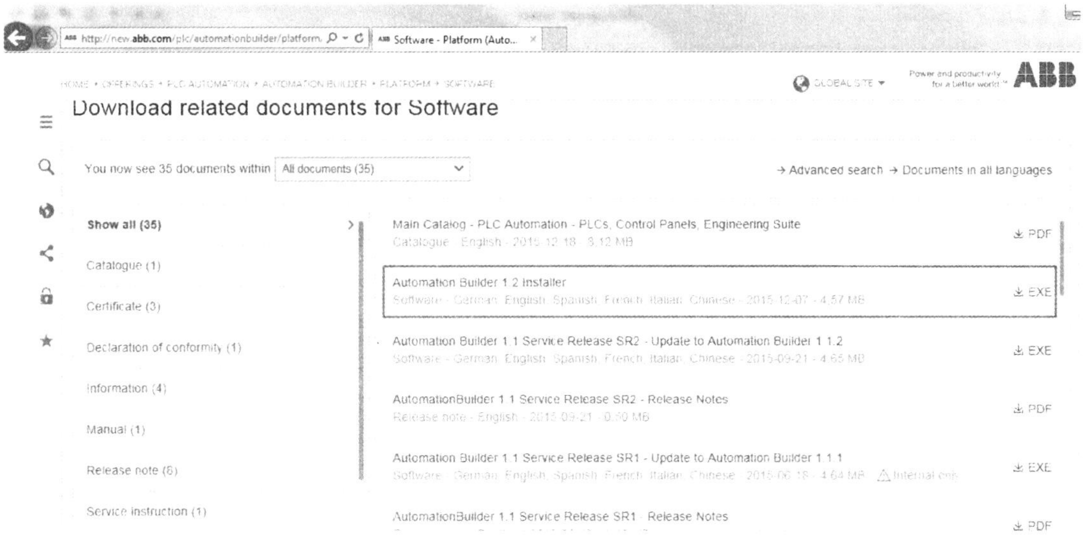

图 6-180　下载软件

3）选择中文安装语言，如图 6-182 所示。

4）展开“高级安装程序选项”，选择“准备离线安装附加工具”，如图 6-183 所示。

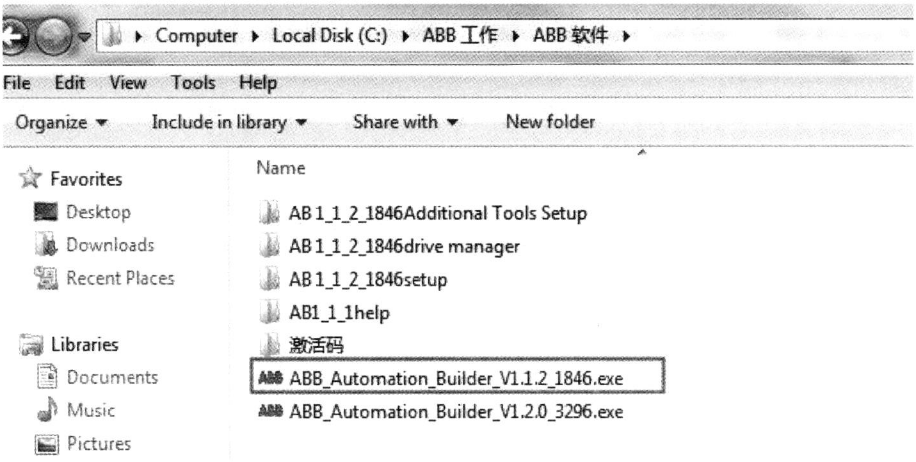

图 6-181　安装软件

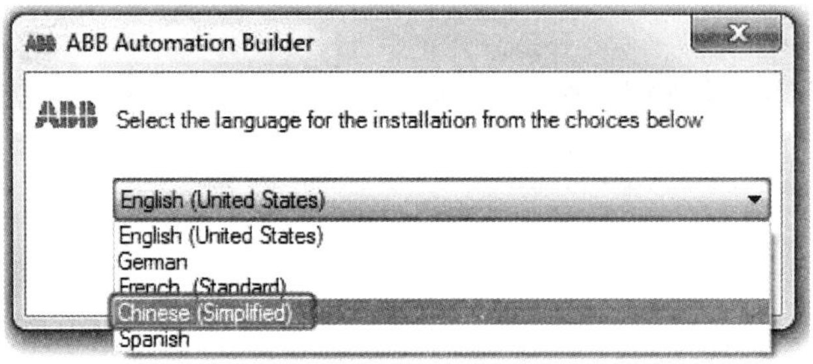

图 6-182　选择安装语言

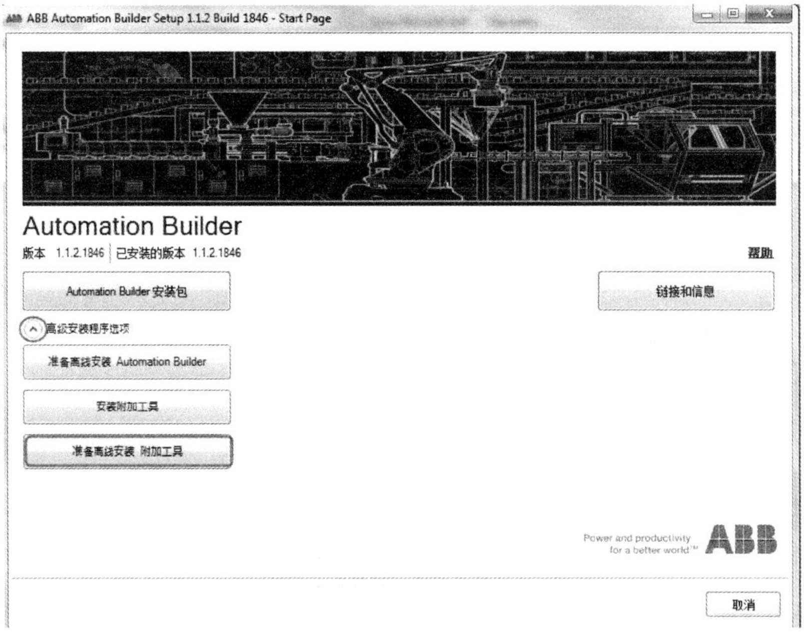

图 6-183　选择离线安装

5）勾选 Codesys OPC 服务器，单击下载，如图 6-184 所示。

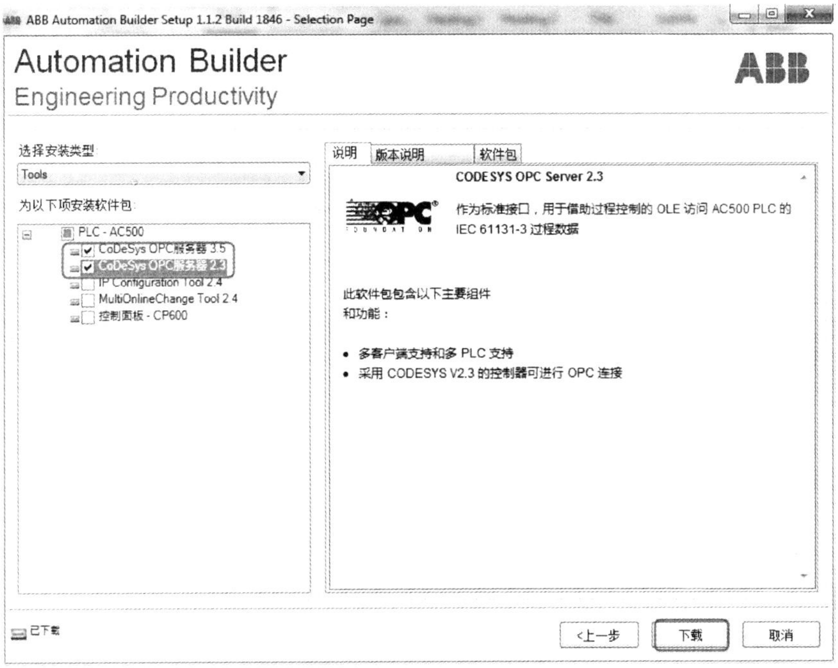

图 6-184　勾选 Codesys OPC 服务器

6）下载完成后，单击“OK”按钮，创建一个离线安装复制数据，如图 6-185 所示。

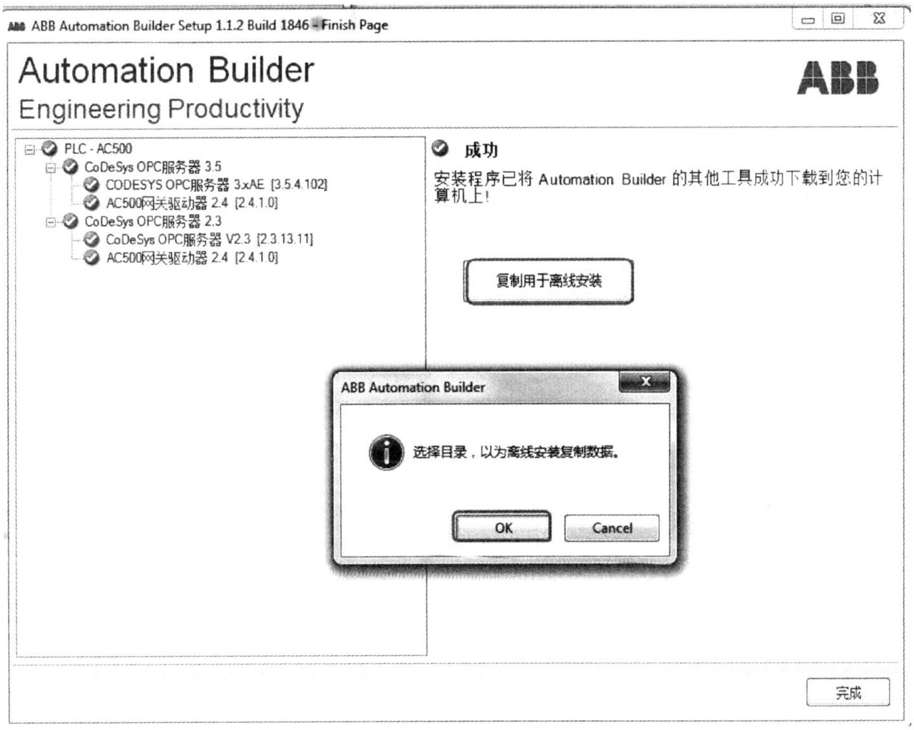

图 6-185　创建离线安装复制数据

7）将文件保存好，如图 6-186 所示。

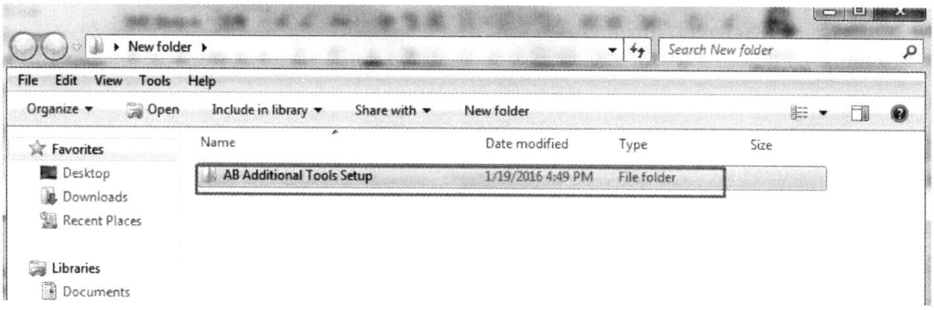

图 6-186　保存文件

8）双击进入下图路径，双击“start_menu. exe. ”开始安装，如图 6-187 所示。

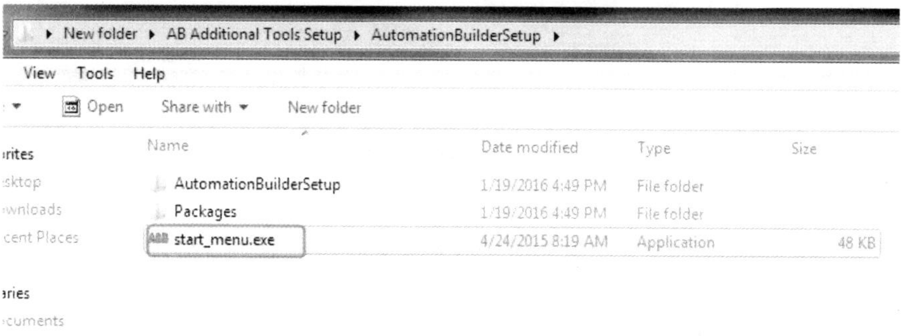

图 6-187　安装软件

9）安装完成后，在开始菜单中，“3Scodesys”文件夹中“codesys OPC severV3”运行“OPC configurator”，如图 6-188 所示。

6. 配置服务器相关参数

在打开的文件中，选择“Server ”，修改其参数，如图 6-189 所示。

其中，最为重要的参数就是“Update Rate”，其余保持默认即可。“Update Rate”为 PLC 中所有 OPC 变量的更新周期，用户可以根据变量多少及更新速度要求加以修改。

> **注意**　Update Rate 不可以设的太小，否则会使 PLC 负载急剧增加，严重时会导致系统停机，建议不要小于 200ms。

7. 配置 PLC 相关的参数

1）完成上述设置后，在“Server”上单击右键，选择“Append PLC”，如图 6-190 所示。

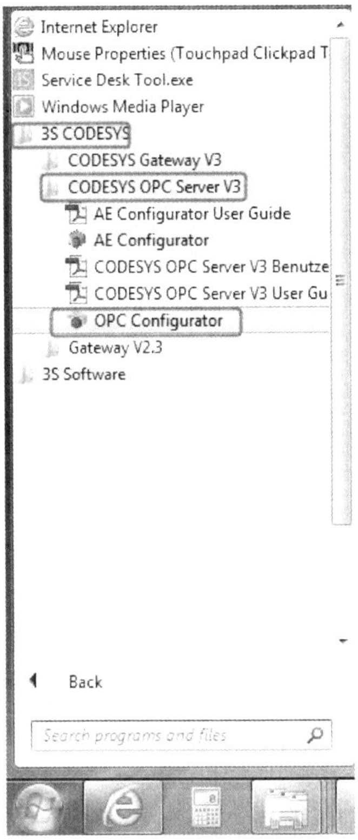

图 6-188　运行 OPC configurator

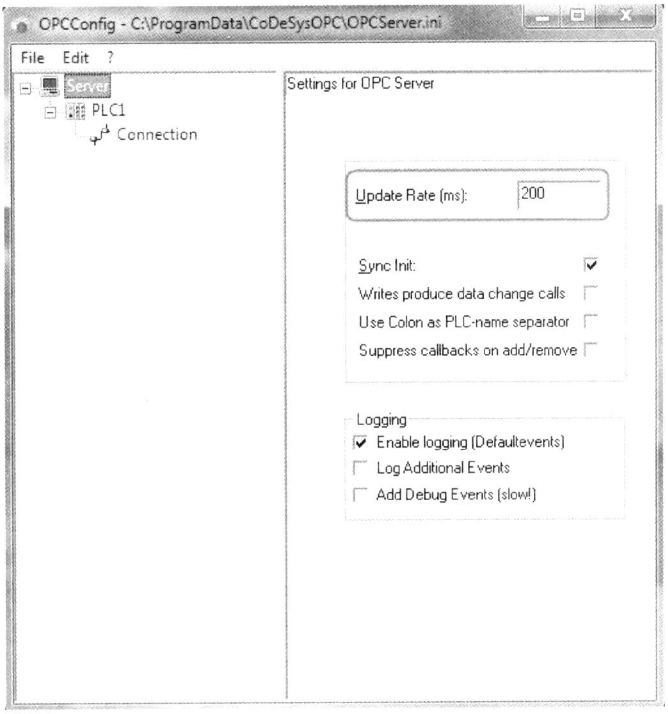

图 6-189　配置服务器参数

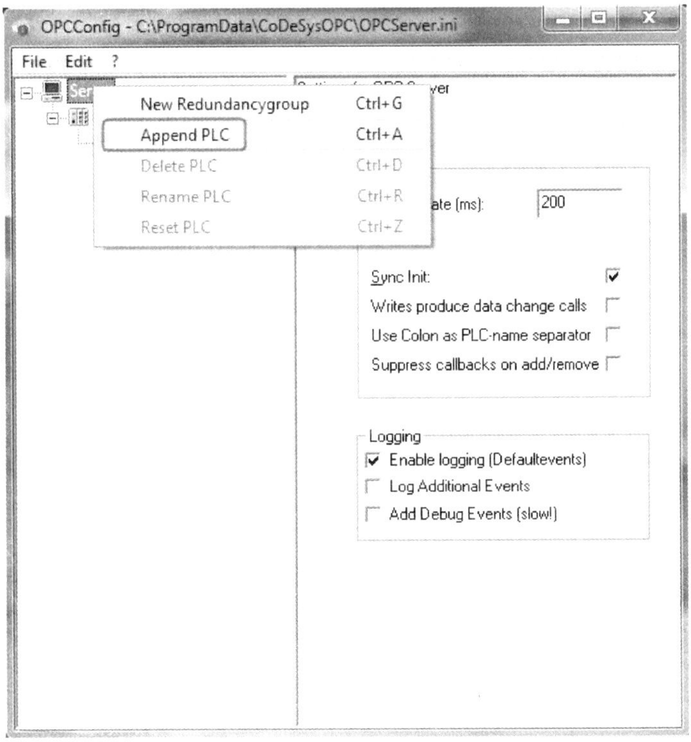

图 6-190　添加 PLC

2）单击“PLC1”，设置 PLC 相关参数。选择“Interface”为“GATEWAY”，如图 6-191 所示。

图 6-191　设置 PLC 参数

在上述参数中，最为重要的参数就是“WaitTime”。参数“WaitTime”用于设定 OPC 服务器等待 PLC 就绪的等待时间。OPC 服务器启动后，会尝试与配置的 PLC 建立通信，然后通知客户机是否能够与 PLC 通信。在等待时间内，PLC 会在状态发送给客户机之前进行注册。该时间取决于连接的 PLC 数量和在符号文件中定义的变量数量。对 PLC 系统自动启动的情况，该参数非常重要。

> **注意**　WaitTime 必须定义的足够长，以便使所有 PLC 都能够注册。如果该时间设置的太短，则可能发生启动过程中有些 PLC 不能联入的情况，在这种情况下，必须增加等待时间的设置值。建议设置为 30s，一般不要低于 15s。

Active：决定是否激活与该 PLC 的 OPC 连接。

对于 AC500 系统中，需要激活“Motorola Byteorder”。

> **注意**　在修改 CoDeSys 工程并将新的项目加到符号配置中后，以前设置的参数可能不再适用。这种情况下，必须更新参数（例如增加等待时间）。

8. 配置网关参数

选中“Connection”，在右侧窗口单击“Edit”按钮，编辑通信网关。一般都选择下载

PLC 程序使用的网关。在网关配置中，通常需要将“Gateway”选择为“TCP/IP”（如使用其他 OPC 客户机访问 Gateway 所在计算机），如图 6-192 所示。

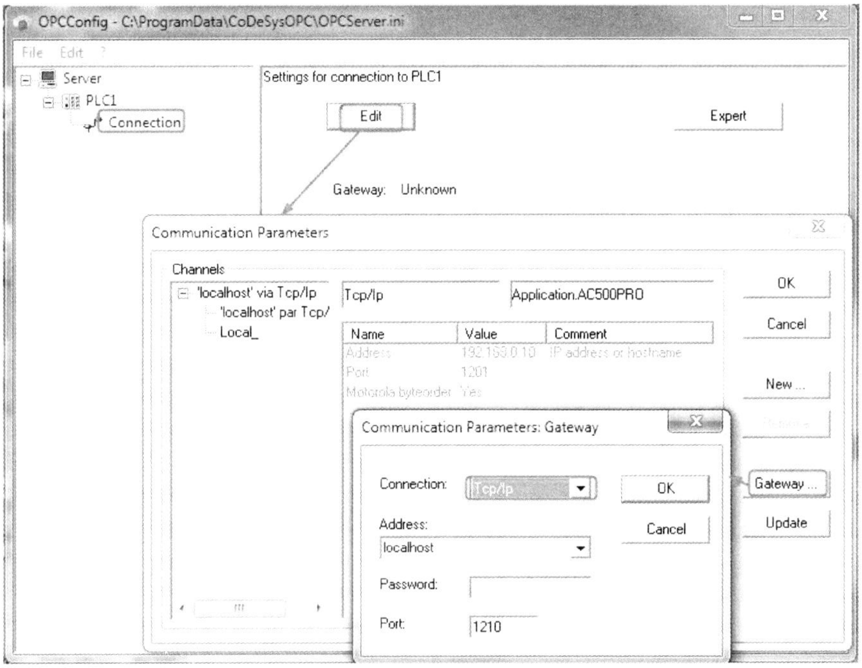

图 6-192　配置网关参数

> **注意**
> 必须确保 Gateway 使用的端口 1210 和 1211 没有被系统或其他进程占用，否则无法建立连接。

单击确认后结果如下：

1）使用以太网连接如图 6-193 所示。

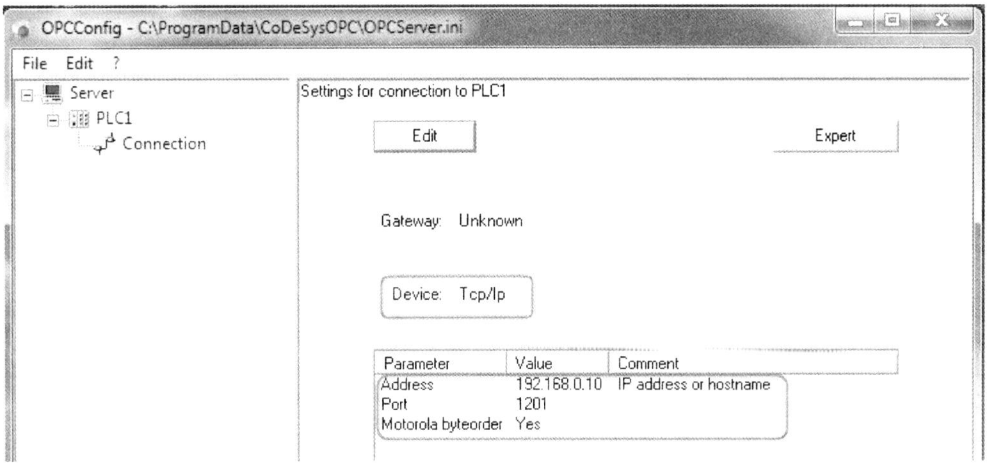

图 6-193　以太网连接显示

2）使用串口连接，如图 6-194 所示。

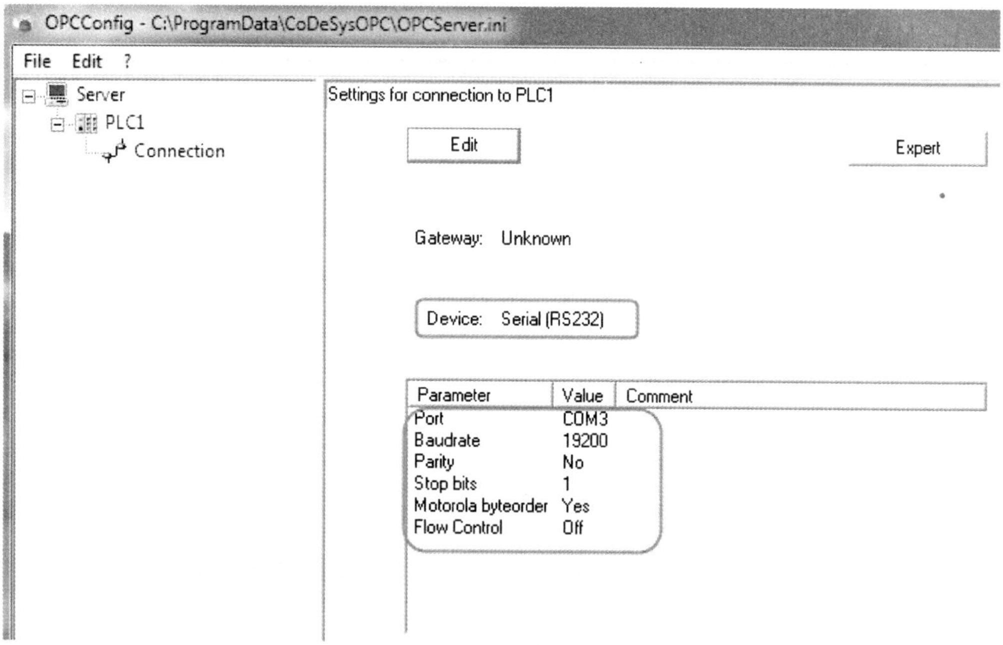

图 6-194　串口连接显示

所有参数均设置完成后，单击“File”→“Save as”，选择如图 6-195 所示路径：

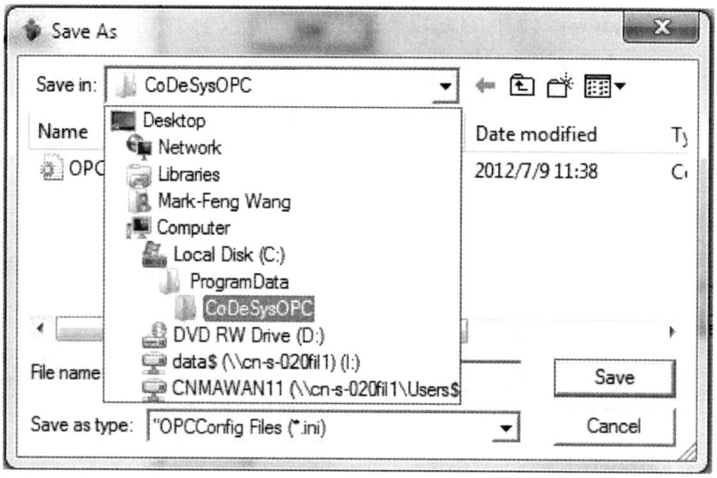

图 6-195　保存文件

替换路径下原有的配置文件“OPCServer. ini”，如图 6-196 所示。

> **注意** OPC 配置文件必须命名为 OPCServer. ini，并且保存到 C：\ ProgramData \ CoDeSysOPC \

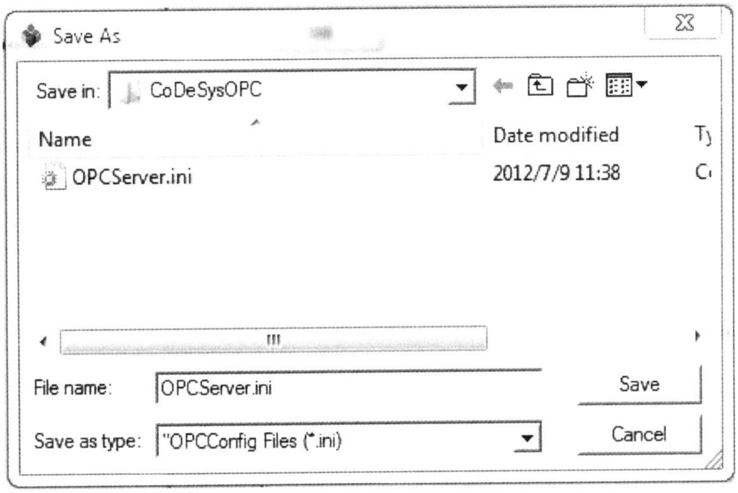

图 6-196　替换原有配置文件

9. OPC 客户机通信

启动 OPC 客户机，如 SOclient. exe，在“OPC Servers”中双击“CoDeSysOPC. DA”，自动在右下方添加该 OPC 服务器，如图 6-197 所示。

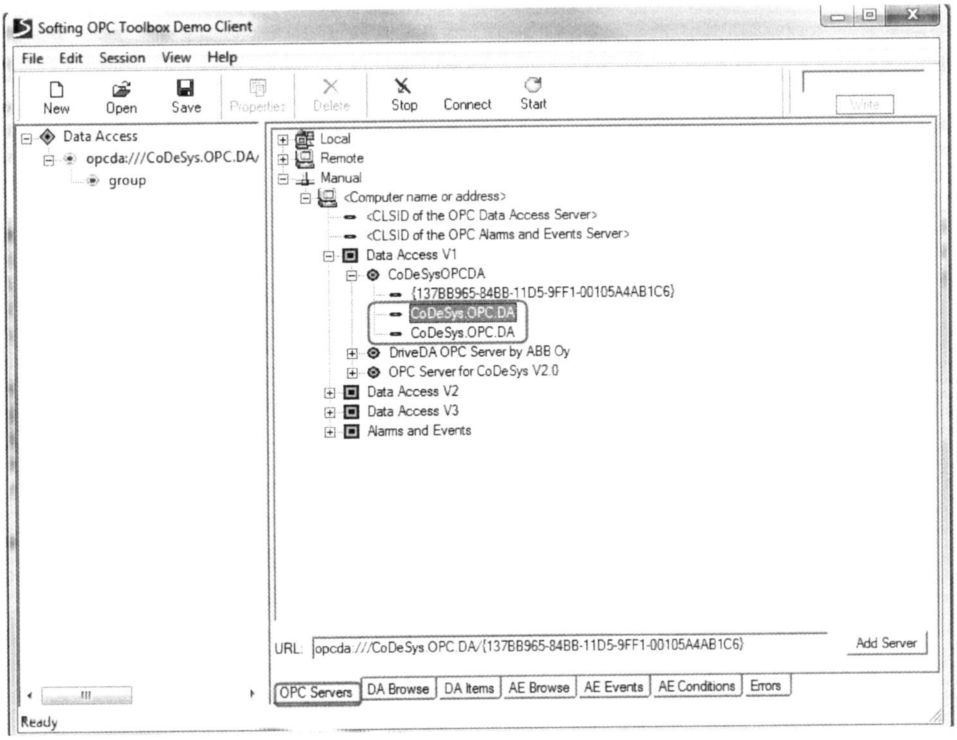

图 6-197　添加 OPC 服务器

切换到“DA Browse”，在窗口右侧双击要添加的变量，该变量被自动添加到左侧的“item”项中，如图 6-198 所示。

切换到“DA Items”标签，可以查看变量状态，修改变量值，如图 6-199 所示。

如果要修改变量值，在右上角写入设置的值，单击“Write”按钮，如图 6-200 所示。

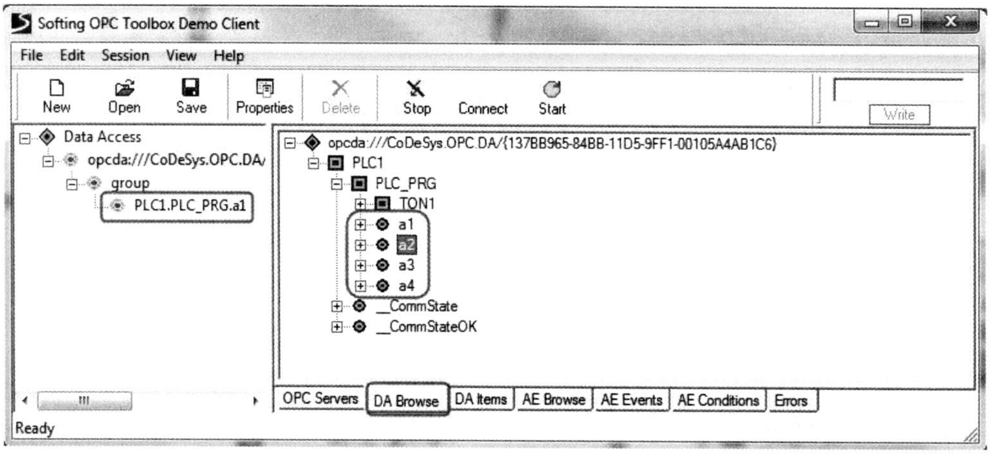

图 6-198　自动添加变量

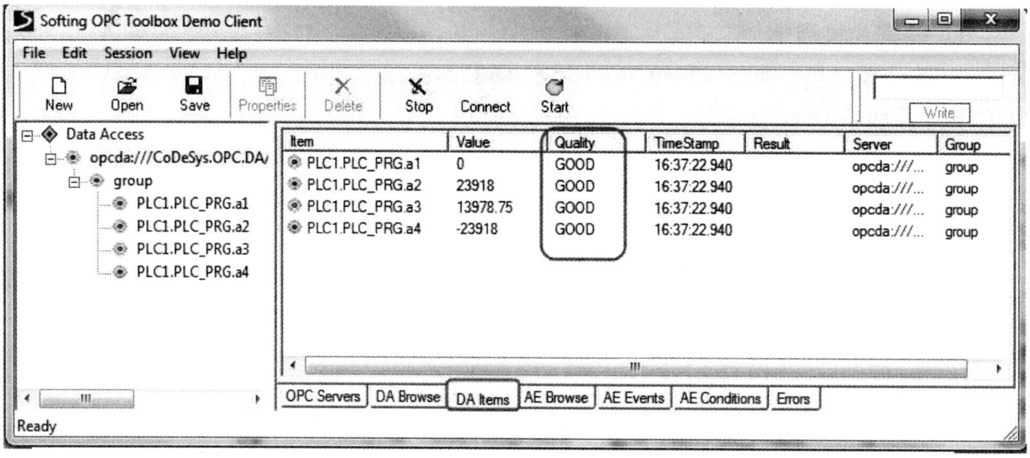

图 6-199　查看变量状态

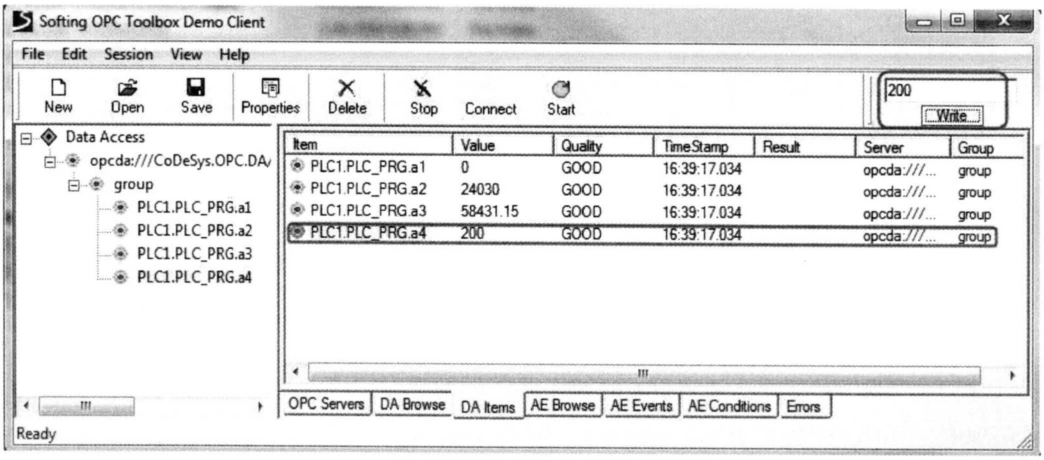

图 6-200　修改变量值

> **注意**　若切换到“DA Browse”，在窗口右侧无法找到所需变量，可能是如下两个进程没有更新，如图 6-201 所示。

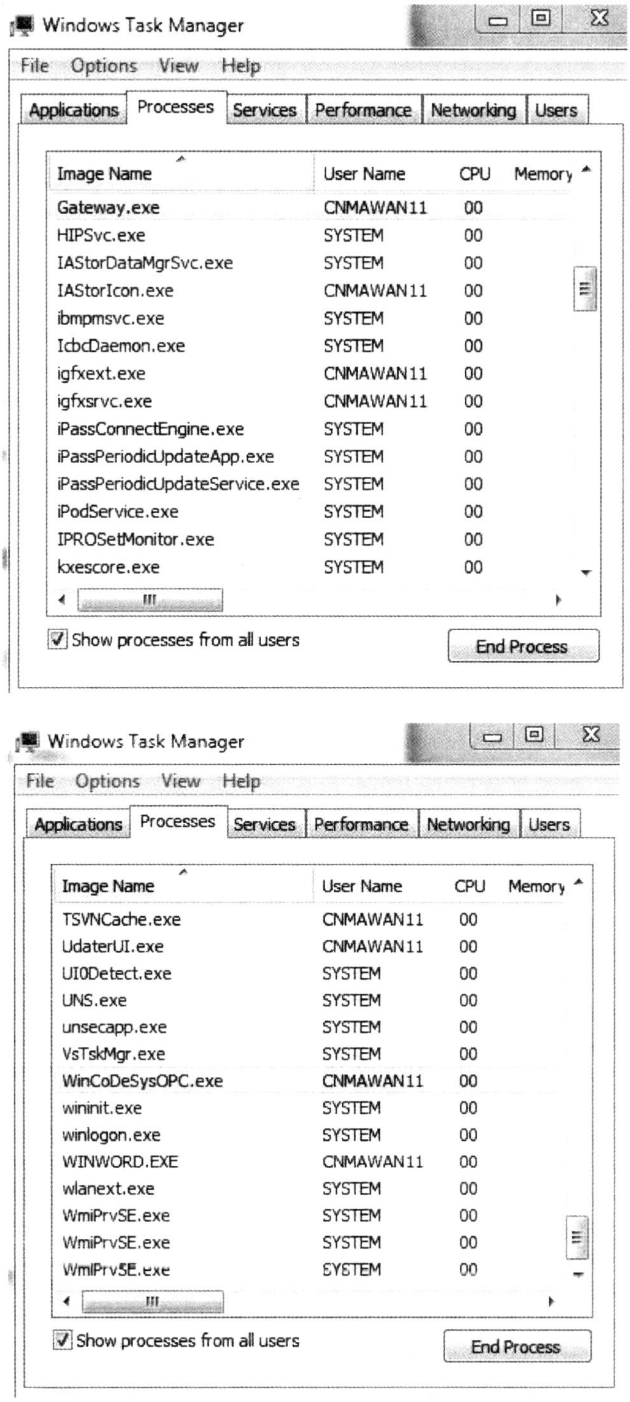

图 6-201　进程未更新

解决办法：

首先，关掉所有的 OPC 客户机，退出任务栏的“GatewayServer”，如图标：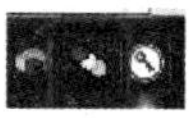
在任务管理器中，确认上述两个进程均已结束。如果未结束，手动终止进程。重新打开客户机（如 SOClient. exe），查看 OPC 连接状态是否正常。

> **注意**
>
> 1. 更改 OPCServer. ini 文件后，必须重新启动 OPC Server，新的配置才能生效。
> 2. 如果 OPC Server 按照服务器方式运行，运行客户机时会自动启动 OPC Server 程序，在客户机关闭后，OPC Server 停止运行。所以在更改 OPCServer. ini 文件后，必须关闭所有的客户机程序，然后重新启动客户机，才可按照 OPCserver. ini 中新的配置执行。
> 3. OPC Server 程序在任务栏没有对应显示的图标，可通过资源管理器查看程序是否在运行。

6.4　AC500 与变频器的通信

ABB 公司提供多系列完整的低压交流传动产品，能够满足设备制造商、系统集成商以及最终用户一系列应用和生产的性能要求，同时这些产品都配有标准通信接口或通信适配器，使其能够与工业自动化解决方案整合在一起。

6.4.1　AC500-eCo 与 ACS580 通过 Modbus RTU 的通信

Modbus 是一种串行异步通信协议。数据传输采用半双工方式，一个主站控制一个或多个从站。RS232 通信方式用于单一主站和单一从站之间的点对点通信，RS485 通信方式用于单一主站和多个从站之间的通信。Modbus 网络定义了两种不同的传输方式：ASCII 和 RTU。变频器和 PLC 等工控设备支持的多为 Modbus RTU 格式，这种方式的主要优点是：在同样的波特率下，比 ASCII 方式传输更多的数据。

ACS380/580 变频器是 ABB 公司广泛应用于小型机械领域/通用工业领域的低压交流传动产品，它内置 RS485 接口，与 ABB AC500 PLC 连接后只需进行简单的参数设置即可进行 Modbus RTU 通信，此时 AC500 PLC 作为主站，可以最多连接 31 个 ACS380/580 从站。

本例中需要准备的硬件和软件见表 6-32，本例 CPU 中的型号仅供客户参考，可根据实际 CPU 测试。

表 6-32　硬件和软件需求

硬　件	软　件
PM564-TP-ETH（V2.4）1 个	Automation Builder V1.1
ACS580 1 个	
串口连接电缆 1 根	
控制盘 1 个	

1. 硬件连接

硬件连接如图 6-202 及图 6-203 所示。

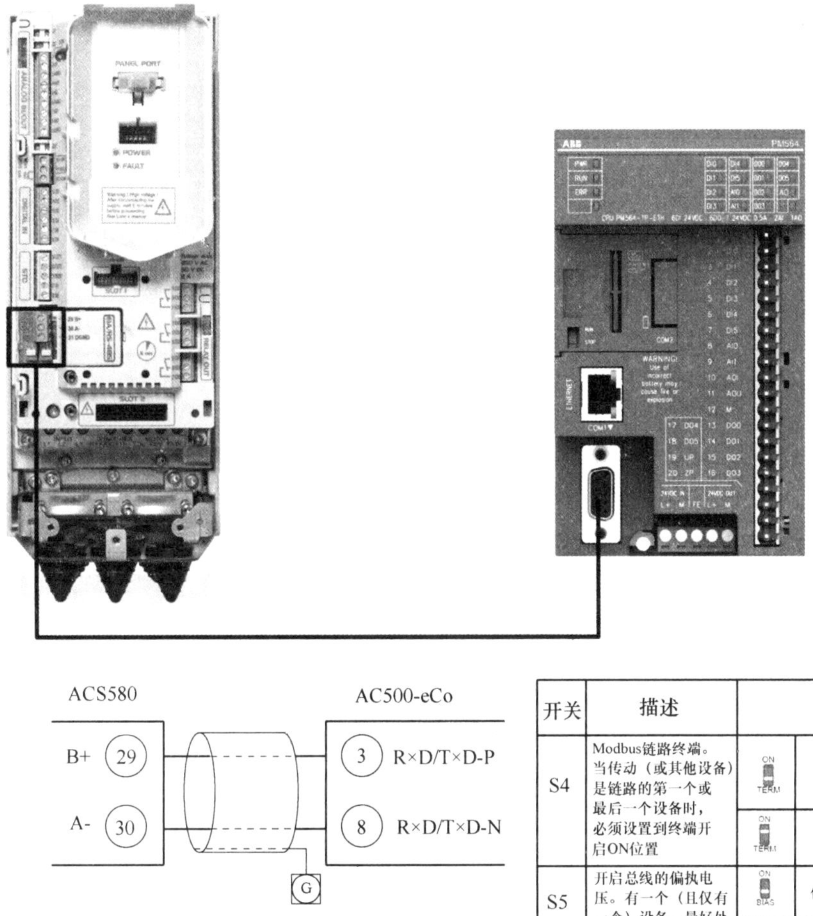

注：屏蔽层终端只能接到控制器的“接地”上

开关	描述	位置	
S4	Modbus链路终端。当传动（或其他设备）是链路的第一个或最后一个设备时，必须设置到终端开启ON位置	ON TERM	总线终端关闭（默认）
		ON TERM	总线终端开启
S5	开启总线的偏执电压。有一个（且仅有一个）设备，最好处于总线末端并将偏执开启	ON BIAS	偏执关闭（默认）
		ON BIAS	偏执开启

图 6-202　ACS580 与 AC500-eCo 进行 Modbus RTU 通信连接

为了减小网络中的干扰，在网络两端用 120Ω 的电阻作为 RS485 网络的终端电阻。使用 DIP（S4）开关来连接或断开变频器内置的终端电阻。

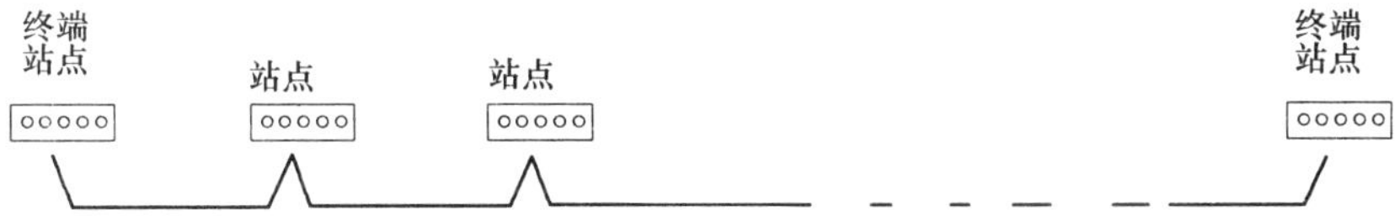

图 6-203　网络连接

2. 配置 Modbus 主站——AC500-eCo CPU

在变频器控制中，AC500-eCo CPU 做 Modbus 主站，典型的主站配置参数如图 6-204 所示。

其中，“RTS 控制器”对于 RS485 接线方式，必须设置为“报文”；

“串口通信的通用参数”必须与变频器设置一致；

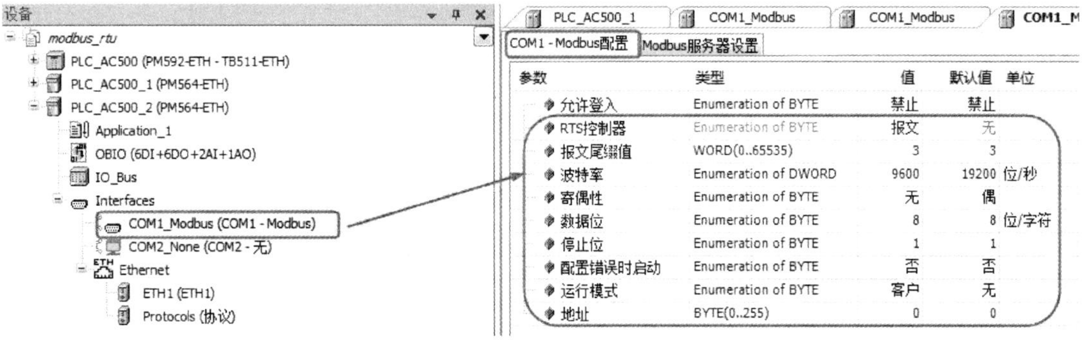

图 6-204 Modbus 主站参数配置

“运行模式” 设为 “客户（主站）”；

“地址” 设为 “0”（主站必须为 0）；

3. 配置 Modbus 从站——ACS380/ACS580 变频器

1）激活串行通信　硬件连接好之后，要激活变频器与 AC500-eCo CPU 之间的 Modbus 通信，需要设置参数 58. 01 Protocol enable（通信协议使能） = 1Modbus RTU 。

2）配置 Modbus 基本参数　将参数 58. 01 设置为 1，ACS380/580 会自动将通信过程的参数设置为合适的默认值。对应参数及其描述，请参见表 6-33。

表 6-33 变频器参数说明

参数名	设置值	备　注
58. 01 Protocal enable	Modbus RTU	激活 Modbus RTU
58. 03 Node address	任意设置	定义站点 ID 地址。网络中任何两个站点的地址都不能相同
58. 04 Baud rate	任意设置	定义通信速率，要与主站定义相同
58. 05 Parity	任意设置	定义奇偶校验，要与主站定义相同
58. 14 Communication loss action	Fault	定义总线通信丢失时的动作
58. 15 Communication loss mode	Cw / Ref1 / Ref2	定义总线通信丢失监控的模式
58. 16 Communication loss time	任意设置	定义总线丢失延时
58. 17 Transmit delay	0 ms	定义总线数据传输延时
58. 25 Control profile	ABB Drives	本例中使用 ABB Drives
58. 26 EFB ref1 type	Speed or frequency	定义总线通信给定值和实际值的内容
58. 27 EFB ref2 type	Torque	
58. 28 EFB act1 type	Speed or frequency	
58. 29 EFB act2 type	Torque	
58. 33 Addressing mode	Mode 0	定义寄存器寻址方式
58. 34 Word order	LO-HI	定义数据传输顺序
58. 101 ~58. 124 Data IO	…	设定部分 Modbus 寄存器内容，本例中保持默认即可
58. 06 Communication control	Refresh settings	刷新总线参数

> **注意**　变频器 ACS380/580 的通信参数一旦被修改，必须重启或使用参数 58.06 刷新设置，新的设置才能生效。

4. 激活变频器控制功能

为实现通过 Modbus 通信来控制变频器 ACS380/580 的起、停、旋转方向以及转速，需设置变频器的参数见表 6-34。

表 6-34　变频器激活参数说明

参数名	设置值	备　注
99.04 Motor control mode	Vector	激活矢量控制模式
20.01 Ext1 commands	Embedded fieldbus	EXT1 启动命令通过总线
20.06 Ext2 commands	Embedded fieldbus	EXT2 启动命令通过总线
22.11 Speed ref1 source	EFB ref1	选择转速模式时的给定源
26.11 Torque ref1 source	EFB ref2	选择转矩模式时的给定源
19.11 Ext1/Ext2 selection	EFB MCW bit 11	通过总线切换 EXT1/EXT2
19.12 Ext1 control mode	Speed	激活 EXT1 时速度控制
19.14 Ext2 control mode	Torque	激活 EXT2 时转矩控制

5. AC500-eCo CPU 程序编写

（1） Modbus RTU 通信指令-COM_MOD_MAST

其功能如图 6-205 所示。

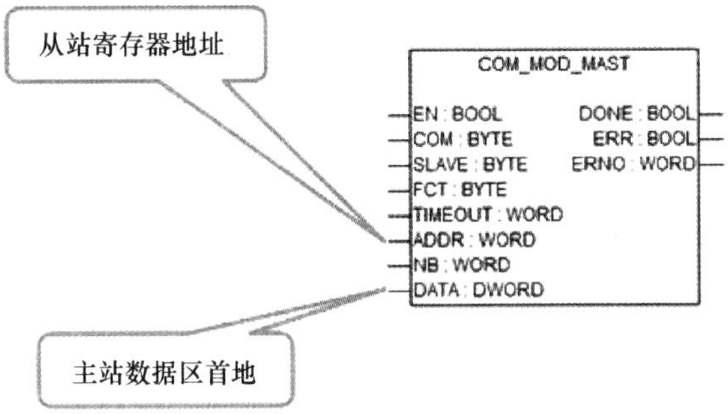

图 6-205　COM_MOD_MAST 功能块

功能：用于处理基于串口的 Modbus RTU 主站报文。

参数说明见表 6-35。

表 6-35　COM_MOD_MAST 功能块参数说明

输入参数	数据类型	描　　述
EN	BOOL	使能功能块　FALSE：无效 TRUE：上升沿使能
COM	BYTE	指定串行接口的编号　1：COM1 2：COM2
SLAVE	BYTE	从站地址

（续）

输入参数	数据类型	描　述
FCT	BYTE	功能代码
TIMEOUT	WORD	超时时间，单位 ms
ADDR	WORD	从站寄存器地址（以 0 为起始）
NB	WORD	数据长度
DATA	DWORD	地址指针，指向主站数据区首地址。发送时将该区域的数据发送到从站，接收时将读自从站的数据保存在这里。（可通过 ADR 指令获取该地址）
输出参数	数据类型	描　述
DONE	BOOL	功能块就绪信息，操作执行完毕为 TRUE，仅保持一个扫描周期
ERR	BOOL	功能块错误标识。该输出要与 DONE 一起综合判断。DONE 为 TRUE，且 ERR 为 TRUE，则说明操作完成但存在错误；DONE 为 TRUE，且 ERR 为 FALSE，则说明发送成功
ERNO	WORD	错误代码。只有 DONE 为 TRUE，且 ERR 也为 TRUE 时，ERNO 的输出值才有效

AC500 CPU 支持的 FCT（功能代码）见表 6-36。

表 6-36　AC500 CPU 支持的 Modbus 功能代码说明

功能代码		描　述	长度限制
DEC	HEX		基于串口的 Modbus
01 或 02	01 或 02	读取多个位	2000 位
03 或 04	03 或 04	读多个字	125 个字/62 个双字
5	5	写 1 个位	1 位
6	6	写 1 个字	1 个字
7	7	快速读取 CPU 状态字节	8 位
15	0F	写多个位	1968 位
16	10	写多个字	123 个字/61 个双字

ACS380/580 支持的部分 Modbus 功能代码见表 6-37。

表 6-37　ACS380/580 支持的 Modbus 功能代码说明

功　能	代　码		描　述
	DEC	HEX	
读取线圈状态	01	01h	按位读取输出状态。对于 ACS380/580，控制字的各位分别映射到线圈 1 ~ 16
读离散输入状态	02	02h	对于 ACS380/580，状态字的各位根据所采用的配置文件不同分别映射到输入 1 ~ 16 或者 1 ~ 32
读取多个保存寄存器	03	03h	对于 ACS380/580，命令字、状态字和给定值一样，整个参数集被映射到保存寄存器
强制单个线圈	05	05h	对单个输出位进行写操作。对于 ACS380/580，控制字的各位被映射到线圈 1 ~ 16
写单个保存寄存器	06	06h	对单个保存寄存器进行写操作。对于 ACS380/580，整个参数集与命令字、状态字和给定值一样被映射到保存寄存器
故障诊断	08	08h	执行 Modbus 故障诊断。支持用于查询（0x00），重启（0x01）和监听（0x04）的子代码
强制多个线圈	15	0Fh	对多个输出分别进行写操作。对于 ACS380/580，控制字的各位被映射到线圈 Coils1... 16

（续）

功　能	代　码		描　述
	DEC	HEX	
写多个保存寄存器	16	10h	对多个保持寄存器进行写操作。对于 ACS380/580，整个参数集与命令字、状态字和给定值一样被映射到保存寄存器
读/写多个保存寄存器	23	17h	该功能将功能代码 03 和 10 组成一个单独的命令

ACS380/580（参数和 I/O）与 Modbus 寻址空间之间的参考汇总见表 6-38。

表 6-38　ACS380/580（参数和 I/O）与 Modbus 寻址空间的对应关系

ACS380/580	Modbus 给定值	支持的功能代码（DEC）
• 控制位 • 继电器输出	线圈（0××××）	• 01 - 读取线圈状态 • 05 - 对单个线圈进行强制 • 15 - 对多个线圈进行强制
• 状态位 • 离散输入	离散输入（1××××）	• 02 - 读取输入状态
• 参数 • 控制字/状态字 • 给定	保持寄存器（4××××）	• 03 - 读取 4×寄存器 • 06 - 写单个 4×寄存器 • 16 - 写多个 4×寄存器 • 23 - 读/写 4×寄存器

ADDR（从站寄存器地址）——通过对应 4×××× 变频器控制寄存器和 AC500 CPU 之间的地址，进行 Modbus 通信来控制变频器 ACS380/580 的起、停、旋转方向以及转速，其地址对应关系见表 6-39。

表 6-39　变频器控制寄存器和 AC500 CPU 之间的地址对应关系

变频器参数	设置	描述	Modbus 寄存器地址		
			ACS380/580	AC500 CPU 中通信地址	AC500 CPU 中设定方式
20.01 Ext1 commands	Embedded fieldbus	起/停控制由现场总线通过 Ext1 进行选择。	40001 中的 0 ~ 3 位	0000 中的 0 ~ 3 位	在以 DATA 为主站首地址的数据区进行设定
20.06 Ext2 commands	Embedded fieldbus	起/停控制由现场总线通过 Ext2 进行选择。	40001 中的 0 ~ 3 位	0000 中的 0 ~ 3 位	
20.21 Direction	Request	方向由现场总线控制	给定 40002 或 40003	00001 或 00002	
19.11 Ext1/Ext2 selection	EFB A MCW bit 11	通过现场总线选择给定源	控制字 40001 中的 11 位	0000 中的 11 位	
22.11 Speed ref1 source	EFB ref1	输入给定 1 来自现场总线	给定 40002	00001	
26.11 Torque ref1 source	EFB ref2	输入给定 2 来自现场总线	给定 40003	00002	

此外，ACS380/580 的状态字和实际值的寄存器地址为 40004 ~ 40012，对应 CPU 通信地址的 0003 ~ 0011 寄存器（即 COM_MOD_MAST 的“ADDR”引脚）。

（2）基本程序结构

在程序中调用串口 Modbus RTU 主站功能块 COM_MOD_MAST 完成对变频器参数的读写，程序示例如图 6-206 所示。

```
PROGRAM PLC_PRG
VAR
    COM_MOD_MAST1: COM_MOD_MAST;
    count: USINT := 1;
    send_data: ARRAY[1..3] OF WORD;
    rec_data: ARRAY[1..3] OF WORD;
    num: WORD;
END_VAR
```

```
(*通过com_mod_mast的done信号实现轮询，只调用一个实例完成通讯数据的读写操作 *)
IF(COM_MOD_MAST1.EN=0 AND COM_MOD_MAST1.DONE=0 AND count=1 )THEN
    COM_MOD_MAST1.EN:=TRUE;
    COM_MOD_MAST1.COM:=1;
    COM_MOD_MAST1.SLAVE:=1;
    COM_MOD_MAST1.FCT:=16;(*写多个字*)
    COM_MOD_MAST1.TIMEOUT:=500;
    COM_MOD_MAST1.ADDR:=0;              (*ACS580控制字的寄存器地址对应为从站的40001、40002和40003寄存器*)
    COM_MOD_MAST1.NB:=3;                (*数据长度*)
    COM_MOD_MAST1.DATA:=ADR(send_data);(*要发送的数组提前存放到数组send_data中，必须使用adr操作*)
END_IF

IF(COM_MOD_MAST1.EN=0 AND COM_MOD_MAST1.DONE=0 AND count=2)THEN
    COM_MOD_MAST1.EN:=TRUE;
    COM_MOD_MAST1.COM:=1;
    COM_MOD_MAST1.SLAVE:=1;
    COM_MOD_MAST1.FCT:=3;(*读多个字*)
    COM_MOD_MAST1.TIMEOUT:=500;
    COM_MOD_MAST1.ADDR:=3;              (*ACS580状态字的寄存器地址对应为从站的40004、40005和40006寄存器*)
    COM_MOD_MAST1.NB:=3;                (*数据长度*)
    COM_MOD_MAST1.DATA:=ADR(rec_data);  (*读取的数据存放到rec_data数据变量中，必须使用adr操作*)
END_IF
COM_MOD_MAST1();
(*通过DONE来实现轮询功能*)
IF(COM_MOD_MAST1.DONE)THEN
    COM_MOD_MAST1.EN:=FALSE;
    count:=count+1;
    IF(count=3)THEN
    count:=1;
    END_IF
END_IF
(*当通讯异常时，记录通讯错误代码以便查找原因*)
IF(COM_MOD_MAST1.ERR)THEN
    num:=COM_MOD_MAST1.ERNO;
END_IF
```

图 6-206　程序示例

6. 程序数据监控

Modbus 地址与 COM_MOD_MAST 参数对应关系见表 6-40。

表 6-40　Modbus 地址与 COM_MOD_MAST 参数对应关系

Modbus 地址	COM_MOD_MAST	Send_data [ ]
16#0000	ADDR	Send_data [1]

（续）

Modbus 地址	COM_MOD_MAST	Send_data［］
16#0001	ADDR + 1	Send_data［2］
16#0002	ADDR + 2	Send_data［3］

（1）速度控制

运行程序，点开 rec_data，如 rec_data［1］ = 16#0280，表示通信已建立，状态字有数据。尝试在 send_data［1］中发控制字，如 16#048E，复位指令；16#0477，变频器停止；16#047F，变频器起动。同时给 send_data［2］发送速度给定，如 16#1234。这时，变频器起动运行，可看到 rec_data［2］实际速度反馈逐渐稳定在 16#1234 上，速度控制程序示例如图 6-207 所示。

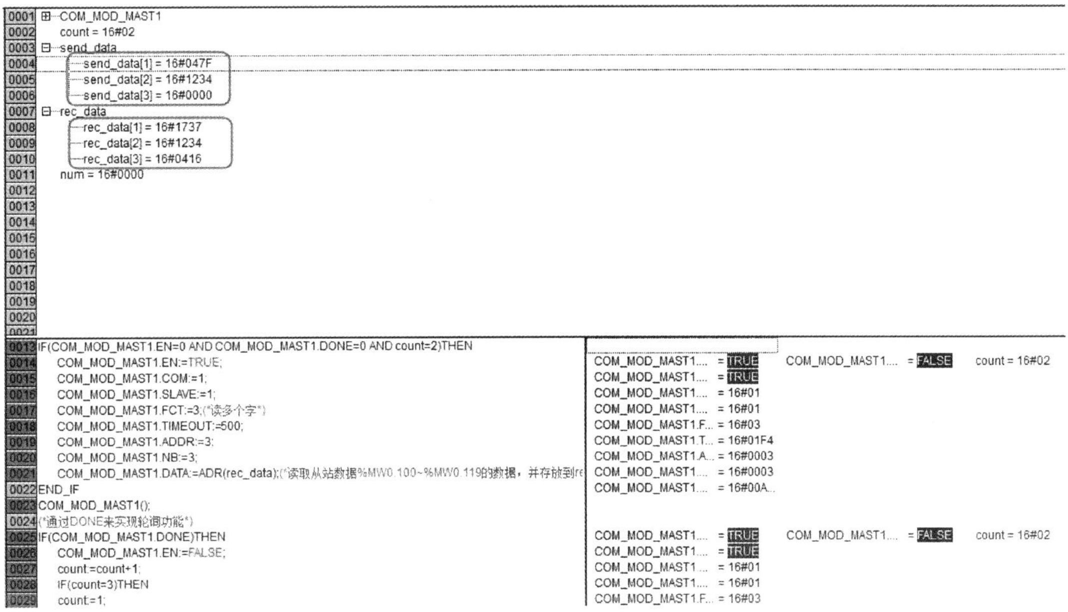

图 6-207　速度控制程序示例

（2）转矩控制

尝试在 send_data［1］中发控制字，如 16#0C7E，变频器停止。16#0C7F，变频器起动。同时给 send_data［3］发送转矩给定，如 150。这时，变频器起动运行，可看到 rec_data［3］实际转矩反馈逐渐稳定在 150 上，转矩控制程序示例如图 6-208 所示。

1）主站连接多台变频器　如果 Modbus RTU 主站需要连接多台变频器，可以调用多个 COM_MOD_MAST 完成读写。但需要特别注意的是，必须保证一个功能块完成再对另一个功能块进行操作，可以将前一个变频器读写块的 DONE 信号作为下一个变频器读写块的 EN 信号。

2）控制变频器启停

初始化：向 Modbus 地址 16#0000 写入 1142（16 进制数为 476）；延时至少 100 ms；

停止：向 Modbus 地址 16#0000 写入 1143（16 进制数为 477）；

速度模式启动：向 Modbus 地址 16#0000 写入 1151（16 进制数为 47F）；

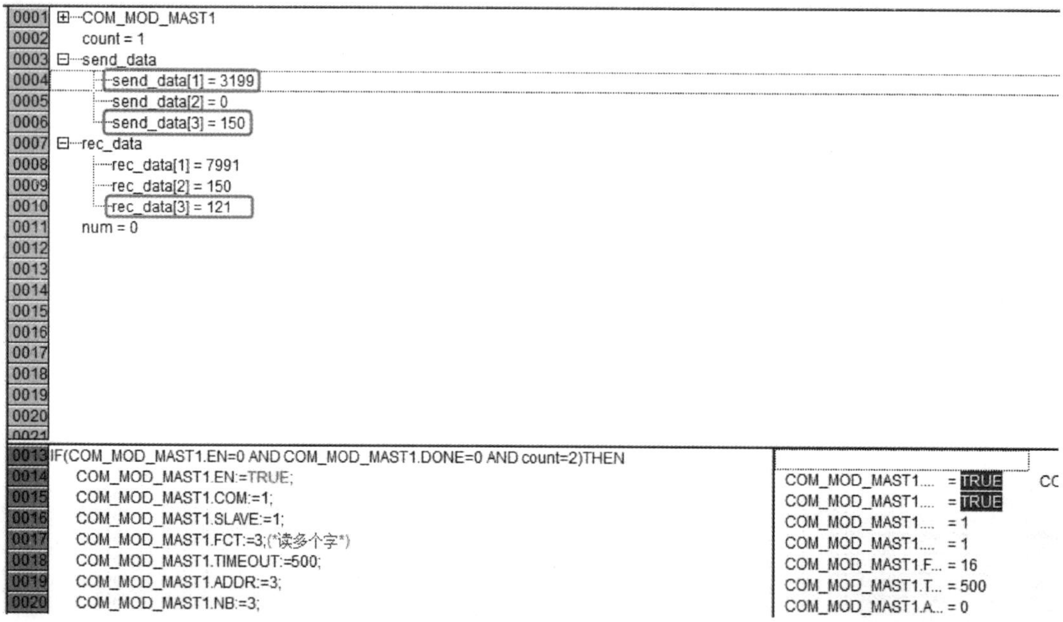

图 6-208　转矩控制程序示例

转矩模式启动：向 Modbus 地址 16#0000 写入 3199（16 进制数为 C7F）。

3）设定变频器的给定速度/转矩

向 Modbus 地址 16#0001 写入需要设定的速度数值（范围为 0 ～ +20000，即 0 ～ 参数 46.01 的设定值；

或-20000 ～ 0，-（参数 46.01 的设定值）～ 0）；

例：若 46.01 = 1500rpm，则发出 10000 表示给定速度为 750r/min；

向 Modbus 地址 16#0002 写入需要设定的转矩数值（范围为 0 ～ +10000，即 0 ～ 参数 46.03 的设定值；

或-10000 ～ 0，-（参数 46.03 的设定值）～ 0）；

例：若 46.03 = 100%，则发出-5000 表示给定转矩为-50%。

6.4.2　AC500 与 ACS580 通过 Modbus TCP 的通信

本节由浅入深地指导读者实现 AC500 系列 CPU 与 ACS580 变频器之间基于以太网口的 Modbus TCP 通信。通信案例中需要准备的硬件和软件见表 6-41，CPU 中的型号仅供读者参考，可根据实际 CPU 测试。

表 6-41　硬件和软件需求

硬　件	软　件
PM583-ETH（V2.4）1 个	Automation Builder V1.1
ACS580 1 个	
网线一根 1 根	
控制盘 1 个	
FENA-×× 1 个	

1. 硬件连接

硬件连接如图 6-209 所示。

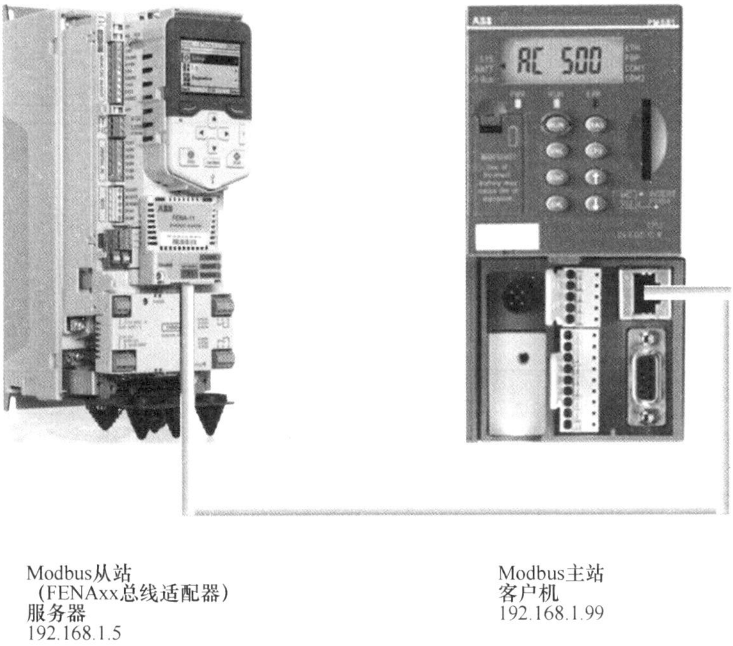

图 6-209　A500 与 ACS580 进行 Modbus TCP 通信连接

使用 PM583-ETH 作为 Modbus TCP 通信的主站，即客户机，连接了 FENA-xx 总线适配器的 ACS580 作为 Modbus TCP 通信的从站，即服务器。

2. 配置 Modbus TCP 主站——AC500 CPU

典型的主站配置参数如图 6-210 所示。

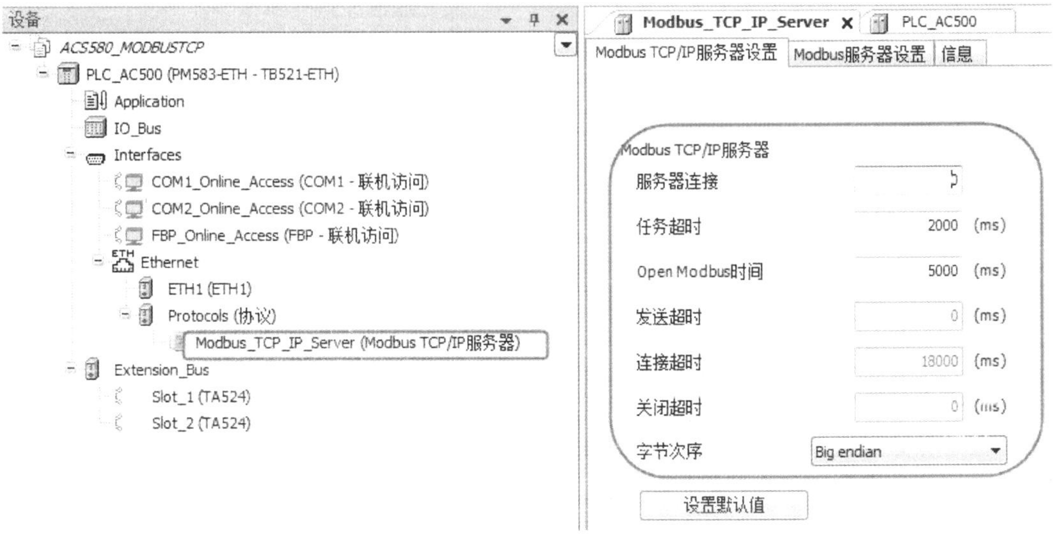

图 6-210　Modbus 主站配置界面

各参数的具体含义请参见 6.1.1 第 2 步骤 Modbus 从站组态。对于主站即客户机端，“Modbus TCP/IP 服务器设置” 中的各项参数一般采用默认值即可，无需修改。

> **注意** 在设置主站参数时，参数“字节次序”需要根据从站的字节传输顺序合理选择，从而确保数据传输的正确性。这点对于从站是第三方设备的情况至关重要。“Big endian” 为 Motorola 字节顺序，“Little endian” 为 Intel 字节顺序。

3. 配置 Modbus 从站——变频器

以安装有 FENA-xx 总线适配器的 ACS580 变频器为例，参照表 6-42 进行参数设定。详细的内容参考变频器手册和 FENA-xx 用户手册。表中主要列出了与通信和 CPU 控制相关的参数。

表 6-42　变频器参数说明

参数名	设置值	备　注
99.04 Motor control mode	Vector	使用矢量控制模式
50.01 FBA A Enable	Enable	激活现场总线模块
50.02 FBA A comm loss func	Fault	选择总线通信丢失时的动作
50.03 FBA A comm loss tout	任意设置	定义总线通信丢失延时
50.04 FBA A ref1 type	Speed or frequency	定义总线通信给定值和实际值的内容
50.05 FBA A ref2 type	Torque	
50.07 FBA A actual 1 type	Speed or frequency	
50.08 FBA A actual 2 type	Torque	
19.11 Ext1/Ext2 selection	FBA A MCW bit 11	通过总线切换 EXT1/EXT2
19.12 Ext1 control mode	Speed	激活 EXT1 时速度控制
19.14 Ext2 control mode	Torque	激活 EXT2 时转矩控制
20.01 Ext1 commands	Fieldbus A	EXT1 启动命令通过总线
20.06 Ext2 commands	Fieldbus A	EXT2 启动命令通过总线
22.11 Speed ref1 source	FB A ref1	选择转速模式时的给定源
26.11 Torque ref1 source	FB A ref2	选择转矩模式时的给定源
51.01 FBA TYPE	ETHERNET	只读
51.02 PROTOCOL/PROFILE	MB/TCP ABB C	激活 ModbusTCP 协议经典型
51.03 COMM RATE	Auto	自动检测通信波特率
51.04 IP CONFIGURATION	Static IP	一般用 static
51.05 IP ADDRESS 1	设置为 192.168.1.5	本例中使用 192.168.1.5
51.06 IP ADDRESS 2		
51.07 IP ADDRESS 3		
51.08 IP ADDRESS 4		
51.09 SUBNET CIDR	24	设置子网掩码，一般用 24（255.255.255.0）
51.10 GW ADDRESS 1	设置网关地址	设置网关地址（一般为 0.0.0.0 即可）
51.11 GW ADDRESS 2		

（续）

参数名	设置值	备　注
51.12 GW ADDRESS 3	设置网关地址	设置网关地址（一般为 0.0.0.0 即可）
51.13 GW ADDRESS 4		
51.20 MODBUS/TCP TIMEOUT	任意设置	设置 ModbusTCP 超时时间
51.21 TIMEOUT MODE	Control RW	设置 ModbusTCP 超时检测模式
51.22 WORD ORDER	HiLo	设置 ModbusTCP 字节顺序
51.23 ADDRESS MODE	Mode 0	设置 Modbus 寄存器地址寻址方式
51.27 FBA PAR REFRESH	Configure	刷新总线参数

在每次更改通信相关的设定后，需要重新起动变频器，或将参数 51.27 设定为 Configure，系统将参数更新完毕后该参数自动回归为 DONE。

> **注意**　只有在程序中调用 Modbus 读写或者通信功能块后才能建立 Modbus 连接。如果只单独下载配置文件，无通信相关编程的话，Modbus 无法建立连接，变频器端会报通信故障。

4. AC500 CPU 程序编写

（1）标准 ETH_MOD_MAST 功能块

在程序中调用 Modbus 主站读写功能块完成对 ACS580 参数的读写。对功能块的详细说明请参见 6.1.1 章节第 6 步骤“Modbus 主站程序编制”。

（2）基本程序结构

Modbus TCP 的读写功能不需要使用轮询，可同时触发多个功能块实例。功能块需要知道变频器的 IP 地址及数据的 Modbus 地址（即 ADDR 引脚）。

参数对应关系见表 6-43，编程举例如图 6-211 所示。

表 6-43　Modbus 地址与 ETH_MOD_MAST 参数对应关系

Modbus 地址	ETH_MOD_MAST	DATA_WRITE
16#0000	ADDR	DATA_WRITE [1]
16#0001	ADDR +1	DATA_WRITE [2]
16#0002	ADDR +2	DATA_WRITE [3]

5. 程序数据监控

（1）速度控制

运行程序，点开 DATA_READ，如 DATA_READ [1] 是非 0 值，表示通信已建立，状态字有数据。尝试在 DATA_WRITE [1] 中发控制字，如 16#048E，故障复位指令；16#0477，变频器停止；16#047F，变频器起动。同时给 DATA_WRITE [2] 发送速度给定，如 4660。这时，变频器起动运行，可看到 DATA_READ [2] 实际速度反馈逐渐稳定在 4660 上，运行结果如图 6-212 所示。

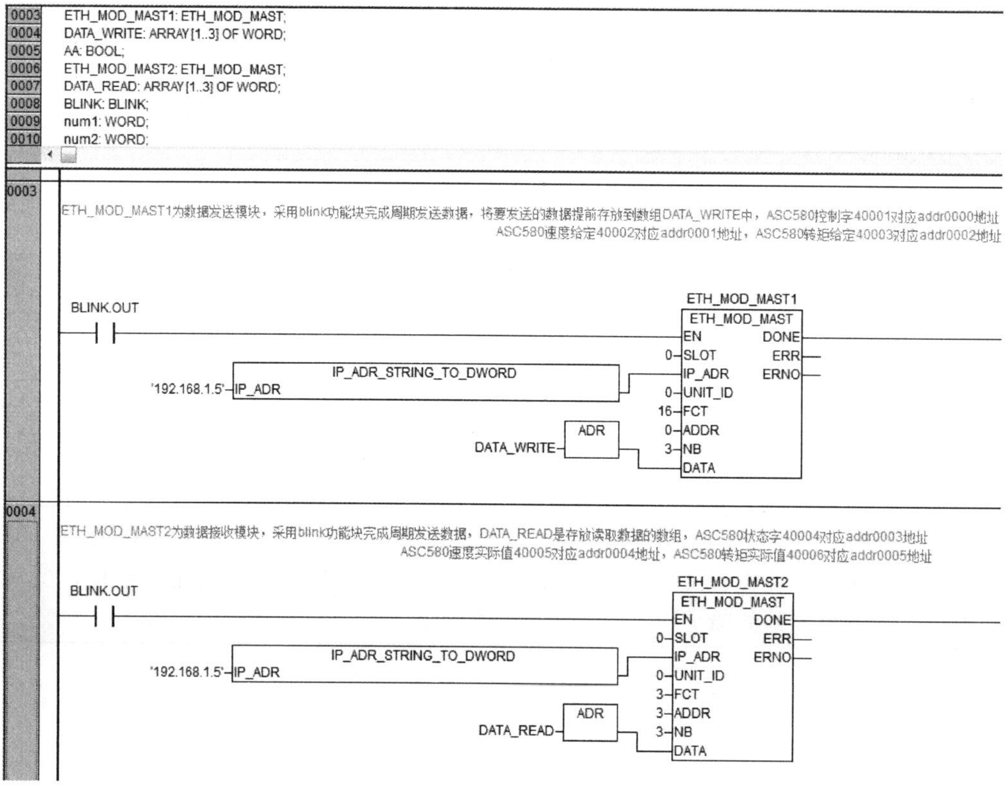

图 6-211　AC500 CPU 程序示例

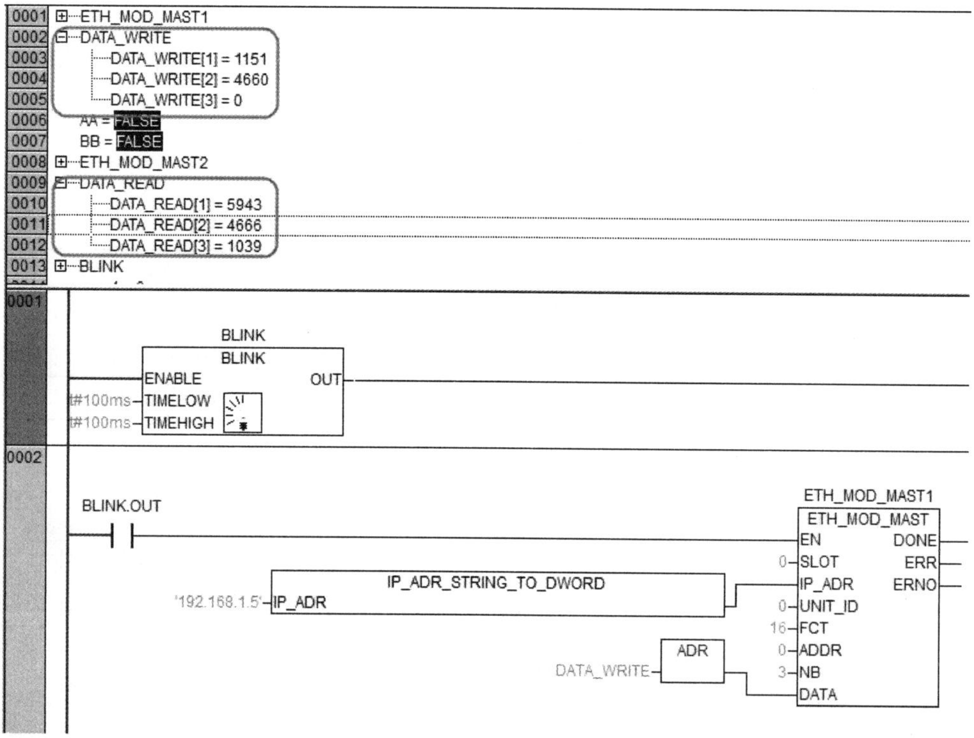

图 6-212　速度控制运行结果

（2）转矩控制

尝试在 DATA_WRITE［1］中发控制字，如 16#0C7E，变频器停止。16#0C7F，变频器起动。同时给 DATA_WRITE［3］发送转矩给定，如 500。这时，变频器起动运行，可看到 DATA_READ［3］实际转矩反馈逐渐稳定在 500 上，运行结果如图 6-213 所示。

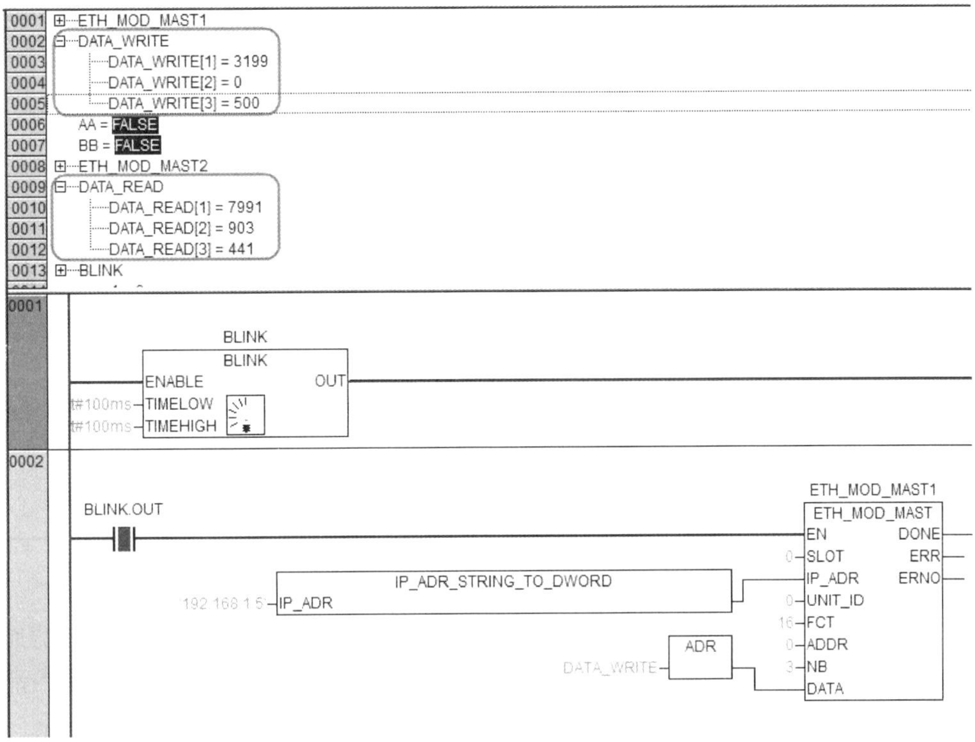

图 6-213　转矩控制运行结果

1）控制变频器起停

初始化：向 Modbus 地址 16#0000 写入 1142（16 进制数为 476）；

延时至少 100 ms；

停止：向 Modbus 地址 16#0000 写入 1143（16 进制数为 477）；

速度模式启动：向 Modbus 地址 16#0000 写入 1151（16 进制数为 47F）；

转矩模式启动：向 Modbus 地址 16#0000 写入 3199（16 进制数为 C7F）。

2）设定变频器的给定速度/转矩　向 Modbus 地址 16#0001 写入需要设定的速度数值（范围为 0 ～ +20000，即 0 ～ 参数 46.01 的设定值；或-20000 ～ 0，-（参数 46.01 的设定值）～ 0）。

例：若 46.01 = 1500r/min，则发出 10000 表示给定速度为 750r/min；向 Modbus 地址 16#0002写入需要设定的转矩数值（范围为 0 ～ +10000，即 0 ～ 参数 46.03 的设定值；或 -10000 ～ 0，-（参数 46.03 的设定值）～ 0）。

例：若 46.03 = 100%，则发出-5000 表示给定转矩为-50%。

3）读取变频器状态字和当前速度

从 16 进制 Modbus 地址 16#0003 开始读第一个字为状态字，第二个字是实际速度，第三个字是实际转矩，第 4 个到第 15 个字的内容可以自由定义，参见 ACS580 固件手册。

6.4.3　AC500 与 ACS880 通过 PROFIBUS -DP 的通信

本节用于指导读者实现 AC500 系列 CPU 通过 PROFIBUS -DP 总线与 ACS880 变频器的通信。CPU 扩展通信模块 CM572 作为 PROFIBUS -DP 总线主站，带有 FPBA-01 总线适配器模块的 ACS880 变频器作为 PROFIBUS -DP 总线从站。ABB 特有的变频器控制库 PS553-DRIVES 可以极大地方便用户实现 PLC 与变频器之间的通信。

1. 硬件和软件需求

硬件和软件需求见表 6-44。

表 6-44　硬件和软件需求

硬件	软件
PM583-ETH（V2.4）1 个	Automation Builder V1.1
TB511 CPU 底板 1	
CM572 PROFIBUS -DP 主站通信模块 1 个	
PROFIBUS -DP 连接头 2 个	
PROFIBUS -DP 总线电缆 1 根	
FPBA-01 总线适配器 1 个	
ACS880 变频器	
以太网连接电缆 1 根	

2. 硬件连接

该工程中，AC500 通信模块 CM572-DP 作为 PROFIBUS -DP 通信的主站，变频器通过通信模块 FPBA-01 作为 DP 从站，硬件连接图如图 6-214 所示。注意，将 DP 连接头内部的终端电阻使能，开关置为 ON 状态。

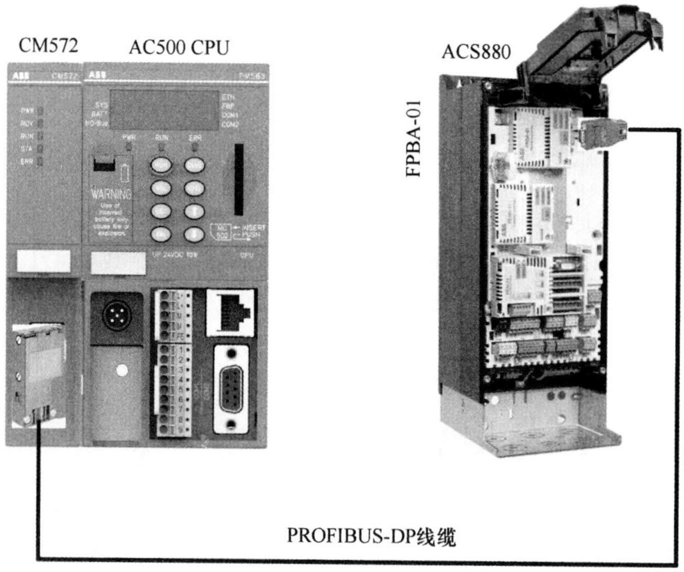

图 6-214　AC500 CPU 与 ACS880 变频器之间 DP 连接

3. PROFIBUS -DP 主站模块 CM572 介绍

模块说明如图 6-215 所示，指示灯状态说明如图 6-216 所示。

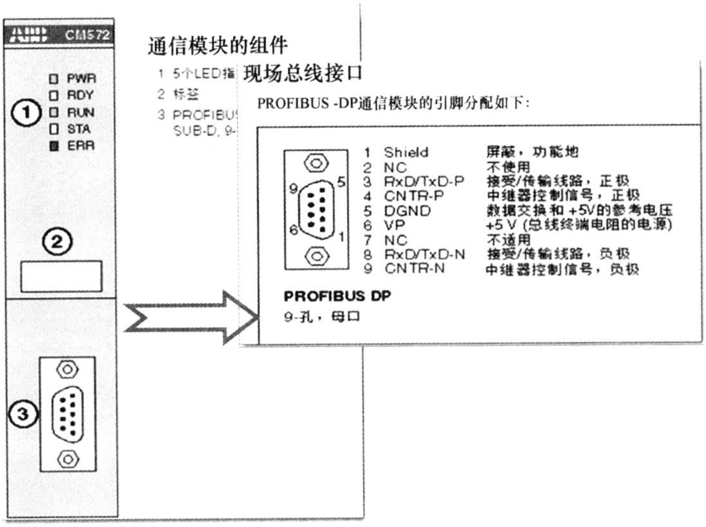

图 6-215　CM572 模块说明

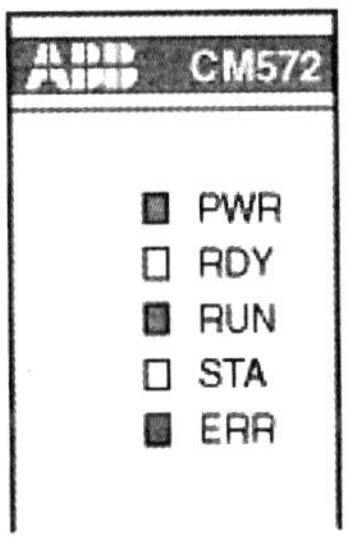

LED	颜色	状态	含义
PWR	绿	ON	电源正常
		OFF	电源消失
RDY	黄	ON	通信模块准备好
		循环闪烁	正在装入引导程序
		随机闪烁	硬件或系统错误
		OFF	硬件缺陷
RUN	绿	ON	通信正在进行
		循环闪烁	准备好通信
		随机闪烁	参数设定错误
		OFF	无通信
STA	黄	ON	DP 主站：在网络上传输数据或令牌
		OFF	DP 主站：无令牌
ERR	红	ON	PROFIBUS 错误
		OFF	无错误

图 6-216　CM572 LED 指示灯状态说明

4. 硬件组态

（1）配置 PROFIBUS -DP 主站

Automation Builder 软件中新建工程，在通信槽 slot 右键选择“添加对象”，添加

“CM572-DP” PROFIBUS -DP 主站，如图 6-217 所示。

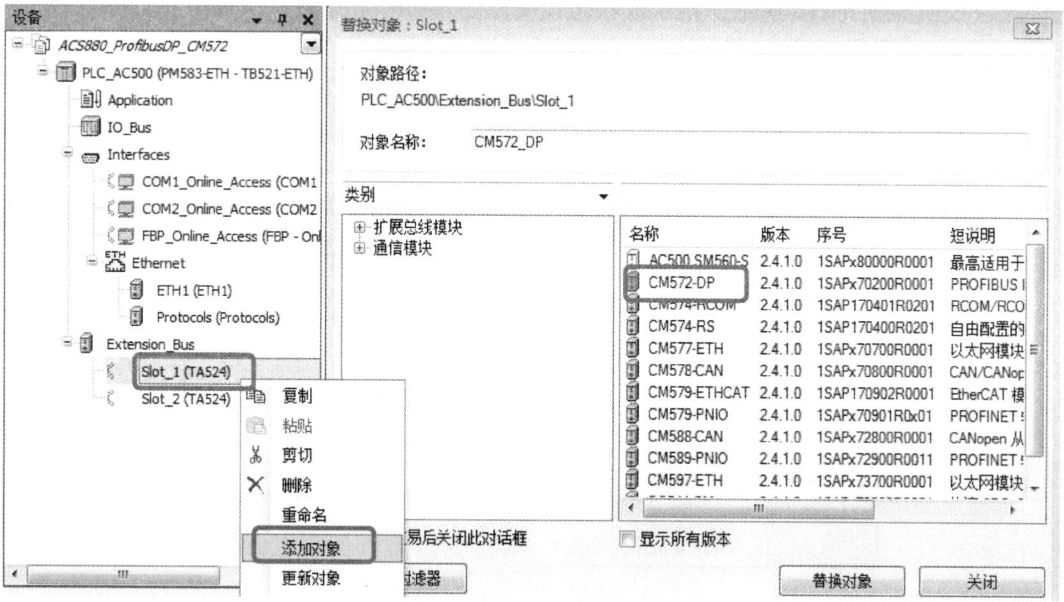

图 6-217　添加 CM572-DP 主站

双击“PROFIBUS_Master”，配置通信参数，一般应根据通信距离调整波特率，其余采用默认配置即可，如图 6-218 所示。

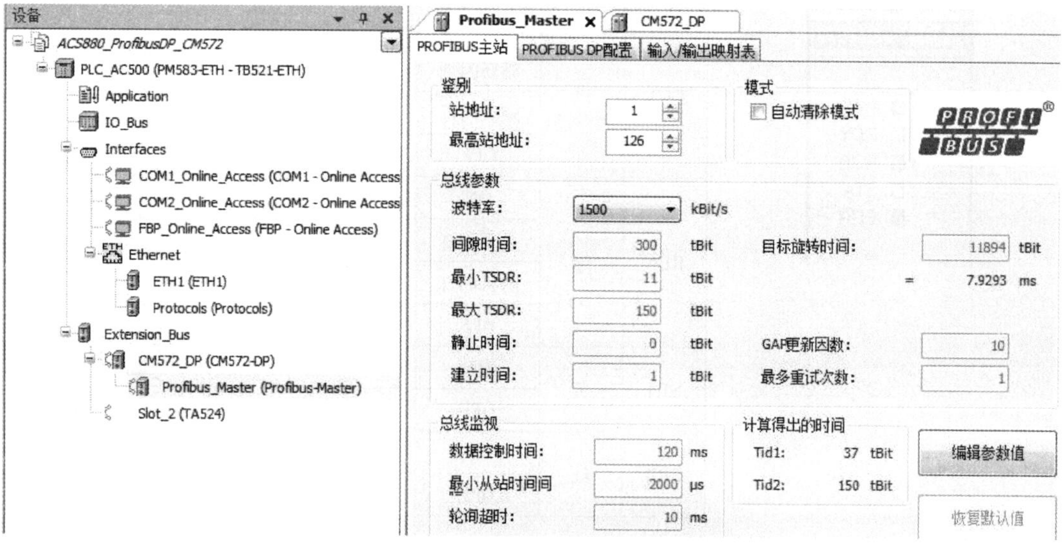

图 6-218　默认主站配置方式

（2）下载 FPBA-01 适配器模块 GSD 文件

从 ABB 官网 http：//new. abb. com/drives/zh/Connectivity/fieldbus-connectivity/profibus/profibus-dp-fpba-01 下载 FPBA-01 适配器模块 GSD 文件，如图 6-219 所示。其中 abb0959. gsd

用于 DP-V0 通信，文件 abb10959. gsd 用于 DP-V1 通信。

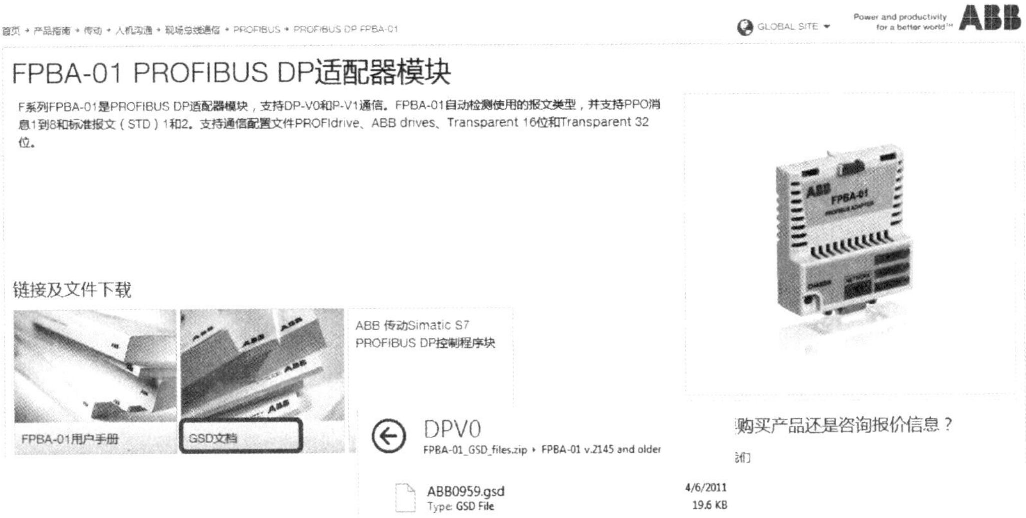

图 6-219　下载 FPBA-01 总线适配器的 GSD 文件

（3）添加 FPBA-01 适配器模块 GSD 文件

添加 GSD 文件如图 6-220 所示。选择“工具→设备库...”，弹出设备库对话框，单击“安装”按钮，弹出“安装设备描述”对话框，选择相应的 GSD 文件。

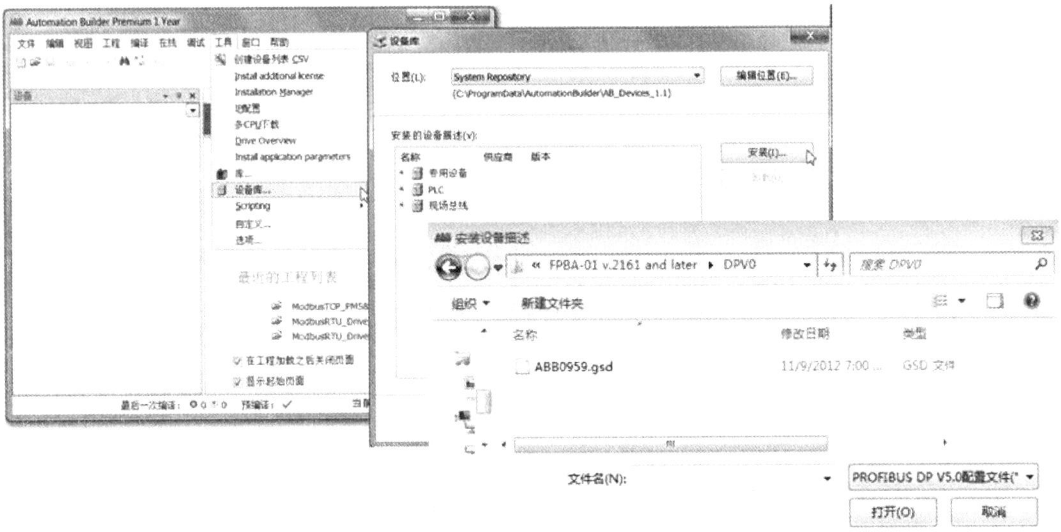

图 6-220　添加 GSD 文件

安装完成后可在设备库中查看设备，如图 6-221 所示。

（4）添加 PROFIBUS -DP 从站。

添加 PROFIBUS-DP 从站设备如图 6-222 所示。右键单击“PROFIBUS_Master”，选择添加“ABB Drives FPBA-01 DP-V0”作为 PROFIBUS -DP 从站。

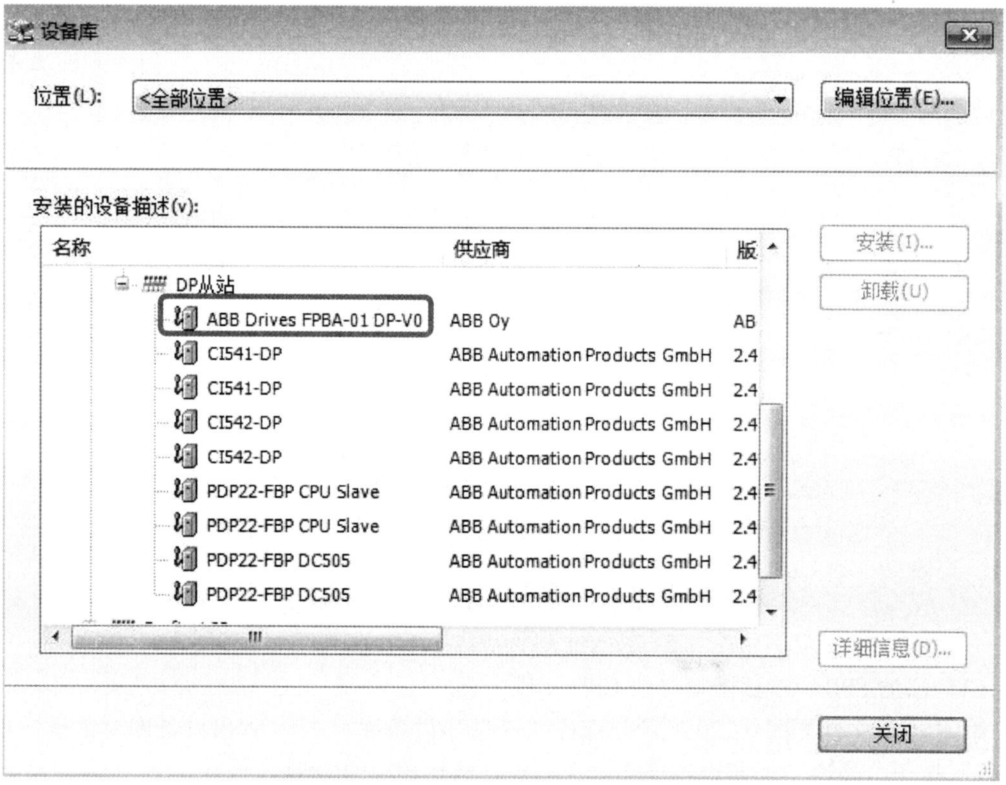

图 6-221　新添加的 FPBA-01 适配器模块

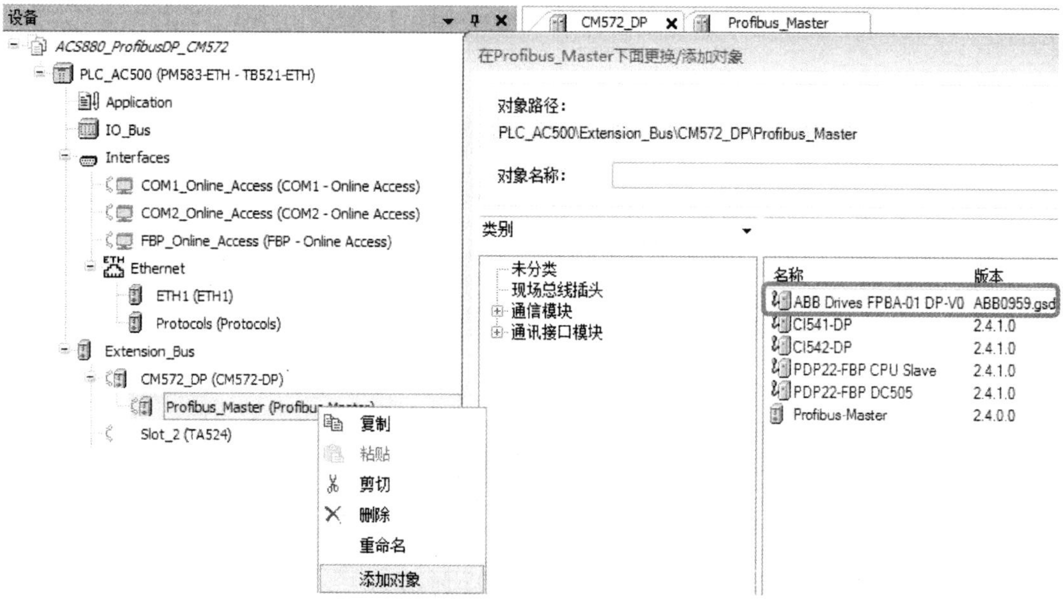

图 6-222　添加 DP 从站设备

（5）设置从站地址

双击新添加的“ABB_Drives_FPBA_01”，打开从站设置界面，更改从站地址，该值与总线适配模块 FPBA-01 设置的地址相同。DP 从站设置如图 6-223 所示。

图 6-223　DP 从站设置

（6）选择 PPO 类型

右键单击“ABB_Drives_FPBA_01”，选择添加变频通信 PPO 类型，本例中选择 PPO-04，如图 6-224 所示。

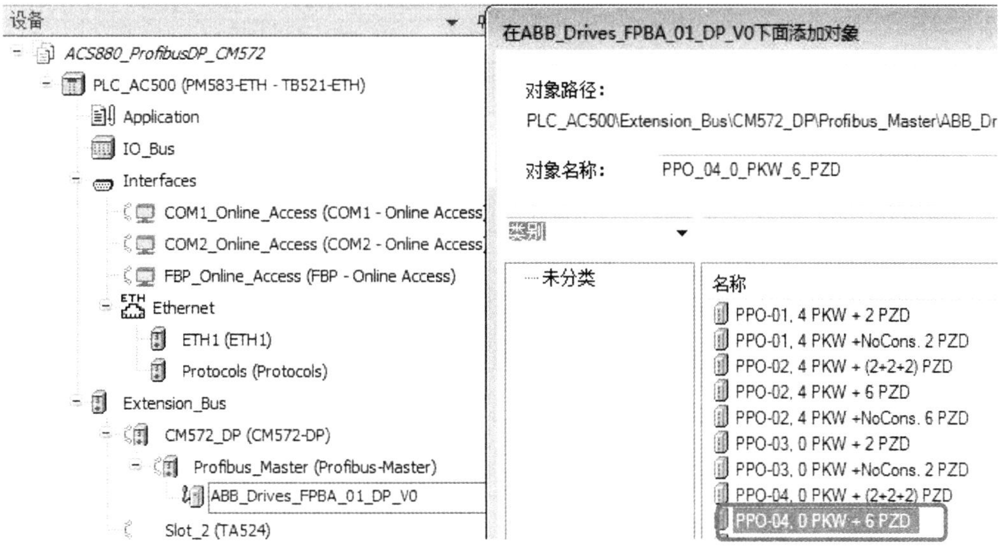

图 6-224　添加变频通信 PPO 类型

（7）知识补充——PPO 类型

PPO（参数过程对象）制定了 DP 总线中主站与变频器设备从站周期通信的数据格式。每个通信帧包含了协议帧头部、可用数据（即 PPO 数据）和协议帧尾部。通信帧格式见表

6-45。

表 6-45　通信帧数据格式

协议帧（头）	可用数据		协议帧（尾）
	参数标识符值（PKW）	过程数据（PZD）	

参数标识符值（PKW）通过写入指定格式的参数号，返回指定参数的实际值。过程数据（PZD）由变频器内参数直接指定需要返回的参数值。相对而言，PZD 更新变频器参数实际值的速度高于 PKW 方式，适合于连续和快速的监控变频器的某个参数。PKW 采用问答方式，通过写入格式化的参数号，再通过返回数据获得参数的实际值。虽然 PKW 的更新速度慢，但可以对不同的多个参数值进行读取，适合读取更新速度慢、无需连续跟踪的变频器参数（如故障号，在有故障触发时）。

标准的 PPO 类型有如图 6-225 所示的几种：

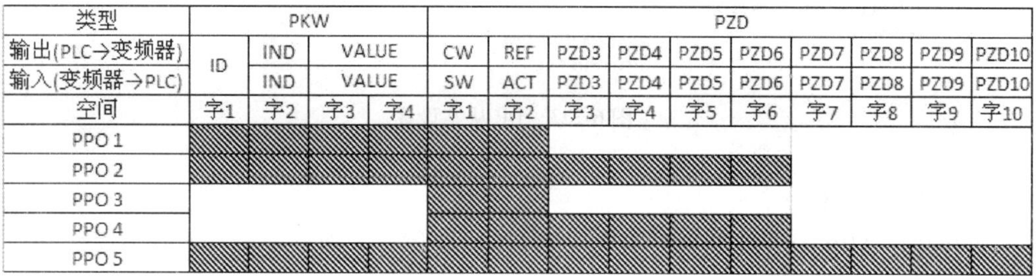

图 6-225　常用的 PPO 类型

不同的 PPO 类型包含了不同的 PKW 和 PZD 长度，用于不同的场合。PPO 包含了输出区域和输入区域，且两个区域的长度和类型完全相同。

（8）PPO 数据映射变量

双击新添加的“PPO_04”为 PPO 数据映射变量，所有在 Automation Builder 界面中定义的变量自动映射到 CoDeSys 全局变量区域中。PPO 的状态字为输入映像区的第一个字，实际速度反馈为输入映像区的第二个字；控制字为输出映像区的第一个字，转速设定为输出映像区的第二个字，如图 6-226 所示。

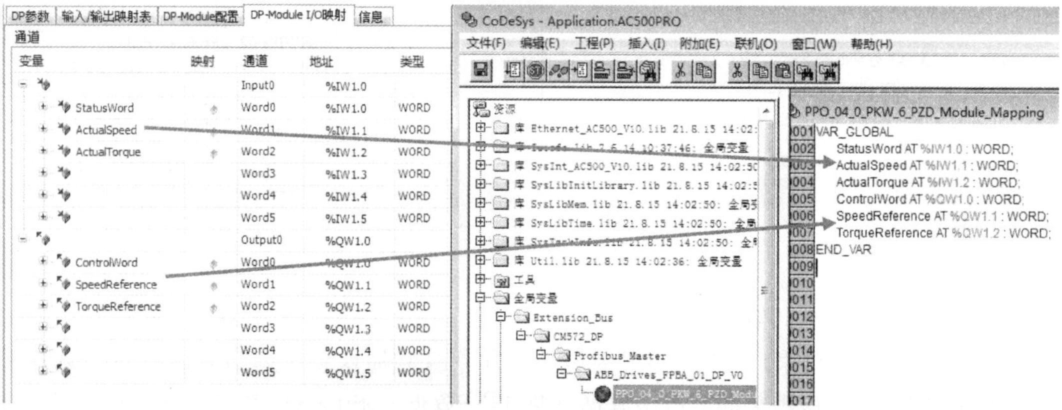

图 6-226　PPO 的变量映像

（9）变频器参数设定

ACS880 变频器可参照表 6-46 进行参数设定。详细内容请参考 ABB 变频器手册和 FPBA-01 用户手册。表中主要列出了与通信和 PLC 控制相关的参数。

表 6-46　变频器参数说明

参数名	设置值	备　注
99.04 Motor control mode	DTC	使用 DTC 控制模式
50.01 FBA A Enable	Option slot 1	激活现场总线模块，此例中 FPBA-01 安装在 ACS880 的 slot 1 中
50.02 FBA A comm loss func	Fault	选择总线通信丢失时的动作
50.03 FBA A comm loss tout	任意设置	定义总线通信丢失延时
50.04 FBA A ref1 type	Speed or frequency	定义总线通信给定值和实际值的内容
50.05 FBA A ref2 type	Torque	
50.07 FBA A actual 1 type	Speed or frequency	
50.08 FBA A actual 2 type	Torque	
19.11 Ext1/Ext2 selection	FBA A MCW bit 11	通过总线切换 EXT1/EXT2
19.12 Ext1 control mode	Speed	激活 EXT1 时速度控制
19.14 Ext2 control mode	Torque	激活 EXT2 时转矩控制
20.01 Ext1 commands	Fieldbus A	EXT1 起动命令通过总线
20.06 Ext2 commands	Fieldbus A	EXT2 起动命令通过总线
22.11 Speed ref1 source	FB A ref1	选择转速模式时的给定源
26.11 Torque ref1 source	FB A ref2	选择转矩模式时的给定源
51.01 FBA TYPE	PROFIBUS_DP	只读
51.02 Node address	任意设置	DP 节点地址，网络中任何两个站点的地址都不相同
51.03 Baud rate	自动检测	通信波特率
51.04 MSG type	自动检测	DP 总线的 PPO 类型
51.05 Profile	ABB DRIVES	本例中使用 ABB DRIVES
52.01 FBA data in1	4 SW 16bit	设定总线循环数据（PZD）的内容，本组内的数据可以根据自己的实际需要自由设定，但一般前三个是按照本例中设定
52.02 FBA data in2	5 Act1 16bit	
52.03 FBA data in3	6 Act2 16bit	
53.01 FBA data out1	1 CW 16bit	
53.02 FBA data out2	2 Ref1 16bit	
53.03 FBA data out3	3 Ref2 16bit	
51.27 FBA PAR REFRESH	REFRESH	刷新总线参数

每次更改 PZD 相关的设定后，需要将参数 51.27 设定为 REFRESH，系统更新完毕后该参数自动回归为 DONE。

（10）DP 通信应用程序编写

当通过 Modbus RTU、Modbus TCP、PROFIBUS -DP、PROFINET 和 EthernetCAT 等总线

控制变频器时，用户可利用 ABB 提供的变频器控制库 PS553-DRIVES 完成对变频器的监控。

1）添加 DP 控制库　在库文件管理器中添加 PS553-DRIVES 里的“ACSDrivesBase_AC500_V20. lib”控制库，控制库描述见表 6-47，添加控制库如图 6-227 所示。

表 6-47　DP 控制库描述

库　　名	功能块	描　　述
ACSDrivesBase_AC500_V20. lib	ACS_DRIVES_CTRL_STANDARD_GEN	用于其他总线通信
	ACS_REF_SCALING	

图 6-227　添加变频器通信库

> ⚠ 注意
>
> 当复制工程时，所使用的库文件路径必须与源电脑上的保持一致，否则警告消息“库不能被找到”将会弹出，此时，需要将红色标识的库文件删除，并且按照新的路径重新添加到工程中。

2）功能块说明　ACS 变频器的起停控制——ACS_DRIVES_CTRL_STANDARD_GEN，功能块如图 6-228 所示。

功能：用于控制带 ABB 变频器配置文件的 ACS 变频器。可通过现场总线传输状态字（SW）和控制字（CW）完成变频器的起停控制。

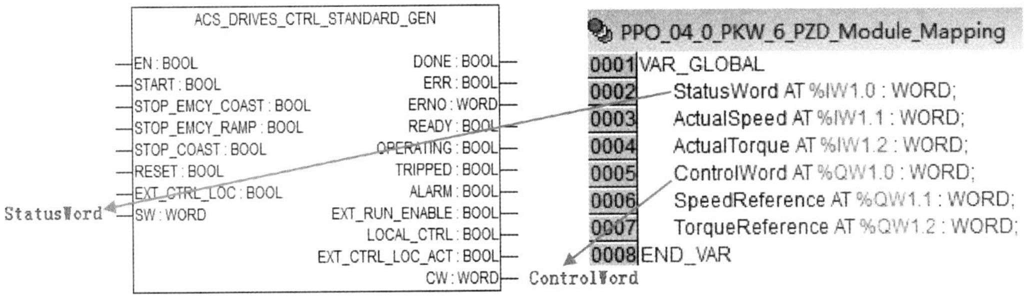

图 6-228　ACS_DRIVES_CTRL_STANDARD_GEN 功能块

参数说明见表 6-48。

表 6-48　ACS_DRIVES_CTRL_STANDARD_GEN 功能块的参数说明

输入参数	数据类型	描　　述
EN	BOOL	使能功能块 FALSE：功能无效 TRUE：高电平有效
START	BOOL	起动，TRUE = 开始起动调制，FALSE = 沿当前激活的停止斜坡停止
STOP_EMCY_COAST	BOOL	紧急自由停止。低电平有效；对变频器紧急自由停止；TRUE = 不停止，FALSE = 通过紧急自由停止
STOP_EMCY_RAMP	BOOL	紧急斜坡停止。低电平有效；对变频器紧急停止；TRUE = 不停止，FALSE = 通过紧急斜坡停止
STOP_COAST	BOOL	自由停止。TRUE = 自由停止，FALSE = 启用常规运行
RESET	BOOL	复位。TRUE = 对变频器复位
EXT_CTRL_LOC	BOOL	外部控制位置。TRUE = 将 EXT2 选作外部控制位置
SW	WORD	状态字。来自变频器的状态字，将来自现场总线的状态字连接到该输入
输出参数	数据类型	描　　述
DONE	BOOL	功能块完成标识，操作执行完毕为 TRUE，仅保持一个扫描周期
ERR	BOOL	功能块错误标识，该输出要与 DONE 一起综合判断。DONE 为 TRUE，且 ERR 为 TRUE，则说明操作完成但存在错误；DONE 为 TRUE，且 ERR 为 FALSE，则说明操作成功
ERNO	WORD	功能块操作存在错误的代码，代码含义请参见附录 B。只有 DONE 为 TRUE，且 ERR 也为 TRUE 时，ERNO 的输出值才有效
READY	BOOL	已就绪。输出 READY = TRUE 时表示变频器已就绪并可打开（变频器状态字的位 0）
OPERATING	BOOL	正在运行。OPERATING = TRUE 时表示变频器由该功能块控制。变频器已起动且正在运行（变频器位状态字的位：RDY_ON = TRUE，RDY_RUN = TRUE，RDY_REF = TRUE）。 如果从其他控制位置（如面板）控制变频器，则即使该变频器已启用且正在运行，输出 OPERATING 仍将复位为 FALSE。 要获得独立于控制位置的指示结果，请评估输入 SW 的下列各位是否已经设置：SW. 0 AND SW. 1 AND SW. 2

（续）

输出参数	数据类型	描　　述
TRIPPED	BOOL	已跳闸。TRIPPED = TRUE 时表示变频器已跳闸（变频器状态字 SW 的位 3）
ALARM	BOOL	报警。ALARM = TRUE 时表示变频器出现报警（变频器状态字 SW 的位 7）
EXT_RUN_ENABLE	BOOL	外部运行启用。输出 EXT_RUN_ENABLE = TRUE 时表示变频器已收到“外部运行启用”信号（变频器状态字 SW 的位 12）。要从 CPU 正常控制变频器，须将 EXT_RUN_ENABLE 设为 TRUE
LOCAL_CTRL	BOOL	本地控制。输出 LOCAL_CTRL = TRUE 时表示变频器不受控于远程控制（变频器状态字 SW 的位 9）
EXT_CTRL_LOC_ACT	BOOL	外部控制。输出 EXT_CTRL_LOC_ACT = TRUE 时表示变频器由控制位置 EXT2 控制（变频器状态字 SW 的位 11）
CW	WORD	控制字。待发送到变频的控制字，将 CW 直接连接到现场总线

ACS 参考值和工程值的转换——ACS_REF_SCALING 功能块如图 6-229 所示。

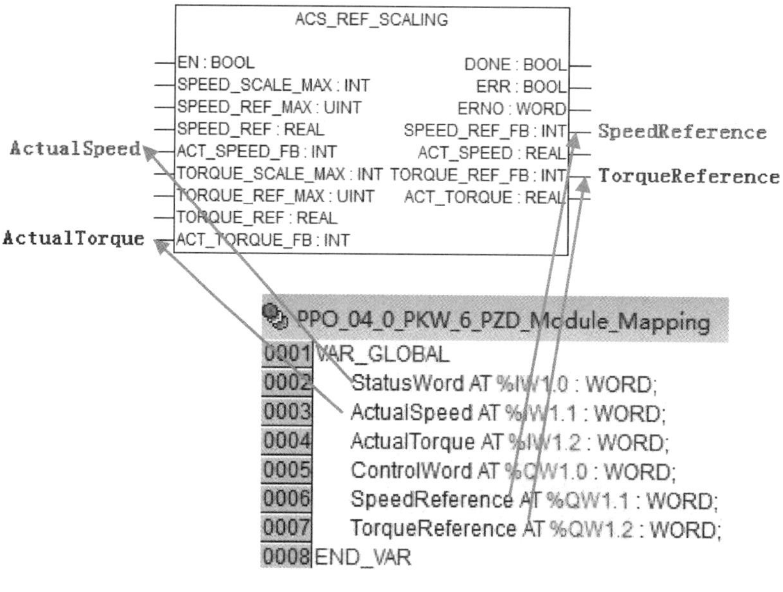

图 6-229　ACS_REF_SCALING 功能块

功能：用于将用户需要的工程量转换为通信控制的传输值。转换期间将同时执行从 INT 到 REAL 的转换。

参考值 1 和实际值 1（速度）介于-20000... +20000；

参考值 2 和实际值 2（转矩）介于-10000... +10000。

参数说明见表 6-49。

表 6-49　ACS_REF_SCALING 功能块参数说明

输入参数	数据类型	描　述
EN	BOOL	使能功能块 FALSE：功能无效 TRUE：高电平有效
SPEED_SCALE_MAX	INT	通信控制速度的最大传输值。默认值：20000，最小值：1
SPEED_REF_MAX	UINT	速度工程量最大值，由电动机参数决定。默认值：20000，最小值：1
SPEED_REF	REAL	速度给定。在程序中给定的速度工程值
ACT_SPEED_FB	INT	来自现场总线等效变量的实际速度输入 100% = +SPEED_SCALE_MAX
TORQUE_SCALE_MAX	INT	通信控制转矩的最大传输值。默认值：10000，最小值：1
TORQUE_REF_MAX	UINT	转矩工程量最大值。默认值：100，最小值：1
TORQUE_REF	REAL	转矩给定。在程序中给定的转矩工程值
ACT_TORQUE_FB	INT	来自现场总线等效变量的实际转矩输入 100% = +SPEED_SCALE_MAX
输出参数	数据类型	描　述
DONE	BOOL	功能块完成标识，操作执行完毕为 TRUE，仅保持一个扫描周期
ERR	BOOL	功能块错误标识，该输出要与 DONE 一起综合判断。DONE 为 TRUE，且 ERR 为 TRUE，则说明操作完成但存在错误；DONE 为 TRUE，且 ERR 为 FALSE，则说明操作成功
ERNO	WORD	功能块操作存在错误的代码，代码含义请参见附录 B。只有 DONE 为 TRUE，且 ERR 也为 TRUE 时，ERNO 的输出值才有效
SPEED_REF_FB	INT	以现场总线传输值表示的速度参考，缩放为（SPEED_SCALE_MAX / SPEED_REF_MAX）的 SPEED_REF 输入。该参考值应直接连接到现场总线，如果结果大于 32767 或小于 -32768，输出则会限制为这些值，且 ERR 和 ERNO 将指示该溢出现象
ACT_SPEED	REAL	实际速度。缩放为（SPEED_REF_MAX / SPEED_SCALE_MAX）并转换为 REAL 的 ACT_SPEED_FB 输入
TORQUE_REF_FB	INT	以现场总线传输值表示的转矩参考，缩放为（TORQUE_SCALE_MAX / TORQUE_REF_MAX）的 TORQUE_REF 输入。该参考值应直接连接到现场总线，如果结果大于 32767 或小于 -32768，输出则会限制为这些值，且 ERR 和 ERNO 将指示该溢出现象
ACT_TORQUE	REAL	实际转矩，缩放为（TORQUE_REF_MAX / TORQUE_SCALE_MAX）并转换为 REAL 的 ACT_TORQUE_FB 输入

3）测试程序　当输出“READY”为 TRUE（蓝色），即可设置“START”为 TRUE，并设置输入“SPEED_REF”为速度给定。通过快捷键“Ctrl + F7”将值在线写入，观察变频器跟踪给定速度运行。如果变频器有故障发生（“ALARM”为 TRUE）可设置“RESET”为 TRUE 进行复位，如图 6-230 所示。

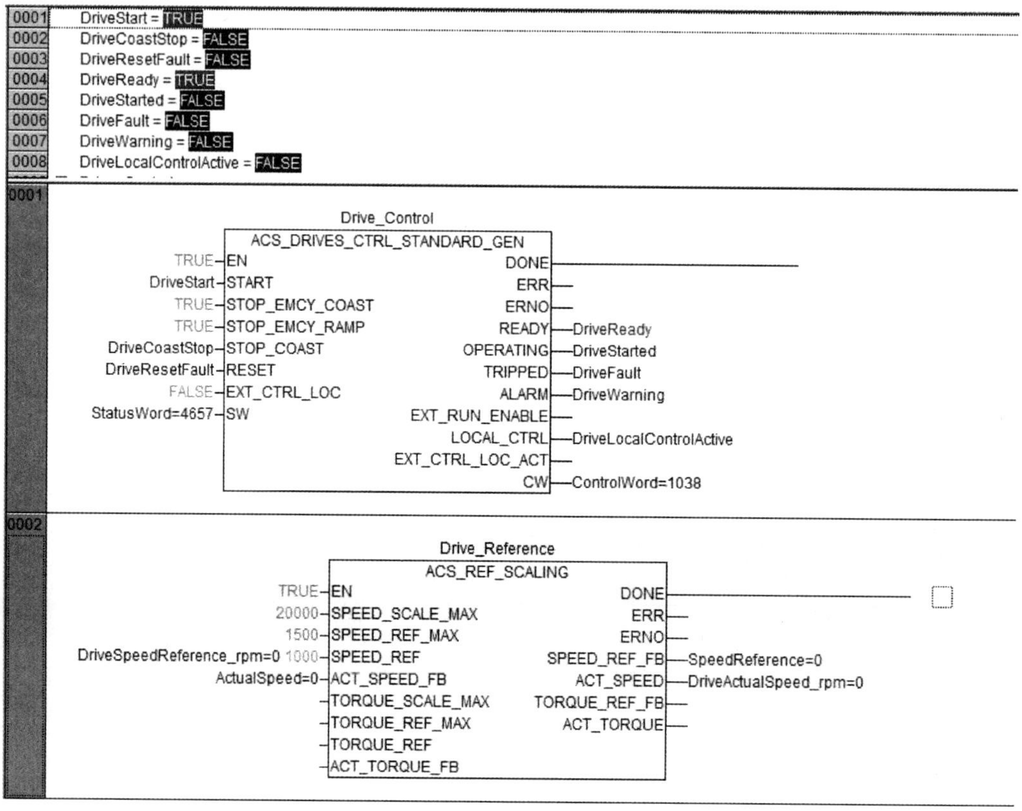

图 6-230　DP 通信程序示例

6.4.4　AC500 与 ACS880 通过 PROFINET 的通信

本节用于指导读者实现 AC500 系列 CPU 通过 PROFINET 总线与 ACS880 变频器的通信。CPU 扩展通信模块 CM579-PNIO 作为 PROFINET 总线主站，带有 FENA-xx 总线适配器模块的 ACS880 变频器作为 PROFINET 总线从站。ABB 特有的变频器控制库 PS553-DRIVES 可以极大地方便用户实现 PLC 与变频器之间的通信。

1. 硬件和软件需求（见表 6-50）

表 6-50　硬件和软件需求

硬　件	软　件
PM583-ETH（V2.4）1 个	Automation Builder V1.1
TB511 CPU 底板 1 个	
CM579-PNIO 主站通信模块 1 个	
FENA-xx 总线适配器 1 个	
ACS880 变频器 1 台	
以太网连接电缆 1 根	

2. 硬件连接

PM583-ETH 左侧插入通信模块 CM579-PNIO，使用以太网连接电缆通过 RJ45 接口将 CM579-PNIO 与变频器的总线通信模块 FENA-xx 连接起来，如图 6-231 所示。PM583-ETH 作为 PROFINET 通信的主站，ACS880 变频器作为从站。

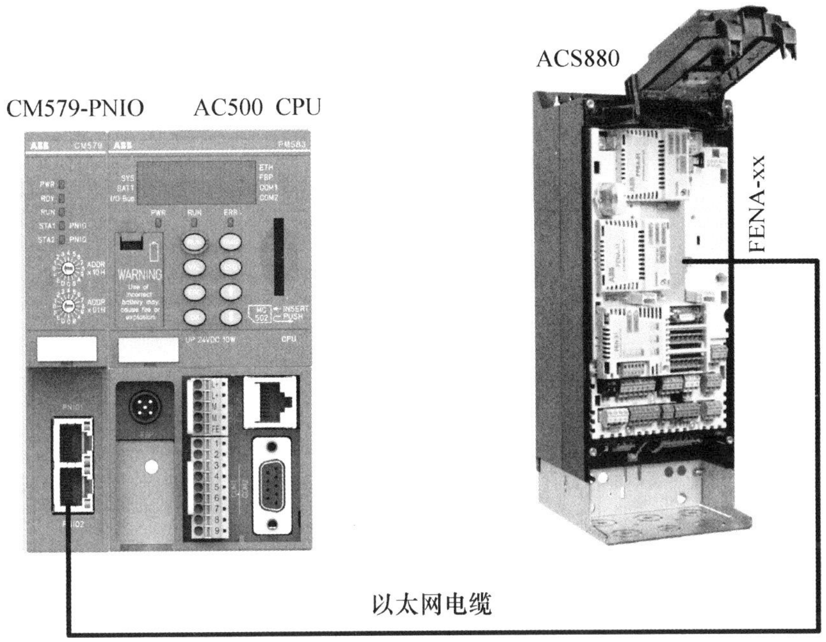

图 6-231　AC500 CPU 与 ACS880 变频器通过适配器 FENA-xx 进行 PROFINET 通信连接

3. PROFINET 主站模块 CM579-PNIO 介绍

模块说明如图 6-232 所示，指示灯状态说明如图 6-233 所示。

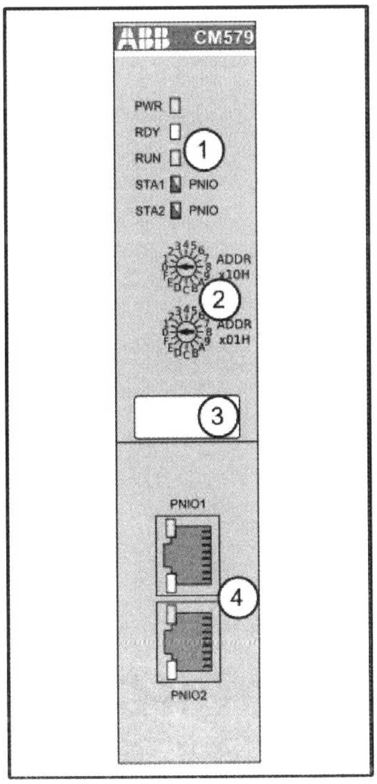

通信模块的组件

1	5个LED用于显示状态
2	2个旋转开关用于设置地址（未使用）
3	标签
4	2个RJ45通信接口（PNIO1和PNIO2）

图 6-232　CM579-PNIO 模块说明

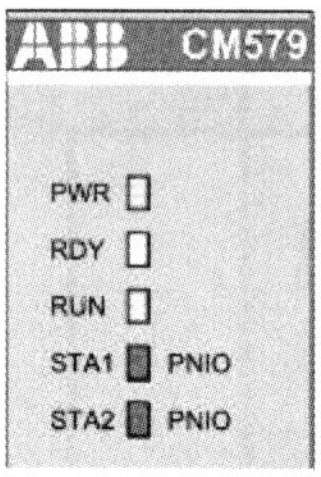

LED	颜色	状态	含　义
PWR	绿	ON	电源正常
		闪烁	—
		OFF	电源或硬件故障
RDY	黄	ON	正在装入引导程序
		闪烁	引导程序装入失败
		OFF	—
RUN	绿	ON	通信正在进行
		闪烁	—
		OFF	无通信
STA1 PNIO	黄	ON	与 STA2 PNIO 协作，授权失败
		闪烁	系统错误
		OFF	无系统错误
STA2 PNIO	红	ON	与 STA1 PNIO 协作，授权失败
		闪烁	配置失败，某些配置的 IO 设备未连接
		OFF	总线无错误，通信正常

图 6-233　CM579-PNIO LED 指示灯状态说明

4. 硬件组态

（1）下载 FENA-xx 适配器模块的 GSDML 文件

从 ABB 官网 http：//new. abb. com/drives/zh/Connectivity/fieldbus-connectivity/modbus-tcp/fena-11 下载 FENA-xx 适配器模块的 GSDML 文件（用于变频器 ACS355/380/580/850/880/M1），如图 6-234 所示。

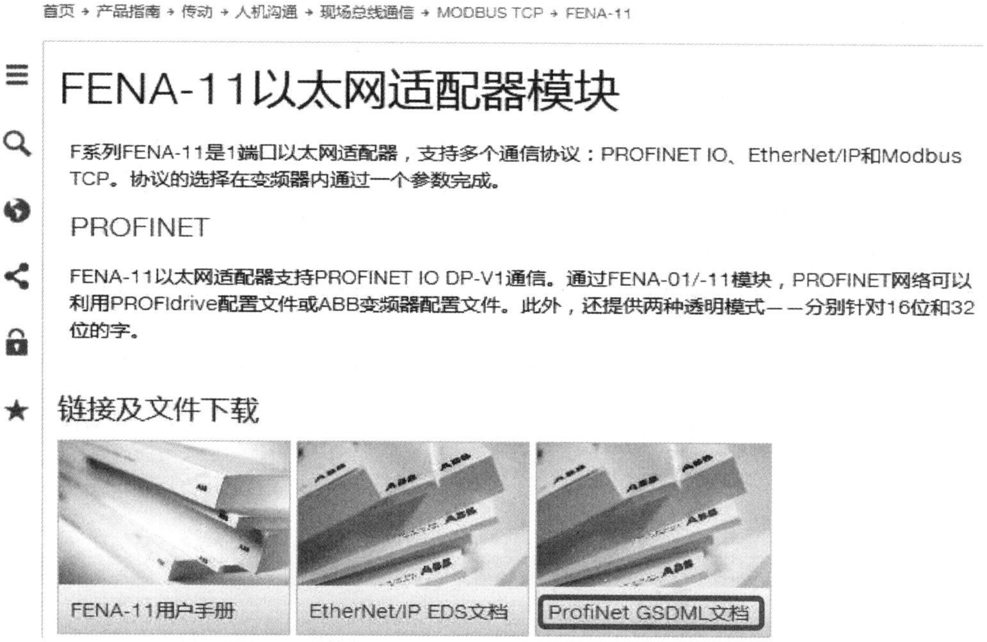

图 6-234　下载 RETA-02 总线适配器的 GSD 文件

（2）添加 GSDML 文件。

选择“工具→设备库...”，弹出设备库对话框，单击“安装”按钮，弹出“安装设备描述”对话框，选择相应的文件，如图 6-235 所示。

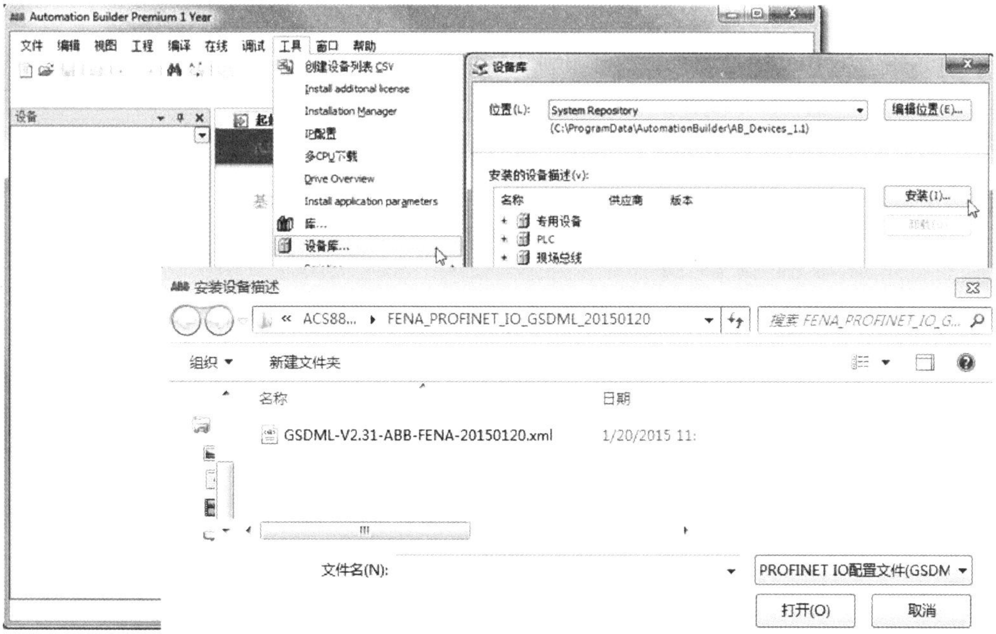

图 6-235　添加 GSDML 文件

安装完成后可在设备库中查看设备，如图 6-236 所示。

图 6-236　新添加的 FENA-11 适配器模块

（3）配置 PROFINET 主站

在 Automation Builder 软件中新建 PM583-ETH 工程，插入 PROFINET 主站通信模块 CM579-PNIO，并设置主站参数。如果当 PROFINET 从站缺失（如未连接）时 CPU 仍要保持“运行”状态，需要双击“CM579_PNIO”将参数“配置错误时启动”设置为“是”，如图 6-237 所示。

图 6-237　设置 CPU 配置错误时运行方式

双击“PNIO_Controller”打开主站编辑窗口，对 PROFINET 主站的 IP 地址和站名进行设定，同时保证从站 IP 地址范围应包含变频器的 IP 地址，如图 6-238 所示。

（4）添加 PROFINET 从站。

右键单击“PNIO_Controller”，选择添加“FENA-11”作为 PROFINET 从站，如图 6-239 所示。

（5）设置从站 IP 地址和站名

双击“FENA-xx”打开从站参数编辑窗口，选择“PNIO 标识”项对从站的 IP 地址和站名进行设定，如图 6-240 所示。

（6）选择 PPO 类型

右键单击“FENA-11 空”选择添加变频通信 PPO 类型，如图 6-241 所示。本例中选择 PPO-04。

（7）知识补充——PPO 类型

PPO（参数过程对象）制定了 PROFINET 总线中主站与变频器设备从站周期通信的数据格式。每个通信帧包含了协议帧头部、可用数据（即 PPO 数据）和协议帧尾部。通信帧格式如图 6-242 所示。

图 6-238　设置 PROFINET 通信参数

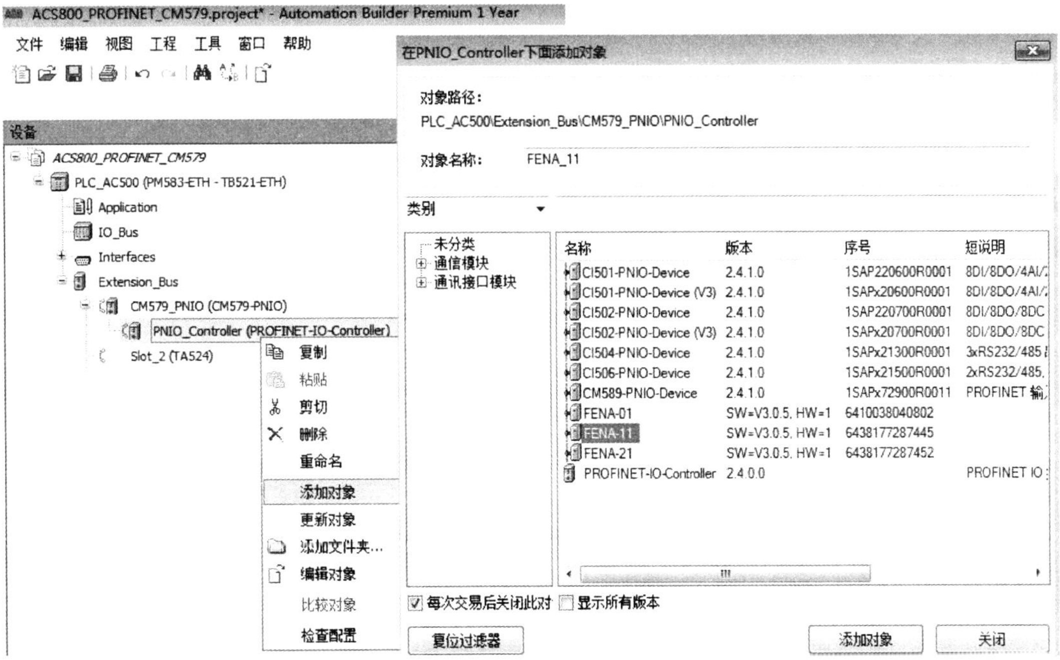

图 6-239　添加 PROFINET 从站设备

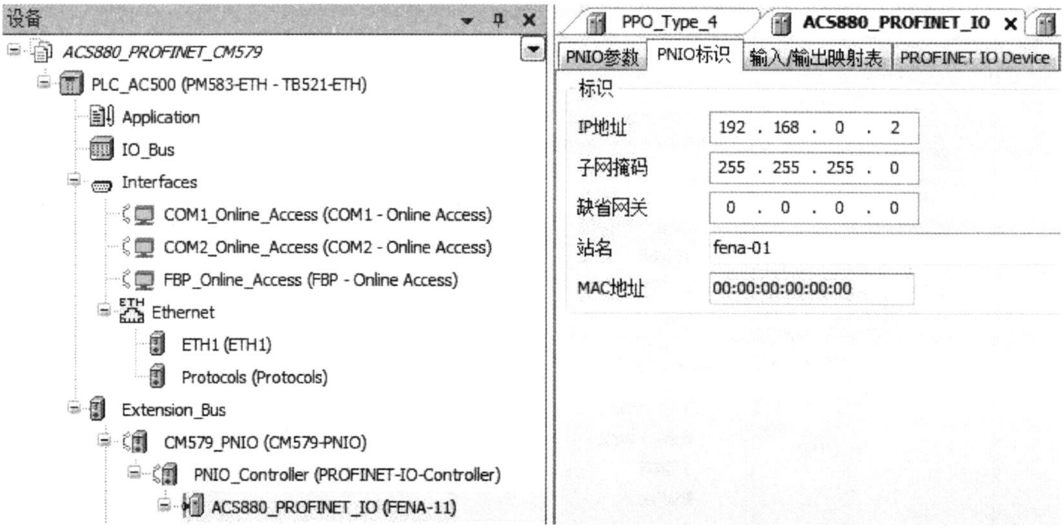

图 6-240　PROFINET 从站设置

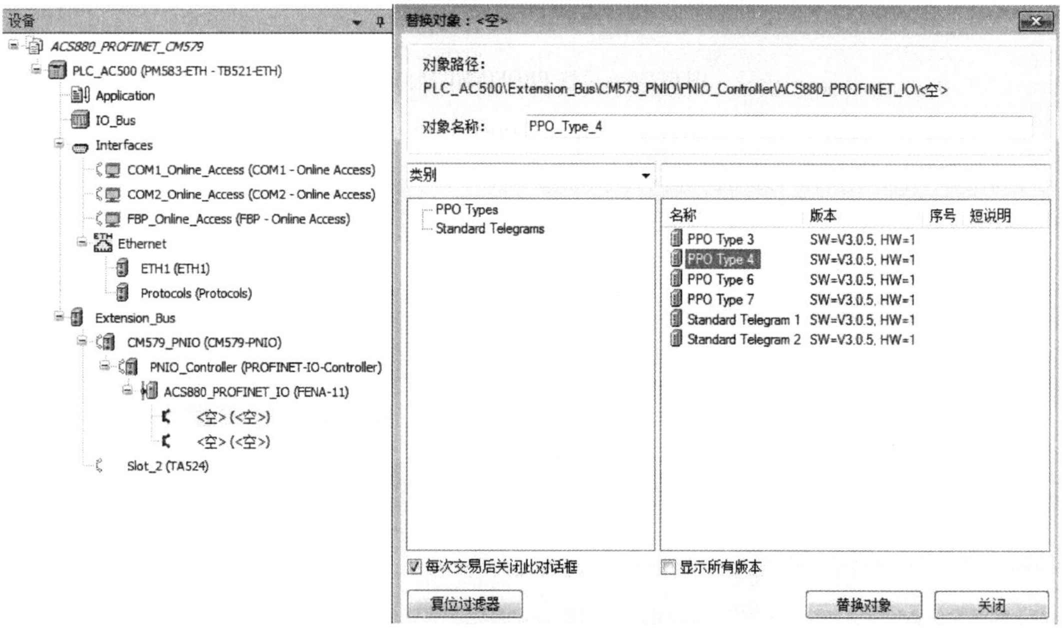

图 6-241　添加变频通信 PPO 类型

协议帧（头）	可用数据		协议帧（尾）
	参数标识符值（PKW）	过程数据（PZD）	

图 6-242　通信帧数据格式

参数标识符值（PKW）通过写入指定格式的参数号，返回指定参数的实际值。过程数据（PZD）由变频器内参数直接指定需要返回的参数值。相对而言，PZD更新变频器参数实际值的速度高于PKW方式，适合于连续和快速的监控变频器的某个参数。PKW采用问答方式，通过写入格式化的参数号，再通过返回数据获得参数的实际值。虽然PKW的更新速度慢，但可以对不同的多个参数值进行读取，适合读取更新速度慢、无需连续跟踪的变频器参数（如故障号，在有故障触发时）。

标准的PPO类型有如图6-243所示的几种。

类型	PKW				PZD									
输出(PLC→变频器)	ID	IND	VALUE		CW	REF	PZD3	PZD4	PZD5	PZD6	PZD7	PZD8	PZD9	PZD10
输入(变频器→PLC)		IND	VALUE		SW	ACT	PZD3	PZD4	PZD5	PZD6	PZD7	PZD8	PZD9	PZD10
空间	字1	字2	字3	字4	字1	字2	字3	字4	字5	字6	字7	字8	字9	字10
PPO 1	■	■	■	■	■	■								
PPO 2	■	■	■	■	■	■	■	■	■	■				
PPO 3					■	■								
PPO 4					■	■	■	■	■	■				
PPO 5	■	■	■	■	■	■	■	■	■	■	■	■	■	■

图6-243 常用的PPO类型

不同的PPO类型包含了不同的PKW和PZD长度，用于不同的场合。PPO包含了输出区域和输入区域，且两个区域的长度和类型完全相同。

（8）PPO数据映射变量

双击新添加的“PPO_04”为PPO数据映射变量，所有在Automation Builder界面中定义的变量自动映射到CoDeSys全局变量区域中。PPO的状态字为输入映像区的第一个字，实际速度反馈为输入映像区的第二个字；控制字为输出映像区的第一个字，转速设定字为输出映像区的第二个字，如图6-244所示。

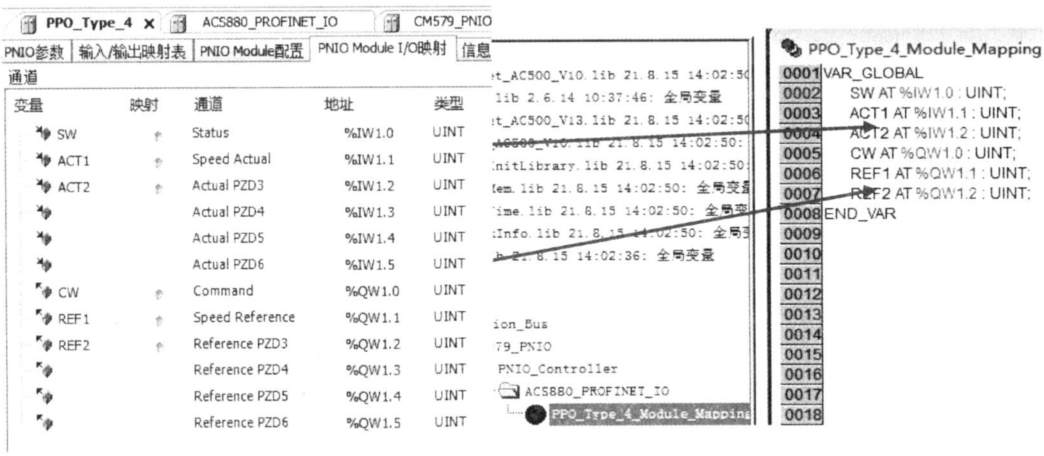

图6-244 为PPO数据映射变量

5. 变频器参数设定

ACS880变频器可参照表6-51进行参数设定。详细内容请参考ABB变频器手册和FE-

NA-xx 用户手册。表中主要列出了与通信和 PLC 控制相关的参数。

表 6-51 变频器参数说明

参数名	设置值	备　注
99. 04 Motor control mode	DTC	使用 DTC 控制模式
50. 01 FBA A Enable	Option slot 1	激活现场总线模块
50. 02 FBA A comm loss func	Fault	选择总线通信丢失时的动作
50. 03 FBA A comm loss tout	任意设置	定义总线通信丢失延时
50. 04 FBA A ref1 type	Speed or frequency	定义总线通信给定值和实际值的内容
50. 05 FBA A ref2 type	Torque	
50. 07 FBA A actual 1 type	Speed or frequency	
50. 08 FBA A actual 2 type	Torque	
19. 11 Ext1/Ext2 selection	FBA A MCW bit 11	通过总线切换 EXT1/EXT2
19. 12 Ext1 control mode	Speed	激活 EXT1 时速度控制
19. 14 Ext2 control mode	Torque	激活 EXT2 时转矩控制
20. 01 Ext1 commands	Fieldbus A	EXT1 启动命令通过总线
20. 06 Ext2 commands	Fieldbus A	EXT2 启动命令通过总线
22. 11 Speed ref1 source	FB A ref1	选择转速模式时的给定源
26. 11 Torque ref1 source	FB A ref2	选择转矩模式时的给定源
51. 01 FBA TYPE	ETHERNET	只读
51. 02 PROTOCOL/PROFILE	PNIO ABB Pro	激活 PROFINETIO 协议的 ABB DRIVES
51. 03 COMM RATE	Auto	自动检测通信波特率
51. 04 IP CONFIGURATION	Static IP	一般用 static
51. 05 IP ADDRESS 1	设置为 0. 0. 0. 0	设置 IP 地址，PROFINET 的 IP 地址一般是主机分配的，所以变频器上设为 0. 0. 0. 0 即可
51. 06 IP ADDRESS 2		
51. 07 IP ADDRESS 3		
51. 08 IP ADDRESS 4		
51. 09 SUBNET CIDR	24	设置子网掩码，一般用 24（255. 255. 255. 0）
51. 10 GW ADDRESS 1	设置网关地址	设置网关地址（一般为 0. 0. 0. 0 即可）
51. 11 GW ADDRESS 2		
51. 12 GW ADDRESS 3		
51. 13 GW ADDRESS 4		
51. 20 TELEGRAM TYPE	自动检测	如果总线正常，此参数显示 PLC 端配置的 PPO 类型
52. 01 FBA data in1	4 SW 16bit	设定总线循环数据（PZD）的内容，本组内的数据可以根据自己的实际需要自由设定，但一般前三个是按照本例中设定
52. 02 FBA data in2	5 Act1 16bit	
52. 03 FBA data in3	6 Act2 16bit	
53. 01 FBA data out1	1 CW 16bit	
53. 02 FBA data out2	2 Ref1 16bit	
53. 03 FBA data out3	3 Ref2 16bit	
51. 27 FBA PAR REFRESH	REFRESH	刷新总线参数

每次更改 PZD 相关的设定后，需要将参数 51. 27 设定为 REFRESH，系统更新完毕后该参数自动回归为 DONE。

6. PROFINET 通信应用程序编写

当通过 Modbus RTU、Modbus TCP、PROFIBUS -DP、PROFINET 和 EthernetCAT 等总线控制变频器时，用户可利用 ABB 提供的控制方案库 PS553-DRIVES 直接完成启停、速度以及转矩的控制。

（1）添加 PROFINET 控制库

在库文件管理器中可添加 PS553-DRIVES 中的“ACSDrivesBase_AC500_V20. lib”控制库，控制库说明见表 6-52，如何添加控制库如图 6-245 所示。

表 6-52　添加“ACSDrivesBase_AC500_V20. lib”控制库

库　　名	功能块	描　　述
ACSDrivesBase_AC500_V20. lib	ACS_DRIVES_CTRL_STANDARD_GEN	用于其他总线通信
	ACS_REF_SCALING	

图 6-245　添加变频器控制库

> **注意**　当复制工程时，所使用的库文件路径必须与源计算机上的保持一致，否则警告消息“库不能被找到”将会弹出，此时，需要将红色标识的库文件删除，并且按照新的路径重新添加到工程中。

（2）功能块说明

ACS变频器的起停控制——ACS_DRIVES_CTRL_STANDARD_GEN，功能块如图6-246所示。

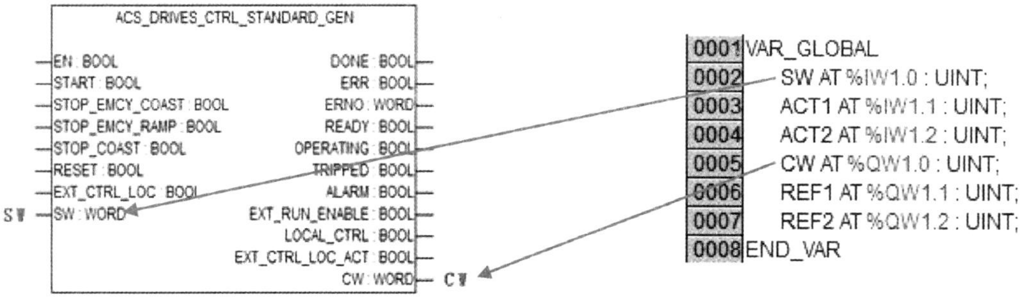

图6-246　ACS_DRIVES_CTRL_STANDARD_GEN功能块

功能：用于控制带ABB变频器配置文件的ACS变频器。可通过现场总线传输状态字（SW）和控制字（CW）完成变频器的起停控制。

参数说明见表6-53。

表6-53　ACS_DRIVES_CTRL_STANDARD_GEN功能块参数说明

输入参数	数据类型	描　　述
EN	BOOL	使能功能块FALSE：功能无效 TRUE：高电平有效
START	BOOL	起动，TRUE＝开始起动调制，FALSE＝沿当前激活的停止斜坡停止
STOP_EMCY_COAST	BOOL	紧急自由停止。低电平有效；对变频器紧急自由停止；TRUE＝不停止，FALSE＝通过紧急自由停止
STOP_EMCY_RAMP	BOOL	紧急斜坡停止。低电平有效；对变频器紧急停止；TRUE＝不停止，FALSE＝通过紧急斜坡停止
STOP_COAST	BOOL	自由停止。TRUE＝自由停止，FALSE＝启用常规运行
RESET	BOOL	复位。TRUE＝对变频器复位
EXT_CTRL_LOC	BOOL	外部控制位置。TRUE＝将EXT2选作外部控制位置
SW	WORD	状态字。来自变频器的状态字，将来自现场总线的状态字连接到该输入
输出参数	数据类型	描　　述
DONE	BOOL	功能块完成标识，操作执行完毕为TRUE，仅保持一个扫描周期
ERR	BOOL	功能块错误标识，该输出要与DONE一起综合判断。DONE为TRUE，且ERR为TRUE，则说明操作完成但存在错误；DONE为TRUE，且ERR为FALSE，则说明操作成功
ERNO	WORD	功能块操作存在错误的代码，代码含义请参见附录B。只有DONE为TRUE，且ERR也为TRUE时，ERNO的输出值才有效
READY	BOOL	已就绪。输出READY＝TRUE时表示变频器已就绪并可打开（变频器状态字的位0）

（续）

输出参数	数据类型	描　　述
OPERATING	BOOL	正在运行。OPERATING = TRUE 时表示变频器由该功能块控制。变频器已起动且正在运行（变频器位状态字的位：RDY_ON = TRUE，RDY_RUN = TRUE，RDY_REF = TRUE）。 如果从其他控制位置（如面板）控制变频器，则即使该变频器已启用且正在运行，输出 OPERATING 仍将复位为 FALSE。 要获得独立于控制位置的指示结果，请评估输入 SW 的下列各位是否已经设置：SW. 0 AND SW. 1 AND SW. 2
TRIPPED	BOOL	已跳闸。TRIPPED = TRUE 时表示变频器已跳闸（变频器状态字 SW 的位 3）
ALARM	BOOL	报警。ALARM = TRUE 时表示变频器出现报警（变频器状态字 SW 的位 7）
EXT_RUN_ENABLE	BOOL	外部运行启用。输出 EXT_RUN_ENABLE = TRUE 时表示变频器已收到"外部运行启用"信号（变频器状态字 SW 的位 12）。要从 CPU 正常控制变频器，须将 EXT_RUN_ENABLE 设为 TRUE
LOCAL_CTRL	BOOL	本地控制。输出 LOCAL_CTRL = TRUE 时表示变频器不受控于远程控制（变频器状态字 SW 的位 9）
EXT_CTRL_LOC_ACT	BOOL	外部控制。输出 EXT_CTRL_LOC_ACT = TRUE 时表示变频器由控制位置 EXT2 控制（变频器状态字 SW 的位 11）
CW	WORD	控制字。待发送到变频的控制字，将 CW 直接连接到现场总线

ACS 参考值和工程值的转换——ACS_REF_SCALING，功能块如图 6-247 所示。

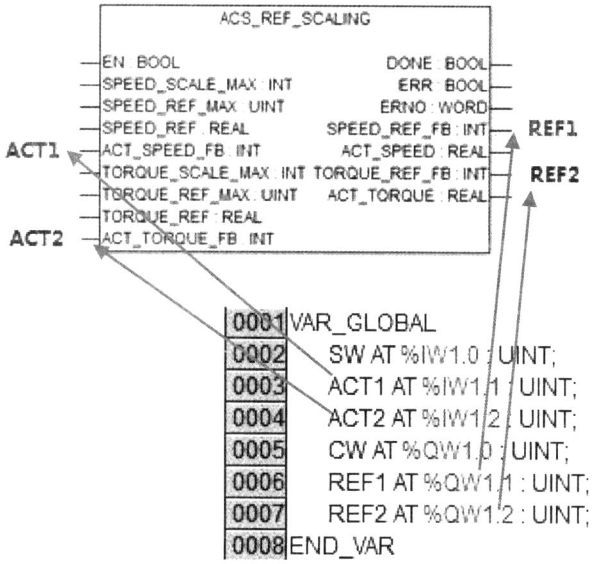

图 6-247　ACS_REF_SCALING 功能块

功能：用于将用户需要的工程量转换为通信控制的传输值。转换期间将同时执行从 INT 到 REAL 的转换。

参考值 1 和实际值 1（速度）介于-20000... +20000；

参考值 2 和实际值 2（转矩）介于-10000... +10000。

参数说明见表 6-54。

表 6-54 ACS_REF_SCALING 功能块参数说明

输入参数	数据类型	描　　述
EN	BOOL	使能功能块 FALSE：功能无效 TRUE：高电平有效
SPEED_SCALE_MAX	INT	通信控制速度的最大传输值。默认值：20000，最小值：1
SPEED_REF_MAX	UINT	速度工程量最大值，由电动机参数决定。默认值：20000，最小值：1
SPEED_REF	REAL	速度给定。在程序中给定的速度工程值
ACT_SPEED_FB	INT	来自现场总线等效变量的实际速度输入 100% = +SPEED_SCALE_MAX
TORQUE_SCALE_MAX	INT	通信控制转矩的最大传输值。默认值：10000，最小值：1
TORQUE_REF_MAX	UINT	转矩工程量最大值。默认值：100，最小值：1
TORQUE_REF	REAL	转矩给定。在程序中给定的转矩工程值
ACT_TORQUE_FB	INT	来自现场总线等效变量的实际转矩输入 100% = +SPEED_SCALE_MAX
输出参数	**数据类型**	**描　　述**
DONE	BOOL	功能块完成标识，操作执行完毕为 TRUE，仅保持一个扫描周期
ERR	BOOL	功能块错误标识，该输出要与 DONE 一起综合判断。DONE 为 TRUE，且 ERR 为 TRUE，则说明操作完成但存在错误；DONE 为 TRUE，且 ERR 为 FALSE，则说明操作成功
ERNO	WORD	功能块操作存在错误的代码，代码含义请参见附录 B。只有 DONE 为 TRUE，且 ERR 也为 TRUE 时，ERNO 的输出值才有效
SPEED_REF_FB	INT	以现场总线传输值表示的速度参考，缩放为（SPEED_SCALE_MAX / SPEED_REF_MAX）的 SPEED_REF 输入。该参考值应直接连接到现场总线，如果结果大于 32767 或小于 -32768，输出则会限制为这些值，且 ERR 和 ERNO 将指示该溢出现象
ACT_SPEED	REAL	实际速度。缩放为（SPEED_REF_MAX / SPEED_SCALE_MAX）并转换为 REAL 的 ACT_SPEED_FB 输入
TORQUE_REF_FB	INT	以现场总线传输值表示的转矩参考，缩放为（TORQUE_SCALE_MAX / TORQUE_REF_MAX）的 TORQUE_REF 输入。该参考值应直接连接到现场总线，如果结果大于 32767 或小于-32768，输出则会限制为这些值，且 ERR 和 ERNO 将指示该溢出现象
ACT_TORQUE	REAL	实际转矩，缩放为（TORQUE_REF_MAX / TORQUE_SCALE_MAX）并转换为 REAL 的 ACT_TORQUE_FB 输入

（3）测试程序

当输出“READY”为 TRUE（蓝色），即可设置“START”为 TRUE，并设置输入“SPEED_REF”为期望值。通过快捷键“Ctrl + F7”将值在线写入，观察变频器跟踪给定速度运行。如果变频器有故障发生（“ALARM” 为 TRUE）可设置 “RESET” 为 TRUE 进行复位，如图 6-248 所示。

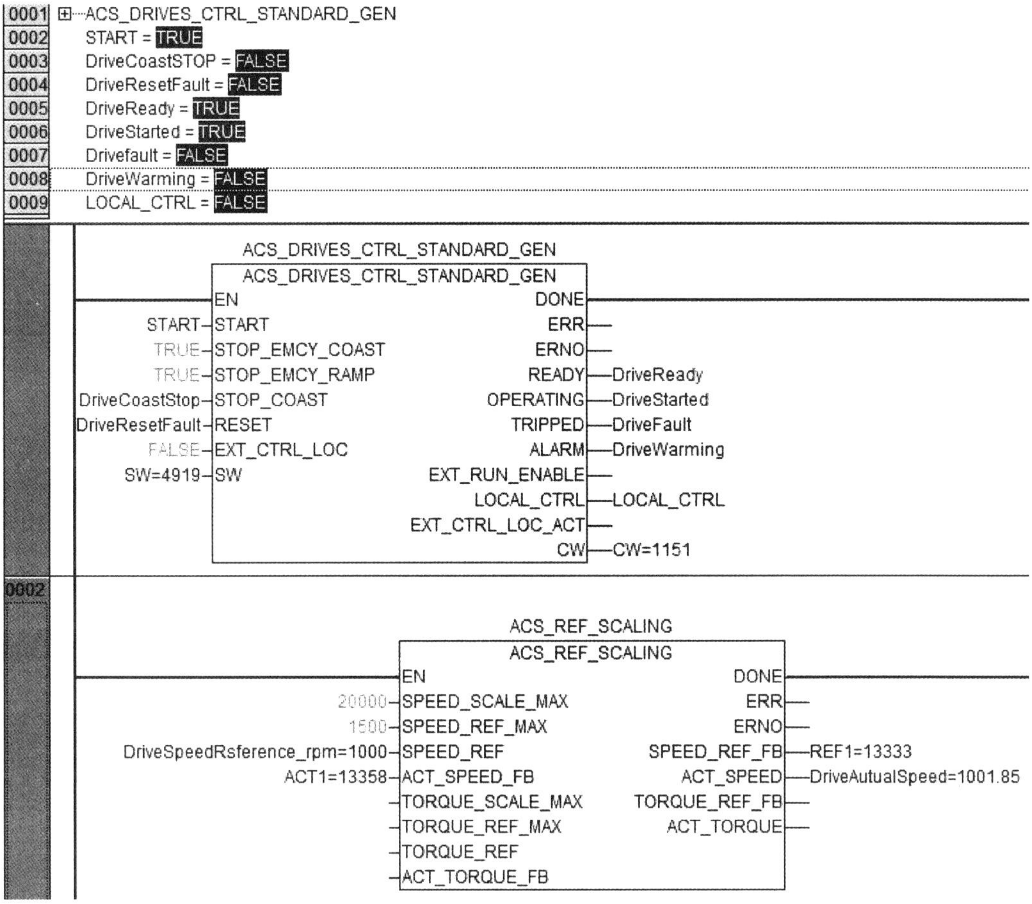

图 6-248　程序示例

6.4.5　AC500 与 ACS880 通过 EtherCAT 的通信

本节用于指导读者实现 AC500 系列 CPU 通过 EtherCAT 总线与安装有 FECA-01 总线适配器的 ACS880 变频器的通信，对变频器进行监控。CPU 扩展通信模块 CM579-EtherCAT 作为 EtherCAT 总线主站，带有总线适配器模块的 ACS880 变频器作为 EtherCAT 总线从站。

1. 硬件和软件需求

见表 6-55。

表 6-55　硬件和软件需求

硬　　件	软　　件
PM583-ETH（V2.4）1 个	Automation Builder V1.1
TB511 CPU 底板 1	
CM579-EtherCAT 主站通信模块 1 个	
FECA-01：EtherCAT 通信适配器 1 个	
ACS880 变频器	
以太网连接电缆 1 根	

2. 硬件连接

如图 6-249 所示。

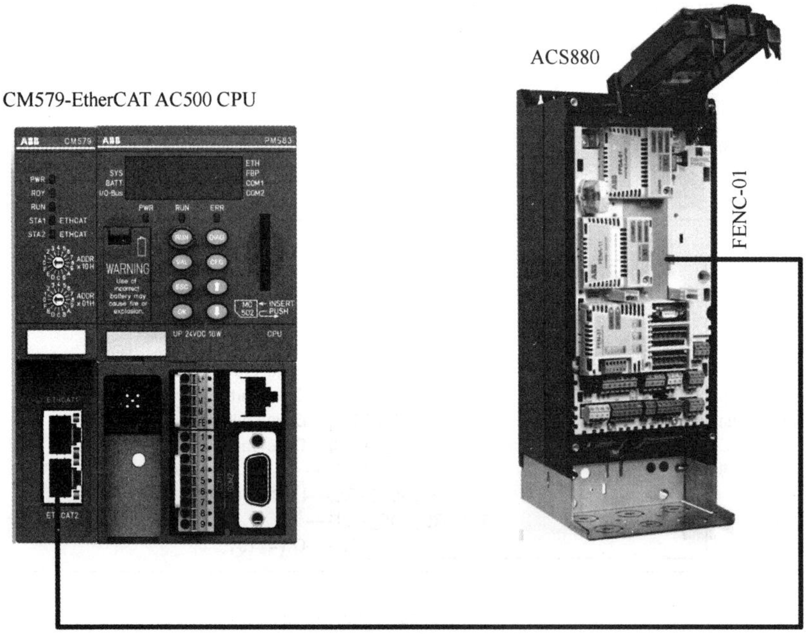

图 6-249　AC500 CPU 与 ACS880 变频器之间 EtherCAT 连接

3. EtherCAT 主站模块 CM579-EtherCAT 介绍

模块说明如图 6-250 所示，指示灯状态说明如图 6-251 所示。

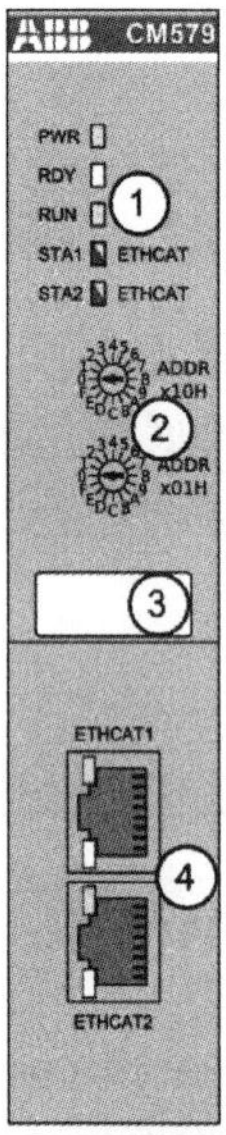

通信模块的组件

1　5个LED用于显示状态

2　2个旋转开关用于设置地址（未使用）

3　标签

4　2个RJ45通信接口（ETHCAT1和ETHCAT2）

图 6-250　CM579-EtherCAT 模块说明

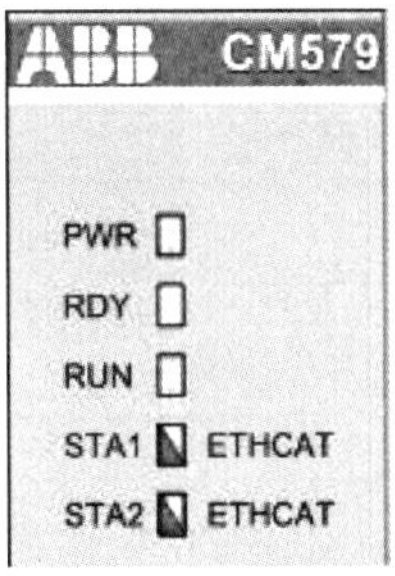

LED	颜色	状态	含义
PWR	绿	ON	电源正常
		闪烁	—
		OFF	电源或硬件故障
RDY	黄	ON	正在装入引导程序
		闪烁	引导失败
		OFF	—
RUN	绿	ON	通信正在进行
		闪烁	—
		OFF	无通信
STA ETHCAT	绿	ON	总线无错误，正在通信
		闪烁	正在建立通信
		OFF	系统错误
ERR ETHCAT	红	ON	配置错误
		闪烁	—
		OFF	无错误

图 6-251 CM579-EtherCAT 指示灯状态说明

4. 硬件组态

1）添加 XML 文件 从 ABB 官网http：//new. abb. com/drives/connectivity/fieldbus-connectivity/ethercat/ethercat-feca-01

下载 FECA-01 适配器模块的 XML（可扩展标记语言）文件，如图 6-252 所示。

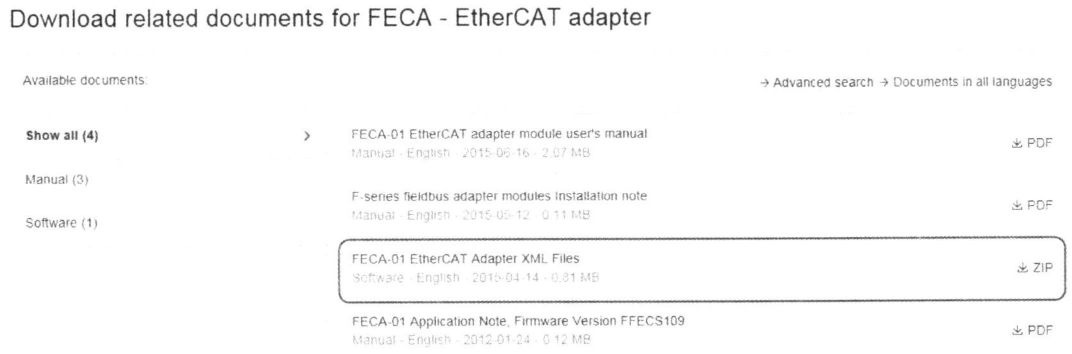

图 6-252 下载 FECA-01 总线配置器的 XML 文件

2）在 Automation Builder 软件中添加 XML 文件，在“工具”菜单上，选择“设备库...”，弹出设备库对话框，单击“安装”按钮，弹出“安装设备描述”，选择“FECA-01_104-130_all. xml”，如图 6-253 所示。

安装完成后可在设备库中查看设备，如图 6-254 所示。

图 6-253　安装设备的 XML 文件

图 6-254　新添加的 FECA-01 适配器模块

3）在 Automation Builder 软件中新建 PM583-ETH 工程，插入 EtherCAT 主站模块 CM579-EtherCAT，并添加“FECA_01_and_ACS880”作为 EtherCAT 的从站，如图 6-255 所示。

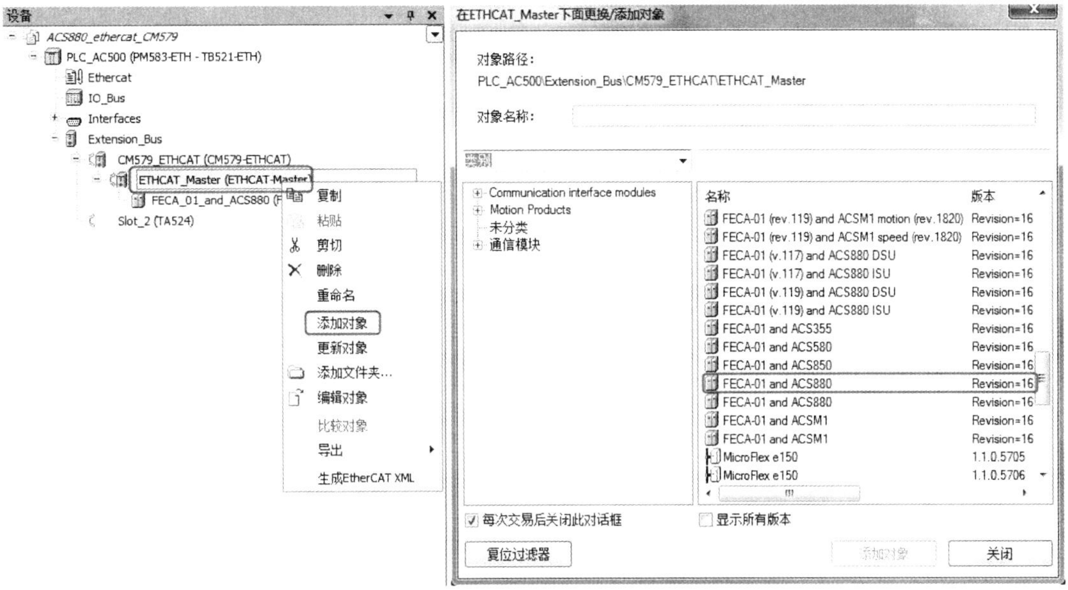

图 6-255　添加 EtherCAT 从站设备

4）双击“ETHCAT_Master”，打开主站配置对话框。默认情况下，自动配置模式被激活，通常已经能够满足标准应用的需要。因此，强烈建议使用自动配置模式，如图 6-256 所示。

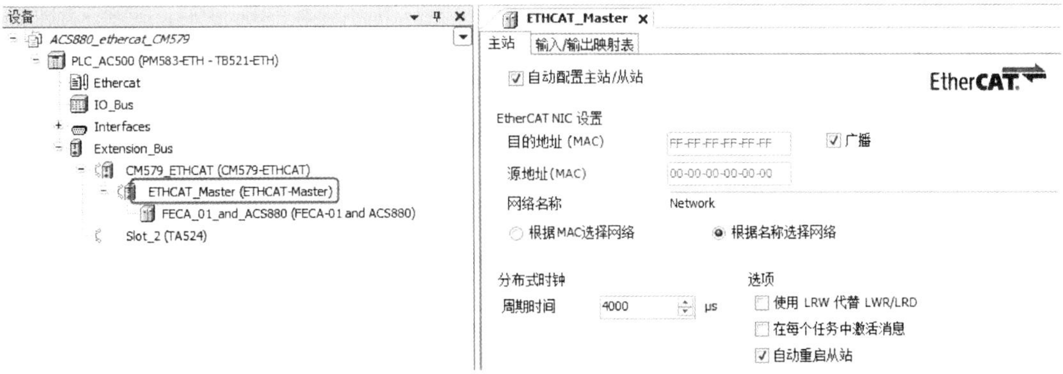

图 6-256　使用默认主站配置方式

5）双击从站“FECA_01_and_ACS880”打开设置窗口，在“从站”设置标签下，所有设置仅需保持默认状态，如图 6-257 所示。

注意	默认情况下，所有参数都设置为设备专用标准值。要编辑这些参数，就必须通过激活复选框使能参数“使能专家设置”。该选项可以显示的详细参数说明请参见 Automation Builder 软件集成的帮助文档。

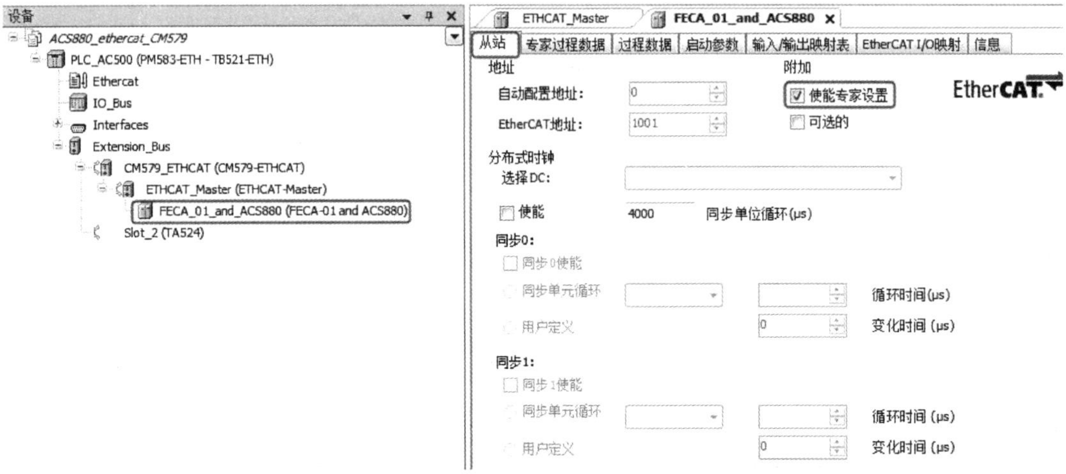

图 6-257　EtherCAT“从站”参数保持默认值

6）单击“过程数据”配置标签，勾选相同的输入和输出的类型，这里我们选择PDO21，如图 6-258 所示。

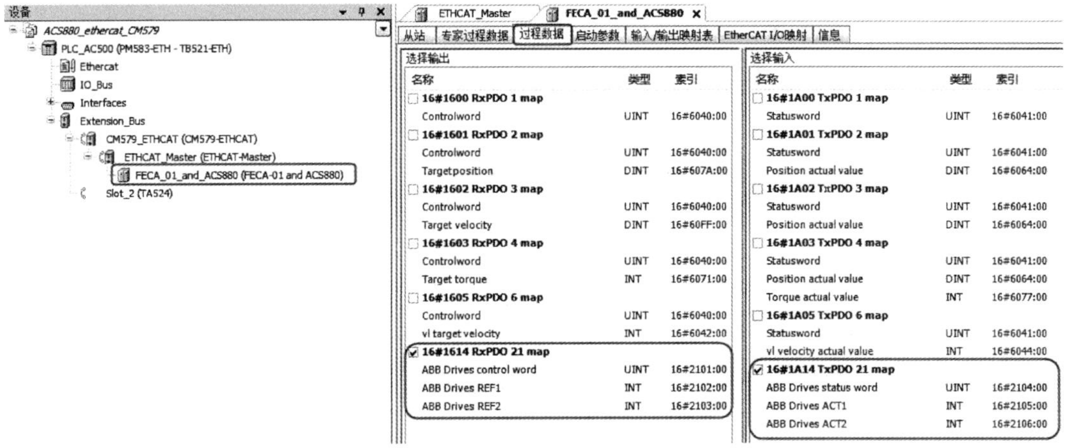

图 6-258　选择从站过程数据类型

7）知识补充——什么是 PDO（过程数据对象）

①PDO 的定义　PDO 是 CANopen 专有名词，可用来在许多节点之间交换即时的信息。一个 CANopen 设备的 PDO 对象定义了它与网络上其他 CANOpen 设备之间的隐式数据交换。当设备运行时，PDO 交换被激活。

②PDO 类型

有两种 PDO 类型：

◆TXPDO/TPDO：PDO 被设备传送；

◆ RXPDO/RPDO：PDO 被设备接收。

③PDO的供给者与消费者　PDO基于“供给者/消费者”模型，传送的叫“供给者”，接收的叫“消费者”。

④PDO的传送模式

◆同步（通过接受SYNC对象实现同步）。

非周期：由远程帧欲触发传送，或者由设备子协议中规定的对象特定事件预触发传送。

周期：传送在每1到240个SYNC消息后触发。

◆异步

由远程帧触发传送。

由设备子协议中规定的对象特定事件触发传送。

8）为PDO数据映射变量

双击“Ethercat”图标，所有在Automation Builder界面中定义的变量自动映射到CoDeSys全局变量区域中，如图6-259及图6-260所示。

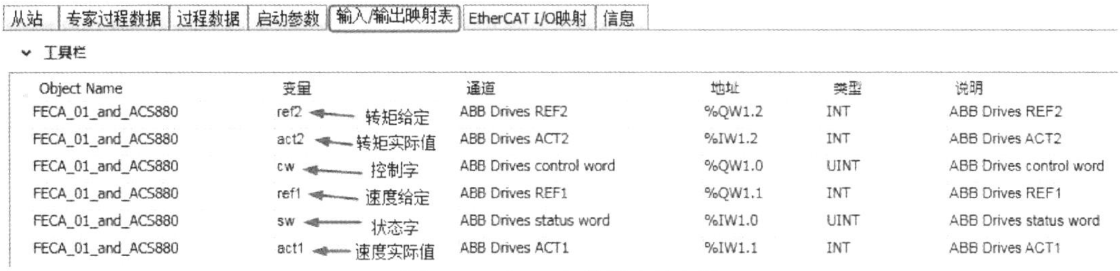

Object Name	变量	通道	地址	类型	说明
FECA_01_and_ACS880	ref2	ABB Drives REF2	%QW1.2	INT	ABB Drives REF2
FECA_01_and_ACS880	act2	ABB Drives ACT2	%IW1.2	INT	ABB Drives ACT2
FECA_01_and_ACS880	cw	ABB Drives control word	%QW1.0	UINT	ABB Drives control word
FECA_01_and_ACS880	ref1	ABB Drives REF1	%QW1.1	INT	ABB Drives REF1
FECA_01_and_ACS880	sw	ABB Drives status word	%IW1.0	UINT	ABB Drives status word
FECA_01_and_ACS880	act1	ABB Drives ACT1	%IW1.1	INT	ABB Drives ACT1

图6-259　为PDO数据映射变量

5. EtherCAT通信应用程序编写

（1）设置变量值

首先为ref1（速度给定）输入一个期望值（如16#1234），然后赋值CW（控制字）为16#047E（准备好状态），再将CW（控制字）设为16#047F（启动）。也可以使用控制字16#047E将变频器停止输出，如图6-261所示。

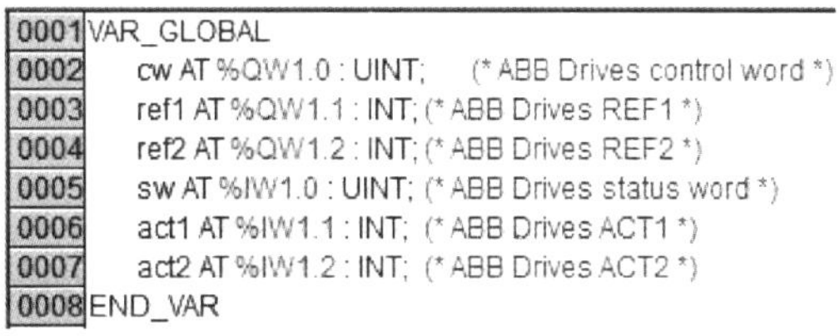

```
VAR_GLOBAL
    cw AT %QW1.0 : UINT;    (* ABB Drives control word *)
    ref1 AT %QW1.1 : INT; (* ABB Drives REF1 *)
    ref2 AT %QW1.2 : INT; (* ABB Drives REF2 *)
    sw AT %IW1.0 : UINT; (* ABB Drives status word *)
    act1 AT %IW1.1 : INT;  (* ABB Drives ACT1 *)
    act2 AT %IW1.2 : INT;  (* ABB Drives ACT2 *)
END_VAR
```

图6-260　通信关键字映射为全局变量

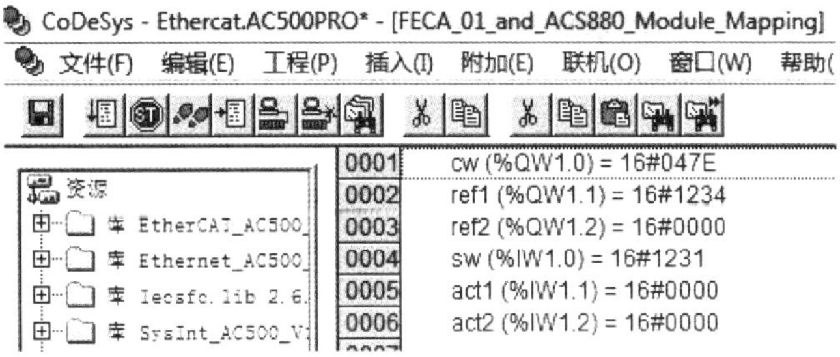

图6-261　变频器运行控制参数设定

> 注意
> 更多信息请参阅 EtherCAT 适配器模块 FECA-01 用户手册。

（2）非循环数据交换程序

循环通信完成一般的数据测量值和设备的实时状态，保证了控制的快速性；非循环数据交换主要用于过程数据的上下限范围设定、报警范围设定，以及制造商的一些特殊数据的通信。非循环数据交换和循环交换是并行执行的，但是前者的优先级较低。

（3）功能块说明

ECAT_COE_READ 功能块如图 6-262 所示。

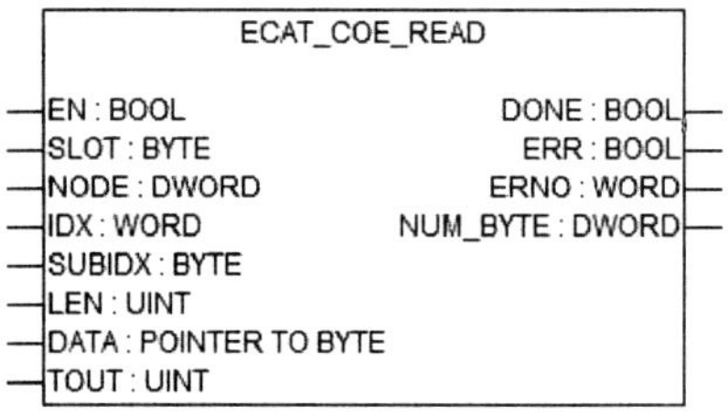

图 6-262　ECAT_COE_READ 功能块

功能：返回从站中 SDO（服务数据对象）的值。对象通过一对索引/子索引来标识。

类型：标准功能块（FB，含历史数据）。

所属库：EtherCAT_AC500_V13. lib。

参数说明见表 6-56。

表 6-56　ECAT_COE_READ 功能块参数说明

输入参数	数据类型	描　述
EN	BOOL	使能功能块当变量 EN 出现 FALSE→TRUE 上升沿时，功能块被激活
SLOT	BYTE	通信模块的插槽（模块号码）
NODE	DOWRD	从站的节点 ID
IDX	WORD	对象索引
SUBIDX	BYTE	对象子索引
LEN	UINT	接收缓冲区大小
DATA	POINTER TO ARRAY OR BYTE	接收缓冲区
TOUT	UINT	超时，以毫秒表示
输出参数	数据类型	描　述
DONE	BOOL	功能块完成标识，操作执行完毕为 TRUE，仅保持一个扫描周期
ERR	BOOL	功能块错误标识，该输出要与 DONE 一起综合判断。DONE 为 TRUE，且 ERR 为 TRUE，则说明操作完成但存在错误；DONE 为 TRUE，且 ERR 为 FALSE，则说明操作成功
ERNO	WORD	功能块操作存在错误的代码，代码含义请参见附录 A。只有 DONE 为 TRUE，且 ERR 也为 TRUE 时，ERNO 的输出值才有效
NUM_BYTE	DWORD	写字节数量

ECAT_COE_WRITE，功能块如图 6-263 所示。

功能：写一个值到从站中的 SDO（服务数据对象）。对象通过一对索引/子索引来标识。

类型：标准功能块（FB，含历史数据）

所属库：EtherCAT_AC500_V13. lib

参数说明见表 6-57。

（4）激活“使能专家设置”

采用非循环数据通信方式，必须激活 Automation Builder 界面中从站设置窗口的“使能专家设置”功能，弹出“专家过程数据”设置选项卡，如图 6-264 所示。

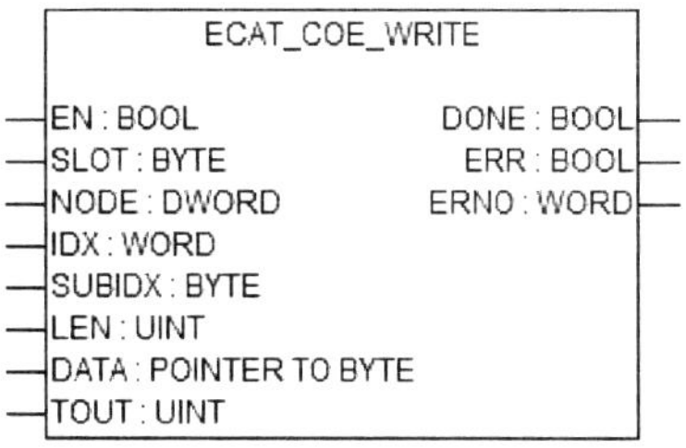

图 6-263　ECAT_COE_WRITE 功能块

表 6-57　ECAT_COE_WRITE 功能块参数说明

输入参数	数据类型	描　述
EN	BOOL	使能功能块当变量 EN 出现 FALSE→TRUE 上升沿时，功能块被激活
SLOT	BYTE	通信模块的插槽（模块号码）
NODE	DOWRD	从站的节点 ID
IDX	WORD	对象索引
SUBIDX	BYTE	对象子索引
LEN	UINT	接收缓冲区大小
DATA	POINTER TO ARRAY OR BYTE	接收缓冲区
TOUT	UINT	超时，以毫秒表示
输出参数	数据类型	描　述
DONE	BOOL	功能块完成标识，操作执行完毕为 TRUE，仅保持一个扫描周期
ERR	BOOL	功能块错误标识，该输出要与 DONE 一起综合判断。DONE 为 TRUE，且 ERR 为 TRUE，则说明操作完成但存在错误；DONE 为 TRUE，且 ERR 为 FALSE，则说明操作成功
ERNO	WORD	功能块操作存在错误的代码，代码含义请参见附录 A。只有 DONE 为 TRUE，且 ERR 也为 TRUE 时，ERNO 的输出值才有效
NUM_BYTE	DWORD	写字节数量

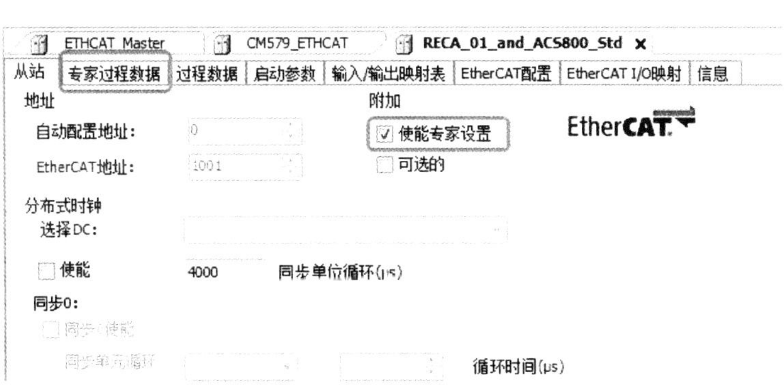

图 6-264　激活使能专家设置

本例以设置变频器 22.26 参数为例，介绍非循环功能块的使用，如图 6-265 所示。

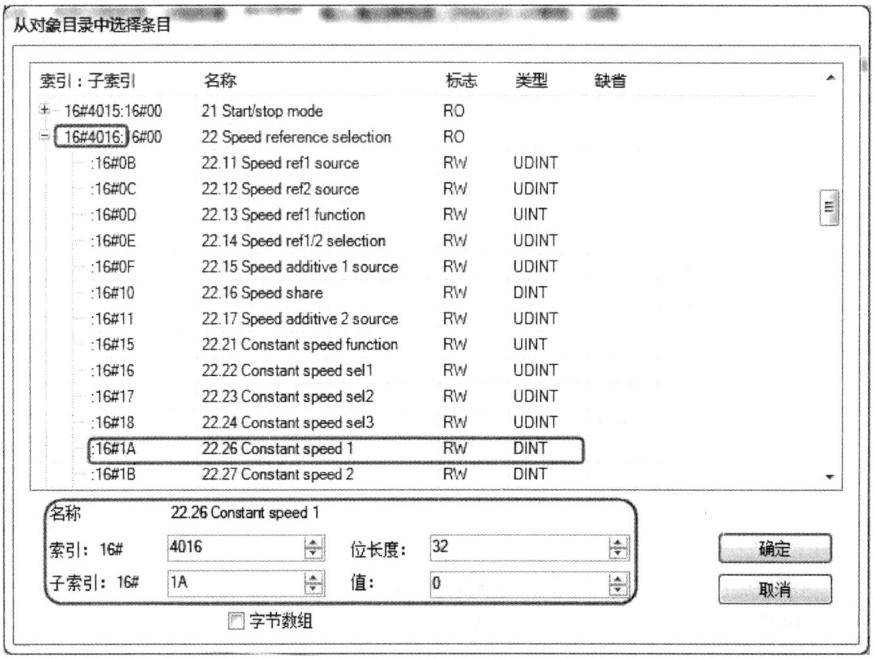

图 6-265　变频器非循环数据通信设置界面

（5）程序示例

En 引脚在上升沿触发，执行读或写操作，slot 是 CM579 的位置，node 按照 Automation Builder 界面里主站自动分配的从站地址填写，索引及子索引按照对象词典填写，数据长度以字节为单位，本例为 4 个字节，data 数据取 adr 操作符。通信程序示例如图 6-266 所示，变频器参数说明见表 6-58。

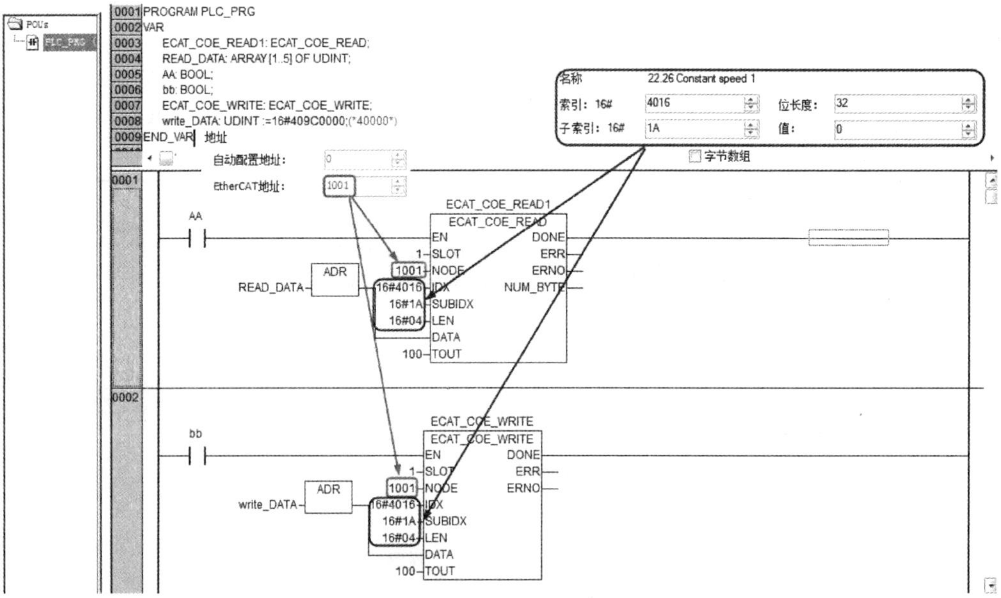

图 6-266　EtherCAT 通信程序示例

表 6-58　变频器参数说明

参　数　名	设置值	备　　注
99. 04 Motor control mode	DTC	使用 DTC 控制模式
50. 01 FBA A Enable	Option slot 1	激活现场总线模块，此例中 FECA-01 安装在 ACS880 的 slot 1 中
50. 02 FBA A comm loss func	Fault	选择总线通信丢失时的动作
50. 03 FBA A comm loss tout	任意设置	定义总线通信丢失延时
50. 04 FBA A ref1 type	Speed or frequency	定义总线通信给定值和实际值的内容
50. 05 FBA A ref2 type	Torque	
50. 07 FBA A actual 1 type	Speed or frequency	
50. 08 FBA A actual 2 type	Torque	
19. 11 Ext1/Ext2 selection	FBA A MCW bit 11	通过总线切换 EXT1/EXT2
19. 12 Ext1 control mode	Speed	激活 EXT1 时速度控制
19. 14 Ext2 control mode	Torque	激活 EXT2 时转矩控制
20. 01 Ext1 commands	Fieldbus A	EXT1 启动命令通过总线
20. 06 Ext2 commands	Fieldbus A	EXT2 启动命令通过总线
22. 11 Speed ref1 source	FB A ref1	选择转速模式时的给定源
26. 11 Torque ref1 source	FB A ref2	选择转矩模式时的给定源
51. 01 FBA A type	EtherCAT	只读，EtherCAT 模块
51. 02 Profile	ABB DRIVE	本例中使用 ABB DRIVES
51. 27 FBA par refresh	Refresh	刷新总线参数

下载并运行程序，分别通过 PLC 编程软件和变频器应用程序软件在线监控功能块读写情况。

这里，登录 Drive composer pro（变频器调试工具）来查看 ACS880 的参数组，22. 26 恒速 1：当前值是 300. 00 r/min（实数）转换为 30000（十进制）的整数 =00007530（十六进制），根据摩托罗拉字节顺序，高低字节调换后为 00003075（十六进制），再高低字交换 16#30750000（十六进制），通信测试成功，如图 6-267 所示。

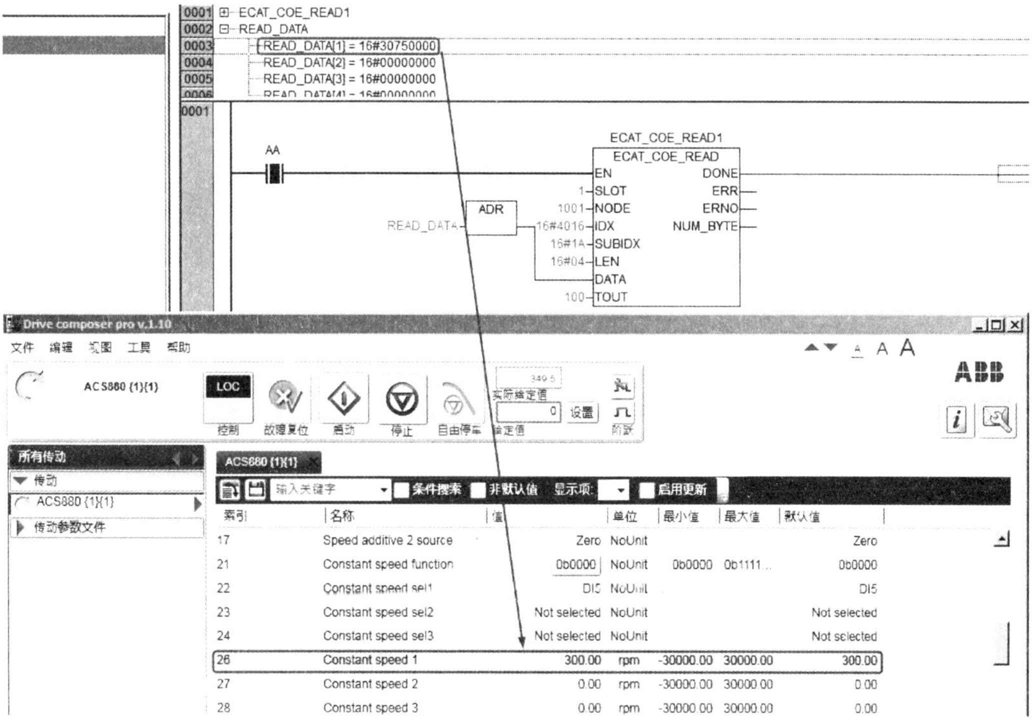

图 6-267　监控结果显示

对于 AC500 CPU 与变频器 ACS880 进行 EtherCAT 的通信监控，同样可以采用变频器打包方案库函数控制方式来实现，这里不再做详细说明，请参见 AC500 与变频器通信其他章节内容。

6.5 AC500 与伺服驱动器的通信

ABB 公司伺服驱动器支持实时以太网技术，包括 EtherCAT、Ethernet Powerlink 和 Modbus TCP，可与 AC500 PLC 组成单轴或多轴运动控制系统。

6.5.1 AC500 与伺服驱动器通过 Modbus 的通信

AC500 PLC 可通过 Modbus RTU 或 TCP 实现对 MicroFlex e150 和 e180 伺服驱动器的运动控制。为简化用户的开发过程，ABB 公司为此提供完整的 Mint 程序“通用驱动接口（GDI）”。借助该接口程序可轻松实现 PLC（ABB AC500 或 AC500-eCo）对一个或多个轴的运动进行控制。

本节主要描述 ModbusTCP 通信的实现过程，同时给出 ABB PLC 程序的示例和伺服驱动器的 Mint 应用程序。这些示例主要利用“PLCopen motion control”功能块库，实现对伺服驱动器的控制。

1）硬件和软件需求　见表 6-59。

表 6-59　硬件和软件需求

硬件	软件	硬件	软件
PM583-ETH CPU 1 个	Automation Builder V1. 1	MicroFlex e150，带电机	MintWorkbench V5818
TB511 CPU 底板 1 个		以太网连接电缆 1 根	MicroFlex e150 固件 V5812

2）硬件连接　如图 6-268 所示。

图 6-268　AC500 与伺服驱动器之间 Modbus TCP 通信连接

3）配置 MicroFlex e150 / e180 驱动器的通信接口　MicroFlexe150 驱动器支持 Modbus TCP / RTU，e180 驱动器支持 Modbus TCP，通信接口的配置均通过 Mint Workbench 软件中的“配置”界面进行。其中的“Network”部分可设置 IP 地址，如图 6-269 所示。

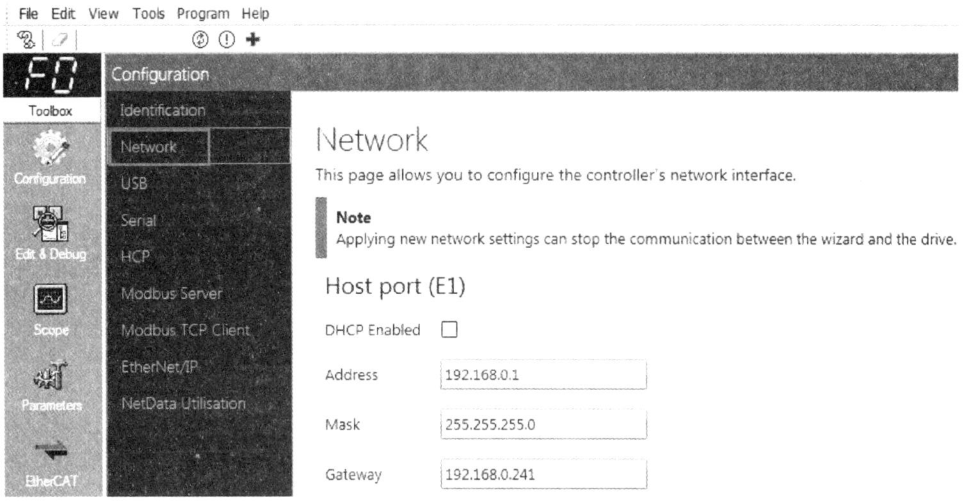

图 6-269　驱动器 IP 地址设置

MicroFlex e150 和 MotiFlex e180 驱动器的默认 IP 地址为 192. 168. 0. 1（使用推荐的 58xx 固件版本），PLC 的默认 IP 地址为 192. 168. 0. 10，两者可良好匹配。

4）配置界面的“ModbusServer”部分可调节 Modbus TCP 的通信参数（见图 6-270）。

“Port”，端口号（502 为 Modbus TCP 使用的标准端口）。

“Big Endian Byte Order”，大端字节顺序（与 AC500 PLC 一致）。

“Big Endian Word Order”，大端字顺序（与 AC500 PLC 一致）。

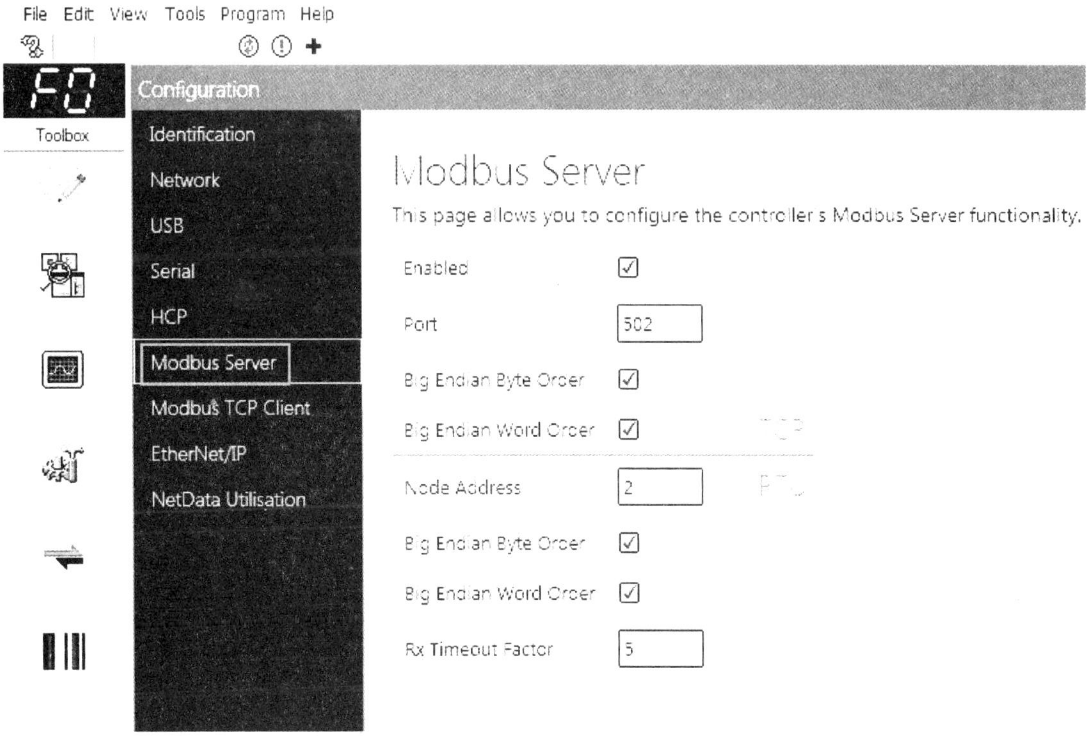

图 6-270　驱动器 Modbus TCP 通信参数设置

5）配置电动机的具体参数　通过调试向导定义电机参数，完成驱动器调试。

6）配置并下载通用驱动接口（GDI）Mint 程序　借助 ABB 预先编写的 GDI Mint 程序，用户只需少量调整就能与应用相匹配。示例程序的基本结构如图 6-271 所示。

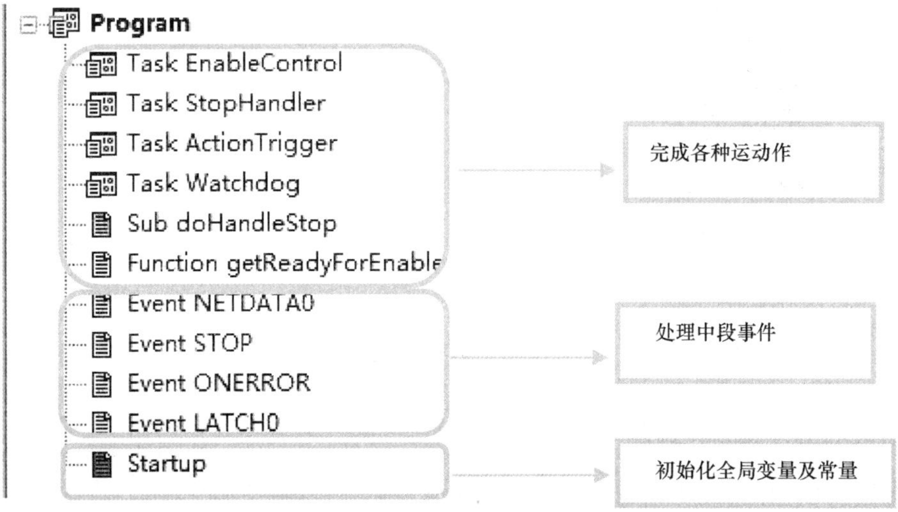

图 6-271　驱动器 Mint 程序结构

7）通信接口数据说明　GDI Mint 程序完成各种控制，通过 Modbus 寄存器与 PLC 交换数据。寄存器的地址及具体含义见表 6-60。

表 6-60　驱动器 Modbus 寄存器地址及含义

Modbus 寄存器偏移	功能	MicroFlex 内部地址	MicroFlex 数据类型
0/1	Command Word（命令字）	NETINTEGER（0）	32 位整数
2/3	Command Type（命令类型）	NETINTEGER（1）	32 位整数
4/5	Value（值）	NETFLOAT（2）	32 位 IEEE 浮点数
6/7	Speed（速度）	NETFLOAT（3）	32 位 IEEE 浮点数
8/9	Acceleration Rate（加速速率）	NETFLOAT（4）	32 位 IEEE 浮点数
10/11	Deceleration Rate（减速速率）	NETFLOAT（5）	32 位 IEEE 浮点数
12/13	Accel Jerk Rate（加速度的变化率）	NETFLOAT（6）	32 位 IEEE 浮点数
14/15	Decel Jerk Rate（减速度的变化率）	NETFLOAT（7）	32 位 IEEE 浮点数
16/17	Latch Offset（闩锁偏移）	NETFLOAT（8）	32 位 IEEE 浮点数
200/201	Status Word（状态字）	NETINTEGER（100）	32 位整数
202/203	Measured Position（实测位置）	NETFLOAT（101）	32 位 IEEE 浮点数
204/205	Measured Velocity（实测速度）	NETFLOAT（102）	32 位 IEEE 浮点数
206/207	Following Error（跟随误差）	NETFLOAT（103）	32 位 IEEE 浮点数
208/209	Axis Mode（轴模式）	NETINTEGER（104）	32 位整数
210/211	RMS Current（RMS 电流）	NETFLOAT（105）	32 位 IEEE 浮点数
212/213	Error Code（错误代码）	NETINTEGER（106）	32 位整数

8）命令字：“Commend Word” Modbus 寄存器偏移 0/1，NETINTEGER（0）　PLC 使用命令字中的位来指定驱动器的操作。当 PLC 向驱动器写入命令字时，Mint 程序自动调用“Event NETDATA0” 见表 6-61。

表 6-61　命令字的含义

位	功能	状态 0	状态 1
0	Remote drive enable control（远程传动启用控制）	禁用传动（如果 Mint 程序常量_nRemoteEnable 被设置为_false）	启用传动（如果 Mint 程序常量_nRemoteEnable 被设置为_true）
1	Enable operation（启用操作）*	禁止运动	允许运动
2	Latch control（闩锁控制）	禁用位置闩锁	启用位置闩锁
3	Forward hardware limit control（正向硬限位控制）	分配正向硬限位输入（取决于 Mint 常量 _nFwdLimit 的限制）	取消正向硬限位输入的分配
4	Reverse hardware limit control（反向硬限位控制）	分配反向硬件限制输入（取决于 Mint 常量 _nRevLimit 的限制）	取消反向硬限位输入的分配
5	Modulo axis（模数轴）	轴没有模数位置。绝对移动使用轴位置的全部范围	轴位置 wrap 到定义的模数。绝对移动使用最短的路径到达 wrap 位置
6	Fault reset control（故障复位）	未使用	上升沿进入状态 1，故障复位
7	Trigger command（触发命令）	未使用	上升沿进入状态 1，导致传动执行通过 PLC 输出字 1 载入的命令*
8	Watchdog（看门狗）	看门狗关	看门狗开
9	Ignore following error（忽略跟随误差）	跟踪误差检测启用	传动忽略跟踪误差
10-	备用	未使用	未使用

注意，“Trigger command” 触发位激活在命令类型字中载入的命令。命令字中的所有其他位继续操作，不需要触发。“Modulo axis” 模数轴命令位只供 MOVEA 和 INCA 运动命令使用。如果使用模数轴，应该编辑 Mint 程序来设置_nEncoderWrap 常量，使其等于一个轴循环内编码器脉冲数。

如果在驱动器上启用了看门狗监控，则应该以足够的频率切换 Watchdog 位，以防止驱动器的看门狗发生超时（一般是在半个看门狗超时值内切换该位）。

* 某些命令不需要执行运动，即使在 Enable Operation 位为零时也可以发送（比如 Set Position 和 Cancel 命令）。

9）命令类型：“Commend Type” Modbus 寄存器偏移 2/3，NETINTEGER（1）　PLC 使用这些寄存器在驱动器上载入具体的命令。Mint 程序示例提供了多种预先定义的命令类型。可通过在 Mint 程序中添加命令枚举列表和在 Mint “命令触发器” 任务中添加额外的代码来轻松的扩展命令类型。见表 6-62。

表 6-62　命令类型的含义

命令编号	功　　能	Mint 关键字
0	Home（回零）	HOME

（续）

命令编号	功　　能	Mint 关键字
1	Relative move（相对移动）	MOVER
2	Absolute move（绝对移动）	MOVEA
3	Run at constant speed（以恒速运行）	JOG
4	Relative incremental move（相对增量移动）	INCR
5	Absolute incremental move（绝对增量移动）	INCA
6	Set position（设置位置）	POS
7	Follow（跟随）	FOLLOW
8	Speed reference（速度参考值）	VELREF
9	Torque reference（力矩参考值）	TORQUEREF
10	Cancel motion（取消运动）	CANCEL
11	Controlled Stop（受控停止）	STOP

PLC 应该在 Command Type 寄存器中预先载入适当的命令编号，然后通过生成命令字第 7 位的上升沿（0->1）来触发本命令。

10）状态字："Status Word" Modbus 寄存器偏移 200/201，NETINTEGER（100）　PLC 使用状态字中的位来确定驱动器的具体状态。PLC 可使用这些位来确定之前发送的命令完成的时间。Mint 程序自动填充该字中的位。状态字的含义见表 6-63。

表 6-63　状态字的含义

位	功能	状态 0	状态 1
0	Enable status（启用状态）	驱动器被禁用	驱动器被启用
1	Idle status（闲置状态）	驱动器未闲置	驱动器闲置 *
2	In Position（就位）	驱动器不在最后的目标位置的 IDLEPOS * * 值范围内	驱动器在最后的目标位置的 IDLE-POS 值范围内
3	Motor brake status（电机制动状态）	电动机制动器被释放	电动机制动器被使用
4	Homed status（回零状态）	驱动器没有完成一次成功的回零序列	驱动器已经完成一次成功的回零序列
5	Forward limit status（正限位状态）	正向限位输入未激活	正向限位输入激活
6	Reverse limit status（反限位状态）	反向限位输入未激活	反向限位输入激活
7	Fault status（故障状态）	无故障	驱动器上存在故障（参考错误代码字了解更多信息）
8	Stop input state（停止输入状态）	停止输入未激活	停止输入已激活
9	Ready to enable state（启用就绪状态）	驱动器未做好启用准备	驱动器已做好启用准备
10-11	Control mode（控制模式）	两位联合起来报告驱动器的当前控制模式（电流、速度、位置控制）-参考 Mint 帮助文件中的 CONTROLMODE	
12	Trigger state（触发状态）	命令字第 7 位已清除	命令字第 7 位已设置
13	Enable operation state（启用操作状态）	命令字第 1 位已清除	命令字第 1 位已设置

（续）

位	功能	状态0	状态1
14	Missed Latch state（忽略闩锁状态）	已经检测到闩锁（如果已使用）	已经忽略闩锁（如果已使用）
15	Fault Reset state（故障重置状态）	命令字第6位已清除	命令字第6位已设置
16	Phase search status（相位搜索状态）	相位搜索未完成	相位搜索已完成
17	备用		

11）驱动器控制步骤示例　示例程序中调用IEC 61131 PLC功能模块，利用GDI来自动执行控制序列。用户可以根据具体需要设计自己的控制序列。以下详述启动驱动器并发送相对位移的控制序列。

12）启用驱动器

①在下载的Mint程序中，把Mint常量_bRemoteEnable设置为_True（因此最终由PLC来控制启用状态）。

②确保驱动器上有所有的本地联锁（比如，停止输入、驱动器启用输入、交流电源）。如果驱动器已经做好启用准备，状态字将通过"Read to Enable"位做出指示。

③设置命令字中的Enable位。驱动器应该启用，同时应该设置状态字的第0位来指示启用状态。

13）发送一条相对移动命令

①确保驱动器已经启用（见上文）。

②把移动距离的值载入Value字内。

③把移动的速度值载入Speed字内。

④把加速度载入Accel字内。

⑤把减速度载入Decel字内。

⑥如果需要，载入加速和减速度的变化率的值。

⑦在Command type字中写入1，选择相对移动。

⑧把1写入命令字的第1位，使运动得以执行。

⑨把1写入命令字的第7位，以触发移动。

已经设定的移动应该会被执行。使用状态位（Idle、InPos和Fault）来检查执行情况。在命令字的第7位写入0，为下一条命令做好准备。

注意，如果需要执行更多移动，不需要为不必修改的移动参数重新发送值，驱动器将保留速度、加速度等当前值。举例来说，如果PLC只希望发送距离不同的新移动命令但使用相同的速度配置文件，它只需要设置一个新值并在trigger command位上生成一个上升沿。

14）PLC程序示例　下文的PLC示例程序可控制驱动器完成启动和相对移动位移动作，程序由五个主要元素组成：

①PLC通信参数的配置。将PLC配置为Modbus通信的主站。

②全局变量。其中定义与驱动器Mint通用驱动器接口（GDI）相关的变量及常量。

③PLCopen功能块。这些功能块完成GDI中的各运动命令类型。

④数据接口功能块。本功能块负责把相关数据组织在一起便于发送。

⑤读/写通信数据功能块。本功能块负责 Modbus 数据的发送和接收。为说明 PLC 代码和 Mint GDI 的使用方法，在每个 PLC 示例程序中包含了两种展示方式。

15）PLC 通信参数配置　典型的主站配置参数如图 6-272 所示。

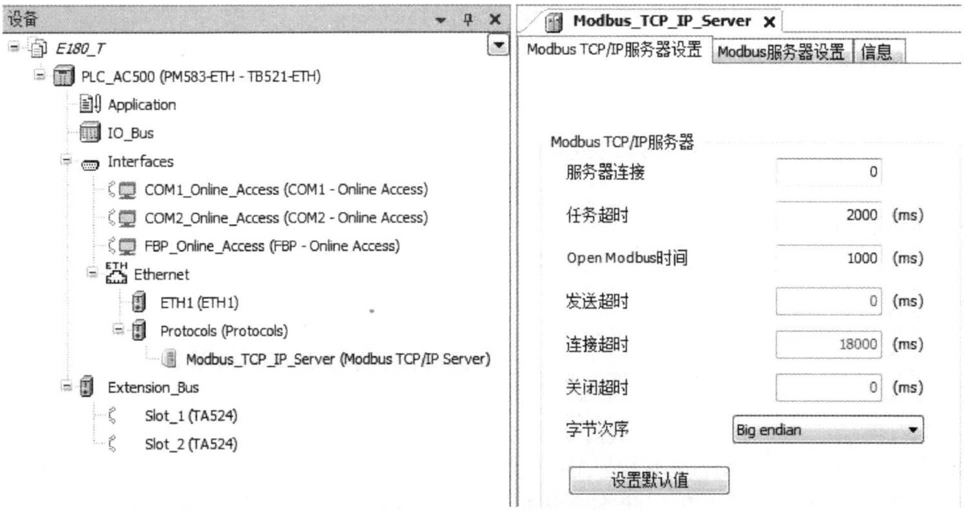

图 6-272　PLC 通信参数配置

16）创建全局变量

①在 CoDeSys 的“资源”选项卡下双击“GDI_Global_Variables”图标

②为每个轴添加一条针对 TGDIAxisRef 型结构的声明。

按照数量需要添加轴数据类型声明，本例为单轴。

tAxis0：TGDIAxisRef。

③编辑读写数据数组的声明，应匹配使用的轴的数量。

WriteData：ARRAY［0..8］OF DINT。

ReadData：ARRAY［0..6］OF DINT。

④初始化数据　双击 CoDeSys 的“POUs”选项卡下的“First Scan”（FB）。

对每个轴第 2 步中声明的轴结构元素进行初始化。注意，轴编号必须是连续的（从零开始），并且 IP 地址必须与 e150/e180 驱动器的实际 IP 地址相匹配。

tAxis0. AxisName ：= 'Axis 0';

tAxis0. AxisNo　：= 0;

tAxis0. IPAddress ：= '192. 168. 0. 1'。

⑤调用功能块　示例程序如图 6-273 所示，为了完成对上文驱动器起动及相对位移的控制，主程序“PLC-PRG”调用以下功能块：

a. FIRST_SCAN（FB），初始化数据。

b. GDI_POWER（FB），起动驱动器。

c. GDI_RESET（FB），复位驱动器存在的故障。

d. GDI_MOVERELATIVE（FB），完成相对位移。

e. GDI_DATAINTERFACE_TCP（FB），组织通信数据并调用“MODBUS_TCP_FB”（FB）完成 Modbus 数据的发送和接收。

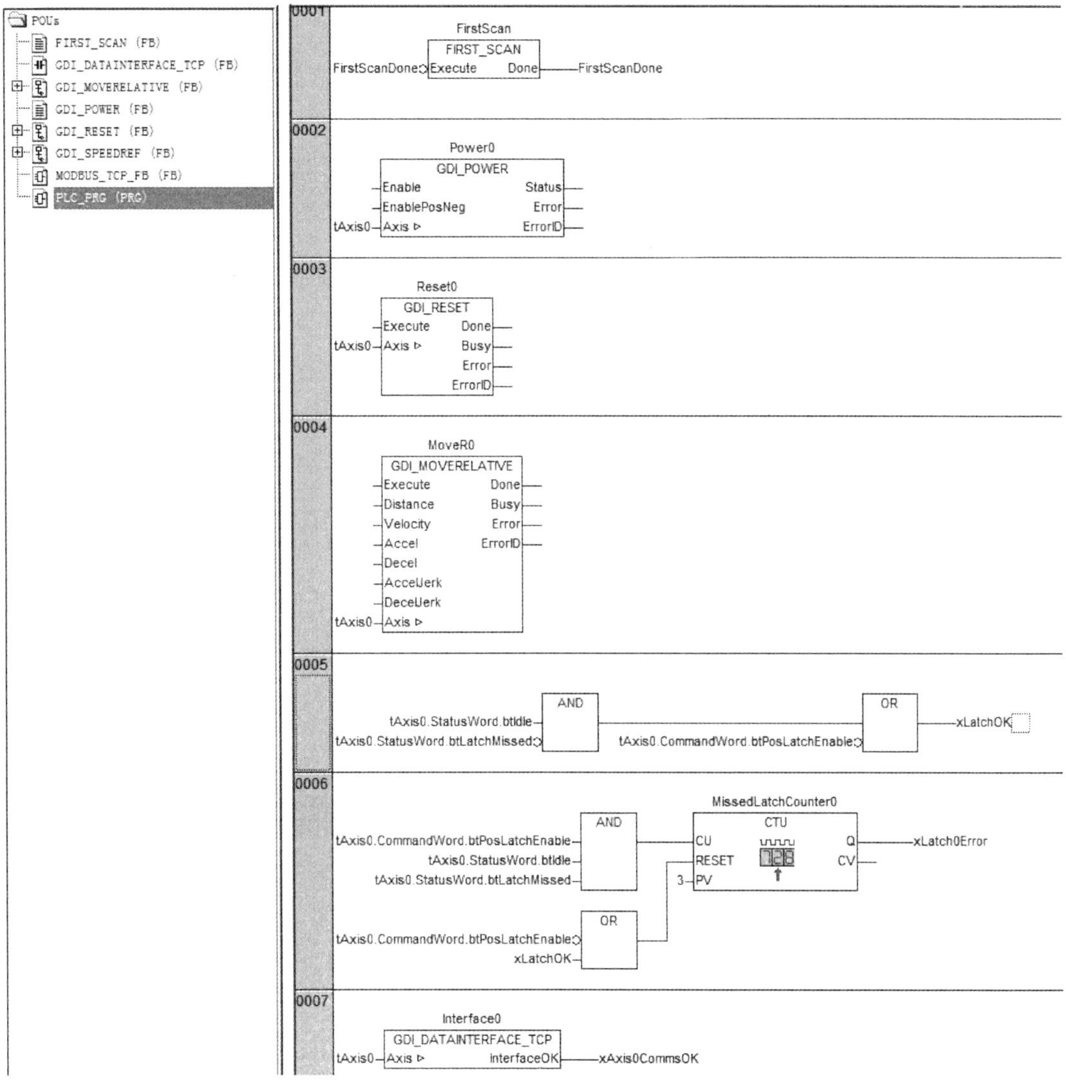

图 6-273　PLC 示例程序

⑥调试过程　示例程序中提供可视化界面，借助视图可轻松完成调试工作。如图 6 274 所示。

a. 判断通信状态。“Modbus_Panel”视图中的“Write OK”和“Read OK”呈现绿色说明通信正常。

b. 启动控制器。“GDI_Power”视图中分别按先后顺序置位“Allow Pos/Neg”和“Enable”，观察“DriveStatusInfo”视图，如果“Ready”和“Enable”呈现绿色则说明起动成功。

c. 设置相对位移。“GDI_MoveRelative”视图中分别设置“MoveDistance”位移、“Speed”速度和“Accel”加速度等参数，然后单击“MoveR”，观察电动机的运动状态。

d. 复位故障。如果驱动器发生故障，可通过“ResetFault”复位。

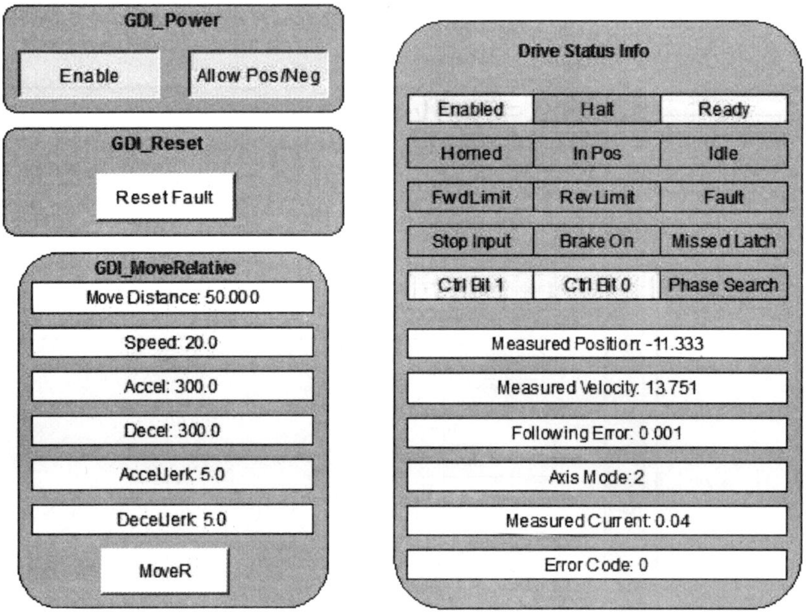

图 6-274 可视化调试界面

⑦GDI 功能模块。以下部分说明 PLCGDI 功能块各参数的含义。

a. GDI_POWER。本功能块如图 6-275 所示用于启用/停用轴。启用输入会启用驱动器中的功率级。其参数说明见表 6-64。

图 6-275 GDI_POWER 功能块

表 6-64 GDI_POWER 功能块参数说明

变量	类型	说明
VAR_IN_OUT		
Axis	TGDIAxisRef	对轴结构的引用（在使用 Modbus RTU 时，使用轴结构数组的元素）
VAR_INPUT		
Enable	BOOL	在它为 TRUE 时，PLC 将要求启用轴
EnablePosNeg	BOOL	在它为 TRUE 时，允许两个方向上的运动。如果为 FALSE，运动被阻止（或在运动已经在进行时执行一个停止）
VAR_OUTPUT		
Status	BOOL	指示轴是（TRUE）否（FALSE）被启用
Error	BOOL	如果轴有错误，设为 TRUE
ErrorID	DINT	指示轴报告的 Mint 错误代码

b. GDI_MOVERELATIVE。本功能块如图 6-276 所示用于发出命令，执行一段相对位移。其参数说明见表 6-65。

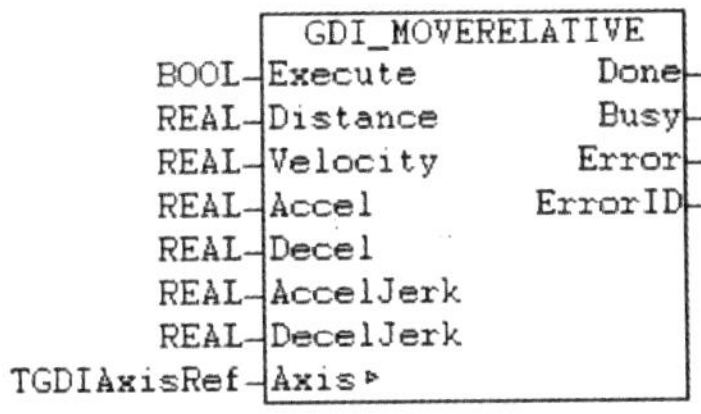

图 6-276　GDI_MOVERELATIVE 功能块

表 6-65　GDI_MOVERELATIVE 功能块参数说明

变量	类型	说明
VAR_IN_OUT		
Axis	TGDIAxisRef	对轴结构的引用（在使用 Modbus RTU 时，使用轴结构数组的元素）
VAR_INPUT		
Execute	BOOL	上升沿起动运动
Distance	REAL	移动的相对距离（单位为用户单位）
Velocity	REAL	最大速度的值（无需达到），单位为用户单位/秒
Accel	REAL	加速度变化率，单位为用户单位/秒^2
Decel	REAL	减速度变化率，单位为用户单位/秒^2
AccelJer	REAL	加加速度，单位为用户单位/秒^3（对梯形运动设置为 0）
DecelJer	REAL	减加速度，单位为用户单位/秒^3（对梯形运动设置为 0）
VAR_OUTPUT		
Done	BOOL	指示轴已经成功到达目标位置。如果在运动中 Execute 输入已变为 FALSE，并且相对移动已完成，Done 输出将被设置为 TRUE 并保持一个扫描周期
Busy	BOOL	在相对移动正在进行时设置为 TRUE
Error	BOOL	如果轴有错误，设为 TRUE
ErrorID	DINT	指示轴报告的 Mint 错误代码

c. GDI_RESET。本功能块如图 6-277 所示用于复位轴存在的错误，其参数说明见表 6-66。

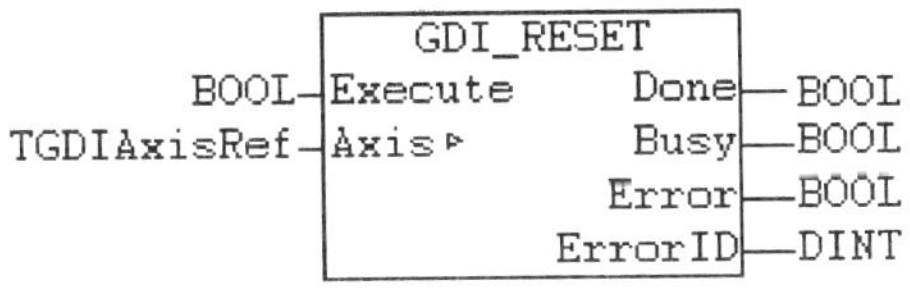

图 6-277　GDI_RESET 功能块

表 6-66　GDI_RESET 功能块参数说明

变量	类型	说明
VAR_IN_OUT		
Axis	TGDIAxisRef	对轴结构的引用（在使用 Modbus RTU 时，使用轴结构数组的元素）
VAR_INPUT		
Execute	BOOL	上升沿执行故障复位
VAR_OUTPUT		
Done	BOOL	轴故障复位成功时设置为 TRUE。如果在复位时 Execute 输入已变为 FALSE，并且复位成功，Done 输出将被设置为 TRUE 并保持一个扫描周期
Busy	BOOL	在功能模块尝试清除任何轴错误时设置为 TRUE。（使用 Busy 输出来检测尝试执行故障重置的时间）
Error	BOOL	如果轴有错误，设为 TRUE
ErrorID	DINT	指示轴报告的 Mint 错误代码

d. GDI_DATAINTERFACE_TCP / GDI_DATAINTERFACE_RTU。这些功能模块如图 6-278 所示用于在 PLC 程序的应用层和传输层之间传送命令/状态数据。对应用中的每条轴，必须存在相关功能模块的实例，其参数说明见表 6-67。

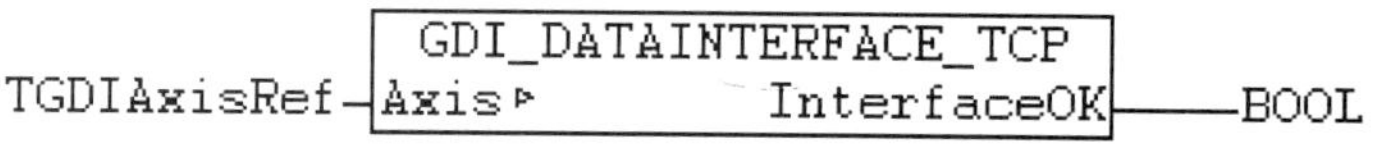

图 6-278　GDI_DATAINTERFACE_TCP 功能块

表 6-67　GDI_DATAINTERFACE_TCP 功能块参数说明

变量	类型	说明
VAR_IN_OUT		
Axis	TGDIAxisRef	对轴结构的引用（在使用 Modbus RTU 时，使用轴结构数组的元素）
VAR_OUTPUT		
InterfaceOK	BOOL	如果 Modbus 通信没有操作错误，则为 TRUE

6.5.2　AC500 与伺服驱动器通过 EtherCAT 的通信

AC500 PLC 可对 MicroFlex e150 和 e180 伺服驱动器通过 EtherCAT 执行实时运动控制。本节内容将详细说明如何使用 ABB AC500 PLC 对单台 MicroFlex e150 执行 EtherCAT 运动控制。

需要配备以下项目：

1. 硬件和软件需求

硬件和软件需求见表 6-68。

表 6-68　硬件和软件需求

硬　　件	软　　件
PM591-ETH CPU 1 个	Automation Builder V1. 1
CM579-ETHCAT 通信模块 1 个	
TB511 CPU 底板 1 个	
PS552-MC（ABB PLCopen 运动控制库）	
MicroFlex e150，带电机	Mint Workbench V5818
以太网连接电缆 1 根	MicroFlex e150 固件 V5812

2. 硬件连接

硬件连接如图 6-279 所示。

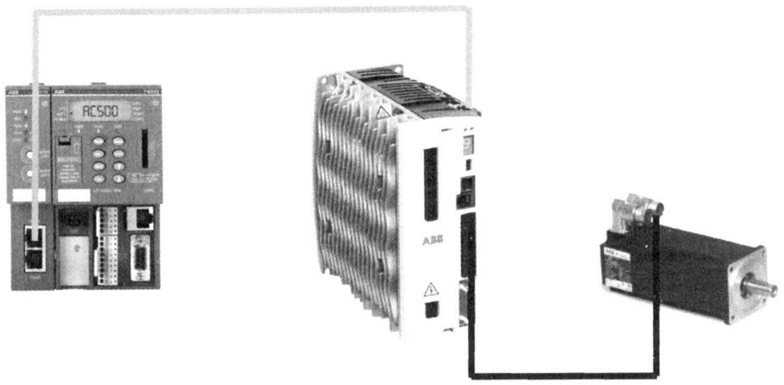

图 6-279　AC500 与伺服器通过 EtherCAT 通信连接

3. MicroFlex e150 调试和 ESI 文件

1）驱动器调试　首先通过调试向导定义电动机参数，完成驱动器调试。

2）ESI 文件　EtherCAT 从属设备信息文件（ESI 文件）是一种 XML 格式的文件，对驱动器的标识信息和 EtherCAT 特性进行描述。

对应 MicroFlex e150 具体固件版本的 ESI 文件具有唯一性。对于具体工程中选用的驱动器可通过以下方法生成对应的 ESI 文件，如图 6-280 所示。

选择 Mintworkbench 工具箱内的“EtherCAT”图标打开 EtherCAT 屏幕。单击屏幕上的“另存为 Save as…”按钮，为文件命名并保存（最好将驱动器的固件版本信息包括在文件名内）。

4. PLC 工程硬件组态

在 Automation Builder 软件中新建工程，插入 EtherCAT 主站模块 CM579-EtherCAT，并添加“MicroFlex e150”作为 EtherCAT 从站。AutomationBuilder V1. 1 已经添加了不同固件版本 MicroFlexe150 的 ESI 文件，可以直接根据当前驱动器的固件版本进行选择，如果没有匹配的，可添加上文中通过 Mintworkbench 生成的 ESI 文件，如图 6-281，图 6-282 及 6-283 所示。

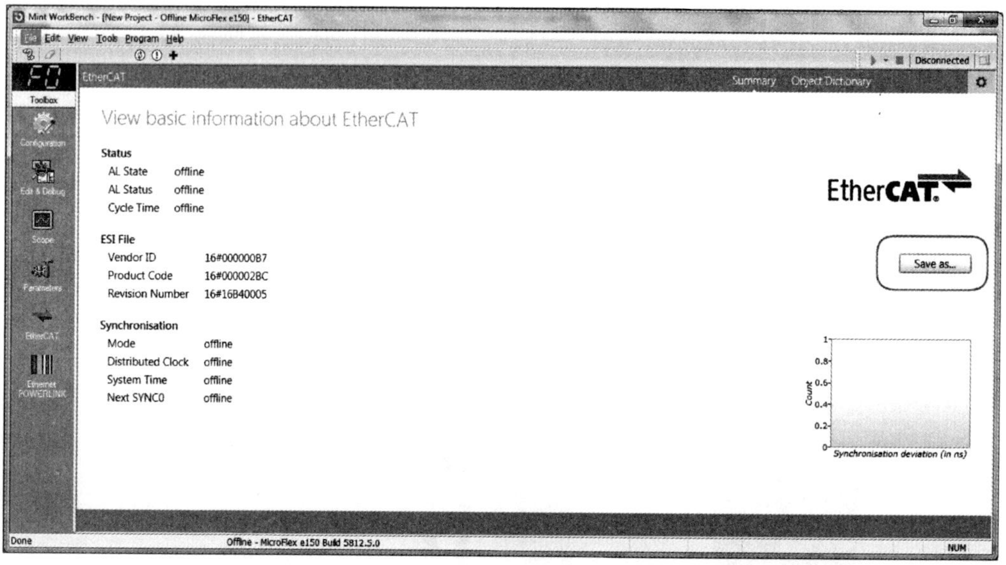

图 6-280　生成 ESI 文件

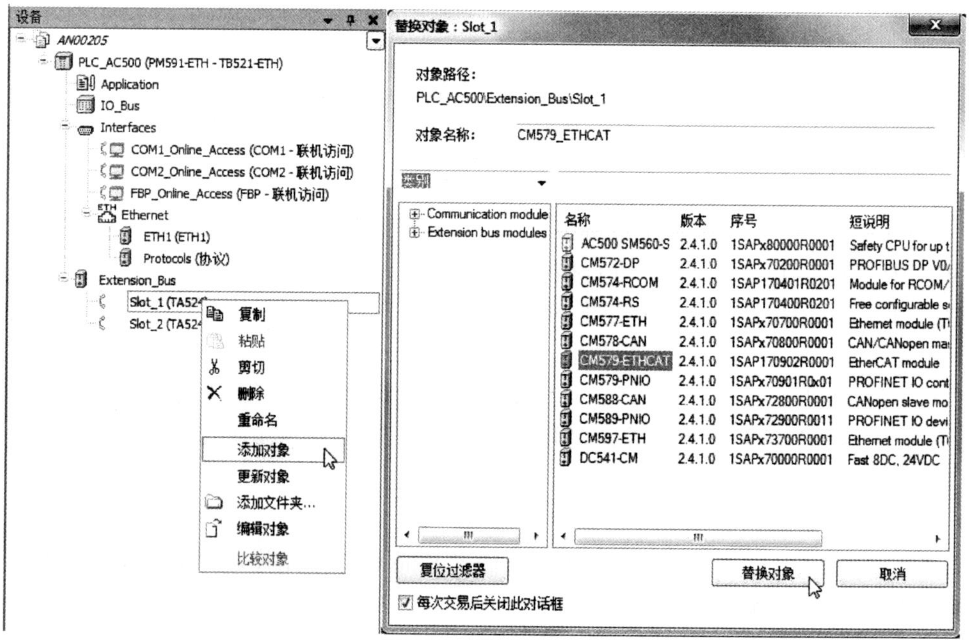

图 6-281　添加 EtherCAT 主站设备

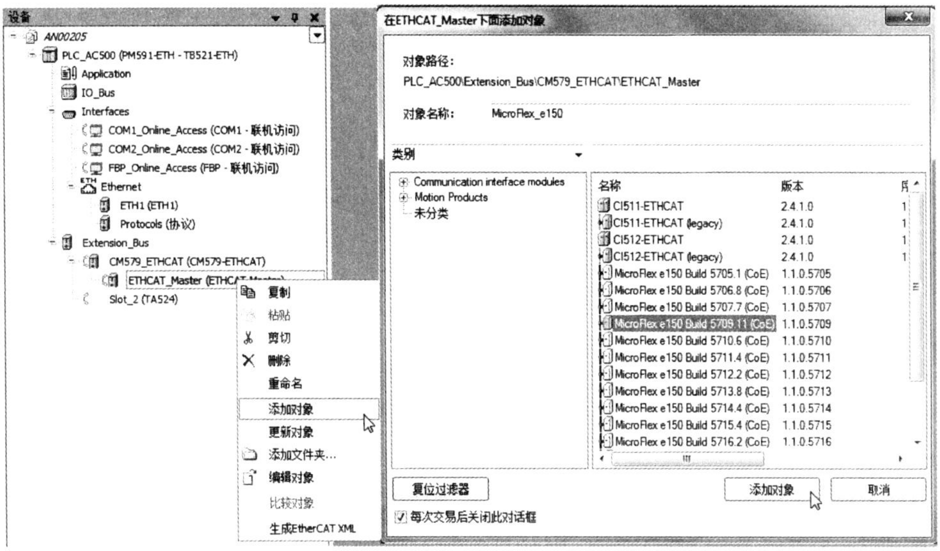

图 6-282　添加 EtherCAT 从站设备

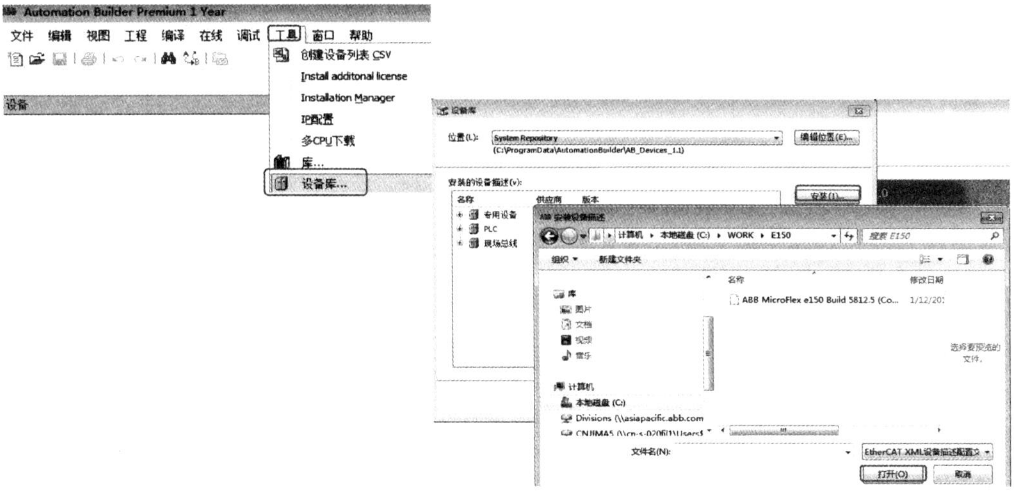

图 6-283　设备库中添加 ESI 文件

5. 设置 EtherCAT

1）查看设备所有参数。单击“工具”→“选项”→“设备编辑器”，确保勾选右侧复选框中“显示通用设备配置视图”选项，如图 6-284 所示。

2）双击设备配置树中 CM579_ETHCAT 图标，弹出 CM579-ETHCAT 参数设置界面，如图 6-285 所示，修改以下设置：

①总线循环时间（buscycletime）：设置为 2000（2ms）。e150 驱动器实际上支持 250μs

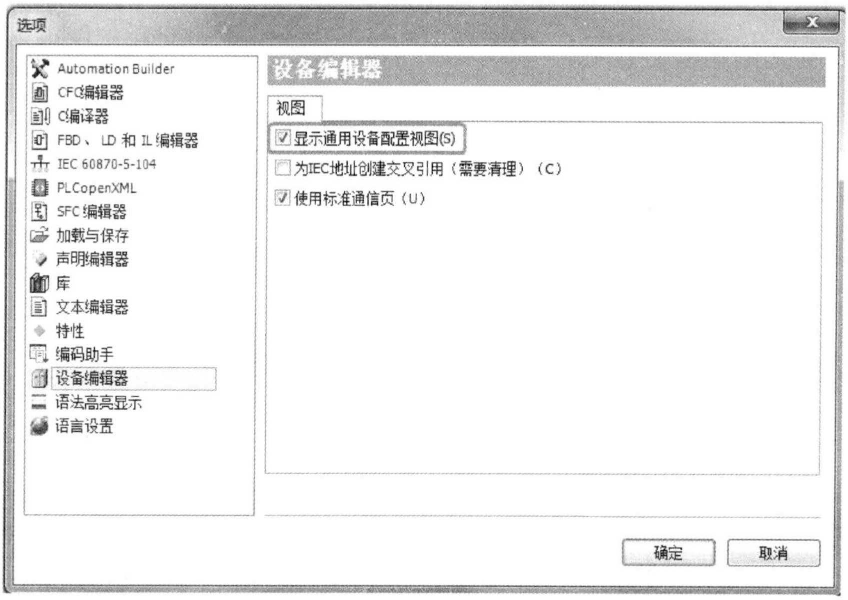

图 6-284　查看设备所有参数

和更长的总线循环时间（以 250μs 为步进），但 AC500 PLC 当前支持 500μs 和更长的循环时间。本例中，我们将使用 2ms，足以满足多数应用。

②分布式时钟（DistributedClock）：设置为“激活的”，e150 驱动器当前只支持此同步模式。

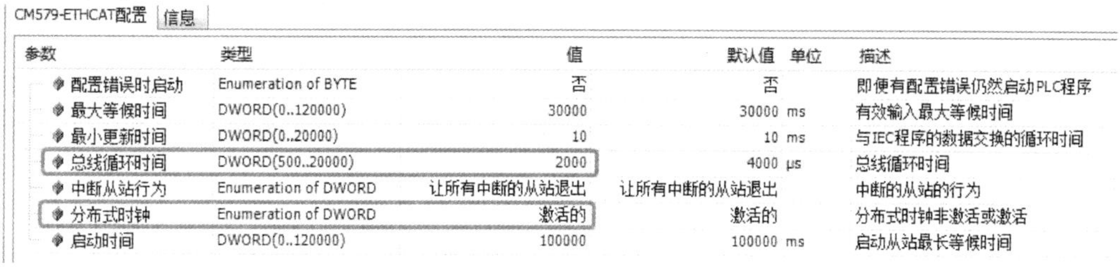
CM579-ETHCAT配置　信息

参数	类型	值	默认值	单位	描述
配置错误时启动	Enumeration of BYTE	否	否		即便有配置错误仍然启动PLC程序
最大等候时间	DWORD(0..120000)	30000	30000	ms	有效输入最大等候时间
最小更新时间	DWORD(0..20000)	10	10	ms	与IEC程序的数据交换的循环时间
总线循环时间	DWORD(500..20000)	2000	4000	μs	总线循环时间
中断从站行为	Enumeration of DWORD	让所有中断的从站退出	让所有中断的从站退出		中断的从站的行为
分布式时钟	Enumeration of DWORD	激活的	激活的		分布式时钟非激活或激活
启动时间	DWORD(0..120000)	100000	100000	ms	启动从站最长等候时间

图 6-285　CM579-ETHCAT 配置

3）双击“ETHCAT_Master”图标，右侧面板显示三个选项卡——“主站”，“EtherCAT 配置”和“输入/输出映射表”。在““Master”选项卡上，如图 6-286 所示修改以下设置：

①源地址（MAC）——CM579-ECAT 模块的 MAC 地址。模块侧面的标签标注其 MAC 地址，本例实际模块是 00-02-A2-22-FB-B9。

②循环时间——EtherCAT 总线循环时间。结合上文在以下对话框中设置为 2000μs。

单击“EtherCAT 配置”选项卡如图 6-287 所示，检查“MasterCycleTime”设置是否修改为 2000，以匹配总线循环时间的设置。

图 6-286　主站配置

主站　EtherCAT配置　输入/输出映射表

参数	类型	值	默认值	单位	描述
Autoconfig	DWORD	1	1		Autoconfig
MasterCycleTime	DWORD	2000	4000		Master Cycle Time
MasterUseLRW	BOOL	FALSE	FALSE		Master uses LRW command
SlaveAutoRestart	BOOL	FALSE	FALSE		Slave restarts automatically
SlaveCheckMode	USINT	0	0		Mode for vendor product check
NetworkName	STRING(100)	'Network'	'Network'		Name of the network card
SelectNetworkByName	BOOL	False	TRUE		Select network by name
EnableTaskMessage	BOOL	FALSE	FALSE		Enable transmission per task
DisableTaskGeneration	BOOL	FALSE	FALSE		Disable automatic task generation
FrameAtTaskStart	BOOL	FALSE	FALSE		Send frame at task cycle start
ScanForAliasAddress	BOOL	TRUE	TRUE		Enables scan for alias address
SyncOffset	SINT	20	20		Master synchronisation offset
SyncWindowMonitoring	UDINT	0	0		Slave sync window monitoring
NumberOfOutputSlaves	DWORD	0	0		Number of Slaves with an Output

图 6-287　EtherCAT 配置

4）双击“MicroFlex_e150”驱动器图标，显示“从站、过程数据、启动参数、输入/输出映射表、EtherCAT 配置、EtherCAT I/O 映射和信息”选项卡，如图 6-288 所示。

①选择“从站”选项卡。选项卡显示驱动器的 EtherCAT 地址，默认为 1001，无需修改。如果向网络添加更多设备，其地址将自动设置 1002、1003 等。需要注意的是，驱动器在网络上的物理位置很重要，一旦网络配置完成，不要交换任何 EtherCAT 电缆的顺序，因为这将改变从属设备的地址分配。

②“分布式时钟”选择为“SM Synchronous”，“同步单位循环”被自动设置为 2000，以匹配之前的设置。如果不匹配，强制设置为 2000μs。

③选择“过程数据”选项卡如图 6-289 所示。本示例使用周期性同步位置控制方式（Cyclic Synchronous Position），只需要 4 种过程数据对象 PDO（控制字、从 PLC 到驱动器的目标位置、状态字和驱动器到 PLC 的实际位置）。工程中自动包括了这些 PDO 映射，在标

准模式下无法添加或删除。如果需要额外的 PDO 映射（例如部分驱动器 I/O），则必须返回到“从站”选项卡并勾选“使能专家设置”选项。（勾选后将出现名为“专家过程数据”的配置选项卡。）

图 6-288　从站配置

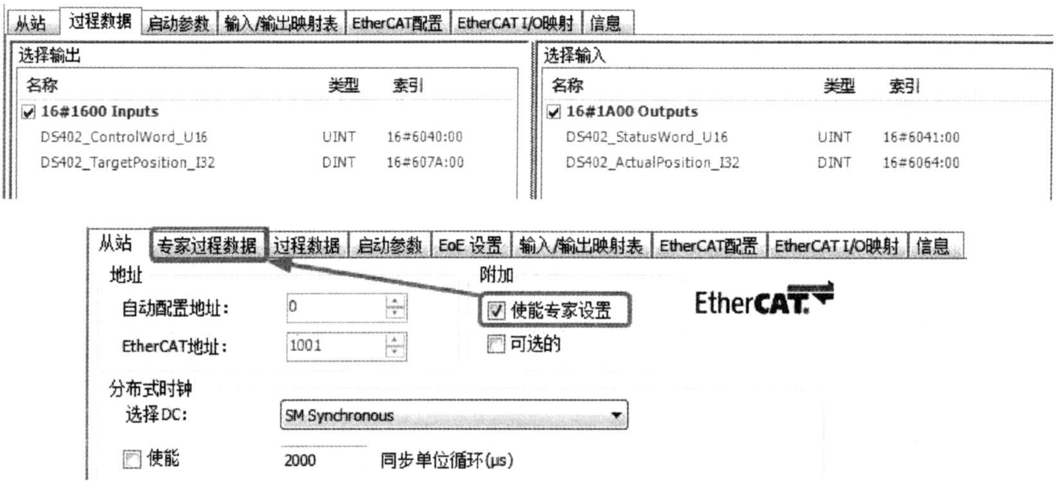

图 6-289　激活使能专家设置

④选择“启动参数”选项卡如图 6-290 所示。查看以下设置。

“Give EtherCAT Control”设置为 1，保证在 PLC 程序启动时，以及 EtherCAT 配置数据被发送到驱动器时，e150 驱动器的控制参考源被自动切换为“Real-time Ethernet”。

“Modes of Operation”设置为 8（Cyclic Synchronous Position）。该模式对应 PLC 为运动生

成配置文件所需的模式，在每个总线循环发送新的目标位置。

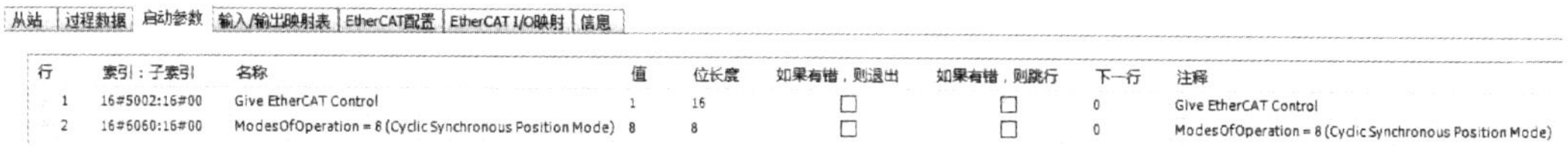

行	索引：子索引	名称	值	位长度	如果有错，则退出	如果有错，则跳行	下一行	注释
1	16#5002:16#00	Give EtherCAT Control	1	16	☐	☐	0	Give EtherCAT Control
2	16#6060:16#00	ModesOfOperation = 8 (Cyclic Synchronous Position Mode)	8	8	☐	☐	0	ModesOfOperation = 8 (Cyclic Synchronous Position Mode)

图 6-290　启动参数

⑤选择“EtherCAT 配置”选项卡如图 6-291 所示。确认“Distributed_Clocks”部分“DC sync0 Cycletime”是否设置为上文定义的 2000μs。

参数	类型	值	默认值	单位	描述
DataType	STRING	'DINT'	'DINT'		DataType
Default	STRING	'3'	'3'		Default
Comment	STRING	''	''		Comment
Distributed_Clocks					
DC sync0 cycletime	DWORD	2000	0		DC sync0 cycletime
DC enable	BOOL	0	0		DC enable
DC sync0 enable	BOOL	0	0		DC sync0 enable
DC sync0 factor	STRING	'x 1'			
DC sync0 shift time	DWORD	0			
DC sync1 cycletime	DWORD	2000	0		DC sync1 cycletime
DC sync1 enable	BOOL	0	0		DC sync1 enable
DC sync1 factor	STRING	'x 1'			
DC sync1 shift time	DWORD	0			
SDOs					

图 6-291　EtherCAT 配置

⑥选择“EtherCAT I/O 映射”选项卡。在此为已做映射的四个 PDO 变量定义名称，如图 6-292 所示。

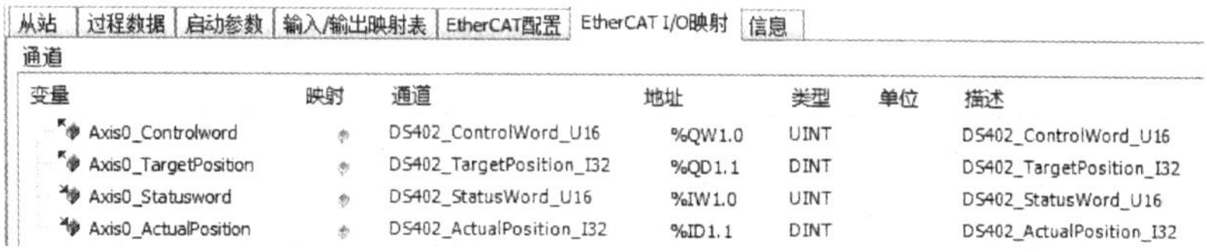

变量	映射	通道	地址	类型	单位	描述
Axis0_Controlword		DS402_ControlWord_U16	%QW1.0	UINT		DS402_ControlWord_U16
Axis0_TargetPosition		DS402_TargetPosition_I32	%QD1.1	DINT		DS402_TargetPosition_I32
Axis0_Statusword		DS402_StatusWord_U16	%IW1.0	UINT		DS402_StatusWord_U16
Axis0_ActualPosition		DS402_ActualPosition_I32	%ID1.1	DINT		DS402_ActualPosition_I32

图 6-292　EtherCAT I/O 映射

6. PLC 程序示例

1）创建全局变量。

①确认 PDO 全局变量。

打开 CoDeSys 编程界面，确保为 e150 驱动器添加的变量映射已经包括在 PLC 程序中。选择 CoDeSys 项目浏览器内的“资源”选项卡并展开“全局变量”树型目录，找到“XXX_XXX_Module_Mapping”项并双击。面板右侧将显示所声明的变量及相关地址，如图 6-293 所示。

②定义轴结构全局变量

创建一个轴结构与硬件设备相关联。双击“资源”选项卡上的“全局变量”，打开全局变量编辑器窗口，声明一个 AXIS_REF 类型的变量（配合 PLCopen 运动控制功能使用的预定义数据结构），将变量命名为“Axis0”，如图 6-294 所示。

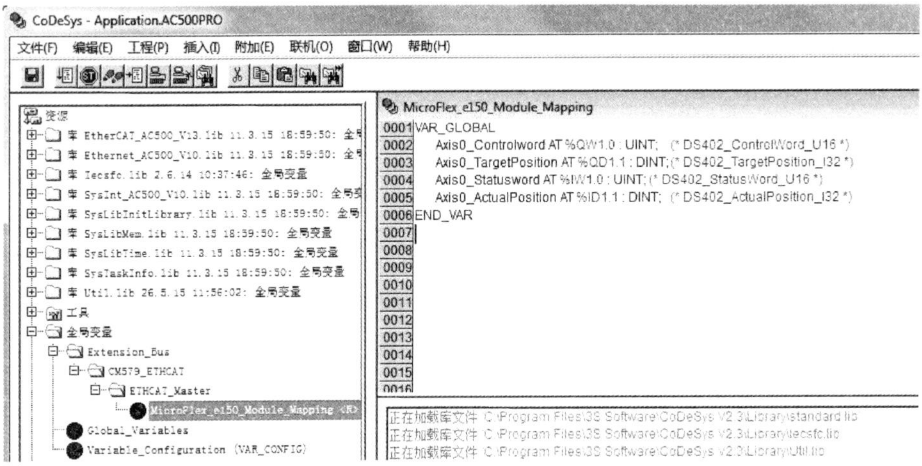

图 6-293　PDO 全局变量

2）添加 PS552-MC 库文件　在 PLC 工程中添加 PS552-MC PLCopen 运动控制库文件。具体方法请参考 5.2 章节内容。

PS552-MC 库文件包包含以下 .lib 文件：

CompactMotionControl_AC500_V12. lib；

ECAT_AC500_APPL_V21. lib；

MC_Base_AC500_V11. lib；

MC_Blocks_AC500_V11. lib。

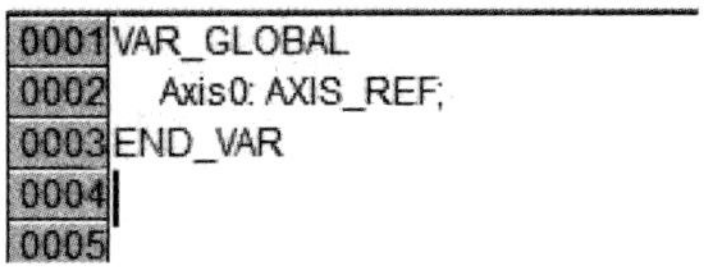

图 6-294　声明一个 AXIS_REF 类型变量

3）编写 EtherCAT 控制基本程序段　添加以下 3 个功能块构成通过 EtherCAT 控制 e150 驱动器的基本程序段。

①使用 FBD 语言对 PLC_PRG 进行编程，添加 CMC_AXIS_CONTROL_PARAMETER_REAL 功能实例（用于设置轴的相关参数），如图 6-295 所示，其参数说明见表 6-69。

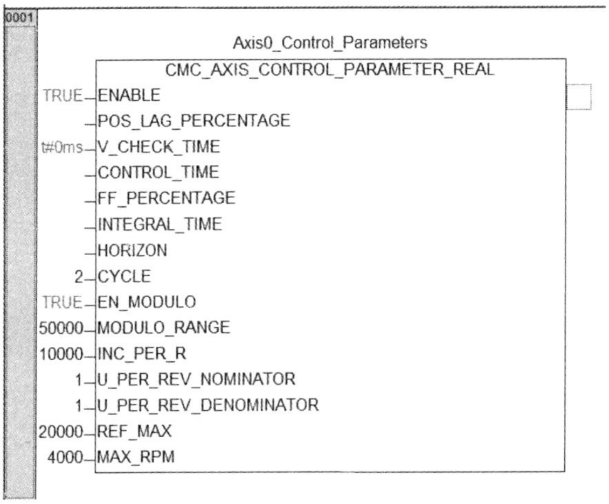

图 6-295　添加 CMC_AXIS_CONTROL_PARAMETER_REAL 功能实例

表 6-69　CMC_AXIS_CONTROL_PARAMETER_REAL 功能块参数说明

输入参数	说明	值	数据类型
ENABLE	确定 PLC 是否应该在每个总线循环内都处理轴（为了修改缩放值，必须设置为 FALSE。但在本例中，我们将使用固定缩放，则设置为 TRUE）	TRUE	BOOL
V_CHECK_TIME	用于设置抽样时间以获得实测速度（在使用 EtherCAT 时不会实际使用，但在当前必须强制调节为零）	t#0ms	TIME
CYCLE	设置总线循环时间 - 必须与之前通过 Automation Builder 设置的 EtherCAT 总线循环时间匹配	2	LREAL
EN_MODULO	如果轴需要被作为模数轴（即在轴位置上预先定义的范围内循环-这对可在一个周期内确定绝对位置的转盘/工具快换盘来说可能有用），或者轴位置将在 32 位位置边界内循环定位（比如连续旋转的轴），本参数应该设置为 TRUE。如果轴只在 32 位位置范围内向前/后移动，并且没有模数功能的要求，则将本参数设置为 FALSE。在本例中，将其设置为 TRUE（可能保持无限制的向前移动）。	TRUE	BOOL
MODULO_RANGE	配合 EN_MODULO 使用。设置一个模数循环内编码器脉冲数。在例子中，假设 10000 线电动机编码器安装到 5 :1 变速箱。因此，把 MODULO_RANGE 设置为 50000（读取位置时将返回变速箱输出的绝对位置）	50000	DINT
INC_PER_R	设置所连接的电动机旋转一周时驱动器收到的编码器计数次数（在本例中，我们把 BSM63N-175AF 电动机连接到 e150 驱动器。因此，电动机旋转一周有 10000 次计数）	10000	WORD
U_PER_REV_NOMINATOR	本参数（结合分母参数）允许你配置轴缩放。必须指定电动机旋转一周时有多少个用户单位（使用分子和分母）。本例中，使用用户单位“Rev”。因此电动机旋转一周有一个用户单位（因此，分子和分母均可设置为 1）	1	WORD
U_PER_REV_DENOMINATOR	见上文	1	WORD
REF_MAX	速度参考输出的最大可能值	20000	WORD
MAX_RPM	“校准”PLC 以匹配 e150 驱动器上配置的“DRIVESPEEDMAX”（如果还不知道驱动器上设置的最大应用速度，通过 workbench 查看 e150 驱动器上的 DRIVESPEEDMAX 设置或使用 workbench 的操作模式页来确定以 RPM 为单位的应用最大速度）。本例中，我们为 e150 驱动器配置的最大速度为 4000r/min	4000	WORD

②添加 CMC_MOTION_KERNEL_REAL 功能块实例（浮点运算分析器），如图 6-296 所示，其参数说明见表 6-70。

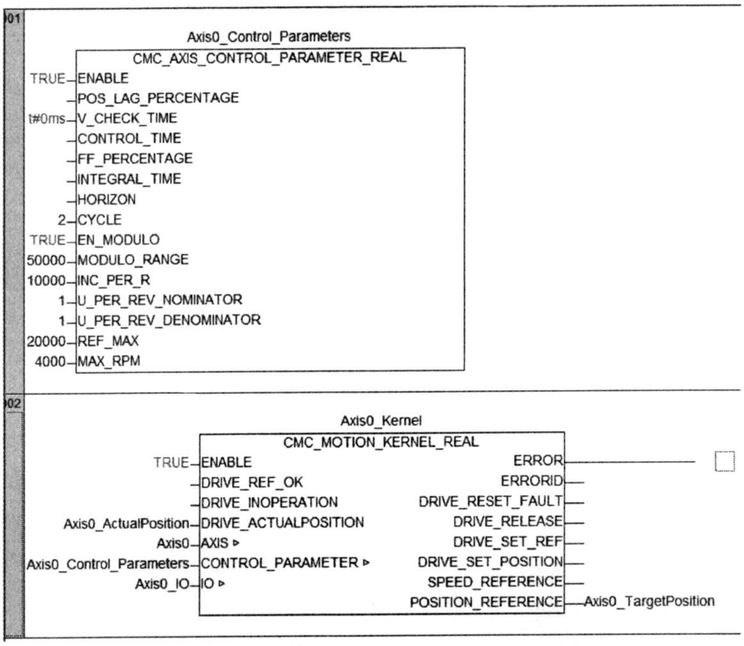

图 6-296　添加 CMC_MOTION_KERNEL_REAL 功能块实例

表 6-70　CMC_MOTION_KERNEL_REAL 功能块参数说明

输入参数	说明	值	数据类型
ENABLE	确定 PLC 是否应该在每个总线循环内都处理分析器（为在运行时修改任何参数，必须设置为 FALSE。但在本例中，我们将使用固定配置，则将其设置为 TRUE）	TRUE	BOOL
DRIVE_ACTUALPOSITION	与 e150 驱动器连接的电动机的位置反馈。这是之前在 Automation Builder 中设置的 PDO 对象之一，为此添加了一个映射变量-Axis0_ActualPosition	Axis0_ActualPosition	DINT
AXIS	要描述的轴的数据结构。在本例中，我们使用之前声明的 AXIS_REF 型变量 Axis0	Axis0	AXIS_REF
CONTROL_PARAMETER	对轴使用的控制参数块的引用。输入之前对 CMC_CONTROL_PARAMETER_REAL 块的命名。它把分析器与轴参数链接在一起	Axis0_Control_Parameters	CMC_CONTROL_PARAMETER_REAL
IO	某些与轴关联的 IO 的数据结构（比如，回零传感器、负向限幅开关）	Axis0_IO	CMC_AXIS_IO
输出参数	说明	值	数据类型
POSITION_REFERENCE	由 PLC 分析器输出，必须发送到 e150 驱动器的位置目标。这是之前映射的 PDO 之一。我们为其添加了一个映射变量 Axis0_TargetPosition	Axis0_TargetPosition	DINT

③添加 ECAT_CiA402_CONTROL_e150_APP 功能块实例。

该功能块封装了针对 e150 驱动器的 CANopen DS402 驱动器配置文件，允许通过 EtherCAT 操作本配置文件。需要把本功能块与驱动器相关联，此处通过驱动器的 EherCAT 地址完成。（上文中看到，该地址由 Automation Builder 自动设置为 1001）。还需要把该功能块与轴的状态相关联（CMC_MOTION_KERNEL_REAL 功能块实例的部分参数）。最后，需要把 PDO 变量中的状态字和控制字关联到本功能块。如图 6-297 所示。其参数说明见表 6-71。

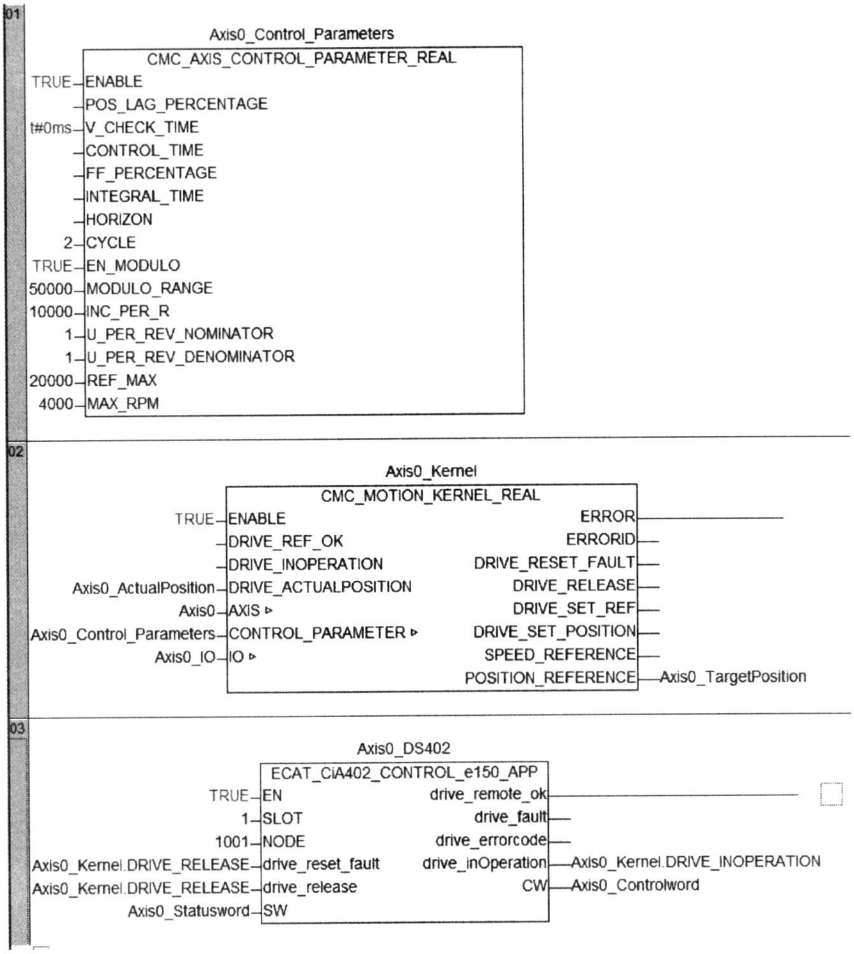

图 6-297　添加 ECAT_CiA402_CONTROL_e150_APP 功能块实例

表 6-71　ECAT_CiA402_CONTROL_e150_APP 功能块参数说明

输入参数	说明	值	数据类型
EN	决定 PLC 是否应该在每个 EtherCAT 循环处理 DS402 PDO. 在我们的例子中，我们希望始终保持对驱动器的控制，因此我们把它永久设置为 TRUE	TRUE	BOOL
SLOT	CM579-ECAT 所插入到的插槽是哪一个？在本例中，我们把它插入到处理器左侧的第一个插槽内，也即是插槽 1	1	BYTE

（续）

输入参数	说明	值	数据类型
NODE	我们在添加 e150 驱动器时 CBP 自动分配的 EtherCAT 地址（1001）	1001	DWORD
Drive_reset_fault	链接到相关轴核心的故障重置请求	Axis0 _ Kernel. DRIVE _ RESET_FAULT	BOOL
Drive_release	链接到相关轴核心的驱动器释放请求	Axis0 _ Kernel. DRIVE _ RELEASE	BOOL
SW	来自相关 e150 驱动器的 DS402 状态字（我们之前已经把 Axis0_Statusword 变量映射到本驱动器 PDO）	Axis0_Statusword	WORD
输出参数	说明	值	数据类型
Drive_inOperation	链接到相关轴核心的 DRIVE_INOPERATION 输入参数的输出参数	Axis0_Kernel. DRIVE_IN-OPERATION	BOOL
CW	连接到相关 e150 驱动器的 DS402 控制字（我们之前已经把 Axis0_Controlword 变量映射到本驱动器 PDO）	Axis0_Controlword	WORD

④添加标准 PLCopen 运动控制功能块。

除了通过 EtherCAT 控制 e150 驱动器的功能块，还需要向程序添加 PS552-MC 库提供的标准 PLCopen 运动控制功能块。

a. MC_Reset　如果驱动器处于故障状态，则无法启动轴或发出任何运动请求。添加本功能块可复位存在的驱动器错误。如果 e150 驱动器有错误，将在七段显示屏上显示故障代码（例如，10005 表示跟踪错误）。如果 PLC 程序正在运行，则 Axis_DS402 功能块的 drive_errorcode 输出也将指示故障代码。功能块如图 6-298 所示，其参数说明见表 6-72。

表 6-72　MC_Reset 功能块参数说明

输入参数	说明	数据类型
Execute	上升沿使功能块，复位存在的驱动器错误	BOOL
Axis	与功能块相关的轴结构（本例中为 Axis0）	AXIS_REF

b. MC_Power　本功能块如图 6-299 所示允许用户起动和停用相关的轴。其参数说明见表 6-73。

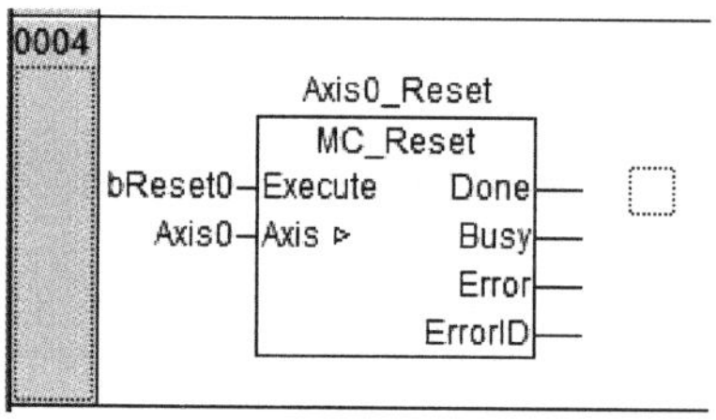

图 6-298　MC_Reset 功能块

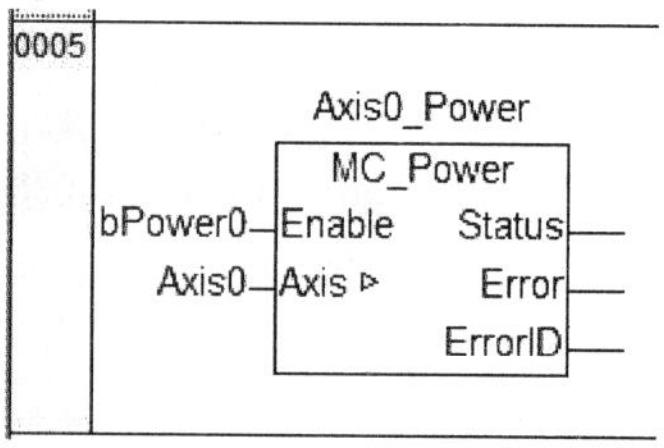

图 6-299　MC_Power 功能块

表 6-73　MC_Power 功能块参数说明

输入参数	说明	数据类型
Execute	上升沿启用轴，下降沿关闭轴	BOOL
Axis	与功能块相关的轴结构（本例中为 Axis0）	AXIS_REF
输出参数	说明	数据类型
Status	指示轴是（TRUE）否（FALSE）被启用	BOOL
Error	如果轴有错误，设为 TRUE	BOOL
ErrorID	指示轴报告的 Mint 错误代码	DINT

我们没有必要向任何 MC_Power 输出参数分配变量，但 Status 输出（示例中的 Axis0_Power. Status）可用作运动功能的联锁（即只允许在状态指明驱动器被启动时发出运动命令）。

c. MC_MoveRelative　本功能块如图 6-300 所示允许用户命令轴自当前位置开始移动一段相对的距离，其参数说明见表 6-74。

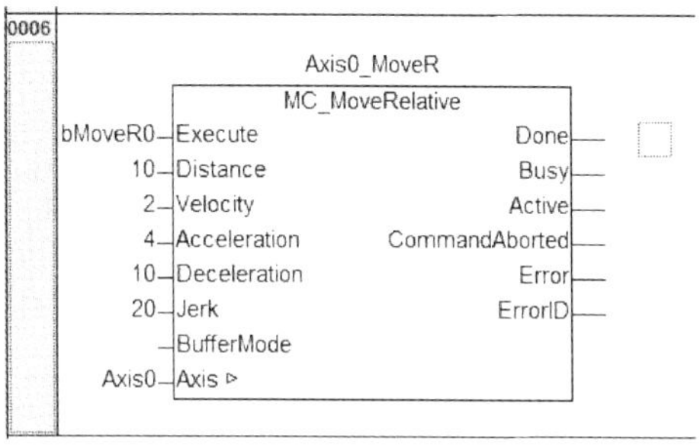

图 6-300　MC_MoveRelative 功能块

表 6-74　MC_MoveRelative 功能块参数说明

输入参数	说明	数据类型
Execute	上升沿执行相对定位功能	BOOL
Distance	execute 输入激活时所需的运动总量（+/-）。可以为本输入定义一个变量使距离可调节。本例中，我们“硬编码”了 10 周的距离	REAL
Velocity	移动的回转速度，单位为用户单位每秒（如，周/秒）。可以为本输入定义一个变量使速度可调节。本例中，我们“硬编码”了 2 周/秒的速度	REAL
Acceleration	单位为用户单位每秒^2（如，周/秒^2）。可以为本输入定义一个变量使加速可调节。本例中，我们“硬编码”了 4 周/秒^{2}的加速速率	REAL
Deceleration	移动的减速速率，单位为用户单位每秒^2（如，周/秒^2）。可以为本输入定义一个变量使减速可调节。本例中，我们“硬编码”了 10 周/秒^{2}的加速速率	REAL
Jerk	加速/减速的变化率，单位为用户单位每秒^3。添加一个跳动值将形成一个“S 斜坡型”速度配置文件。设置 Jerk 为 0 将形成一个梯形速度配置文件。可以为本输入定义一个变量使 Jerk 的总量可调节。本例中，我们“硬编码”的值为 20 周/秒^3	REAL
Buffermode	本输入参数允许功能块以“无缓冲模式”（输入保持为空时的默认行为）或“缓冲模式”工作。这些模式的区别是功能块开始动作的时间不同 • 无缓冲模式下的命令会立即执行，即使它会中断另一条运动命令。缓冲被清除 • 缓冲模式下的命令会等待当前的运动功能块设置其“Done”输出（或“In-Position”，或“InVelocity”等输出，取决于正在进行的移动的类型）	WORD

（续）

输入参数	说明	数据类型
Axis	与功能块相关的轴结构（本例中为 Axis0）	AXIS_REF
输出参数	说明	数据类型
Done	指示轴已经成功到达目标位置。如果在运动中 Execute 输入已变为 FALSE，并且相对移动已完成，Done 输出将被设置为 TRUE 并保持一个扫描周期	BOOL
Busy	在相对移动正在进行时设置为 TRUE	BOOL
Error	如果轴有错误，设为 TRUE	BOOL
ErrorID	指示轴报告的 Mint 错误代码	DINT

4）任务配置　打开 CoDeSys 项目浏览器中“资源”选项卡，双击“任务配置”图标，打开“任务配置对话框”，添加“新任务（NewTask）”，如图 6-301 所示。

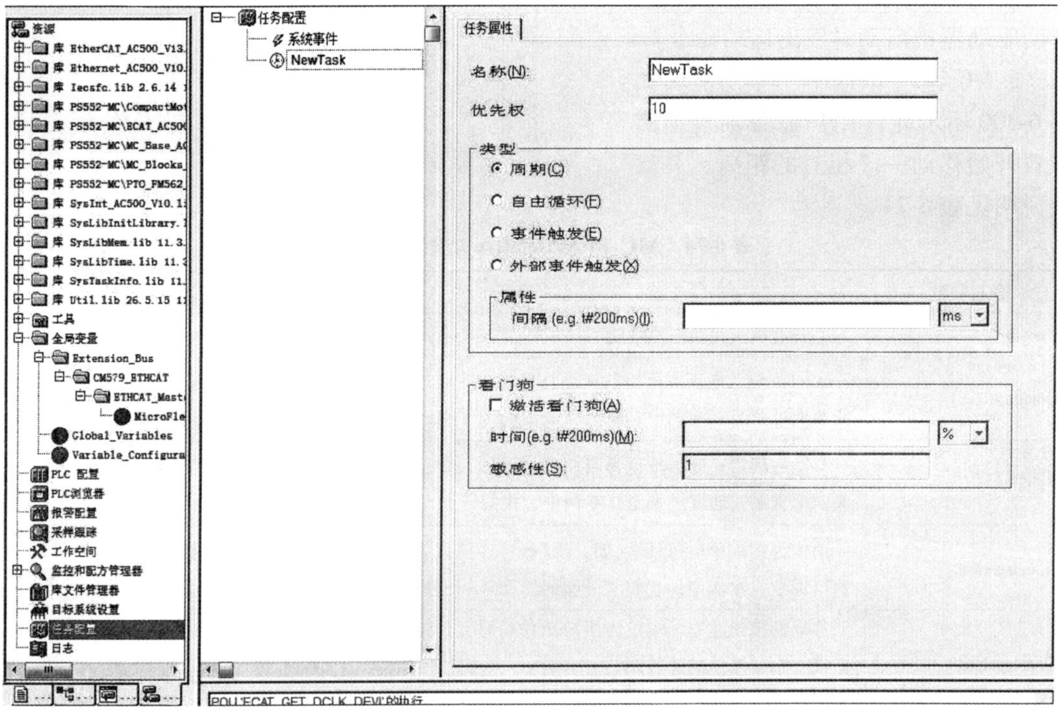

图 6-301　任务配置—1

单击“NewTask”文本，将其重新命名为“MotionTask”。右键单击“MotionTask”图标并选择“添加程序调用”，显示任务属性对话框如图 6-302 所示。

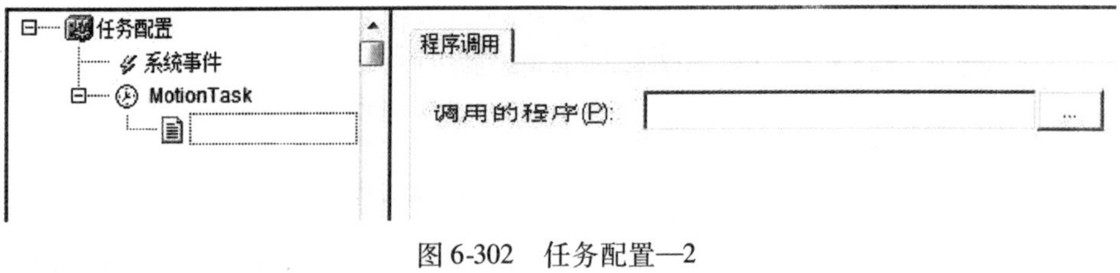

图 6-302　任务配置—2

单击面板右侧“...”按钮，选择 PLC_PRG（本工程中唯一的用户程序），单击“确定”，如图 6-303 所示。

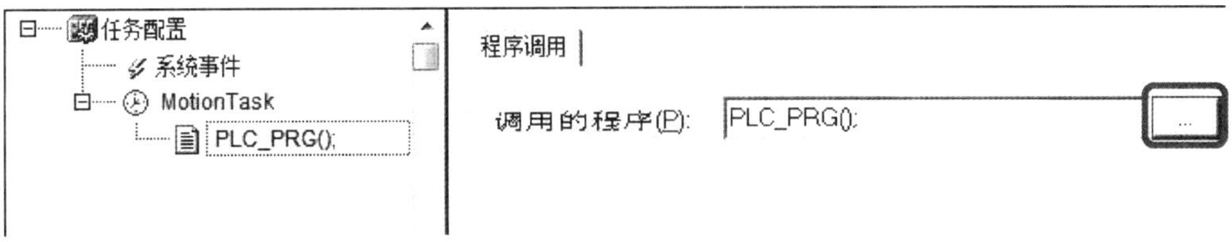

图 6-303　任务配置—3

设置 MotionTask 使其被外部事件触发（即保证任务的处理与 EtherCAT 循环相关）。单击“MotionTask”图标，选择面板右侧“外部事件触发”选项。事件属性下拉菜单提供了一系列选相关，单击选择“Ext_Coupler1_InputAny_high_priority”。

通过选择“Ext_Coupler1_InputAny_high_priority”，保证收到每份 EtherCAT 报文后均会处理 MotionTask，使反应时间最短。“Ext_Coupler_Input2Any_high_priority”允许任务在 EtherCAT 报文被发送时得到处理，它的反应时间要多一个循环周期。

如图 6-304 所示。

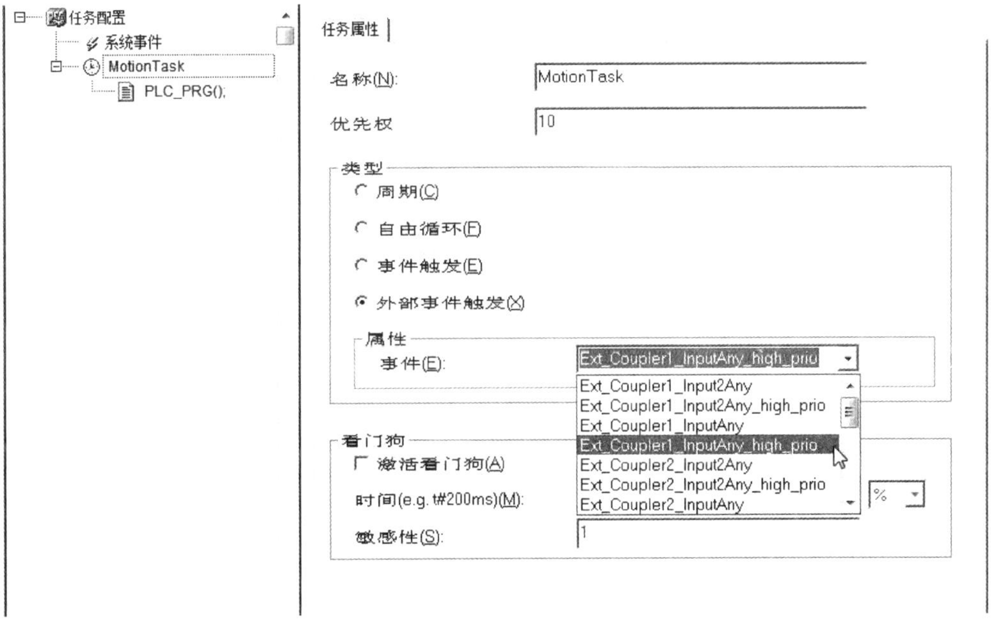

图 6-304　外部事件触发

工程中的任务配置应保证运动任务的优先权高于其他任务。因示例中只有运动任务（其默认优先权为 10），所以无需调整其优先权。

5）测试　测试之前确定 MicroFlex e150 驱动器已经调试完成。

将程序下载到 PLC 并运行。PLC 将 EtherCAT 配置传输到 e150 驱动器时，MicroFlex e150 上的绿色 EtherCAT 状态 LED 灯应该闪烁。当驱动器配置完成并且进入运行状态后，该 LED

灯应该持续显示。

①复位故障　如果 e150 驱动器七段显示屏显示“-”，则表示驱动器当前无错误，我们可以启用它。如果 e150 七段显示屏正在闪烁某些错误代码（按顺序重复的一系列数字），则需要复位故障。具体方法如下：

双击“MC_Reset”功能块的“bReset0”变量，使其变为 TRUE，并按下 CTRL + F7 把该值写入 PLC。“MC_Reset”功能块的“Execute”输入的上升沿（从 FALSE 到 TRUE）可复位 MicroFlex e150 驱动器上存在的故障。

如果需要重复该过程，需要使“bReset0”的值重新设为 FALSE。

②启用驱动器　一旦驱动器显示“-”，双击功能块“MC_Power”中的“bPower0”变量，使其变为 TRUE。然后按下 CTRL + F7 写入 PLC。如果一切正常，MicroFlex e150 驱动器应该被启动（同时七段显示屏显示 8）。

保持“bPower0”设置为 TRUE（将其设置为 FALSE 会导致驱动器停用）。

③触发相对运动命令　双击“MC_MoveRelative”功能块的“bMoveR0”变量，使其变为 TRUE。然后按下 CTRL + F7 写入 PLC。如果一切正常，每次“bMoveR0”的值从 FALSE 变为 TRUE 时，PLC 应该触发一次相对运动（本例程 e150 移动 10 个编码器脉冲的长度）。

附　　录

附录 A　AC500 功能块库的错误信息

A. 1　$0000_{hex}\cdots 0FFF_{hex}$ - 报文错误

DEC	HEX	错误描述
0	0000	无错误
1	0001	COM_MOD_MAST：从站 ILLEGAL FUNCTION 的错误信息 ETH_MOD_MAST：从站 ILLEGAL FUNCTION 的错误信息
2	0002	COM_MOD_MAST：从站 ILLEGAL DATA ADDRESS 的错误信息 ETH_MOD_MAST：从站 ILLEGAL DATA ADDRESS 的错误信息
3	0003	COM_MOD_MAST：从站 ILLEGAL DATA VALUE 的错误信息 ETH_MOD_MAST：从站 ILLEGAL DATA VALUE 的错误信息
4	0004	COM_MOD_MAST：从站 SLAVE DEVICE FAILURE 的错误信息 ETH_MOD_MAST：从站 SLAVE DEVICE FAILURE 的错误信息
5	0005	COM_MOD_MAST：从站 ACKNOWLEDGE 的错误信息 ETH_MOD_MAST：从站 ACKNOWLEDGE 的错误信息
6	0006	COM_MOD_MAST：从站 SLAVE DEVICE BUSY 的错误信息 ETH_MOD_MAST：从站 SLAVE DEVICE BUSY 的错误信息
8	0008	COM_MOD_MAST：从站 MEMORY PARITY ERROR 的错误信息 ETH_MOD_MAST：从站 MEMORY PARITY ERROR 的错误信息
10	000A	COM_MOD_MAST：从站 GATEWAY PATH UNAVAILABLE 的错误信息 ETH_MOD_MAST：从站 GATEWAY PATY UNAVAILABLE 的错误信息
11	000B	COM_MOD_MAST：从站 GATEWAY TARGET DEVICE FAILED TO RESPOND 的错误信息 ETH_MOD_MAST：从站 GATEWAY TARGET DEVICE FAILED TO RESPONSE 的错误信息

A. 2　$1000_{hex}\cdots 1FFF_{hex}$-设备错误

DEC	HEX	错误描述
4097	1001	设备不存在
4098	1002	设备不支持命令，设备固件/硬件不支持此功能。功能块库版本比设备固件版本新 FC.. : 给定的模块没有可用的高速计数器

（续）

DEC	HEX	错误描述
4100	1004	错误的操作模式 FC..：PLC 配置中设定的操作模式“0”→没有计数器
4101	1005	无效状态 FLASH_READ：还不能写功能块 FLASH_WRITE：已经写功能块 RETAIN..：没有加载程序
4117	1015	格式错误 SD..：因为无效的格式，不能读文件，不能读取数据或不能完整读取数据
4119	1017	长度不正确 PERSISTENT..：数据长度不正确 RETAIN..：数据长度不正确
4120	1018	校验和错误
4122	101A	FC..：内部错误（例如没有找到 CS31 Adr 参数，CS31 Adr 的大小错误） HA..：内部错误（例如收到错误的空指针，内部功能错误的返回值，config 中没有找到项）
4123	101B	设备访问错误 Flash..：资源不可用 HA..：远程 CPU 故障 PERSISTENT..：不能复制数据，访问错误或数据不存在 RETAIN..：不能复制数据，访问错误或数据不存在 SD..：不能访问 SD 卡（例如内存耗尽、文件已经打开等）
4124	101C	数量不正确 PERSISTENT..：因为只加载了一部分 CPU 参数和数据
4127	101F	访问保护 SD..：SD 卡被写保护
4128	1020	打开时错误 SD..：打开 SD 卡中存储的文件时错误
4129	1021	没有找到 FC..：为找到 CS31 总线模块 HA..：CS31 从站故障 SD..：文件中找不到搜索部分 TASK_INFO：未知的任务
4130	1022	到达终点 SD..：到达结束部分或文件结尾 PERSISTENT..：因为没有加载 CPU 参数和数据
4131	1023	读错误 FLASH..：数据段中读错误：校验和不正确
4132	1024	写错误 FLASH..：数据块不能编程 SD..：文件不能删除或覆盖

（续）

DEC	HEX	错误描述
4137	1029	FC..：错误的配置（例如指定的插槽上没有配置 CM574-RS） HA..：远程 CS31 从站故障
8191	1FFF	未就绪 Flash..：命令已经被其他的示例执行 SD..：命令不能被执行。另外的示例已经被激活

A.3　$2000_{hex}\cdots 2FFF_{hex}$-接口错误

DEC	HEX	错误描述
8193	2001	无效的接口，通信模块编号或插槽 ID COM：接口没有配置为“自由模式”
8194	2002	接口不支持的命令。设备固件不支持这个功能。功能块库版本比设备固件版本新
8195	2003	无效的接口或通信模块类型。功能块不适用于这个类型
8197	2005	HA..：CS31 总线故障
8211	2013	超时 COM_MOD_MAST：在设定的时间内，从站没有响应 HA..：无以太网连接
8212	2014	帧错误（不正确的波特率、停止位数量或每个字符的位）
8213	2015	奇偶错误
8214	2016	空闲错误 COM..：发送字符超时
8215	2017	无效的长度 COM_MOD_MAST：接收到无效的数据长度 COM_REC：接收的数据超过期望的数据
8216	2018	校验和错误
8217	2019	同步交换错误
8218	201A	服务故障 COM_REC：接口未知的错误信息 COM_SET_PROT：不能访问接口硬件，系统启动期间初始化失败 COM_MOD_SLV_SET_ADDR..：内部错误（例如内部功能错误的返回值，收到错误的空指针） CS31..：内部错误（例如 CS31 通信失败） FC..：内部错误（例如收到错误的空指针，内部功能错误的返回值，config 中没有找到项） HA..：内部错误（例如收到错误的空指针，内部功能错误的返回值，config 中没有找到项）
8219	201B	访问错误 HA..：远程 CPU CS31 总线故障 IO..：模块号码不存在

（续）

DEC	HEX	错误描述
8220	201C	不正确的号码（数量） COM_SET_PROT：无效的协议索引。设备固件不支持这个索引 COM_MOD_SLV_SET_ADDR：无效的协议索引 HA..：总线 A 和总线 B 中 CS31 的数量配置不同 IO..：无效的模块号码
8223	201F	拒绝访问 COM..：当前不能访问接口。Automation Builder、OPC 或其他程序正在通过接口登录运行
8226	2022	COM_MOD_SLV_SET_ADDR..：错误的配置（没配置任何协议） FC..：错误的配置（例如未进行 ABB Automation Builder 配置，未配置 CS31，未找到 CS31 模块） HA..：同步表已满或值不同
8229	2029	HA..：错误的配置（例如未配置 CS31，未找到 CS31 总线模块，切换的总线 A 和总线 B 的 CS31）

A.4 3000_{hex}…$3FFF_{hex}$-协议错误

DEC	HEX	错误描述
12289	3001	未知的协议或未配置协议
12290	3002	协议不支持命令。设备固件不支持此功能。功能块库版本比设备固件版本新
12291	3003	配置了非对应的协议 FC_DC551：选择的接口（COMx）未设置为 CS31 协议 COM_MOD_SLV_SET_ADDR..：选择的接口（COMx）未设置为多协议 COM_MOD_SLV_SET_ADDR..：错误的协议索引（设定的索引中没有 Modbus 协议）
12292	3004	操作格式错误 COM_MOD_MAST：无效的操作模式（主/从）
12293	3005	协议状态错误 现场总线通信模块..._SYS_DIAG：主站不在 OPERATE 状态
12307	3013	IEC..：ACTCON 超时
12308	3014	IEC..：接收的 NACK
12310	3016	IEC..：超时
12311	3017	长度不正确 ARC..：缓冲区满 CAN2..：所有信息的总长度过高 IEC..：队列超限 ETH_UDP..：缓冲区满
12313	3019	IEC..：ACTERM 超时
12314	301A	执行失败 COM_SET_PROT：协议初始化失败 IEC..：由于队列已删除发送失败 COM_MOD_SLV_SET_ADDR..：内部错误（例如内部功能错误的返回值，收到错误的空指针）

（续）

DEC	HEX	错误描述
12315	301B	访问错误 ARC..：缓冲区不存在或没有设定 CAN2..：缓冲区不存在或没有设定 ETH_UDP..：缓冲区不存在或没有设定 IEC..：协议访问错误 IO..：选择的槽中没有模块
12316	301C	错误号码 IO..：无效的模块号码，超出极限数值
12319	301F	拒绝访问 COM..：当前不能访问接口。Automation Builder、OPC 或其他程序正在通过接口登录运行
12320	3020	打开时错误 ARC..：协议初始化时错误。协议未就绪 CAN2..：协议初始化时错误。协议未就绪 IEC..：数据到达时，数据类型与该 PIN 不匹配 ETH_UDP..：协议初始化时错误。协议未就绪
12325	3025	地址错误 COM_MOD_MAST：接收报文不包含期望的寄存器地址
12326	3026	功能错误 COM_MOD_MAST：接收的 FCT 与发送的 FCT 不对应
12327	3027	无效的值 COM_MOD_MAST：接收的报文包含意外值
12329	3029	HA..：CS31 从站配置不完整
12331	302B	无法辨认的错误
12333	302D	没有连接，因为没有连接不可能发送，关闭或尚未建立
16383	3FFF	未就绪。当前资源不可用 COM_MOD_MAST：目前不能传输。另一个功能块的实例正在传输 COM_SEND：目前不能传输。另一个功能的实例正在传输

A.5　4000_{hex}…$4FFF_{hex}$-功能块输入错误

当检测到功能块输入参数错误时，出现错误 $4xxx_{hex}$。这个错误的结构如下：

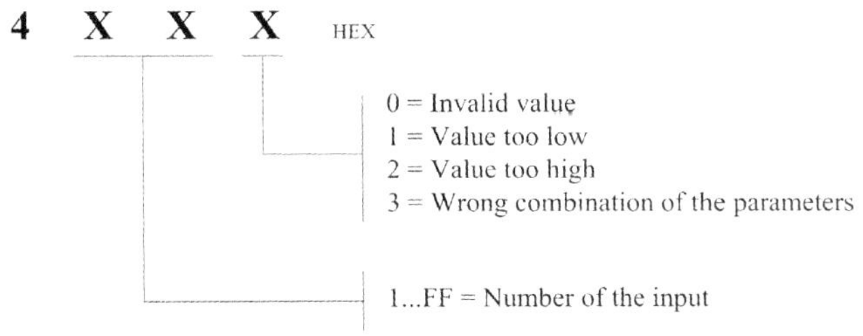

A.6 5000$_{hex}$…5FFF$_{hex}$-请求错误

DEC	HEX	错误描述
20482	5002	请求不支持（例如 Automation Builder 在仿真模式下运行）
20503	5017	长度不正确 ARC..：接收到无效的数据长度 CAN2..：信息中无效的 DLC ETH_UDP..：无效的数据长度
20507	501B	访问错误 COM_MOD_MAST：无效的内存地址 DATA 或 DATA + NB。至少一个数据超过了用户程序的访问范围。这个范围包含不同的标识范围 ETH_MOD_MAST：无效的内存地址 DATA 或 DATA + NB。至少一个数据超过了用户程序的访问范围。这个范围包含不同的标识范围。
20508	501C	无效数字（数量） CAN2A_SEND：输入 NUM 为无效的消息数字 COM_MOD_MAST：NB 数据无效（0 或超过允许值） ETH_MOD_MAST：NB 数据无效（0 或超过允许值）
20517	5025	地址错误 ARC..：无效的 IP 地址 CAN2..：报文中含有无效的标识符 COM_MOD_MAST：无效的从站地址。与选择的功能码连接时，不允许广播 ETH_MOD_MAST：无效的从站地址。与选择的功能码连接时，不允许广播 ETH_UDP..：无效的 IP 地址
20518	5026	功能错误 COM_MOD_MAST：无效的功能代码 FCT ETH_MOD_MAST：无效的功能代码 FCT
20735	50FF	DIAG..：仿真模式

A.7 6000$_{hex}$…6FFF$_{hex}$-通信模块错误

DEC	HEX	错误描述
24577	6001	EtherCAT®：收到无效的命令 PNIO：由于内存不足，在 RPC 任务中，创建 TLR 定时数据包失败
24578	6002	EtherCAT®：连接不存在或看门狗超时 CAN..：使用 SDO 中止，节点拒绝服务。索引/子索引无效或没有访问指定的节点 DNM..：资源不可用或无效的类别 ID DPM../DPV1..：资源不可用。对于请求的服务，从站中没有足够的缓冲内存 PNIO：一般 RPC 错误代码或没有足够的内存
24579	6003	在读取从站配置期间错误或请求的看门狗时间过短 DPM../DPV1..：从站中没有激活请求的服务（例如 DPV1）

（续）

DEC	HEX	错误描述
24580	6004	EtherCAT®：在处理总线配置期间发生错误，或请求的看门狗时间过长
24581	6005	EtherCAT®：现有总线与配置的总线不匹配或复位时错误（复位看门狗）
24582	6006	EtherCAT®：不是所有的从站可用或复位期间错误（清除动态资源）
24583	6007	EtherCAT®：复位时错误（停止主站）或主站在临界错误状态，必须复位
24584	6008	EtherCAT®：复位时错误（初始化主站）或激活看门狗错误 DNM..：模块中的服务不可用。选择的类型不支持读/写功能
24585	6009	EtherCAT®：复位时错误（清除动态资源）或配置输入的大小大于循环 DPM 输入的大小 DNM..：属性无效或不支持 DPM../DPV1..：没有从从站接收到数据
24586	600A	EtherCAT®：主站在临界错误状态。必须复位或配置输出数据大小大于 DPM 数据输出的大小
24587	600B	EtherCAT®：请求的总线循环时间无效 DNM..：请求已经在进行中
24588	600C	EtherCAT®：离线从站的无效参数 DNM..：对象状态冲突
24589	600D	EtherCAT®：主站状态为内部错误
24590	600E	EtherCAT®：看门狗过期 DNM..：不能设置属性或不允许写
24591	600F	EtherCAT®：CoE 使用了无效的从站 ID DNM..：允许检查失败或拒绝访问
24592	6010	EtherCAT®：对于 CoE 传输没有可用的资源 DNM..：状态冲突。设置禁止执行
24593	6011	EtherCAT®：使用 CoE 时内部错误 CAN..：选择的节点没有响应 DNM..：选择的设备没有响应 DPM../DPV1..：没有由从站接收到响应
24594	6012	EtherCAT®：请求从站的索引无效 DPM../DPV1..：DP 主站不在逻辑令牌中 PNIO：对于这次请求，内存不足
24595	6013	EtherCAT®：使用 CoE 时无效的总线通信状态 CAN..：选择的节点没有准备好操作 DNM..：接收的数据不够
24596	6014	EtherCAT®：CoE 数据帧丢失 CAN..：本地的资源不可用，请求的总线参数不可用。没有配置通信模块 DNM..：本地的资源不可用，请求的总线参数不可用。没有配置通信模块 PNIO：在当前的 CMCTL 状态下，不能服务这个请求
24597	6015	EtherCAT®：CoE 服务时超时 CAN..：参数错误 DNM..：参数错误

（续）

DEC	HEX	错误描述
24598	6016	EtherCAT®：不能寻址从站（不在总线上或电源关闭） DNM..：对象不存在
24599	6017	EtherCAT®：请求无效的列表类型 其他通信模块：接收的数据长度过大。内部缓冲区太小
24600	6018	EtherCAT®：从站中的数据响应对于确认包来说太大 PNIO：发送数据包给另外的任务时错误
24601	6019	EtherCAT®：选择了无效的访问任务（在 GetEntryDesc 期间） DPM../DPV1..：意外的从站行为或行为不满足标准
24602	601A	EtherCAT®：CoE 服务期间，从站的工作计数器错误
24603	601B	EtherCAT®：服务已经在使用
24604	601C	EtherCAT®：该通信状态下，通信不可用
24605	601D	EtherCAT®：必须为这个命令激活分布式时钟
24606	601E	EtherCAT®：扫描已经在运行。不能同时启动两次
24607	601F	EtherCAT®：总线扫描时超时，但至少建立了一个连接
24608	6020	EtherCAT®：之前没有启动总线扫描或还没有结束
24609	6021	EtherCAT®：请求的从站无效
24610	6022	EtherCAT®：使用 CoE 时内部错误
24612	6024	PNIO：请求的信息 ID 不正确，超出顺序
24624	6030	CAN..：功能超时 DNM..：没有配置设备 PNIO：对这个设备进行过多未完成的 RPC 请求或请求数据包中含有无效的报警优先级
24625	6031	PNIO：发送内部消息给另外的任务时错误
24626	6032	DNM..：接收的数据中格式错误 ETH_UDP..：TCP/IP 任务不可用或 IP 任务没有就绪 PNIO：用于 IO 设备的 ulHandle 句柄错误
24627	6033	CAN..：接收的数据超过了最大的缓冲区 ETH_UDP..：内部任务配置数据不可用 PNIO：对应于请求数据保重索引的 ALPMR 协议机无效
24628	6034	CAN..：功能不可用。未知代码 DNM..：未知代码 ETH_MOD..："服务器连接"（ServerConnection）的参数无效 ETH_UDP..：没有可用的 MAC 地址 PNIO：对于当前的请求，ALPMR 协议机无效
24629	6035	CAN..：未知区域。超过缓冲区 DNM..：缓冲区长度溢出 ETH_MOD..："任务超时"（Task Timeout）的参数无效 ETH_UDP..：等待应用程序进行热启动

（续）

DEC	HEX	错误描述
24630	6036	CAN..：在 HOST 信息中有位置的功能或功能仍处于激活状态 DNM..：有其他激活的服务 ETH_MOD..："OBM 超时"（OBM Timeout）的参数无效 ETH_UDP..：启动参数中有未知的标识 DPM../DPV1..：从站拒绝访问请求的数据
24631	6037	CAN..：参数错误 DNM..：参数错误或 MAC ID 超过有效的范围 ETH_MOD..："模式"（mode）的参数无效 ETH_UDP..：启动参数中存在无效的 IP 地址 PNIO：ALPMR 协议机的索引无效
24632	6038	ETH_MOD..："发送超时"（Send Timeout）的参数无效 ETH_UDP..：启动参数中无效的子网掩码
24633	6039	CAN..：顺序错误 DNM..：顺序错误或一个 MAC ID 在网络中使用了多次 ETH_MOD..："连接超时"（Connect Timeout）的参数无效 ETH_UDP..：启动参数中存在无效的网关 IP
24634	603A	ETH_UDP..："关闭超时"（Close Timeout）的参数无效
24635	603B	CAN..：数据错误 DNM..：数据错误 ETH_MOD..："Swab"参数无效 ETH_UDP..：未知的设备类型
24636	603C	CAN..：节点地址配置重复 DNM..：数据集的总数量显示不正确 ETH_MOD..：PLC 任务没有就绪 ETH_UDP..：初始化驱动层失败
24637	603D	CAN..：添加表不正确 DNM..：添加表不正确 ETH_MOD..：PLC 任务没有就绪 ETH_UDP..：初始化驱动层失败
24638	603E	CAN..：节点参数的总长度不正确 DNM..：I/O 配置表的大小不正确 ETH_MOD..：初始化期间错误 ETH_UDP..：没有 IP 地址设置源（BOOTP，DHCP，IP 地址参数）
24639	603F	CAN..：未知的传输类型 DNM..：I/O 配置与 ADD 表不匹配
24640	6040	CAN..：PDO-cfg 文件的长度太大 DNM..：参数大小不正确或通道/句柄已经在使用 PNIO：索引的 CMCTL 协议机无效

（续）

DEC	HEX	错误描述
24641	6041	CAN..：未知的波特率 DNM..：在 ADD 表中定义的输入的数量与 I/O 配置不匹配 PNIO：索引对应的 CMTCL 协议机无效
24642	6042	CAN..：COB-ID SYNC 超过了有效的范围 DNM..：在 ADD 表中定义输出的数量与 I/O 不匹配
24643	6043	CAN..：同步定时器值无效 DNM..：I/O 配置中的数据类型未知
24644	6044	CAN..：PDO 的输入偏移太大 DNM..：定义的 I/O 模块的数据类型与定义的数据大小不匹配
24645	6045	CAN..：PDO 的输出偏移太大 DNM..：I/O 模块配置的输出地址不在允许的地址范围 3584 字节内
24646	6046	CAN..：PDO 和 ADD 表不一致 DNM..：I/O 模块配置的输入地址不在允许的地址范围 3584 字节内
24647	6047	CAN..：ADD 表的长度不一致 DNM..：未知的连接类型
24648	6048	CAN..：总长度不一致 DNM..：定义了多个相同的连接
24649	6049	CAN..：紧急消息 COB-ID 超过了有效的范围 DNM..：一个连接的“Exp_Packet_Rate”配置的值小于“Prod_Inhibit_Time”的值
24650	604A	CAN..：COM-ID 节点保护超过了有效的范围 DNM..：参数域“DNM_PRED_MSTSL_CFG_DATA”不一致
24651	604B	CAN..：配置的 PDO 长度大于 8 DNM..：设备不能执行“Duplicate_MAC-ID check”。波特率不正确或不能建立与设备的连接
24652	604C	CAN..：SDO 数据中定义的对象数量太大 DNM..：“usRecFragTimer”的值超过了允许范围
24657	6051	PNIO：当前的总线状态是 OFF，不能发送帧
24659	6053	PNIO：当前请求 ALPMR 协议机的状态无效
24660	6054	PNIO：APMS 不能得到 Edd_Frame 缓冲区以发送数据包
24661	6055	PNIO：当 APMS 尝试发送一个 Edd_Frame 时，发生错误
24662	6056	PNIO：不能到达设备（没有在工程中设置 DEV_NAME）
24663	6057	PNIO：没有足够的空间供 APMS_send_req_Date（）分配定时指示数据包
24686	606E	ETH_UDP..：发送超时
24687	606F	ETH_MOD..：未知的发送或接收报文 ETH_UDP..：无效超时参数
24688	6070	ETH_MOD..：TCP 响应一个错误 ETH_UDP..：无效的套接字

（续）

DEC	HEX	错误描述
24689	6071	ETH_MOD..：没有找到对应的套接字 ETH_UDP..：当前套接字状态下，不能执行命令
24690	6072	ETH_MOD..：命令值无效
24691	6073	ETH_MOD..：TCP 任务状态错误 ETH_UDP..：不能访问目标 IP 地址
24692	6074	ETH_MOD..：无效的可选参数
24693	6075	ETH_MOD..：没有找到空闲的套接字 ETH_UDP..：无效的命令参数
24694	6076	ETH_MOD..：TCP 命令直接给出一个位置的套接字 ETH_UDP..：无效的 IP 地址或不能访问地址 HA..：IP 地址配置错误
24695	6077	ETH_MOD..：客户端工作的时间过期 ETH_UDP..：无效的端口号或端口号不可用
24696	6078	ETH_MOD..：套接字意外被关闭 ETH_UDP..：连接关闭
24697	6079	ETH_MOD..：用户设置了未就绪标识 ETH_UDP..：连接复位
24698	607A	ETH_MOD..：OMB 任务不能打开套接字 ETH_UDP..：无效的协议
24699	607B	ETH_MOD..：PLC 任务中的看门狗事件，只在 I/O 模式中 ETH_UDP..：无套接字可用
24700	607C	ETH_MOD..：TCP 任务在配置状态 ETH_UDP..：无效的 MAC 地址
24701	607D	ETH_MOD..：没有初始化 PLC 任务
24702	607E	ETH_MOD..：服务器套接字关闭，设备没有响应
24705	6081	DPM../DPV1..：DPV1 不在"打开"（OPEN）状态
24706	6082	ETH_UDP..：无效的模式参数 DPM../DPV1..：由从站收到无效的参数。通信停止
24707	6083	ETH_UDP..：超出数据最大长度极限值或 ARP 缓存满 DPM../DPV1..：服务仍处于激活状态。不能进行并行操作
24708	6084	ETH_UDP..：超过了信息的最大数量 DPM../DPV1..：接收缓冲区的数据长度过长
24709	6085	ETH_UDP..：超过了多组 IP 的最大数量 DPM../DPV1..：错误的参数
24710	6086	ETH_UDP..：在 ARP 缓存中没有找到 ARP 输入
24725	6095	ETH_UDP..：收到无效的信息响应
24727	6097	ETH_MOD..：无效的信息长度 ETH_UDP..：无效的信息长度

（续）

DEC	HEX	错误描述
24728	6098	CAN..：无效的信息命令 DNM..：无效的信息命令 ETH_MOD..：未知的信息命令 ETH_UDP..：未知的信息命令
24730	609A	DPM../DPV1..：无效的信息命令
24732	609C	ETH_UDP..：在顺序信息模式下传输顺序错误
24734	609E	ETH_UDP..：不能执行命令或命令当前在执行
24736	60A0	ETH_MOD..：报文头错误
24737	60A1	CAN..：节点地址超过了允许的范围 DNM..：设备地址超过了允许的范围 ETH_MOD..：在报文中检测到无效地址 ETH_UDP..：无效的从站地址
24738	60A2	CAN..：无效地址范围 DNM..：无效地址范围
24739	60A3	CAN..：数据缓冲区溢出 DNM..：数据缓冲区溢出 ETH_MOD..：无效的数据地址
24741	60A5	CAN..：数据计数器不正确 DNM..：数据计数器不正确 ETH_MOD..：无效的数据计数器
24742	60A6	CAN..：未知的数据类型 DNM..：未知的数据类型
24743	60A7	CAN..：未知的功能 DNM..：未知的功能 ETH_MOD..：在 TCP 任务响应中，OBM 任务接收到错误
24776	60C8	CAN..：没有配置通信模块 DNM..：没有配置通信模块 ETH_UDP..：任务没有初始化
24778	60CA	ETH_MOD..：OBM 任务没有来自 RCS 的段
24779	60CB	ETH_MOD..：命令设置了未知或无效的发送者
24786	60D2	ETH_UDP..：无可用的配置数据
24788	60D4	ETH_UDP..：当读取配置数据时错误
24789	60D5	ETH_UDP..：当创建诊断结构时错误
24794	60DA	ETH_UDP..：没有足够的内存可用
24832	6100	PNIO：一般 RPC 错误代码
25088	6200	PNIO：发送内部消息给另外的任务时错误
25089	6201	PNIO：由于内存不足，在 RPC 任务中，创建 TLR 定时数据包失败
26117	6605	PNIO：RPC 客户端示例的句柄无效
26118	6606	PNIO：RPC 未完成对 RPC 客户端示例的请求达到最大数量
26119	6607	PNIO：如果没有未完成的 RPC 请求，RPC 客户端示例才能连接到 I/O 设备

缩写	
RPC	远程过程调用
CMCTL	控制器内存管理
APMS	非循环协议机发送者
APMR	非循环协议机接收者

附录 B　ACS 变频器功能块库的错误信息

7000_{hex}…$7FFF_{hex}$-ACS 变频器库错误

DEC	HEX	错误说明
28672	7000	相应 TIME 内所有操作均未完成
28673	7001	读取或写入参数无法完成
28674	7002	功能块中的某一参数已超出可用范围。该可用范围并非只带允许变频器使用的参数范围，而是只带用于内部计算的 32 位整数
28675	7003	现场总线连接出现故障
28677	7005	PPO 类型有误
28678	7006	适配器类型有误或无法检测到适配器类型
28679	7007	变频器类型与功能块不符
28680	7008	函数已中止
28681	7009	读取 REF1 的缩放参数期间出错
28682	700A	读取/写入参数中的参数编号有误
28683	700B	COM 接口与统一 LINE_TOKEN 变量中的其他接口不同
28684	700C	配置文件类型有误
28685	700D	已执行功能块读取参数但存在错误
28686	700E	已执行功能块写入参数但存在错误
28687	700F	未连接到通信块或通信块出现错误

附录 C　ABB 系列 PLC 产品快速选型表

C.1　AC500-eCo CPU

型号	板载 I/O			板载以太网接口	电源
	数字量	模拟量	数字输出类型		
PM554-TP	8DI / 6DO	—	晶体管	—	24 VDC
PM554-RP			继电器		24 VDC
PM554-RP-AC			继电器		100 ~ 240 VAC
PM554-TP-ETH			晶体管	集成	24 VDC
PM556-TP-ETH	8DI / 6DO	—	晶体管	集成	24 VDC
PM564-TP	6DI / 6DO	2AI / 1AO	晶体管	—	24 VDC
PM564-RP			继电器		24 VDC
PM564-RP-AC			继电器		100 ~ 240 VAC
PM564-TP-ETH			晶体管	集成	24 VDC
PM564-RP-ETH			继电器		24 VDC
PM564-RP-ETH-AC			继电器		100 ~ 240 VAC
PM566-TP-ETH	6DI / 6DO	2AI / 1AO	继电器	集成	24 VDC

C.2　AC500-eCo 扩展模块

分　类	型　号	规　格
数字量输入	DI561	8DI, 24 VDC
	DI562	16 DI, 24 VDC
	DI571	8 DI, 100 ~ 240 VDC
数字量输出	DO561	8 DO, 24 VDC 晶体管输出，每通道最大 0.5 A
	DO571	8 DO, 继电器输出，24 VDC 或 120 / 240 VAC，每通道最大 2 A
	DO572	8 DO, 晶闸管输出，120 VAC 或 240 VAC，每通道最大 0.3 A
数字量输入/输出	DX561	8 DI / 8 DO, 24 VDC 晶体管输出，每通道最大 0.5 A
	DX571	8 DI / 8 DO, 继电器输出，24 VDC 或 120 / 240 VAC，每通道最大 2 A
	DC562	输入/输出可配置，16 通道，24 VDC 晶体管输出，每通道最大 0.5A
模拟量输入	AI561	4 AI, -2.5 V ~ +2.5 V / -5 V ~ +5V / 0 ~5 V / 0 ~ 20 mA / 4 ~ 20 mA, 12 位
	AI562	2 AI(RTD), 热电阻: PT100 / PT1000, Ni100 / Ni1000, 电阻: 150 Ω/ 300Ω, 12 位
	AI563	4 AI (TC), 热电偶: E / J / K / N / R / S / T 型, -80 mV ~ +80 mV
模拟量输出	AO561	2 AO, -10 V ~ +10 V / 0 ~ 20 mA / 4 ~ 20 mA, 12 位
模拟量输入/输出	AX561	4 AI / 2 AO, 输入: -2.5 V ~ +2.5 V / -5 V ~ +5 V / 0 ~ 5 V / 0 ~ 10 V / 0 ~ 20 mA / 4 ~ 20 mA, 输出: -10 V ~ +10 V / 0 ~ 20 mA / 4 ~ 20 mA, 12 位

C.3 AC500-eCo 附件

分类	型号	规格
选件卡	TA561-RTC	实时时钟+时钟电池
	TA562-RS	RS-485 扩展串口，可插拔式螺钉接线
	TA562-RS-RTC	实时时钟+时钟电池+RS-485 串口
接线端子	TA563-9	9 位螺钉：前端螺钉，侧面接线
	TA563-11	11 位螺钉：前端螺钉，侧面接线
	TA564-9	9 位螺钉：前端螺钉，前端接线
	TA564-11	11 位螺钉：前端螺钉，前端接线
	TA565-9	9 位螺钉：前端弹簧，前端接线
	TA565-11	11 位螺钉：前端弹簧，前端接线
其他	MC503	SD 卡适配器，适用于 MC502 SD 卡
	TA566	背板安装附件，100 片
	TA570	CPU 电源端子、COM2 口可插拔端子和可选盖板；3 种 * 6 片/包
	TA571-SIM	自带 DC24V 供电端子，可模拟 CPU 输入信号，仅用于学习和测试
	TK503	AC500（-eCo）通用编程电缆，D-Sub/USB，集成隔离和保护回路，3 米
	TK504	AC500（-eCo）通用编程电缆，端子/USB，集成隔离和保护回路，3 米
	TK506	AC500（-eCo）COM1 端口 RS485 通信隔离电缆，Sub-D / 5 位接线端子

C.4 AC500 CPU

型号	1000 条指令的扫描时间	描述
PM572	数字量：0.3 ms 字：0.3 ms 浮点数：6 ms	24 VDC 供电，128 KB 程序内存，有内存卡插孔，2 个 COM 串口，RS232 / 485 可设，1 个 FBP 接口，带 LCD 显示屏
PM573-ETH		24 VDC 供电，512 KB 程序内存，有内存卡插孔，2 个 COM 串口，RS232 / 485 可设，1 个 FBP 接口，带 LCD 显示屏
PM582	数字量：0.15ms 字：0.15 ms 浮点数：3 ms	24 VDC 供电，512 KB 程序内存，有内存卡插孔，2 个 COM 串口，RS232 / 485 可设，1 个 FBP 接口，带 LCD 显示屏
PM583-ETH		24 VDC 供电，1MB 程序内存，有内存卡插孔，2 个 COM 串口，RS232 / 485 可设，1 个 FBP 接口，带 LCD 显示屏
PM590-ETH	数字量：0.02ms 字：0.01 ms 浮点数：0.2 ms	24 VDC 供电，2 MB 程序内存，有内存卡插孔，2 个 COM 串口，RS232 / 485 可设，1 个 FBP 接口，带 LCD 显示屏
PM591-ETH		24 VDC 供电，4 MB 程序内存，有内存卡插孔，2 个 COM 串口，RS232 / 485 可设，1 个 FBP 接口，带 LCD 显示屏
PM591-2ETH		24 VDC 供电，4 MB 程序内存，有内存卡插孔，2 个 COM 串口，RS232 / 485 可设，1 个 FBP 接口，带 LCD 显示屏
PM592-ETH		24 VDC 供电，4 MB 程序内存，有内存卡插孔，2 个 COM 串口，RS232 / 485 可设，1 个 FBP 接口，带 LCD 显示屏

C. 5　AC500 CPU 背板

型号	CPU 插槽数	通信模块插槽数	描述
TB511-ETH	1	1	集成 Ethernet 以太网 RJ45 接口
TB521-ETH	1	2	集成 Ethernet 以太网 RJ45 接口
TB523-2ETH	1	2	集成 2 个 Ethernet 以太网 RJ45 接口
TB541-ETH	1	4	集成 Ethernet 以太网 RJ45 接口

C. 6　AC500 通信模块

型　号	描　述
CM592-DP	PROFIBUS-DP 主站通信模块，RS485 接口，12 Mbit / s
CM574-RCOM	2 个串口的通信模块，可提供远程协议 RCOM / RCOM + 服务
CM574-RS	2 个串行 RS232 / 485 接口，可自由配置的串口模块
CM597-ETH	以太网通信模块带 2 个 RJ45 端口，集成 HUB 功能
CM598-CN	CANopen 主站通信模块，RS485 接口
CM588-CN	CANopen 从站通信模块，RS485 接口
CM579-ETHCAT	EtherCAT 主站通信模块
CM579-PNIO	PROFINET IO 实时控制器通信模块
CM589-PNIO	PROFINET IO 实时设备通信模块

C. 7　AC500 扩展模块及底板

型　号	描　述	底　板
DI524	数字量输入模块，32 DI，24 VDC	TU515（螺钉接线端子） TU516（弹簧接线端子）
DC522	数字量输入/输出模块，16 DC，输入/输出可设置，晶体管输出，24 VDC / 0.5 A	TU515（螺钉接线端子） TU516（弹簧接线端子）
DC523	数字量输入/输出模块，24 DC，输入/输出可设置，晶体管输出，24 VDC / 0.5 A	TU515（螺钉接线端子） TU516（弹簧接线端子）
DC532	数字量输入/输出模块，16 DI / 16 DC，16 点为数字量输入，24 VDC，此外 16 点为数字量输入 / 输出可设置，晶体管输出 24 VDC，0.5 A	TU515（螺钉接线端子） TU516（弹簧接线端子）
DO524	输出模块，32DO，晶体管输出，24VDC，0.5A	TU515（螺钉接线端子） TU516（弹簧接线端子）
DX522	数字量输入 / 输出模块，8 DI / 8 DO，8 点数字量输入，24 VDC，8 点继电器输出，230 VAC，3 A	TU531（螺钉接线端子） TU532（弹簧接线端子）
DX531	数字量输入 / 输出模块，8 DI / 4 DO，8 点数字量输入，230 VAC，4 点继电器输出，230 VAC，3 A	

（续）

型　号	描　述	底　板
AI523	模拟量输入模块，16 AI，0 ~ 10 V，±10 V，0 ~ 20 mA / 4 ~ 20 mA，PT100，PT1000，Ni1000，12 位分辨率，供电电源24 VDC	TU515（螺钉接线端子） TU516（弹簧接线端子）
AI531	模拟量输入模块，8 AI，0 ~ 5 V，0 ~ 10 V，-50 ~ +50 mV，-500 ~ +500 mV，-1 ~ +1V，-5 ~ +5V，-10 ~ +10 V，0 ~ 20 mA，4 ~ 20 mA，-20 ~ +20 mA，Pt100，Pt1000，Ni1000，0 ~ 50 kOhm，15 位分辨率，供电电源 24 VDC	
AO523	模拟量输出模块，16 AO，±10 V，0 ~ 20 mA / 4 ~ 20 mA（最大 8 路电流输出），12 位分辨率，供电电源 24 VDC	
AX521	模拟量输入 / 输出模块，4 AI / 4 AO，4 AI：0 ~ 10 V，±10 V，0 ~ 20 mA / 4 ~ 20 mA，PT100，PT1000，Ni1000，12 位分辨率；4 AO：±10 V，0 ~ 20 mA / 4 ~ 20 mA，12 位分辨率，供电电源 24 VDC	
AX522	模拟量输入 / 输出模块，8 AI / 8 AO，8 AI：0 ~ 10 V，±10 V，0 ~ 20 mA / 4 ~ 20 mA，PT100，PT1000，Ni1000，12 位分辨率；8 AO：±10 V，0 ~ 20 mA / 4 ~ 20 mA（最大 4 路电流输出），12 位分辨率	
DA501	数字量 / 模拟量混合模块，16 DI，24 VDC；8 DC，24 VDC；4 AI（分辨率 12 位 + 符号位）；2 AO（分辨率 12 位 + 符号位）	TU515（螺钉接线端子） TU516（弹簧接线端子）
DA502	数字量 / 模拟量混合模块，16 DO，晶体管输出，24 VDC / 0.5 A；8 DC，24 VDC；4 AI（分辨率 12 位 + 符号位）；2 AO（分辨率 12 位 + 符号位）	

C.8　AC500 总线模块及底板

型　号	描　述	底　板
DC551-CS31	分布式扩展接口模块，集成 8DI/16DC，开关量输入/输出可设置，24VDC，0.5A 晶体管输出，通过 CS31 总线接口进行分布式扩展，可扩展最多 7 个本地扩展模块	TU551-CS31：集成螺钉端子 TU552-CS31：集成弹簧端子
CI592-CS31	分布式 I/O 总线接口模块，集成 8DI DC24V，8DC 开关量输入/输出可设置，24VDC，0.5A 晶体管输出，4AI（0 ~ 10V、0/4 ~ 20mA、RTD：PT100，PT1000，Ni1000）；2AO（-10V ~ +10V、0/4 ~ 20mA），通过 CS31 总线接口进行分布式扩展，可扩展最多 7 个本地扩展模块	
CI590-CS31-HA	冗余分布式 I/O 总线接口模块，具有 2 个冗余 CS31 接口，集成 16DC，可扩展最多 7 个本地扩展模块，（不允许扩展 AC500-eCo I/O 模块）	

（续）

型　　号	描　　述	底　　板
CI541-DP	PROFIBUS DP 分布式从站扩展接口模块，集成 8DI/8DO 和 4AI/2AO；DO：晶体管输出，通过标准总线接口（SUB-D 9 孔），进行分布式扩展，可扩展 10 个本地扩展模块	TU509/ TU510 TU517/TU518
CI542-DP	PROFIBUS DP 分布式从站扩展接口模块，集成 8DI/8DO/8DC；DO：晶体管输出，通过标准总线接口（SUB-D 9 孔），进行分布式扩展，可扩展 10 个本地扩展模块	
CI581-CN	CANOpen 分布式从站扩展接口模块，集成 8DI/8DO 和 4AI/2AO；DO：晶体管输出，通过标准总线接口，进行分布式扩展，可扩展 10 个本地扩展模块	TU509/ TU510 TU517/TU518
CI582-CN	CANOpen 分布式从站扩展接口模块，集成 8DI/8DO/8DC；DO：晶体管输出，通过标准总线接口，进行分布式扩展，可扩展 10 个本地扩展模块	
CI501-PNIO	CI501-PNIO：PROFINET 分布式总线模块，8DI/8DO 和 4AI/2AO；DO：晶体管输出，通过 RJ-45 标准总线接口，进行分布式扩展，可扩展 10 个本地扩展模块	TU507-ETH：实时以太网，分布式总线模块底板，螺钉接线及标准总线接口 TU508-ETH：实时以太网，分布式总线模块底板，弹簧接线及标准总线接口
CI502-PNIO	CI502-PNIO：PROFINET 分布式总线模块，集成 8DI/8DO/8DC；DO：晶体管输出，通过 RJ-45 标准总线接口，进行分布式扩展，可扩展 10 个本地扩展模块	
CI511-ETHCAT	CI511-ETHCAT：ETHERCAT 分布式总线模块，8DI/8DO 和 4AI/2AO；DO：晶体管输出，通过 RJ-45 标准总线接口，进行分布式扩展，不支持 I/O 模块扩展	
CI512-ETHCAT	CI512-ETHCAT：ETHERCAT 分布式总线模块，集成 8DI/8DO/8DC；DO：晶体管输出，通过 RJ-45 标准总线接口，进行分布式扩展，不支持 I/O 模块扩展	
CI504-PNIO	PROFINET I/O 通信接口模块，集成网关功能：3 * RS232/RS422/RS485 ASCII 协议串口，波特率：300bit/s ~ 115200bit/s，可扩展 10 个本地扩展模块	TU520-ETH：PROFINET I/O 通信接口模块底板，集成弹簧端子及 3 组可插拔的弹簧端子
CI506-PNIO	PROFINET I/O 通信接口模块，集成网关功能：2 * RS232/RS422/RS485 ASCII 协议串口，波特率：300bit/s ~ 115200bit/s；CAN/CANopen 主站，波特率：1Mbit/s；可扩展 10 个本地扩展模块	

C.9　AC500 功能模块

功　　能	型　　号	描　　述	底　　板
编码器输入模块	CD522	两路独立的编码器输入/计数通道，计数频率可到 300kHz，支持接口：+24V，5VDC，RS422，1Vpp 两路独立的 PWM 脉冲输出；8DC，输入/输出可配置 I/O 通道；2 路独立的 +5V 传感器电源；12 种计数模式（包括时间测量）；相对位置计数器（增量型），支持（X1，X2，X4）倍频	TU515（螺钉接线端子） TU516（弹簧接线端子）
中断输入/输出和高速计数模块	DC541-CM	8DC，开关量输入/输出可设置，晶体管输出，24VDC，0.5A。8 个通道可以配置为 50kHz，5kHz，2.5kHz 的 32 位高速计数器，或者配置为 10kHz 的 PWM 输出通道	无需底板
运动控制模块	FM562	脉冲输出模块；2 路，每路 250kHz	无需底板

C.10　AC500 附件

附件类型	描　　述	用于以下设备
TK502	编程电缆端子排 / SUB-D，长度：5m	AC500 CPUs COM1
TK501	编程电缆 SUB-D / SUB-D，长度：5 m	AC500 CPUs COM2
MC502	记忆卡（2 GB SD 卡）	AC500 CPUs
TA521	锂电池用于数据缓存	AC500 CPUs
TA523	可插拔标记条托架（10 片）	I/O 模块
TA525	白色标签（10 片）	AC500 CPU 的接口模块、通信模块和 I/O 模块
TA524	通信模块，盲板	底板
TA526	墙式安装附件	CPU 底板

附录 D　ABB 触摸屏产品快速选型表

D.1　CP600 系列

型　　号	描　　述
CP620	4.3in 宽屏幕触摸屏，TFT 65K 彩色，分辨率 480＊272，1＊串口（RS-232/485/422），RJ45×2（100Mbit 集成 Hub 功能），USB＊1 V2.0，SD 卡，可选模块扩展口＊1
CP620-WEB	4.3in 宽屏幕触摸屏，TFT 65K 彩色，分辨率 480＊272，1＊串口（RS-232/485/422），RJ45×2（100Mbit 集成 Hub 功能），USB＊1 V2.0，SD 卡，可选模块扩展口＊1，支持 Web

（续）

型　号	描　述
CP630	5.7in 触摸屏，TFT 65K 彩色，分辨率 320 * 240，1 * 串口（RS-232/485/422），RJ45 × 2（100Mbit 集成 Hub 功能），USB * 2 V2.0，SD 卡，可选模块扩展口 * 2
CP630-WEB	5.7in 触摸屏，TFT 65K 彩色，分辨率 320 * 240，1 * 串口（RS-232/485/422），RJ45 × 2（100Mbit 集成 Hub 功能），USB * 2 V2.0，SD 卡，可选模块扩展口 * 2，支持 Web
CP635	7in 宽屏幕触摸屏，TFT 65K 彩色，分辨率 800 * 480，1 * 串口（RS-232/485/422），RJ45 × 2（100Mbit 集成 Hub 功能），USB * 1 V2.0，SD 卡，可选模块扩展口 * 1
CP635-WEB	7in 宽屏幕触摸屏，TFT 65K 彩色，分辨率 800 * 480，1 * 串口（RS-232/485/422），RJ45 × 2（100Mbit 集成 Hub 功能），USB * 1 V2.0，SD 卡，可选模块扩展口 * 1，支持 Web
CP651	10.4in 触摸屏，TFT 65K 彩色，分辨率 800 * 480，1 * 串口（RS-232/485/422），RJ45 × 1（100Mbit 集成 Hub 功能），USB * 2 V2.0，SD 卡
CP651-WEB	10.4in 触摸屏，TFT 65K 彩色，分辨率 800 * 480，1 * 串口（RS-232/485/422），RJ45 × 1（100Mbit 集成 Hub 功能），USB * 2 V2.0，SD 卡，支持 Web
CP661	12.1in 触摸屏，TFT 65K 彩色，分辨率 480 * 272，1 * 串口（RS-232/485/422），RJ45 × 1（100Mbit 集成 Hub 功能），USB * 2 V2.0，SD 卡
CP661-WEB	12.1in 触摸屏，TFT 65K 彩色，分辨率 480 * 272，1 * 串口（RS-232/485/422），RJ45 × 1（100Mbit 集成 Hub 功能），USB * 2 V2.0，SD 卡，支持 Web
CP665	13.3in 触摸屏，TFT 65K 彩色，分辨率 480 * 272，1 * 串口（RS-232/485/422），RJ45 × 1（100Mbit 集成 Hub 功能），USB * 2 V2.0，SD 卡
CP665-WEB	13.3in 触摸屏，TFT 65K 彩色，分辨率 480 * 272，1 * 串口（RS-232/485/422），RJ45 × 1（100Mbit 集成 Hub 功能），USB * 2 V2.0，SD 卡，支持 Web
CP676	15in 触摸屏，TFT 65K 彩色，分辨率 480 * 272，1 * 串口（RS-232/485/422），RJ45 × 1（100Mbit 集成 Hub 功能），USB * 2 V2.0，SD 卡
CP676-WEB	15in 触摸屏，TFT 65K 彩色，分辨率 480 * 272，1 * 串口（RS-232/485/422），RJ45 × 1（100Mbit 集成 Hub 功能），USB * 2 V2.0，SD 卡，支持 Web

D.2　CP600-eCo 系列

型　号	描　述
CP604	4.3in 触摸屏，TFT 65K 彩色，分辨率 480 * 272，1 * 串口（RS-232/485/422），RJ45 × 1（10/100Mbit），USB * 1 V2.0
CP607	7in 触摸屏，TFT 65K 彩色，分辨率 800 * 480，1 * 串口（RS-232/485/422），RJ45 × 1（10/100Mbit），USB * 1 V2.0
CP610	10.1in 触摸屏，TFT 65K 彩色，分辨率 1024 * 600，1 * 串口（RS-232/485/422），RJ45 × 1（10/100Mbit），USB * 1 V2.0

D.3 CP405/408

型　号	描　述
CP405	7in 触摸屏，TFT 65K 彩色，分辨率 800×480，1 * RS232/ RS-485/RS-422 接口，1 * USB 画面编译接口，1 * USB 数据存储接口；不支持以太网和 SD 存储卡，LED 背光灯
CP408	10in 触摸屏，TFT 65K 彩色，分辨率 1024×600，1 * RS232/ RS-485/RS-422 接口，1 * USB 画面编译接口，1 * USB 数据存储接口；不支持以太网和 SD 存储卡，LED 背光灯
TK407	串口通信电缆，用于连接 PLC 串行接口，SUB-D